教育部高等学校
化工类专业教学指导委员会推荐教材

# 传递过程原理

南碎飞　窦　梅　编著

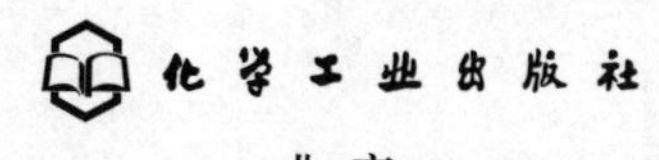

·北京·

## 内容简介

本书第一章介绍了动量、热量和质量传递的一般机理及其现象方程。第二至四章介绍了将质量守恒、动量守恒和能量守恒三大定律依次分别应用于宏观体、薄层体和微观体导出质量衡算方程、动量衡算方程和能量衡算方程，并从流体运动方程出发导出机械能衡算方程，及这些衡算方程的实际应用。第五、六章介绍了在层流和湍流流动下的动量、热量和质量传递规律，第七章介绍了动量、热量和质量传递问题的工程解决方法。书中各章配有适量的例题和习题，扫描本书封底二维码可以观看视频、动画以加深理解有关概念。

本书可以作为化工、材料、制药、冶金、环境、能源、机械、电子、航天和生物工程等专业本科生和研究生的教学用书，也可以供上述专业的科研、设计和工程技术人员参考。

**图书在版编目（CIP）数据**

传递过程原理 / 南碎飞，窦梅编著. —北京：化学工业出版社，2021.6
教育部高等学校化工类专业教学指导委员会推荐教材
ISBN 978-7-122-38752-3

Ⅰ. ①传… Ⅱ. ①南… ②窦… Ⅲ. ①传递-化工过程-高等学校-教材 Ⅳ. ①TQ021.3

中国版本图书馆 CIP 数据核字（2021）第 048915 号

---

责任编辑：徐雅妮 杜进祥 孙凤英　　　装帧设计：关 飞
责任校对：宋 夏

---

出版发行：化学工业出版社（北京市东城区青年湖南街 13 号 邮政编码 100011）
印 装：三河市双峰印刷装订有限公司
787mm×1092mm 1/16 印张 18 字数 456 千字 2021 年 10 月北京第 1 版第 1 次印刷

---

购书咨询：010-64518888　　　售后服务：010-64518899
网 址：http: // www. cip. com. cn
凡购买本书，如有缺损质量问题，本社销售中心负责调换。

---

定 价：59.00 元

# 前言

自从人类制取化学品以来，已积累了大量的原料加工和产品生产经验。通过对积累起来的经验进行总结和归纳，发现原料加工和产品生产中的物质变化过程可分为两类：化学变化过程和物理变化过程。化学变化过程是指物质经过化学反应加工后变为另外一种物质的加工过程，而物理变化过程是指物质经过加工后仅在状态（如气态、液态和固态等）、形状、纯度等方面产生变化，不会生成新物质的加工过程。物理变化过程又可分为混合、筛分、过滤、加热、冷却、蒸发、吸收、精馏、萃取、结晶、干燥、吸附等几十种被称为单元操作的过程。纵观千千万万化工产品的生产过程可知：任何一个化学品的生产过程都是由几个化学变化过程和几个物理变化过程组成的。

单元操作过程虽然多达几十种，但经过深入研究发现这些单元操作过程都是由动量、热量和质量传递（以下简称为“三传”）速率所控制，即“三传”速率决定了单元操作过程的快慢，因而决定了化工生产过程的效率。为了设计出合适的生产装备以及提高化工和相关领域的生产效率，必须研究并熟练掌握“三传”的相关规律。传递过程原理就是关于研究“三传”规律的一门专业基础课程。

对“三传”规律的深入研究发现：常常可以使用相同的方法解决三种传递的问题，即对有关“三传”的实际问题进行建模，往往能得到类似的数学方程及其解。为了充分理解“三传”之间的相互联系，本书以解决问题的方法为主线来论述“三传”规律的有关内容。此外，任何学科的发展都是由表及里的探索研究过程，即由表面现象的观察到深入研究其规律的过程，因此，为体现其发展规律以及“三传”间的相互联系，全书内容编排如下。

在第一章中，从“三传”速率的表象观察结果，引入传递过程的现象方程。对现象方程的深入分析，表明“三传”规律在表观上的相似性。同时，在第一章中介绍了相关传递系数的计算公式。

在第二章至第四章中，从动量、能量和质量守恒定律出发，以衡算的方式得到相应物理量的衡算方程，也称控制方程。由于不管是在工业生产还是科学研究过程中，对一些物理量进行衡算以获得这些物理量的变化规律是最基本的研究方法。在研究“三传”过程中，通过对宏观体积的动量、热量和质量衡算可分别得到对应物理量的衡算方程，进而了解各物理量在宏观体积中总体的变化规律。类似地，若在面（薄层体）、线（线形体）和点（微元体）上进行动量、热量和质量衡算，可分别得到对应物理量的一维、二维和三维微分方程，进而了解各物理量在所研究区域内的变化规律。因此，本书在第二、三和四章中，以衡算为研究方法分别得到动量、热量和质量总衡算方程和一维、二维以及三维偏微分方程，其中，在第三章中以平面、柱面和球面顺序来介绍在面（薄层体）上进行动量、热量和质量衡算的相关内容。

在第三、四章中所获得的偏微分方程往往为非线性偏微分方程，其求解非常困难。所以本书在第五章中以求解偏微分方程为主要内容，通过利用所讨论问题的物理特点，将偏微分方程进行简化从而得以求解。如一维、二维及三维微分方程在特殊的情况和简单的边界条件下可转化为常微分方程，从而得到解析解。其次，在第五章中介绍层流边界层概念，根据边界层特性可得层流边界层内传递问题的精确解。最后，利用动量、热量和质量衡算导出边界层积分方程，通过边界层积分方程也可求得层流边界层的近似解。

对于不能得到解析解的复杂问题，书中介绍五种方法来处理“三传”问题，如第六章中介绍：(1) 采用理论模型，如普朗特混合长模型处理平板上及管内的湍流流动问题；(2) 利用第五章中导出的边界层积分方程得到湍流边界层内“三传”问题的近似解。在第七章中介绍：(3) 量纲分析法，如流体流动时摩擦系数的量纲分析、对流传热系数的量纲分析、对流传质系数的量纲分析等；(4)“三传”相似律；(5) 传质模型。

本书力求公式推演严谨、概念表述清晰，如在第四章中通过运动方程严格推导出机械能衡算方程、不含机械能的能量衡算方程等。对一些容易混淆的概念进行了阐述：如在总能量衡算方程中出现的摩擦功率是指系统与环境在界面上由于黏性摩擦力而做的功，而在机械能衡算方程中出现的摩擦阻力损失则是指整个系统内由于黏性摩擦力做功的结果；明确了对流传递通量、涡流传递通量和扩散传递通量间的联系与区别。此外，本书以突出“三传”问题的共性研究方法为主进行编撰，以此加深理解“三传”之间的相互联系，因此本书没有包括辐射传热的内容，关于辐射传热的内容，读者可阅读其他参考资料。

本书可作为化工、材料、制药、冶金、环境、能源、机械、电子等相关专业本科生和研究生的教材，也可供相关领域工程技术人员研究参考。章节内容安排上尽量各自相对独立，以便于教师根据不同教学要求和进度选学相关内容。如在第三、四和七章中，一些小节的内容可根据不同教学要求和进度进行选学而不影响知识体系的完整性。

浙江大学南碎飞负责本书第一至五章的编著，窦梅负责第六、七章及附录的编著，全书由南碎飞统稿。

本书的出版得到浙江大学工程师学院“专业学位研究生实践教学品牌课程”立项资助、浙江大学教材出版立项资助，在此作者一并予以致谢！

由于作者所掌握的知识有限，书中难免存在不妥之处，敬请读者批评斧正。

编著者

**2021 年 3 月**

# 目录

## 第一章 传递现象 / 1



## 第二章 宏观体积衡算 / 18

## 第三章 薄层体积衡算 / 41



## 第四章 微观体积衡算 / 87

# 第一章

# 传递现象

当你站在湖畔时，可观察到鱼在游动时会带动周围的水流动起来；能感到秋风吹来的凉意；也会闻到远处飘来的花草芳香等等。那么这些司空见惯的现象是怎么发生的呢？这些现象与本章介绍的传递现象有密切关系，即动量、热量和质量会从空间一处向另一处迁移，这种迁移过程称为动量、热量和质量的传递现象。研究表明：当所研究的流体内存在速度差、温度差或浓度差时，常常会有与之对应的动量传递、热量传递或质量传递发生，这里流体是指气体和液体。在自然界和生产过程中普遍存在动量、热量和质量传递现象。

动量、热量或质量传递都可以通过分子传递方式或（和）涡流传递方式进行，其中，动量和热量也可通过分子或原子振动和碰撞进行传递，而热量还可以通过热辐射等方式进行传递。分子传递方式是指通过分子的无规则热运动而发生动量、热量或质量在空间的迁移过程；涡流传递方式是指通过流体微团的无规则运动而发生动量、热量或质量在空间的迁移过程。这里所谓流体微团是指宏观上其体积足够小，可以忽略不计，而微观上又包含大量分子的流体质点，因而少数几个分子进出该流体微团时对其物理性质和物理量大小的影响可以忽略不计。流体微团也称为流体质点。

本章介绍动量、热量和质量传递的表观现象及其规律。为了顺利应用数学工具描述和处理传递过程问题，引入连续介质假设，即认为所研究的流体内充满大量的流体微团，相邻流体微团之间相互紧挨在一起，它们之间没有空隙，形成一个连续不断的介质。

## 第一节　分子动量传递

### 一、牛顿黏性定律和分子动量传递

如图 1-1 所示，考察在上下两块大平板间充满液体，下板固定，上板以 $u_0$ 的恒定速度向右运动的情形。在忽略边缘效应情况下，当两块板间液体处于定常态层流流动时，液体内剪应力与剪切速率有如式（1-1）的关系。这里所谓层流流动是指流体微团平稳有序向前运动的流动状况，而与之相对应的是流体的湍流流动，湍流流动是指流体微团无序、随机的流动状况。

$$\tau_{yx} = -\mu \frac{\mathrm{d}u_x}{\mathrm{d}y} \tag{1-1}$$

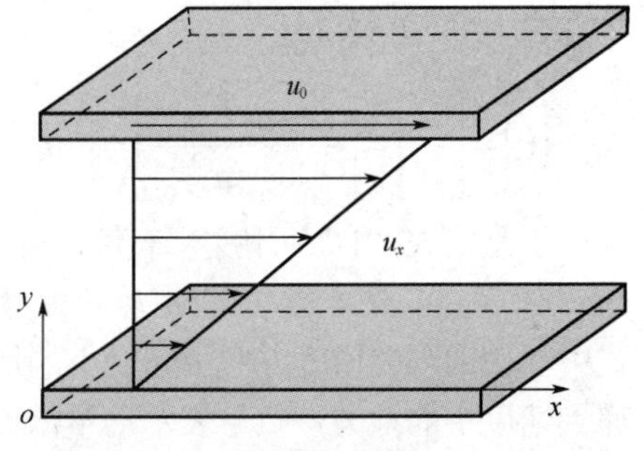

图 1-1　上板做恒速运动时流体速度分布

式中，$\tau_{yx}$ 为剪应力，$\mathrm{N \cdot m^{-2}}$，为单位面积流体层上受到的力，符号第一个下标 $y$ 是指作用面的外法线方向，第二个下标 $x$ 是指作用力的方向，下同；$\mathrm{d}u_x/\mathrm{d}y$ 为剪切速率，或称为形变速率，$\mathrm{s^{-1}}$，为流体层 $x$ 方向的运动速度随 $y$ 方向的变化率；$\mu$为动力黏度，简称为黏度，Pa·s。

式（1-1）称为牛顿黏性定律，表示流体内剪应力与剪切速率成正比，比例系数$\mu$仅与流体种类、温度、压力有关。研究表明，分子量低于 5000 的所有液体和气体做层流流动时，流层间的剪应力与剪切速率的关系都符合牛顿黏性定律，这些流体称为牛顿型流体。除此之外，聚合物水溶液、聚合物液体、悬浮液、泥浆、糨糊等流体流动时的剪应力与剪切速率的关系不能用式（1-1）进行描述，这些流体称为非牛顿型流体。

剪应力$\tau_{yx}$可用图 1-2 进一步说明如下：对于上下两相邻流体层 A 和 B，由于 A 层流体运动速度比 B 层流体的大，所以 A 层流体作用于 B 层流体上的力为$\tau_{yx}$并拖动 B 层流体向右运动，而 B 层流体作用于 A 层流体上的力为$\tau_{-y-x}$并阻碍 A 层流体向右运动，这里剪应力$\tau_{-y-x}$的下标$-y-x$是指力作用面法向方向为$-y$，作用力的方向为$-x$。$\tau_{yx}$和$\tau_{-y-x}$是一对作用与反作用力，它们大小相等，方向相反。$\tau_{yx}$和$\tau_{-y-x}$也称为流体运动的内摩擦力，由此可见，可从作用力的观点阐明相邻流体层间的相互关系。

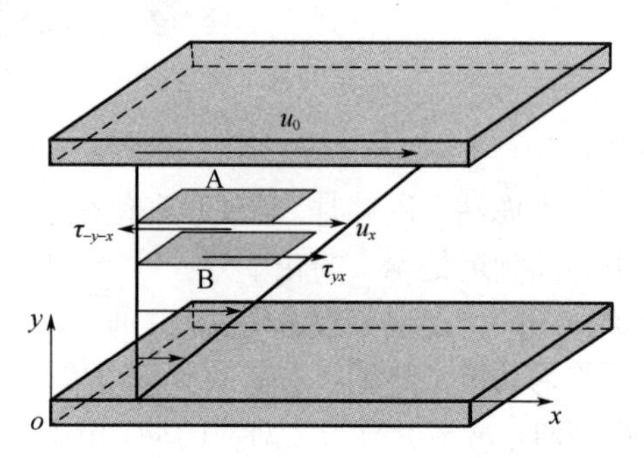

图 1-2　流体层间的相互作用力

另外，也可从动量传递的观点阐述牛顿黏性定律的物理意义，为此将式（1-1）等号右边分子和分母分别乘以流体密度$\rho$，并设密度为常数，则有

$$\tau_{yx}=-\frac{\mu}{\rho}\frac{\mathrm{d}(\rho u_x)}{\mathrm{d}y}=-\nu\frac{\mathrm{d}(\rho u_x)}{\mathrm{d}y} \tag{1-2}$$

式中，$\nu=\dfrac{\mu}{\rho}$为运动黏度，$\mathrm{m^2{\cdot}s^{-1}}$。

式（1-2）中各物理量的量纲及其物理意义分述如下：

$\left[\tau_{yx}\right]=\left[\dfrac{\mathrm{N}}{\mathrm{m^2}}\right]=\left[\dfrac{\mathrm{kg\cdot m\cdot s^{-2}}}{\mathrm{m^2}}\right]=\left[\dfrac{\mathrm{kg\cdot m\cdot s^{-1}}}{\mathrm{m^2\cdot s}}\right]=\left[\dfrac{\text{动量}}{\text{面积}\times\text{时间}}\right]=\left[\text{动量通量}\right]$。这里定义：单位时间通过单位面积的物理量，称为该物理量的通量。于是，$\tau_{yx}$的物理意义为流体动量在单位时间内通过单位流体层面积的动量，即为动量通量。

$\left[\rho u_x\right]=\left[\dfrac{\mathrm{kg}}{\mathrm{m^3}}\cdot\dfrac{\mathrm{m}}{\mathrm{s}}\right]=\left[\dfrac{\mathrm{kg\cdot m\cdot s^{-1}}}{\mathrm{m^3}}\right]=\left[\dfrac{\text{动量}}{\text{体积}}\right]=\left[\text{动量浓度}\right]$，故$\rho u_x$可视为动量浓度，则$\dfrac{\mathrm{d}(\rho u_x)}{\mathrm{d}y}$为动量浓度梯度。

$\left[\nu\right]=\left[\dfrac{\mu}{\rho}\right]=\left[\dfrac{\mathrm{kg\cdot m^{-1}\cdot s^{-1}}}{\mathrm{kg\cdot m^{-3}}}\right]=\left[\mathrm{m^2\cdot s^{-1}}\right]=\left[\text{动量扩散系数}\right]$，称$\nu$为动量扩散系数。

于是，式（1-2）用文字表达，则为

$$\text{动量通量}=-\text{动量扩散系数}\times\text{动量浓度梯度} \tag{1-3}$$

式中，动量浓度梯度方向由速度小的地方指向速度大的地方，而动量通量则由速度大的地方传递到速度小的地方，负号表示动量浓度梯度方向与动量传递方向相反。

研究表明各种不同流体中动量传递具有不同的传递机理。对于气体，动量传递的机理可由气体分子的热运动来理解。如图 1-2 所示，设 A、B 为相邻的两层气体，在 A 层的气体分子（具有较大的宏观运动速度）由于热运动到了 B 层气体（较小的宏观运动速度），将使 B 层气体的动量增大；反之，在 B 层的气体分子由于热运动到了 A 层气体，将使 A 层气体的动量减小，于是 A 层气体与 B 层气体间发生了动量交换，其结果是有净的动量从 A 层气体传向 B 层气体。但对于液体，由于密度比气体大，一般认为分子间的碰撞概率比气体分子间的碰撞概率大得多，液体分子在两次碰撞间只经过一个很短的距离，所以液体中的动量传递主要靠分子间的相互碰撞而进行。

**【例 1-1】** 考虑油漆工涂装涂料时刷子受到的摩擦阻力，设刷子与涂装板面间距为 0.2mm，刷子与板面的接触可以看成是两块大平板间的相互移动，如图 1-2 所示。设刷子移动速度为 $0.8\text{m}\cdot\text{s}^{-1}$，涂料黏度恒定为 5.5Pa·s，试求与涂装板面接触的刷子单位面积受到的摩擦力。

**解** 设刷子与板面间的涂料流动为定常态运动，由于涂料黏度大，刷子与板面间距小，刷子的运动速度低，涂料的流动为层流流动，速度分布为线性，即

$$\frac{\mathrm{d}u_x}{\mathrm{d}y}=\frac{\Delta u_x}{\Delta y}=\frac{0.8-0}{0.0002-0}=4000\text{s}^{-1}$$

代入式（1-1）中，得刷子单位面积受到的摩擦力或动量传递通量

$$\tau_{yx}=-\mu\frac{\mathrm{d}u_x}{\mathrm{d}y}=-5.5\times4000=-2.2\times10^4\,\text{Pa}$$

上述数值为负，表示动量传递是向负 $y$ 方向传递。

## 二、气体的黏度

通过例 1-1 可知，若要计算运动流体的内摩擦力或动量通量，流体的黏度是一个很重要的物理量，但各种流体的黏度数值相差很大，如 20℃时空气的黏度为 $1.82\times10^{-5}$Pa·s，而甘油的黏度为 1.069Pa·s。目前部分流体的黏度数据可通过半经验公式计算得到，而大部分情况下需查数据手册或通过实验测得。下面介绍几个气体黏度的计算公式。

对于低密度单原子气体的黏度可用 Lennard-Jones 参数进行计算

$$\mu=2.6693\times10^{-6}\frac{\sqrt{MT}}{\sigma^2\Omega_\mu} \tag{1-4}$$

式中，$M$ 为摩尔质量，$\text{kg}\cdot\text{kmol}^{-1}$；$T$ 为热力学温度，K；$\sigma$ 为分子的特征直径，经常被称为碰撞直径，Å（1Å=0.1nm，下同）；$\Omega_\mu$ 为无量纲特征数，是无量纲温度 $\kappa T/\varepsilon$ 的函数；$\kappa$ 为 Boltzmann 常数，$1.38066\times10^{-23}\text{J}\cdot\text{K}^{-1}\cdot$分子$^{-1}$；$\varepsilon$ 为特征能量，即为成对分子间的最大吸引能，J·分子$^{-1}$；$\mu$ 为黏度，Pa·s。式（1-4）是从单原子气体运动理论出发而推导出的结果，然而在实践中发现对多原子气体同样适用，但对于含有极性分子或细长形分子的气体，使用该式则得不到可靠的结果。此外，式（1-4）对于 $H_2$ 和 He 轻质气体也不合适。

对于气体混合物的黏度可用威克（Wilke）的半经验式估算

$$\mu_{\text{mix}}=\sum_{i=1}^{n}\frac{\mu_i x_i}{\sum_{j=1}^{n}x_j\Phi_{ij}} \tag{1-5}$$

$$\Phi_{ij}=\frac{1}{\sqrt{8}}\left(1+\frac{M_i}{M_j}\right)^{-\frac{1}{2}}\left[1+\left(\frac{\mu_i}{\mu_j}\right)^{\frac{1}{2}}\left(\frac{M_j}{M_i}\right)^{\frac{1}{4}}\right]^2 \tag{1-6}$$

式中，$n$ 为混合物中的组分数目；$x_i$ 和 $x_j$ 分别为组分 $i$ 和 $j$ 的摩尔分数；$\mu_i$ 和 $\mu_j$ 为纯组分 $i$ 和 $j$ 在系统压力和温度下的黏度；$M_i$ 和 $M_j$ 分别为纯组分 $i$ 和 $j$ 的摩尔质量。实践证明，由式（1-5）

所得的混合物黏度值与实测值的偏差在2%以内。

此外，也可由如下经验式估算气体的黏度

$$\mu = A + BT + CT^2 + DT^3 \tag{1-7}$$

式中，$A$、$B$、$C$和$D$为与物质有关的系数，可由一些数据手册中查取[1]；$T$为热力学温度，K；$\mu$为气体黏度，Pa·s。

【例 1-2】 计算101.3kPa、0℃下$SO_2$气体的黏度。

**解** 由附录表B.1查取$SO_2$的$\sigma$=4.026Å，$\varepsilon/\kappa$=363K，故$\kappa T/\varepsilon = \dfrac{273.15}{363} = 0.75$，据此查附录表B.2，得：$\Omega_\mu$=1.853。$SO_2$的摩尔质量$M$=64.06kg·kmol$^{-1}$。将有关量代入式（1-4）计算得

$$\mu = 2.6693\times10^{-6}\frac{\sqrt{MT}}{\sigma^2\Omega_\mu} = 2.6693\times10^{-6}\times\frac{\sqrt{64.06\times273.15}}{(4.026)^2\times1.853} = 1.176\times10^{-5}\,\text{Pa}\cdot\text{s}$$

$SO_2$在101.3kPa，0℃下黏度的实测值为1.17×10$^{-5}$Pa·s，计算值与实测值的相对误差

$$\frac{1.176\times10^{-5} - 1.17\times10^{-5}}{1.17\times10^{-5}}\times100\% = 0.51\%$$

【例 1-3】 假设空气主要由含摩尔分数为79%的$N_2$和摩尔分数为21%的$O_2$组成，计算101.3kPa，0℃下空气的黏度。

**解** 先由式（1-4）计算纯$N_2$和$O_2$的黏度。

（1）纯$N_2$黏度的计算 由附录表B.1查取$N_2$的$\sigma$=3.667Å，$\varepsilon/\kappa$ =99.8K，故$\kappa T/\varepsilon = \dfrac{273.15}{99.8} = 2.74$，据此查附录表B.2，得：$\Omega_\mu$=1.065。$N_2$的摩尔质量$M$=28.02kg·kmol$^{-1}$。将有关量代入式（1-4）计算得

$$\mu_{N_2} = 2.6693\times10^{-6}\frac{\sqrt{MT}}{\sigma^2\Omega_\mu} = 2.6693\times10^{-6}\times\frac{\sqrt{28.02\times273.15}}{(3.667)^2\times1.065} = 1.631\times10^{-5}\,\text{Pa}\cdot\text{s}$$

（2）纯$O_2$黏度的计算 由附录表B.1查取$O_2$的$\sigma$ =3.433Å，$\varepsilon/\kappa$ =113K，故$\kappa T/\varepsilon = \dfrac{273.15}{113} = 2.42$，据此查附录表B.2，得：$\Omega_\mu$=1.104。$O_2$的摩尔质量$M$=32.00kg·kmol$^{-1}$。将有关量代入式（1-4）计算得

$$\mu_{O_2} = 2.6693\times10^{-6}\frac{\sqrt{MT}}{\sigma^2\Omega_\mu} = 2.6693\times10^{-6}\times\frac{\sqrt{32.00\times273.15}}{(3.433)^2\times1.104} = 1.918\times10^{-5}\,\text{Pa}\cdot\text{s}$$

（3）混合物空气黏度计算 由式（1-6）得

$$\Phi_{N_2O_2} = \frac{1}{\sqrt{8}}\times\left(1+\frac{28.02}{32.00}\right)^{-\frac{1}{2}}\times\left[1+\left(\frac{1.631\times10^{-5}}{1.918\times10^{-5}}\right)^{\frac{1}{2}}\times\left(\frac{32.00}{28.02}\right)^{\frac{1}{4}}\right]^2 = 0.985$$

$$\Phi_{O_2N_2} = \frac{1}{\sqrt{8}}\times\left(1+\frac{32.00}{28.02}\right)^{-\frac{1}{2}}\left[1+\left(\frac{1.918\times10^{-5}}{1.631\times10^{-5}}\right)^{\frac{1}{2}}\times\left(\frac{28.02}{32.00}\right)^{\frac{1}{4}}\right]^2 = 1.014$$

$\Phi_{N_2N_2} = 1$，$\Phi_{O_2O_2} = 1$，将有关量代入式（1-5）得：

$$\mu_{\text{mix}}=\sum_{i=1}^{n}\frac{\mu_i x_i}{\sum_{j=1}^{n}x_j\Phi_{ij}}=\frac{1.631\times10^{-5}\times0.79}{0.21\times0.985+0.79\times1}+\frac{1.918\times10^{-5}\times0.21}{0.79\times1.014+0.21\times1}=1.691\times10^{-5}\ \text{Pa·s}$$

空气在 101.3kPa，0℃下黏度的实测值为 $1.73\times10^{-5}$Pa·s，计算值与实测值的相对误差

$$\frac{1.691\times10^{-5}-1.73\times10^{-5}}{1.73\times10^{-5}}\times100\%=-2.25\%$$

### 三、液体的黏度

对于纯液体的黏度计算，在理论上不如气体的完善。工程上，可用如下的一些经验公式进行估算

$$\lg\mu=A+\frac{B}{T} \tag{1-8}$$

$$\lg\mu=A+\frac{B}{C-T} \tag{1-9}$$

$$\lg\mu=A+\frac{B}{T}+CT+DT^2 \tag{1-10}$$

式中，$A$、$B$、$C$ 和 $D$ 为与物质有关的系数，可由一些数据手册中查取[1]。

对于不缔合的液体混合物的黏度，可用式（1-11）估算

$$\lg\mu_{\text{mix}}=\sum_{i=1}^{n}x_i\lg\mu_i \tag{1-11}$$

式中，$\mu_{\text{mix}}$ 为液体混合物的黏度；$x_i$ 为混合物中组分 $i$ 的摩尔分数；$\mu_i$ 为纯组分 $i$ 在混合物同温度下的黏度；$n$ 为混合物中的组分数。

**【例 1-4】** 估算常压下，戊烷在 20℃时的黏度。

**解** 采用式（1-9）估算，查手册[1]得系数 $A=-4.4907$，$B=-224.14$，$C=31.92$，代入

$$\lg\mu=-4.4907+\frac{-224.14}{31.92-293.15}=-3.633$$

解得 $\mu=2.33\times10^{-4}$ Pa·s

戊烷在 20℃时黏度的实测值为 $2.29\times10^{-4}$ Pa·s，计算值与实测值的相对误差

$$\frac{2.33\times10^{-4}-2.29\times10^{-4}}{2.29\times10^{-4}}\times100\%=1.75\%$$

## 第二节 分子热量传递

### 一、傅里叶定律和分子热量传递

当固体、静止流体或做层流流动流体的内部存在温度差时，就会有热量传递发生，此时热量通量与温度梯度间的关系可用下式描述

$$q=\frac{Q}{A}=-k\frac{\mathrm{d}T}{\mathrm{d}y} \tag{1-12}$$

式中，$q$ 为热量通量，$\text{J·m}^{-2}\text{·s}^{-1}$ 或 $\text{W·m}^{-2}$；$Q$ 为传热速率，$\text{J·s}^{-1}$ 或 W；$A$ 为传热面积，$\text{m}^2$；$\mathrm{d}T/\mathrm{d}y$ 为温度梯度，$℃\text{·m}^{-1}$；$k$ 为物质的热导率，$\text{W·m}^{-1}\text{·}℃^{-1}$。

式（1-12）称为傅里叶定律，表示热量通量与温度梯度成正比，比例系数 $k$ 称为物质的热导率，仅与物质种类、温度、压力有关。

现将式（1-12）等号右边分子和分母分别乘以密度 $\rho$ 和定压比热容 $c_p$，并假设 $\rho$ 和 $c_p$ 为恒定值，则有

$$q=-\frac{k}{\rho c_p}\frac{\mathrm{d}\left(\rho c_p T\right)}{\mathrm{d}y}=-a\frac{\mathrm{d}\left(\rho c_p T\right)}{\mathrm{d}y} \tag{1-13}$$

式中，$a=\dfrac{k}{\rho c_p}$ 称为导温系数，$\mathrm{m^2 \cdot s^{-1}}$。

式（1-13）中各物理量的量纲及其物理意义分述如下：

$[q]=\left[\dfrac{\mathrm{J}}{\mathrm{m^2 \cdot s}}\right]=\left[\dfrac{热量}{面积\times时间}\right]=\left[热量通量\right]$，$q$ 即为热量通量。

$\left[\rho c_p T\right]=\left[\dfrac{\mathrm{kg}}{\mathrm{m^3}}\cdot\dfrac{\mathrm{J}}{\mathrm{kg\cdot K}}\cdot\mathrm{K}\right]=\left[\dfrac{\mathrm{J}}{\mathrm{m^3}}\right]=\left[\dfrac{热量}{体积}\right]=\left[热量浓度\right]$，$\rho c_p T$ 相当于热量浓度。

$[a]=\left[\dfrac{k}{\rho c_p}\right]=\left[\dfrac{\dfrac{\mathrm{J}}{\mathrm{m\cdot s\cdot K}}}{\dfrac{\mathrm{kg}}{\mathrm{m^3}}\cdot\dfrac{\mathrm{J}}{\mathrm{kg\cdot K}}}\right]=\left[\dfrac{\mathrm{m^2}}{\mathrm{s}}\right]=\left[热量扩散系数\right]$，这里 $a$ 也称为热扩散系数。

于是，式（1-13）可用文字表达为

$$热量通量=-热量扩散系数\times热量浓度梯度 \tag{1-14}$$

式中，热量浓度梯度方向由温度低的地方指向温度高的地方，而热量通量则由温度高的地方传递到温度低的地方，负号表示热量浓度梯度方向与热量传递方向相反。

傅里叶定律可适用于固体、静止流体或做层流流动流体的热量传导速率计算。但热量在气体、液体和固体中的传导机理是不相同的。一般认为，气体的导热是靠气体分子不规则热运动，通过气体分子将热量从高温处传导到低温处。液体的导热机理被认为是类似于非导电体的固体，依靠分子在其平衡位置上的振动将热量从高温处导向低温处。在固体中热量以晶格振动、自由电子的迁移方式传递。自由电子可以在晶格之间运动，类似于气体分子易于运动，所以对于良好的导电体，因自由电子数目众多，通过自由电子传递的热量多于晶格振动所传递的热量，这就是良导电体一般也是良导热体的原因。

**【例 1-5】** 如图 1-3 所示，一个间壁式换热器，间壁为一块钢板，钢板下方为水蒸气冷凝，且保持冷凝面上温度为 100℃，钢板上方为甲醇液体沸腾，且保持沸腾面上温度为 64℃。设钢板厚度为 1mm，钢板的热导率为 $45\mathrm{W\cdot m^{-1}\cdot ℃^{-1}}$。试求作定常态传热时钢板内温度分布和热量传递通量。

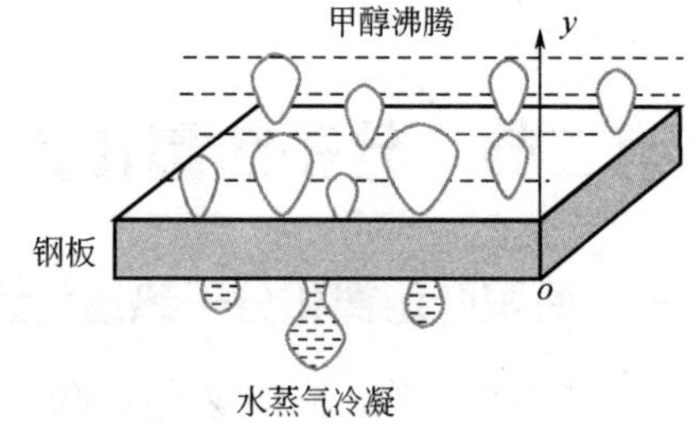

图 1-3 例 1-5 附图

**解** 取如图 1-3 所示坐标系，按题意，作定常态传热时，平板内的温度分布为线性，即

$$\frac{T-100}{y-0}=\frac{64-100}{0.001-0}$$

整理，得平板内温度分布 $T=100-36000y$

$$温度梯度\ \frac{dT}{dy} = -36000\ ℃\cdot m^{-1}$$

温度梯度为负值，说明温度沿 $y$ 方向减小。

将有关量代入式（1-12）中，得热量传递通量

$$q = -k\frac{dT}{dy} = -45\times(-36000) = 1.62\times10^{6}\ W\cdot m^{-2}\ 或\ 162W\cdot cm^{-2}$$

热量通量为正值，说明热量沿 $y$ 方向传递。

## 二、气体的热导率

通过例 1-5 计算可见，要想得到气体、液体和固体中热量通量以及温度分布等有关量，必须要先得到物质的热导率数据。部分物质的热导率可通过半经验公式计算得到，而大部分情况下需查数据手册或通过实验测得。下面介绍几个气体热导率的计算公式。

对于低密度单原子气体的热导率，可用 Chapman-Enskog 公式[2]估算

$$k = 8.3144\times10^{-2}\frac{\sqrt{T/M}}{\sigma^2\Omega_k} \tag{1-15}$$

式中，$k$ 为热导率（又称导热系数），$W\cdot m^{-1}\cdot ℃^{-1}$；$M$ 为摩尔质量，$kg\cdot kmol^{-1}$；$T$ 为热力学温度，K；$\sigma$为分子的特征直径，Å；$\Omega_k$ 为无量纲特征数，是无量纲温度$\kappa T/\varepsilon$的函数，和式（1-4）中的$\Omega_\mu$相同。由式（1-15）可知，气体的热导率随温度升高而增大，与 $T^{1/2}$ 成正比。在中等压力时，气体的热导率几乎与压力无关；压力很低时，如气体分子的平均自由程与容器尺寸数量级相当的情况下，气体热导率与压力有关；在高压下，气体的热导率随压力升高而增大。与估算气体的黏度情况不同，式（1-15）不能用于估算多原子气体的热导率。

对于低密度多原子气体的热导率，Eucken（Eucken 的发音为“Oy-ken”）提出了一个简单的半经验方程

$$k = \left(c_p + \frac{5}{4}R\right)\frac{\mu}{M} \tag{1-16}$$

式中，$c_p$ 为定压比热容，$J\cdot kmol^{-1}\cdot K^{-1}$；$R$ 为摩尔气体常数，其数值为 8314 $J\cdot kmol^{-1}\cdot K^{-1}$。

对于低密度气体混合物的热导率可用类似于估算气体混合物黏度的方法进行计算

$$k_{mix} = \sum_{i=1}^{n}\frac{k_i x_i}{\sum_{j=1}^{n} x_j \Phi_{ij}} \tag{1-17}$$

$$\Phi_{ij} = \frac{1}{\sqrt{8}}\left(1+\frac{M_i}{M_j}\right)^{-\frac{1}{2}}\left[1+\left(\frac{k_i}{k_j}\right)^{\frac{1}{2}}\left(\frac{M_j}{M_i}\right)^{\frac{1}{4}}\right]^2 \tag{1-18}$$

式中，$n$ 为混合物中的组分数目；$x_i$ 和 $x_j$ 分别为组分 $i$ 和 $j$ 的摩尔分数；$k_i$ 和 $k_j$ 为纯组分 $i$ 和 $j$ 在系统压力和温度下的热导率，$W\cdot m^{-1}\cdot ℃^{-1}$；$M_i$ 和 $M_j$ 为纯组分 $i$ 和 $j$ 的摩尔质量，$kg\cdot kmol^{-1}$。

**【例 1-6】** 计算 $N_2$ 和 $O_2$ 在 101.3kPa，0℃下的热导率。

**解** （1）$N_2$ 在 101.3kPa、0℃下的热导率　$N_2$ 为多原子气体，故由式（1-16）进行估算。由附录表 B.1 查取 $N_2$ 的$\sigma$=3.667Å，$\varepsilon/\kappa$=99.8K，故 $\kappa T/\varepsilon = \frac{273.15}{99.8} = 2.74$，据此查附录表 B.2，

$\Omega_\mu=\Omega_k=1.065$。$N_2$ 的摩尔质量 $M=28.02\text{kg}\cdot\text{kmol}^{-1}$。在 101.3kPa，0℃下 $N_2$ 的定压比热容 $c_p=2.909\times10^4\text{J}\cdot\text{kmol}^{-1}\cdot\text{K}^{-1}$。将有关量代入式（1-4）计算得

$$\mu_{N_2}=2.6693\times10^{-6}\frac{\sqrt{MT}}{\sigma^2\Omega_\mu}=2.6693\times10^{-6}\times\frac{\sqrt{28.02\times273.15}}{(3.667)^2\times1.065}=1.631\times10^{-5}\,\text{Pa}\cdot\text{s}$$

代入式（1-16），得

$$k=\left(c_p+\frac{5}{4}R\right)\frac{\mu}{M}=\left(2.909\times10^4+\frac{5}{4}\times8314\right)\times\frac{1.631\times10^{-5}}{28.02}=0.02298\,\text{W}\cdot\text{m}^{-1}\cdot℃^{-1}$$

101.3kPa，0℃下 $N_2$ 热导率的实测值为 $0.0222\text{W}\cdot\text{m}^{-1}\cdot℃^{-1}$，计算值与实测值的相对误差

$$\frac{0.02298-0.0222}{0.0222}\times100\%=3.51\%$$

（2）$O_2$ 在 101.3kPa、0℃下的热导率　$O_2$ 为多原子气体，故由式（1-16）进行估算。由附录表 B.1 查取 $O_2$ 的 $\sigma=3.433\text{Å}$，$\varepsilon/\kappa=113\text{K}$，故 $\kappa T/\varepsilon=\frac{273.15}{113}=2.42$，据此查附录表 B.2，得：$\Omega_\mu=\Omega_k=1.104$。$O_2$ 的摩尔质量 $M=32.00\text{kg}\cdot\text{kmol}^{-1}$。在 101.3kPa，0℃下 $O_2$ 的定压比热容 $c_p=2.925\times10^4\text{J}\cdot\text{kmol}^{-1}\cdot\text{K}^{-1}$。将有关量代入式（1-4）计算得

$$\mu_{O_2}=2.6693\times10^{-6}\frac{\sqrt{MT}}{\sigma^2\Omega_\mu}=2.6693\times10^{-6}\times\frac{\sqrt{32.00\times273.15}}{(3.433)^2\times1.104}=1.918\times10^{-5}\,\text{Pa}\cdot\text{s}$$

代入式（1-16），得

$$k=\left(c_p+\frac{5}{4}R\right)\frac{\mu}{M}=\left(2.925\times10^4+\frac{5}{4}\times8314\right)\times\frac{1.918\times10^{-5}}{32.00}=0.02376\,\text{W}\cdot\text{m}^{-1}\cdot℃^{-1}$$

101.3kPa，0℃下 $O_2$ 热导率的实测值为 $0.0246\text{W}\cdot\text{m}^{-1}\cdot℃^{-1}$，计算值与实测值的相对误差

$$\frac{0.02376-0.0246}{0.0246}\times100\%=-3.41\%$$

## 三、液体的热导率

液体的热导率比气体的大 10～100 倍。绝大部分有机液体的热导率数值介于 0.1～0.17 $\text{W}\cdot\text{m}^{-1}\cdot℃^{-1}$ 之间，水、液氨及一些极性液体的热导率比一般有机液体的高出几倍，而液态金属的热导率甚至高达几十瓦·米$^{-1}$·℃$^{-1}$。

对于单原子及多原子液体，当液体密度远高于临界密度的情况，液体的热导率可用修正的 Bridgman 公式估算

$$k=2.8\left(\tilde{N}/\tilde{V}\right)^{2/3}\kappa v_s \tag{1-19}$$

式中，$k$ 为热导率，$\text{W}\cdot\text{m}^{-1}\cdot\text{K}^{-1}$；$\tilde{N}$ 为 Avogadro 常数，$6.02214\times10^{23}$ 分子·mol$^{-1}$；$\tilde{V}$ 为摩尔体积，$\text{m}^3\cdot\text{mol}^{-1}$；$\kappa$ 为 Boltzmann 常数，$1.38066\times10^{-23}\text{J}\cdot\text{K}^{-1}\cdot$分子$^{-1}$；$v_s$ 为低频音速，$\text{m}\cdot\text{s}^{-1}$，可由下式计算得到

$$v_s=\sqrt{\frac{c_p}{c_V}\left(\frac{\partial p}{\partial\rho}\right)_T} \tag{1-20}$$

式中，$\left(\frac{\partial p}{\partial\rho}\right)_T$ 的数值可以由恒温压缩系数测量值，或状态方程或压缩系数关联式计算得到，$c_V$ 为定容比热容，对于液体除接近临界点外，$c_p/c_V\approx1$。

液体可视为不可压缩流体，所以压力对液体的热导率几乎没有影响，而温度对液体的热导率有较大的影响，可用如下经验式估算[1]

有机物液体
$$\lg k = A + B\left(1-\frac{T}{C}\right)^{2/7} \tag{1-21}$$

无机物液体
$$k = A + BT + CT^2 \tag{1-22}$$

式中，$A$、$B$ 和 $C$ 由实验数据拟合；$k$ 为热导率，$\mathrm{W{\cdot}m^{-1}{\cdot}K^{-1}}$；$T$ 为热力学温度，K。

有机均相混合液的热导率可用下式估算

$$k_{\mathrm{mix}} = \sum_{i=1}^{n} a_i k_i \tag{1-23}$$

有机水溶液的热导率可用下式估算

$$k_{\mathrm{mix}} = 0.9\sum_{i=1}^{n} a_i k_i \tag{1-24}$$

式中，$a_i$ 为组分 $i$ 的质量分数；$k_i$ 为纯液体组分 $i$ 的热导率。

**【例 1-7】** 用式（1-19）估算液体 $CCl_4$ 在 20℃和 1atm（1atm=101325Pa，下同）下的热导率。已知四氯化碳的密度为 $1595\mathrm{kg{\cdot}m^{-3}}$，等温压缩系数为 $90.7\times10^{-6}\mathrm{atm^{-1}}$。

**解** 等温压缩系数 $\dfrac{1}{\rho}\left(\dfrac{\partial\rho}{\partial p}\right)_T = 90.7\times10^{-6}\ \mathrm{atm^{-1}} = \dfrac{90.7\times10^{-6}}{1.013\times10^{5}} = 8.95\times10^{-10}\ \mathrm{Pa^{-1}}$，对于液体 $c_p/c_V=1$，将相关数据代入式（1-20），得

$$v_{\mathrm{s}} = \sqrt{\frac{c_p}{c_V}\left(\frac{\partial p}{\partial\rho}\right)_T} = \sqrt{1\times\frac{1}{1595\times8.95\times10^{-10}}} = 837.0\ \mathrm{m{\cdot}s^{-1}}$$

$CCl_4$ 的摩尔质量 $M$=153.84kg·kmol$^{-1}$，所以摩尔体积

$$\tilde{V} = \frac{M}{\rho} = \frac{153.84}{1595} = 0.0965\ \mathrm{m^3{\cdot}kmol^{-1}}=9.65\times10^{-5}\mathrm{m^3{\cdot}mol^{-1}}$$

将上述各值代入式（1-19），得

$$k = 2.8\left(\tilde{N}/\tilde{V}\right)^{2/3}\kappa v_{\mathrm{s}} = 2.8\times\left(\frac{6.02214\times10^{23}}{9.65\times10^{-5}}\right)^{2/3}\times1.38066\times10^{-23}\times837.0 = 0.1097\ \mathrm{W{\cdot}m^{-1}{\cdot}K^{-1}}$$

实测值为 $0.103\mathrm{W{\cdot}m^{-1}{\cdot}K^{-1}}$，计算值与实测值的相对误差

$$\frac{0.1097-0.103}{0.103}\times100\% = 6.5\%$$

**【例 1-8】** 估算乙醇及水在 50℃下的热导率。

**解** （1）乙醇为有机液体，用式（1-21）估算其热导率。查得相应的系数[1] $A= -1.3172$，$B$=0.6987，$C$=516.25。$T$=273.15+50=323.15K。将相关数据代入式（1-21），得

$$\lg k = A + B\left(1-\frac{T}{C}\right)^{2/7} = -0.79$$

计算得：$k$=0.1623W·m$^{-1}$·K$^{-1}$。乙醇在 50℃下热导率的实测值为 0.1771W·m$^{-1}$·K$^{-1}$。

（2）水是无机液体，用式（1-22）估算其热导率。查得相应的系数[1] $A$=−0.2758，$B$=$4.612\times10^{-3}$，$C= -5.5391\times10^{-6}$。$T$=273.15+50=323.15$K$。将相关数据代入式（1-22），得

$$k = A + BT + CT^2 = 0.6361\ \mathrm{W{\cdot}m^{-1}{\cdot}K^{-1}}$$

水在 50℃下热导率的实测值为 $0.648\text{W}\cdot\text{m}^{-1}\cdot\text{K}^{-1}$，计算值与实测值的相对误差

$$\frac{0.6361-0.648}{0.648}\times 100\% = -1.84\%$$

## 四、固体的热导率

固体的导热性能与许多因素有关，而这些影响因素又难于确定，因此固体的热导率必须由实验测定。一般来说，金属的导热性能优于非金属，而结晶体的导热性能好于非结晶体。由于自由电子不仅载有电荷，同时也是主要的载热体，因此对于含有大量自由电子的纯金属，不仅是优良的导电体也是优良的导热体。在固体材料中，干燥的多孔性固体导热性能最差，其原因是多孔材料中充满气体，而气体的导热性能在气体、液体和固体中是最差的，因而干燥的多孔性固体可作为绝热材料使用。

在工程应用中，尚需注意纯度对热导率的影响很大，杂质的存在可使热导率大大下降，例如 20℃下纯铜的热导率为 $386\text{W}\cdot\text{m}^{-1}\cdot\text{K}^{-1}$，如掺杂有极微量的砷，热导率的数值就会减小到 $140\text{W}\cdot\text{m}^{-1}\cdot\text{K}^{-1}$；又如不含碳的铁热导率为 $73\text{W}\cdot\text{m}^{-1}\cdot\text{K}^{-1}$，若含碳 0.5%、1%和 1.5%的钢，热导率分别降为 $54\text{W}\cdot\text{m}^{-1}\cdot\text{K}^{-1}$、$43\text{W}\cdot\text{m}^{-1}\cdot\text{K}^{-1}$ 和 $36\text{W}\cdot\text{m}^{-1}\cdot\text{K}^{-1}$。所以在工程应用上，特定固体材料的热导率最好由实验测定。

# 第三节　分子质量传递

## 一、费克定律和分子质量传递

当静止流体或做层流流动流体的内部存在浓度差时，就会有质量传递发生，此时质量通量与浓度梯度间的关系可用如下的费克定律描述

$$j_A = -D_{AB}\frac{d\rho_A}{dy} \tag{1-25}$$

式中，$j_A$ 为组分 A 的质量通量，$\text{kg}\cdot\text{m}^{-2}\cdot\text{s}^{-1}$；$D_{AB}$ 为组分 A 在组分 B 中的扩散系数，$\text{m}^2\cdot\text{s}^{-1}$；$\rho_A$ 为组分 A 的密度，$\text{kg}\cdot\text{m}^{-3}$；$d\rho_A/dy$ 为组分 A 的质量浓度梯度，$\text{kg}\cdot\text{m}^{-4}$。

式（1-25）也可写成以物质的量为基准的费克定律

$$J_A = -D_{AB}\frac{dC_A}{dy} \tag{1-26}$$

式中，$J_A$ 为组分 A 的摩尔通量，$\text{kmol}\cdot\text{m}^{-2}\cdot\text{s}^{-1}$；$D_{AB}$ 为组分 A 在组分 B 中的扩散系数，$\text{m}^2\cdot\text{s}^{-1}$；$C_A$ 为组分 A 的摩尔浓度，$\text{kmol}\cdot\text{m}^{-3}$；$dC_A/dy$ 为组分 A 的摩尔浓度梯度，$\text{kmol}\cdot\text{m}^{-4}$。

于是，式（1-25）的文字表达式为

$$\text{质量通量} = -\text{扩散系数}\times\text{质量浓度梯度} \tag{1-27}$$

在气体、液体和固体中都会发生分子扩散，其机理类似于气体中的动量传递和热量传递，都是依靠分子的无规则运动而引起的传递。

由式（1-3）、式（1-14）和式（1-27）可见，牛顿黏性定律、傅里叶定律和费克定律可以写成统一文字表达式，即

$$\text{通量} = -\text{扩散系数}\times\text{浓度梯度} \tag{1-28}$$

式（1-3）、式（1-14）和式（1-27）统称为现象方程。

【例 1-9】 在厚度为 0.3mm 的膜两侧，氢气分压分别为 300kPa 和 100kPa。在 25℃时，氢气在膜中的扩散系数为 $8.7\times10^{-8}\text{m}^2\cdot\text{s}^{-1}$，氢气在膜中的溶解度为 $1.5\times10^{-5}\text{kmol}\cdot\text{m}^{-3}\cdot\text{kPa}^{-1}$。试求氢气在膜中的摩尔通量。

**解** 如图 1-4 所示，氢气在膜两侧的浓度为：$y_1=0$，$C_{A1}=300\times1.5\times10^{-5}=4.5\times10^{-3}\text{kmol}\cdot\text{m}^{-3}$；$y_2=3\times10^{-4}\text{m}$，$C_{A2}=100\times1.5\times10^{-5}=1.5\times10^{-3}\text{kmol}\cdot\text{m}^{-3}$。

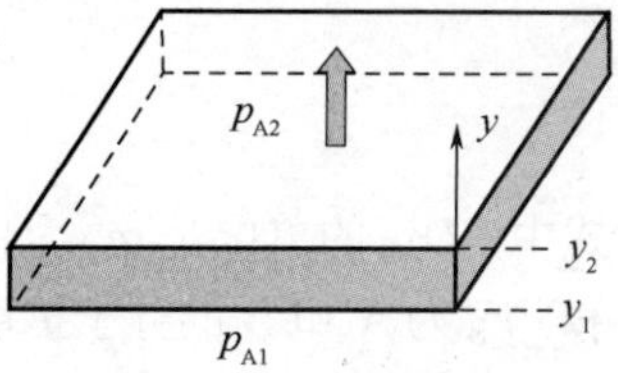

作定常态传质时，膜内的浓度分布为线性，即

$$\frac{C_A-C_{A1}}{y-y_1}=\frac{C_{A2}-C_{A1}}{y_2-y_1}$$

整理，得膜内浓度分布 $C_A=4.5\times10^{-3}-10y$

浓度梯度 $$\frac{dC_A}{dy}=-10\ \text{kmol}\cdot\text{m}^{-4}$$

浓度梯度为负值，说明浓度沿 $y$ 方向减小。



图 1-4　例 1-9 附图

代入式（1-26）中，得摩尔传递通量

$$J_A=-D_{AB}\frac{dC_A}{dy}=-8.7\times10^{-8}\times(-10)=8.7\times10^{-7}\ \text{kmol}\cdot\text{m}^{-2}\cdot\text{s}^{-1}$$

摩尔通量为正值，说明氢气沿 $y$ 方向传递。

## 二、气体的扩散系数

如例 1-9 所示，扩散系数对于求取传质通量至关重要。下面介绍几个求取气体扩散系数的公式。对于低压下的特定二元气体混合物，体系的扩散系数与压强成反比，而随温度上升而增大，但与组成浓度几乎无关。

类似于推导气体的黏度和热导率的计算公式，在低密度下，Chapman-Enskog 从气体分子运动论出发推导获得计算双组分气体混合物扩散系数的理论公式

$$D_{AB}=\frac{0.01881T^{1.5}}{p\sigma_{AB}^2\Omega_D}\left(\frac{1}{M_A}+\frac{1}{M_B}\right)^{0.5} \tag{1-29}$$

式中，$D_{AB}$ 为扩散系数，$\text{m}^2\cdot\text{s}^{-1}$；$T$ 为热力学温度，K；$M_A$、$M_B$ 为组分 A 和 B 的摩尔质量，$\text{kg}\cdot\text{kmol}^{-1}$；$p$ 为总压，Pa；$\sigma_{AB}$ 为分子的碰撞直径，Å；$\Omega_D$ 为无量纲特征数，是无量纲温度 $\kappa T/\varepsilon$ 的函数；$\kappa$ 为 Boltzmann 常数，$1.38066\times10^{-23}\text{J}\cdot\text{K}^{-1}\cdot$分子$^{-1}$。$\varepsilon_{AB}$ 为分子 A、B 间作用的特征能量，J·分子$^{-1}$。$\sigma_{AB}$ 和 $\varepsilon_{AB}$ 可根据纯组分 A、B 的 $\sigma$、$\varepsilon$ 值由下列关系求出

$$\sigma_{AB}=\frac{1}{2}(\sigma_A+\sigma_B) \tag{1-30}$$

$$\frac{\varepsilon_{AB}}{\kappa}=\left(\frac{\varepsilon_A}{\kappa}\frac{\varepsilon_B}{\kappa}\right)^{0.5} \tag{1-31}$$

一些纯组分的 $\sigma$ 和 $\varepsilon/\kappa$ 可从附录 B.1 中查取。目前，对非极性双组分混合气体扩散系数的求取，式（1-29）被认为是较好的公式，计算值与实验数据的偏差在 6%以内。此式也常用来外推实验数据之用，对于高达 2.5MPa 的中压范围也适用。

Slattery-Bird 结合分子运动理论和对比态概念，得出一个估算低压下扩散系数的公式

$$\frac{pD_{AB}}{(p_{cA}p_{cB})^{1/3}(T_{cA}T_{cB})^{5/12}(1/M_A+1/M_B)^{1/2}}=a\left(\frac{T}{\sqrt{T_{cA}T_{cB}}}\right)^b \tag{1-32}$$

式中，$D_{AB}$的单位是$cm^2 \cdot s^{-1}$；$p$、$p_{cA}$和$p_{cB}$分别为系统总压和组分A、B的临界压力，atm；$T$、$T_{cA}$和$T_{cB}$分别为系统温度和组分A、B的临界温度，K；$M_A$和$M_B$分别为组分A和B的摩尔质量，$kg \cdot kmol^{-1}$；对于非极性气体对（氦和氢除外），$a=2.745\times10^{-4}$，$b=1.823$；对于水和一个非极性气体，$a=3.640\times10^{-4}$，$b=2.334$。式（1-32）所估算的值与实测值偏差在6%～10%之间。

Fuller等用实验数据关联得到估算双组分气体扩散系数的半经验公式

$$D_{AB}=\frac{0.01011T^{1.75}}{p\left[\left(\sum V_A\right)^{1/3}+\left(\sum V_B\right)^{1/3}\right]^2}\left(\frac{1}{M_A}+\frac{1}{M_B}\right)^{0.5} \tag{1-33}$$

式中，$D_{AB}$的单位是$m^2 \cdot s^{-1}$；$M_A$和$M_B$的单位是$kg \cdot kmol^{-1}$；$p$的单位是Pa；$T$的单位是K；$\sum V_A$和$\sum V_B$为A和B的分子扩散体积。对于一般有机化合物蒸气，分子扩散体积$\sum V_A$和$\sum V_B$可按分子式由相应的原子扩散体积加和而得，至于一些简单的物质，如氧、氢、空气等，可直接采用分子扩散体积的值。某些元素的原子扩散体积和简单物质的分子扩散体积的数值见表1-1和表1-2。

**表1-1 原子（分子）中的结构基团的扩散体积** 单位：$cm^3 \cdot mol^{-1}$

| 基团 | 扩散体积 | 基团 | 扩散体积 |
|---|---|---|---|
| C | 16.50 | Cl | 19.5 |
| H | 1.98 | S | 17.0 |
| O | 5.48 | 芳香族环 | −20.2 |
| N | (5.69) | 杂环 | −20.2 |

**表1-2 简单分子的扩散体积** 单位：$cm^3 \cdot mol^{-1}$

| 物质分子 | 扩散体积 | 物质分子 | 扩散体积 |
|---|---|---|---|
| He | 2.88 | CO | 18.90 |
| Ar | 16.10 | $CO_2$ | 26.90 |
| Kr | 22.80 | $N_2O$ | 35.90 |
| $H_2$ | 7.07 | $NH_3$ | 14.90 |
| $D_2$ | 6.70 | $H_2O$ | 12.70 |
| $N_2$ | 17.90 | $SF_6$ | (69.70) |
| $O_2$ | 16.60 | $Cl_2$ | 37.70 |
| 空气 | 20.10 | $SO_2$ | 41.10 |

注：1. 括号中的数值不确切。

2. 数据来源：取自Fuller、Schettler和Giddings（1966）。

**【例1-10】** 应用式（1-29）估算1atm，0℃下$CO_2$在$H_2$中的扩散系数。

**解** 已知：$T$=273.15K，$M_A$=44.01$kg \cdot kmol^{-1}$，$M_B$=2.02$kg \cdot kmol^{-1}$，$p$=101325Pa。

查附录表B.1，$CO_2$：$\sigma_A$=3.996 Å，$\varepsilon_A/\kappa$=190K。$H_2$：$\sigma_B$=2.915 Å，$\varepsilon_B/\kappa$=38.0K。

故$\sigma_{AB}=0.5(\sigma_A+\sigma_B)=0.5\times(3.996+2.915)=3.4555$Å；$\dfrac{\varepsilon_{AB}}{\kappa}=\left(\dfrac{\varepsilon_A}{\kappa}\dfrac{\varepsilon_B}{\kappa}\right)^{0.5}=(190\times38.0)^{0.5}=84.97$ K。

于是，得$\kappa T/\varepsilon_{AB}=273.15/84.97=3.215$。查附录B.2得扩散碰撞积分$\Omega_D=0.9329$，代入式（1-29）得

$$D_{AB}=\frac{0.01881T^{1.5}}{p\sigma_{AB}^2\Omega_D}\left(\frac{1}{M_A}+\frac{1}{M_B}\right)^{0.5}=\frac{0.01881\times273.15^{1.5}}{101325\times3.4555^2\times0.9329}\times\left(\frac{1}{44.01}+\frac{1}{2.02}\right)^{0.5}$$

$$=5.414\times10^{-5}\,\mathrm{m^2\cdot s^{-1}}$$

1atm，0℃下$CO_2$在$H_2$中的扩散系数实测值为$5.5\times10^{-5}\mathrm{m^2\cdot s^{-1}}$，计算值与实测值的相对误差

$$\frac{5.414\times10^{-5}-5.5\times10^{-5}}{5.5\times10^{-5}}\times100\%=-1.56\%$$

**【例 1-11】** 应用式（1-32）估算 1atm，0℃下$CO_2$在$H_2$中的扩散系数。

**解** 式（1-32）中所需要的数据由附录表 B.1 查得，列表如下：

| 标记 | 物质 | $M$/kg·kmol$^{-1}$ | $T_c$/K | $p_c$/atm |
|---|---|---|---|---|
| A | $CO_2$ | 44.01 | 304.2 | 72.8 |
| B | 氢气 | 2.02 | 33.3 | 12.8 |

于是，得$(p_{cA}p_{cB})^{1/3}=(72.8\times12.8)^{1/3}=9.77$，$(T_{cA}T_{cB})^{5/12}=(304.2\times33.3)^{5/12}=46.67$

$$\left(\frac{1}{M_A}+\frac{1}{M_B}\right)^{0.5}=\left(\frac{1}{44.01}+\frac{1}{2.02}\right)^{0.5}=0.7196$$

$$a\left(\frac{T}{\sqrt{T_{cA}T_{cB}}}\right)^b=2.745\times10^{-4}\times\left(\frac{273.15}{\sqrt{304.2\times33.3}}\right)^{1.823}=1.694\times10^{-3}$$

将各项数值代入$\dfrac{pD_{AB}}{(p_{cA}p_{cB})^{1/3}(T_{cA}T_{cB})^{5/12}(1/M_A+1/M_B)^{1/2}}=a\left(\dfrac{T}{\sqrt{T_{cA}T_{cB}}}\right)^b$，解得

$$D_{AB}=0.556\mathrm{cm^2\cdot s^{-1}}=5.56\times10^{-5}\mathrm{m^2\cdot s^{-1}}$$

1atm，0℃下$CO_2$在$H_2$中的扩散系数实测值为$5.5\times10^{-5}\mathrm{m^2\cdot s^{-1}}$，计算值与实测值的相对误差

$$\frac{5.56\times10^{-5}-5.5\times10^{-5}}{5.5\times10^{-5}}\times100\%=1.09\%$$

**【例 1-12】** 应用式（1-33）估算 1atm，0℃下$CO_2$在$H_2$中的扩散系数。

**解** $T$=273.15K，$M_A$=44.01kg·kmol$^{-1}$，$M_B$=2.02kg·kmol$^{-1}$，$p$=101325Pa。由表 1-2 查得：二氧化碳的分子扩散体积$\sum V_A$=26.90，氢气的分子扩散体积$\sum V_B$=7.07。将各量代入式（1-33），

$$D_{AB}=\frac{0.01011T^{1.75}}{p\left[\left(\sum V_A\right)^{1/3}+\left(\sum V_B\right)^{1/3}\right]^2}\left(\frac{1}{M_A}+\frac{1}{M_B}\right)^{0.5}$$

$$=\frac{0.01011\times273.15^{1.75}}{101325\times\left(26.9^{1/3}+7.07^{1/3}\right)^2}\times\left(\frac{1}{44.01}+\frac{1}{2.02}\right)^{0.5}=5.45\times10^{-5}\,\mathrm{m^2\cdot s^{-1}}$$

1atm、0℃下$CO_2$在$H_2$中的扩散系数实测值为$5.5\times10^{-5}\mathrm{m^2\cdot s^{-1}}$，计算值与实测值的相对误差

$$\frac{5.45\times10^{-5}-5.5\times10^{-5}}{5.5\times10^{-5}}\times100\%=-0.91\%$$

## 三、液体的扩散系数

液体中溶质的扩散系数不仅与物系的种类、温度有关，而且与溶质的浓度也有关系。目前液体中溶质扩散理论还不完善，其扩散系数的计算只能采用半经验方法。

对于非电解质在稀溶液中的扩散系数，Wilke 和 Chang 提出一个比较普遍适用的方程

$$D_{AB}=1.1728\times10^{-16}\left(\Phi M_B\right)^{0.5}T/\left(\mu_B V_A^{0.6}\right) \tag{1-34}$$

式中，$D_{AB}$为溶质A在溶剂B中的扩散系数，$m^2{\cdot}s^{-1}$；$M_B$为溶剂的摩尔质量，$kg{\cdot}kmol^{-1}$；$T$为热力学温度，K；$\mu_B$为溶剂的黏度，Pa·s；$V_A$为溶质在常沸点下的摩尔体积，$m^3{\cdot}kmol^{-1}$；$\Phi$为溶剂的缔合参数，可采用下述数值：水为2.26，甲醇为1.9，乙醇为1.5，苯、乙醚、庚烷为1.0，对于无缔合性的溶剂也取1.0。式（1-34）适用于非电解质稀溶液，且溶液为较小的分子，其估算值与观测值偏差在13%以内。

某些常见物质在常沸点下的摩尔体积$V_A$值，参见表1-3。对其他物质，则取其分子式中所含摩尔体积的加和值。某些物质在常沸点下的摩尔体积值参见表1-4。若水以溶质的形式存在于有机溶剂中，由于水发生缔合，其摩尔体积应取正常值的4倍，故由式（1-34）算得之值需要除以2.3。

对于非水合且摩尔质量大于1000$kg{\cdot}kmol^{-1}$的大分子溶质，以及溶质摩尔体积$V_A$大于500$cm^3{\cdot}kmol^{-1}$的水溶液，大分子溶质的扩散系数可采用下式估算

$$D_{AB}=\frac{9.96\times10^{-16}T}{\mu V_A^{1/3}} \tag{1-35}$$

式中，$D_{AB}$为扩散系数，$m^2{\cdot}s^{-1}$；$T$为热力学温度，K；$\mu$为溶液黏度，Pa·s；$V_A$为溶质在常沸点下的摩尔体积，$m^3{\cdot}kmol^{-1}$，可用表1-3及表1-4求取。

**表1-3 某些常见物质在常沸点下的摩尔体积** 单位：$cm^3{\cdot}kmol^{-1}$

| 物质 | 摩尔体积 | 物质 | 摩尔体积 |
|---|---|---|---|
| 空气 | 29.9 | $H_2O$ | 18.9 |
| $H_2$ | 14.3 | $H_2S$ | 32.9 |
| $O_2$ | 25.6 | $NH_3$ | 25.8 |
| $N_2$ | 31.2 | NO | 23.6 |
| $Br_2$ | 53.2 | $N_2O$ | 36.4 |
| $Cl_2$ | 48.4 | $SO_2$ | 44.8 |
| CO | 30.7 | $I_2$ | 71.5 |
| $CO_2$ | 34.0 | | |

**表1-4 某些物质在常沸点下的摩尔体积** 单位：$cm^3{\cdot}kmol^{-1}$

| 物质 | 摩尔体积 | 物质 | 摩尔体积 |
|---|---|---|---|
| 碳 | 14.8 | 氟 | 8.7 |
| 氢：在氢分子中 | 7.15 | 氯：在R—Cl中（结尾） | 21.6 |
| 在化合物中 | 3.7 | 在R—CH—Cl—R中 | 24.6 |
| 氧（在下述者除外） | 7.4 | 氮：有双键的 | 15.6 |
| 成碳基的 | 7.4 | 在伯胺中（—$NH_2$） | 10.5 |
| 与其他两种元素连接时： | | 在仲胺中 | 12.0 |
| 在醛、酮中 | 7.4 | 溴 | 27.0 |
| 在甲醚中 | 9.9 | 碘 | 37.0 |
| 在甲酯中 | 9.1 | 硫 | 25.6 |
| 在乙醚中 | 9.9 | 磷 | 27 |
| 在乙酯中 | 9.9 | 砷 | 30.5 |
| 在较高级酯和醚中 | 11.0 | 硅 | 32.5 |
| 在酸类中（—OH） | 12.0 | | |
| 与S、P、N相连 | 8.3 | | |

【例 1-13】 应用式（1-34）估算 10℃时乙醇在稀水溶液中的扩散系数。

**解**　记乙醇为组分 A，水为组分 B。10℃时水的黏度 $\mu_B$=1.3077×$10^{-3}$Pa·s，由表 1-4 查得乙醇（$C_2H_5OH$）分子中各原子的体积，然后加和，即

$$V_A = 2V_C + 6V_H + V_O = 2\times 0.0148 + 6\times 0.0037 + 0.0074 = 0.0592\,\mathrm{m^3\cdot kmol^{-1}}$$

又 $\Phi$=2.26，$M_B$=18.02kg·kmol$^{-1}$。将有关数据代入式（1-34）中，得

$$\begin{aligned}D_{AB} &= 1.1728\times10^{-16}\left(\Phi M_B\right)^{0.5} T/\left(\mu_B V_A^{0.6}\right)\\ &= 1.1728\times10^{-16}\times\left(2.26\times18.02\right)^{0.5}\times283.15/\left(1.3077\times10^{-3}\times0.0592^{0.6}\right)\\ &= 8.84\times10^{-10}\,\mathrm{m^2\cdot s^{-1}}\end{aligned}$$

# 第四节　对流传递

当流体内部存在湍流流动时，流体内部充满了大量的涡旋，此时动量传递、热量传递或质量传递主要由流体微团的无规则运动引起，称为涡流传递。这种情况下的传递通量不能用牛顿黏性定律、傅里叶定律和费克定律来计算。可用下面方法估算涡流传递的物理量。

## 一、对流动量通量

当流体内部存在湍流流动时，流体内部充满了大量的涡旋，此时动量传递主要由流体微团的无规则运动引起，称为涡流动量传递。涡流动量通量用下式计算

$$\tau' = -\varepsilon\frac{\mathrm{d}\left(\rho u_x\right)}{\mathrm{d}y} \tag{1-36}$$

式中，$\tau'$为涡流动量通量，也称涡流剪应力，N·m$^{-2}$；$\varepsilon$为涡流扩散系数，或称涡流运动黏度，m$^2$·s$^{-1}$。

当流体沿界面（如气-液、液-液、气-固或液-固）流动时，流体主体与界面间会发生动量传递，此时的动量传递包括分子动量传递和涡流动量传递，为了计算方便，用下式来计算界面与流体主体之间的对流动量通量，即工程上称为壁面剪应力

$$\tau_w = C_D\frac{\rho u_0^2}{2} \tag{1-37}$$

式中，$C_D$为曳力系数，无量纲，通常通过实验测定得到；$\rho$为流体密度；$u_0$为流体主体速度。

当流体在管道内流动时，式（1-37）也可用下式表示

$$\tau_w = f\frac{\rho u_b^2}{2} = \lambda\frac{\rho u_b^2}{8} \tag{1-38}$$

式中，$f$称为范宁摩擦因子；$\lambda$称为摩擦系数；$\rho$为流体密度；$u_b$为管内流体平均速度。

## 二、对流热量通量

当流体内部存在湍流流动时，流体内部充满了大量的涡旋，此时热量传递主要由流体微团的无规则运动引起，称为涡流热量传递。涡流热量通量用下式计算

$$q' = -\varepsilon_H\frac{\mathrm{d}\left(\rho c_p T\right)}{\mathrm{d}y} \tag{1-39}$$

式中，$q'$为涡流热量通量，W·m$^{-2}$；$\varepsilon_H$为涡流热扩散系数，m$^2$·s$^{-1}$。

当流体沿界面（如气-液、液-液、气-固或液-固）流动时，流体主体与界面间会发生热量传递，这时的热量传递包括分子热量传递和涡流热量传递，称为对流传热。工程上为了计算方便，用下式来计算对流传热通量

$$q = h(T_0 - T_s) \tag{1-40}$$

式中，$h$ 为对流传热系数，$W \cdot m^{-2} \cdot K^{-1}$，通常通过实验测定得到；$T_0$ 为流体主体温度；$T_s$ 为界面处温度。式（1-40）也称牛顿冷却定律。

## 三、对流质量通量

当流体内部存在湍流流动时，流体内部充满了大量的涡旋，此时质量传递主要由流体微团的无规则运动引起，称为涡流质量传递。涡流质量通量用下式计算

$$j'_A = -\varepsilon_M \frac{d\rho_A}{dy} \tag{1-41}$$

式中，$j'_A$ 为涡流质量通量，$kg \cdot m^{-2} \cdot s^{-1}$；$\varepsilon_M$ 为涡流质量扩散系数，$m^2 \cdot s^{-1}$。

当流体沿界面（如气-液、液-液、气-固或液-固）流动时，流体主体与界面间会发生质量传递，这时的质量传递包括分子质量传递和涡流质量传递，称为对流传质。工程上为了计算方便，用下式来计算对流传质通量

$$N_A = k_C^0 (C_{A0} - C_{As}) \tag{1-42}$$

式中，$N_A$ 为组分 A 的对流传质通量，$kmol \cdot m^{-2} \cdot s^{-1}$；$k_C^0$ 为对流传质系数，$m \cdot s^{-1}$，通常通过实验测定得到；$C_{A0}$ 为组分 A 在流体主体中的摩尔浓度；$C_{As}$ 为组分 A 在界面处的摩尔浓度。

特别值得注意的是：式（1-36）、式（1-39）和式（1-41）中的$\varepsilon$、$\varepsilon_H$ 和 $\varepsilon_M$ 与流体性质无关，而与流体的湍流程度、流体在流道中所处的位置、边壁粗糙度等因素有关。由于$\varepsilon$、$\varepsilon_H$ 和 $\varepsilon_M$ 数值难以确定，所以，式（1-36）、式（1-39）和式（1-41）在实际中不能得到普遍应用。

## 习 题

**1-1** 估算在大气压和 20℃下分子态氧、氮和甲烷的黏度，以厘泊表示。

**1-2** 低密度气体混合物黏度的计算。在大气压和 25℃下氢和氟里昂-12（$CCl_2F_2$）的混合物黏度数据如下：

| $x_1$（$H_2$ 的摩尔分数） | 0.00 | 0.25 | 0.50 | 0.75 | 1.00 |
|---|---|---|---|---|---|
| $\mu \times 10^5$/Pa·s | 1.240 | 1.281 | 1.319 | 1.351 | 0.884 |

试利用纯组分的黏度实测值和式（1-5），计算表中给定的中间三个组成下的黏度值，并与表作一比较。

**1-3** 利用在 1atm 和 293K 下所给的纯组分数据计算下述气体混合物在 1atm 和 293K 下的黏度。

| 组分 | 摩尔分数，$x$ | 摩尔质量，$M$/kg·kmol$^{-1}$ | 黏度/Pa·s |
|---|---|---|---|
| $CO_2$ | 0.133 | 44.010 | $1.462 \times 10^{-5}$ |
| $O_2$ | 0.039 | 32.000 | $2.031 \times 10^{-5}$ |
| $N_2$ | 0.828 | 28.016 | $1.754 \times 10^{-5}$ |

**1-4**　试计算氖在 1atm，373.2K 时的热导率。

**1-5**　估算分子氧在 300K 及低压下的热导率。

**1-6**　一块某材料制成的厚度为 50mm 的平板，上下两表面的温度分别保持为 40℃和 20℃，其他侧面绝热。今测得通过板的传热通量为 $8000W \cdot m^{-2}$，问该材料的热导率为多少？

**1-7**　当固体材料的热导率 $k$ 与温度 $t$ 的关系采用 $k=k_0[1+\beta(T-T_0)]$ 表示时，试求平壁一维定常态导热时的热通量表达式；并证明此表达式中的热导率为 $T_1$ 和 $T_2$ 在算术平均温度下的值 $k_m$，即

$$k_{\mathrm{m}} = k_0\left[1+\beta\left(\frac{T_1+T_2}{2}-T_0\right)\right]$$

已知平壁两侧面处的温度为：$x=0$ 时，$t=t_1$；$x=L$ 时，$t=t_2$。

**1-8**　在一个测量热导率的装置中，电加热器夹在两个试样之间，试样的直径和长度分别为 30mm 和 60mm，试样压在两块平板之间，平板的温度由循环流体维持在 77℃。在所有的接触面之间均填充了导热脂以确保良好的热接触。在试样中埋设了差分热电偶，间距为 15mm，见附图。试样的周侧绝热，保证试样中为一维导热。现在装置中有两个 SS316 试样，加热器的电流和电压分别为 0.353A 和 100V，差分热电偶显示$\Delta T_1=\Delta T_2=25.0$℃。不锈钢试样材料的热导率为多少？

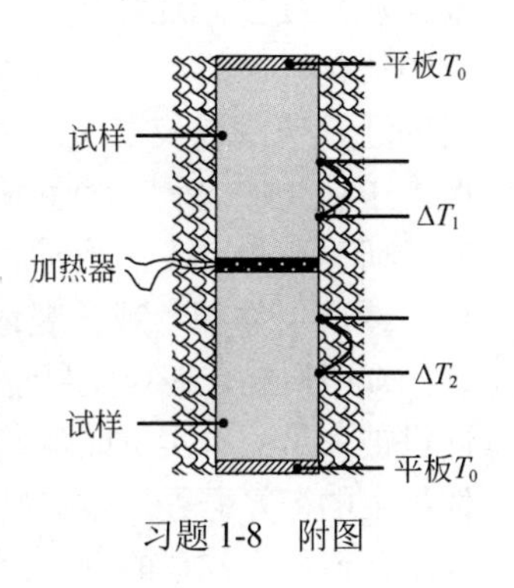

习题 1-8　附图

**1-9**　估算氩（A）和氧（B）混合气体在 293.2K 和总压 1atm 下的扩散系数。

**1-10**　应用式（1-34）估算 25℃下氧在水中的扩散系数，并与实验结果 $1.8\times10^{-9}m^2 \cdot s^{-1}$ 比较。

# 第二章

# 宏观体积衡算

第一章中介绍的动量、热量和质量传递现象，表明在空间上由于存在浓度差，这些物理量会从一处空间迁移到另一处空间。经过迁移，相应的物理量将在迁出地和迁入地产生数量上的变化，显然，这些物理量的数量变化将对生产过程产生重大影响。只有掌握了这些物理量的迁移速度以及在迁出地和迁入地的变化情况，才能完全掌握它们的变化规律，于是也掌握了工业生产过程。为了掌握物理量在迁出地和迁入地的变化情况，在工程上广泛采用衡算方法研究某处动量、热量和质量的数量变化规律。根据工程实际问题的特点，可以对宏观体积、或薄层体积、或微观体积进行物理量的衡算。

众所周知，在自然科学中有动量守恒、能量守恒和质量守恒等定律，这些守恒定律的正确性已被大量的事实所证明。本章从这些守恒定律出发推导出动量、能量和质量在三维空间有限体积上的衡算方程，即宏观体积衡算方程，并应用相关的衡算方程解决工程实际问题，如设备或工艺流程中物料的变化、能量转换及消化情况、设备受力等问题。宏观衡算方法在许多其他工程领域也有广泛应用。在介绍动量、能量和质量宏观体积衡算方程前，下面先引入几个基本概念，并导出重要的雷诺传递方程。再以雷诺传递方程为基础，分别得到总质量、总动量和总能量衡算方程。最后利用第四章的运动方程推出工程上广泛应用的总机械能衡算方程。

## 第一节　系统与控制体

### 一、基本概念

#### 1. 拉格朗日方法和欧拉方法

在研究流体运动规律时，可以采用两种方法：一种是研究流场中每个流体微团的运动规律，然后得到整个空间内的流体运动规律；另一种是研究流体微团流经空间每一固定点时的运动状况，从而获得整个空间内的流体运动规律。前者称为拉格朗日研究方法，后者则称为欧拉研究方法。

#### 2. 物理量的时间导数

偏导数：想象一位观测者在固定空间点上，测得该处物理量随时间的变化率，称为物理量对时间的偏导数，记为$\partial n/\partial t$。

全导数：想象一位观测者自身以任一速度运动时，测得观测者所到之处的物理量随时间的变化率，称为物理量对时间的全导数，记为 $\mathrm{d}n/\mathrm{d}t$。

全导数和偏导数有如下关系

$$\frac{\mathrm{d}n}{\mathrm{d}t}=\frac{\partial n}{\partial t}+\frac{\partial n}{\partial x}\frac{\mathrm{d}x}{\mathrm{d}t}+\frac{\partial n}{\partial y}\frac{\mathrm{d}y}{\mathrm{d}t}+\frac{\partial n}{\partial z}\frac{\mathrm{d}z}{\mathrm{d}t} \tag{2-1}$$

式中，$\mathrm{d}x/\mathrm{d}t$、$\mathrm{d}y/\mathrm{d}t$、$\mathrm{d}z/\mathrm{d}t$ 分别表示观测者在 $x$、$y$、$z$ 方向的速度。

随体导数：想象一位观测者跟随流体微团，随流体微团而动，测得观测者所到之处的物理量随时间的变化率，称为物理量对时间的随体导数，也称为物质导数，记为 $\mathrm{D}n/\mathrm{D}t$。

随体导数和偏导数有如下关系

$$\frac{\mathrm{D}n}{\mathrm{D}t}=\frac{\partial n}{\partial t}+\frac{\partial n}{\partial x}u_x+\frac{\partial n}{\partial y}u_y+\frac{\partial n}{\partial z}u_z \tag{2-2}$$

式中，$u_x$，$u_y$，$u_z$ 分别代表流体微团在 $x$，$y$，$z$ 方向的速度分量。

比较式（2-1）和式（2-2）可知，当观测者的运动速度与流体微团的运动速度一致时，全导数与随体导数相等，此时观察者跟随流体微团一起运动。

**3. 控制体和控制面**

在空间任取一个确定的体积，此即为控制体。包围控制体的边界称为控制面。

**4. 系统和环境**

系统是指由一些确定的流体微团的集合，系统以外的物质通称为环境。系统与环境之间：①可以有能量交换，如通过系统与环境的交界处有热量的交换，通过转轴有功的交换；②有力的相互作用，如在系统与环境的交界处两者有相互作用力的存在；③不能有物质交换。需要说明的是，这里规定不能有物质的交换是指系统与环境之间不能有流体微团层面的交换，但可以通过分子热运动在分子层面进行物质交换。

**5. 广延量和强度量**

广延量是指与物质量的多少成正比的物理量，如系统的体积、质量、动能、内能、焓等。可用英文大写字母表示，如内能用 $U$ 表示、焓用 $H$ 表示、动量用 $M$ 表示等。一般用 $N$ 表示系统的广延量，但质量用 $m$ 表示，以示与动量 $M$ 相区别。

强度量：与物质量的多少无关，如温度、压力、浓度等。另外，单位质量流体的广延量称为比广延量，属于另一种强度量，如单位质量流体的内能、焓等。这类强度量用小写英文字母表示，如比焓 $h$，比内能 $\tilde{u}$（以示与速度 $u$ 相区别）等。一般用小写 $n$ 表示。按此定义，若采用数学式表达广延量与比广延量的关系，则为

$$n=\lim_{\Delta m\to 0}\frac{\Delta N}{\Delta m}=\frac{\mathrm{d}N}{\mathrm{d}m} \tag{2-3}$$

$$N=\int_{系统} n\mathrm{d}m=\int_{V_{系统}} n\rho\mathrm{d}V \tag{2-4}$$

式中，$m$ 为流体质量；$\rho$ 为流体密度；$V$ 为系统体积。

## 二、雷诺传递方程

在化工生产过程中，常常需要了解某个设备（或某个固定的空间范围内）的质量、能量等物理量进、出设备以及在设备内的积累随时间的变化状况，这对监控生产过程、了解设备运行状况具有重要的意义。这类问题可通过对固定的空间进行物理量的衡算得到解决。

如图 2-1 所示，考虑在流道中取一个控制体，设 $t_0$ 时刻某流体系统（图中阴影部分）恰好与所指定的控制体 $CV$（图中虚线框图部分）重合，再经过一个很短的 $\Delta t$ 时间间隔，流体系统处于图 2-2 所示的位置，此时流体系统内广延量 $N$ 的随体导数可用下式计算

$$\left(\frac{\mathrm{D}N}{\mathrm{D}t}\right)_{系统}=\lim_{\Delta t\to 0}\frac{N_{t_0+\Delta t}-N_{t_0}}{\Delta t} \tag{2-5}$$

式中，$N_{t_0+\Delta t}$ 和 $N_{t_0}$ 分别指系统内的广延量 $N$ 在 $t_0+\Delta t$ 和 $t_0$ 时刻的数值。

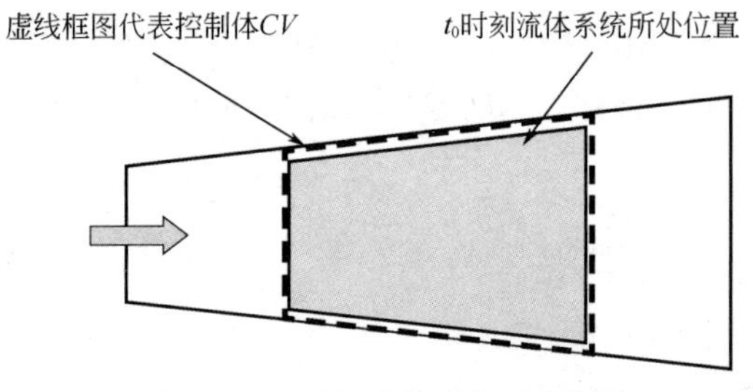


图 2-1 $t_0$时刻流体系统所处位置

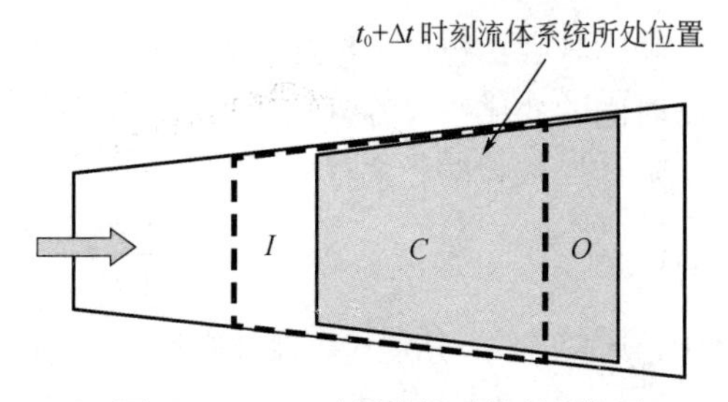


图 2-2 $t_0+\Delta t$时刻流体系统所处位置

由于设定在 $t_0$ 时刻系统与控制体 $CV$ 重合，故有

$$N_{t_0} = N_{CV,t_0} \tag{2-6}$$

式中，$N_{CV,t_0}$为 $t_0$ 时刻控制体 $CV$ 内的广延量。

而在 $t_0+\Delta t$ 时刻，流体系统占有区域 $C$ 和 $O$，则

$$N_{t_0+\Delta t} = \left(N_C + N_O\right)_{t_0+\Delta t} = \left(N_{CV} - N_I + N_O\right)_{t_0+\Delta t} \tag{2-7}$$

式中，$N_{CV}$、$N_I$、$N_C$和 $N_O$ 分别为空间区域 $CV$、$I$、$C$ 和 $O$ 中的广延量。

将式（2-6）和式（2-7）代入式（2-5），即

$$\left(\frac{\mathrm{D}N}{\mathrm{D}t}\right)_{系统} = \lim_{\Delta t\to 0}\frac{\left(N_{CV} - N_I + N_O\right)_{t_0+\Delta t} - N_{CV,t_0}}{\Delta t} \tag{2-8}$$

重排式（2-8），得

$$\left(\frac{\mathrm{D}N}{\mathrm{D}t}\right)_{系统} = \lim_{\Delta t\to 0}\frac{N_{CV,t_0+\Delta t} - N_{CV,t_0}}{\Delta t} + \lim_{\Delta t\to 0}\frac{-N_{I,t_0+\Delta t}}{\Delta t} + \lim_{\Delta t\to 0}\frac{N_{O,t_0+\Delta t}}{\Delta t} \tag{2-9}$$

式（2-9）等号右边第一项为

$$\lim_{\Delta t\to 0}\frac{N_{CV,t_0+\Delta t} - N_{CV,t_0}}{\Delta t} = \left.\frac{\partial N_{CV}}{\partial t}\right|_{t=t_0} = \left.\left(\frac{\partial}{\partial t}\iiint_{CV} n\rho \mathrm{d}V\right)\right|_{t=t_0} = \left.\left(\frac{\partial}{\partial t}\iiint_{系统} n\rho \mathrm{d}V\right)\right|_{t=t_0} \tag{2-10}$$

式（2-9）等号右边第二项分析如下：考虑系统流进的控制面，见图 2-3 控制体左侧面，用 $CS_I$表示。现在其上取一微元面积 d$\boldsymbol{A}$。则在$\Delta t$ 时间间隔内通过该微元控制面流入的系统广延量为 d$N$，即

$$\mathrm{d}N = -n\rho \boldsymbol{u}\cdot \mathrm{d}\boldsymbol{A}\Delta t \tag{2-11}$$

式中，速度矢量 $\boldsymbol{u}$ 和面积外法向矢量 $\boldsymbol{A}$ 夹角大于 90°，两矢量点乘后为负值，所以式（2-11）等号右边加一负号。式中用斜黑体 $\boldsymbol{A}$、$\boldsymbol{u}$ 表示矢量，下同。

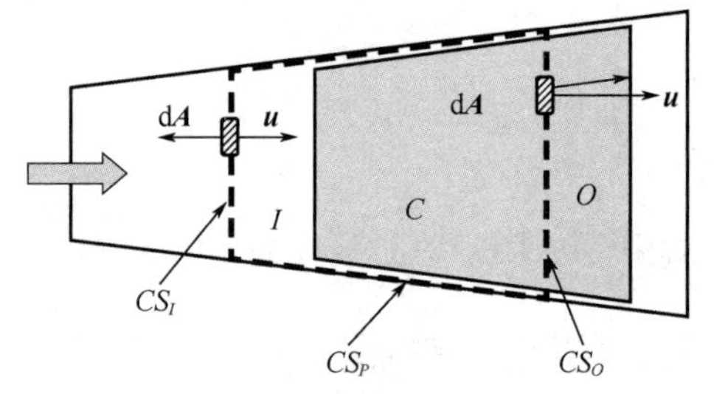


图 2-3 通过控制面的广延量

由式（2-11）表示的微分广延量 d$N$ 在 $CS_I$ 面上积分，可得通过 $CS_I$ 面流体系统在$\Delta t$ 时间间隔内流入控制体的总广延量，即

$$N_{I,\ t_0+\Delta t} = \iint_{CS_I}\mathrm{d}N = -\iint_{CS_I} n\rho \boldsymbol{u}\cdot \mathrm{d}\boldsymbol{A}\Delta t \tag{2-12}$$

同理，见图 2-3 控制体右侧面，即流体流出的 $CS_O$ 面，在$\Delta t$ 时间间隔内流出控制体的总广延量为

$$N_{O,\ t_0+\Delta t} = \iint_{CS_O}\mathrm{d}N = \iint_{CS_O} n\rho \boldsymbol{u}\cdot \mathrm{d}\boldsymbol{A}\Delta t \tag{2-13}$$

在没有流体进出的控制面 $CS_P$ 上，也表示成面积分的形式，则有

$$0=\iint_{CS_P} n\rho\boldsymbol{u}\cdot\mathrm{d}\boldsymbol{A}\Delta t \tag{2-14}$$

将式（2-10）、式（2-12）和式（2-13）代入式（2-9）中，再结合式（2-14），整理，得

$$\left(\frac{\mathrm{D}N}{\mathrm{D}t}\right)_{\text{系统}}=\frac{\partial}{\partial t}\iiint_{CV} n\rho\mathrm{d}V+\oiint_{CS} n\rho\boldsymbol{u}\cdot\mathrm{d}\boldsymbol{A} \tag{2-15}$$

式（2-15）称为雷诺传递方程。

式（2-15）等号左边是指流体系统内的广延量对时间的随体导数，与拉格朗日研究方法相对应；而等号右边是控制体内的广延量对时间的偏导数和广延量通过控制面的净流率之和，与欧拉研究方法相对应。通过此式将系统内与控制体内的广延量联系起来。

# 第二节　总质量衡算

## 一、总质量衡算方程

总质量衡算方程可以通过雷诺传递方程和质量守恒定律导出。为此，令广延量 $N=m$（总质量），比广延量 $n=N/m=1$，代入式（2-15），对于流体系统，根据质量守恒定律，其总质量不随时间而变，故式（2-15）等号左边为零，于是式（2-15）简化为

$$\frac{\partial}{\partial t}\iiint_{CV}\rho\mathrm{d}V+\oiint_{CS}\rho\boldsymbol{u}\cdot\mathrm{d}\boldsymbol{A}=0 \tag{2-16}$$

上式称为总质量衡算方程。式（2-16）可以用于纯组分的系统中，也可用于多组分系统中。用于多组分系统中时，式中的密度应用各组分的分密度代入方程中。式（2-16）的物理意义为控制体内物质量的积累速率是由物质通过控制面的输入速率所决定的。但在工程实际过程中，有时控制体内伴有化学反应，此时控制体内某物质量的积累速率不仅取决于该组分通过控制面输入的速率，还取决于在控制体内该组分通过化学反应生成的速率。这里将某组分通过化学反应生成的过程称为该组分的质量源，而某组分参与化学反应消耗掉的过程称为该组分的质量汇。将质量源添加到式（2 16）的右边，可以将式（2-16）用于伴有化学反应的控制体中。若将质量汇添加到式（2-16）的右边，应取负值。

如图 2-4 所示，对于生产中常见的流体在管内进行定常态流动时的总质量衡算，可取虚线框图为控制体，控制面由管截面 1-1，2-2 和壁面 $CS_P$ 包含而成，则

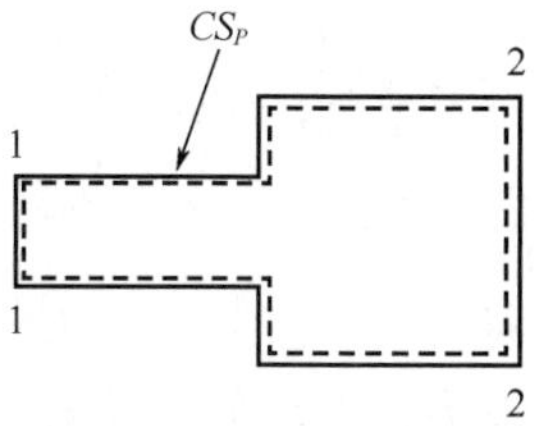

$$\frac{\partial}{\partial t}\iiint_{CV}\rho\mathrm{d}V=0 \tag{2-17}$$

$$\oiint_{CS}\rho\boldsymbol{u}\cdot\mathrm{d}\boldsymbol{A}=\iint_{1\text{-}1}\rho\boldsymbol{u}\cdot\mathrm{d}\boldsymbol{A}+\iint_{CS_P}\rho\boldsymbol{u}\cdot\mathrm{d}\boldsymbol{A}+\iint_{2\text{-}2}\rho\boldsymbol{u}\cdot\mathrm{d}\boldsymbol{A}$$
$$=-\rho_1u_1A_1+0+\rho_2u_2A_2=-m_1+0+m_2 \tag{2-18}$$



图 2-4　总质量衡算

式中，$A_1$ 和 $A_2$ 分别为截面 1-1 和 2-2 处的管截面积；$\rho_1$ 和 $\rho_2$ 分别为截面 1-1 和 2-2 处的流体密度；$u_1$ 和 $u_2$ 分别为截面 1-1 和 2-2 处流体的平均速度；$m_1$ 和 $m_2$ 分别为截面 1-1 和 2-2 处的流体质量流量。

将式（2-17）和式（2-18）代入式（2-16），得

$$m_1=m_2 \tag{2-19}$$

式（2-19）也称连续性方程。可见，流体在单一管道内做定常态流动时，进出任一管截面其总质量流量不变。

## 二、总质量衡算方程应用

利用总质量衡算式（2-16）可对相关设备及工艺流程进行物料衡算，对进出设备及工艺流程的物料流率及其浓度进行计算。

【例 2-1】 如图 2-5 所示，一混合槽内原储有清水 100kg。混合时，水以 150kg·h$^{-1}$、浓盐水以 50kg·h$^{-1}$ 的流率不断加入。设浓盐水中含盐质量分数为 30%。假定浓盐水加入槽内后在搅拌作用下槽内盐水浓度迅速达到均匀一致，并以 120kg·h$^{-1}$ 的流率自槽底放出。试求自开始加浓盐水后 1h 所放出稀盐水的瞬时浓度，以盐水中含盐的质量分数表示。

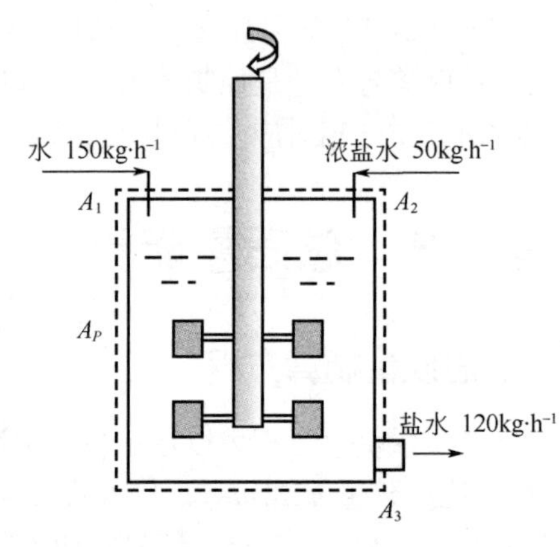

图 2-5 例 2-1 附图

**解** 以混合槽为控制体，如图 2-5 所示。设水进口处的截面记为 $A_1$，质量流率是 $m_1$；浓盐水进口处的截面为 $A_2$，质量流率是 $m_2$；稀盐水出口处的截面为 $A_3$，质量流率是 $m_3$；其他控制面为 $A_P$，没有流体进出。

应用总质量衡算方程式（2-16）进行求解

$$\frac{\partial}{\partial t}\iiint_{CV}\rho \mathrm{d}V+\oiint_{CS}\rho \boldsymbol{u}\cdot \mathrm{d}\boldsymbol{A}=0 \tag{a}$$

式中，$\iiint_{CV}\rho \mathrm{d}V=W$ 为槽内瞬时总质量，kg；

$$\oiint_{CS}\rho \boldsymbol{u}\cdot \mathrm{d}\boldsymbol{A}=\iint_{A_1}\rho \boldsymbol{u}\cdot \mathrm{d}\boldsymbol{A}+\iint_{A_2}\rho \boldsymbol{u}\cdot \mathrm{d}\boldsymbol{A}+\iint_{A_3}\rho \boldsymbol{u}\cdot \mathrm{d}\boldsymbol{A}+\iint_{A_P}\rho \boldsymbol{u}\cdot \mathrm{d}\boldsymbol{A}$$

$$=-m_1-m_2+m_3+0=-150-50+120+0=-80\mathrm{kg}\cdot\mathrm{h}^{-1}$$

将上述两项代入式（a），得到

$$\frac{\partial W}{\partial t}=80 \tag{b}$$

分离变量，积分

$$\int_{100}^{W}\mathrm{d}W=\int_0^t 80\mathrm{d}t \tag{c}$$

得

$$W=80t+100 \tag{d}$$

此外，设盐在槽内水溶液中的瞬时质量分数为 $a$，对盐组分作质量衡算，则

$$\frac{\partial}{\partial t}\iiint_{CV}\rho_{盐}\mathrm{d}V+\oiint_{CS}\rho_{盐}\boldsymbol{u}\cdot \mathrm{d}\boldsymbol{A}=0 \tag{e}$$

式中，$\iiint_{CV}\rho_{盐}\mathrm{d}V=Wa$；$\oiint_{CS}\rho_{盐}\boldsymbol{u}\cdot \mathrm{d}\boldsymbol{A}=\iint_{A_1}\rho_{盐}\boldsymbol{u}\cdot \mathrm{d}\boldsymbol{A}+\iint_{A_2}\rho_{盐}\boldsymbol{u}\cdot \mathrm{d}\boldsymbol{A}+\iint_{A_3}\rho_{盐}\boldsymbol{u}\cdot \mathrm{d}\boldsymbol{A}+\iint_{A_P}\rho_{盐}\boldsymbol{u}\cdot \mathrm{d}\boldsymbol{A}=$ $-m_1\times 0-m_2\times 30\%+m_3\times a+0=-15+120a$。

将上述两项及式（d）代入式（e）整理，得

$$(8t+10)\frac{\mathrm{d}a}{\mathrm{d}t}+20a-1.5=0 \tag{f}$$

分离变量，积分

$$\int_0^a \frac{\mathrm{d}a}{1.5-20a}=\int_0^t \frac{\mathrm{d}t}{8t+10} \tag{g}$$

得 $a=\frac{1.5}{20}\left[1-\left(\frac{10}{8t+10}\right)^{2.5}\right]$。将 $t$=1h 代入，得排出稀盐水的质量分数为 $a$=0.058=5.8%。

**【例 2-2】** 乙酸乙酯是工业上非常重要的溶剂，在工业上乙酸乙酯可以通过乙醇和乙酸的酯化反应得到，其化学反应方程式如下

$$CH_3CH_2OH+CH_3COOH \rightleftharpoons CH_3COOCH_2CH_3+H_2O$$

某公司一座工业酯化塔，如图 2-6 所示，经计量得知进塔乙醇（用 A 表示）量为 $1.62\mathrm{t \cdot h^{-1}}$，组成为乙醇 92.5%（质量分数，下同），水 7.5%；进塔纯乙酸（用 B 表示）量为 $2.1\ \mathrm{t \cdot h^{-1}}$。从酯化塔顶部出来的物料经冷凝后进入萃取塔，在萃取塔中加入 $2.5\ \mathrm{t \cdot h^{-1}}$ 的萃取剂水（用 S 表示）萃取。之后，物料进入油水分离器，上层油相一部分回流入酯化塔顶部，其余油相引出进入后续精制工序，以物料 C 表示。油水分离器下部的水相以 D 表示，将 D 引出进入回收系统。现测得物料 C 的组成为：乙酸乙酯 95.1%，水 3.6%，乙醇 1.3%。水相物料 D 的组成为：乙酸乙酯 8.4%，水 85%，乙醇 6.6%。试求油相和水相的质量流量。并求乙酸乙酯的生成速率及乙醇的消耗速率。

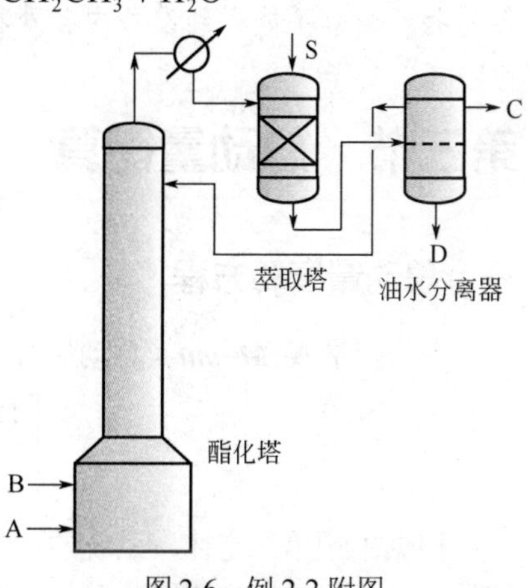


图 2-6　例 2-2 附图

**解**　取包括酯化塔、萃取塔和油水分离器为控制体。对此控制体进行总质量衡算

$$\frac{\partial}{\partial t}\iiint_{CV}\rho \mathrm{d}V+\oiint_{CS}\rho \boldsymbol{u}\cdot \mathrm{d}\boldsymbol{A}=\sum m_i \tag{a}$$

等号右边的加和式表示控制体内所有组分的源和汇的代数和。按化学方程式可知，在控制体内有乙酸乙酯和水生成，故乙酸乙酯和水有质量源，而乙酸和乙醇被反应消耗，故乙酸和乙醇有质量汇。在本题中所有物质的源和汇的代数和为零。此外，对于稳定的生产过程，控制体内的总质量恒定不变，故上式中第一项为零。第二项在控制面上积分，代入得到

$$-m_\mathrm{A}-m_\mathrm{B}-m_\mathrm{S}+m_\mathrm{C}+m_\mathrm{D}=0 \tag{b}$$

式中，$m$ 为质量流量，下标 A、B、C、D、S 分别表示图中对应的物料。将有关量 $m_\mathrm{A}$=1.62 $\mathrm{t \cdot h^{-1}}$，$m_\mathrm{B}$=2.1 $\mathrm{t \cdot h^{-1}}$，$m_\mathrm{S}$=2.5 $\mathrm{t \cdot h^{-1}}$，代入式（b），有

$$m_\mathrm{C}+m_\mathrm{D}=1.62+2.1+2.5=6.22\ \mathrm{t \cdot h^{-1}} \tag{c}$$

再在控制体上对乙酸乙酯进行质量衡算，利用式（a），可得

$$m_\mathrm{C}\times 0.951+m_\mathrm{D}\times 0.084=m_\mathrm{e} \tag{d}$$

式中，$m_\mathrm{e}$ 表示乙酸乙酯在控制体内的源，即生成速率。

同理，对水进行质量衡算，可得

$$-1.62\times 0.075-2.5\times 1.000+m_\mathrm{C}\times 0.036+m_\mathrm{D}\times 0.850=m_\mathrm{w} \tag{e}$$

式中，$m_w$表示水在控制体内的源，即生成速率。

按照化学反应式，生成的乙酸乙酯和水是等物质的量，故有

$$m_e/88=m_w/18 \tag{f}$$

联立式（c），式（d），式（e），式（f）求解，得

$$m_C=2.581\text{t}\cdot\text{h}^{-1},\quad m_D=3.639\text{t}\cdot\text{h}^{-1},\quad m_w=0.565\text{t}\cdot\text{h}^{-1},\quad m_e=2.760\text{t}\cdot\text{h}^{-1}$$

乙醇的消耗速率，即乙醇质量汇，可对控制体进行乙醇质量衡算，得

$$-1.62\times0.925+2.581\times0.013+3.639\times0.066=m_a$$

式中，$m_a$表示乙醇在控制体内的汇，即消耗速率。计算上式，得：$m_a=-1.225\text{t}\cdot\text{h}^{-1}$。负号表示为乙醇的汇。

此例说明，通过质量衡算可以得知进出设备、设备内积累及生成和消耗的物料等总体情况，但总物料衡算不能得到设备内各处物料的浓度信息。

## 第三节 总动量衡算

### 一、总动量衡算方程

令广延量$\boldsymbol{N}=\boldsymbol{M}=m\boldsymbol{u}$（总动量），比广延量$\boldsymbol{n}=\boldsymbol{N}/m=\boldsymbol{u}$，代入雷诺传递方程式（2-15），得

$$\left[\frac{\text{D}(m\boldsymbol{u})}{\text{D}t}\right]_{系统}=\frac{\partial}{\partial t}\iiint_{CV}\boldsymbol{u}\rho\text{d}V+\oiint_{CS}\boldsymbol{u}\rho\boldsymbol{u}\cdot\text{d}\boldsymbol{A} \tag{2-20}$$

根据牛顿第二定律，系统的动量变化率等于作用在系统上的合外力。若合外力为零，则系统的总动量保持恒定，即为动量守恒定律。

$$\sum\boldsymbol{F}_{系统}=\frac{\text{D}\boldsymbol{M}}{\text{D}t}=\left[\frac{\text{D}(m\boldsymbol{u})}{\text{D}t}\right]_{系统} \tag{2-21}$$

式（2-21）中，系统受到的合外力分为两类：

（1）质量力或体积力 $\boldsymbol{F}_B=\iiint_{CV}\rho\boldsymbol{g}\text{d}V$，式中，$\boldsymbol{g}$为单位质量力。质量力属于非接触性力。

（2）表面力 对理想流体，$\boldsymbol{F}_S=\iint_{CS}\boldsymbol{\sigma}\cdot\text{d}\boldsymbol{A}=-\iint_{CS}p\boldsymbol{n}\text{d}A$，式中，$\boldsymbol{\sigma}$为法向应力；$\boldsymbol{n}$ 为单位矢量；$p$为流体压力。表面力属于接触性力。

于是系统受到的合力可表示为

$$\sum\boldsymbol{F}_{系统}=\boldsymbol{F}_B+\boldsymbol{F}_S \tag{2-22}$$

故，式（2-20）可写成

$$\sum\boldsymbol{F}_{系统}=\frac{\partial}{\partial t}\iiint_{CV}\boldsymbol{u}\rho\text{d}V+\oiint_{CS}\boldsymbol{u}\rho\boldsymbol{u}\cdot\text{d}\boldsymbol{A} \tag{2-23}$$

式（2-23）称为总动量衡算方程。式（2-23）的物理意义为控制体内流体的动量积累速率不仅取决于通过控制面输入的动量流率，也取决于作用于控制体上的力，这里的力就是动量的源或汇。作用力方向与动量方向一致的为动量源，反之为动量汇。

## 二、总动量衡算方程应用

利用总动量衡算可以计算设备受到的力以及设备内的动量变化状况。

**【例 2-3】** 如图 2-7 所示，20℃的水从装在墙上的等径弯管内排出，出口速度为 $10\text{m·s}^{-1}$，管子截面积为 $1.3\times10^{-3}\text{m}^2$。忽略水在管内流动引起的压降。试求：

（1）在不考虑重力场作用下，墙作用于管子上的力。

（2）考虑重力场，设水的密度为 $1000\text{kg·m}^{-3}$，管子总长 0.5m，金属管子的质量为 0.85kg，则墙作用于管子上的力。

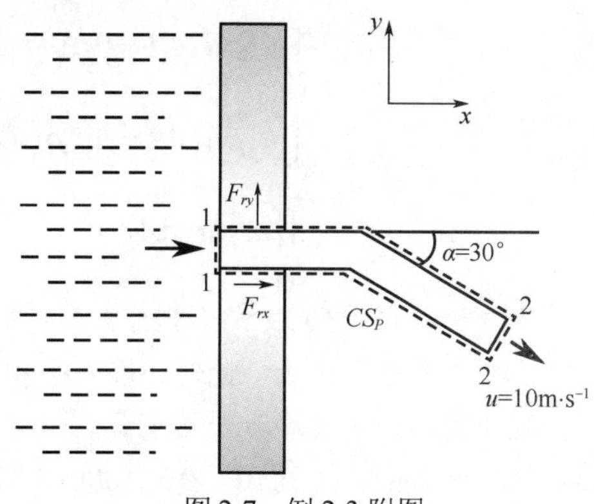

图 2-7　例 2-3 附图

**解**　(1)墙与管子的相互作用面在管子外壁面上，所以取如图 2-7 虚线框图为控制体，控制面包括截面 1-1，截面 2-2 和管子外壁面。应用总动量衡算方程式（2-23）

$$\sum \boldsymbol{F}_{系统}=\frac{\partial}{\partial t}\iiint_{CV}\boldsymbol{u}\rho \mathrm{d}V+\oiint_{CS}\boldsymbol{u}\rho\boldsymbol{u}\cdot \mathrm{d}\boldsymbol{A} \tag{a}$$

上式为矢量式，下面分别用其分量式进行计算。为了求解此问题，尚需假设水在截面 1-1 和 2-2 上各处流速均匀一致。现假设墙对管外壁面上的作用力在 $x$，$y$ 方向上的分力分别为 $F_{rx}$，$F_{ry}$。

矢量式（a）的 $x$ 方向分量式为

$$F_x=\frac{\partial}{\partial t}\iiint_{CV}u_x\rho \mathrm{d}V+\oiint_{CS}u_x\rho\boldsymbol{u}\cdot \mathrm{d}\boldsymbol{A} \tag{b}$$

按题意，上式中各项分别为

$$F_x=F_{\mathrm{B}x}+F_{\mathrm{S}x}=0+F_{rx}=F_{rx}$$

$$\frac{\partial}{\partial t}\iiint_{CV}u_x\rho \mathrm{d}V=0 \text{（因为定常态流动，管子内流体总动量不变）}$$

$$\oiint_{CS}u_x\rho\boldsymbol{u}\cdot \mathrm{d}\boldsymbol{A}=\iint_{1\text{-}1}u_x\rho\boldsymbol{u}\cdot \mathrm{d}\boldsymbol{A}+\iint_{2\text{-}2}u_x\rho\boldsymbol{u}\cdot \mathrm{d}\boldsymbol{A}+\iint_{CS_P}u_x\rho\boldsymbol{u}\cdot \mathrm{d}\boldsymbol{A} \tag{c}$$

$$\iint_{1\text{-}1}u_x\rho\boldsymbol{u}\cdot \mathrm{d}\boldsymbol{A}=u_1\rho(-u_1A_1)=-10\times1000\times10\times1.3\times10^{-3}=-130\text{N}$$

$$\iint_{2\text{-}2}u_x\rho\boldsymbol{u}\cdot \mathrm{d}\boldsymbol{A}=u_2\cos\alpha\rho(u_2A_2)=10\times\cos30°\times1000\times10\times1.3\times10^{-3}=112.6\text{N}$$

$$\iint_{CS_P}u_x\rho\boldsymbol{u}\cdot \mathrm{d}\boldsymbol{A}=0$$

将各量代入式（c）及式（b），得到：$F_{rx}=-17.4\text{N}$。结果为负值，表明力的方向为负 $x$ 方向。

矢量式（a）的 $y$ 方向分量式为

$$F_y=\frac{\partial}{\partial t}\iiint_{CV}u_y\rho \mathrm{d}V+\oiint_{CS}u_y\rho\boldsymbol{u}\cdot \mathrm{d}\boldsymbol{A} \tag{d}$$

按题意，上式中各项分别为

$$F_y=F_{\mathrm{B}y}+F_{\mathrm{S}y}=0+F_{ry}=F_{ry}$$

$$\frac{\partial}{\partial t}\iiint_{CV} u_y \rho \mathrm{d}V = 0$$（因为定常态流动，管子内流体总动量不变）

$$\oint\!\!\!\oint_{CS} u_y \rho \boldsymbol{u}\cdot \mathrm{d}\boldsymbol{A} = \iint_{1\text{-}1} u_y \rho \boldsymbol{u}\cdot \mathrm{d}\boldsymbol{A} + \iint_{2\text{-}2} u_y \rho \boldsymbol{u}\cdot \mathrm{d}\boldsymbol{A} + \iint_{CS_P} u_y \rho \boldsymbol{u}\cdot \mathrm{d}\boldsymbol{A} \tag{e}$$

$$\iint_{1\text{-}1} u_y \rho \boldsymbol{u}\cdot \mathrm{d}\boldsymbol{A} = 0\rho(-u_1 A_1) = 0$$

$$\iint_{2\text{-}2} u_y \rho \boldsymbol{u}\cdot \mathrm{d}\boldsymbol{A} = u_{y2}\rho(u_2 A_2) = (-10\times\sin 30°)\times 1000\times(10\times 1.3\times 10^{-3}) = -65\text{N}$$

$$\iint_{CS_P} u_y \rho \boldsymbol{u}\cdot \mathrm{d}\boldsymbol{A} = 0$$

将各量代入式（e）及式（d），得到：$F_{ry}=-65$N。结果为负值，表明力的方向为负 $y$ 方向。

（2）考虑重力场　此时，墙水平作用于管子上的力不变。但墙垂直作用于管子上的力包含控制体内水的重量和管子的重量。

水的重量 $F_{B1y}=-1.3\times10^{-3}\times0.5\times1000\times9.81=-6.4$N；管子的重量 $F_{B2y}=-0.85\times9.81=-8.3$N。

所以，$F_{By}=F_{B1y}+F_{B2y}=-6.4-8.3=-14.7$N

式（d）中的其他量不变，代入相关数据得 $F_{ry}=-50.3$N。

**【例 2-4】** 一喷嘴将密度为$\rho$的液体自孔口以 $u_1$ 速度喷出，冲击在一块与射流柱成垂直放置的平板上，如图 2-8 所示。假设射流柱的横截面恒定不变，始终为 $S$。试求：

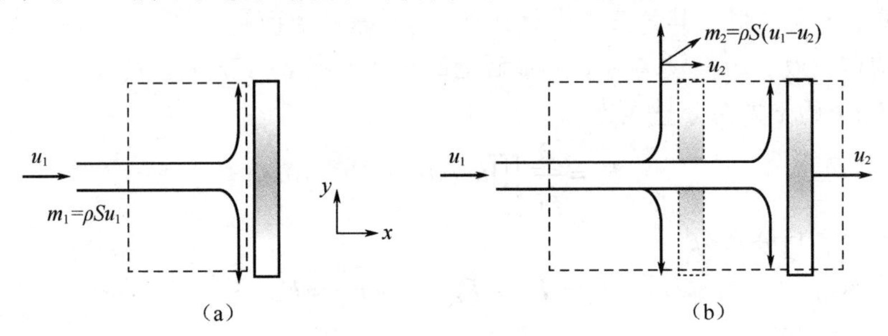


图 2-8　例 2-4 附图

（1）如平板静止不动，射流柱施加于平板上的力；

（2）如平板以 $u_2$ 的速度与射流做同向恒速运动时，射流柱施加于平板上的力。

**解**　（1）当板静止不动时，取附图（a）所示的虚线框图为控制体，对该控制体进行动量衡算，应用式（2-23）

$$\sum \boldsymbol{F}_{系统} = \frac{\partial}{\partial t}\iiint_{CV} \boldsymbol{u}\rho \mathrm{d}V + \oint\!\!\!\oint_{CS} \boldsymbol{u}\rho \boldsymbol{u}\cdot \mathrm{d}\boldsymbol{A} \tag{a}$$

上式为矢量式，下面运用其 $x$ 方向的分量式进行计算。

$$\sum F_x = \frac{\partial}{\partial t}\iiint_{CV} u_x\rho \mathrm{d}V + \oint\!\!\!\oint_{CS} u_x\rho \boldsymbol{u}\cdot \mathrm{d}\boldsymbol{A} \tag{b}$$

式中，控制体受到的力只有平板对射流柱的作用力；稳定流动，$\partial/\partial t=0$；液体冲击平板后，即沿平板表面向四周流去，故流体流出控制面的 $x$ 方向的动量为零。故由式（b），得

$$F_x = -u_1\rho u_1 S = -\rho S u_1^2 \tag{c}$$

上式即为平板加于流体上的力，负号表示作用方向为 $-x$ 方向。

（2）当平板以 $u_2$ 的速度与射流同向运动时，取附图（b）所示的虚线框图为控制体。此时

控制体包含平板在内。仍可以运用式（b）对控制体在 $x$ 方向的动量进行衡算。

设平板作用于射流柱上的力为 $F_x$。需要注意的是，由于控制体包含平板在内，故此力属于控制体内部的力，在动量衡算式中不会出现。但为了能使平板匀速运动，控制体外部必须通过某种方式将力作用于平板上以抵消射流柱对平板的冲力，此力将出现在控制面上，其大小即为 $F_x$。

随着平板向右移动，控制体内的射流柱也变长，于是控制体的流体质量积累速率为 $u_2S\rho$，积累在控制体内的流体，其速度为 $u_1$，所以控制体内积累的动量速率为

$$\frac{\partial}{\partial t}\iiint_{CV} u_x\rho \mathrm{d}V = u_1u_2S\rho$$

对于式（b）中的面积分，从控制体左侧面沿 $x$ 方向进入的动量流率为 $-\rho Su_1^2$；由控制体的周向侧面流出液体的质量流率为 $\rho S(u_1-u_2)$，其沿 $x$ 方向的速度为 $u_2$，所以沿 $x$ 方向流出控制体的动量流率为 $\rho S(u_1-u_2)\,u_2$。

将上述有关量代入式（b），得

$$F_x = u_1u_2S\rho - \rho Su_1^2 + \rho S(u_1-u_2)u_2 = -S\rho(u_1-u_2)^2 \tag{d}$$

此即为平板作用于流体柱上的力。当 $u_2=0$，即同（1）的情形；当 $u_2=u_1$ 时，$F_x=0$，即表示平板与流体柱同步运动，因此平板与流体柱间没有相互作用力。结果表明，迎着流体流向受力大，顺着流向受力小，在设备设计时，为安全考虑要注意这种情况。

# 第四节　总能量衡算

## 一、总能量衡算方程

由热力学可知，对于一个封闭的体系，热力学第一定律的形式为

$$\Delta U = Q_{\mathrm{H}} - W_{\mathrm{P}} \tag{2-24}$$

式中，$Q_{\mathrm{H}}$ 为环境与系统间交换的热量，J；$W_{\mathrm{P}}$ 为系统与环境间交换的功，J。

对于一个流动的流体系统，应用下式来描述其能量守恒，即流动系统的热力学第一定律

$$\frac{\mathrm{D}E}{\mathrm{D}t} = Q - W \tag{2-25}$$

式中，$Q$ 为单位时间内环境对系统的传热速率，$\mathrm{J\cdot s^{-1}}$ 或 W，规定环境传热给流体系统时为正，反之为负。从广义上理解，这里 $Q$ 应包括：环境与系统间通过系统界面导热传递的热量，辐射传递的热量，通过电、磁、声等在系统内产生的热量，还有通过化学反应、核反应产生的热量等等。这里将通过其他能量转换为热量的过程为内热源，如电阻通电后会发热，即电能转换为热量，这种热量产生过程称为内热源，又如系统内有放热化学反应时，化学能转换为热量，若为吸热反应，则热能转换为化学能，此时为内热汇。$W$ 为单位时间内系统对环境所做的功，$\mathrm{J\cdot s^{-1}}$ 或 W，规定系统对环境做功为正，反之为负。$E$ 为流体系统的总能量，J，包括三部分能量：

（1）内能 $U$ 是流体分子的热运动和分子间的势能作用的结果，取决于流体所处的状态，与流体的宏观运动无关。

（2）动能 $\frac{1}{2}mu^2$ 是指流体做宏观运动时的动能。

（3）位能 $mgz$ 是由流体系统所处位置高低来决定的能量。

所以，运动流体的总能量

$$E = U + \frac{1}{2}mu^2 + mgz \tag{2-26}$$

其比总能量

$$e = \tilde{u} + \frac{1}{2}u^2 + gz \tag{2-27}$$

将总能量 $E$ 和比总能 $e$ 代入雷诺传递方程式（2-15），并结合流体系统的热力学第一定律，即式（2-25），得

$$Q - W = \left(\frac{\mathrm{D}E}{\mathrm{D}t}\right)_{系统} = \frac{\partial}{\partial t}\iiint_{CV}\left(\tilde{u} + \frac{1}{2}u^2 + gz\right)\rho \mathrm{d}V + \oiint_{CS}\left(\tilde{u} + \frac{1}{2}u^2 + gz\right)\rho \boldsymbol{u}\cdot \mathrm{d}\boldsymbol{A} \tag{2-28}$$

式（2-28）中，功率 $W$ 由三部分组成：

（1）轴功率是指流体系统与环境间通过转轴传递的功率，如泵通过转轴带动叶轮旋转，将能量传递给流体；又如水力发电时，水带动水轮机发电，此时水的势能转换为电能，也是通过转轴进行能量的传递，这些称为轴功率，用 $W_e$ 表示。

（2）摩擦功率是指流体系统与环境在界面上的作用力所做的功，如在交界面上系统通过剪应力对环境做功，用 $W_{sf}$ 表示。值得注意的是，实际流体流动时都会有剪应力存在，这种剪应力不仅在流体系统与环境的交界面上做功，而且在流体系统内部也会做功，但在流体系统内部做功，大多数情况下会将流体的机械能（流体的位能、动能、压力能等）转化为热能使流体温度升高，内能增大，而流体系统的总能量不会引起变化。

（3）流动功率用 $W_n$ 表示。当流体流入控制面时，环境将对抗控制面上的压力对系统做功，按规定这种环境对系统做功取负值；类似，当流体流出控制面时，系统将对抗控制面上的压力对环境做功，这种系统对环境做功取正值。如图 2-9 所示，在流入控制面上环境对抗压力 $p$ 做功为 $\iint_{CS_I} p\boldsymbol{u}\cdot \mathrm{d}\boldsymbol{A}$，这时流体是流入控制面的，控制面外法线方向与速度方向的夹角大于 90°，所以 $\iint_{CS_I} p\boldsymbol{u}\cdot \mathrm{d}\boldsymbol{A}$ 自身就内涵了功率是负值，即表明是环境对系统做功。同理，在流出控制面上系统对抗压力 $p$ 做功为 $\iint_{CS_O} p\boldsymbol{u}\cdot \mathrm{d}\boldsymbol{A}$，这时流体是流出控制面的，控制面外法线方向与速度方向的夹角小于 90°，所得功率为正值。此外，一部分控制面上可能没有流体进出，这些面上的流动功率等于零，但流动功率仍可表示为 $\iint_{CS_P} p\boldsymbol{u}\cdot \mathrm{d}\boldsymbol{A}$。

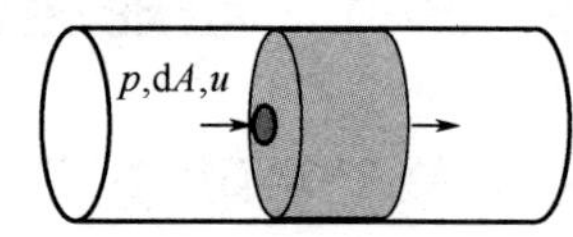

图 2-9 流动功率示意图

综上所述，流体流经控制体的流动功率，不管是流入还是流出，或者是没有流体进出，其净的系统对环境所做的流动功率可表示为对全部控制面的积分，即

$$W_n = \oiint_{CS} p\boldsymbol{u}\cdot \mathrm{d}\boldsymbol{A} \tag{2-29}$$

于是系统对环境所做的总功率为

$$W = W_e + W_{sf} + W_n = W_e + W_{sf} + \oiint_{CS} p\boldsymbol{u}\cdot \mathrm{d}\boldsymbol{A} \tag{2-30}$$

将式（2-30）代入式（2-28）整理，得

$$Q - W_e - W_{sf} = \frac{\partial}{\partial t}\iiint_{CV}\rho\left(\tilde{u} + \frac{1}{2}u^2 + gz\right)\mathrm{d}V + \oiint_{CS}\rho\left(\tilde{u} + \frac{p}{\rho} + \frac{1}{2}u^2 + gz\right)\boldsymbol{u}\cdot \mathrm{d}\boldsymbol{A} \tag{2-31}$$

由热力学函数关系

$$\tilde{u}+\frac{p}{\rho}=h \tag{2-32}$$

将式（2-32）代入式（2-31），得

$$Q-W_{\mathrm{e}}-W_{\mathrm{sf}}=\frac{\partial}{\partial t}\iiint_{CV}\rho\left(\tilde{u}+\frac{1}{2}u^2+gz\right)\mathrm{d}V+\oiint_{CS}\rho\left(h+\frac{1}{2}u^2+gz\right)\boldsymbol{u}\cdot\mathrm{d}\boldsymbol{A} \tag{2-33}$$

式（2-31）及式（2-33）即为总能量衡算方程。此式表明控制体内流体能量的积累速率不仅取决于通过控制面输入的能量速率，也取决于能量源的能量产生速率。

## 二、总能量衡算方程应用

应用总能量衡算可以计算进、出工艺流程和工业设备的能量速率，以及能量的变化情况。

**【例 2-5】** 一台空气压缩机运转时，某时刻测得的参数为：输入轴功率为 560kW，输出的热量为 250kW，空气进出口参数见图 2-10 所示。求此时空压机中能量变化速率。并判断空压机的运行状态（处于启动、稳定运行还是停车阶段），空气比热容为 $1.005\mathrm{kJ \cdot kg^{-1} \cdot K^{-1}}$，且按理想气体处理。

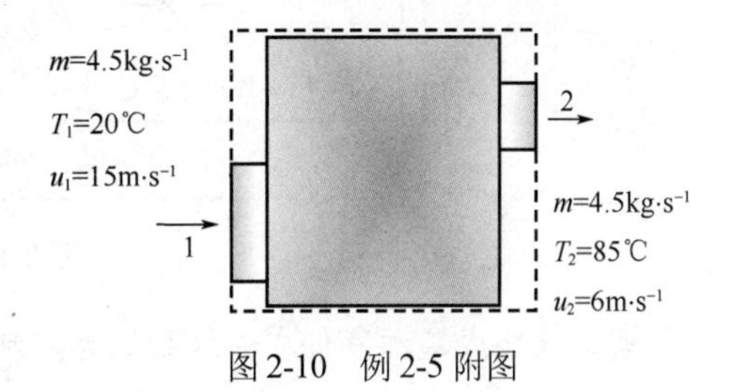


图 2-10　例 2-5 附图

**解**　取空压机为控制体，如图 2-10 中虚线框图所示，应用总能量衡算方程式（2-33）

$$Q-W_{\mathrm{e}}-W_{\mathrm{sf}}=\frac{\partial}{\partial t}\iiint_{CV}\rho\left(\tilde{u}+\frac{1}{2}u^2+gz\right)\mathrm{d}V+\oiint_{CS}\rho\left(h+\frac{1}{2}u^2+gz\right)\boldsymbol{u}\cdot\mathrm{d}\boldsymbol{A}$$

按题意，要求取的量即为上式等号右边第一项，空压机中总能量随时间的变化率。

已知：$Q=-250\mathrm{kW}=-2.5\times10^5\mathrm{W}$，$W_{\mathrm{e}}=-560\mathrm{kW}=-5.6\times10^5\mathrm{W}$，$W_{\mathrm{sf}}\approx0$（在这里，控制面上摩擦功率与其他能量相比很小，可以忽略）。在控制面 1 和 2 处，假设截面上流体的焓、速度和所处高度可近似用平均值代替，则上式中的面积分为

$$\oiint_{CS}\rho\left(h+\frac{1}{2}u^2+gz\right)\boldsymbol{u}\cdot\mathrm{d}\boldsymbol{A}\approx m\left(h_2+\frac{1}{2}u_2^2+gz_2\right)-m\left(h_1+\frac{1}{2}u_1^2+gz_1\right)$$

$$m=4.5\mathrm{kg \cdot s^{-1}},\ u_1=15\mathrm{m \cdot s^{-1}},\ u_2=6\mathrm{m \cdot s^{-1}},\ z_1\approx z_2$$

$$h_2-h_1=c_p\left(T_2-T_1\right)=1.005\times10^3\times(85-20)=6.53\times10^4\mathrm{J \cdot kg^{-1}}$$

将已知数据代入相关式中，得 $\frac{\partial}{\partial t}\iiint_{CV}\rho\left(\tilde{u}+\frac{1}{2}u^2+gz\right)\mathrm{d}V=16.6\mathrm{kW}$。

压缩机中总能量变化率为正，说明压缩机处于启动状态。利用总能量衡算方程也可以计算压缩机出口最高温度或需要移走的热量，以便合理设计或正确使用压缩机。

**【例 2-6】** 合成气（主要为 CO，$H_2$）进入合成塔在一定压力和温度下合成甲醇，合成过程中产生大量的热量。这些热量除了对合成塔出塔气体加热外，其他通过列管管壁传给锅炉补水，通过汽包副产大量饱和蒸汽，这些蒸汽送至 2.5MPa 中压蒸汽管网。合成塔内的反应温度可通过副产蒸汽的压力来调节，从而确保甲醇合成塔内的反应稳定在一定范围内。现有某工业甲醇合成塔，合成压力 5.4MPa，合成气进塔温度 200℃，出塔温度 230℃。已知合成甲醇反应热效

应为$-102$kJ·mol$^{-1}$，汽包补水温度为50℃，水的焓为209 kJ·kg$^{-1}$。设汽包出口蒸汽速度为20m·s$^{-1}$，合成气进、出合成塔速度为10m·s$^{-1}$，补水进汽包速度为2m·s$^{-1}$，出塔合成气中含甲醇7%，如图2-11所示。经装置运行数据获知生产1t甲醇副产蒸汽1.065t，2.5MPa饱和蒸汽的焓为2799 kJ·kg$^{-1}$。试求进、出合成塔的合成气的焓差值为多少（kJ·kg$^{-1}$）？设汽包和合成塔的热损失为甲醇合成反应热的5%。

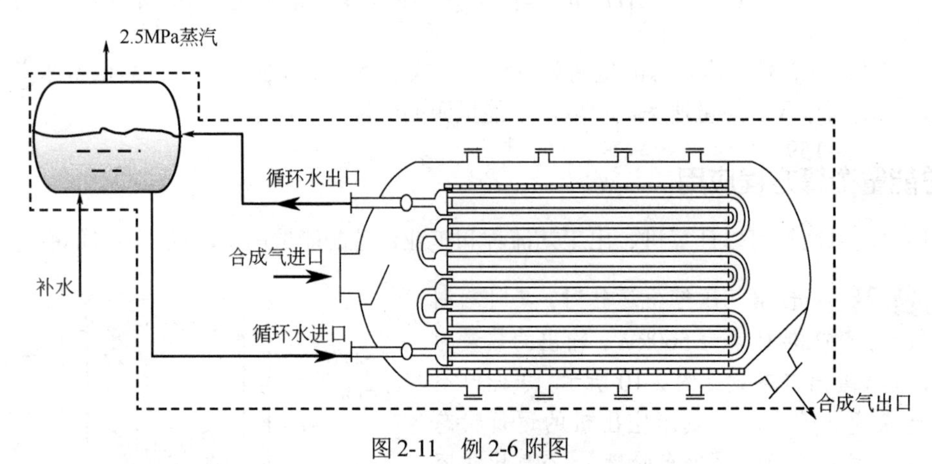


图2-11　例2-6附图

**解**　取合成塔和汽包在内的系统为控制体，如图2-11中虚线框图所示，应用总能量衡算方程式（2-33）

$$Q-W_{\mathrm{e}}-W_{\mathrm{sf}}=\frac{\partial}{\partial t}\iiint_{CV}\rho\left(\tilde{u}+\frac{1}{2}u^2+gz\right)\mathrm{d}V+\oiint_{CS}\rho\left(h+\frac{1}{2}u^2+gz\right)\boldsymbol{u}\cdot\mathrm{d}\boldsymbol{A}$$

以生产1t甲醇为基准，按题意，对上式中各项进行计算。

（1）热量的计算：产生1t甲醇放热量为$Q=\dfrac{1\times1000}{32}\times102=3187.5\,\mathrm{kJ}$，则热损失为$0.05Q=159.4\,\mathrm{kJ}$。

（2）系统内没有轴功率，$W_{\mathrm{e}}=0$。同时摩擦功与其他能量相比可忽略不计，即$W_{\mathrm{sf}}\approx0$。

（3）对于稳定生产过程，系统是稳定的，系统内能量累积速率为零，即上式等号右边第一项为零。

（4）对于等号右边第二项，需要在控制面上分别计算，同时考虑到位能相对其他能量可忽略不计，故：

① 在补水进口处，计算补水所带的焓量。按题意生产1t甲醇副产1.065t蒸汽，所以应补水1.065t，则

$$\iint_{\text{补水}}\rho\left(h+\frac{1}{2}u^2+gz\right)\boldsymbol{u}\cdot\mathrm{d}\boldsymbol{A}\approx-\left(209+\frac{1}{2}\times2^2\right)\times1.065=-222.6\mathrm{kJ}$$

② 1.065t的饱和蒸汽所带的焓量为

$$\iint_{\text{饱和蒸汽}}\rho\left(h+\frac{1}{2}u^2+gz\right)\boldsymbol{u}\cdot\mathrm{d}\boldsymbol{A}\approx\left(2799+\frac{1}{2}\times20^2\right)\times1.065=3193.9\mathrm{kJ}$$

③ 出口合成气中含甲醇7%，所以生产1t甲醇时出口合成气的总质量为$\dfrac{1000}{0.07}=14285.7\,\mathrm{kg}$，设1kg出口合成气的焓为$h_2$(kJ)，则其所带的焓量为

$$\iint_{合成气出} \rho\left(h+\frac{1}{2}u^2+gz\right)\boldsymbol{u}\cdot \mathrm{d}\boldsymbol{A} \approx \left(h_2+\frac{1}{2}\times 10^2\right)\times 14285.7\mathrm{kJ}$$

④ 进口合成气的质量等于出口合成气量，设 1kg 进口合成气的焓为 $h_1$(kJ)，则其所带的焓量为

$$\iint_{合成气进} \rho\left(h+\frac{1}{2}u^2+gz\right)\boldsymbol{u}\cdot \mathrm{d}\boldsymbol{A} \approx -\left(h_1+\frac{1}{2}\times 10^2\right)\times 14285.7\mathrm{kJ}$$

将上述各项代入能量衡算方程

$$3187.5-159.4=-222.6+3193.9+\left(h_2+\frac{1}{2}\times 10^2\right)\times 14285.7-\left(h_1+\frac{1}{2}\times 10^2\right)\times 14285.7$$

解上式，得 $h_1-h_2=-0.004\,\mathrm{kJ}$。

通过本题的练习，可见总能量衡算在计算工艺流程、设备中各种能量的变化非常有用。对于本例，若已知进、出合成塔各种组分的比热容等物性，反过来也可用总能量衡算计算甲醇合成过程中副产饱和蒸汽的量，这对于工艺流程的设计计算非常重要。

**【例 2-7】** 不可压缩流体从小管通过一突然扩大接头进入大管，如图 2-12 所示。假设在截面 1-1 上压力均匀为 $p_1$，流动稳定，壁面上的剪应力可以忽略不计。试求流体从截面 1-1 流到截面 2-2 时内能的变化。

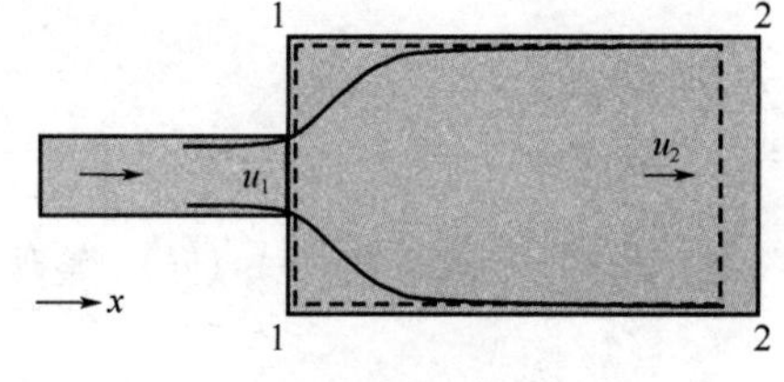

图 2-12　例 2-7 附图

**解**　取附图中虚线所示的控制体。对该控制体进行质量衡算，应用式（2-16）

$$\frac{\partial}{\partial t}\iiint_{CV}\rho \mathrm{d}V+\oiint_{CS}\rho\boldsymbol{u}\cdot \mathrm{d}\boldsymbol{A}=0 \qquad (2\text{-}16)$$

设截面 2-2 处于下游足够远的地方，且为稳定流动，即有 $\partial/\partial t=0$，则由式（2-16）得

$$u_1A_1=u_2A_2 \qquad (\mathrm{a})$$

即得

$$u_2=u_1\frac{A_1}{A_2} \qquad (\mathrm{b})$$

式中，$A_1$、$A_2$ 分别为小管和大管的截面积。

再对控制体进行动量衡算，应用式（2-23）

$$\sum \boldsymbol{F}_{系统}=\frac{\partial}{\partial t}\iiint_{CV}\boldsymbol{u}\rho \mathrm{d}V+\oiint_{CS}\boldsymbol{u}\rho\boldsymbol{u}\cdot \mathrm{d}\boldsymbol{A} \qquad (2\text{-}23)$$

采用 $x$ 方向的分量式，即

$$\sum F_{x\,系统}=\frac{\partial}{\partial t}\iiint_{CV}u_x\rho \mathrm{d}V+\oiint_{CS}u_x\rho\boldsymbol{u}\cdot \mathrm{d}\boldsymbol{A} \qquad (\mathrm{c})$$

控制体受到 $x$ 方向的力有截面 1-1 和 2-2 上的压力以及壁面上的剪应力，而壁面上的剪应力与压力相比可忽略不计，所以式（c）等号左边为 $\sum F_{x\,系统}=p_1A_2-p_2A_2$。

对于定常态流动，则式（c）等号右边第一项为 0，即 $\frac{\partial}{\partial t}\iiint_{CV}u_x\rho \mathrm{d}V=0$。

式（c）中的面积分项为$\oint\!\!\!\oint_{CS} u_x\rho\boldsymbol{u}\cdot\mathrm{d}\boldsymbol{A}=\iint_{A_1} u_x\rho\boldsymbol{u}\cdot\mathrm{d}\boldsymbol{A}+\iint_{A_2} u_x\rho\boldsymbol{u}\cdot\mathrm{d}\boldsymbol{A}=-\rho u_1^2A_1+\rho u_2^2A_2$。

将上述相关项代入式（c）简化

$$p_1A_2-p_2A_2=\rho u_2^2A_2-\rho u_1^2A_1 \tag{d}$$

于是，可得

$$\frac{p_1-p_2}{\rho}=u_2^2-u_1^2\left(\frac{A_1}{A_2}\right) \tag{e}$$

最后对控制体进行能量衡算，应用式（2-33）

$$Q-W_{\mathrm{e}}-W_{\mathrm{sf}}=\frac{\partial}{\partial t}\iiint_{CV}\rho\left(\tilde{u}+\frac{1}{2}u^2+gz\right)\mathrm{d}V+\oint\!\!\!\oint_{CS}\rho\left(h+\frac{1}{2}u^2+gz\right)\boldsymbol{u}\cdot\mathrm{d}\boldsymbol{A} \tag{2-33}$$

式中，$Q$=0，$W_{\mathrm{e}}$=0；$W_{\mathrm{sf}}$为控制面上流体与壁面间的摩擦力所做的功率，该项相对其他项可忽略不计，即$W_{\mathrm{sf}}\approx 0$；稳定流动，即$\partial/\partial t$=0；假设截面上流体的焓、速度和所处高度近似用平均值代替，又$z_1$=$z_2$。所以式（2-33）简化为

$$h_1+\frac{1}{2}u_1^2=h_2+\frac{1}{2}u_2^2 \tag{f}$$

或写成

$$\tilde{u}_1+\frac{p_1}{\rho}+\frac{1}{2}u_1^2=\tilde{u}_2+\frac{p_2}{\rho}+\frac{1}{2}u_2^2 \tag{g}$$

将式（b）、式（e）代入式（g），整理得

$$\tilde{u}_2-\tilde{u}_1=\frac{1}{2}u_1^2\left(1-\frac{A_1}{A_2}\right)^2$$

结果表明流动经过突然扩大后，其内能变大了。在没有外界对控制体输入能量的情况下，内能变大意味着有其他形式的能量减少了。

# 第五节 总机械能衡算

在工程中，有许多问题并没有牵涉热量，如等温下管路内流体的流动问题，仅涉及流体的机械能（位能、动能和压力能），所以有必要建立流体的机械能衡算方程，对处理工程问题具有重要的意义。

## 一、总机械能衡算方程

由于没有机械能守恒定律，所以不能直接从式（2-15）出发得到机械能衡算式，但可以由动量守恒推出的流体运动方程出发经过严格推导得到机械能衡算方程。机械能衡算方程的严格推导见第四章内容，这里直接给出机械能衡算方程式（2-34）进行讨论，最后希望得到工程上易于应用的机械能衡算方程形式

$$\frac{\partial}{\partial t}\iiint_{CV}\rho\left(\frac{u^2}{2}+gz\right)\mathrm{d}V+\oint\!\!\!\oint_{CS}\rho\left(\frac{u^2}{2}+\frac{p}{\rho}+gz\right)\boldsymbol{u}\cdot\mathrm{d}\boldsymbol{A}+W_{\mathrm{f}}=W_{\mathrm{e}}+\iiint_{CV}p\nabla\cdot\boldsymbol{u}\mathrm{d}V \tag{2-34}$$

式中，$W_{\mathrm{e}}$为轴功率；$W_{\mathrm{f}}$为摩擦功率，即黏性流体流动时由整个控制体内的流体剪应力引起的机械能损耗，在第四章内将详细介绍其理论计算方法。需要指出的是，$W_{\mathrm{f}}$与式（2-33）中的

$W_{sf}$ 不同，$W_{sf}$ 是指控制面上剪应力所做的摩擦功率，而 $W_f$ 则是指控制体内（也包括控制面）剪应力所做的摩擦功率。式中，$\nabla$ 为梯度算子，对其后面的物理量进行微分运算和矢量运算，在直角坐标系中，其表达式为$\nabla=\dfrac{\partial}{\partial x}\boldsymbol{i}+\dfrac{\partial}{\partial y}\boldsymbol{j}+\dfrac{\partial}{\partial z}\boldsymbol{k}$。

式（2-34）为重力场中流体系统的通用机械能衡算方程，适用于定常态、非定常态，不可压缩、可压缩等情况的流体流动。

对于工业上常见的管道内定常态流动，如图 2-13 所示，取截面 1-1、截面 2-2 以及两截面间管内壁围成的空间为控制体，图中虚线所示。对于此种情形，可将式（2-34）中各项简化如下

$$\text{定常态}\ \frac{\partial}{\partial t}\iiint_{CV}\rho\left(\frac{u^2}{2}+gz\right)\mathrm{d}V=0$$

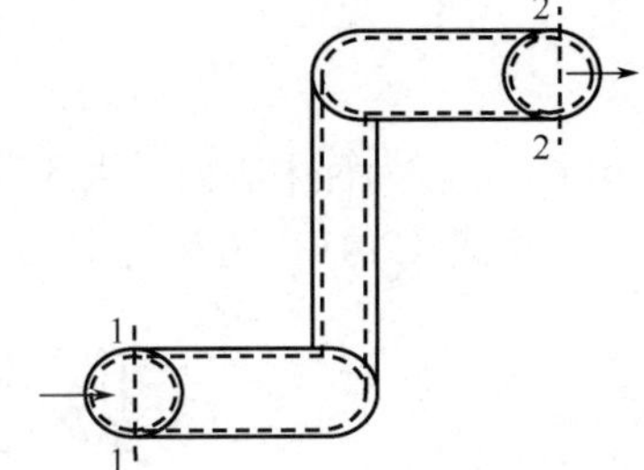

图 2-13　机械能衡算用于管流

由于管壁没有流体进出，故式（2-34）等号左边第二项的面积分仅为流通横截面 $A_1$、$A_2$ 上的积分，现取流通横截面 $A_1$、$A_2$ 与流动方向相垂直，则

$$\begin{aligned}\oiint_{CS}\rho\left(\frac{u^2}{2}+\frac{p}{\rho}+gz\right)\boldsymbol{u}\cdot\mathrm{d}\boldsymbol{A}&=\iint_{A_1}\rho\left(\frac{u^2}{2}+\frac{p}{\rho}+gz\right)u\cos\alpha_1\mathrm{d}A+\iint_{A_2}\rho\left(\frac{u^2}{2}+\frac{p}{\rho}+gz\right)u\cos\alpha_2\mathrm{d}A\\&=\iint_{A_2}\rho\left(\frac{u^2}{2}+\frac{p}{\rho}+gz\right)u\mathrm{d}A-\iint_{A_1}\rho\left(\frac{u^2}{2}+\frac{p}{\rho}+gz\right)u\mathrm{d}A\end{aligned}$$

式中，$\alpha_1$、$\alpha_2$ 分别为流动方向与流通横截面 $A_1$、$A_2$ 外法线方向的夹角。图 2-13 中截面 1-1 处，流体速度向右，而截面 1-1 外法线方向向左，所以有$\alpha_1$=180°；而在截面 2-2 处流体速度和截面 2-2 外法线方向相同，故$\alpha_2$=0°。于是，式（2-34）变为

$$\iint_{A_2}\rho\left(\frac{u^2}{2}+\frac{p}{\rho}+gz\right)u\mathrm{d}A-\iint_{A_1}\rho\left(\frac{u^2}{2}+\frac{p}{\rho}+gz\right)u\mathrm{d}A+W_\mathrm{f}=W_\mathrm{e}+\iiint_{V}p\nabla\cdot\boldsymbol{u}\mathrm{d}V \tag{2-35}$$

令

$$\iint_{A}gz\rho u\mathrm{d}A=(gz)_\mathrm{av}\iint_{A}\rho u\mathrm{d}A=m(gz)_\mathrm{av} \tag{2-36}$$

$$\iint_{A}\frac{p}{\rho}\rho u\mathrm{d}A=\left(\frac{p}{\rho}\right)_\mathrm{av}\iint_{A}\rho u\mathrm{d}A=m\left(\frac{p}{\rho}\right)_\mathrm{av} \tag{2-37}$$

$$\iint_{A}\frac{u^2}{2}\rho u\mathrm{d}A=\left(\frac{u^2}{2}\right)_\mathrm{av}\iint_{A}\rho u\mathrm{d}A=m\left(\frac{u^2}{2}\right)_\mathrm{av} \tag{2-38}$$

上述三式中，$(gz)_\mathrm{av}$、$(p/\rho)_\mathrm{av}$、$(u^2/2)_\mathrm{av}$ 分别为位能、压力能、动能在流通截面上的平均值。通常同一个流通截面上的位能 $gz$、压力能 $p/\rho$或为常量或变化很小，故$(gz)_\mathrm{av}$ 和$(p/\rho)_\mathrm{av}$ 可用流通截面中心处的值代替。至于动能项，因其在截面上分布非线性且变化较大，故不能类同位能、压力能那样处理。下面分别对流体在管内做层流流动和湍流流动时的动能项进行处理。

（1）若圆管内流体做层流流动，管内速度分布见第三章式（3-26），代入式（2-38）积分，结合管内最大速度表达式（3-27）及管内平均速度表达式（3-29），得

$$\iint_{A}\frac{u^2}{2}\rho u\mathrm{d}A=\pi\rho\int_0^R u^3 r\mathrm{d}r=\pi\rho\int_0^R\left[\frac{\Delta p_\mathrm{L}}{4\mu}\left(R^2-r^2\right)\right]^3 r\mathrm{d}r=\rho\pi R^2u_\mathrm{b}^3=mu_\mathrm{b}^2 \tag{2-39}$$

式中，$R$ 为管内半径；$u_\mathrm{b}$ 为管内流体平均速度。

比较式（2-39）与式（2-38），得

$$\left(\frac{u^2}{2}\right)_{av}=u_b^2 \tag{2-40}$$

（2）若圆管内流体做湍流流动，管内速度分布可用 1/7 次方定律近似代替，即速度分布的经验式为

$$u=u_{max}\left(1-\frac{r}{R}\right)^{1/7}=\frac{u_b}{0.817}\left(1-\frac{r}{R}\right)^{1/7} \tag{2-41}$$

式中，$u_{max}$ 为管中心处最大速度；$u_b$ 为管内流体平均速度，$u_b\approx 0.817u_{max}$。

将式（2-41）代入式（2-38）积分，得

$$\iint_A \frac{u^2}{2}\rho u \mathrm{d}A=\pi\rho\int_0^R\left(\frac{u_b}{0.817}\left(1-\frac{r}{R}\right)^{1/7}\right)^3 r\mathrm{d}r=0.529mu_b^2 \tag{2-42}$$

比较式（2-42）与式（2-38），得

$$\left(\frac{u^2}{2}\right)_{av}=0.529u_b^2\approx\frac{1}{2}u_b^2 \tag{2-43}$$

可见：层流时，$(u^2/2)_{av}=u_b^2$；湍流时，$(u^2/2)_{av}\approx u_b^2/2$。在工程计算中，因为平均动能差这一项与其他能量差相比往往很小，而且工程上流动又常为湍流，故为简单起见，均取$(u^2/2)_{av}=u_b^2/2$，此种取法所引起的误差一般可忽略。于是式（2-35）可写为

$$m\left(gz_2-gz_1+\frac{u_{b2}^2}{2}-\frac{u_{b1}^2}{2}+\frac{p_2}{\rho_2}-\frac{p_1}{\rho_1}\right)=W_e-W_f+\iiint_V p\nabla\cdot\boldsymbol{u}\mathrm{d}V \tag{2-44}$$

式中，$z_2$、$p_2$、$\rho_2$；$z_1$、$p_1$、$\rho_1$ 分别为截面 $A_2$、$A_1$ 中心处的值。两边同除以质量流量 $m$，同时，为简单起见，将速度下标中的 b 去掉，得

$$gz_2-gz_1+\frac{u_2^2}{2}-\frac{u_1^2}{2}+\frac{p_2}{\rho_2}-\frac{p_1}{\rho_1}=w_e-w_f+\frac{1}{m}\iiint_V p\nabla\cdot\boldsymbol{u}\mathrm{d}V \tag{2-45}$$

上式为管道内流体做定常态流动时的机械能衡算方程，适用于可压缩、不可压缩流体。式中，$w_e=W_e/m$、$w_f=W_f/m$，分别是以单位质量流体计的有效轴功和摩擦功，工程上摩擦功也常称为摩擦阻力损失。

对不可压缩流体有$\nabla\cdot\boldsymbol{u}=0$，见第四章式（4-9），则式（2-45）进一步简化为

$$gz_1+\frac{u_1^2}{2}+\frac{p_1}{\rho}+w_e=gz_2+\frac{u_2^2}{2}+\frac{p_2}{\rho}+w_f \tag{2-46}$$

式（2-46）为不可压缩流体在管道内稳定流动时的机械能衡算方程。在工程上用式（2-46）可以计算流体在管路中流动时需要的有效功率，据此选择泵或风机的规格。为了应用式（2-46）求取有效功率，需要先求出流体流动过程中的摩擦阻力损失。关于流体在管道中流动的摩擦阻力损失计算将在第四、六及七章中再详细介绍。

## 二、总机械能衡算方程应用

总机械能衡算方程可用于计算流体输送过程中需要的有效功率，管道中流体的压力、速度等一些物理量。

**【例 2-8】** 如图 2-14 所示，用泵将槽 A 中的液体送入塔 B 中，槽内及塔内的表压如图所示。已知输送量 $10\text{kg}\cdot\text{s}^{-1}$，液体密度 $\rho=890\text{kg}\cdot\text{m}^{-3}$。管路中流体流动总摩擦阻力损失为 $51.5\text{J}\cdot\text{kg}^{-1}$。试求泵的有效功率需要多大？

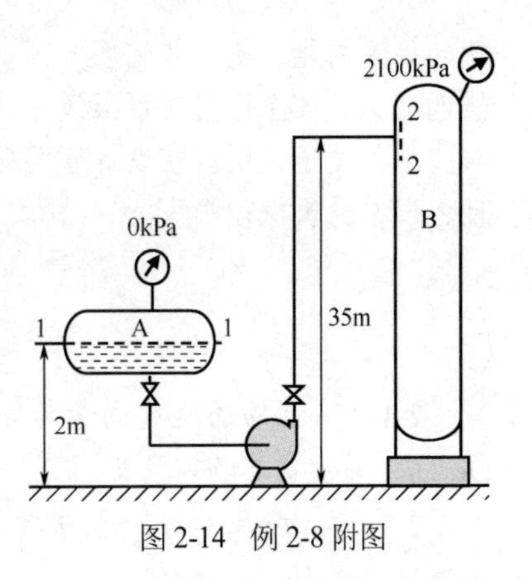


图 2-14　例 2-8 附图

**解**　先取合适的控制体，取槽 A 液面为截面 1-1，管出口外侧为截面 2-2，在截面 1-1、截面 2-2、槽 A 液面以下的内壁面及管道内壁面围成的空间为所研究的控制体，即在截面 1-1 和截面 2-2 间列机械能衡算方程。对于液体，可认为是不可压缩流体，故可用式（2-46）

$$gz_1+\frac{u_1^2}{2}+\frac{p_1}{\rho}+w_e=gz_2+\frac{u_2^2}{2}+\frac{p_2}{\rho}+w_f$$

式中，$z_1=2\text{m}$（取地面为基准面），$z_2=35\text{m}$，$p_1=0$（以表压为基准），$p_2=2100\times10^3\text{Pa}$，$u_1=0$（由于槽 A 中截面 1-1 的面积比管的截面积大得多，所以截面上的速度可以近似认为是 0），$u_2=0$（由于截面 2-2 取在出口管外侧，外侧处于广大空间，其截面积也比管的截面积大得多，所以截面上的速度也可以认为是 0），又已知流体通过管路系统的阻力损失为 $51.5\text{J}\cdot\text{kg}^{-1}$，则可由上式求得有效功率 $w_e$。将相关量代入上式，得

$$w_e=g(z_2-z_1)+\frac{p_B}{\rho}+w_f=g\times(35-2)+\frac{2100\times10^3}{890}+51.5=2734.8\ \text{J}\cdot\text{kg}^{-1}$$

泵的有效功率 $N_e=mw_e=10\times2734.8\text{W}$ 或 27.35kW。

**【例 2-9】** 不可压缩流体从小管通过一突然扩大接头进入大管，见图 2-12。假设在截面 1-1 上压力均匀为 $p_1$，流动稳定，壁面上的剪应力可以忽略不计。试运用机械能衡算式求流体从截面 1-1 到截面 2-2 时突然扩大的流动阻力损失。

**解**　由例 2-7 已得下述关系

$$u_2=u_1\frac{A_1}{A_2} \tag{a}$$

$$\frac{p_1-p_2}{\rho}=u_2^2-u_1^2\left(\frac{A_1}{A_2}\right) \tag{b}$$

下面对控制体进行机械能衡算，由式（2-46）得

$$gz_1+\frac{u_1^2}{2}+\frac{p_1}{\rho}+w_e=gz_2+\frac{u_2^2}{2}+\frac{p_2}{\rho}+w_f \tag{2-46}$$

式中，$z_1=z_2$；$w_e=0$；$w_f$ 为控制体内流体流动引起的摩擦阻力损失，此项不能忽略。所以上式简化为

$$\frac{u_1^2}{2}+\frac{p_1}{\rho}=\frac{u_2^2}{2}+\frac{p_2}{\rho}+w_f \tag{c}$$

将式（a）、式（b）代入式（c），整理得

$$w_f=\frac{1}{2}u_1^2\left(1-\frac{A_1}{A_2}\right)^2$$

此结果与例 2-7 中的内能增大在数值上相等，这说明流体流动时的摩擦阻力把流体的机械

能转换为内能，使流体温度升高。可见流体流动过程中突然扩大，将引起流体内能增大，而机械能减少，其原因将在第五章中分析。

由此例子说明：在设计管路时，尽量避免出现突然扩大的管接头，可以采用逐渐扩大的管件，以减少机械能损失。

## 习题

**2-1** 某流场的速度向量为 $\boldsymbol{u}(x,y,z,t)=xyz\boldsymbol{i}+y\boldsymbol{j}-3zt\boldsymbol{k}$。试求点（2,1,2,1）处的 $\partial\boldsymbol{u}/\partial t$ 和 $\mathrm{D}\boldsymbol{u}/\mathrm{D}t$，并说明其物理意义。

**2-2** 在由 $\boldsymbol{u}=3y^2\boldsymbol{i}+x^3yt\boldsymbol{j}$ 描述的流场中，当 $x$=1，$y$=2 和 $t$=1 时，试确定流体微团速度和加速度。式中，$t$ 为时间。

**2-3** 某流场的速度向量为 $\boldsymbol{u}=5x\boldsymbol{i}-yt\boldsymbol{j}$。试写出该流场随体加速度向量的表达式。

**2-4** 如附图所示，一条总管 $AD$ 上连接一条支管 $C$。已知总管尺寸 114mm×4.0mm，支管尺寸 54mm×3.0mm。总管 $AB$ 段内水流量为 $95\mathrm{m^3{\cdot}h^{-1}}$，现要求支管 $BC$ 段的水流量为 $20\mathrm{m^3{\cdot}h^{-1}}$。试求定常态流动时总管段 $BD$ 内的流量及 3 条管段内流速。

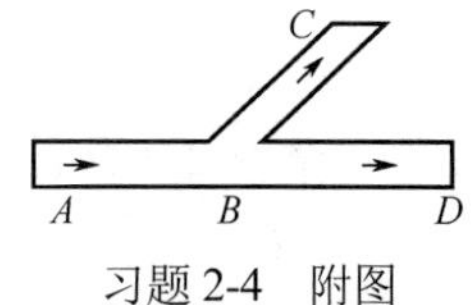

习题 2-4 附图

**2-5** 一个直径为 2m 的敞口储罐，内装有 3m 高的水。现通过其底部一小管排出储罐内的水，小管内径为 40mm，测得小管内的流速与储罐内的液位高度关系为

$$u=0.62\sqrt{2gh}$$

式中，$h$ 为储罐内液位高度，m；$u$ 为小管内流速，$\mathrm{m{\cdot}s^{-1}}$。试求储罐内液位下降到 2m 时需要的时间。

**2-6** 一储罐内有浓度为 20%的盐水溶液 4t。今以 $0.2\mathrm{m^3{\cdot}min^{-1}}$ 的流量向储罐内加入纯水，同时以 $0.1\mathrm{m^3{\cdot}min^{-1}}$ 的流量向储罐外排出盐水溶液。试求 20min 后排出盐水的浓度。假设搅拌良好，储罐内盐水浓度在任一时刻达到充分混合，浓度均一。纯水的密度为 $1000\mathrm{kg{\cdot}m^{-3}}$，盐水的密度为 $\rho$=997+753$a$，$\mathrm{kg{\cdot}m^{-3}}$，式中，$a$ 为盐水的质量分数。

**2-7** 一储罐内有浓度为 20%的盐水溶液 4t。今以 $150\mathrm{kg{\cdot}min^{-1}}$ 的流量向储罐内加入纯水，同时以 $200\mathrm{kg{\cdot}min^{-1}}$ 的流量向储罐外排出盐水溶液。试求储罐内盐水的浓度降低到 5%时需要多长时间。假设搅拌良好，储罐内盐水浓度在任一时刻达到充分混合，浓度均一。纯水的密度为 $1000\mathrm{kg{\cdot}m^{-3}}$，盐水的密度为 $\rho$=997+753$a$，$\mathrm{kg{\cdot}m^{-3}}$，式中，$a$ 为盐水的质量分数。

**2-8** 一储罐内有浓度为 20%的盐水溶液 4t。今以恒定的流量向储罐内加入纯水，同时以 $200\mathrm{kg{\cdot}min^{-1}}$ 的流量向储罐外排出盐水溶液。若要求在 30min 内将储罐内盐水的浓度降低到 5%，试求加入的纯水流量应多大？假设搅拌良好，储罐内盐水浓度在任一时刻达到充分混合，浓度均一。纯水的密度为 $1000\mathrm{kg{\cdot}m^{-3}}$，盐水的密度为 $\rho$=997+753$a$，$\mathrm{kg{\cdot}m^{-3}}$，式中，$a$ 为盐水的质量分数。

**2-9** 乙酸乙酯是工业上非常重要的溶剂，在工业上乙酸乙酯可以通过乙醇和乙酸的酯化反应而得到，其化学反应方程式如下

$$\mathrm{CH_3CH_2OH+CH_3COOH \rightleftharpoons CH_3COOCH_2CH_3+H_2O}$$

某公司一座工业酯化塔，如附图所示，经计量得知进塔乙醇（用 A 表示）量为 $1.62\mathrm{t{\cdot}h^{-1}}$，组成为乙醇 92.5%（质量分数，下同），水 7.5%；进塔纯乙酸（用 B 表示）量为 $2.1\mathrm{t{\cdot}h^{-1}}$；另外有一股来自回收塔的物料（用 R 表示）也进入酯化塔，其量为 $0.33\mathrm{t{\cdot}h^{-1}}$，组成为：乙酸乙酯 65%，

乙醇 25%，水 10%。从酯化塔顶部出来的物料经冷凝后进入萃取塔，在萃取塔中加入 2.5 $t\cdot h^{-1}$ 的萃取剂水（用 S 表示）萃取。之后，物料进入油水分离器，上层油相一部分回流入酯化塔顶部，其余油相引出进入后续精制工序，以物料 C 表示。油水分离器下部的水相以 D 表示，引出进入回收系统。现测得物料 C 的组成为：乙酸乙酯 95.1%，水 3.6%，乙醇 1.3%。水相物料 D 的组成为：乙酸乙酯 8.4%，水 85%，乙醇 6.6%。试求油相和水相的质量流量。并求乙酸乙酯的生成速率及乙醇的消耗速率。

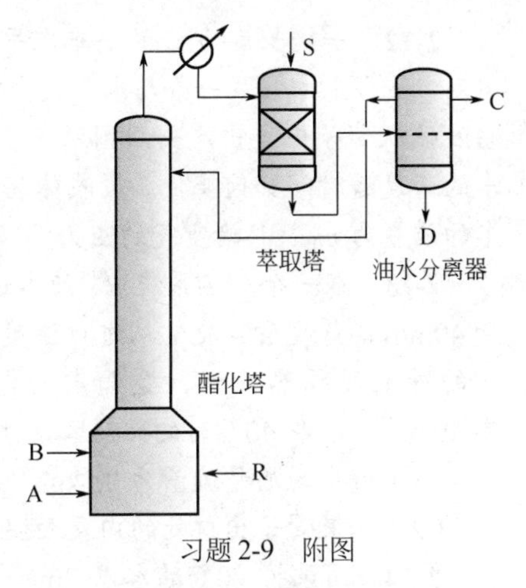

习题 2-9　附图

**2-10**　甲基二乙醇胺（简写为 MDEA）在工业上是一种性能优良的选择性脱硫、脱碳溶剂，同时也可做合成医药、涂料等的原料。在工业上，MDEA 可通过环氧乙烷和一甲胺在催化剂存在下经过两步反应制取：首先 1 分子甲胺与 1 分子环氧乙烷反应得到甲基一乙醇胺（简写为 MMEA），第二步 1 分子 MMEA 与 1 分子环氧乙烷继续反应得到 MDEA。如附图所示，MDEA 在一个管式反应器中经过反应得到，图中用 A 代表一甲胺，B 代表环氧乙烷，C 代表催化剂，D 代表反应产物。反应方程式如下：

$$CH_3NH_2 + CH_2CH_2O \longrightarrow CH_3NHCH_2CH_2OH \qquad \text{MMEA}$$

$$CH_3NHCH_2CH_2OH + CH_2CH_2O \longrightarrow CH_3N(CH_2CH_2OH)_2 \qquad \text{MDEA}$$

某公司的一套甲基二乙醇胺反应器运行正常时，得到各股物料量和组成如下表：

| 物料 | | A | B | C | D |
|---|---|---|---|---|---|
| 流量/$kg\cdot h^{-1}$ | | 1134 | 1074 | 820 | — |
| 组成（质量分数）/% | 环氧乙烷 | 0 | 100 | 0 | 0 |
| | 一甲胺 | 100 | 0 | 1.22 | 24.97 |
| | 水 | 0 | 0 | 10.98 | 3.17 |
| | MMEA | 0 | 0 | 87.8 | 23.78 |
| | MDEA | 0 | 0 | 0 | 47.56 |
| | 高沸物 | 0 | 0 | 0 | 0.52 |

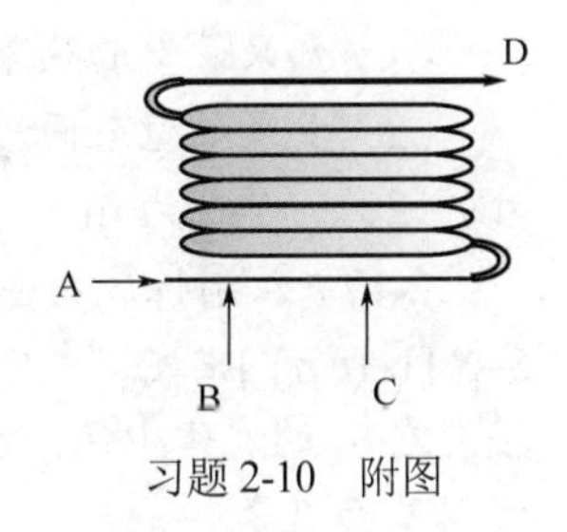

习题 2-10　附图

试求在反应过程中甲基二乙醇胺的生成速率和一甲胺的消耗速率。

**2-11**　如附图所示，（1）若将例 2-3 中的弯管改成水平等径直管将水排出，出口速度为 $10m\cdot s^{-1}$，管子截面积为 $1.3\times10^{-3}m^2$。忽略水在管内流动引起的压降。试求在不考虑重力场作用下，墙作用于管子上的力。

（2）若将上题中水平等径直管改成直管锥形嘴将水排出，进口速度为 $10m\cdot s^{-1}$，进口管子截面为 $1.3\times10^{-3}m^2$，出口锥形嘴截面积为 $1.3\times10^{-4}m^2$。忽略水在管内流动引起的压降。试求在不考虑重力场作用下，墙作用于管子上的力。

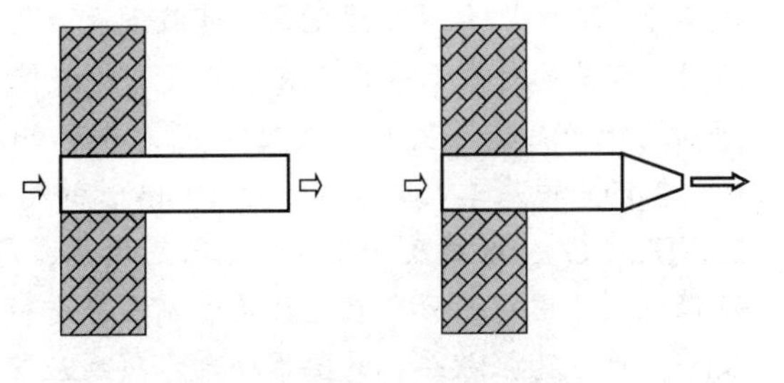

习题 2-11　附图

**2-12** 一辆长度为 $L$ 的小车在平台上以初始速度 $u_0$ 作无摩擦运动。平台上方安装一条与水平夹角为$\theta$的管子，有一股流量为 $Q$ 的液体从管子中流出。如附图所示，当小车经过管子下面时，小车的速度随时间如何变化。设液体密度为$\rho$，管子截面积为 $A$，小车的质量为 $m_0$。忽略空气的阻力。

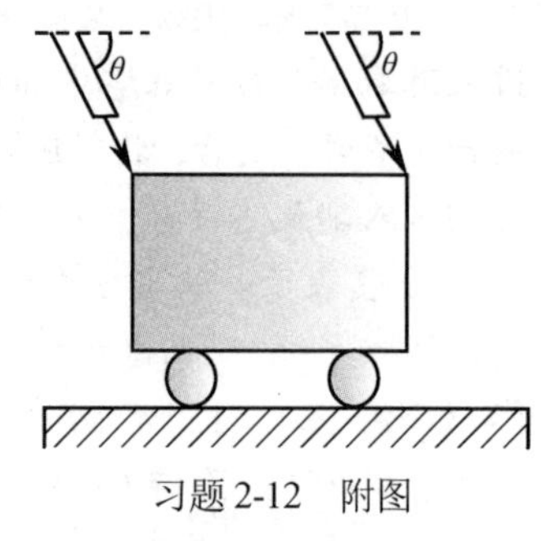

习题 2-12 附图

**2-13** 在一个加热系统中，使水通过内径和外径分别为 20mm 和 40mm 的厚壁管，把它从进口温度 20℃加热到出口温度 60℃。管的外表面隔热良好，壁面内的电加热提供均匀的产热速率 $10^6 W \cdot m^{-3}$。水在 40℃时的比热容为 $4179 J \cdot kg^{-1} \cdot K^{-1}$。试求：

（1）当水的质量流量为 $0.1 kg \cdot s^{-1}$ 时，为获得所需要的出口温度，管子应该有多长？

（2）如果管子出口处的内表面温度为 70℃，出口处局部对流传热系数有多大？

**2-14** 用泵将 20℃的水以 $2 m \cdot s^{-1}$ 的速度经管道送入锅炉，水的质量流量为 $5 t \cdot h^{-1}$。生成的水蒸气以 $15 m \cdot s^{-1}$ 的速度离开锅炉。设锅炉内的压力为 10atm（绝压）。蒸汽离开的出口比水进入口高 12m。20℃水的焓值为 $8.35 \times 10^4 J \cdot kg^{-1}$。蒸汽离开时的温度为 180℃，蒸汽的焓值 $2.78 \times 10^6 J \cdot kg^{-1}$。试求锅炉的加热速率。

**2-15** 27℃的水以 $450 kg \cdot h^{-1}$ 的流量流经一条水平布置的圆管，在管壁处以 $q'=20x (W \cdot m^{-1})$ 热流量给水加热，$x$ 为轴向距离（从圆管的入口处开始计算）。试给出圆管任一截面处平均温度的表达式，并求若管长为 30m，水的出口温度为多少？设水的平均比热容为 $4184 J \cdot kg^{-1} \cdot K^{-1}$。

**2-16** 20℃的空气以 $18 kg \cdot h^{-1}$ 的质量流量进入一条直径为 50mm 圆管的加热段，设对流传热系数为 $25 W \cdot m^{-2} \cdot K^{-1}$，管长为 3m，试求下列各种情况下的总热量、空气的出口平均温度、进出口处管壁的温度。设空气的比热容为 $1004 J \cdot kg^{-1} \cdot K^{-1}$：

（1）如果管壁的热流密度为 $q=1000 W \cdot m^{-2}$；

（2）如果管壁表面的热流密度随轴向线性变化，即 $q=500x$，单位为 $W \cdot m^{-2}$，$x$ 为距离管口处的距离，单位为 m。

**2-17** 放射性废物存放在一个薄壁长圆筒形容器中。废物不均匀地产生热能，可用关系式 $S=S_0[1-(r/r_0)^2]$描述，式中，$S$ 为单位体积的局部产能速率；$S_0$ 为常数；$r_0$ 为容器半径。把容器浸没在 $T_0$ 的液体中保持稳定状况，对流传热系数为 $h$。求单位长度容器内总的能量产生速率及容器壁面温度。

**2-18** 一个球形容器反应器，其不锈钢壁厚为 5mm，内径为 1.0m。在生产药物过程中，容器充满密度为 $1100 kg \cdot m^{-3}$、比热容为 $2400 J \cdot kg^{-1} \cdot K^{-1}$ 的反应物，反应为放热，释放的能量体积速率 $10^4 W \cdot m^{-3}$。作为初步近似，可假设反应物搅拌充分且容器的热容和容器壁的导热热阻忽略不计。容器的外表面暴露于环境空气，对流传热系数为 $6 W \cdot m^{-2} \cdot K^{-1}$，空气温度为 25℃。如果反应物的初始温度为 25℃，反应 5h 后反应物的温度是多少？

**2-19** 甲基二乙醇胺在一个 100m 长的耐高压管式反应器中，反应温度为 120℃，反应压力 2.5MPa（G），经过反应得到。如附图所示，原料一甲胺（用 A 表示）、环氧乙烷（用 B 表示）及催化剂（用 C 表示）在进反应管前，先进行混合，再经过预热器加热到反应温度进入反应管反应。反应为强放热，需要用冷却水将反应热移出反应体系。

反应方程式及反应热效应如下：

$$CH_3NH_2 + CH_2CH_2O \longrightarrow CH_3NHCH_2CH_2OH \qquad MMEA \quad \Delta H = -133.4 J \cdot mol^{-1}$$

$$MMEA + CH_2CH_2O \longrightarrow CH_3N(CH_2CH_2OH)_2 \qquad MDEA \quad \Delta H = -123.9 J \cdot mol^{-1}$$

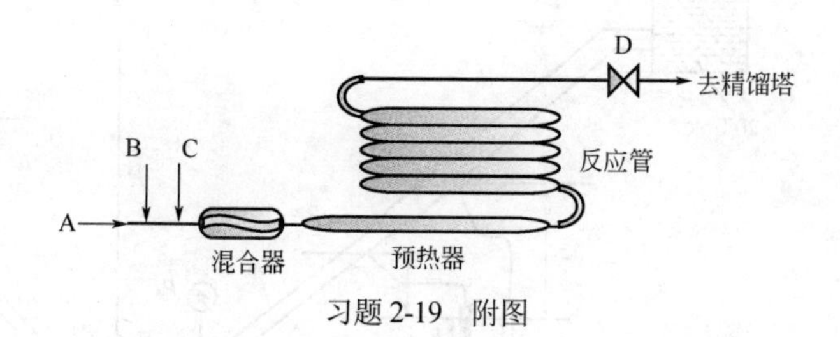


习题 2-19　附图

反应方程式中，MMEA 表示甲基一乙醇胺，MDEA 表示甲基二乙醇胺。

现今，某公司的一套甲基二乙醇胺反应器运行正常时，得到各股物料量和组成如下表：

| 物料 | | A | B | C | D |
|---|---|---|---|---|---|
| 流量/$m^3 \cdot h^{-1}$ | | 1750 | 1200 | 880 | — |
| 组成（质量分数）/% | 环氧乙烷 | 0 | 100 | 0 | 0 |
| | 一甲胺 | 100 | 0 | 1.22 | 24.97 |
| | 水 | 0 | 0 | 10.98 | 3.27 |
| | MMEA | 0 | 0 | 87.8 | 23.9 |
| | MDEA | 0 | 0 | 0 | 47.86 |

各股物料的温度、压力及其物性参数如下表：

| 物料 | | A | B | C | D |
|---|---|---|---|---|---|
| 相态 | | 液态 | 液态 | 液态 | 液态 |
| 温度 | ℃ | 30 | 10 | 40 | 80 |
| 压力 | MPa（G） | 2.5 | 2.5 | 2.5 | 2.5 |
| 密度 | $kg \cdot m^{-3}$ | 650 | 890 | 930 | 830 |
| 比热容 | $kJ \cdot kg^{-1} \cdot K^{-1}$ | 4.09 | 2.2 | 2.66 | 3.29 |

试求：（1）在反应体系中需移走多少热量；（2）若反应中产生的热量用于副产 110℃的饱和水蒸气，水蒸气的量为多少，设进水温度为 80℃，热损失为小题（1）中移走热量的 5%。

**2-20**　直径为 1m 的圆筒形容器，内装有温度为 27℃、深度为 0.5m 的水。今以 $1kg \cdot s^{-1}$ 的流率向容器中加水，直至水深为 2m 为止。假定加水过程充分混合，容器外壁绝热。水的平均比热容和密度分别为 $4183J \cdot kg^{-1} \cdot K^{-1}$ 和 $1000kg \cdot m^{-3}$。

（1）若加水温度为 82℃，试计算混合后水的最终温度。

（2）若加水温度为 27℃，如容器中装有蒸汽加热蛇管，加热器向水中的传热速率为

$$Q = hA\left(T_v - T\right)$$

式中，$h=300W \cdot m^{-2} \cdot K^{-1}$，$A=3\ m^2$，$T_v=110℃$，$T$ 为任一瞬间容器内的水温。试求所达到的最终温度。

**2-21**　如附图所示，20℃水由高位水箱经管道从喷嘴流向大气，水箱水位恒定，$d_1=125mm$，$d_2=100mm$，喷嘴内径 $d_3=75mm$，U 形压差计读数 $R=80mmHg$（1mmHg=133.322Pa，下同），若忽略摩擦损失，求水箱高度 $H$ 及 $A$ 点处压力表读数 $p_A$。

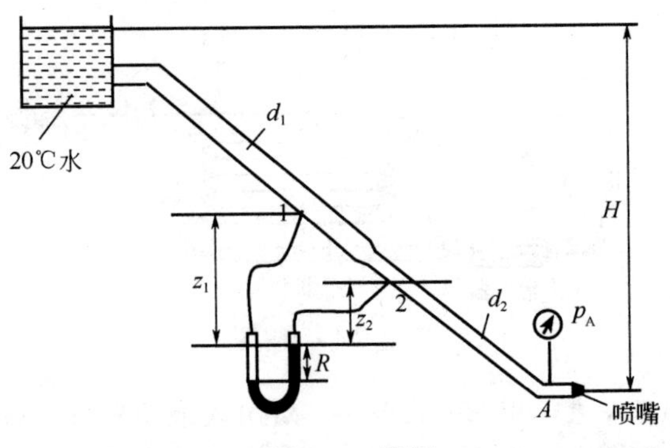


习题 2-21 附图

**2-22** 如附图所示，槽A中的液体经管道送入槽B中，已知槽A与槽B的直径都为2m，管道尺寸为$\phi$32mm×2.5mm，摩擦系数可取 0.03，管子总长 20m（包括所有局部阻力的当量长度在内）。求槽A内液面降至0.3m需要多少时间？

提示：流体在管中的流动摩擦损失 $w_f=\lambda\dfrac{l}{d}\times\dfrac{u^2}{2}$，$\lambda$为摩擦系数，$l$为管子总长，$d$为管内径，$u$为流体在管内的流动速度。

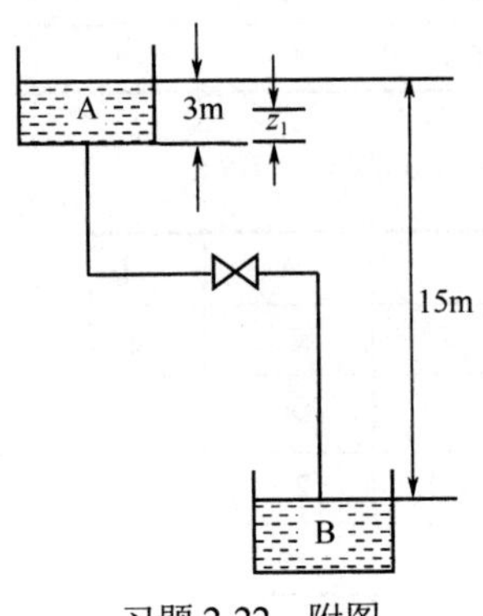


习题 2-22 附图

# 第三章

# 薄层体积衡算

第二章介绍了总衡算方法，通过宏观衡算了解设备或工艺流程中物料、能量等进、出及在其内积累的状况，从宏观整体上掌握动量、热量和质量在设备或工艺流程中的变化规律。但有时候需要了解设备内部或流体系统内部各处的详细信息，如各处的流速、温度、浓度等物理量及其变化规律，以便更准确地掌握生产过程，提高生产效率，保障生产安全。此时需要将衡算体积即研究对象进行相应缩小，再进行相关的衡算才能得到想要的结果。

对于所讨论的问题，具有规则的几何结构，而且在简单的几何面上（如平面、柱面或球面）某些物理量具有相同的数值，此时往往可以采用薄层体积的衡算方法得到问题的解。本章内容是关于如何运用薄层体积衡算方法建立动量、热量或质量传递的相关方程。具体的方法就是在二维空间的有限面积或一维空间的有限线段内进行物理量的衡算，从而得到微分方程。利用数学工具求解微分方程即可得到有关物理量在时、空内的分布。下面将详细介绍薄层体积衡算方法在动量、热量和质量传递模型建立方面的应用。

## 第一节　薄层体积的动量衡算

在第二章中导出的总动量衡算式（2-23）也可应用于薄层体积的动量衡算，从而得到相应的微分方程，再通过求解微分方程，可得到速度分布等流体内部的详细信息。

### 一、大平板上液膜流动的速度分布

液体成膜状流动常在化工生产中遇到，如膜状冷凝传热过程、湿壁塔的吸收过程等，这些过程牵涉流体流动、传热和传质等问题。这些问题的解决首先要解决液体的流动问题。

如图 3-1 所示，考虑一倾斜放置的大平板，有一液体从平板上部沿板面平稳往下流动。液体黏度为$\mu$，密度为$\rho$。平板与垂直面夹角为$\alpha$。假设流动达到稳定层流时，板上液层厚度为$\delta$。忽略边缘效应，试求液膜内速度分布和通过单位宽度板上的液体体积，以及液体作用于板上的曳力。

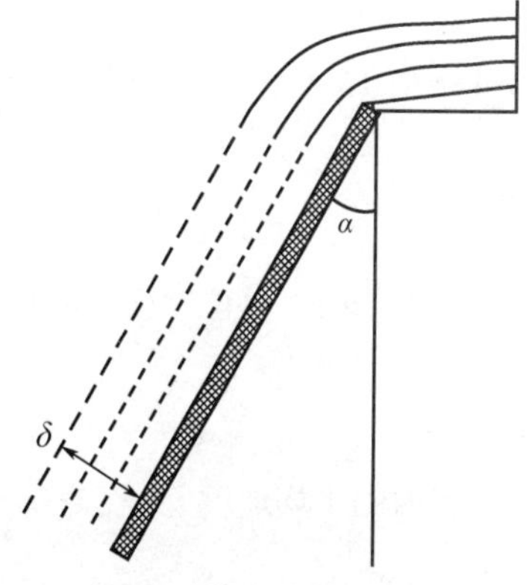

图 3-1　大平板上液膜流动（一）

根据问题的几何特性，采用直角坐标系研究此问题比较合适。取图 3-2 所示的坐标系，并在液膜中取一薄层体积，沿 $y$ 方向薄层体的厚度为$\Delta y$，垂直 $y$ 方向取一个单位面积（此面上处处具有相同的速度），应用式（2-23）对该薄层体积进行动量衡算，即

$$\sum \boldsymbol{F}_{系统} = \frac{\partial}{\partial t}\iiint_{CV} \boldsymbol{u}\rho \mathrm{d}V + \oiint_{CS} \boldsymbol{u}\rho\boldsymbol{u}\cdot \mathrm{d}\boldsymbol{A} \qquad (2\text{-}23)$$

由所取的薄层体可知，处于该薄层体内的流体受到左上侧流体对它的剪切力$\tau_1$，方向为 $x$，右下侧流体对它的剪切力$\tau_2$，方向为负 $x$，以及本身重力 $mg$ 三个力。

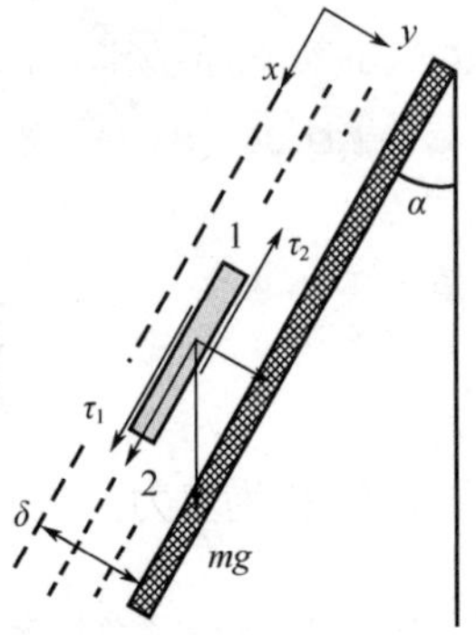

下面运用式（2-23）的 $x$ 方向分量式进行具体计算。

$$F_x = F_{Bx} + F_{Sx} = \frac{\partial}{\partial t}\iiint_{CV} u_x \rho \mathrm{d}V + \oiint_{CS} u_x \rho \boldsymbol{u} \cdot \mathrm{d}\boldsymbol{A} \tag{3-1}$$

按题意，式（3-1）中各项计算如下：

薄层体内的流体重力在 $x$ 方向的分量

$$F_{Bx} = 1\Delta y \rho g \cos\alpha = \rho g \Delta y \cos\alpha$$

表面力 $F_{Sx}$ 之和为

$$F_{Sx} = 1\tau_1 - 1\tau_2 = \tau_1 - \tau_2$$

图 3-2 大平板上液膜流动（二）

由于做稳定流动，薄层体内流体总动量不变，所以$\frac{\partial}{\partial t}\iiint_{CV} u_x \rho \mathrm{d}V = 0$。

该薄层体的六个控制面上，仅有右上端面 1 和左下端面 2 有流体进出，其他四个侧面没有流体进出，所以

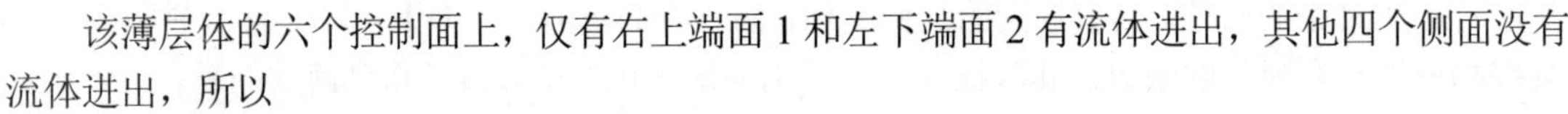

$$\oiint_{CS} u_x \rho \boldsymbol{u} \cdot \mathrm{d}\boldsymbol{A} = \iint_1 u_x \rho \boldsymbol{u} \cdot \mathrm{d}\boldsymbol{A} + \iint_2 u_x \rho \boldsymbol{u} \cdot \mathrm{d}\boldsymbol{A} = u_x\left(-\rho u_x \times 1\Delta y\right) + u_x\left(\rho u_x \times 1\Delta y\right) = 0$$

将上述各项代入式（3-1），得

$$\tau_1 - \tau_2 + \rho g \Delta y \cos\alpha = 0 \tag{3-2}$$

将式（3-2）两边除$\Delta y$，并令$\Delta y$ 趋于 0，则得

$$\frac{\mathrm{d}\tau_{yx}}{\mathrm{d}y} = \lim_{\Delta y \to 0}\frac{\tau_2 - \tau_1}{\Delta y} = \rho g \cos\alpha \tag{3-3}$$

将牛顿黏性定律代入式（3-3），得

$$\frac{\mathrm{d}^2 u_x}{\mathrm{d}y^2} = -\frac{\rho g \cos\alpha}{\mu} \tag{3-4}$$

式（3-4）为二次常微分方程，按所给问题的特性，不难写出其边界条件为

$$\begin{aligned} &\text{边界条件1：} y = 0，\ \tau_{yx} = -\mu\frac{\mathrm{d}u_x}{\mathrm{d}y} = 0 \\ &\text{边界条件2：} y = \delta，\ u_x = 0 \end{aligned} \tag{3-5}$$

积分式（3-4），再结合上述边界条件，得板上液膜内的速度分布

$$u_x = \frac{\delta^2 \rho g \cos\alpha}{2\mu}\left[1 - \left(\frac{y}{\delta}\right)^2\right] \tag{3-6}$$

于是可得板上单位宽度的流量

$$V = \int_0^\delta u_x \times 1\mathrm{d}y = \frac{\delta^3 \rho g \cos\alpha}{3\mu} \tag{3-7}$$

液膜内的平均速度

$$u_b = \frac{V}{1\delta} = \frac{\delta^2 \rho g \cos\alpha}{3\mu} \tag{3-8}$$

由式（3-7）得液膜厚度

$$\delta = \sqrt[3]{\frac{3\mu V}{\rho g \cos\alpha}} \tag{3-9}$$

液体作用于长度为$L$、宽度为$W$平板上的力

$$F_{\mathrm{D}} = \iint_A \tau_{-yx}\Big|_{y=\delta} \mathrm{d}x\mathrm{d}z = LW\delta\rho g\cos\alpha \tag{3-10}$$

式中，$F_{\mathrm{D}}$称为曳力，工程上常用流体平均动能及其作用面的乘积的某个倍数来表示

$$F_{\mathrm{D}} = C_{\mathrm{D}}\frac{1}{2}\rho u_{\mathrm{b}}^2 A_0 \tag{3-11}$$

式中，$C_{\mathrm{D}}$为曳力系数，其值与雷诺数有关；$A_0$为曳力$F_{\mathrm{D}}$的作用面积，$A_0=LW$。

由式（3-10）和式（3-11）可得平板上液体呈层流流动时的曳力系数计算公式

$$C_{\mathrm{D}} = \frac{LW\delta\rho g\cos\alpha}{\frac{1}{2}\rho u_{\mathrm{b}}^2 A_0} = \frac{24}{\left(\frac{4\delta u_{\mathrm{b}}\rho}{\mu}\right)} = \frac{24}{Re} \tag{3-12}$$

式中的雷诺数采用4倍的液膜厚度为定性尺寸，即

$$Re = \frac{4\delta u_{\mathrm{b}}\rho}{\mu}$$

以上各式仅适用于液膜做层流流动的情况，平板上液膜的流动形态可用上式表示的雷诺数大小进行判断。不发生波纹层流时的雷诺数范围：$Re<4\sim25$；发生波纹层流时的雷诺数范围：$4\sim25<Re<1000\sim2000$；湍流时的雷诺数范围：$Re>1000\sim2000$。

## 二、大平板突然启动时平板间流体的速度分布

工业上的一些机械设备，如泵、压缩机等突然启动时，转轴与轴承之间会发生突然相对运动，若转轴的尺寸足够大或转轴与轴承之间缝隙很小，就可认为是大平板的突然启动情形。如图3-3所示，两大平板间充满黏度为$\mu$、密度为$\rho$的液体。平板足够大，忽略边缘效应。现上板突然启动并以恒定速度$u_0$向右运动，两板间的流体也随之而动。设两板间距足够远，以致在研究的时间内下板附近的液体流速恒为零。试计算两板间液体速度分布。

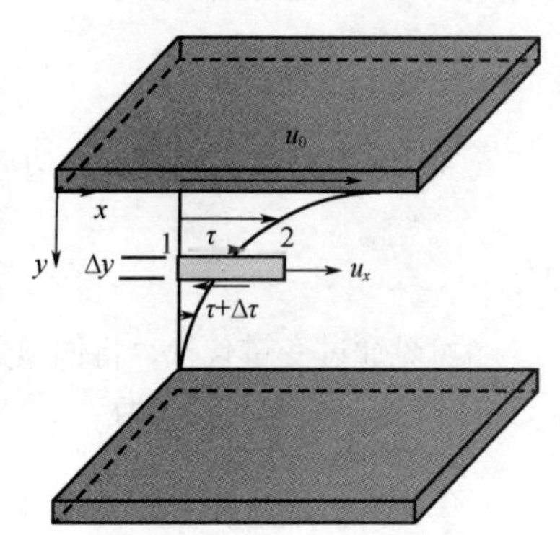

图3-3　平板突然启动的流动

先采用薄层体积衡算方法建立微分方程，取图3-3所示的坐标系，并取图中所示的薄层体，控制体$y$方向厚度为$\Delta y$，垂直$y$方向取一个单位面积（此面上处处具有相同的速度），对该薄层体进行动量衡算，采用动量衡算式（2-23），即

$$\sum \boldsymbol{F}_{\text{系统}} = \frac{\partial}{\partial t}\iiint_{CV}\boldsymbol{u}\rho \mathrm{d}V + \oiint_{CS}\boldsymbol{u}\rho\boldsymbol{u}\cdot \mathrm{d}\boldsymbol{A} \tag{2-23}$$

由所取的薄层体可知，薄层体内的流体受到上层流体对它的剪切力$\tau$，方向向右，下层流体对它的剪切力$\tau+\Delta\tau$，方向向左。

现运用式（2-23）的$x$方向分量式进行具体计算

$$F_x = F_{\mathrm{B}x} + F_{\mathrm{S}x} = \frac{\partial}{\partial t}\iiint_{CV}u_x\rho \mathrm{d}V + \oiint_{CS}u_x\rho\boldsymbol{u}\cdot \mathrm{d}\boldsymbol{A} \tag{3-13}$$

式中，$F_{Bx}=0$，$F_{Sx}=1\tau-1(\tau+\Delta\tau)=-\Delta\tau$。

$$\frac{\partial}{\partial t}\iiint_{CV}u_x\rho \mathrm{d}V=\frac{\partial(u_x\rho\Delta V)}{\partial t}=\frac{\partial(u_x\rho\Delta y\times 1)}{\partial t}=\rho\Delta y\frac{\partial u_x}{\partial t}$$

该薄层体的左右侧面有流体进出，其他侧面上没有流体进出，所以有

$$\oiint_{CS}u_x\rho\boldsymbol{u}\cdot \mathrm{d}\boldsymbol{A}=\iint_1 u_x\rho\boldsymbol{u}\cdot \mathrm{d}\boldsymbol{A}+\iint_2 u_x\rho\boldsymbol{u}\cdot \mathrm{d}\boldsymbol{A}$$
$$=u_x\rho(-u_x\times 1\Delta y)+u_x\rho(u_x\times 1\Delta y)=0$$

将以上各项代入式（3-13）中整理，并令$\Delta y$趋于0，得

$$\frac{\partial\tau_{yx}}{\partial y}=\lim_{\Delta y\to 0}\frac{\Delta\tau}{\Delta y}=-\rho\frac{\partial u_x}{\partial t} \tag{3-14}$$

将牛顿黏性定律代入上式，得

$$\frac{\partial u_x}{\partial t}=\frac{\mu}{\rho}\frac{\partial^2 u_x}{\partial y^2}=\nu\frac{\partial^2 u_x}{\partial y^2} \tag{3-15}$$

式（3-15）为二次偏微分方程，其初始条件和边界条件为

$$\begin{aligned}&\text{初始条件：}t=0,\ u_x=0\\&\text{边界条件1：}y=0,\ u_x=u_0(\text{当}t>0\text{时})\\&\text{边界条件2：}y=\infty,\ u_x=0(\text{当}t\geqslant 0\text{时})\end{aligned} \tag{3-16}$$

偏微分方程（3-15）通过变量代换变为常微分方程，进而得到偏微分方程的解。令

$$\eta=\frac{y}{\sqrt{4\nu t}} \tag{3-17}$$

将式（3-17）代入式（3-15），通过变量代换可将式（3-15）转化为

$$\frac{\mathrm{d}^2u_x}{\mathrm{d}\eta^2}+2\eta\frac{\mathrm{d}u_x}{\mathrm{d}\eta}=0 \tag{3-18}$$

式（3-16）表示的初始条件和边界条件也相应转换为

$$\begin{aligned}&\text{边界条件1：}\eta=0,\ u_x=u_0\\&\text{边界条件2：}\eta=\infty,\ u_x=0\end{aligned} \tag{3-19}$$

可见通过变量代换，将偏微分方程式（3-15）转换为二次常微分方程式（3-18），而方程式（3-18）易于求解，其解为

$$u_x=-\frac{2u_0}{\sqrt{\pi}}\int_0^\eta \mathrm{e}^{-z^2}\mathrm{d}z+u_0 \tag{3-20}$$

或写成

$$u_x=u_0[1-\mathrm{erf}(\eta)] \tag{3-21}$$

式中，$\mathrm{erf}(\eta)=\frac{2}{\sqrt{\pi}}\int_0^\eta \mathrm{e}^{-z^2}\mathrm{d}z$，称为高斯误差函数。

求解微分方程式（3-18）时，运用了高斯误差函数如下的性质

$$\lim_{\eta\to\infty}\frac{2}{\sqrt{\pi}}\int_0^\eta \mathrm{e}^{-z^2}\mathrm{d}z=1 \tag{3-22}$$

**【例3-1】** 两块平板玻璃上下相互叠在一起，它们之间有一层油状物。油的密度为$800\mathrm{kg\cdot m^{-3}}$，黏度为$1\mathrm{Pa\cdot s}$。上板突然以$1\mathrm{m\cdot s^{-1}}$的速度向前运动。忽略边缘效应。试求平板开始运动初始时刻、0.001s、0.01s及0.1s时刻平板单位面积上受到的力，假设在所讨论的时间内下板面处油层

速度一直为零。

**解**　按题意，属于大平板突然启动时平板下面流体流动问题，此时油层内的速度分布可用式（3-20）表示，则上板单位面积板上受到的力为

$$\tau_{yx}\Big|_{y=0}=-\mu\frac{\partial u_x}{\partial y}\Big|_{y=0}=\frac{\mu u_0}{\sqrt{\pi\nu t}}\mathrm{e}^{-\frac{y^2}{4\nu t}}\Big|_{y=0}=\frac{\mu u_0}{\sqrt{\pi\nu t}}$$

将$\mu=1\text{Pa·s}$，$\rho=800\ \text{kg·m}^{-3}$，$\nu=\mu/\rho=0.00125\text{m}^2\text{·s}^{-1}$，$u_0=1\text{m·s}^{-1}$代入上式得

$$\tau_{yx}\Big|_{y=0}=15.96t^{-\frac{1}{2}}$$

将相应的时间代入，即可计算得到单位面积板上受到的力，列表如下：

| 时间/s | 0 | 0.001 | 0.01 | 0.1 |
|---|---|---|---|---|
| $\tau_{yx}$/N·m$^{-2}$ | ∞ | 504.6 | 159.6 | 50.5 |

由计算结果可见，刚开始时板上受到的黏性力很大，但随着板下方速度梯度的下降而快速减小。当两个柱面相互贴得很近时，也可视为两块大平板间的运动，如转轴与轴承之间的相对运动。这种情况常在工业设备启动时刻发生，如泵、压缩机等机械设备启动时有很大的启动功率，其原因就是初始摩擦力很大，这往往会引起电器过载或机械设备损坏。为避免发生事故，启动前进行手动盘车是必要的。

**【例 3-2】**　水锤现象是指在有压力的管路中，突然停电或者阀门关闭太快时，由于压力水流的惯性，产生水流冲击波，就像锤子敲打一样，所以叫水锤。水流冲击波在管内来回产生的力，有时会很大，从而破坏阀门和水泵。设用一台离心泵将流量为 $Q$ 的水通过直径为 $d$ 的管道，送至 $H$ 高处的水槽，见图 3-4。现由于误操作将泵出口阀门突然关闭，在管路中产生了水锤现象，试导出管内压力随时间变化的微分方程。已知管道内水击波速 $a$ 可由下式计算

$$a=\sqrt{\frac{K/\rho}{1+\dfrac{K}{A}\dfrac{\partial A}{\partial p}}}=\sqrt{\frac{K/\rho}{1+\dfrac{K}{\delta}\dfrac{d}{E}}}$$

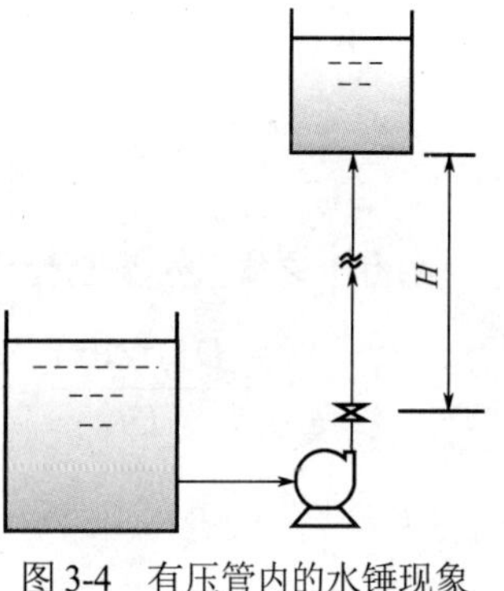


图 3-4　有压管内的水锤现象

式中，$a$ 为水击波速；$A$ 为管的横截面积；$d$ 为管径；$\delta$为管壁厚度；$E$ 为管材料弹性模量；$\rho$ 为流体的密度；$K$ 为流体的体积弹性模量，$K=\rho\dfrac{\partial p}{\partial\rho}$。

**解**　首先做一下分析：在正常稳定输送水时，管内的压力处处恒定，不随时间变化。当将泵出口阀门突然关闭时，管内的流体由于惯性原因继续向前流动。但由于阀门关闭，上游没有流体补充进来，于是在阀门处压力快速下降，形成逆向压力，使阀门附近处的流体速度很快下降为零。类似的原因，阀门下游稍远处的流体速度也随后降为零，并继续发展直至管路出口处，此现象即为水击波的传播过程，在此阶段管内压力突然降低到较低的数值。随后阀门处，在逆向压力的继续作用下，流体反向冲向阀门，并在阀门处速度瞬间降为零，流体的动能转换为压力能，使阀门处的压力突然升高，产生水击冲力。类似地，阀门下游直至管口，各处流体经历类似的反向流动，速度快速降为零，在此阶段管内压力又突然升高到较高的数值。然后流体又开始做正向流动，管内压力下降，进入下一个循环过程。如此这样，管内的压力和流速周期性

地变化。下面采用朗格拉日研究法导出管内压力和流速应满足的微分方程。

如图 3-5 所示，取一个薄层微元流体系统，研究水击波恰好行进到此处时微元系统内有关物理量的变化。图中标出微元流体系统的受力情况。对此微元系统应用动量守恒定律

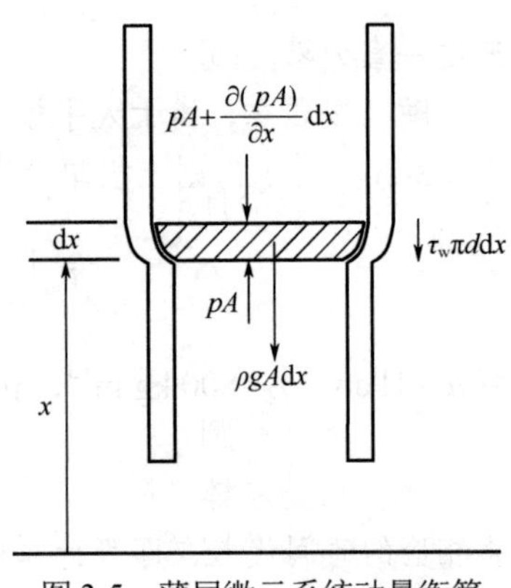


图 3-5 薄层微元系统动量衡算

$$pA-\left(pA+\frac{\partial(pA)}{\partial x}\mathrm{d}x\right)-\tau_{\mathrm{w}}\pi d\mathrm{d}x-\rho gA\mathrm{d}x=\rho A\mathrm{d}x\frac{\mathrm{D}u}{\mathrm{D}t} \quad (\mathrm{a})$$

式中，$\tau_{\mathrm{w}}$ 为管壁处的摩擦应力，在工程上可用式（1-38）计算，为简化起见略去 $u_{\mathrm{b}}$ 的下标

$$\tau_{\mathrm{w}}=\frac{1}{2}f\rho u^2 \quad (\mathrm{b})$$

式中，$f$ 为范宁摩擦因子。

速度的随体导数为

$$\frac{\mathrm{D}u}{\mathrm{D}t}=\frac{\partial u}{\partial t}+u\frac{\partial u}{\partial x} \quad (\mathrm{c})$$

再由水击波速计算式，可得

$$\partial A=\left(\frac{A}{\rho a^2}-\frac{A}{K}\right)\partial p \quad (\mathrm{d})$$

将式（b）、式（c）、式（d）代入式（a）化简，整理得

$$\left[p\left(\frac{1}{\rho a^2}-\frac{1}{K}\right)+1\right]\frac{\partial p}{\rho\partial x}+u\frac{\partial u}{\partial x}+\frac{\partial u}{\partial t}+g+\frac{fu^2}{2d}=0 \quad (\mathrm{e})$$

由于流体系统质量恒定不变，故其质量随体导数为零，并将随体导数展开整理

$$\frac{\mathrm{D}(\rho A\mathrm{d}x)}{\mathrm{D}t}=\frac{\partial(\rho A\mathrm{d}x)}{\partial t}+u\frac{\partial(\rho A\mathrm{d}x)}{\partial x}=\mathrm{d}x\left[\frac{\partial(\rho A)}{\partial t}+\rho A\frac{\partial u}{\partial x}+u\frac{\partial(\rho A)}{\partial x}\right]=0 \quad (\mathrm{f})$$

于是，可得

$$\frac{\partial(\rho A)}{\partial t}+\rho A\frac{\partial u}{\partial x}+u\frac{\partial(\rho A)}{\partial x}=0 \quad (\mathrm{g})$$

将式（d）代入式（g），整理得

$$\frac{\partial u}{\partial x}+\frac{u}{\rho a^2}\frac{\partial p}{\partial x}+\frac{1}{\rho a^2}\frac{\partial p}{\partial t}=0 \quad (\mathrm{h})$$

由式（e）和式（h）组成的微分方程组即可描述管内压力和速度随时间和位置的变化关系。

**讨论：**（1）此题采用薄层流体系统，而不是薄层控制体。此题也可采用薄层控制体进行求解，见习题 3-6。采用薄层流体系统仍需要求面上的物理量具有相同的数值，如同一面上压力处处相同，速度也处处相同，注意此题中面上速度方向与薄层面垂直。需要指出，此题中面上速度假设为处处相同，这与实际情况有一些误差。

（2）式（e）和式（h）组成的偏微分方程组，需要确定初始条件和边界条件才能确定具体问题的解。此方程组有多种求解方法，具体可参考有关资料。

## 三、圆管内轴向定常态层流流动的速度分布

流体在管内流动时，在管截面上流速并不均匀，这种流速的不均匀性对流动阻力、传热传递和传质传递都有重要的影响，所以要想掌握流体在管内流动时的流动阻力、传热传递和传质传递规律，必须先掌握流体流动在管截面上的速度分布。

下面考察流体在圆管内的定常态层流流动，如图 3-6 所示。已知黏度为$\mu$、密度为$\rho$的液体在水平圆管内做层流流动，流量为 $V$，每米管长的压降为$\Delta p_L$。求流动达到定常态后管内速度分布。

对于流体在圆管内流动问题，应选用柱坐标系较为合适。如图 3-7 所示，在半径 $r$ 处，取一个圆筒形薄层体，薄层体的厚度为$\Delta r$，沿 $z$ 方向取一个单位长度，圆筒侧面上处处具有相同的速度。对该薄层体内的流体进行动量衡算，应用式（2-23）

$$\sum \boldsymbol{F}_{系统} = \frac{\partial}{\partial t}\iiint_{CV} \boldsymbol{u}\rho \mathrm{d}V + \oiint_{CS} \boldsymbol{u}\rho\boldsymbol{u}\cdot \mathrm{d}\boldsymbol{A} \tag{2-23}$$

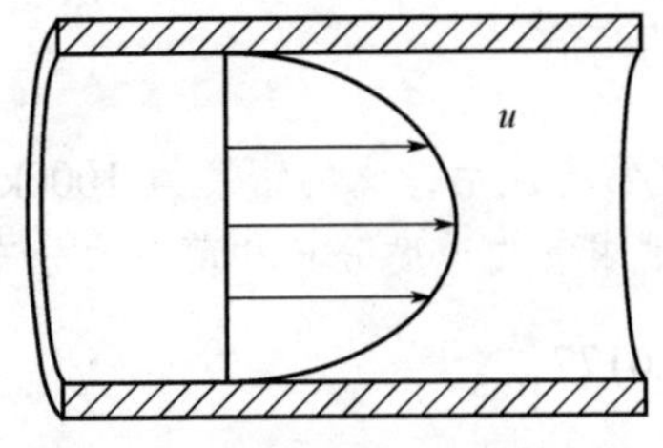


图 3-6　稳定层流流动速度分布

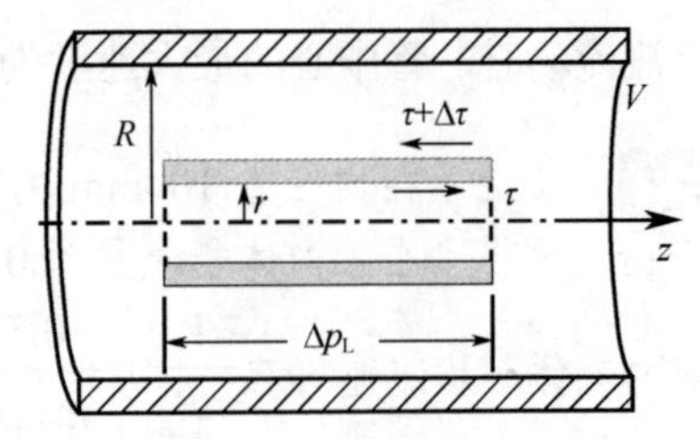


图 3-7　管内薄层圆筒体

采用式（2-23）的 $z$ 方向分量式进行计算

$$F_z = F_{Bz} + F_{Sz} = \frac{\partial}{\partial t}\iiint_{CV} u_z\rho \mathrm{d}V + \oiint_{CS} u_z\rho\boldsymbol{u}\cdot \mathrm{d}\boldsymbol{A} \tag{3-23}$$

该薄层体内的流体在水平方向受到的力有：

圆筒外壁面上的剪应力$\tau+\Delta\tau$，方向向左 $2\pi(r+\Delta r)\times 1(\tau+\Delta\tau) = 2\pi(r+\Delta r)(\tau+\Delta\tau)$。

圆筒内壁面上的剪应力$\tau$，方向向右 $2\pi r\tau$。

两端面受到压力差$\Delta p_L$，方向向右$\Delta A\Delta p_L$。式中，$\Delta A$ 为薄层圆筒端面面积，$\Delta A=\pi[(r+\Delta r)^2-r^2]$；$\Delta p_L$ 为单位管长的压差。

由于定常态流动，薄层体内的动量恒定，即 $\frac{\partial}{\partial t}\iiint_{CV} u_z\rho \mathrm{d}V = 0$。

圆筒内外侧面没有流体进出，仅在左右端面有流体进出，所以

$$\oiint_{CS} u_z\rho\boldsymbol{u}\cdot \mathrm{d}\boldsymbol{A} = u_z\rho(-u_z\Delta A) + u_z\rho(u_z\Delta A) = 0$$

将以上各项代入式（3-23）中整理，并令薄层控制体厚度趋于零，得

$$\frac{\mathrm{d}(r\tau)}{\mathrm{d}r} = r\Delta p_L \tag{3-24}$$

式（3-24）为一阶常微分方程，其边界条件为

$$\begin{aligned} &边界条件1：r=0，\tau=0 \\ &边界条件2：r=R，u_z=0 \end{aligned} \tag{3-25}$$

式中，$R$ 为圆管内半径。

对式（3-24）进行积分，结合牛顿黏性定律，得圆管内流体速度分布

$$u_z = \frac{\Delta p_L}{4\mu}\left(R^2 - r^2\right) \tag{3-26}$$

令式（3-26）中的 $r$=0，即得管中心处流速，也是管截面上最大速度，其值为

$$u_{z,\max} = \frac{\Delta p_L}{4\mu}R^2 \tag{3-27}$$

将式（3-26）在管截面上积分，可得管内体积流量

$$V = \int_0^R u_z \times 2\pi r \mathrm{d}r = \frac{\pi \Delta p_L R^4}{8\mu} \tag{3-28}$$

于是，管内流体平均流速为

$$u_b = \frac{V}{\pi R^2} = \frac{\Delta p_L R^2}{8\mu} = \frac{1}{2}u_{z,\max} \tag{3-29}$$

可见管内层流流动时，管中心的最大速度为平均速度的两倍。

【例 3-3】 常温水在内径为 100mm 的圆管内做定常态流动，水的密度为 $1000\text{kg}\cdot\text{m}^{-3}$，黏度为 0.001Pa·s。测得水在管内体积流量为 $0.5\text{m}^3\cdot\text{h}^{-1}$。试求管内速度分布和剪应力分布。

**解** 管内流体平均流速 $u_b = \dfrac{V}{\pi R^2} = \dfrac{0.5/3600}{\pi \times (0.1/2)^2} = 0.0177\ \text{m}\cdot\text{s}^{-1}$

流动雷诺数 $Re = \dfrac{du_b\rho}{\mu} = \dfrac{0.1 \times 0.0177 \times 1000}{0.001} = 1770 < 2000$，可见管内流动为层流。

由式（3-26）结合式（3-27）和式（3-29），得管内速度分布

$$u_z = \frac{\Delta p_L}{4\mu}\left(R^2 - r^2\right) = 2u_b\left[1 - \left(\frac{r}{R}\right)^2\right] = 0.0354 - 14.16r^2$$

剪应力分布 $\tau = -\mu\dfrac{\mathrm{d}u_z}{\mathrm{d}r} = \dfrac{4\mu u_b}{R^2}r = \dfrac{4 \times 0.001 \times 0.0177}{0.05^2}r = 0.0283r$

# 第二节　薄层体积的能量衡算

## 一、固体平壁内一维定常态热传导

在工业上常遇到热量通过平板壁面的传递问题，如炉膛四周壁面的散热问题、建筑物墙体的传热问题等。现考察如图 3-8 所示一块大平板内的定常态热传导。一块大平板，厚度为 $L$，一面温度维持在 $T_1$，另一面温度保持在 $T_2$。忽略边缘效应，试求板内的温度分布和传热量。

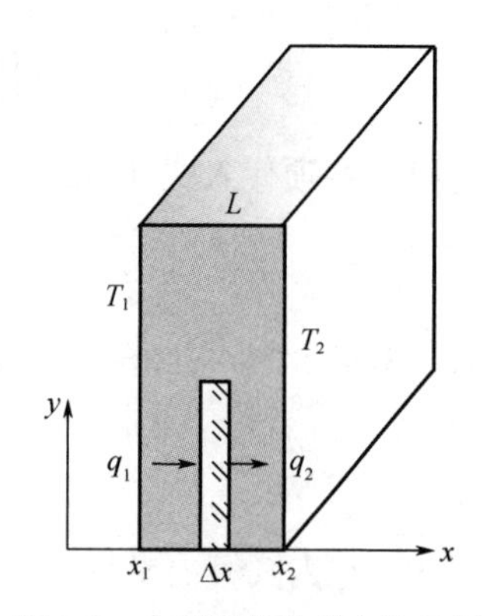

图 3-8　大平板的定常态热传导

取图 3-8 所示的直角坐标系，在平板内取一片薄层固体，其在 $x$ 方向的厚度为 $\Delta x$，垂直 $x$ 方向取一个单位面积（此面上温度处处相同），对该薄层固体进行热量衡算，由于是定常态传热，所以有

$$\begin{pmatrix}\text{输入热}\\\text{量速率}\end{pmatrix} = \begin{pmatrix}\text{输出热}\\\text{量速率}\end{pmatrix} \tag{3-30}$$

按题意，此为一维热传导问题，故该薄层固体的左右侧面有热量进出，其他侧面都没有热量进出，且传热为稳定状态，所以

$$q_1 = q_2 = q = -k\frac{\mathrm{d}T}{\mathrm{d}x} \tag{3-31}$$

式（3-31）为一次常微分方程，其边界条件

$$\begin{aligned}&\text{边界条件1：} x = x_1，T = T_1\\&\text{边界条件2：} x = x_2，T = T_2\end{aligned} \tag{3-32}$$

对式（3-31）进行积分，得板内温度分布为

$$T = T_1 - \frac{q}{k}(x - x_1) \tag{3-33}$$

通过单位面积平板的传热量

$$q = k\frac{T_1 - T_2}{x_2 - x_1} \tag{3-34}$$

## 二、大平板两侧突然升温时固体内一维非定常态热传导

如图3-9所示，考察固体内一维非定常态热传导。厚度为$2l$的一块大平板，初始温度为$T_0$，现在突然将平板两侧温度升至$T_s$，并维持不变，忽略边缘效应，试求平板内温度分布。

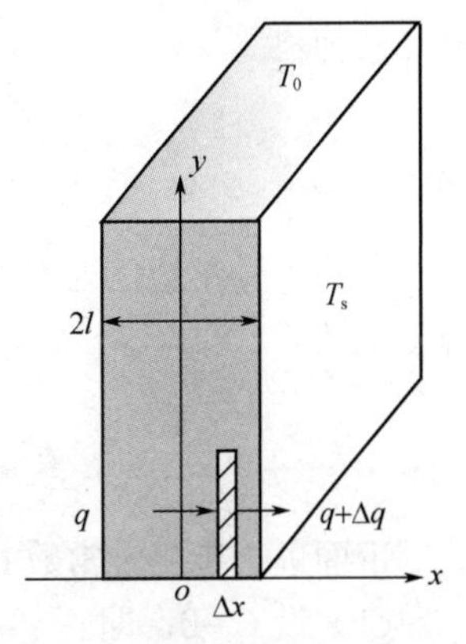

图3-9　平板两侧突然升温时的非定常态热传导

取如图3-9所示的直角坐标系，坐标原点在平板中心处。在$x$处取一片薄层固体，薄层厚度为$\Delta x$，垂直$x$方向取一个单位面积（此面上温度处处相同），对该薄层固体进行热量衡算

$$\begin{pmatrix}\text{输入热}\\\text{量速率}\end{pmatrix} = \begin{pmatrix}\text{输出热}\\\text{量速率}\end{pmatrix} + \begin{pmatrix}\text{薄层体内热量}\\\text{的积累速率}\end{pmatrix} \tag{3-35}$$

按题意，该薄层固体的左右侧面有热量进出，其他侧面都没有热量进出，且为不稳定传热，所以有

$$q = (q + \Delta q) + \frac{\partial}{\partial t}\left[(1\Delta x)\rho c_p T\right] \tag{3-36}$$

式中，$\rho$为固体密度；$c_p$为固体比热容。

设物性为常数，整理上式，并令$\Delta x$趋于零，再结合傅里叶定律，得

$$\frac{\partial T}{\partial t} = a\frac{\partial^2 T}{\partial x^2} \tag{3-37}$$

根据问题的特性，偏微分方程（3-37）的初始条件和边界条件为

$$\begin{aligned}&\text{初始条件：} t = 0，T = T_0\\&\text{边界条件1：} x = 0，\frac{\partial T}{\partial x} = 0\\&\text{边界条件2：} x = l，T = T_s\end{aligned} \tag{3-38}$$

为了方便求解，将式（3-37）转换为无量纲形式，为此引入如下无量纲量

无量纲温度
$$T^* = \frac{T - T_s}{T_0 - T_s} \tag{3-39}$$

无量纲位置
$$L^* = \frac{x}{l} \tag{3-40}$$

无量纲时间
$$F_0 = \frac{at}{l^2} \tag{3-41}$$

将式（3-39）、式（3-40）和式（3-41）的 $T$，$x$，$t$ 代入式（3-37）中，化简整理得

$$\frac{\partial T^*}{\partial F_0} = \frac{\partial^2 T^*}{\partial (L^*)^2} \tag{3-42}$$

相应地，式（3-38）中的初始条件和边界条件也转换为

$$\begin{aligned}&\text{初始条件：} F_0 = 0,\ T^* = 1\\ &\text{边界条件1：} L^* = 0,\ \frac{\partial T^*}{\partial L^*} = 0\\ &\text{边界条件2：} L^* = 1,\ T^* = 0\end{aligned} \tag{3-43}$$

下面采用分离变量法求解偏微分方程（3-42）。为此，令

$$T^*(L^*, F_0) = X(L^*)Y(F_0) \tag{3-44}$$

假设函数 $T^*(L^*, F_0)$ 由单一函数 $X(L^*)$ 和 $Y(F_0)$ 相乘组成。将式（3-44）代入式（3-42）求导并整理得

$$\frac{1}{Y}\frac{\partial Y}{\partial F_0} = \frac{1}{X}\frac{\partial^2 X}{\partial (L^*)^2} \tag{3-45}$$

上式等号左边仅为 $F_0$ 的函数，而等号右边仅为 $L^*$ 的函数，要使等号成立，只有令式（3-45）等于常数 $C$，即

$$\frac{1}{Y}\frac{\partial Y}{\partial F_0} = \frac{1}{X}\frac{\partial^2 X}{\partial (L^*)^2} = C(\text{常数}) \tag{3-46}$$

下面进一步确定常数 $C$ 的值。

（1）设 $C$=0，即

$$\frac{1}{Y}\frac{\partial Y}{\partial F_0} = \frac{1}{X}\frac{\partial^2 X}{\partial (L^*)^2} = 0 \tag{3-47}$$

分别求解方程（3-47），得到

$$Y = C_1 \quad , \quad X = C_2 L^* + C_3 \tag{3-48}$$

式中，$C_1$、$C_2$ 和 $C_3$ 为积分常数，由边界条件确定。

将式（3-48）代入式（3-44），得

$$T^* = YX = C_1 C_2 L^* + C_1 C_3 \tag{3-49}$$

由式（3-43）中的边界条件确定上式积分常数，可得

$$C_1 C_2 = C_1 C_3 = 0 \tag{3-50}$$

将积分常数代入式（3-49）得 $T^*$=0。可见此解不合理，所以 $C \neq 0$。

（2）设 $C$>0，则有

$$\frac{1}{Y}\frac{\partial Y}{\partial F_0} = \frac{1}{X}\frac{\partial^2 X}{\partial (L^*)^2} = C \tag{3-51}$$

分别求解方程（3-51），得到

$$Y = \mathrm{e}^{CF_0+C_1} = \mathrm{e}^{C_1}\mathrm{e}^{CF_0}, \quad X = C_2\mathrm{e}^{\sqrt{C}L^*} \tag{3-52}$$

式中，$C_1$，$C_2$为积分常数。

将式（3-52）代入式（3-44），得

$$T^* = C_2\mathrm{e}^{C_1}\mathrm{e}^{CF_0+\sqrt{C}L^*} = C_3\mathrm{e}^{CF_0+\sqrt{C}L^*} \tag{3-53}$$

由式（3-43）中的初始条件确定上式积分常数，得

$$1 = C_3\mathrm{e}^{\sqrt{C}L^*} \tag{3-54}$$

上式是不可能成立，所以 $C$ 也不可能大于零。

（3）设$C<0$，不妨设$C=-\lambda^2$，则

$$\frac{1}{Y}\frac{\partial Y}{\partial F_0} = \frac{1}{X}\frac{\partial^2 X}{\partial\left(L^*\right)^2} = -\lambda^2 \tag{3-55}$$

由此得到微分方程一

$$\frac{\mathrm{d}Y}{\mathrm{d}F_0} + \lambda^2 Y = 0 \tag{3-56}$$

式（3-56）的通解为

$$Y = C_3\mathrm{e}^{-\lambda^2 F_0} \tag{3-57}$$

及微分方程二

$$\frac{\mathrm{d}^2X}{\mathrm{d}\left(L^*\right)^2} + \lambda^2 X = 0 \tag{3-58}$$

式（3-58）的通解为

$$X = C_1\sin\lambda L^* + C_2\cos\lambda L^* \tag{3-59}$$

将式（3-57）和式（3-59）代入式（3-44），得

$$T^* = XY = \left(C_1\sin\lambda L^* + C_2\cos\lambda L^*\right)C_3\mathrm{e}^{-\lambda^2F_0} = \left(A\sin\lambda L^* + B\cos\lambda L^*\right)\mathrm{e}^{-\lambda^2F_0} \tag{3-60}$$

式中，常数$A=C_1C_3$和$B=C_2C_3$，由式（3-43）中的边界条件确定。

① 由边界条件$L^*=0, \dfrac{\partial T^*}{\partial L^*}=0$，代入式（3-60），得，$A=0$。于是式（3-60）变为

$$T^* = B\mathrm{e}^{-\lambda^2F_0}\cos\lambda L^* \tag{3-61}$$

② 再由边界条件$L^*=1$，$T^*=0$，代入式（3-61），得到

$$0 = B\mathrm{e}^{-\lambda^2F_0}\cos\lambda \tag{3-62}$$

由于$B\neq0$，否则方程的解无意义，所以有

$$\cos\lambda=0 \tag{3-63}$$

为此，$\lambda$ 的取值只能满足下式

$$\lambda=\frac{2i-1}{2}\pi \qquad (i=1,2,3,\cdots) \tag{3-64}$$

$\lambda$ 称为方程式（3-42）的特征值，即对 $\lambda$ 的特殊取值方程存在解，$\lambda$ 的其他取值方程无解。

于是，可得方程式（3-42）无穷多个特解

$$T_i^* = B_i e^{-\lambda_i^2 F_0} \cos \lambda_i L^* \quad , \quad \lambda_i = \frac{2i-1}{2}\pi \quad (i = 1,2,3,\cdots) \tag{3-65}$$

由于方程式（3-42）是齐次方程，将上述无穷多个特解加和，可得其通解

$$T^* = \sum_{i=1}^{\infty} B_i e^{-\left(\frac{2i-1}{2}\pi\right)^2 F_0} \cos\left(\frac{2i-1}{2}\pi L^*\right) \tag{3-66}$$

式中，$B_i$ 由初始条件确定。

将 $F_0 = 0$，$T^* = 1$ 代入式（3-66），得

$$1 = \sum_{i=1}^{\infty} B_i \cos\left(\frac{2i-1}{2}\pi L^*\right) \tag{3-67}$$

上式为一傅里叶级数，系数 $B_i$ 由如下确定。

将式（3-67）两边同乘 $\cos\left(\frac{2i-1}{2}\pi L^*\right)\mathrm{d}L^*$，并在 0～1 之间对 $L^*$ 积分，由三角函数的正交性可知：当 $\alpha \neq \beta$ 时，有 $\int_0^1 \cos\left(\alpha L^*\right)\cos\left(\beta L^*\right)\mathrm{d}L^* = 0$。于是得

$$B_i = \frac{2}{1}\int_0^1 (1)\cos\left(\frac{2i-1}{2}\pi L^*\right)\mathrm{d}L^* = (-1)^{i+1}\frac{4}{(2i-1)\pi} \qquad (i = 1,2,\cdots,n) \tag{3-68}$$

最终可得平板内温度分布为

$$\frac{T - T_s}{T_0 - T_s} = \sum_{i=1}^{\infty} (-1)^{i+1} \frac{4}{(2i-1)\pi} e^{-\left(\frac{2i-1}{2}\pi\right)^2 F_0} \cos\left(\frac{2i-1}{2}\pi L^*\right) \tag{3-69}$$

**【例 3-4】** 一厚度为 20mm 的大钢板，初始温度为 25℃。现突然使板的两面温度升至 150℃，并维持不变。忽略边缘效应，试求 10s 后，钢板中心的温度为多少？

已知钢板材料的密度为 $7849\mathrm{kg \cdot m^{-3}}$，比热容为 $460\mathrm{J \cdot kg^{-1} \cdot K^{-1}}$，热导率为 $45\mathrm{W \cdot m^{-1} \cdot K^{-1}}$。

**解** 设平板中心处温度为 $T_c$，在中心处 $x$=0 或 $L^*$=0，故式（3-69）化简为

$$\frac{T_c - 150}{25 - 150} = \frac{4}{\pi}\left[ e^{-\left(\frac{1}{2}\pi\right)^2 F_0} - \frac{1}{3}e^{-\left(\frac{3}{2}\pi\right)^2 F_0} + \frac{1}{5}e^{-\left(\frac{5}{2}\pi\right)^2 F_0} + \cdots \right] \tag{a}$$

由式（3-41）得

$$F_0 = \frac{at}{l^2} = \frac{kt}{\rho c_p l^2} = \frac{45 \times 10}{7849 \times 460 \times 0.01^2} = 1.25 \tag{b}$$

代入式（a）得

$$\frac{T_c - 150}{25 - 150} = \frac{4}{\pi}\left(0.046 - 2.94 \times 10^{-13} + \cdots\right) \tag{c}$$

由式（c）可见：括号内级数收敛很快，对于此题取第一项即可，于是计算得到钢板中心处温度为

$$T_c = 142.7℃$$

## 三、半无限大固体内一维非定常态热传导

半无限大固体是相对传热速度而言的，如图 3-10 所示，固体尺寸足够大，当 $yoz$ 面上温度发生变化，在所研究的时间内固体物右端面的温度一直维持初始温度不变，则这个固体物就可视为半无限大固体。半无限大固体非定常态传热问题的典型实例：如地表气温突然变化时土壤

的温度随时间的变化问题，大块钢锭的热处理问题。

考察图 3-10 所示的半无限长固体的非定常态热传导问题，设 $yoz$ 位于左端面上，右端面为无穷远处。在导热开始时，物体的初始温度均为 $T_0$，然后突然将左端面的温度升至 $T_s$，且维持该温度不变。假设除左右两端面外，其他表面均绝热。由于右端面在无限远处，其温度在整个导热过程中均维持开始时的恒定温度 $T_0$ 不变。

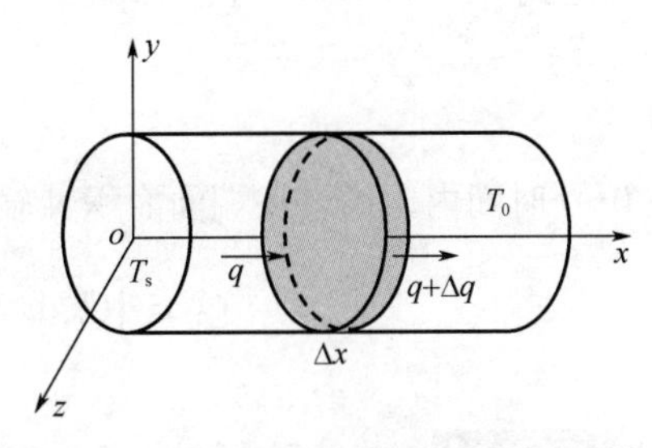


图 3-10　半无限长固体端面突然升温时的非定常态热传导

取图 3-10 所示的坐标系，距离原点 $x$ 处取一片薄层固体，薄层厚度$\Delta x$，与 $x$ 轴垂直方向取一个单位面积（此面温度处处相同），对此薄层体做热量衡算，如式（3-35）所示

$$\begin{pmatrix}\text{输入薄层体}\\\text{的热量速率}\end{pmatrix}=\begin{pmatrix}\text{输出薄层体}\\\text{的热量速率}\end{pmatrix}+\begin{pmatrix}\text{薄层体内热量}\\\text{的积累速率}\end{pmatrix} \tag{3-35}$$

设为沿 $x$ 方向进行一维热传导，按题意，该薄层固体的左右侧面有热量进出，其他侧面都没有热量进出，为非定常态传热，所以

$$q=(q+\Delta q)+\frac{\partial}{\partial t}\left[(1\Delta x)\rho c_p T\right] \tag{3-70}$$

式中，$\rho$为固体密度；$c_p$ 为固体比热容。

整理式（3-70），并令$\Delta x$ 趋于零，再结合傅里叶定律，得

$$\frac{\partial T}{\partial t}=a\frac{\partial^2 T}{\partial x^2} \tag{3-71}$$

式（3-71）为二阶偏微分方程，按题意其初始条件和边界条件为

$$\begin{aligned}&\text{初始条件：}t=0,\ T=T_0\\&\text{边界条件1：}x=0,\quad T=T_s\ (\text{当}t>0\text{时})\\&\text{边界条件2：}x=\infty,\ T=T_0\ (\text{当}t\geqslant 0\text{时})\end{aligned} \tag{3-72}$$

引入无量纲变量求解上述偏微分方程，为此令

$$\eta=\frac{x}{\sqrt{4at}} \tag{3-73}$$

代入式（3-71），化简整理得

$$\frac{\mathrm{d}^2 T}{\mathrm{d}\eta^2}+2\eta\frac{\mathrm{d}T}{\mathrm{d}\eta}=0 \tag{3-74}$$

式（3-74）为二阶常微分方程，相应的初始条件和边界条件也转换为

$$\begin{aligned}&\text{边界条件1：}\eta=0,\ T=T_s\\&\text{边界条件2：}\eta=\infty,\ T=T_0\end{aligned} \tag{3-75}$$

解方程式（3-74），得

$$T=\frac{2}{\sqrt{\pi}}(T_0-T_s)\int_0^\eta \mathrm{e}^{-z^2}\mathrm{d}z+T_s \tag{3-76}$$

或写成

$$\frac{T-T_s}{T_0-T_s}=\operatorname{erf}(\eta) \tag{3-77}$$

式中，$\operatorname{erf}(\eta)$ 为高斯误差函数。

由式（3-77）可得通过左端面单位面积输入的传热速率为

$$\frac{Q_{0t}}{A}=-k\frac{\partial T}{\partial x}\bigg|_{x=0}=k\frac{T_s-T_0}{\sqrt{\pi at}} \tag{3-78}$$

在 0～$t$ 时间内，通过左端面面积 $A$ 输入的总传热为

$$Q_0=\int_0^t Q_{0t}\mathrm{d}t=Ak\int_0^t\frac{T_s-T_0}{\sqrt{\pi at}}\mathrm{d}t=2Ak\left(T_s-T_0\right)\sqrt{\frac{t}{\pi a}} \tag{3-79}$$

**【例 3-5】** 某地区土层温度为 5℃，现突然来寒潮，气温下降到−15℃，并维持不变。试求土层 1m 处温度下降到 0℃时，需要多少时间？设该地区土层的平均热扩散系数为 $4.1\times10^{-7}\mathrm{m^2\cdot s^{-1}}$。

**解** 此问题属于半无限大固体的一维非定常态传热，可用式（3-77）计算温度。

$$\frac{T-T_s}{T_0-T_s}=\mathrm{erf}\left(\eta\right) \tag{3-77}$$

式中，$\frac{T-T_s}{T_0-T_s}=\frac{0-(-15)}{5-(-15)}=0.75$，查附录 C，得 $\eta=\frac{x}{\sqrt{4at}}=\frac{1}{\sqrt{4\times4.1\times10^{-7}t}}=0.8135$。

解得需要时间为：$t=9.21\times10^5\mathrm{s}=256\mathrm{h}=10.7$ 天。在寒冷地区地下埋设水管时要考虑管内的水会被冻结的问题，需要埋设多深才能避免冬天管内的水结冰。

## 四、矩形翅片的定常态热传导

在工业上，常遇到气体与液体、气体与液体沸腾、气体与蒸气冷凝通过间壁式换热器进行对流传热。但由于气体一侧传热热阻大，常常需要在气体一侧壁面上安装翅片以强化传热速率。如图 3-11 所示，一个装有矩形翅片的换热器，翅片高为 $b$，翅片长度为 $L$，翅片厚度为 $\delta$，且 $L$ 远大于 $\delta$。设翅片与周围环境的对流传热系数为 $h$。翅根处温度为 $T_0$，环境温度为 $T_b$。试求在定常态下翅片内的温度分布及安装翅片后传热速率的增大倍数。

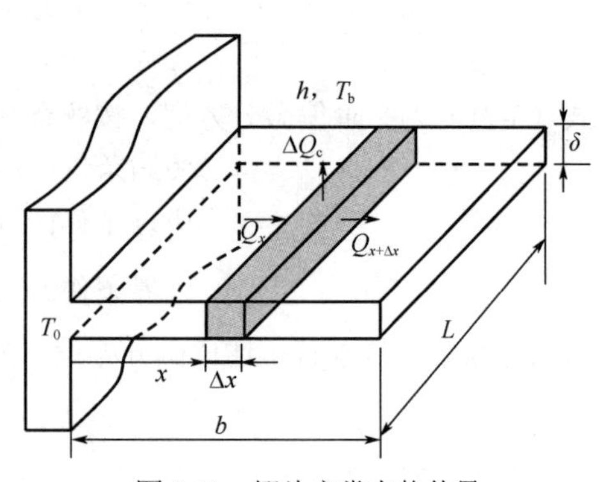


图 3-11 翅片定常态热传导

取如图 3-11 所示的坐标系。由于翅片长度远远大于其厚度，即 $L\gg\delta$，故可将翅片内的导热近似为一维导热，即翅片横截面上温度近似为均匀。同时设翅片根部与基底接触良好，并忽略翅片表面的热辐射。在 $x$ 处取一个薄层体积，对此薄层体积进行热量衡算。设为定常态传热，则

（输入薄层体的热量速率）=（输出薄层体的热量速率） （3-80）

上式中各项计算如下：

（1）左侧面导热进入的热量为 $-kA_0\frac{\mathrm{d}T}{\mathrm{d}x}\Big|_x$；

（2）右侧面导热出去的热量为 $-kA_0\frac{\mathrm{d}T}{\mathrm{d}x}\Big|_{x+\Delta x}$；

（3）其他侧面通过对流传热出去的热量为 $hp\Delta x\left(T-T_b\right)$。

将上述各项代入式（3-80），即

$$-kA_0\frac{\mathrm{d}T}{\mathrm{d}x}\bigg|_x=-kA_0\frac{\mathrm{d}T}{\mathrm{d}x}\bigg|_{x+\Delta x}+hp\Delta x\left(T-T_\mathrm{b}\right)$$

式中，$k$ 为翅片材料的热导率；$A_0$ 为翅片的横截面积，$A_0=L\delta$；$p$ 为翅片周长，$p=2(L+\delta)$；$h$ 为翅片与周围环境的对流传热系数。整理上式，得

$$\lim_{\Delta x\to 0}\frac{kA_0\dfrac{\mathrm{d}\phi}{\mathrm{d}x}\bigg|_{x+\Delta x}-kA_0\dfrac{\mathrm{d}\phi}{\mathrm{d}x}\bigg|_x}{\Delta x}=hp\phi$$

式中，$\phi$为翅片温度与环境温度之差，称为过余温度，$\phi=T-T_\mathrm{b}$。

上式取极限，于是得到翅片内温度分布的微分方程

$$kA_0\frac{\mathrm{d}^2\phi}{\mathrm{d}x^2}=hp\phi \tag{3-81}$$

令 $m=\sqrt{\dfrac{hp}{kA_0}}$，代入上式，得

$$\frac{\mathrm{d}^2\phi}{\mathrm{d}x^2}=\frac{hp}{kA_0}\phi=m^2\phi \tag{3-82}$$

式（3-82）为线性二阶常微分方程。其解为

$$\phi=C_1\mathrm{e}^{mx}+C_2\mathrm{e}^{-mx} \tag{3-83}$$

或将其表示成超越函数形式

$$\phi=C_1\cosh\left(mx\right)+C_2\sinh\left(mx\right) \tag{3-84}$$

根据具体边界条件可求得翅片内的温度分布。

（1）当翅片很高时，此时边界条件可表示为

$$\begin{aligned}&\text{边界条件1：}\ x=0\text{，}\ \phi=\phi_0\\&\text{边界条件2：}\ x=b\text{，}\ T=T_\mathrm{b}\text{，即}\ \phi_\mathrm{b}=0\end{aligned} \tag{3-85}$$

将式（3 85）中的边界条件代入式（3-84），求出积分常数，整理得翅片内的温度分布

$$\phi=\phi_0\frac{\sinh\left[m\left(b-x\right)\right]}{\sinh\left(mb\right)} \tag{3-86}$$

于是，通过翅片根部导出的热量

$$\begin{aligned}Q_{\text{翅片}}=Q\big|_{x=0}&=-kA_0\frac{\mathrm{d}\phi}{\mathrm{d}x}\bigg|_{x=0}=kA_0\phi_0m\frac{\cosh\left[m\left(b-x\right)\right]}{\sinh\left(mb\right)}\bigg|_{x=0}\\&=kA_0\phi_0m\coth\left(mb\right)=\phi_0\sqrt{hpkA_0}\coth\left(mb\right)\end{aligned} \tag{3-87}$$

若不安装翅片，传热速率为

$$Q_{\text{无翅片}}=Q\big|_{x=0}=hA_0\left(T_0-T_\mathrm{b}\right)=hA_0\phi_0 \tag{3-88}$$

故安装翅片后，传热速率的强化倍数

$$\frac{Q_{\text{翅片}}}{Q_{\text{无翅片}}}=\sqrt{\frac{kp}{hA_0}}\coth\left(mb\right) \tag{3-89}$$

可见，翅片越薄，翅片材料的热导率越大，翅片与环境间的对流传热系数越小，传热强化越显

著。工业上常常用翅片来增强气体侧的换热速率，而在液体侧不常应用。

上述式中的双曲函数为

$$\sinh x = \frac{e^{x}-e^{-x}}{2}\ ,\quad \cosh x = \frac{e^{x}+e^{-x}}{2}\ ,\quad \tanh x = \frac{e^{x}-e^{-x}}{e^{x}+e^{-x}}\ ,\quad \coth x = \frac{e^{x}+e^{-x}}{e^{x}-e^{-x}} \tag{3-90}$$

（2）当翅片顶部绝热时，此时边界条件可表示为

$$\begin{aligned} &\text{边界条件1：}\ x=0,\ \phi=\phi_0 \\ &\text{边界条件2：}\ x=b, \frac{d\phi}{dx}=0 \end{aligned} \tag{3-91}$$

将式（3-91）中的边界条件代入式（3-84），求出积分常数，整理得翅片内的温度分布

$$\phi = \phi_0 \frac{\cosh\left[m(b-x)\right]}{\cosh(mb)} \tag{3-92}$$

于是，通过翅片根部传热速率

$$Q\big|_{x=0} = -kA_0 \left.\frac{d\phi}{dx}\right|_{x=0} = \phi_0 \sqrt{hpkA_0}\tanh(mb) \tag{3-93}$$

（3）当翅片顶部与环境间有对流传热，对流传热系数为 $h_e$，此时边界条件可表示为

$$\begin{aligned} &\text{边界条件1：}\ x=0,\ \phi=\phi_0 \\ &\text{边界条件2：}\ x=b,\ -k\left.\frac{d\phi}{dx}\right|_{x=b} = h_e\left(T\big|_{x=b}-T_b\right) = h_e\,\phi\big|_{x=b} \end{aligned} \tag{3-94}$$

将式（3-94）中的边界条件代入式（3-84），求出积分常数，整理得翅片内的温度分布

$$\phi = \phi_0 \frac{\cosh\left[m(b-x)\right] + (h_e/mk)\sinh\left[m(b-x)\right]}{\cosh(mb) + (h_e/mk)\sinh(mb)} \tag{3-95}$$

于是，通过翅片根部传热速率

$$Q\big|_{x=0} = -kA_0 \left.\frac{d\phi}{dx}\right|_{x=0} = \phi_0\sqrt{hpkA_0}\left[\frac{\sinh(mb) + (h_e/mk)\cosh(mb)}{\cosh(mb) + (h_e/mk)\sinh(mb)}\right] \tag{3-96}$$

除恒定截面的平肋外，工业上常用的还有三角形直肋、等厚环肋等形式翅片。但沿热传导方向截面积发生变化的肋片，其温度分布的数学表达式通常较为复杂，有兴趣的读者可参见有关著作。

**【例 3-6】** 一根直径为 5mm 的长棒，其一端固定在温度为 100℃的基座上，长棒处于 25℃的空气中，棒表面与空气间的平均对流传热系数为 $100 W·m^{-2}·K^{-1}$。忽略棒与基座的接触热阻，同时忽略长棒与环境间的辐射传热。达到定常态传热时，试求：

（1）沿棒的温度分布及热损失。棒的材料为铜、2024 铝合金和 AISI316 不锈钢，材料的热导率分别为 $398\ W·m^{-1}·℃^{-1}$、$180\ W·m^{-1}·℃^{-1}$ 和 $14\ W·m^{-1}·℃^{-1}$。

（2）以上不同材料的棒必须达到多长才能利用无限长的假定以得到准确的热损失。

**解** （1）假设棒为无限长，则棒内的温度分布可由式（3-86）表示，

$$\phi = \phi_0 \frac{\sinh\left[m(b-x)\right]}{\sinh(mb)} \tag{3-86}$$

式中，$\phi=T-T_b=T-25$；$\phi_0=T_0-T_b=100-25=75$℃；$m=\sqrt{\frac{hp}{kA_0}}=\sqrt{\frac{4h}{kD}}$，将对流传热系数 $h$ 和棒的直

径 $D$，以及铜、2024 铝合金和 AISI316 不锈钢的热导率 $k$ 代入，得到 $m$ 的相应值为 $14.2\mathrm{m}^{-1}$、$21.1\mathrm{m}^{-1}$ 和 $75.6\mathrm{m}^{-1}$。计算温度分布并示于图 3-12 中。

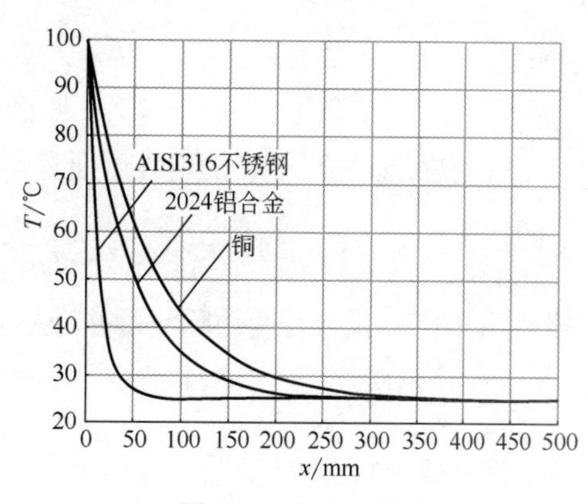

图 3-12　例 3-6 附图

从图 3-12 中可见，对于不锈钢、铝合金及铜大约在 75mm、250mm 和 350mm 处棒内温度已接近空气温度了，再增加棒长对传热速率的增加几乎没有任何贡献。

由式(3-87)，当棒很长时，即 $b\to\infty$，$\coth(mb)=1$，则从基底通过翅片散发的热量为

$$Q_{翅片}=Q\big|_{x=0}=\phi_0\sqrt{hpkA_0}$$

因此，对于铜棒热损失为

$$Q_{翅片}=(100-25)\times\left(100\times\pi\times0.005\times398\times\frac{\pi}{4}\times0.005^2\right)^{\frac{1}{2}}=8.3\mathrm{W}$$

同样经计算，对于铝合金及不锈钢的热损失分别为 5.6W 和 1.6W。可见，铜棒的散热是不锈钢棒的 8.3/1.6=5.2 倍。

（2）对于无限长棒的顶端是不存在热损失的，即顶端的温度与环境温度相同。实际上对于达到一定长度的棒，其顶端的温度已非常接近环境温度，如图 3-12 所示，此时该棒的热损失也非常接近无限长棒的热损失。所以作为一个满意的近似，认为 $\coth(mb)\leqslant1.01$ 或 $mb\geqslant2.65$，就可近似认为热损失达到无限长棒的结果。因此，如果棒长，

$$b\geqslant b_\infty\equiv\frac{2.65}{m}=2.65\left(\frac{kA_0}{hp}\right)^{1/2}$$

就可认为棒长为无限长。

对于本题中的铜棒，$b_\infty=2.65\times\left(\dfrac{398\times(\pi/4)\times0.005^2}{100\times\pi\times0.005}\right)^{1/2}=0.19\ \mathrm{m}$。类似地，算得铝合金和不锈钢的长度分别达到 0.13m 和 0.04m，即可达到无限长棒的热损失结果。

上述结果说明：①不同材料制作的翅片，其散热效果有很大的差别；②不同材料制作的翅片，达到无限长翅片的散热效果，其长度差别也很大；③取 $mb\approx2.65$，翅片的传热速率就可准确地根据无限长翅片的假定来预测，据此可设计出合适的棒长。

## 五、圆筒壁面的定常态热传导

考察如图 3-13 所示的定常态热传导，一长圆筒壁，内壁半径为 $r_1$，温度保持在 $T_1$，外壁半径为 $r_2$，温度保持在 $T_2$，壁厚为 $b$。忽略边缘效应，求圆筒壁内的温度分布。

取图 3-13 所示的坐标系，并在 $r$ 处取一段薄层圆筒体，$r$ 方向的厚度为 $\Delta r$，$z$ 方向长度为 $L$，薄层圆筒体侧面上温度处处相同，对此薄层体做热量衡算，因为是定常态传热，故有

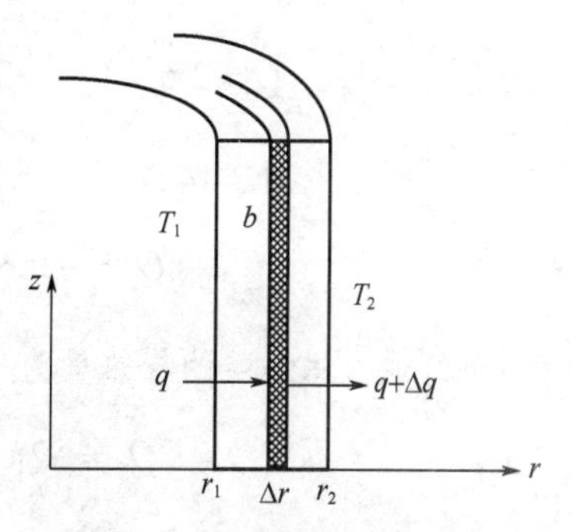

图 3-13　圆筒壁面定常态热传导

$$\begin{pmatrix}输入薄层体\\的热量速率\end{pmatrix}=\begin{pmatrix}输出薄层体\\的热量速率\end{pmatrix} \tag{3-97}$$

按题意，该薄层固体的内外侧面有热量进出，而上下端面都没有热量进出，且为稳定传热，所以

$$2\pi rLq-2\pi(r+\Delta r)L(q+\Delta q)=0 \tag{3-98}$$

整理式（3-98），方程两边除$\Delta r$，并令$\Delta r$趋于0，略去高阶项，得

$$\frac{\mathrm{d}(rq)}{\mathrm{d}r}=0 \tag{3-99}$$

将下面的傅里叶定律代入式（3-99）

$$q=-k\frac{\mathrm{d}T}{\mathrm{d}r} \tag{3-100}$$

式中，$k$为物质的热导率，于是得

$$\frac{\mathrm{d}}{\mathrm{d}r}\left(r\frac{\mathrm{d}T}{\mathrm{d}r}\right)=0 \tag{3-101}$$

式（3-101）为二阶常微分方程，其边界条件为

$$\begin{aligned}&边界条件1：r=r_1,T=T_1\\&边界条件2：r=r_2,T=T_2\end{aligned} \tag{3-102}$$

积分式（3-101），结合边界条件，得圆筒壁内温度分布

$$T=\frac{T_1-T_2}{\ln(r_1/r_2)}\ln\frac{r}{r_1}+T_1 \tag{3-103}$$

【例3-7】 一蒸汽管道，尺寸为108mm×4mm，外包一层70mm厚的玻璃棉保温材料。管内蒸汽温度为200℃，保温层外侧温度为10℃。蒸汽管道为不锈钢材料，热导率为43W·m$^{-1}$·K$^{-1}$；保温材料的热导率为0.042W·m$^{-1}$·K$^{-1}$。达到稳定传热时，求不锈钢管外壁面上的温度以及每米管长的热损失。

**解** 将式（3-103）代入式（3-100），可得圆筒壁的传热通量，即

$$q=-k\frac{\mathrm{d}T}{\mathrm{d}r}=-\frac{k}{r}\frac{T_1-T_2}{\ln(r_1/r_2)}$$

每米管长的热损失，则为

$$Q=2\pi r\times 1q=-2\pi k\frac{T_1-T_2}{\ln(r_1/r_2)}$$

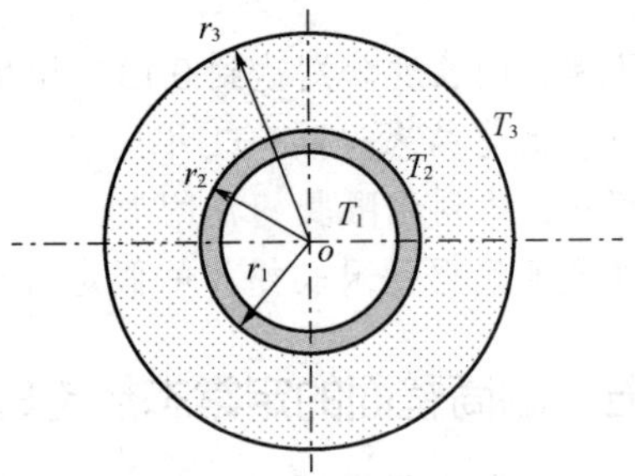

图3-14 例3-7附图

对于本题，见图3-14所示，通过不锈钢管壁的导热量为

$$Q_1=-2\pi\times 43\times\frac{200-T_2}{\ln(0.050/0.054)}=3510.6(200-T_2) \tag{a}$$

同理，通过保温层的导热量为

$$Q_2=-2\pi\times 0.042\times\frac{T_2-10}{\ln(0.054/0.124)}=0.317(T_2-10) \tag{b}$$

由于稳定导热，所以$Q_1$=$Q_2$，联立式（a）和式（b），解得：$T_2$=199.98℃，$Q$=$Q_1$=60.2W·m$^{-1}$。此类问题可解决工程上蒸汽管道的保温层设计，以及估算蒸汽在输送过程中能量的损耗问题。

## 六、具有内热源圆棒的定常态热传导

在工程中也常遇到在介质内部自发地产生热量，称为内热源。这些热量常常由其他能量转化而来，如电流通过介质时电能转化为热能，介质内部发生放热化学反应时由化学能转化为热能，微波转化为热能，高速旋转的转轴将机械能转化为热能等等。内热源的存在对介质的温度分布产生重大影响，因此在热量衡算中需要计入内热源项。

如图3-15所示，考察圆棒内的定常态热传导。设圆棒半径为$R$，圆棒内部产生内热源$S$，$W{\cdot}m^{-3}$，圆棒外侧面与环境的对流传热系数为$h$，环境温度为$T_b$。忽略边缘效应，试求圆棒内的温度分布。

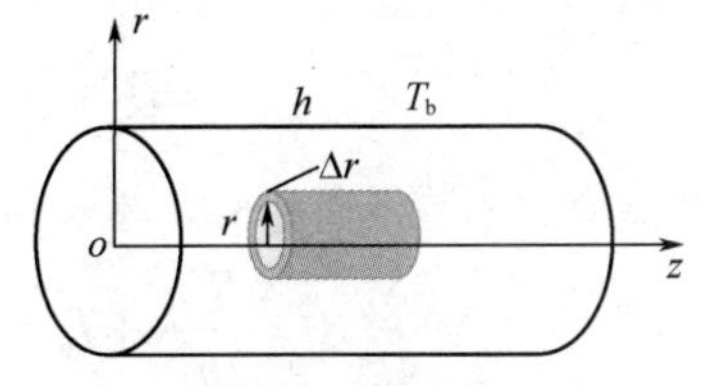


图3-15　具有内热源圆棒的定常态热传导

取图3-15所示的坐标系，并在$r$处取一薄层圆筒体，$r$方向的厚度为$\Delta r$，$z$方向取一个单位长度，薄层圆筒体侧面上温度处处相同，对此薄层体做热量衡算，即

$$\begin{pmatrix}输入薄层体\\的热量速率\end{pmatrix}+\begin{pmatrix}内热源的热\\量生成速率\end{pmatrix}=\begin{pmatrix}输出薄层体\\的热量速率\end{pmatrix} \tag{3-104}$$

按题意，该薄层固体的内外侧面有热量进出，左右端面没有热量进出，为有内热源的定常态传热问题，所以

$$2\pi r\times 1q+\pi\left[\left(r+\Delta r\right)^2-r^2\right]\times 1S=2\pi\left(r+\Delta r\right)\times 1\left(q+\Delta q\right) \tag{3-105}$$

整理上式，方程两边除$\Delta r$，并令$\Delta r$趋于0，略去高阶项，代入傅里叶定律，可得

$$\frac{\mathrm{d}}{\mathrm{d}r}\left(r\frac{\mathrm{d}T}{\mathrm{d}r}\right)=-\frac{S}{k}r \tag{3-106}$$

式中，$k$为物质的热导率。

式（3-106）为二阶常微分方程，其边界条件为

$$\begin{aligned}&边界条件1：r=0,\quad \frac{\mathrm{d}T}{\mathrm{d}r}=0\\&边界条件2：r=R,\quad -k\left.\frac{\mathrm{d}T}{\mathrm{d}r}\right|_{r=R}=h\left(T_s-T_b\right)\end{aligned} \tag{3-107}$$

式中，$T_s$为圆棒壁面温度。

对式（3-106）进行积分，结合式（3-107）中的边界条件，得圆棒内温度分布

$$T=-\frac{S}{4k}r^2+\frac{S}{4k}R^2+\frac{S}{2h}R+T_b \tag{3-108}$$

**【例3-8】** 有一长50mm、直径3mm的镍铬丝置于温度为20℃的氮气中，有7A的电流流经镍铬丝，若氮气与镍铬丝的对流传热系数为$5W{\cdot}m^{-2}{\cdot}K^{-1}$。试求镍铬丝的表面和中心温度以及散热速率。已知该镍铬丝的电阻率$\rho_0=1.1\times10^{-6}\Omega{\cdot}m^2{\cdot}m^{-1}$，热导率为$12.2W{\cdot}m^{-1}{\cdot}K^{-1}$。

**解**　本题属于有内热源、给定壁面对流边界条件的圆柱体导热问题，故圆柱体内温度分布可用式（3-108）计算。设镍铬丝单位体积介质的内热源为$S$，则

$$S=\frac{Q}{LA}=\frac{I^2R_0}{LA}=\frac{I^2\rho_0 L/A}{LA}=\left(\frac{I}{A}\right)^2\rho_0=i^2\rho_0$$

式中，$\rho_0$为电阻率；$i$为电流密度；$R_0$为电阻；$I$为电流。

代入有关数据，得

$$S=\left(\frac{I}{A}\right)^2\rho_0=\left(\frac{7}{\frac{\pi}{4}\times 0.003^2}\right)^2\times 1.1\times 10^{-6}=1.08\times 10^6\ \mathrm{W\cdot m^{-3}}$$

将$r=R=0.0015\mathrm{m}$代入式（3-108），得镍铬丝的表面温度

$$T_s=\frac{S}{2h}R+T_b=\frac{1.08\times 10^6\times 0.0015}{2\times 5}+20=182℃$$

将$r=0$代入式（3-108），得镍铬丝的中心温度

$$T_c=\frac{S}{4k}R^2+\frac{S}{2h}R+T_b=\frac{1.08\times 10^6\times 0.0015^2}{4\times 12.2}+\frac{1.08\times 10^6\times 0.0015}{2\times 5}+20=182.05℃$$

镍铬丝的表面散热速率：$Q=\pi R^2LS=\pi\times 0.0015^2\times 0.05\times 1.08\times 10^6=0.38\mathrm{W}$。

## 七、球体非定常态热传导

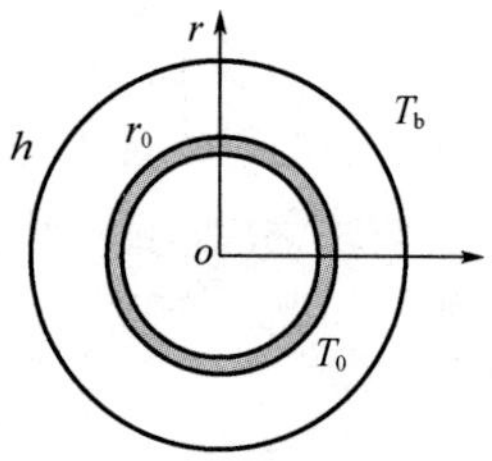

如图3-16所示，考察球体的非定常态热传导。半径为$r_0$的金属球，初始温度$T_0$，突然置于温度为$T_b$的环境中进行冷却。设球与环境间的对流传热系数为$h$，球的密度为$\rho$，比热容为$c_p$，热导率为$k$。设物性为常数，球内的等温面为同心球面。求球内温度分布。



图3-16 球体非定常态热传导

取图3-16所示的坐标系，在半径$r$处取一个球壳型薄层体，径向厚度为$\Delta r$。对此薄层球壳进行热量衡算

$$\begin{pmatrix}\text{输入薄层体}\\\text{的热量速率}\end{pmatrix}=\begin{pmatrix}\text{输出薄层体}\\\text{的热量速率}\end{pmatrix}+\begin{pmatrix}\text{薄层体内热量}\\\text{的积累速率}\end{pmatrix}\tag{3-109}$$

上式中各项分别计算如下：

$$\begin{pmatrix}\text{输入薄层体}\\\text{的热量速率}\end{pmatrix}=4\pi r^2q$$

$$\begin{pmatrix}\text{输出薄层体}\\\text{的热量速率}\end{pmatrix}=4\pi(r+\Delta r)^2(q+\Delta q)$$

$$\begin{pmatrix}\text{薄层体内热量}\\\text{的积累速率}\end{pmatrix}=\frac{4}{3}\pi\left[(r+\Delta r)^3-r^3\right]\rho c_p\frac{\partial T}{\partial t}$$

将上述各项代入式（3-109）整理，并令$\Delta r$趋于零，略去高阶项，同时应用傅里叶定律，得球内导热微分方程

$$\frac{\partial^2T}{\partial r^2}+\frac{2}{r}\frac{\partial T}{\partial r}=\frac{1}{a}\frac{\partial T}{\partial t}\tag{3-110}$$

式（3-110）为二阶偏微分方程，按题意其初始和边界条件为

$$\begin{aligned}&\text{初始条件：}t=0,\ T=T_0\\&\text{边界条件1：}r=0,\ T=\text{有限值，或}\frac{\partial T}{\partial r}=0\\&\text{边界条件2：}r=r_0,\ -k\frac{\partial T}{\partial r}=h(T-T_b)\end{aligned}\tag{3-111}$$

为解方程（3-110），需要进行变量代换。

令：$\varphi(r,t)=T-T_{\mathrm{b}}$，$r\phi(r,t)=\Omega(r,t)$ 代入式（3-110），整理得

$$\frac{\partial^2\Omega}{\partial r^2}=\frac{1}{a}\frac{\partial\Omega}{\partial t} \tag{3-112}$$

参照偏微分方程（3-37）的求解方法，采用变量分离法，可得上述偏微分方程的通解

$$\Omega(r,t)=\left[C\cos(\lambda r)+D\sin(\lambda r)\right]\mathrm{e}^{-a\lambda^2 t} \tag{3-113}$$

或写成

$$\phi(r,t)=\left[C\frac{1}{r}\cos(\lambda r)+D\frac{1}{r}\sin(\lambda r)\right]\mathrm{e}^{-a\lambda^2 t} \tag{3-114}$$

将边界条件 1 代入上式，可知 $C$=0，所以式（3-114）简化为

$$\phi(r,t)=D\frac{1}{r}\sin(\lambda r)\mathrm{e}^{-a\lambda^2 t} \tag{3-115}$$

然后，将式（3-115）代入边界条件 2 中，同时等式两边消去 $(D/r_0)\mathrm{e}^{-a\lambda^2 t}$，可得

$$-\frac{\sin(\lambda r_0)}{r_0}+\lambda\cos(\lambda r_0)=-\frac{h}{k}\sin(\lambda r_0) \tag{3-116}$$

再将式（3-116）整理成

$$\tan(\lambda r_0)=\frac{\sin(\lambda r_0)}{\cos(\lambda r_0)}=\frac{\lambda r_0}{1-\frac{hr_0}{k}} \tag{3-117}$$

令 $\mu=\lambda r_0$，$Bi=\frac{hr_0}{k}$，$Bi$ 也称毕渥数，代入式（3-117）中，则

$$\tan\mu=\frac{\mu}{1-Bi} \tag{3-118}$$

上式称为特征方程，这是一个超越方程，有无穷多个根，每个根对应于一个特解，即

$$\phi_i(r,t)=D_i\frac{1}{r}\sin\left(\mu_i\frac{r}{r_0}\right)\mathrm{e}^{-\mu_i^2\frac{at}{r_0^2}}\quad(i=1,2,3,\cdots) \tag{3-119}$$

偏微分方程式（3-110）为线性，所以它的无穷多个特解的线性组合也是它的解

$$\phi(r,t)=\sum_{i=1}^{\infty}D_i\frac{1}{r}\sin\left(\mu_i\frac{r}{r_0}\right)\mathrm{e}^{-\mu_i^2\frac{at}{r_0^2}} \tag{3-120}$$

再将初始条件代入式（3-120），则得

$$T_0-T_{\mathrm{b}}=\sum_{i=1}^{\infty}D_i\frac{1}{r}\sin\left(\mu_i\frac{r}{r_0}\right)=D_1\frac{1}{r}\sin\left(\mu_1\frac{r}{r_0}\right)+D_2\frac{1}{r}\sin\left(\mu_2\frac{r}{r_0}\right)+\cdots \tag{3-121}$$

将式（3-121）两边同乘以 $r\sin(\mu_j r/r_0)\mathrm{d}r$，且在（0，$r_0$）区域内对 $r$ 进行积分，即

$$\int_0^{r_0}(T_0-T_{\mathrm{b}})r\sin\left(\mu_j\frac{r}{r_0}\right)\mathrm{d}r=\sum_{i=1}^{\infty}D_i\int_0^{r_0}\sin\left(\mu_i\frac{r}{r_0}\right)\sin\left(\mu_j\frac{r}{r_0}\right)\mathrm{d}r \tag{3-122}$$

根据三角函数系 $\sin(\mu_j r/r_0)$ 是正交函数系的性质，有

$$\int_0^{r_0}\sin\left(\mu_i\frac{r}{r_0}\right)\sin\left(\mu_j\frac{r}{r_0}\right)\mathrm{d}r=\begin{cases}0 & (\mu_i\neq\mu_j)\\ \frac{r_0}{2\mu_i}(\mu_i-\sin\mu_i\cos\mu_i) & (\mu_i=\mu_j)\end{cases} \tag{3-123}$$

于是，可得系数 $D_i$ 为

$$D_i=\frac{\int_0^{r_0}(T_0-T_b)r\sin\left(\mu_i\frac{r}{r_0}\right)dr}{\int_0^{r_0}\sin^2\left(\mu_i\frac{r}{r_0}\right)dr}=\frac{2\mu_i\int_0^{r_0}(T_0-T_b)r\sin\left(\mu_i\frac{r}{r_0}\right)dr}{r_0(\mu_i-\sin\mu_i\cos\mu_i)} \tag{3-124}$$

最终解为

$$\varphi(r,t)=\sum_{i=1}^{\infty}\frac{2\mu_i\int_0^{r_0}(T_0-T_b)r\sin\left(\mu_i\frac{r}{r_0}\right)dr}{r_0(\mu_i-\sin\mu_i\cos\mu_i)}\frac{1}{r}\sin\left(\mu_i\frac{r}{r_0}\right)e^{-\mu_i^2\frac{at}{r_0^2}} \tag{3-125}$$

或

$$T(r,t)=T_b+\sum_{i=1}^{\infty}\frac{2\mu_i\int_0^{r_0}(T_0-T_b)r\sin\left(\mu_i\frac{r}{r_0}\right)dr}{r_0(\mu_i-\sin\mu_i\cos\mu_i)}\frac{1}{r}\sin\left(\mu_i\frac{r}{r_0}\right)e^{-\mu_i^2\frac{at}{r_0^2}} \tag{3-126}$$

当初始温度 $T_0$ 为常数时，式（3-126）中的积分项可方便求出，得

$$\int_0^{r_0}(T_0-T_b)r\sin\left(\mu_i\frac{r}{r_0}\right)dr=\frac{r_0^2(T_0-T_b)}{\mu_i^2}(\sin\mu_i-\mu_i\cos\mu_i) \tag{3-127}$$

将式（3-127）代入式（3-126）得到最终解为

$$\frac{T-T_0}{T_b-T_0}=1-\sum_{i=1}^{\infty}D_i\frac{r_0\sin\left(\mu_i\frac{r}{r_0}\right)}{r\mu_i}e^{-\mu_i^2\frac{at}{r_0^2}} \tag{3-128}$$

其中

$$D_i=\frac{2(\sin\mu_i-\mu_i\cos\mu_i)}{\mu_i-\sin\mu_i\cos\mu_i} \tag{3-129}$$

对于一种特例，即当球体直径很小，或球体材料的热导率很大，或球体表面与环境的对流传热系数很小时，此时 $Bi$ 很小，则有

$$\tan\mu=\frac{\mu}{1-Bi}\approx\mu \tag{3-130}$$

即

$$\sin\mu\approx\mu\cos\mu \tag{3-131}$$

方程（3-130）的一个解是 $\mu_1=0$。当 $\mu_1\to0$ 时，式（3-129）中 $D_1$ 式等号右边分子和分母都为零，由罗比塔法得

$$D_1=\lim_{\mu_1\to0}\frac{2(\sin\mu_1-\mu_1\cos\mu_1)}{\mu_1-\sin\mu_1\cos\mu_1}=1 \tag{3-132}$$

而对于方程式（3-130）其他的解 $\mu_i\neq0$（$i\neq1$），将式（3-131）代入式（3-129）可得

$$D_i=0\ \ (i=2,3,4,\cdots) \tag{3-133}$$

下面求取 $\mu_1$。为此，将 $\tan\mu_1$ 按幂级数展开

$$\tan\mu_1=\mu_1+\frac{1}{3}\mu_1^3+\frac{1}{15}\mu_1^5+\cdots \tag{3-134}$$

当 $Bi\to0$，$\mu_1\to0$ 时，上述级数逐项并快速衰减，作为近似，取前两项，即

$$\mu_1+\frac{1}{3}\mu_1^3=\frac{\mu_1}{1-Bi} \tag{3-135}$$

则

$$\mu_1^2=\frac{3Bi}{1-Bi}\approx3Bi \tag{3-136}$$

所以，当球体的初始温度为 $T_0$（常数），且 $Bi \to 0$，球内温度随时间的变化为

$$\frac{T-T_0}{T_b-T_0}=1-\frac{r_0\sin\left(\sqrt{3Bi}\frac{r}{r_0}\right)}{r\sqrt{3Bi}}e^{-3Bi\frac{at}{r_0^2}} \tag{3-137}$$

【例 3-9】 直径为 50mm 的钢球，初始温度为 400℃，突然将此球置于温度为 100℃的某流体介质中，且保持恒定。假设钢球表面与流体之间的对流传热系数为 10 $W \cdot m^{-2} \cdot K^{-1}$，且不随温度而变。试计算 1h 后钢球中心的温度。已知钢球的导热率为 45$W \cdot m^{-1} \cdot K^{-1}$，密度为 7849$kg \cdot m^{-3}$，比热容为 460$J \cdot kg^{-1} \cdot K^{-1}$。

**解**　首先计算 $Bi$ 特征数

$$Bi=\frac{hr_0}{k}=\frac{10\times 0.05/2}{45}=0.00556$$

可见 $Bi$ 特征数很小，故可以采用式（3-137）计算球中心温度。将式（3-137）用于求球体中心处温度时，即 $r$=0，等号右边第二项的分子和分母都为零，因此需要使用罗比塔法求得球中心温度的表达式

$$\frac{T-T_0}{T_b-T_0}=1-\frac{r_0\sin\left(\sqrt{3Bi}\frac{r}{r_0}\right)}{r\sqrt{3Bi}}e^{-3Bi\frac{at}{r_0^2}}=1-\left.\frac{r_0\sqrt{3Bi}\frac{1}{r_0}\cos\left(\sqrt{3Bi}\frac{r}{r_0}\right)}{\sqrt{3Bi}}e^{-3Bi\frac{at}{r_0^2}}\right|_{r=0}=1-e^{-3Bi\frac{at}{r_0^2}}$$

式中，$Bi$=0.00556，$r_0$=0.025m，$t$=3600s，$a=45/(7849\times 460)=1.25\times 10^{-5}m^2 \cdot s^{-1}$，$T_b$=100℃，$T_0$=400℃。

将有关数据代入上式，得球中心温度

$$T=\left(1-e^{-3Bi\frac{at}{r_0^2}}\right)(T_b-T_0)+T_0=\left(1-e^{-3\times 0.00556\times\frac{1.25\times 10^{-5}\times 3600}{0.025^2}}\right)\times(100-400)+400=190.3℃$$

【例 3-10】 材料的热导率可由下述方法测量：将材料制成球形，并将一对热电偶埋在球的中心，将球体加热到一定的温度，然后置于搅拌下的冷水中冷却，测出球中心处温度随时间的变化关系，就可计算出材料的热导率。试运用式（3-128）导出测定热导率原理的公式，并根据下列的实验数据计算材料的热导率。

已知某球形材料密度 7800$kg \cdot m^{-3}$，比热容 460$J \cdot kg^{-1} \cdot K^{-1}$，球的直径 50mm。现将球体加热到 100℃，突然置于带有搅拌的 20℃水中冷却。用记录仪记录数据，并摘录球体中心温度随时间变化如下表，求球体材料的热导率和球体与水的对流传热系数。

| $t$/s | 0 | 100 | 200 | 500 | 1000 | 1500 | 2000 | 2500 | 3000 | 3500 | 4000 |
|---|---|---|---|---|---|---|---|---|---|---|---|
| $T_c$/℃ | 100 | 97.1 | 94.4 | 86.9 | 75.2 | 66.2 | 58.3 | 52.1 | 46.5 | 41.8 | 38.3 |

**解**　首先分析非稳态导热法测定热导率的原理，由式（3-128）可知球体中心处温度随时间的变化关系为

$$\frac{T_c-T_0}{T_b-T_0}=1-\sum_{i=1}^{\infty}D_i\frac{r_0\sin\left(\mu_i\frac{r_c}{r_0}\right)}{r_c\mu_i}e^{-\mu_i^2\frac{at}{r_0^2}} \tag{a}$$

在球体中心处，$r_c$=0，式（a）加和号内项的分子和分母出现零，由罗必塔法得

$$\frac{T_c - T_0}{T_b - T_0} = 1 - \sum_{i=1}^{\infty} D_i e^{-\mu_i^2 \frac{at}{r_0^2}} \tag{b}$$

加和号中的级数项随 $i$ 的增大，收敛很快，作为近似，取第一项，即式（b）近似为

$$\frac{T_c - T_0}{T_b - T_0} \approx 1 - D_1 e^{-\mu_1^2 \frac{at}{r_0^2}} \tag{c}$$

将式（c）重排得

$$\frac{T_b - T_c}{T_b - T_0} = D_1 e^{-\mu_1^2 \frac{at}{r_0^2}} \tag{d}$$

将式（d）两边取对数，得

$$\ln\left(\frac{T_b - T_c}{T_b - T_0}\right) = \ln D_1 - \mu_1^2 \frac{a}{r_0^2} t \tag{e}$$

上式表明：$\ln\left(\frac{T_b - T_c}{T_b - T_0}\right) - t$ 为线性关系，由实验数据可拟合出此直线。由直线的截距，通过式（3-129）可得$\mu_1$，再结合直线的斜率可得到材料的导温系数、热导率等物性数据。这就是非稳态导热测量材料热导率的原理。

对于本题，将实验数据转化为：

| $t$/s | 0 | 100 | 200 | 500 | 1000 | 1500 | 2000 | 2500 | 3000 | 3500 | 4000 |
|---|---|---|---|---|---|---|---|---|---|---|---|
| $T_c$/℃ | 100 | 97.1 | 94.4 | 86.9 | 75.2 | 66.2 | 58.3 | 52.1 | 46.5 | 41.8 | 38.3 |
| $\ln\left(\frac{T_b - T_c}{T_b - T_0}\right)$ | 0 | −0.0369 | −0.0726 | −0.179 | −0.371 | −0.549 | −0.737 | −0.913 | −1.104 | −1.300 | −1.475 |

对上表数据进行线性拟合得直线方程

$$\ln\left(\frac{T_b - T_c}{T_b - T_0}\right) = 2.15 \times 10^{-3} - 3.70 \times 10^{-4} t \tag{f}$$

对比式（e）和式（f），得

$$\ln D_1 = 2.15 \times 10^{-3} \tag{g}$$

$$\mu_1^2 \frac{a}{r_0^2} = 3.70 \times 10^{-4} \tag{h}$$

由式（g）解得 $D_1$=1.00215，将 $D_1$ 代入式（3-129），解得：$\mu_1$=0.1466。然后由式（h），得：$a=1.08\times10^{-5}\mathrm{m^2 \cdot s^{-1}}$。于是材料的热导率：

$$k = a\rho c_p = 1.08 \times 10^{-5} \times 7800 \times 460 = 38.8\ \mathrm{W \cdot m^{-1} \cdot K^{-1}}$$

由式（3-118）计算 $Bi$ 特征数，$Bi = 1 - \frac{\mu_1}{\tan \mu_1} = 1 - \frac{0.1466}{\tan(0.1466)} = 0.0072$。

于是对流传热系数 $h = \frac{Bik}{r_0} = \frac{0.0072 \times 38.8}{0.025} = 11.2\ \mathrm{W \cdot m^{-2} \cdot K^{-1}}$。

下面核算式（b）的加和号中仅取第一项是否合理：

对 $Bi$=0.0072，求解特征方程式（3-118），得$\mu_1$=0.1466；$\mu_2$=4.495。再将$\mu_1$、$\mu_2$分别代入

式（3-129），解得 $D_1$=1.00215，$D_2$= −0.00326。计算式（b）加和号内第一、第二项在不同时刻的数值，列表如下：

| $t$/s | 0 | 100 | 200 | 500 |
|---|---|---|---|---|
| $\boldsymbol{D}_1\mathrm{e}^{-\mu_1^2\frac{at}{r_0^2}}$ | 1.00215 | 0.9656 | 0.9304 | 0.8323 |
| $\boldsymbol{D}_2\mathrm{e}^{-\mu_2^2\frac{at}{r_0^2}}$ | −0.00326 | $-2.2\times10^{-18}$ | $-1.5\times10^{-33}$ | $-5\times10^{-79}$ |

由表中数据可见，加和号中第二项完全可以略去。此法可测定材料的导温系数和热导率，以及球体与环境间的对流传热系数，但需注意的是 $Bi$ 数要足够小。对于热导率较小的材料，可采用小球进行实验，同时减小球与环境间的对流传热以满足较小的 $Bi$ 数条件。

# 第三节　多组分流体薄层体积的质量衡算

纯组分宏观体积的质量衡算见第二章内容。对于多组分流体，有时还伴有化学反应的多组分流体系统，在流体微团的无规则运动和组分浓度差存在下，发生较为复杂的传质过程。为了清晰描述多组分流体的传质现象，需要引入几个运动速度和传质通量的概念，以便于对多组分流体在薄层体上进行质量衡算。

## 一、速度和通量

### （一）速度

在多组分体系中，各个组分常常具有不同的运动速度。即使对同一种组分，由于所选的参考坐标不同而具有不同的运动速度。

#### 1. 以静止坐标为参考基准

设组分 $i$ 在相对静止坐标系中的速度为 $\boldsymbol{u}_i$，也称为组分 $i$ 的绝对速度；设组分 $i$ 的质量浓度为$\rho_i$，则混合物流体的质量平均速度 $\boldsymbol{u}$ 定义为

$$\boldsymbol{u}=\frac{1}{\rho}\sum_{i=1}^{K}\rho_i\boldsymbol{u}_i \tag{3-138}$$

类似，设组分 $i$ 的摩尔浓度为 $C_i$，则混合物流体的摩尔平均速度 $\boldsymbol{u}_\mathrm{M}$ 定义为

$$\boldsymbol{u}_\mathrm{M}=\frac{1}{C}\sum_{i=1}^{K}C_i\boldsymbol{u}_i \tag{3-139}$$

#### 2. 以质量平均速度 $u$ 为参考基准

将组分 $i$ 的绝对速度减去混合物的质量平均速度，称为组分 $i$ 的质量扩散速度 $\boldsymbol{u}_{\mathrm{d}i}$，即

$$\boldsymbol{u}_{\mathrm{d}i}=\boldsymbol{u}_i-\boldsymbol{u} \tag{3-140}$$

#### 3. 以摩尔平均速度 $u_\mathrm{M}$ 为参考基准

将组分 $i$ 的绝对速度减去混合物的摩尔平均速度，称为组分 $i$ 的摩尔扩散速度 $\boldsymbol{u}_{\mathrm{Md}i}$，即

$$\boldsymbol{u}_{\mathrm{Md}i}=\boldsymbol{u}_i-\boldsymbol{u}_\mathrm{M} \tag{3-141}$$

### （二）质量通量

组分 $i$ 的质量通量定义为单位时间通过单位面积组分 $i$ 的质量，据此不难得到

$$\boldsymbol{n}_i = \rho_i \boldsymbol{u}_i \tag{3-142}$$

式中，$\boldsymbol{n}_i$ 为组分 $i$ 的质量通量，也称为绝对质量通量，$kg·m^{-2}·s^{-1}$。

由式（3-138）和式（3-142）可得混合物总质量通量

$$\boldsymbol{n} = \rho \boldsymbol{u} = \sum_{i=1}^{K} \rho_i \boldsymbol{u}_i = \sum_{i=1}^{K} \boldsymbol{n}_i \tag{3-143}$$

式中，$\boldsymbol{n}$ 为混合物的总质量通量。总质量通量为各组分绝对质量通量之和。

将式（3-140）的 $\boldsymbol{u}_i$ 代入式（3-142），并整理成

$$\boldsymbol{n}_i = \rho_i \boldsymbol{u}_i = \rho_i \boldsymbol{u}_{di} + \rho_i \boldsymbol{u} = \boldsymbol{j}_i + a_i \boldsymbol{n} \tag{3-144}$$

式中，$\boldsymbol{j}_i=\rho_i\boldsymbol{u}_{di}$，称扩散质量通量，此名称意为由扩散引起的质量通量，由式（1-25）计算可得；式中另外一项$\rho_i\boldsymbol{u}=a_i\rho\boldsymbol{u}=a_i\boldsymbol{n}$，表示总质量通量中 $i$ 组分所占的质量通量。

将体系中 $K$ 种组分对应的式（3-144）全部相加，得

$$\sum_{i=1}^{K} \boldsymbol{n}_i = \sum_{i=1}^{K} \boldsymbol{j}_i + \sum_{i=1}^{K} a_i \boldsymbol{n} = \sum_{i=1}^{K} \boldsymbol{j}_i + \boldsymbol{n} \sum_{i=1}^{K} a_i = \sum_{i=1}^{K} \boldsymbol{j}_i + \boldsymbol{n} \tag{3-145}$$

式（3-145）中已运用了归一化公式，即 $\sum_{i=1}^{K} a_i = 1$。于是，由式（3-145）得到

$$\sum_{i=1}^{K} \boldsymbol{j}_i = 0 \tag{3-146}$$

式（3-146）说明：在混合物体系中，有些组分的绝对速度比质量平均速度大，而另一些组分的绝对速度比质量平均速度小，但这两类组分的扩散质量通量代数和为零。

由第一章中介绍可知，当静止流体或做层流流动的流体内部存在浓度差时，就会有质量传递发生，由浓度差引起的质量通量与浓度梯度间的关系可用式（1-25）描述，此时传质完全是由分子热运动引起的，这种通量称为组分 $i$ 的扩散质量通量 $\boldsymbol{j}_i$。但在大多数情况下，流体流动处于湍流状况，组分 $i$ 的质量传递主要由流体微团的宏观运动引起的，这种通量称为总体流动引起的组分 $i$ 的质量通量 $a_i\boldsymbol{n}$。因此流体中组分 $i$ 的总质量通量 $\boldsymbol{n}_i$，或称组分 $i$ 的绝对质量通量为组分 $i$ 的扩散质量通量和总体流动引起的质量通量之和，即由式（3-144）表示。

特别地，对于较常见的二元体系，由组分 A 和 B 组成，式（3-146）可简写为

$$\boldsymbol{j}_A + \boldsymbol{j}_B = 0 \tag{3-147}$$

式（3-147）表明：组分 A 和 B 的扩散质量通量相等，方向相反。

### （三）摩尔通量

组分 $i$ 的摩尔通量定义为单位时间通过单位面积组分 $i$ 的物质的量，据此不难得到

$$\boldsymbol{N}_i = C_i \boldsymbol{u}_i \tag{3-148}$$

式中，$\boldsymbol{N}_i$ 为组分 $i$ 的摩尔通量，也称为绝对摩尔通量，$kmol·m^{-2}·s^{-1}$。

由式（3-139）和式（3-148）可得混合物总摩尔通量

$$\boldsymbol{N} = C\boldsymbol{u}_M = \sum_{i=1}^{K} C_i \boldsymbol{u}_i = \sum_{i=1}^{K} \boldsymbol{N}_i \tag{3-149}$$

式中，$\boldsymbol{N}$ 为混合物的总摩尔通量，即总摩尔通量为各组分绝对摩尔通量之和。

将式（3-141）两边同乘 $C_i$，并整理成

$$\boldsymbol{N}_i = C_i \boldsymbol{u}_i = C_i \boldsymbol{u}_{\mathrm{M}di} + C_i \boldsymbol{u}_{\mathrm{M}} = \boldsymbol{J}_i + x_i \boldsymbol{N} \tag{3-150}$$

式中，$\boldsymbol{J}_i = C_i \boldsymbol{u}_{\mathrm{Md}i}$，称为扩散摩尔通量，此名称意为由扩散引起的摩尔通量，由式（1-26）计算可得；式中另外一项 $C_i \boldsymbol{u}_{\mathrm{M}} = x_i C \boldsymbol{u}_{\mathrm{M}} = x_i \boldsymbol{N}$，表示总体流动引起的 $i$ 组分所占的摩尔通量。此式表明流体中组分 $i$ 的总摩尔通量 $\boldsymbol{N}_i$ 或称组分 $i$ 的绝对摩尔通量为组分 $i$ 的扩散摩尔通量和总体流动引起的摩尔通量之和。

将体系中 $K$ 种组分对应的式（3-150）全部相加，得

$$\sum_{i=1}^{K} \boldsymbol{N}_i = \sum_{i=1}^{K} \boldsymbol{J}_i + \sum_{i=1}^{K} x_i \boldsymbol{N} = \sum_{i=1}^{K} \boldsymbol{J}_i + \boldsymbol{N} \sum_{i=1}^{K} x_i = \sum_{i=1}^{K} \boldsymbol{J}_i + \boldsymbol{N} \tag{3-151}$$

式（3-151）中已运用了归一化公式，即 $\sum_{i=1}^{K} x_i = 1$。于是，由式（3-151）得到

$$\sum_{i=1}^{K} \boldsymbol{J}_i = 0 \tag{3-152}$$

式（3-152）说明：在混合体系中，有些组分绝对速度比摩尔平均速度大，而另一些组分的绝对速度比摩尔平均速度小，但这两类组分的扩散摩尔通量代数和为零。

特别地，对于较常见的二元体系，由组分 A 和 B 组成，式（3-152）可简写为

$$\boldsymbol{J}_{\mathrm{A}} + \boldsymbol{J}_{\mathrm{B}} = 0 \tag{3-153}$$

式（3-153）表明：组分 A 和 B 的扩散摩尔通量相等，方向相反。

## 二、等摩尔组分反方向定常态扩散时的传质

在进行二元蒸馏时，若轻、重两个组分的摩尔汽化潜热相等，则重组分从气相冷凝进入液相中时必有等摩尔的轻组分从液相汽化进入气相中。在达到传质稳定时两种组分的绝对摩尔通量都为定值，而且两种组分的绝对摩尔通量相等、传质方向相反，即 $N_{\mathrm{A}z} = -N_{\mathrm{B}z}$。如图 3-17 所示，取一薄层体，与传质方向垂直的面上取一个单位面积，沿传质方向取厚度为 d$z$。当达到传质稳定时，薄层体内组分 A 没有积累，同时无化学反应，对该薄层体进行组分 A 的质量衡算

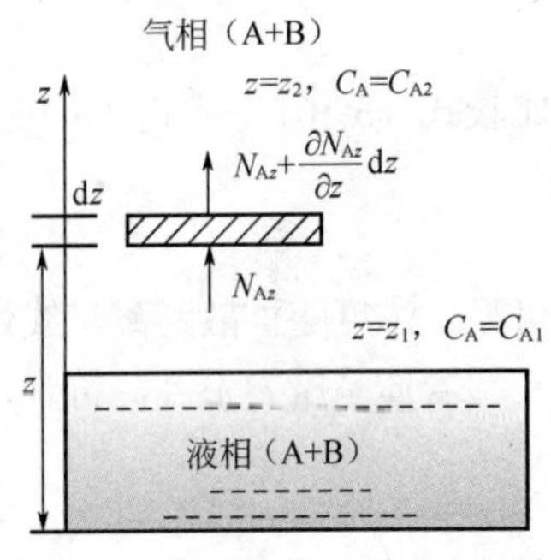


图 3-17　等摩尔组分反方向扩散

$$\begin{pmatrix}\text{输入薄层体内}\\ \text{的摩尔流率}\end{pmatrix} + \begin{pmatrix}\text{薄层体内的}\\ \text{摩尔生成率}\end{pmatrix} = \begin{pmatrix}\text{输出薄层体内}\\ \text{的摩尔流率}\end{pmatrix} + \begin{pmatrix}\text{薄层体内的}\\ \text{积累速率}\end{pmatrix} \tag{3-154}$$

式（3-154）中各项计算如下：

输入薄层体内组分 A 的摩尔流率为 $N_{\mathrm{A}z}$；薄层体内组分 A 的摩尔生成率为 0；输出薄层体内组分 A 的摩尔流率为 $N_{\mathrm{A}z} + \frac{\partial N_{\mathrm{A}z}}{\partial z}\mathrm{d}z$；薄层体内组分 A 的积累速率为 0。

代入式（3-154）可得

$$\frac{\mathrm{d}N_{\mathrm{A}z}}{\mathrm{d}z} = 0 \tag{3-155}$$

此式表明组分 A 沿 $z$ 方向的绝对摩尔通量为常数。

再根据式（3-150），对二元组分应有

$$N_{Az} = J_{Az} + x_A N \tag{3-156}$$

同时，按题意有

$$N = N_{Az} + N_{Bz} = 0 \tag{3-157}$$

将式（3-157）代入式（3-156），再利用式（1-26）得

$$N_{Az} = J_{Az} = -D_{AB}\frac{dC_A}{dz} \tag{3-158}$$

根据问题的特性，可写出微分方程式（3-158）的边界条件为

$$\begin{aligned}&\text{边界条件1：} z = z_1, \quad C_A = C_{A1}\\&\text{边界条件2：} z = z_2, \quad C_A = C_{A2}\end{aligned} \tag{3-159}$$

将式（3-158）分离变量后，积分

$$N_{Az}\int_{z_1}^{z_2} dz = -D_{AB}\int_{C_{A1}}^{C_{A2}} dC_A \tag{3-160}$$

得

$$N_{Az} = \frac{D_{AB}}{z_2 - z_1}\left(C_{A1} - C_{A2}\right) \tag{3-161}$$

式（3-161）表明等摩尔组分反方向定常态扩散时，绝对摩尔通量与摩尔浓度差成正比，与扩散距离成反比。

若将式（3-158）从 $z_1$ 到 $z$ 进行积分，即

$$N_{Az}\int_{z_1}^{z} dz = -D_{AB}\int_{C_{A1}}^{C_A} dC_A \tag{3-162}$$

得

$$N_{Az} = \frac{D_{AB}}{z - z_1}\left(C_{A1} - C_A\right) \tag{3-163}$$

比较式（3-161）和式（3-163），得浓度分布

$$\frac{C_{A1} - C_A}{C_{A1} - C_{A2}} = \frac{z - z_1}{z_2 - z_1} \tag{3-164}$$

可见，浓度随扩散距离呈线性分布。

若体系压力不高，符合理想气体状态方程，即

$$C_A = \frac{p_A}{RT} \tag{3-165}$$

代入式（3-161），得

$$N_{Az} = \frac{D_{AB}}{RT\left(z_2 - z_1\right)}\left(p_{A1} - p_{A2}\right) \tag{3-166}$$

由式（3-158）可知，等摩尔反方向定常态扩散时组分 A 的绝对摩尔通量与扩散摩尔通量相等。在此情形下体系内没有总体流动，即通过一个静止面的总体摩尔通量为零，所以组分 A 的绝对摩尔通量完全由分子热运动引起的扩散摩尔通量所决定。

**【例 3-11】** 一条输送氮气的管道与一条输送二氧化碳的管道之间有一根小管连通，见图 3-18 所示。两管道在小管连通处的压力和温度分别为 $1.013\times10^5$Pa 和 25℃。氮气和二氧化碳通过小管相互扩散。测得在扩散途径上 $a$ 处的二氧化碳摩尔分数为 0.8，相隔 3m 处的 $b$ 点位置二氧化碳的摩尔分数为 0.2。二氧化碳在氮气中的扩散系数为

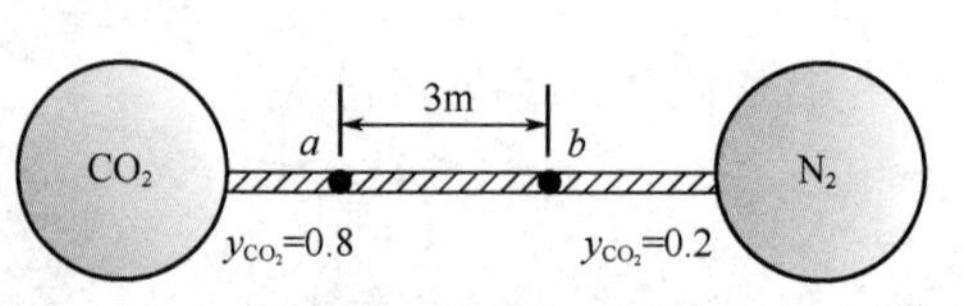

图 3-18　例 3-11 附图

$1.67\times10^{-5}\text{m}^2\cdot\text{s}^{-1}$。扩散达到稳定时，试求：

（1）二氧化碳和氮气的绝对摩尔通量和扩散摩尔通量；

（2）二氧化碳和氮气的绝对质量通量和扩散质量通量；

（3）二氧化碳和氮气在 $ab$ 段中的绝对移动速度；

（4）在 $ab$ 段，二氧化碳相对于氮气的移动速度和扩散摩尔通量表达式。

**解**　（1）按题意两管的压力和温度相同，表明有多少摩尔的二氧化碳扩散到氮气管中必有等量摩尔的氮扩散进二氧化碳的管中，所以传质过程为等摩尔相互扩散，故有

$$N = N_{CO_2} + N_{N_2} = 0 \tag{a}$$

将式（a）代入式（3-150），得

$$N_{CO_2} = J_{CO_2} \tag{b}$$

而 $J_{CO_2} = -CD_{AB}\dfrac{dy_{CO_2}}{dz} = -\dfrac{p}{RT}D_{AB}\dfrac{dy_{CO_2}}{dz}$

$$= -\frac{1.013\times10^5}{8314\times298}\times1.67\times10^{-5}\times\frac{0.2-0.8}{3-0} = 1.37\times10^{-7}\ \text{kmol}\cdot\text{m}^{-2}\cdot\text{s}^{-1}$$

所以 $N_{CO_2} = J_{CO_2} = 1.37\times10^{-7}\ \text{kmol}\cdot\text{m}^{-2}\cdot\text{s}^{-1}$；$N_{N_2} = J_{N_2} = -1.37\times10^{-7}\ \text{kmol}\cdot\text{m}^{-2}\cdot\text{s}^{-1}$

表明：二氧化碳和氮气的摩尔通量在数值上相等，负号表示向相反方向扩散。

（2）将摩尔通量乘以摩尔质量可得相应的质量通量，故

$$n_{CO_2} = j_{CO_2} = M_{CO_2}J_{CO_2} = 44\times1.37\times10^{-7} = 6.03\times10^{-6}\ \text{kg}\cdot\text{m}^{-2}\cdot\text{s}^{-1}$$

$$n_{N_2} = j_{N_2} = M_{N_2}J_{N_2} = -28\times1.37\times10^{-7} = -3.84\times10^{-6}\ \text{kg}\cdot\text{m}^{-2}\cdot\text{s}^{-1}$$

结果表明：二氧化碳和氮气的质量通量在数值上并不相等。

总质量通量为

$$n = n_{CO_2} + n_{N_2} = 6.03\times10^{-6} - 3.84\times10^{-6} = 2.19\times10^{-6}\ \text{kg}\cdot\text{m}^{-2}\cdot\text{s}^{-1}$$

结果表明：总质量通量不为零。

（3）根据式（3-148），二氧化碳的移动速度为

$$u_{CO_2} = \frac{N_{CO_2}}{C_{CO_2}} \tag{c}$$

又在 $a$ 点处，二氧化碳的摩尔浓度为 $C_{CO_2,a} = \dfrac{1.013\times10^5}{8314\times298}\times0.8 = 0.0327\ \text{kmol}\cdot\text{m}^{-3}$

在 $b$ 点处，二氧化碳的摩尔浓度为 $C_{CO_2,b} = \dfrac{1.013\times10^5}{8314\times298}\times0.2 = 0.0082\ \text{kmol}\cdot\text{m}^{-3}$

由于是等摩尔相互扩散，扩散摩尔通量沿扩散途径恒定不变，由费克定律可知浓度分布为线性。若以 $a$ 点为起点，则二氧化碳沿 $ab$ 段的浓度分布为

$$\frac{C_{CO_2,z} - C_{CO_2,a}}{z-0} = \frac{C_{CO_2,b} - C_{CO_2,a}}{3-0}$$

将有关数据代入，得

$$C_{CO_2,z} = 0.0327 - 0.00817z \tag{d}$$

将式（d）代入式（c），可得二氧化碳沿 $ab$ 段的移动速：

$$u_{CO_2} = \frac{1.37\times10^{-7}}{0.0327-0.00817z} = \frac{1.68\times10^{-5}}{4.0-z}\ \text{m}\cdot\text{s}^{-1} \tag{e}$$

可见二氧化碳沿途的移动速度不是常量。

对于氮气的移动速度，可计算如下：

体系的总摩尔浓度为$C=\dfrac{1.013\times10^5}{8314\times298}=0.0409\ \text{kmol}\cdot\text{m}^{-3}$。

所以 $ab$ 段氮气的浓度分布为

$$C_{N_2,z}=C-C_{CO_2,z}=0.0082+0.00817z \tag{f}$$

于是氮气的移动速度为

$$u_{N_2}=\frac{N_{N_2}}{C_{N_2}}=-\frac{1.37\times10^{-7}}{0.0082+0.00817z}=-\frac{1.68\times10^{-5}}{1+z}\ \text{m}\cdot\text{s}^{-1} \tag{g}$$

负号表示移动方向与 $CO_2$ 扩散方向相反。

（4）在 $ab$ 段上二氧化碳相对于氮气的移动速度，即将二氧化碳的移动速度和氮的移动速度相减，为

$$u_{CO_2/N_2}=u_{CO_2}-u_{N_2}=\frac{1.68\times10^{-5}}{4.0-z}+\frac{1.68\times10^{-5}}{1+z}=\frac{8.4\times10^{-5}}{(4.0-z)(1+z)}\ \text{m}\cdot\text{s}^{-1} \tag{h}$$

在 $ab$ 段，二氧化碳相对于氮气的扩散摩尔通量为

$$N_{CO_2/N_2}=C_{CO_2,z}u_{CO_2/N_2}=\frac{6.863\times10^{-7}}{1+z}\ \text{kmol}\cdot\text{m}^{-2}\cdot\text{s}^{-1} \tag{i}$$

将式（e）、式（g）和式（h）示于图 3-19 中。

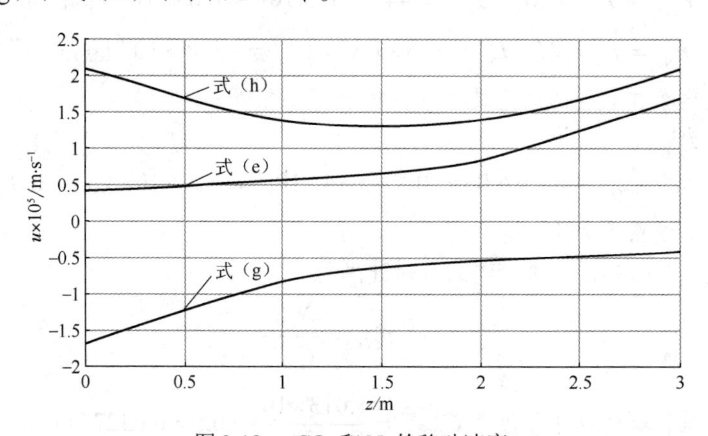


图 3-19 $CO_2$ 和 $N_2$ 的移动速度

由图中可见组分的移动速度随着浓度的降低而增大，此结果说明在扩散管中当传质通量一定时，组分浓度降低时必须要提高组分的移动速度才能保持恒定的传质速率；二氧化碳相对于氮的移动速度出现一个最低值，即在二氧化碳和氮的浓度相等时，相对移动速度最低。

## 三、一组分通过另一个停滞组分的定常态扩散传质

在用溶剂 S 对混合气体中组分 A 进行吸收时，假设惰性气体 B 不溶于溶剂 S 中，而溶剂 S 也不挥发到气相中，当传质达到稳定时，此情形就属于一组分通过另一个停滞组分的定常态扩散传质问题。组分 A 的传质通量为常数，而组分 B 的传质通量为零。如图 3-20 所示，取一薄层体，与传质方向垂直的面上取一个单位面积，沿传质方向取厚度为 d$z$。当达到传质稳定，同时无化学反应时，对该薄层体进行组分 A 的质量衡算，衡算公式见式（3-154）。

式中各项计算如下：输入薄层体内组分 A 的摩尔流率为 $N_{Az}$；薄层体内组分 A 的摩尔生成率为 0；输出薄层体内组分 A 的摩尔流率为 $N_{Az}+\dfrac{\partial N_{Az}}{\partial z}dz$；薄层体内组分 A 的积累速率为 0。

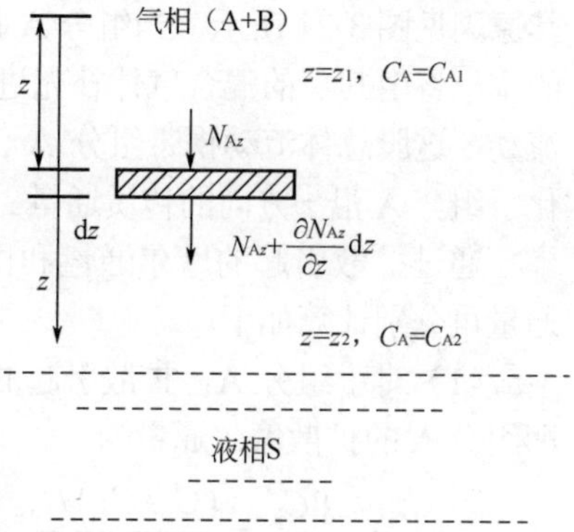

将上述各项代入式（3-154）简化后可得

$$\frac{dN_{Az}}{dz}=0 \tag{3-167}$$

式（3-167）表明组分 A 沿 $z$ 方向的绝对摩尔通量为常数。

气相（A+B）
$z=z_1$，$C_A=C_{A1}$
$N_{Az}$
dz
$N_{Az}+\dfrac{\partial N_{Az}}{\partial z}dz$
$z=z_2$，$C_A=C_{A2}$
液相S

图 3-20　组分 A 通过另一组分 B 的扩散

再利用式（3-150），对二元组分有

$$N_{Az}=J_{Az}+x_A N \tag{3-168}$$

由于

$$N=N_{Az}+N_{Bz}=N_{Az} \tag{3-169}$$

所以

$$N_{Az}=J_{Az}+x_A N_{Az}=-D_{AB}\frac{dC_A}{dz}+x_A N_{Az} \tag{3-170}$$

对应式（3-170）的边界条件为

$$\begin{aligned}&\text{边界条件1：}z=z_1,\quad C_A=C_{A1}\\&\text{边界条件2：}z=z_2,\quad C_A=C_{A2}\end{aligned} \tag{3-171}$$

将式（3-170）分离变量后，积分

$$N_{Az}\int_{z_1}^{z_2}dz=-D_{AB}\int_{C_{A1}}^{C_{A2}}\frac{dC_A}{1-x_A} \tag{3-172}$$

设体系为恒温、恒压，则总浓度 $C$ 为常数，将 $x_A=C_A/C$ 代入上式，积分得

$$N_{Az}=\frac{CD_{AB}}{z_2-z_1}\ln\frac{C-C_{A2}}{C-C_{A1}} \tag{3-173}$$

引入变量

$$C_{Bm}=\frac{C_{B2}-C_{B1}}{\ln\dfrac{C_{B2}}{C_{B1}}}=\frac{C_{A1}-C_{A2}}{\ln\dfrac{C-C_{A2}}{C-C_{A1}}} \tag{3-174}$$

式中，$C_{Bm}$ 为组分 B 在 $z_1$、$z_2$ 两处的对数平均浓度。将式（3-174）代入式（3-173），得

$$N_{Az}=\frac{CD_{AB}}{C_{Bm}\left(z_2-z_1\right)}\left(C_{A1}-C_{A2}\right) \tag{3-175}$$

另外，将式（3-170）分离变量后，从 $z_1$ 到 $z$ 之间进行积分

$$N_{Az}\int_{z_1}^{z}dz=-D_{AB}\int_{C_{A1}}^{C_A}\frac{dC_A}{1-x_A} \tag{3-176}$$

则得

$$N_{Az}=\frac{CD_{AB}}{z-z_1}\ln\frac{C-C_A}{C-C_{A1}} \tag{3-177}$$

比较式（3-177）和式（3-173），可得浓度分布为

$$\ln\frac{C-C_A}{C-C_{A1}}=\frac{z-z_1}{z_2-z_1}\ln\frac{C-C_{A2}}{C-C_{A1}} \tag{3-178}$$

可见浓度随扩散距离呈对数函数关系。

对比式（3-175）与式（3-161），可见一组分通过另一个停滞组分的定常态扩散传质时，其绝对摩尔通量比等摩尔反方向定常态扩散传质时的绝对摩尔通量大一个大于 1 的倍数 $C/C_{Bm}$。

其原因见图 3-21 所示，当组分 A 扩散进入液体后，留出的空位将由其后的混合气体补充进入，因而产生一股总体流动，这股总体流动携带组分 A 沿 $z$ 方向运动，于是强化了组分 A 沿 $z$ 方向的传质通量。

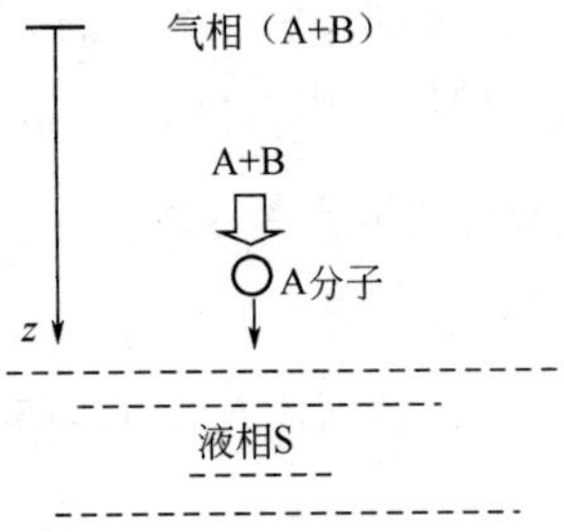

气相（A+B）

A+B

A分子

液相S

图 3-21 组分 A 通过另一组分 B 扩散时发生的总体流动

通过扩散引起的摩尔通量和由总体流动引起的摩尔通量可分别计算如下。

（1）对于组分 A，扩散引起的组分 A 的摩尔通量，即组分 A 的扩散摩尔通量为

$$J_{Az} = -D_{AB}\frac{dC_A}{dz} = \frac{(C - C_A)D_{AB}}{C_{Bm}(z_2 - z_1)}(C_{A1} - C_{A2}) \tag{3-179}$$

总体流动引起的组分 A 的摩尔通量为

$$x_A N_{Az} = \frac{C_A D_{AB}}{C_{Bm}(z_2 - z_1)}(C_{A1} - C_{A2}) \tag{3-180}$$

由式（3-179）和式（3-180）可见，通过扩散引起的摩尔通量和由总体流动引起的摩尔通量沿传质途径不是常数，但两者之和，即组分 A 的绝对摩尔通量是常数。

（2）对于组分 B，通过扩散引起的摩尔通量和由总体流动引起的摩尔通量也可类似地分别计算如下。

扩散引起的组分 B 的摩尔通量，即组分 B 的扩散摩尔通量为

$$J_{Bz} = -J_{Az} = -\frac{(C - C_A)D_{AB}}{C_{Bm}(z_2 - z_1)}(C_{A1} - C_{A2}) = -\frac{C_B D_{AB}}{C_{Bm}(z_2 - z_1)}(C_{B2} - C_{B1}) \tag{3-181}$$

总体流动引起的组分 B 的摩尔通量则为

$$x_B N = x_B N_{Az} = \frac{C_B D_{AB}}{C_{Bm}(z_2 - z_1)}(C_{B2} - C_{B1}) \tag{3-182}$$

比较式（3-181）和式（3-182）可知，对于组分 B，通过扩散引起的摩尔通量与由总体流动引起的摩尔通量在数值上相等，但方向相反，即组分 B 的绝对摩尔通量为零，故在总体上组分 B 是停滞不动的。

**【例 3-12】** 一个液氮储罐，顶部接一根内径为 4mm、长为 0.5m 的细管连通大气，见图 3-22 所示。已知空气压力和温度分别为 $1.013\times10^5$Pa 和 25℃，空气中氮气的摩尔分数为 0.79。假设氮气汽化后温度迅速升至环境温度，而且空气进入液氮的流率可忽略不计。液氮上方氮气的饱和蒸气压为 $9.3\times10^4$Pa。氮气在空气中的扩散系数为 $2.08\times10^{-5}\text{m}^2\cdot\text{s}^{-1}$，试求：

（1）氮气的传质通量和每天的损失量；

（2）若将细管长度增至 1m，则氮气的传质通量和每天的损失量；

（3）情况（1）、（2）的氮气在管中的移动速度分布，并作图。

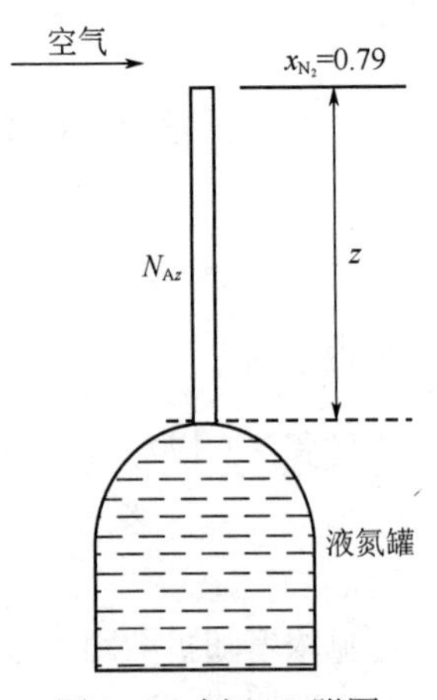


图 3-22 例 3-12 附图

**解** （1）可认为氮气通过停滞空气的扩散，故属于单向扩散问题，用式（3-175）计算氮气的传质通量

$$N_{Az}=\frac{CD_{AB}}{C_{Bm}\left(z_2-z_1\right)}\left(C_{A1}-C_{A2}\right) \tag{3-175}$$

式中，$C=\dfrac{p}{RT}=\dfrac{1.013\times10^5}{8314\times(273+25)}=0.0409\ \text{kmol·m}^{-3}$

$$C_{A1}=\frac{p_{A1}}{p}C=\frac{9.3\times10^4}{1.013\times10^5}\times0.0409=0.0375\ \text{kmol·m}^{-3}$$

$$C_{A2}=x_2C=0.79\times0.0409=0.0323\text{kmol·m}^{-3}$$

$$C_{Bm}=\frac{C_{B2}-C_{B1}}{\ln\dfrac{C_{B2}}{C_{B1}}}=\frac{C_{A1}-C_{A2}}{\ln\dfrac{C-C_{A2}}{C-C_{A1}}}=\frac{0.0375-0.0323}{\ln\dfrac{0.0409-0.0323}{0.0409-0.0375}}=0.0056\ \text{kmol·m}^{-3}$$

将上述数值代入式（3-175），得氮气扩散通量

$$\begin{aligned}N_{Az}&=\frac{CD_{AB}}{C_{Bm}\left(z_2-z_1\right)}\left(C_{A1}-C_{A2}\right)\\&=\frac{0.0409\times2.08\times10^{-5}}{0.0056\times(0.5-0)}\times(0.0375-0.0323)=1.58\times10^{-6}\ \text{kmol·m}^{-2}\text{·s}^{-1}\end{aligned}$$

氮气每天损失量

$$m=\frac{1}{4}\pi\times0.004^2\times1.58\times10^{-6}\times3600\times24\times28=4.8\times10^{-5}\ \text{kg·d}^{-1}$$

（2）若将细管长度加至 1m，细管两端的浓度不变但扩散距离增大一倍，故氮气的扩散通量和每天的损失都减半，即分别为 $7.9\times10^{-7}\text{kmol·m}^{-2}\text{·s}^{-1}$ 和 $2.4\times10^{-5}\text{kg·d}^{-1}$。

（3）单向扩散浓度分布由式（3-178）计算

$$\ln\frac{C-C_A}{C-C_{A1}}=\frac{z-z_1}{z_2-z_1}\ln\frac{C-C_{A2}}{C-C_{A1}} \tag{3-178}$$

故得到浓度分布为

$$C_A=C-\left(C-C_{A1}\right)\left(\frac{C-C_{A2}}{C-C_{A1}}\right)^{\frac{z-z_1}{z_2-z_1}} \tag{a}$$

根据式（3-148）组分 A 的移动速度为

$$u_A=\frac{N_A}{C_A} \tag{b}$$

所以对于情况（1），将有关数据代入式（a）得氮气在管内移动速度为

$$u_{N_2}=\frac{1.58\times10^{-6}}{0.0409-0.0034\times6.4^z}=\frac{4.65\times10^{-4}}{12.03-6.4^z} \tag{c}$$

同理，对于情况（2），将有关数据代入式（a）得氮气在管内移动速度为

$$u_{N_2}=\frac{7.9\times10^{-7}}{0.0409-0.0034\times2.53^z}=\frac{2.3\times10^{-4}}{12.03-2.53^z} \tag{d}$$

将式（c）和式（d）示于图 3-23 中，可见在对应的无量纲位置处，长管中的移动速度是短管中的一半，因而氮气损失量也减半。

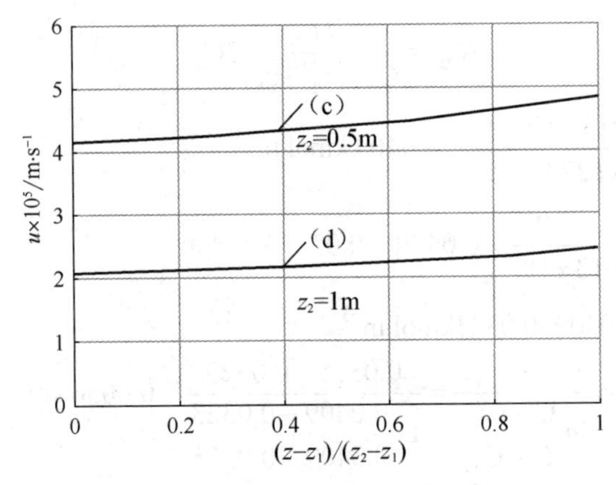


图 3-23 $N_2$的移动速度

## 四、组分A通过停滞组分B的拟定常态扩散时的传质

考虑如图3-24所示一个测定扩散系数的装置。装置置于恒温环境中。组分A通过图示的管子扩散至管口被气流B及时带走。气体B不溶于A中。初始时刻管内液面距离管口$z_1$，经过$t_0$时间液面降至$z_2$，由于液面至管口距离不断增大，扩散过程为非定常态过程。但是，当传质速率较慢时，液面下降速度很慢，此时可将该过程当成拟定常态扩散来处理。

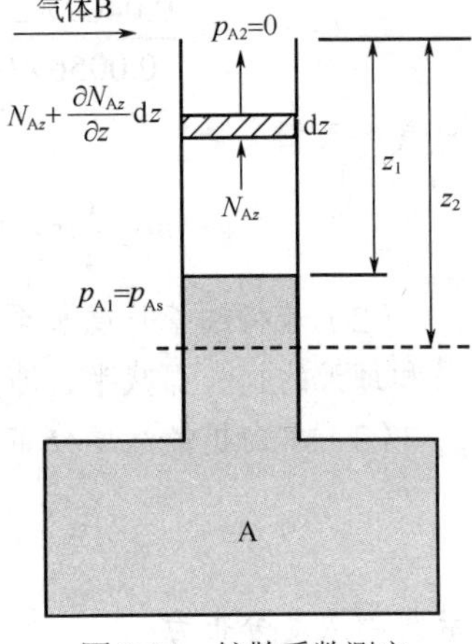


图 3-24 扩散系数测定

取一薄层体，如图3-24所示，沿传质方向取厚度为d$z$，由于传质速率很慢，所以在一个较短的时间段内可以认为传质达到了稳定，同时无化学反应，对该薄层体进行组分A的质量衡算，衡算公式见式（3-154）。式中各项计算如下：

输入薄层体内组分A的摩尔流率为$N_{Az}$；

薄层体内组分A的摩尔生成率为0；

输出薄层体内组分A的摩尔流率为$N_{Az}+\dfrac{\partial N_{Az}}{\partial z}dz$；

薄层体内组分A的积累速率为0。

将上述各项代入式（3-154）简化后可得

$$\frac{dN_{Az}}{dz}=0 \tag{3-183}$$

此式表明在一个较短时间段内，组分A沿$z$方向的绝对摩尔通量为常数。此时问题变成一组分通过另一个停滞组分的定常态扩散传质问题，故绝对摩尔通量可用式（3-175）计算

$$N_{Az}=\frac{CD_{AB}}{C_{Bm}(z_2-z_1)}(C_{A1}-C_{A2}) \tag{3-175}$$

若气体压力不大，可近似看成理想气体。设体系处于恒温、恒压下，同时注意到在管口处$C_{A2}$=0，式（3-175）中的$(z_2-z_1)$为液面至管口的距离，记为$z$，则式（3-175）可写成

$$N_{Az}=\frac{pD_{AB}}{RTp_{Bm}z}p_{As} \tag{3-184}$$

式中，$p$为总压；$T$为温度；$p_{As}$为组分A在$T$温度下的饱和蒸气压；$p_{Bm}$为组分B在液面处和

管口处分压的对数平均值。

另一方面，经过 d$t$ 时间，管内液面下降了 d$z$，减少的液体量应等于通过扩散传递出去的量，故根据质量衡算有

$$\frac{\rho_{Al}S\mathrm{d}z}{M_A}=N_{Az}S\mathrm{d}t \tag{3-185}$$

式中，$\rho_{Al}$ 为组分 A 液态密度；$M_A$ 为组分 A 的摩尔质量，kg·kmol$^{-1}$；$S$ 为管的截面积。

将式（3-184）代入式（3-185），得

$$\frac{\rho_{Al}\mathrm{d}z}{M_A}=\frac{pD_{AB}}{RTp_{Bm}z}p_{As}\mathrm{d}t \tag{3-186}$$

微分方程式（3-186）的边界条件为

$$\begin{aligned}&\text{边界条件1：}t=0,\ z=z_1\\&\text{边界条件2：}t=t,\ z=z_2\end{aligned} \tag{3-187}$$

将式（3-186）分离变量，积分并整理得

$$D_{AB}=\frac{\rho_{Al}RTp_{Bm}}{2pM_Ap_{As}}\frac{\left(z_2^2-z_1^2\right)}{t} \tag{3-188}$$

测定扩散初始和终了时刻的扩散距离，就可用上式计算组分 A 的扩散系数 $D_{AB}$。

需要指出的是，这种测定气相扩散系数的方法有几个缺点：①由于蒸发使得液面及气体温度下降，不能维持恒温；②液面处不挥发杂质会富集，影响饱和蒸气压的恒定；③液体会沿管壁向上爬行，产生弯月形曲面而不是平面。

## 五、伴有一级均相化学反应定常态扩散时的传质

在工程中常遇到伴有化学反应的传质，如在进行吸收操作时，为了提高吸收效果，有时采用化学吸收方法。又如，在医学上，一些细菌聚集在皮肤上引起传染病，需要抗生素渗透入皮肤内进行杀菌。对于伴有化学反应的扩散传质，由于既有化学反应又有扩散传质，化学反应速率对传质过程速率有很大的影响。

下面研究一种伴有一级均相化学反应定常态扩散传质过程，如图 3-25 所示，气体中含有组分 A 和 B，其中组分 A 进入液相与溶剂 S 发生一级均相化学反应，而惰性组分 B 不溶于液体。设在液体表面处组分 A 的浓度为 $C_{A0}$，且维持恒定。液层厚度为$\delta$，且在 $z=\delta$ 处，组分 A 的浓度为零，即组分 A 在扩散途径中不断被反应，在到达液膜深度$\delta$ 时被消耗殆尽。设组分 A 的浓度很小，试分析吸收的传质过程。设反应为一级反应，组分 A 的反应速率为 $R_A=k_1C_A$，kmol·m$^{-3}$。

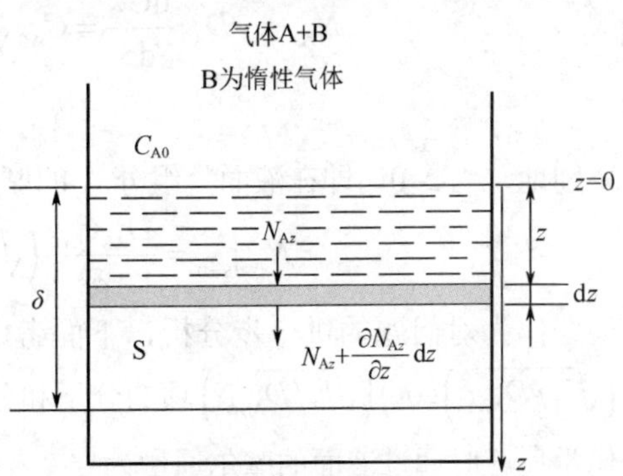


图 3-25　伴有均相化学反应的扩散传质

取图中阴影所示的薄层体，其面积为$\Omega$，厚度为 d$z$，对此薄层体进行质量衡算，衡算公式见式（3-154）。

式中各项计算如下：

输入薄层体内组分 A 的摩尔流率为$\Omega N_{Az}$；薄层体内组分 A 的摩尔生成率为 $R_A\Omega$d$z$；输出

薄层体内组分 A 的摩尔流率为$\Omega\left(N_{Az}+\dfrac{\partial N_{Az}}{\partial z}dz\right)$；薄层体内组分 A 的积累速率为 0。

将上述各项代入式（3-154）简化后可得

$$\frac{\partial N_{Az}}{\partial z}+R_A=0 \tag{3-189}$$

由于组分 A 的浓度很小，总体流动可忽略，所以

$$N_{Az}=-D_{AS}\frac{dC_A}{dz}+x_A\left(N_{Az}+N_{Sz}\right)\approx -D_{AS}\frac{dC_A}{dz} \tag{3-190}$$

对于一级化学反应，化学反应速率为

$$R_A=k_1C_A \tag{3-191}$$

式中，$k_1$为化学反应常数。

将式（3-190）和式（3-191）代入式（3-189），且设扩散系数为常数，整理得

$$D_{AS}\frac{d^2C_A}{dz^2}=k_1C_A \tag{3-192}$$

按题意，二阶常微分方程式（3-192）的边界条件为

$$\begin{aligned}&\text{边界条件1：} z=0,\ C_A=C_{A0}\\&\text{边界条件2：} z=\delta,\ C_A=0\end{aligned} \tag{3-193}$$

微分方程（3-192）与方程式（3-81）形式相同，边界条件式（3-193）与式（3-85）形式也相同，故它们的解形式也相同，即可得液相中组分 A 的浓度分布

$$C_A=C_{A0}\frac{\sinh\left[\sqrt{\dfrac{k_1}{D_{AS}}}(\delta-z)\right]}{\sinh\left[\sqrt{\dfrac{k_1}{D_{AS}}}\delta\right]} \tag{3-194}$$

将式（3-194）代入式（3-190），可得任一位置处组分 A 的传质通量

$$N_{Az}=-D_{AS}\frac{dC_A}{dz}=C_{A0}\sqrt{k_1D_{AS}}\frac{\cosh\left[\sqrt{\dfrac{k_1}{D_{AS}}}(\delta-z)\right]}{\sinh\left[\sqrt{\dfrac{k_1}{D_{AS}}}\delta\right]} \tag{3-195}$$

特别地，当 $z$=0，即在液面处组分 A 的摩尔通量为

$$N_{Az}\big|_{z=0}=\frac{D_{AS}C_{A0}}{\delta}\left(\sqrt{k_1/D_{AS}}\delta\right)\coth\left(\sqrt{k_1/D_{AS}}\delta\right) \tag{3-196}$$

作为对问题的进一步分析，下面考虑无化学反应的情形。此时 $k_1$=0，上式（3-196）中$\left(\sqrt{k_1/D_{AS}}\delta\right)\coth\left(\sqrt{k_1/D_{AS}}\delta\right)$项的分子和分母都为零，使用罗比塔法可得此项数值为 1，所以无化学反应时通过液面的摩尔通量为

$$N_{Az}\big|_{z=0}=\frac{D_{AS}C_{A0}}{\delta} \tag{3-197}$$

对比式（3-196）和式（3-197），可见，$\left(\sqrt{k_1/D_{AS}}\delta\right)\coth\left(\sqrt{k_1/D_{AS}}\delta\right)$项表示化学反应对传质的影响。

随着化学反应速率加快，通过液面组分 A 的传质通量也加快。当反应速率足够快时，双曲

正切函数$\coth\left(\sqrt{k_1/D_{AS}}\delta\right)$项将趋于1，则式（3-196）可写成

$$N_{Az}\big|_{z=0}=\sqrt{D_{AS}k_1}\left(C_{A0}-0\right) \tag{3-198}$$

将此式与式（1-42）比较

$$N_A=k_C^0\left(C_{A0}-C_{As}\right) \tag{1-42}$$

可见液膜内的对流传质系数与扩散系数的1/2次方成正比。

**【例 3-13】** 当细菌群聚集并黏附在生物膜如皮肤上，将引起一系列的传染病。由于抗生素很难穿过生物膜，存在于生物膜中的细菌难以被彻底杀灭，常常转变为慢性病。现在讨论与皮肤传染病有关的药物扩散治疗问题。将一种抗生素（组分A）涂抹在皮肤的表面，皮肤表面的药物浓度固定，$C_{A0}$=0.032kmol·m$^{-3}$。药物在生物膜中的扩散系数为$D_{AB}$=4×10$^{-12}$m$^2$·s$^{-1}$。抗生素通过与细菌发生生化反应杀灭细菌，而本身不断被消耗。设抗生素消耗速率与抗生素浓度有关，可表示为$R_A=-k_1C_A$，式中反应常数$k_1$=0.1s$^{-1}$。为了根除细菌，抗生素的消耗速率必须大于2×10$^{-4}$kmol·m$^{-3}$·s$^{-1}$。试确定可用该药物根除细菌的皮肤厚度。

**解** 假设抗生素在皮肤层的扩散稳定，扩散系数为常数，抗生素扩散到皮肤一定深度$\delta$后，抗生素消耗殆尽。故皮肤内的抗生素浓度分布可用式（3-194）描述

$$C_A=C_{A0}\frac{\sinh\left[\sqrt{\dfrac{k_1}{D_{AS}}}(\delta-z)\right]}{\sinh\left[\sqrt{\dfrac{k_1}{D_{AS}}}\delta\right]} \tag{3-194}$$

为便于分析，将上式等价转化为

$$C_A=C_{A0}\cosh\sqrt{\frac{k_1}{D_{AS}}}z\left(1-\coth\sqrt{\frac{k_1}{D_{AS}}}\delta\tanh\sqrt{\frac{k_1}{D_{AS}}}z\right) \tag{a}$$

式（a）中，$\sqrt{\dfrac{k_1}{D_{AS}}}=1.58\times10^5\ \text{m}^{-1}$是一个很大的数，不难通过分析得出，即使$\delta$很小，式中的$\coth\sqrt{\dfrac{k_1}{D_{AS}}}\delta\approx1$。故上式可简化为

$$C_A=C_{A0}\cosh\sqrt{\frac{k_1}{D_{AS}}}z\left(1-\tanh\sqrt{\frac{k_1}{D_{AS}}}z\right) \tag{b}$$

根除细菌的抗生素最低浓度为$C_{Amin}=R_{Amin}/k_1$=2×10$^{-4}$/0.1=2×10$^{-3}$ kmol·m$^{-3}$。将$C_{A0}$和$C_{Amin}$代入式（a），得

$$2\times10^{-3}=0.032\cosh\left(1.58\times10^5z\right)\left[1-\tanh\left(1.58\times10^5z\right)\right]$$

求解上式，得到根除细菌的皮肤厚度为$z$=1.75×10$^{-5}$m=17.5μm。

## 六、伴有化学反应的催化剂微孔道内定常态扩散时的传质

在实际工程中常常遇到微孔道内的扩散传质过程。如物料干燥时，在降速干燥阶段，湿组分从小孔道中扩散到物料表面被除去。又如在催化反应过程中，为了提高催化效率，常常将催化剂制成多孔形状，如图3-26所示。若孔道直径相对于孔道长度小得多，则可认为质量传递仅发生在孔道轴向方向，在孔道的横截面上组分A的浓度可近似看成是均匀的。

现有一个反应体系，化学反应式为A⟶B。原料A经过扩散进入催化剂孔道，在催化剂表面反应后生成B，生成物B再从催化剂表面脱离，从孔道内扩散出来。设催化剂孔道进口处组分A的浓度为$C_{A0}$，且保持不变。催化剂孔道长度为$L$，直径为$D$。催化剂单位面积上的反应速率为$k_1C_A$。在传质稳定的情况下，分析孔道内组分A的浓度分布。

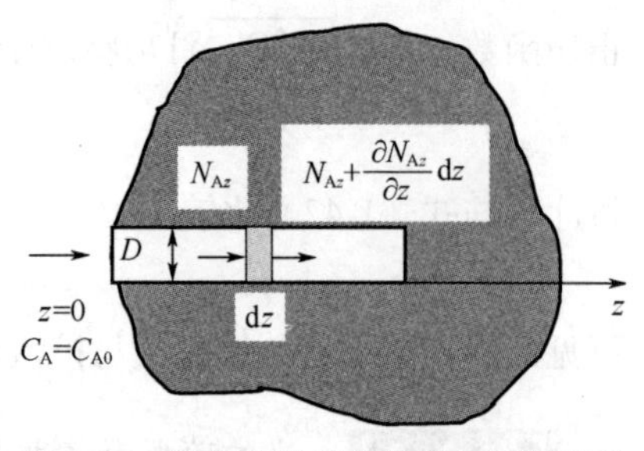


图3-26 伴有化学反应的催化剂微孔道内定常态扩散时的传质

在催化剂孔道横截面$\Omega$上取一薄层体，薄层体厚度为dz，在此薄层体上对组分A进行质量衡算

$$\begin{pmatrix}\text{输入组分A}\\\text{的摩尔流率}\end{pmatrix}+\begin{pmatrix}\text{组分A的摩}\\\text{尔生成率}\end{pmatrix}=\begin{pmatrix}\text{输出组分A}\\\text{的摩尔流率}\end{pmatrix}+\begin{pmatrix}\text{薄层体内组分}\\\text{A的积累速率}\end{pmatrix} \tag{3-199}$$

式（3-199）中各项计算如下：

输入组分A的摩尔流率：$\Omega N_{Az}$；组分A的摩尔生成率为$-\pi D\mathrm{d}zk_1C_A$；输出组分A的摩尔流率为$\Omega\left(N_{Az}+\frac{\partial N_{Az}}{\partial z}\mathrm{d}z\right)$；薄层体内组分A的积累速率为0。

将各项代入式（3-199），于是得

$$\Omega N_{Az}=\Omega\left(N_{Az}+\frac{\partial N_{Az}}{\partial z}\mathrm{d}z\right)+\pi D\mathrm{d}zk_1C_A \tag{3-200}$$

上述式中，$\Omega$为孔道的截面积。考虑到A等摩尔生成B，达到稳定时，孔道截面上总体传质通量必为0。故对于A、B二元体系，组分A的传质通量为

$$N_{Az}=-D_{AB}\frac{\mathrm{d}C_A}{\mathrm{d}z}+x_A\left(N_{Az}+N_{Bz}\right)=-D_{AB}\frac{\mathrm{d}C_A}{\mathrm{d}z} \tag{3-201}$$

设扩散系数为常数，将式（3-201）代入式（3-200），简化得

$$\frac{\mathrm{d}^2C_A}{\mathrm{d}z^2}-\frac{4k_1}{D_{AB}D}C_A=0 \tag{3-202}$$

令$m^2=4k_1/(D_{AB}D)$，则式（3-202）改写成

$$\frac{\mathrm{d}^2C_A}{\mathrm{d}z^2}=m^2C_A \tag{3-203}$$

在孔道口处$C_A=C_{A0}$；在孔道底部组分A没有积累，即扩散进来的组分A都被反应消耗掉，所以式（3-203）的边界条件为

$$\begin{aligned}&\text{边界条件1：}z=0,\ C_A=C_{A0}\\&\text{边界条件2：}z=L,\ -D_{AB}\frac{\partial C_A}{\partial z}=k_1C_A\end{aligned} \tag{3-204}$$

微分方程式（3-203）形式同式（3-81），边界条件式（3-204）形式上同式（3-94），所以其解也有相同的形式，故孔道内组分A的浓度分布为

$$C_A=C_{A0}\frac{\cosh\left[m\left(L-z\right)\right]+\frac{k_1}{mD_{AB}}\sinh\left[m\left(L-z\right)\right]}{\cosh\left(mL\right)+\frac{k_1}{mD_{AB}}\sinh\left(mL\right)} \tag{3-205}$$

于是，通过孔道端口组分A的摩尔通量，即该孔道总反应速率：

$$m_A = -\Omega D_{AB}\frac{dC_A}{dz}\bigg|_{z=0} = \frac{\pi D C_{A0}}{2}\sqrt{k_1 D_{AB} D}\left[\frac{\sinh(mL)+\dfrac{k_1}{mD_{AB}}\cosh(mL)}{\cosh(mL)+\dfrac{k_1}{mD_{AB}}\sinh(mL)}\right] \tag{3-206}$$

对于催化剂孔道中伴有化学反应的传质情形，孔道壁面处的化学反应相当于翅片传热中翅片表面与环境的对流传热，孔道底部的化学反应相当于翅片顶部与环境间的对流传热，同时讨论 1molA 反应生成 1molB 的情形，即没有总体流动，所以解的形式同翅片传热的解类似。若总体流动不为零，则方程的解将非常复杂。

## 七、强制对流下半无限大空间定常态扩散时的传质

此前介绍的都是单一的传递过程，但在自然界和工程实际中，常常遇到动量传递、热量传递和质量传递中的两种或三种传递过程同时发生的物理现象。如当微风轻轻掠过江河、湖泊表面，水向空气中蒸发扩散过程即属于强制对流下向半无限大空间定常态扩散的传质，此过程属于动量传递和质量传递同时发生的物理现象。又如结晶过程属于热量传递和质量传质同时发生的物理现象。这里考察这样一个问题，见图 3-27，液体 B 在竖直放置的板上成液膜状下降，气相中的 A 溶解进入 B 中。板的宽度和高度足够大，忽略边缘效应，液膜内速度分布已充分发展，液膜厚度为 $\delta$。气液界面处组分 A 的浓度恒定为 $C_{As}$，组分 A 微溶于 B 中，所以对 B 的黏度影响可忽略不计。并设组分 A 渗透到液膜的距离小于液膜厚度。难溶气体的吸收即属于这一类型，如水吸收二氧化碳、氧溶解到水中等情形。

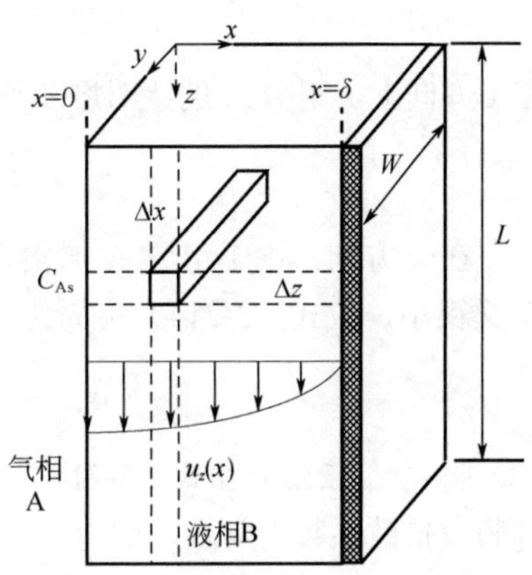


图 3-27 气相中的 A 溶解进入下降的液膜 B 中

本问题中除了浓度引起的扩散传质外，还有强制对流引起的传质，所以先确定液膜的流动速度分布，再讨论组分 A 在流动状况下的传质。

在本章第一节中已得到液膜内的速度分布，见式（3-6）

$$u_z(x) = \frac{\delta^2 \rho g\cos\alpha}{2\mu}\left[1-\left(\frac{x}{\delta}\right)^2\right] \tag{3-207}$$

对于本问题，$\alpha=0°$，即 $\cos\alpha=1$，所以上式简化为

$$u_z(x) = \frac{\delta^2 \rho g}{2\mu}\left[1-\left(\frac{x}{\delta}\right)^2\right] = u_{max}\left[1-\left(\frac{x}{\delta}\right)^2\right] = \frac{3}{2}u_b\left[1-\left(\frac{x}{\delta}\right)^2\right] \tag{3-208}$$

液膜内速度分布见图 3-27，组分 A 进入液相后，一方面被液体携带着向 $z$ 方向运动，另一方面由于浓度差的原因也会向 $z$ 方向和 $x$ 方向进行扩散传质。考虑这种二维的传质，这里选 $x$ 方向的厚度为$\Delta x$ 的薄层体与 $z$ 方向的厚度为$\Delta z$ 的薄层体，选取这两个薄层体的线形公共部分为控制体，对控制体进行组分 A 的质量衡算，在没有化学反应，到达稳定传质时，则

$$N_{Az}\big|_z W\Delta x - N_{Az}\big|_{z+\Delta z} W\Delta x + N_{Ax}\big|_x W\Delta z - N_{Ax}\big|_{x+\Delta x} W\Delta z = 0 \tag{3-209}$$

式中，$W$ 为板的宽度，将上式两边同时除以线形体体积 $W\Delta x\Delta z$，并令$\Delta x\to 0$，$\Delta z\to 0$，则得

$$\frac{\partial N_{Az}}{\partial z}+\frac{\partial N_{Ax}}{\partial x}=0 \tag{3-210}$$

在 $z$ 方向上，组分 A 的绝对摩尔通量

$$N_{Az}=-D_{AB}\frac{\partial C_A}{\partial z}+x_A\left(N_{Az}+N_{Bz}\right) \tag{3-211}$$

组分 A 在 $z$ 方向的绝对摩尔通量中，由总体流动引起的摩尔通量比由浓度差引起的扩散摩尔通量大得多，所以扩散摩尔通量可忽略；同时注意到组分 A 微溶于 B 中，所以混合液中摩尔平均速度约等于质量平均速度，故由式（3-149）得

$$N_z=N_{Az}+N_{Bz}=Cu_{Mz}\approx Cu_z \tag{3-212}$$

于是，式（3-211）简化为

$$N_{Az}=-D_{AB}\frac{\partial C_A}{\partial z}+x_A\left(N_{Az}+N_{Bz}\right)\approx C_A u_z\left(x\right) \tag{3-213}$$

在 $x$ 方向上，组分 A 的绝对摩尔通量

$$N_{Ax}=-D_{AB}\frac{\partial C_A}{\partial x}+x_A\left(N_{Ax}+N_{Bx}\right) \tag{3-214}$$

在 $x$ 方向，由于组分 A 微溶于 B 中，所以在 $x$ 方向几乎没有总体流动引起的传质，而且 $x_A$ 又很小，故式（3-214）可简化为

$$N_{Ax}=-D_{AB}\frac{\partial C_A}{\partial x}+x_A\left(N_{Ax}+N_{Bx}\right)\approx -D_{AB}\frac{\partial C_A}{\partial x} \tag{3-215}$$

将式（3-213）和式（3-215）代入式（3-210）中，注意到液膜充分发展后 $u_z$ 与 $z$ 无关。同时假设扩散系数为常数，则得

$$u_z\frac{\partial C_A}{\partial z}=D_{AB}\frac{\partial^2 C_A}{\partial x^2} \tag{3-216}$$

最后，将速度分布式（3-208）代入式（3-216）中，得到液膜内关于 $C_A$ 的微分方程

$$u_{max}\left[1-\left(\frac{x}{\delta}\right)^2\right]\frac{\partial C_A}{\partial z}=D_{AB}\frac{\partial^2 C_A}{\partial x^2} \tag{3-217}$$

按题意，微分方程式（3-217）的边界条件

$$\begin{aligned}&\text{边界条件1：} z=0,\ C_A=0\\&\text{边界条件2：} x=0,\ C_A=C_{A0}\\&\text{边界条件3：} x=\delta,\ \frac{\partial C_A}{\partial x}=0\end{aligned} \tag{3-218}$$

上述边界条件的物理意义：边界条件 1 表明在 $z$=0 处，液膜内没有组分 A，为纯组分 B；边界条件 2 表明气相侧传质阻力为零，或气相为纯组分 A；边界条件 3 表明在所研究的范围内组分 A 尚未扩散达到壁面。微分方程式（3-217）在边界条件式（3-218）的解可用无穷多级级数给出[R. L. Pigford, PhD thesis, University of Illinois（1941）]。这里不打算给出其解。而是考虑气、液接触时间很短的极端情况，即 $L/u_{max}$ 的值很小的情形。此时由于气液接触时间短，组分 A 仅渗透到液膜很浅的表面层内，在这个表面层内流体的速度近似等于 $u_{max}$，而且 $x\ll\delta$。所以微分方程式（3-217）及其边界条件式（3-218）可以很好地由下面的微分方程和边界条件来近似代替。

$$u_{max}\frac{\partial C_A}{\partial z}=D_{AB}\frac{\partial^2 C_A}{\partial x^2} \tag{3-219}$$

相应的边界条件变为

$$\begin{aligned}&\text{边界条件1：}z=0,\ C_{\mathrm{A}}=0\\&\text{边界条件2：}x=0,\ C_{\mathrm{A}}=C_{\mathrm{A}0}\\&\text{边界条件3：}x=\infty,\ C_{\mathrm{A}}=0\end{aligned} \tag{3-220}$$

偏微分方程式（3-219）与本章第一节大平板突然启动时平板间流体速度分布问题类似，所以不难得到其解为

$$C_{\mathrm{A}}=C_{\mathrm{A}0}\left[1-\operatorname{erf}(\xi)\right] \tag{3-221}$$

式中，$\operatorname{erf}(\xi)=\dfrac{2}{\sqrt{\pi}}\int_0^{\xi}\mathrm{e}^{-\eta^2}\mathrm{d}\eta$；$\xi=x\Big/\sqrt{4D_{\mathrm{AB}}z/u_{\max}}$。

气-液界面处组分 A 的局部摩尔通量为

$$N_{\mathrm{A}x}\Big|_{\substack{x=0\\z=z}}=-D_{\mathrm{AB}}\frac{\partial C_{\mathrm{A}}}{\partial x}\Big|_{\substack{x=0\\z=z}}=C_{\mathrm{A}0}\sqrt{\frac{D_{\mathrm{AB}}u_{\max}}{\pi z}} \tag{3-222}$$

在 $x$=0 处，组分 A 通过宽为 $W$、长为 $L$ 表面的总摩尔流率，即吸收率为

$$W_{\mathrm{A}}=\int_0^W\int_0^L N_{\mathrm{A}x}\Big|_{x=0}\mathrm{d}z\mathrm{d}y=WC_{\mathrm{A}0}\sqrt{\frac{D_{\mathrm{AB}}u_{\max}}{\pi}}\int_0^L\frac{1}{\sqrt{z}}\mathrm{d}z=WLC_{\mathrm{A}0}\sqrt{\frac{4D_{\mathrm{AB}}u_{\max}}{\pi L}} \tag{3-223}$$

以表面为基准的组分 A 的平均摩尔通量

$$N_{\mathrm{A}x}\Big|_{x=0}=\frac{W_{\mathrm{A}}}{WL}=\sqrt{\frac{4D_{\mathrm{AB}}u_{\max}}{\pi L}}\left(C_{\mathrm{A}0}-0\right) \tag{3-224}$$

将式（3-224）与式（1-42）比较

$$N_{\mathrm{A}}=k_{\mathrm{C}}^0\left(C_{\mathrm{A}0}-C_{\mathrm{As}}\right) \tag{1-42}$$

于是，得

$$k_{\mathrm{C}}^0=\sqrt{\frac{4D_{\mathrm{AB}}u_{\max}}{\pi L}} \tag{3-225}$$

结果表明，液膜内的对流传质系数与扩散系数的 1/2 次方成正比。

通过第二章中宏观体积的衡算、本章中薄层体积的衡算以及本题的线形体衡算，我们注意到可以将宏观体积的衡算看成是三维有限空间上的衡算；薄层体积的衡算看成是二维有限空间上的衡算，当薄层厚度趋于零时就得到一维空间和时间的偏微分方程；而本题则是一维有限空间上的衡算，当其他二维趋于零时可得到二维空间和时间的偏微分方程。在第四章我们会看到在零维空间上的衡算将得到三维空间和时间的偏微分方程。

## 习题

**3-1**　考虑两个大平行板间的黏性不可压缩流体流动。设两板间距为 $b$，现上板以 $u_1$ 的恒速沿 $x$ 轴向运动，而下板以 $u_2$ 的恒速沿相反方向运动，如附图所示。设 $x$ 方向压力梯度为常数，运动为定常态的。试确定板间的速度分布和流量。

**3-2**　在两块无限大的平行平板间充满两种互不相混的不可压缩牛顿型流体，上层流体的厚度为 $b_1$，黏度为 $\mu_1$；下层流体的厚度为 $b_2$，黏度为 $\mu_2$。上板向右做匀速直线运动，速度为 $u$，下板固定，沿运动方向压力为常数。求稳定后流场的速度和剪应力分布。

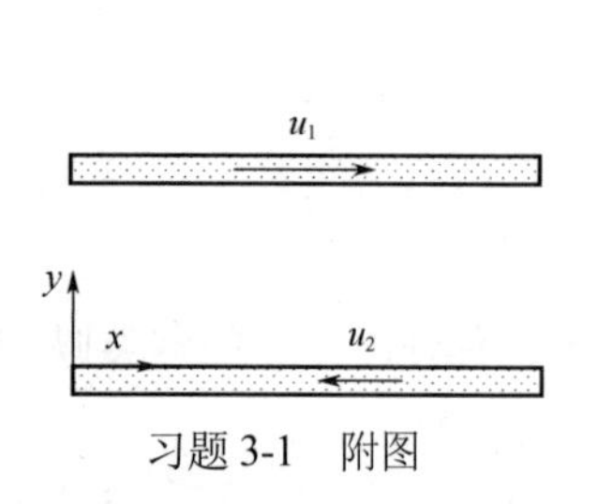

习题 3-1 附图

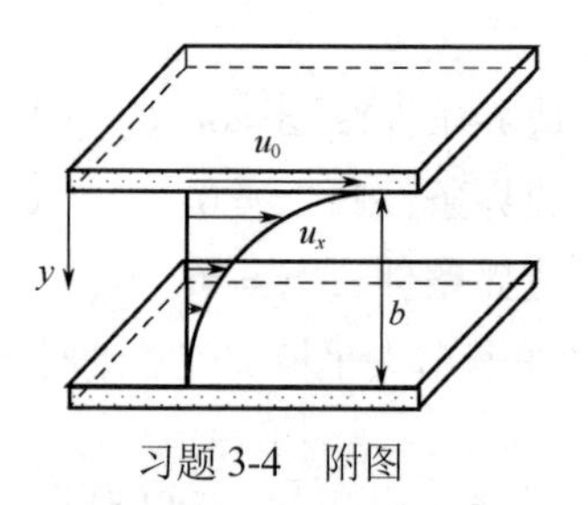

习题 3-4 附图

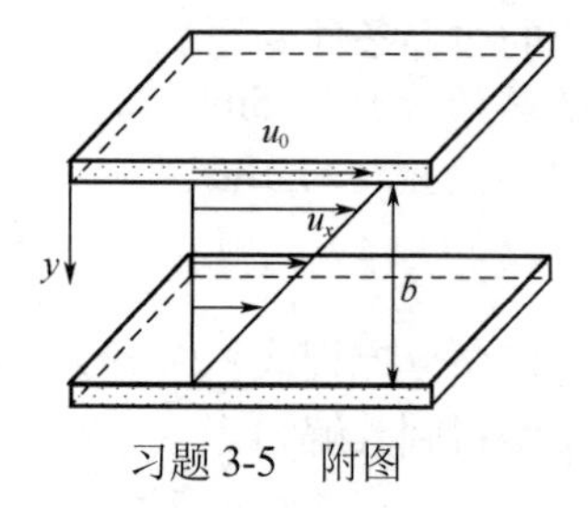

习题 3-5 附图

**3-3** 两块平放的无限大平板，相距为 $b$，板间有流体做层流流动，若上板以速度 $u_0$ 沿流动方向运动，已知压力梯度为$\partial p/\partial x$，证明流动速度分布为

$$u=\frac{u_0}{b}y-\frac{1}{2\mu}\frac{\partial p}{\partial x}\left(by-y^2\right)$$

**3-4** 如附图所示，两大平板间充满黏度为$\mu$、密度为$\rho$的液体。平板足够大，忽略边缘效应。现上板突然启动并以恒定速度 $u_0$ 向右运动，两板间的流体也随之而动。设两板间距为 $b$。沿板运动方向压力为常数。试计算两板间液体速度分布。

**3-5** 如附图所示，两大平板间充满黏度为$\mu$、密度为$\rho$的液体。平板足够大，忽略边缘效应。上板以恒定速度 $u_0$ 向右运动，两板间的流体建立了定常态流动。现上板突然停止运动，试计算两板间液体速度分布。设两板间距为 $b$。

**3-6** 采用欧拉研究方法导出例 3-2 中水锤运动的微分方程。

**3-7** 一个湿壁塔，塔内径为 $D$，一股液体从顶部沿塔内壁四周均匀呈液膜状下流，假设为层流流动。在离液体入口足够远的壁面上液膜厚度为$\delta$，求液膜内的速度分布、液膜中的最大速度、壁面对液膜的剪应力。

**3-8** 考虑水平放置的无限大平板沿 $x$ 方向作简谐振荡，振荡速度为 $u=u_0\cos(\omega t)$。由于流体的黏附性，板上方的流体也随板做往返运动，但随着与板距离的增大流体的往返运动将不断衰减。试通过薄层体积法求取流体运动衰减的规律。

**3-9** 附图所示的流体做周向运动。内外圆筒组成的同心环隙内充满液体，液体密度为$\rho$，黏度为 $\mu$。内筒外半径为 $r_1$，且以$\omega_1$ 的角速度做顺时针周向定常态运动；外筒内半径为 $r_2$，且以$\omega_2$ 的角速度做逆时针周向定常态运动。忽略边缘效应，试求环隙内液体的速度分布及内圆筒所受到的扭矩。

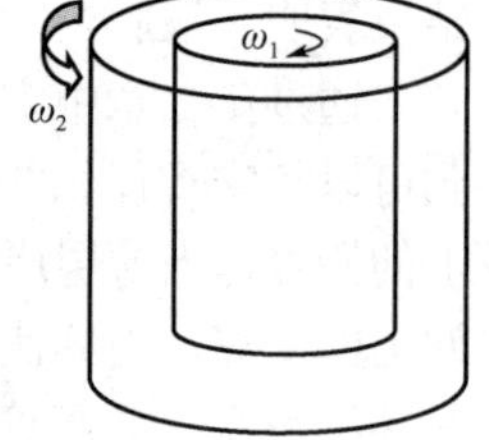

习题 3-9 附图

**3-10** 一扇玻璃窗的宽和高都为 2m，玻璃厚度为 5mm，玻璃材料的热导率为 $1.4\text{W}\cdot\text{m}^{-1}\cdot\text{K}^{-1}$。如果在冬天，玻璃内外表面温度为 15℃和−20℃，试求通过窗户的热损失为多少？为减少通过窗户的热损失，通常采用双层玻璃结构，其中相邻的玻璃由空气隔开。如果两玻璃层间隙距离为 10mm，空气的热导率取 $0.024\text{W}\cdot\text{m}^{-1}\cdot\text{K}^{-1}$。忽略辐射传热，并设两玻璃层间隙内空气为静止，试求窗户的热损失又为多少？

**3-11** 一个冷藏箱为立体腔体，边长为 3m。冷藏箱内装有制冷功率为 1000W 的制冷机。假设底面保温良好。要求内表面温度保持在−15℃，假设某地区一年中环境最高温度为 35℃，在顶面和四个侧面上至少要包多厚的聚苯乙烯泡沫塑料隔层？聚苯乙烯泡沫的热导率为 $0.030\text{W}\cdot\text{m}^{-1}\cdot\text{K}^{-1}$。

**3-12**　如附图所示，一个正方形硅芯片，其热导率为150W·m$^{-1}$·K$^{-1}$。硅芯片的边长为 5mm，厚度为 1mm。硅芯片安装在衬底上，其侧面和背面绝热，而正面则暴露于冷却剂中。如果安装在硅芯片背面的电路的功耗为4W，则背面与正面的温度差是多少？

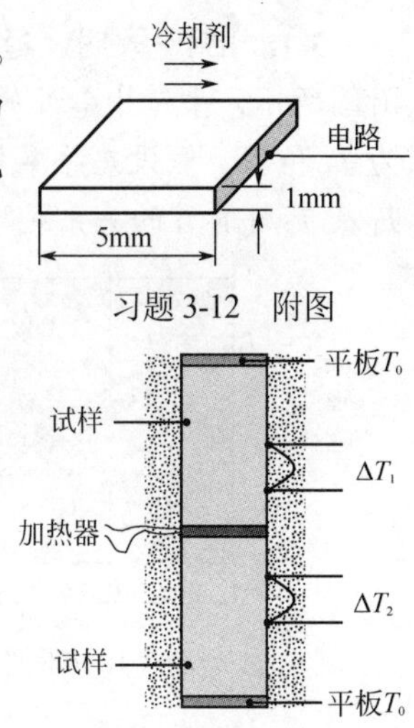


习题 3-12　附图

习题 3-13　附图

**3-13**　在一个测量热导率的装置中，电加热器夹在两个试样之间，试样的直径和长度分别为 30mm 和 60mm，试样压在两块平板之间，平板的温度由循环流体维持在 77℃。在所有的接触面之间均填充了导热脂以确保良好的热接触。在试样中埋设了差分热电偶，间距为 15mm，见附图。试求：

（1）试样的周侧绝热，保证试样中为一维导热。现在装置中有两个 SS316 试样，加热器的电流和电压分别为 0.353A 和 100V，差分热电偶显示$\Delta T_1=\Delta T_2=25.0$℃。不锈钢试样材料的热导率为多少？试样的平均温度为多少？

（2）若将一块工业纯铁代替图中下部不锈钢，进行测试。此时差分热电偶显示$\Delta T_1=\Delta T_2=15.0$℃。而加热器的电流和电压分别为 0.601A 和 100V，则工业纯铁的热导率和平均温度分别为多少？

**3-14**　如附图所示，有一个厚度为 50mm、具有内热源的大平板，其热导率为 5W·m$^{-1}$·K$^{-1}$。左面隔热良好，测得右侧表面温度 120℃。右侧面与流体对流传热系数为 500W·m$^{-2}$·K$^{-1}$，流体主体内的温度为 20℃。这些条件下平板内的温度分布为$T(x)=a+bx+cx^2$。试求：

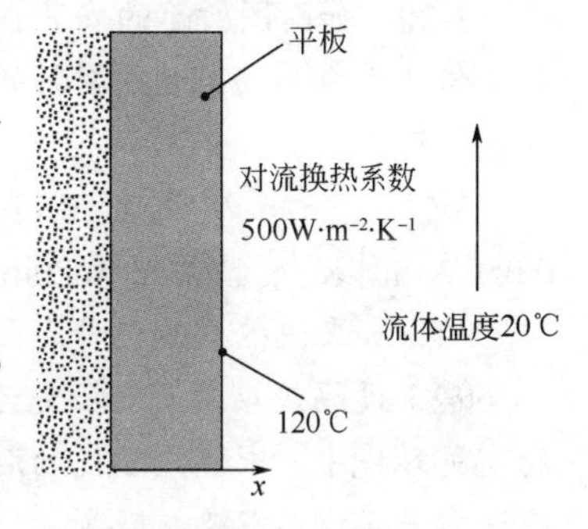


习题 3-14　附图

（1）通过对给定的温度分布应用边界条件确定系数 $a$、$b$ 和 $c$。求出温度分布。

（2）若对流传热系数减半，但内部能量产生速率保持不变。确定 $a$、$b$ 和 $c$ 的新值，求出温度分布。

（3）若内部产热速率提升一倍，但对流传热系数不变，确定 $a$、$b$ 和 $c$ 的新值，求出温度分布。

对比上述三种情况的温度分布，讨论对流传热系数、内热源强度对温度分布的影响。

**3-15**　一块厚度为 15mm 的某材料制成的大平板，初始温度为 300℃。现突然使板的两面温度降至 50℃，并维持不变。试求距离平板表面 3mm 处及平板中心处的温度降为 150℃分别需要多少时间？已知平板材料的热扩散系数为 $7.22\times10^{-8}$ m$^2$·s$^{-1}$。

**3-16**　根据气象记载，某地区突来寒潮，最低气温下降到−15℃，并维持低温不变的天数为 3 天，设寒潮来临前土层温度为 5℃，试求土层多深处温度下降到 0℃？设该地区土层的平均导温系数为 $4.1\times10^{-7}$m$^2$·s$^{-1}$。

**3-17**　人体皮肤与高温物体接触时易被烫伤，一般情况下，正常皮肤温度 $T_0$=33℃，皮肤在高温中最长的暴露时间为 100s，表皮肤 80μm 深处的极限温度 48℃。表皮肤的热导率为 0.24 W·m$^{-1}$·K$^{-1}$，比热容为 3590J·kg$^{-1}$·K$^{-1}$，密度为 1200 kg·m$^{-3}$。现有塑料、玻璃和黄铜，其热惯性 $k\rho c_p$ 分别为人体正常组织的 0.01 倍、1.00 倍和 100 倍，试估算这三种材料在与人体接触时的最高允许温度。

**3-18** 测量表明，通过一个没有产热的平壁的定常态导热产生了一个凸起的温度分布，如附图所示，平壁中心处的温度比预期的线性温度分布在中心处的值高$\Delta T_0$，平壁两侧温度分别为$T_1$和$T_2$。假设热导率与温度的关系为线性，$k=k_0(1+aT)$，其中$a$为一个常数，推导可用$\Delta T_0$、$T_1$及$T_2$计算$a$的关系式。

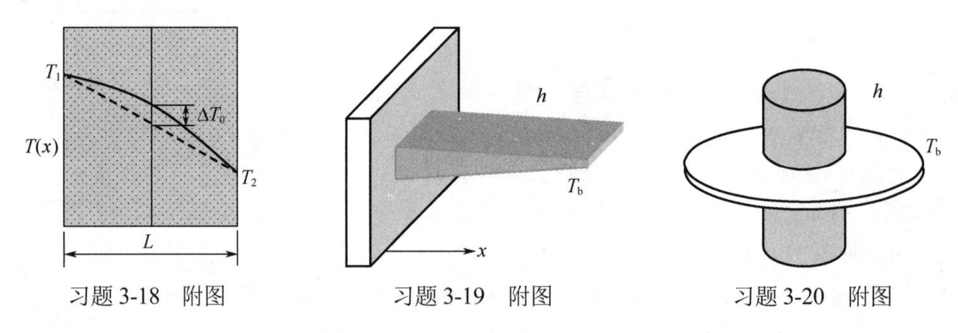

习题3-18 附图　　习题3-19 附图　　习题3-20 附图

**3-19** 如附图所示的非等截面积肋片，设环境温度为$T_b$，肋片与环境的对流传热系数为$h$，肋片材料的热导率为$k$，肋片的横截面积为$A_c(x)$，肋片的表面积为$A_s$，证明变截面肋片能量方程的通用形式为

$$\frac{d}{dx}\left(A_c\frac{dT}{dx}\right)-\frac{h}{k}\times\frac{dA_s}{dx}(T-T_b)=0$$

**3-20** 如附图所示的安装在管子外的环形肋片，厚度为$\delta$，环境温度为$T_b$，肋片与环境的对流传热系数为$h$，肋片材料的热导率为$k$，管子外半径为$r_1$。求环形肋片的温度分布和肋片的传热速率。

**3-21** 一根外径为0.12m的蒸汽管道采用硅酸钙层隔热，隔热层的热导率为$0.050W\cdot m^{-1}\cdot K^{-1}$，隔热层厚20mm，试求：

（1）如果隔热层的内外表面温度分别为150℃和40℃，单位管长上的热损失速率是多少？

（2）设隔热层内表面恒定为150℃，外表面暴露于对流系数为$20W\cdot m^{-2}\cdot K^{-1}$、温度为15℃的空气环境中。求隔热层内的温度分布。此时隔热层的外表面温度为多少？单位管长上的热损失速率是多少？忽略热辐射。

**3-22** 对球形固体加热或冷却时，假设在球面$r$上温度相同，试取径向间隙为$dr$的两个无限接近的同心球面所围成的体积作为控制体，导出沿径向的一维固体热传导方程，设球体材料的热导率$k$为常数。

**3-23** 一球形高压液化气钢储罐，其内径为6m，壁厚为100mm，热导率为$43W\cdot m^{-1}\cdot K^{-1}$，内壁温度为0℃，外壁温度为20℃，试求：

（1）壁内的温度分布；

（2）传热量。

**3-24** 如附图所示，一个用来储存77K液氮的球形薄壁金属容器。容器的直径为0.5m，其外表面包一层反射隔热层，隔热层的厚度为25mm，隔热层材料的热导率为$0.0017W\cdot m^{-1}\cdot K^{-1}$。隔热层外表处于300K的环境空气中。已知隔热层外表与空气的对流传热系数为$20W\cdot m^{-2}\cdot K^{-1}$，液氮的蒸发潜热和密度分别为$2\times10^5J\cdot kg^{-1}$和$804kg\cdot m^{-3}$。忽略辐射传热。试求：

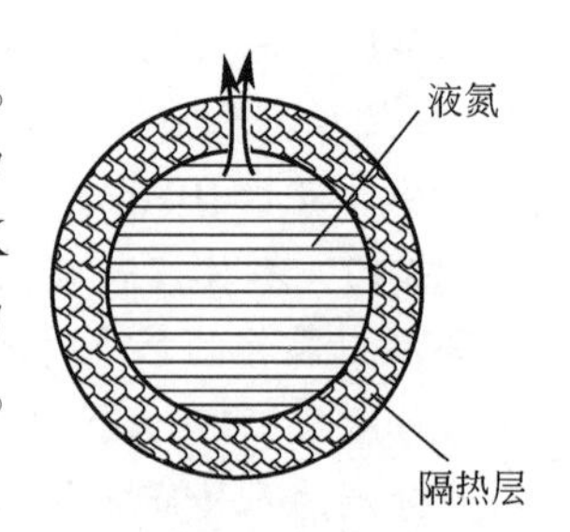

习题3-24 附图

（1）储罐的冷量损失；

（2）液氮的蒸发速率是多少？

（3）对结果进行分析，若进一步减少冷量损失，应采取什么措施较为有效？

**3-25** 一个球形容器反应器，其不锈钢壁厚为 5mm，内径为 1.0m，不锈钢壁材料的热导率为 $43W{\cdot}m^{-1}{\cdot}K^{-1}$。在生产药物过程中，容器充满密度为 $1100kg{\cdot}m^{-3}$、比热容为 $2400J{\cdot}kg^{-1}{\cdot}K^{-1}$ 的反应物，反应为放热，释放的能量体积速率 $10^4W{\cdot}m^{-3}$。作为初步近似，可假设反应物搅拌充分且容器的热容忽略不计。

（1）容器的外表面暴露于环境空气，对流传热系数为 $6W{\cdot}m^{-2}{\cdot}K^{-1}$，空气温度为 25℃。如果反应物的初始温度为 25℃，反应 5h 后反应物的温度是多少？

（2）探讨改变对流传热系数对反应器中瞬态热状况的影响。

**3-26** 在如附图所示的喇叭形固体物内进行一维定常态传热，固体材料的热导率 $k$ 为常数，喇叭形固体材料沿 $x$ 方向的截面积变化为 $A_x(x)=A_0e^{ax}$，其中 $A_0$ 和 $a$ 为常数。侧面隔热良好。

（1）写出温度分布 $T(x)$ 和导热速率 $Q_x(x)$ 的表达式。设 $T(0)>T(L)$。

（2）若固体中的内热源为 $S=S_0\exp(-ax)$，其中 $S_0$ 为常数。在左面($x=0$)隔热良好的情况下，求温度分布和 $Q_x(x)$ 的表达式。

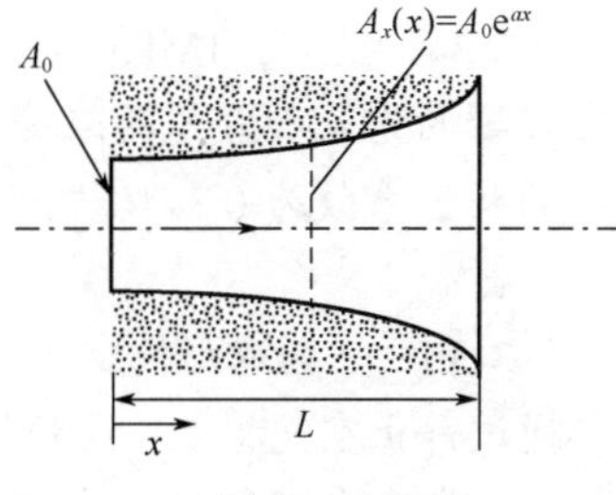


习题 3-26 附图

**3-27** 一根长 30cm 的锻铁棒，直径为 10mm，其一端温度保持 120℃，另一端绝热。铁棒处在空气中散热。已知铁棒的热导率为 $57W{\cdot}m^{-1}{\cdot}K^{-1}$，空气的温度为 20℃，铁棒表面与空气之间的对流传热系数为 $9.1W{\cdot}m^{-2}{\cdot}K^{-1}$，试求：（1）离热端 0.2m 处的温度；

（2）铁棒的散热速率。

**3-28** 有一半径为 25mm 的钢球，初始温度均匀，为 700K。现将此球突然放入温度为恒定 400K 的介质中。假设钢球表面与介质之间的对流传热系数为 $11.36W{\cdot}m^{-2}{\cdot}K^{-1}$，且不随温度而变，钢球的物性常数：热导率为 $43.3W{\cdot}m^{-1}{\cdot}K^{-1}$，密度为 $7849\ kg{\cdot}m^{-3}$，比热容为 $460\ J{\cdot}kg^{-1}{\cdot}K^{-1}$。试求 1h 后钢球中心温度。

**3-29** 需要评价一个处理特殊材料的新工艺过程。初始时半径 $r_0$=5mm 的球形材料在一个炉中处于 400℃的平衡热状态。它被突然从炉中取出之后要经受两步冷却过程。

第一步：在 20℃的空气中冷却一段时间 $t_a$，直到它的中心温度达到临界值 $T(0,\ t_a)$=335℃。在这种情况下，对流传热系数为 $h_a=10W{\cdot}m^{-2}{\cdot}K^{-1}$。

球体达到临界温度后就开始第二步冷却。

第二步：在一个快速搅拌的 20℃的水浴中冷却，对流传热系数为 $h_w=6000W{\cdot}m^{-2}{\cdot}K^{-1}$。材料的热物性为 $\rho=3000kg{\cdot}m^{-3}$，$k=20W{\cdot}m^{-1}{\cdot}K^{-1}$，$c_p=1000J{\cdot}kg^{-1}{\cdot}K^{-1}$，$\alpha=6.66\times10^{-6}m^2{\cdot}s^{-1}$。试求：

（1）完成第一步冷却过程所需要的时间 $t_a$。

（2）第二步球体中心从 335℃（第一步完成时的状态）冷却到 50℃所需要的时间 $t_w$。

**3-30** 采用非稳态法测材料的热导率，其他条件同例 3-10，现冷却水没有搅拌。用记录仪记录温度，并摘录实验数据列表如下：

| $t$/s | 0 | 100 | 200 | 500 | 1000 | 1500 | 2000 | 2500 | 3000 | 3500 | 4000 |
|---|---|---|---|---|---|---|---|---|---|---|---|
| $T_c$/℃ | 100 | 98.8 | 97.4 | 93.7 | 87.8 | 82.4 | 77.3 | 72.7 | 68.5 | 64.6 | 61.1 |

求取材料的热导率和此时的对流传热系数，与例 3-10 的结果进行对比分析。

**3-31** 在 1atm 和 0℃下，二氧化碳和氮气进行等分子相互扩散。测得二氧化碳在扩散路径上 $A$ 点的摩尔分数为 0.2，再往前扩散到离 $A$ 点 3m 的 $B$ 点处摩尔分数为 0.02。已知扩散系数为 $1.44\times10^{-5}m^2{\cdot}s^{-1}$，求：

（1）设想一块平板在 $A$ 点处的移动速度为多大才能使氮气通过平板的摩尔通量为零？

（2）在（1）的条件下二氧化碳通过平板的摩尔通量为多少？

**3-32** 气体 A 通过静止膜的扩散作用传递到催化剂表面，并在那里立即发生 $2A \longrightarrow B$ 的合并反应，反应产物 B 离开催化剂表面后即通过静止膜向回扩散。如果这个过程是定常态，试导出组分 A 的扩散通量 $N_A$ 的表达式。

**3-33** 一厚度为 40mm 含有 $1.5kmol{\cdot}m^{-3}$ 氢气的固体材料，其两侧面突然置于一气流中，且保持表面氢气的浓度为零，如果氢气在固体材料中的扩散系数为 $3\times10^{-9}m^2{\cdot}s^{-1}$，问经过多长时间其中心的浓度降至 $0.6kmol{\cdot}m^{-3}$？

**3-34** 27℃，1MPa 的气态氢储存于直径为 100mm 的球形容器内，该容器的壁厚为 2mm，在容器的内表面氢气的浓度为 $1.50kmol{\cdot}m^{-3}$，外表面的浓度可忽略不计，如果氢气在容器壁中的扩散系数为 $0.3\times10^{-12}m^2{\cdot}s^{-1}$，问开始时氢气的质量损失率为多少？容器内压力下降的速率多大？

**3-35** 一颗球形樟脑丸，用细线悬挂于一个大房间的正中央，樟脑丸的成分在颗粒表面升华通过静止空气扩散。设颗粒表面气相中樟脑丸的成分达到饱和，浓度为 $C_{As}$。颗粒半径为 $R$，樟脑丸成分在空气中的扩散系数为 $D_{AB}$。房间足够大，试求樟脑丸成分的升华速率以及颗粒周围的浓度分布。

**3-36** 将含碳量为 0.02%（质量分数）的低碳钢置于渗碳大气中 1h，在此过程中低碳钢的表面碳含量维持 0.7%不变。若碳在钢中的扩散系数取 $1.0\times10^{-11}m^2{\cdot}s^{-1}$，试求离低碳钢表面 0.1mm 处碳的含量。又 1h 内渗入低碳钢内的碳量为多少？设碳钢的密度为 $7800kg{\cdot}m^{-3}$。

**3-37** 常压 25℃下，水沿垂直壁面向下流动和纯二氧化碳相接触。壁面高度为 0.61m，水的平均流速为 $0.326m{\cdot}s^{-1}$，水中二氧化碳的初始浓度为零，试求二氧化碳被水吸收的速率。已知：水的密度为 $997kg{\cdot}m^{-3}$，运动黏度为 $0.906\times10^{-6}m^2{\cdot}s^{-1}$。$CO_2$ 在水中的溶解度为 $0.03364kmol{\cdot}m^{-3}$，$CO_2$ 在水中的扩散系数为 $1.96\times10^{-9}m^2{\cdot}s^{-1}$。

**3-38** 有一液膜沿又宽又高垂直放置的可溶性壁面（可溶性组分为 A）下降，当传质达到稳态时，在固液界面液相一侧，组分 A 达到饱和，并不断向液膜扩散，试求液膜内浓度分布和壁面处传质通量。

# 第四章

# 微观体积衡算

在第三章中介绍了具有规则的几何结构，而且在简单的几何面上（如平面、柱面或球面）有关物理量具有相同数值的情况，采取在二维空间的有限面积或一维空间的有限线段内进行物理量的衡算，从而得到微分方程，建立动量、热量或质量的数学模型。然而在工程中遇到的许多问题往往不具备规则的几何结构，此时为了了解流体内部的详细信息，就需要在微观体上对流体的动量、热量或质量进行衡算。本章内容就是关于在微观体积上进行动量、热量或质量衡算，进而获得相关的微分方程，求解这些方程可得流体内部的详细信息，如速度分布、压力分布、温度分布以及浓度分布等信息。

## 第一节　微观体积的纯组分流体质量衡算

为了掌握流场中各点处的流体速度变化规律，可以采取对该处进行微观体积上的质量衡算，从而得到各个速度分量之间相互联系的微分方程。

在流场中，取如图 4-1 所示的坐标系，选取一个微元控制体，其边长分别取为 d$x$，d$y$，d$z$。对该微元控制体进行质量衡算：

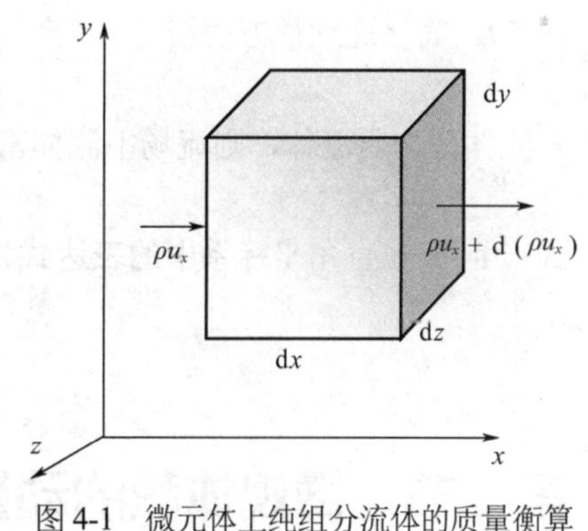

图 4-1　微元体上纯组分流体的质量衡算

$$\begin{pmatrix}\text{输入控制体}\\\text{的质量速率}\end{pmatrix}-\begin{pmatrix}\text{输出控制体}\\\text{的质量速率}\end{pmatrix}=\begin{pmatrix}\text{控制体内质量}\\\text{的积累速率}\end{pmatrix} \quad (4\text{-}1)$$

上式中各项计算如下。

沿 $x$ 方向净输入控制体的质量流率为

$$\rho u_x \mathrm{d}y\mathrm{d}z-\left[\rho u_x+\mathrm{d}\left(\rho u_x\right)\right]\mathrm{d}y\mathrm{d}z=-\mathrm{d}\left(\rho u_x\right)\mathrm{d}y\mathrm{d}z$$

同理，沿 $y$ 方向净输入控制体的质量流率为

$$-\mathrm{d}\left(\rho u_y\right)\mathrm{d}x\mathrm{d}z$$

沿 $z$ 方向净输入控制体的质量流率为

$$-\mathrm{d}\left(\rho u_z\right)\mathrm{d}x\mathrm{d}y$$

微元控制体内质量的积累速率为

$$\frac{\partial}{\partial t}\left(\rho \mathrm{d}x\mathrm{d}y\mathrm{d}z\right)=\mathrm{d}x\mathrm{d}y\mathrm{d}z\frac{\partial \rho}{\partial t}$$

将上述各项代入式（4-1），并将各项除 d$x$d$y$d$z$，整理得

$$\frac{\partial \rho}{\partial t}+\frac{\partial\left(\rho u_x\right)}{\partial x}+\frac{\partial\left(\rho u_y\right)}{\partial y}+\frac{\partial\left(\rho u_z\right)}{\partial z}=0 \quad (4\text{-}2)$$

或写成

$$\frac{\partial \rho}{\partial t}+\nabla\cdot(\rho \boldsymbol{u})=0 \tag{4-3}$$

式中，$\nabla=\frac{\partial}{\partial x}\boldsymbol{i}+\frac{\partial}{\partial y}\boldsymbol{j}+\frac{\partial}{\partial z}\boldsymbol{k}$ 为梯度算子在直角坐标系中的表达式。

将式（4-2）中的微分展开，并重新组合，得

$$\frac{\partial \rho}{\partial t}+u_x\frac{\partial \rho}{\partial x}+u_y\frac{\partial \rho}{\partial y}+u_z\frac{\partial \rho}{\partial z}+\rho\frac{\partial u_x}{\partial x}+\rho\frac{\partial u_y}{\partial y}+\rho\frac{\partial u_z}{\partial z}=0 \tag{4-4}$$

或将式（4-4）写成如下形式

$$\frac{\mathrm{D}\rho}{\mathrm{D}t}+\rho\nabla\cdot\boldsymbol{u}=0 \tag{4-5}$$

式（4-2）～式（4-5）都称为连续性方程。

在下列特殊情况时，连续性方程可进一步简化。

**1．定常态流动**

对于流体做定常态流动时的状况，流场中任何一处的流体密度都不随时间变化，此时有 $\partial\rho/\partial t=0$，代入连续性方程（4-3），简化得

$$\nabla\cdot(\rho \boldsymbol{u})=0 \tag{4-6}$$

此时，若流场中流体密度为常数，如均质流体，上式可进一步简化为

$$\nabla\cdot\boldsymbol{u}=0 \tag{4-7}$$

**2．不可压缩流体流动**

对于不可压缩流体，流体微团在流动过程中其密度不会随时间变化，即 $\mathrm{D}\rho/\mathrm{D}t=0$，代入式（4-5），简化连续性方程得

$$\rho\nabla\cdot\boldsymbol{u}=0 \tag{4-8}$$

若流体为均质流体，则流场中流体密度处处相同，则上式简化为

$$\nabla\cdot\boldsymbol{u}=0 \tag{4-9}$$

式（4-9）在直角坐标系中的表达式为

$$\frac{\partial u_x}{\partial x}+\frac{\partial u_y}{\partial y}+\frac{\partial u_z}{\partial z}=0 \tag{4-10}$$

# 第二节　微观体积的动量衡算

在微观体上对流体的动量进行衡算，可以得到该流体微元受到的力与其速度之间相互关系的微分方程，再结合第一节中的连续性方程，求解这些微分方程可得流体内部各处的速度信息，进而得到有关动量传递问题的解。

## 一、应力表示的运动方程

如图 4-2 所示，在流场中取一个微元流体系统。采用拉格朗日研究方法研究此微元流体系统，把牛顿第二定律应用于此微元流体系统上，即

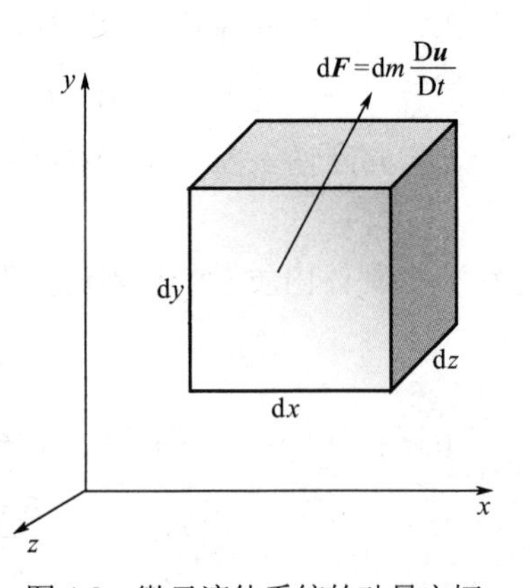


图 4-2　微元流体系统的动量守恒

$$\boldsymbol{F}=\frac{\mathrm{d}(m\boldsymbol{u})}{\mathrm{d}t} \tag{4-11}$$

对于图 4-2 所示的微元流体系统，其质量为 d$m$，所受到的微小合外力用 d$\boldsymbol{F}$ 表示，代入式（4-11）有

$$\mathrm{d}\boldsymbol{F}=\mathrm{d}m\frac{\mathrm{D}\boldsymbol{u}}{\mathrm{D}t}=\rho\mathrm{d}x\mathrm{d}y\mathrm{d}z\frac{\mathrm{D}\boldsymbol{u}}{\mathrm{D}t} \tag{4-12}$$

式（4-12）的分量形式为

$$\mathrm{d}F_x=\rho\mathrm{d}x\mathrm{d}y\mathrm{d}z\frac{\mathrm{D}u_x}{\mathrm{D}t} \tag{4-13}$$

$$\mathrm{d}F_y=\rho\mathrm{d}x\mathrm{d}y\mathrm{d}z\frac{\mathrm{D}u_y}{\mathrm{D}t} \tag{4-14}$$

$$\mathrm{d}F_z=\rho\mathrm{d}x\mathrm{d}y\mathrm{d}z\frac{\mathrm{D}u_z}{\mathrm{D}t} \tag{4-15}$$

在上述式中，微元流体系统上受到的合外力包括质量力和表面力，分别计算如下。

**1．质量力**

质量力系指作用在所考察的流体系统整体上的力。如重力、离心力、电场力、磁场力等等，是非接触型作用力，用 $\boldsymbol{F}_{\mathrm{B}}$ 表示，对图 4-2 中的微元流体系统，可用下式计算

$$\mathrm{d}F_{\mathrm{B}x}=g_x\rho\mathrm{d}x\mathrm{d}y\mathrm{d}z \tag{4-16}$$

$$\mathrm{d}F_{\mathrm{B}y}=g_y\rho\mathrm{d}x\mathrm{d}y\mathrm{d}z \tag{4-17}$$

$$\mathrm{d}F_{\mathrm{B}z}=g_z\rho\mathrm{d}x\mathrm{d}y\mathrm{d}z \tag{4-18}$$

式中，$g_x$，$g_y$，$g_z$ 分别表示单位质量流体的质量力在 $x$，$y$，$z$ 方向上的分量。

**2．表面力**

应力是指环境作用于系统边界上的力，包括静压力和黏性力等。表面力是接触型力，用 $\boldsymbol{F}_{\mathrm{S}}$ 表示，单位表面积上的表面力称为表面应力。

表面力的分量用符号 $\tau_{xy}$ 表示，第一个下标表示应力作用面的法线方向；第二个下标表示应力的作用方向。如图 4-3 所示，在 $yoz$ 平面上有一个表面力 $\boldsymbol{\tau}_x$，该力在 $x$、$y$、$z$ 三个方向上的分量分别表示为 $\tau_{xx}$、$\tau_{xy}$ 和 $\tau_{xz}$，作用在一个面上的表面力可以用三个分量来完全表达。

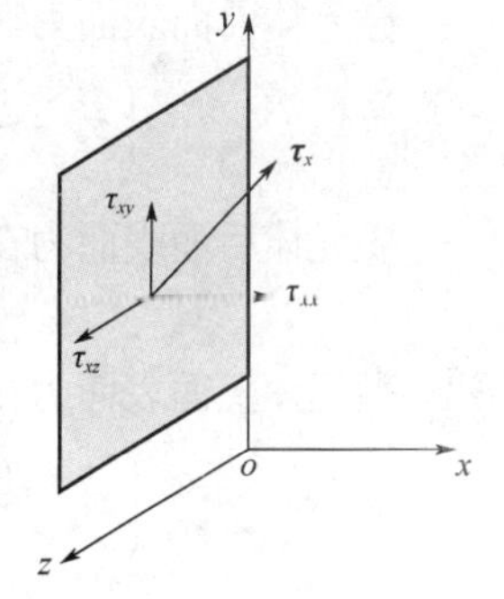


图 4-3　应力的表示方法

三维空间一个点上的应力表示方法：空间任一点可用三个相互垂直的平面确定，而每个平面又有三个应力分量，因此作用于空间一个点上的应力，需要 9 个应力分量来表达，即 3 个法向应力分量 $\tau_{xx}$、$\tau_{yy}$、$\tau_{zz}$ 和 6 个剪应力分量 $\tau_{xy}$、$\tau_{xz}$、$\tau_{yx}$、$\tau_{yz}$、$\tau_{zx}$、$\tau_{zy}$。

需要说明的是，物理量“应力”需要 9 个分量表达，所以应力是属于二阶张量；矢量需要 3 个分量表达，因此矢量为一阶张量；而标量只要 1 个量即可表达，故标量称为 0 阶张量。应力、矢量、标量都属于张量。

通常将应力的九个分量写成如下的矩阵形式

$$\begin{bmatrix}\tau_{xx} & \tau_{xy} & \tau_{xz}\\ \tau_{yx} & \tau_{yy} & \tau_{yz}\\ \tau_{zx} & \tau_{zy} & \tau_{zz}\end{bmatrix} \tag{4-19}$$

6 个剪应力分量中，只有 3 个是独立的。可证明如下：如图 4-4 所示的流体微元，坐标原

点取在流体微元中心，流体微元的上下左右四个侧面上受到的合力矩使流体微元产生沿 $oz$ 轴的旋转运动。根据角动量定律，有

$$\left[\left(\tau_{xy}+\frac{\partial\tau_{xy}}{\partial x}\times\frac{\mathrm{d}x}{2}\right)+\left(\tau_{xy}-\frac{\partial\tau_{xy}}{\partial x}\times\frac{\mathrm{d}x}{2}\right)\right](\mathrm{d}y\mathrm{d}z)\left(\frac{\mathrm{d}x}{2}\right)$$
$$-\left[\left(\tau_{yx}+\frac{\partial\tau_{yx}}{\partial y}\times\frac{\mathrm{d}y}{2}\right)+\left(\tau_{yx}-\frac{\partial\tau_{yx}}{\partial y}\times\frac{\mathrm{d}y}{2}\right)\right](\mathrm{d}x\mathrm{d}z)\left(\frac{\mathrm{d}y}{2}\right)$$
$$=(\rho\mathrm{d}x\mathrm{d}y\mathrm{d}z)\times(\text{旋转半径})^2\times(\text{角加速度}) \tag{4-20}$$

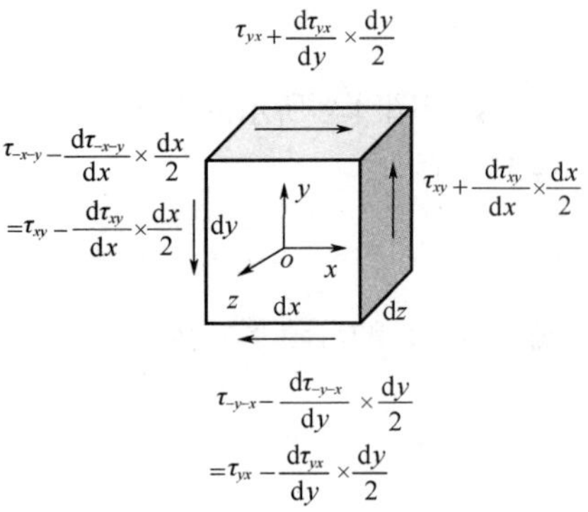

图 4-4 微元流体表面受力图

简化上式，得

$$\tau_{xy}-\tau_{yx}=\rho\times(\text{旋转半径})^2\times(\text{角加速度}) \tag{4-21}$$

由式（4-21）可见，当流体微元体体积趋于 0 时，其旋转半径也趋于 0，但旋转角加速度是有限值，不可能趋于无穷大，由此推知

$$\tau_{xy}=\tau_{yx} \tag{4-22}$$

同理可证

$$\tau_{yz}=\tau_{zy},\quad \tau_{zx}=\tau_{xz} \tag{4-23}$$

所以，6 个剪应力分量中，只有 3 个是独立的。

**3. 流体微元上的合力**

微元体六个表面上的应力在 $x$ 方向的分量见图 4-5，图中 $M$ 点坐标为（$x$，$y$，$z$），微元体在 $x$，$y$，$z$ 方向的边长分别为 $\mathrm{d}x$，$\mathrm{d}y$，$\mathrm{d}z$，则六个表面上应力在 $x$ 方向的分量大小分别为：

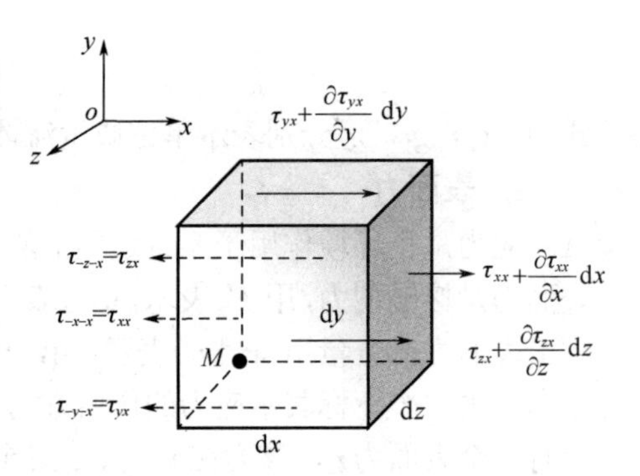


图 4-5 微元流体表面应力在 $x$ 方向分量

微元体前面表面力在 $x$ 方向的分量

$$\left(\tau_{zx}+\frac{\partial\tau_{zx}}{\partial z}\mathrm{d}z\right)\mathrm{d}x\mathrm{d}y$$

微元体后面表面力在 $x$ 方向的分量

$$-\tau_{zx}\mathrm{d}x\mathrm{d}y$$

微元体上面表面力在 $x$ 方向的分量

$$\left(\tau_{yx}+\frac{\partial\tau_{yx}}{\partial y}\mathrm{d}y\right)\mathrm{d}x\mathrm{d}z$$

微元体下面表面力在 $x$ 方向的分量 $-\tau_{yx}\mathrm{d}x\mathrm{d}z$。

微元体右面表面力在 $x$ 方向的分量 $\left(\tau_{xx}+\frac{\partial\tau_{xx}}{\partial x}\mathrm{d}x\right)\mathrm{d}y\mathrm{d}z$。

微元体左面表面力在 $x$ 方向的分量 $-\tau_{xx}\mathrm{d}y\mathrm{d}z$。

将上述六项相加，即得流体微元系统六个表面上受到的力在 $x$ 方向的合力为

$$\mathrm{d}F_{\mathrm{S}x}=\left(\frac{\partial\tau_{xx}}{\partial x}+\frac{\partial\tau_{yx}}{\partial y}+\frac{\partial\tau_{zx}}{\partial z}\right)\mathrm{d}x\mathrm{d}y\mathrm{d}z \tag{4-24}$$

将式（4-16）和式（4-24）代入式（4-13），得

$$\mathrm{d}F=\mathrm{d}F_{\mathrm{B}x}+\mathrm{d}F_{\mathrm{S}x}=g_x\rho\mathrm{d}x\mathrm{d}y\mathrm{d}z+\left(\frac{\partial\tau_{xx}}{\partial x}+\frac{\partial\tau_{yx}}{\partial y}+\frac{\partial\tau_{zx}}{\partial z}\right)\mathrm{d}x\mathrm{d}y\mathrm{d}z=\rho\mathrm{d}x\mathrm{d}y\mathrm{d}z\frac{\mathrm{D}u_x}{\mathrm{D}t} \tag{4-25}$$

等式两边除微元体积 dxdydz，得

$$\rho\frac{\mathrm{D}u_x}{\mathrm{D}t}=\rho g_x+\left(\frac{\partial\tau_{xx}}{\partial x}+\frac{\partial\tau_{yx}}{\partial y}+\frac{\partial\tau_{zx}}{\partial z}\right)\tag{4-26}$$

同理，对 $y$，$z$ 方向进行类似推导，又得

$$\rho\frac{\mathrm{D}u_y}{\mathrm{D}t}=\rho g_y+\left(\frac{\partial\tau_{xy}}{\partial x}+\frac{\partial\tau_{yy}}{\partial y}+\frac{\partial\tau_{zy}}{\partial z}\right)\tag{4-27}$$

$$\rho\frac{\mathrm{D}u_z}{\mathrm{D}t}=\rho g_z+\left(\frac{\partial\tau_{xz}}{\partial x}+\frac{\partial\tau_{yz}}{\partial y}+\frac{\partial\tau_{zz}}{\partial z}\right)\tag{4-28}$$

式（4-26）、式（4-27）和式（4-28）称为以应力表示的黏性流体运动方程。

上述三式，以矢量形式表示，则为

$$\rho\frac{\mathrm{D}\boldsymbol{u}}{\mathrm{D}t}=\rho\boldsymbol{g}+\nabla\cdot\boldsymbol{\tau}\tag{4-29}$$

## 二、应力与形变速率的关系

以应力表示的黏性流体运动方程式（4-29）在使用过程中，还需引入应力与形变速率的关系，即本构方程。在直角坐标系中，对于牛顿型流体应力与形变速率有如下关系。

**1．剪应力与形变速率关系**

$$\tau_{xy}=\tau_{yx}=\mu\left(\frac{\partial u_x}{\partial y}+\frac{\partial u_y}{\partial x}\right)\tag{4-30a}$$

$$\tau_{yz}=\tau_{zy}=\mu\left(\frac{\partial u_z}{\partial y}+\frac{\partial u_y}{\partial z}\right)\tag{4-30b}$$

$$\tau_{zx}=\tau_{xz}=\mu\left(\frac{\partial u_x}{\partial z}+\frac{\partial u_z}{\partial x}\right)\tag{4-30c}$$

**2．法向应力与形变速率关系**

$$\tau_{xx}=-p+2\mu\left(\frac{\partial u_x}{\partial x}\right)-\frac{2}{3}\mu(\nabla\cdot\boldsymbol{u})\tag{4-31a}$$

$$\tau_{yy}=-p+2\mu\left(\frac{\partial u_y}{\partial y}\right)-\frac{2}{3}\mu(\nabla\cdot\boldsymbol{u})\tag{4-31b}$$

$$\tau_{zz}=-p+2\mu\left(\frac{\partial u_z}{\partial z}\right)-\frac{2}{3}\mu(\nabla\cdot\boldsymbol{u})\tag{4-31c}$$

式中，$\nabla\cdot\boldsymbol{u}=\dfrac{\partial u_x}{\partial x}+\dfrac{\partial u_y}{\partial y}+\dfrac{\partial u_z}{\partial z}$。

## 三、纳维-斯托克斯方程

将式（4-31a）、式（4-30a）和式（4-30c）中的$\tau_{xx}$、$\tau_{yx}$、$\tau_{zx}$代入以应力表示的 $x$ 方向运动方程式（4-26）中，并整理得

$$\rho\frac{\mathrm{D}u_x}{\mathrm{D}t}=\rho g_x-\frac{\partial p}{\partial x}+\mu\left(\frac{\partial^2 u_x}{\partial x^2}+\frac{\partial^2 u_x}{\partial y^2}+\frac{\partial^2 u_x}{\partial z^2}\right)+\frac{1}{3}\mu\frac{\partial}{\partial x}\left(\frac{\partial u_x}{\partial x}+\frac{\partial u_y}{\partial y}+\frac{\partial u_z}{\partial z}\right)\tag{4-32}$$

同理，可得 $y$ 和 $z$ 方向运动方程

$$\rho\frac{\mathrm{D}u_y}{\mathrm{D}t}=\rho g_y-\frac{\partial p}{\partial y}+\mu\left(\frac{\partial^2 u_y}{\partial x^2}+\frac{\partial^2 u_y}{\partial y^2}+\frac{\partial^2 u_y}{\partial z^2}\right)+\frac{1}{3}\mu\frac{\partial}{\partial y}\left(\frac{\partial u_x}{\partial x}+\frac{\partial u_y}{\partial y}+\frac{\partial u_z}{\partial z}\right) \tag{4-33}$$

$$\rho\frac{\mathrm{D}u_z}{\mathrm{D}t}=\rho g_z-\frac{\partial p}{\partial z}+\mu\left(\frac{\partial^2 u_z}{\partial x^2}+\frac{\partial^2 u_z}{\partial y^2}+\frac{\partial^2 u_z}{\partial z^2}\right)+\frac{1}{3}\mu\frac{\partial}{\partial z}\left(\frac{\partial u_x}{\partial x}+\frac{\partial u_y}{\partial y}+\frac{\partial u_z}{\partial z}\right) \tag{4-34}$$

式（4-32）、式（4-33）和式（4-34）称为纳维-斯托克斯方程。

上述三式可用矢量形式合并写成

$$\rho\frac{\mathrm{D}\boldsymbol{u}}{\mathrm{D}t}=\rho\boldsymbol{g}-\nabla p+\mu\nabla^2\boldsymbol{u}+\frac{1}{3}\mu\nabla\left(\nabla\cdot\boldsymbol{u}\right) \tag{4-35}$$

对于不可压缩流体有 $\nabla\cdot\boldsymbol{u}=0$，所以式（4-35）进一步简化为

$$\rho\frac{\mathrm{D}\boldsymbol{u}}{\mathrm{D}t}=\rho\boldsymbol{g}-\nabla p+\mu\nabla^2\boldsymbol{u} \tag{4-36}$$

在等温流动时，流体黏度为常数，式（4-35）中尚有 $u_x$、$u_y$、$u_z$、$p$ 及$\rho$等 5 个变量，而式（4-35）只有三个方程，所以还需连续性方程和流体状态方程一起联立才能求解。

由于方程式（4-35）是强非线性偏微分方程，实际上难以得到解析解，只有一些特殊的流动和简单的边界条件下才能得到方程的解。

# 第三节 运动方程的应用

## 一、大平板突然启动时平板间流体的速度分布

如图 4-6 所示，两大平板间充满黏度为$\mu$、密度为$\rho$的液体。平板足够大，忽略边缘效应。现上板突然启动并以恒定速度 $u_0$ 向右运动，两板间的流体也随之而动。设两板间距足够远，以致在所研究的时间内下板附近的液体流速为零，并设流动为层流。试运用不可压缩流体的纳维-斯托克斯方程求解两板间液体速度分布。

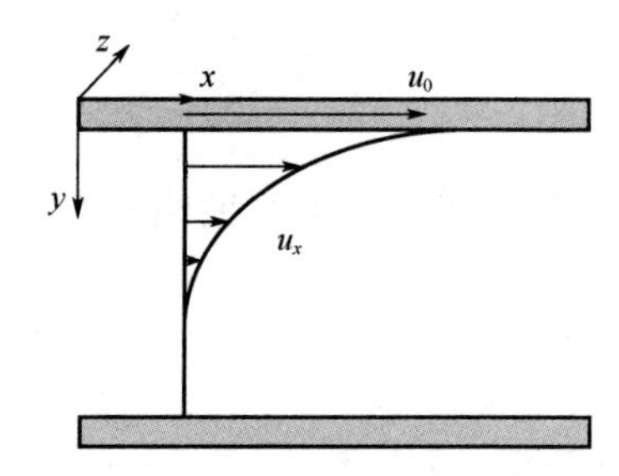

图 4-6 大平板突然启动的流动速度分布

解决问题的思路为：先根据问题的特点，列出简化连续性方程和纳维-斯托克斯方程的条件，然后对连续性方程和纳维-斯托克斯方程进行简化，得到简化后的微分方程，求解此微分方程，由边界条件确定其定解。

参照图 4-6 所示的坐标系。按题意，平板启动后，液体呈层流状态，即板间的液体沿 $x$ 方向做层状流动，但在 $y$ 和 $z$ 方向没有运动，因此有：$u_x\neq0$，$u_y=0$，$u_z=0$。两平板形成的通道不是封闭通道，压力为常数。在重力场中有：$g_x=0$，$g_y=g$，$g_z=0$。简化连续性方程式（4-10）

$$\frac{\partial u_x}{\partial x}+\frac{\partial u_y}{\partial y}+\frac{\partial u_z}{\partial z}=0 \tag{4-10}$$

可得

$$\frac{\partial u_x}{\partial x}=0 \tag{4-37}$$

若忽略边缘效应，则有：$\partial u_x/\partial z=0$。简化纳维-斯托克斯方程 $x$ 方向的分量式（4-32）

$$\rho\frac{\mathrm{D}u_x}{\mathrm{D}t}=\rho g_x-\frac{\partial p}{\partial x}+\mu\left(\frac{\partial^2 u_x}{\partial x^2}+\frac{\partial^2 u_x}{\partial y^2}+\frac{\partial^2 u_x}{\partial z^2}\right)+\frac{1}{3}\mu\frac{\partial}{\partial x}\left(\frac{\partial u_x}{\partial x}+\frac{\partial u_y}{\partial y}+\frac{\partial u_z}{\partial z}\right) \quad (4\text{-}32)$$

可得

$$\frac{\partial u_x}{\partial t}=\nu\frac{\partial^2 u_x}{\partial y^2} \quad (4\text{-}38)$$

式（4-38）与式（3-15）一致，边界条件也一样，求解过程见第三章第一节。故可得速度分布为

$$u_x=-\frac{2u_0}{\sqrt{\pi}}\int_0^{\eta}\mathrm{e}^{-z^2}\mathrm{d}z+u_0 \quad (4\text{-}39)$$

式中，$\eta=\dfrac{y}{\sqrt{4\nu t}}$。

## 二、同心套管内轴向定常态层流时的速度分布

如图 4-7 所示，密度为$\rho$、黏度为 $\mu$ 的不可压缩流体在水平放置的两根同心圆管组成的环隙间沿轴向作定常态层流流动，内管外半径为 $r_1$，外管内半径为 $r_2$，体积流量为 $V$。应用运动方程求流体在流动截面上的速度分布。

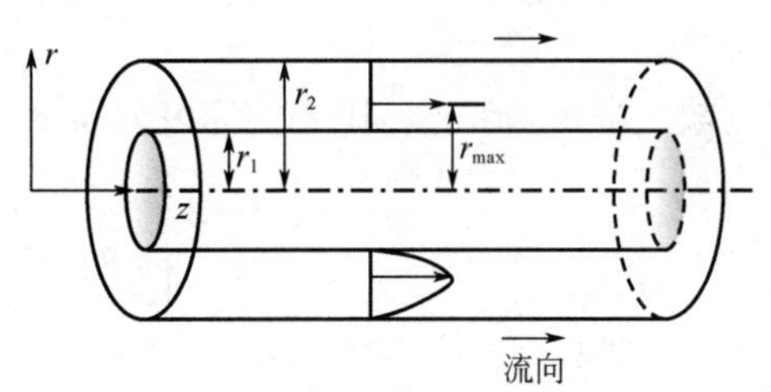

图 4-7 流体在同心套管中轴向定常态层流速度分布

按题意，该流动过程为一维定常态流动。按流道的几何结构，采用柱坐标系较为方便。列出偏微分方程的简化条件：

（1）定常态流动，$\partial/\partial t=0$。

（2）周向和径向没有流动，$u_\theta=0$，$u_r=0$。

（3）流体速度沿轴向恒定，且在周向各处速度相同，故$\partial \boldsymbol{u}/\partial z=0$，$\partial \boldsymbol{u}/\partial\theta=0$。

对不可压缩流体，纳维-斯托克斯方程在柱坐标系中 $z$ 方向的分量方程，见附录 A.8-（2）。

$z$ 方向的分量方程

$$\rho\left(\frac{\partial u_z}{\partial t}+u_r\frac{\partial u_z}{\partial r}+\frac{u_\theta}{r}\frac{\partial u_z}{\partial\theta}+u_z\frac{\partial u_z}{\partial z}\right)=-\frac{\partial\varGamma}{\partial z}+\mu\left[\frac{1}{r}\frac{\partial}{\partial r}\left(r\frac{\partial u_z}{\partial r}\right)+\frac{1}{r^2}\frac{\partial^2 u_z}{\partial\theta^2}+\frac{\partial^2 u_z}{\partial z^2}\right] \quad (4\text{-}40)$$

式中，$\dfrac{\partial\varGamma}{\partial z}=\dfrac{\partial p}{\partial z}-\rho g_z$，这里$\varGamma$为广义压力。

根据简化条件，可将上式简化为

$$-\frac{\mathrm{d}\varGamma}{\mathrm{d}z}+\mu\frac{1}{r}\frac{\mathrm{d}}{\mathrm{d}r}\left(r\frac{\mathrm{d}u_z}{\mathrm{d}r}\right)=0 \quad (4\text{-}41)$$

或写成

$$\mu\frac{1}{r}\frac{\mathrm{d}}{\mathrm{d}r}\left(r\frac{\mathrm{d}u_z}{\mathrm{d}r}\right)=\frac{\mathrm{d}\varGamma}{\mathrm{d}z}=\text{常数} \quad (4\text{-}42)$$

对式（4-42）积分一次，可得

$$r\frac{\mathrm{d}u_z}{\mathrm{d}r}=\frac{1}{2\mu}\frac{\mathrm{d}\varGamma}{\mathrm{d}z}r^2+C_1 \quad (4\text{-}43)$$

再积分一次，可得

$$u_z = \frac{1}{4\mu}\frac{\mathrm{d}\Gamma}{\mathrm{d}z}r^2 + C_1 \ln r + C_2 \tag{4-44}$$

根据问题特点，不难写出微分方程式（4-42）的边界条件

$$\begin{aligned} &\text{边界条件1：}\ r = r_1,\ u_z = 0,\ \text{或} r = r_2,\ u_z = 0 \\ &\text{边界条件2：}\ r = r_{\max},\ \frac{\mathrm{d}u_z}{\mathrm{d}r} = 0 \end{aligned} \tag{4-45}$$

代入式（4-44），联立解得积分常数为$C_1 = -\frac{r_{\max}^2}{2\mu} \times \frac{\mathrm{d}\Gamma}{\mathrm{d}z}$，$C_2 = C_1\left[\frac{1}{2}\left(\frac{r_1}{r_{\max}}\right)^2 - \ln r_1\right]$。

故得 $r_1$ 至 $r_{\max}$ 范围内的速度分布

$$u_z = \frac{1}{2\mu} \times \frac{\mathrm{d}\Gamma}{\mathrm{d}z}\left(\frac{r^2 - r_1^2}{2} - r_{\max}^2 \ln\frac{r}{r_1}\right) \tag{4-46}$$

将 $r=r_2$，$u_z=0$ 及边界条件 2 代入式（4-44），得 $C_1 = -\frac{r_{\max}^2}{2\mu} \times \frac{\mathrm{d}\Gamma}{\mathrm{d}z}$，$C_2 = C_1\left[\frac{1}{2}\left(\frac{r_2}{r_{\max}}\right)^2 - \ln r_2\right]$。

故又得 $r_{\max}$ 至 $r_2$ 范围内的速度分布

$$u_z = \frac{1}{2\mu} \times \frac{\mathrm{d}\Gamma}{\mathrm{d}z}\left(\frac{r^2 - r_2^2}{2} - r_{\max}^2 \ln\frac{r}{r_2}\right) \tag{4-47}$$

在 $r=r_{\max}$ 处，令式（4-46）和式（4-47）相等，得$\left(r_2^2 - r_1^2\right)/2 = r_{\max}^2 \ln\left(r_2/r_1\right)$。故得速度最大所处的位置

$$r_{\max} = \sqrt{\frac{(r_2 + r_1)(r_2 - r_1)}{2\ln\left(r_2/r_1\right)}} = \sqrt{r_{\mathrm{m}}\bar{r}} \tag{4-48}$$

式中，$r_{\mathrm{m}} = \frac{r_2 - r_1}{\ln r_2/r_1}$；$\bar{r} = \frac{r_2 + r_1}{2}$；$r_{\max}$ 为最大流速处距管中心距离。

环隙流通截面上流量为

$$V = \int_{r_1}^{r_2} u_z \times 2\pi r \mathrm{d}r = -\frac{\pi}{8\mu} \times \frac{\mathrm{d}\Gamma}{\mathrm{d}z}\left(r_2^2 - r_1^2\right)\left(r_2^2 + r_1^2 - 2r_{\max}^2\right) \tag{4-49}$$

环隙流通截面上平均流速为

$$u_{\mathrm{b}} = \frac{V}{\pi\left(r_2^2 - r_1^2\right)} = -\frac{1}{8\mu} \times \frac{\mathrm{d}\Gamma}{\mathrm{d}z}\left(r_2^2 + r_1^2 - 2r_{\max}^2\right) \tag{4-50}$$

对于一种特例，当 $r_1 \to 0$ 时，$r_{\max} \to 0$，式（4-50）变为

$$u_{\mathrm{b}} = \frac{V}{\pi\left(r_2^2 - r_1^2\right)} = -\frac{1}{8\mu} \times \frac{\mathrm{d}\Gamma}{\mathrm{d}z} r_2^2 \tag{4-51}$$

式（4-51）即为圆管内流体做层流流动时管截面上的平均速度，此时套管演变为圆管。

## 三、同心套管环隙内周向定常态层流时的速度分布

如图 4-8 所示，内外圆筒组成的环隙内充满液体，液体密度为$\rho$，黏度为$\mu$。内筒外半径为 $r_1$，以$\omega_1$ 的角速度做顺时针恒定周向运动；外筒内半径为 $r_2$，以$\omega_2$ 的角速度做逆时针恒定周向

运动。忽略边缘效应，并设流动为层流。试应用运动方程求环隙内液体的速度分布和压力分布。

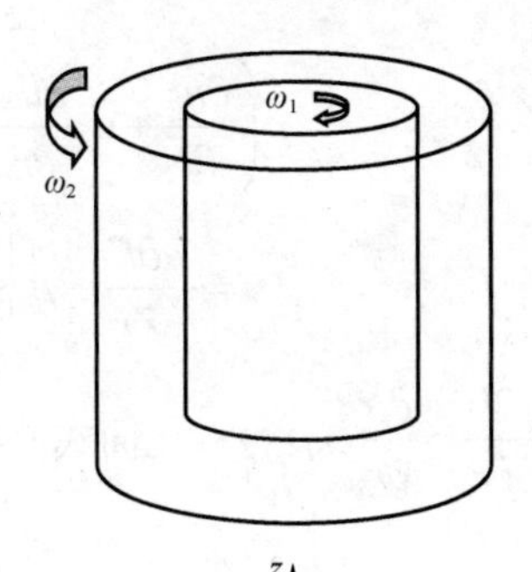


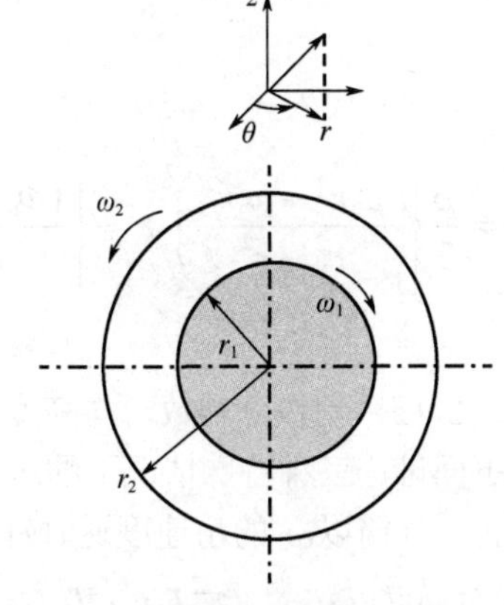


图 4-8 同心套管环隙内周向定常态层流流动速度分布

采用图示的柱坐标系，列出简化条件：

（1）由于流体做定常态流动，$\partial/\partial t=0$。

（2）设圆筒很长，忽略边缘效应，仅做周向的一维流动，故 $u_z=0$，$u_r=0$。

（3）沿周向的速度恒定，且在轴向上各处速度均匀，故$\partial \boldsymbol{u}/\partial\theta=0$，$\partial \boldsymbol{u}/\partial z=0$。

（4）沿周向压力恒定，故$\partial p/\partial\theta=0$。

（5）如图所示的坐标系中，可知 $g_\theta=0$，$g_r=0$。

用以上条件化简不可压缩流体在柱坐标系中的连续性方程

$$\frac{\partial\rho}{\partial t}+\frac{1}{r}\frac{\partial(\rho r u_r)}{\partial r}+\frac{1}{r}\frac{\partial(\rho u_\theta)}{\partial\theta}+\frac{\partial(\rho u_z)}{\partial z}=0 \quad (4\text{-}52)$$

可得$\partial u_\theta/\partial\theta=0$。又因$\partial u_\theta/\partial z=0$，可见 $u_\theta$只是 $r$ 的函数。

再化简运动方程$\theta$方向的分量方程

$$\rho\left(\frac{\partial u_\theta}{\partial t}+u_r\frac{\partial u_\theta}{\partial r}+\frac{u_\theta}{r}\frac{\partial u_\theta}{\partial\theta}+\frac{u_r u_\theta}{r}+u_z\frac{\partial u_\theta}{\partial z}\right)$$
$$=-\frac{1}{r}\frac{\partial\Gamma}{\partial\theta}+\mu\left\{\frac{\partial}{\partial r}\left[\frac{1}{r}\frac{\partial}{\partial r}(r u_\theta)\right]+\frac{1}{r^2}\frac{\partial^2 u_\theta}{\partial\theta^2}+\frac{2}{r^2}\frac{\partial u_r}{\partial\theta}+\frac{\partial^2 u_\theta}{\partial z^2}\right\} \quad (4\text{-}53)$$

式中，$\frac{1}{r}\frac{\partial\Gamma}{\partial\theta}=\frac{1}{r}\frac{\partial p}{\partial\theta}-\rho g_\theta$。化简后，可得

$$\frac{\partial}{\partial r}\left[\frac{1}{r}\frac{\partial}{\partial r}(r u_\theta)\right]=0 \quad (4\text{-}54)$$

考虑到 $u_\theta$只是 $r$ 的函数，故可将式中的偏微分写成全微分，即

$$\frac{\mathrm{d}}{\mathrm{d}r}\left[\frac{1}{r}\frac{\mathrm{d}}{\mathrm{d}r}(r u_\theta)\right]=0 \quad (4\text{-}55)$$

将式（4-55）积分两次，得

$$u_\theta=C_1 r+\frac{C_2}{r} \quad (4\text{-}56)$$

式（4-56）中，$C_1$、$C_2$为积分常数，由边界条件确定。

按题意，边界条件为$r=r_1$，$u_{\theta_1}=-\omega_1 r_1$；$r=r_2$，$u_{\theta_2}=\omega_2 r_2$。

代入式（4-56），得积分常数为$C_1=\frac{\omega_1 r_1^2+\omega_2 r_2^2}{r_2^2-r_1^2}$，$C_2=-\frac{(\omega_1+\omega_2)r_2^2 r_1^2}{r_2^2-r_1^2}$。

于是，求得速度分布方程为

$$u_\theta=-\frac{(\omega_1+\omega_2)r_1^2 r_2^2}{r_2^2-r_1^2}\frac{1}{r}+\frac{\omega_1 r_1^2+\omega_2 r_2^2}{r_2^2-r_1^2}r \quad (4\text{-}57)$$

最后化简运动方程 $r$ 方向的分量方程

$$\rho\left(\frac{\partial u_r}{\partial t}+u_r\frac{\partial u_r}{\partial r}+\frac{u_\theta}{r}\frac{\partial u_r}{\partial \theta}-\frac{u_\theta^{\ 2}}{r}+u_z\frac{\partial u_r}{\partial z}\right)$$
$$=-\frac{\partial \Gamma}{\partial r}+\mu\left\{\frac{\partial}{\partial r}\left[\frac{1}{r}\frac{\partial}{\partial r}(ru_r)\right]+\frac{1}{r^2}\frac{\partial^2 u_r}{\partial \theta^2}-\frac{2}{r^2}\frac{\partial u_\theta}{\partial \theta}+\frac{\partial^2 u_r}{\partial z^2}\right\} \tag{4-58}$$

式中，$\frac{\partial \Gamma}{\partial r}=\frac{\partial p}{\partial r}-\rho g_r$。化简式（4-58），得

$$\rho\frac{u_\theta^{\ 2}}{r}=\frac{\partial p}{\partial r} \tag{4-59}$$

将式（4-57）代入式（4-59）中进行积分，得压力沿径向的分布

$$p=\frac{\rho}{2}\left\{\left(\frac{\omega_1 r_1^2+\omega_2 r_2^2}{r_2^2-r_1^2}\right)^2 r^2-\left[\frac{(\omega_1+\omega_2)r_2^2 r_1^2}{r_2^2-r_1^2}\right]^2\frac{1}{r^2}-4\frac{\left(\omega_1 r_1^2+\omega_2 r_2^2\right)(\omega_1+\omega_2)r_2^2 r_1^2}{\left(r_2^2-r_1^2\right)^2}\ln r\right\}+C(z) \tag{4-60}$$

式中，$C$（$z$）为积分常数，与高度 $z$ 有关，由边界条件确定。

下面讨论三种特殊情况下的压力分布：①外筒静止，内筒以$\omega_1$的角速度顺时针旋转；②内筒静止，外筒以$\omega_2$的角速度逆时针旋转；③内外筒以相同的角速度$\omega$逆时针旋转。

令：$k=r_1/r_2$，$s=r_2-r_1$，$l=r/r_2$。则对于情况①，将式（4-57）代入式（4-59），$\omega_2=0$，分别从 $r_1$ 到 $r$，及从 $r_1$ 到 $r_2$ 积分，然后将积分结果相除得无量纲压力分布

$$\frac{p-p_1}{p_2-p_1}=\frac{\left(l^2-k^2\right)\left(1+l^{-2}k^{-2}\right)-4\ln(l/k)}{\left(1-k^4\right)/k^2+4\ln k} \tag{4-61}$$

式中，$(p-p_1)/(p_2-p_1)$为无量纲压力。

对于情况②，将式（4-57）代入式（4-59），$\omega_1=0$，分别从 $r_1$ 到 $r$，及从 $r_1$ 到 $r_2$ 积分，然后将积分结果相除得无量纲压力分布

$$\frac{p-p_1}{p_2-p_1}=\frac{\left(l^2-k^2\right)\left(k^{-2}+l^{-2}\right)-4\ln(l/k)}{\left(1-k^4\right)/k^2+4\ln k} \tag{4-62}$$

图 4-9 以无量纲位置$(r-r_1)/(r_2-r_1)=(l-k)/(1-k)$为横坐标，$k$ 为参数，无量纲压力为纵坐标，给出了①、②两种情况的无量纲压力分布。

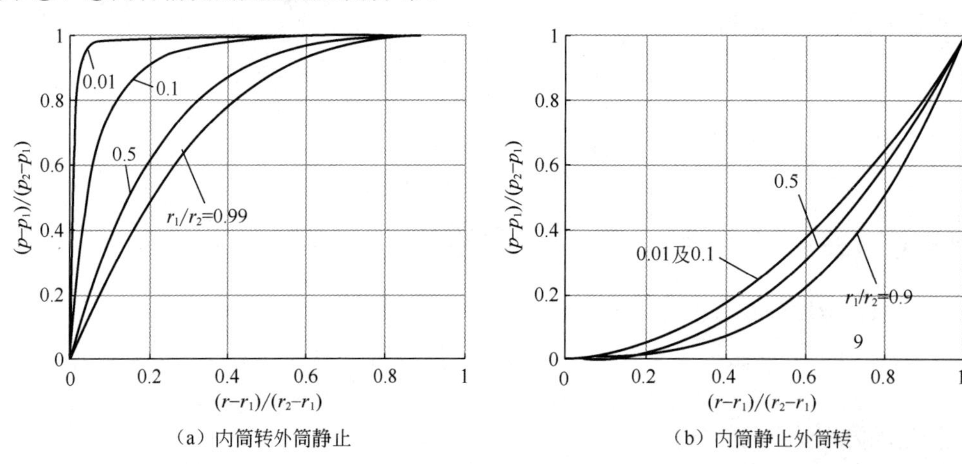


（a）内筒转外筒静止　（b）内筒静止外筒转

图 4-9　流体在同心套管环隙内周向定常态层流流动时的无量纲压力分布

对于情况③，内外筒以相同的角速度$\omega$旋转。先求出速度分布，此时微分方程式（4-55）的边界条件为$r=r_1$，$u_{\theta_1}=\omega r_1$；$r=r_2$，$u_{\theta_2}=\omega r_2$。将式（4-55）积分，结合边界条件，得环隙内速度分布

$$u_\theta=\omega r \tag{4-63}$$

可见，此情况下环隙内速度分布为线性。

将式（4-63）代入式（4-59），分别从$r_1$到$r$，及从$r_1$到$r_2$积分，然后将积分结果相除得无量纲压力分布：

$$\frac{p-p_1}{p_2-p_1}=\frac{l^2-k^2}{1-k^2} \tag{4-64}$$

以无量纲压力为纵坐标，无量纲径向位置为横坐标，$k$为参数，将式（4-64）绘于图4-10中。

对于情况①，压力分布如图4-9（a）所示，无量纲压力分布形态极大地依赖于$k$；而对于情况②，见图4-9（b）所示，$k$对无量纲压力分布的影响比情况①要小得多。对于情况③，如图4-10所示，$k$对无量纲压力分布的影响最小，尤其当$k$接近1时，环隙内压力趋于线性分布。究其原因是由于圆筒壁面的运动决定了环隙内流体速度分布的形态，进而影响压力分布的形态。

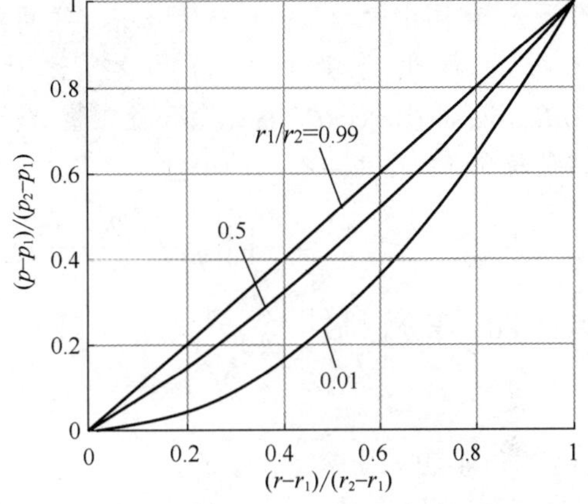

图4-10 同角速度旋转套管环隙内流体流动时的无量纲压力分布

**【例4-1】** 一个高速管式离心机，如图4-11所示，转鼓内径为$d_2$，转鼓转速为$n$，现用于分离某液体中的微小固体颗粒。设液体的密度为$\rho$，黏度为$\mu$。固体颗粒为球形，其密度为$\rho_0$，颗粒半径为$R_0$。设转鼓内充满液体，忽略边缘效应，试求：在定常态层流流动下，颗粒受到的离心力、径向压力及两者的合力沿径向的分布。

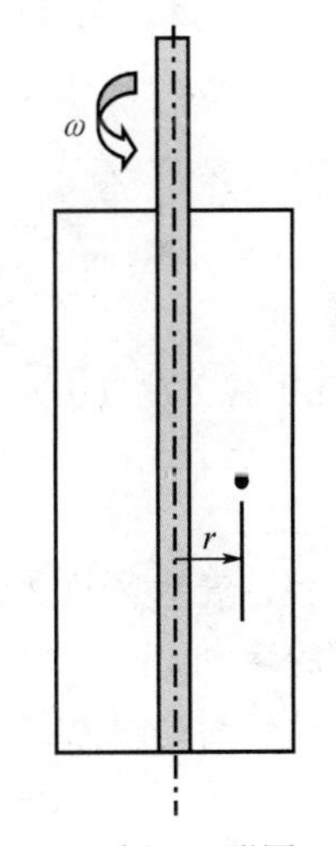

图4-11 例4-1附图（a）

**解** 设流动达到稳定，忽略边缘效应，则转鼓内流体速度分布可用方程式（4-57）描述，即为

$$u_\theta=-\frac{(\omega_1+\omega_2)r_1^2r_2^2}{r_2^2-r_1^2}\frac{1}{r}+\frac{\omega_1r_1^2+\omega_2r_2^2}{r_2^2-r_1^2}r \tag{4-57}$$

对于本题的情形，令$\omega_2=2\pi n$，$r_1=0$，代入式（4-57），得转鼓内流体流动速度分布

$$u_\theta=\omega_2r=2\pi nr \tag{a}$$

由式（a）可知，转鼓内流体的角速度处处相同，都为$\omega=\omega_2$。

设微小颗粒也以相同的角速度随流体做旋转运动，则颗粒受到的离心力为

$$F_c=ma_c=m\omega^2r=\frac{4}{3}\pi R_0^3\rho_0\omega^2r \tag{b}$$

式中，$m$为颗粒的质量；$a_c$为离心加速度。

转鼓内流体的压力分布可用式（4-64）描述，令$r_1=0$，即$k=0$，$l=r/r_2$，代入得

$$p = p_1 + \frac{(p_2 - p_1)}{r_2^2} r^2 \qquad \text{(c)}$$

利用式（c），将压力在半径为 $R_0$ 的颗粒表面积分，就可得到颗粒在径向受到的压力。

球面上的微元面积见图 4-12 所示。选取转鼓径向为 $z$ 轴方向，图中坐标原点取在球形颗粒中心，颗粒中心距离转鼓中心线为 $r$，则图中的微元面积与转鼓中心线间的距离为 $r+R_0\cos\theta$。该微元面积上受到的压力在 $z$ 轴方向的分量为 $-(pR_0\mathrm{d}\theta R_0\sin\theta\mathrm{d}\phi)\cos\theta$。将此微分量在整个颗粒表面积分，即得到颗粒受到的压力在径向的分量

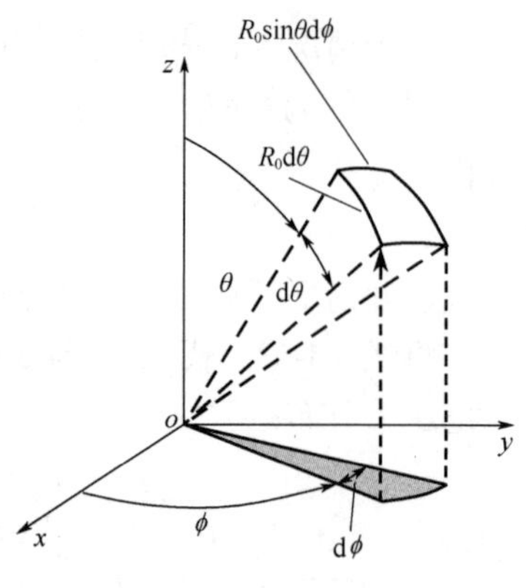

图 4-12　例 4-1 附图（b）

$$F_p = -\int_0^{\pi}\int_0^{2\pi}\left[p_1 + \frac{(p_2 - p_1)}{r_2^2}(r + R_0\cos\theta)^2\right]R_0^2\sin\theta\cos\theta\mathrm{d}\phi\mathrm{d}\theta \qquad \text{(d)}$$

将式（d）积分，得

$$F_p = -\frac{8}{3}\pi R_0^3\frac{p_2 - p_1}{r_2^2}r \qquad \text{(e)}$$

再将式（4-59）写成

$$\frac{\partial p}{\partial r} = \rho\frac{{u_\theta}^2}{r} = \rho\omega^2 r \qquad \text{(f)}$$

式中，$\omega$为常数，在转鼓中心线到转鼓内壁面间对式（f）进行积分，即

$$\int_{p_1}^{p_2}\mathrm{d}p = \int_{r_1}^{r_2}\rho\omega^2 r\mathrm{d}r \qquad \text{(g)}$$

将式（g）积分，得

$$p_2 - p_1 = \frac{1}{2}\rho\omega^2 r_2^2 \qquad \text{(h)}$$

将式（h）代入式（e），得颗粒受到的压力沿径向的分量

$$F_p = -\frac{4}{3}\pi R_0^3\rho\omega^2 r \qquad \text{(i)}$$

$F_p$ 为负值，表示颗粒受到的压力是负 $z$ 方向，即指向转鼓中心线。此值即为颗粒在离心力场中的受到的浮力。

颗粒受到离心力和压力的合力为

$$F = \frac{4}{3}\pi R_0^3(\rho_0 - \rho)\omega^2 r \qquad \text{(j)}$$

由上述式（b）、式（i）和式（j）可见，颗粒受到的离心力、压力以及两者的合力沿径向呈线性分布，且离转鼓壁面越近受到的合力越大。

## 四、由运动方程出发推导通用机械能衡算方程

在第二章中介绍了机械能衡算方程，由于没有机械能守恒定律，机械能衡算不能从雷诺传递方程出发得到。下面介绍从运动方程出发经过严格推导得到机械能衡算方程。

对没有外加轴功的流动系统，以应力表示的运动方程为

$$\rho\frac{\mathrm{D}\boldsymbol{u}}{\mathrm{D}t} = \rho\boldsymbol{F} + \nabla\cdot\boldsymbol{\tau} \qquad \text{(4-65)}$$

式中，$\boldsymbol{F}$ 代表单位质量流体的质量力，在重力场中 $\boldsymbol{F}$ 即为重力加速度 $\boldsymbol{g}$。

将运动方程的两边点乘速度矢量 $\boldsymbol{u}$，得

$$\rho\boldsymbol{u}\cdot\frac{\mathrm{D}\boldsymbol{u}}{\mathrm{D}t}=\rho\boldsymbol{u}\cdot\boldsymbol{F}+\boldsymbol{u}\cdot(\nabla\cdot\boldsymbol{\tau}) \tag{4-66}$$

或

$$\rho\frac{\mathrm{D}}{\mathrm{D}t}\left(\frac{u^2}{2}\right)=\rho\boldsymbol{u}\cdot\boldsymbol{F}+\boldsymbol{u}\cdot(\nabla\cdot\boldsymbol{\tau}) \tag{4-67}$$

上述式中，$u^2=u_x^2+u_y^2+u_z^2$。对式（4-67）中的各项进行如下变换。

（1）$\rho\frac{\mathrm{D}}{\mathrm{D}t}\left(\frac{u^2}{2}\right)$ 项　因为 $\frac{\mathrm{D}}{\mathrm{D}t}\left(\rho\frac{u^2}{2}\right)=\rho\frac{\mathrm{D}}{\mathrm{D}t}\left(\frac{u^2}{2}\right)+\frac{u^2}{2}\frac{\mathrm{D}\rho}{\mathrm{D}t}$，再结合连续性方程 $\frac{\mathrm{D}\rho}{\mathrm{D}t}+\rho\nabla\cdot\boldsymbol{u}=0$，故有

$$\rho\frac{\mathrm{D}}{\mathrm{D}t}\left(\frac{u^2}{2}\right)=\frac{\mathrm{D}}{\mathrm{D}t}\left(\rho\frac{u^2}{2}\right)+\rho\frac{u^2}{2}\nabla\cdot\boldsymbol{u}=\frac{\partial}{\partial t}\left(\rho\frac{u^2}{2}\right)+\boldsymbol{u}\cdot\nabla\left(\rho\frac{u^2}{2}\right)+\rho\frac{u^2}{2}\nabla\cdot\boldsymbol{u}$$

$$=\frac{\partial}{\partial t}\left(\rho\frac{u^2}{2}\right)+\nabla\cdot\left(\boldsymbol{u}\rho\frac{u^2}{2}\right) \tag{4-68}$$

（2）$\rho\boldsymbol{u}\cdot\boldsymbol{F}$ 项　令 $\boldsymbol{r}=x\boldsymbol{i}+y\boldsymbol{j}+z\boldsymbol{k}$ 为矢径，根据矢量恒等式，有

$$\nabla\cdot\left[\rho\boldsymbol{u}(\boldsymbol{F}\cdot\boldsymbol{r})\right]=(\boldsymbol{F}\cdot\boldsymbol{r})\nabla\cdot(\rho\boldsymbol{u})+\rho\boldsymbol{u}\cdot\nabla(\boldsymbol{F}\cdot\boldsymbol{r}) \tag{4-69}$$

$$\nabla(\boldsymbol{F}\cdot\boldsymbol{r})=(\boldsymbol{r}\cdot\nabla)\boldsymbol{F}+(\boldsymbol{F}\cdot\nabla)\boldsymbol{r}+\boldsymbol{r}\times(\nabla\times\boldsymbol{F})+\boldsymbol{F}\times(\nabla\times\boldsymbol{r}) \tag{4-70}$$

在重力场中，$\boldsymbol{F}=-g\boldsymbol{k}$（单位矢量 $\boldsymbol{k}$ 方向向上）为常矢量，故式（4-70）中 $(\boldsymbol{r}\cdot\nabla)\boldsymbol{F}=0$，$(\boldsymbol{F}\cdot\nabla)\boldsymbol{r}=\boldsymbol{F}$，$\boldsymbol{r}\times(\nabla\times\boldsymbol{F})=0$，$\boldsymbol{F}\times(\nabla\times\boldsymbol{r})=0$，又由连续性方程可知 $\partial\rho/\partial t+\nabla\cdot(\rho\boldsymbol{u})=0$，于是式（4-69）变为

$$\nabla\cdot\left[\rho\boldsymbol{u}(\boldsymbol{F}\cdot\boldsymbol{r})\right]=-(\boldsymbol{F}\cdot\boldsymbol{r})\frac{\partial\rho}{\partial t}+\rho\boldsymbol{u}\cdot\boldsymbol{F} \tag{4-71}$$

即得

$$\rho\boldsymbol{u}\cdot\boldsymbol{F}=\nabla\cdot\left[\rho\boldsymbol{u}(\boldsymbol{F}\cdot\boldsymbol{r})\right]+(\boldsymbol{F}\cdot\boldsymbol{r})\frac{\partial\rho}{\partial t} \tag{4-72}$$

（3）$\boldsymbol{u}\cdot(\nabla\cdot\boldsymbol{\tau})$ 项　运动流体的应力张量 $\boldsymbol{\tau}=-p\boldsymbol{I}+\boldsymbol{P}'$，与之对应的分量形式为

$$\begin{pmatrix}\tau_{xx}&\tau_{xy}&\tau_{xz}\\\tau_{yx}&\tau_{yy}&\tau_{yz}\\\tau_{zx}&\tau_{zy}&\tau_{zz}\end{pmatrix}=\begin{pmatrix}-p&0&0\\0&-p&0\\0&0&-p\end{pmatrix}+\begin{pmatrix}\sigma_{xx}&\tau_{xy}&\tau_{xz}\\\tau_{yx}&\sigma_{yy}&\tau_{yz}\\\tau_{zx}&\tau_{zy}&\sigma_{zz}\end{pmatrix} \tag{4-73}$$

其中，$p$ 为运动流体受到的静压力，它使流体微团发生体积形变；$\boldsymbol{P}'$ 为偏应力张量，其中的法向应力 $\sigma_{xx}$、$\sigma_{yy}$、$\sigma_{zz}$ 是流体微团在运动过程中由于黏性作用而产生的，它使流体微团在法线方向承受拉伸或压缩应力，产生线性形变。于是

$$\boldsymbol{u}\cdot(\nabla\cdot\boldsymbol{\tau})=-\boldsymbol{u}\cdot\nabla p+\boldsymbol{u}\cdot(\nabla\cdot\boldsymbol{P}')=-\nabla\cdot(p\boldsymbol{u})+p\nabla\cdot\boldsymbol{u}+\boldsymbol{u}\cdot(\nabla\cdot\boldsymbol{P}') \tag{4-74}$$

将式（4-68）、式（4-72）和式（4-74）代入式（4-67），同时注意到在重力场中有 $\boldsymbol{F}\cdot\boldsymbol{r}=-gz$，整理得

$$\frac{\partial}{\partial t}\left[\rho\left(\frac{u^2}{2}+gz\right)\right]+\nabla\cdot\left[(\rho\boldsymbol{u})\left(\frac{u^2}{2}+\frac{p}{\rho}+gz\right)\right]-p\nabla\cdot\boldsymbol{u}-\boldsymbol{u}\cdot(\nabla\cdot\boldsymbol{P}')=0 \tag{4-75}$$

式（4-75）为微分形式的机械能衡算方程。式中的 $-\boldsymbol{u}\cdot(\nabla\cdot\boldsymbol{P}')$ 项表示单位体积流体的机械能因黏性剪应力做功不可逆地转化为热能的速率，即为单位体积流体的机械能损耗。

将式（4-75）在控制体 $CV$ 上积分，同时令

$$W_{\mathrm{f}}=-\iiint_{CV}\boldsymbol{u}\cdot\nabla\cdot\boldsymbol{P}'\mathrm{d}V \tag{4-76}$$

再利用奥-高公式

$$\iiint_{CV}\nabla\cdot\left[(\rho\boldsymbol{u})\left(\frac{u^2}{2}+\frac{p}{\rho}+gz\right)\right]\mathrm{d}V=\oiint_{CS}\rho\left(\frac{u^2}{2}+\frac{p}{\rho}+gz\right)\boldsymbol{u}\cdot\mathrm{d}\boldsymbol{A} \tag{4-77}$$

可得有限体积上的机械能衡算式

$$\frac{\partial}{\partial t}\iiint_{CV}\rho\left(\frac{u^2}{2}+gz\right)\mathrm{d}V+\oiint_{CS}\rho\left(\frac{u^2}{2}+\frac{p}{\rho}+gz\right)\boldsymbol{u}\cdot\mathrm{d}\boldsymbol{A}+W_{\mathrm{f}}=\iiint_{CV}p\nabla\cdot\boldsymbol{u}\mathrm{d}V \tag{4-78}$$

式中，$W_{\mathrm{f}}$代表偏应力$\boldsymbol{P}'$所做的功率，由于偏应力与流体黏性有关，所以$W_{\mathrm{f}}$是一种摩擦功率，产生于控制体内部。这种摩擦功将流体的机械能转化为热能，该热能或被流体吸收或传递给环境。工程上通常称$W_{\mathrm{f}}$为摩擦阻力损失。

若单位质量流体在流动过程中的摩擦阻力损失用$w_{\mathrm{f}}$表示，则：

$$w_{\mathrm{f}}=\frac{W_{\mathrm{f}}}{m}=-\frac{1}{m}\iiint_{CV}\boldsymbol{u}\cdot\nabla\cdot\boldsymbol{P}'\mathrm{d}V \tag{4-79}$$

式中，$m$为流体的质量流量。

若流动系统与外界有轴功率交换，则式（4-78）中还需考虑有效轴功率这一项，设其大小为$W_{\mathrm{e}}$，且规定环境对流体系统做功为正值，流体系统对环境做功为负值，则应在式（4-78）等号的右边加上$W_{\mathrm{e}}$，于是式（4-78）最终变为

$$\frac{\partial}{\partial t}\iiint_{CV}\rho\left(\frac{u^2}{2}+gz\right)\mathrm{d}V+\oiint_{CS}\rho\left(\frac{u^2}{2}+\frac{p}{\rho}+gz\right)\boldsymbol{u}\cdot\mathrm{d}\boldsymbol{A}+W_{\mathrm{f}}=W_{\mathrm{e}}+\iiint_{CV}p\nabla\cdot\boldsymbol{u}\mathrm{d}V \tag{4-80}$$

式（4-80）为重力场中流动系统的通用机械能衡算方程，适用于定常态、非定常态，可压缩或不可压缩流体的流动。

上述摩擦阻力损失$w_{\mathrm{f}}$、偏应力张量$\boldsymbol{P}'$在直角坐标系和柱坐标系中的表达式分别为[4]

**1. $w_{\mathrm{f}}$和$\boldsymbol{P}'$在直角坐标系中的表达式**

$$\begin{aligned}w_{\mathrm{f}}&=\frac{W_{\mathrm{f}}}{m}=-\frac{1}{m}\iiint_{CV}\boldsymbol{u}\cdot\nabla\cdot\boldsymbol{P}'\mathrm{d}V\\&=-\frac{1}{m}\iiint_{CV}\left[u_x(\nabla\cdot\boldsymbol{P}')_x+u_y(\nabla\cdot\boldsymbol{P}')_y+u_z(\nabla\cdot\boldsymbol{P}')_z\right]\mathrm{d}V\end{aligned} \tag{4-81}$$

$$(\nabla\cdot\boldsymbol{P}')_x=\frac{\partial\sigma_{xx}}{\partial x}+\frac{\partial\tau_{yx}}{\partial y}+\frac{\partial\tau_{zx}}{\partial z} \tag{4-82a}$$

$$(\nabla\cdot\boldsymbol{P}')_y=\frac{\partial\tau_{xy}}{\partial x}+\frac{\partial\sigma_{yy}}{\partial y}+\frac{\partial\tau_{zy}}{\partial z} \tag{4-82b}$$

$$(\nabla\cdot\boldsymbol{P}')_z=\frac{\partial\tau_{xz}}{\partial x}+\frac{\partial\tau_{yz}}{\partial y}+\frac{\partial\sigma_{zz}}{\partial z} \tag{4-82c}$$

$$\sigma_{xx}=2\mu\left(\frac{\partial u_x}{\partial x}-\frac{1}{3}\nabla\cdot\boldsymbol{u}\right),\quad\sigma_{yy}=2\mu\left(\frac{\partial u_y}{\partial y}-\frac{1}{3}\nabla\cdot\boldsymbol{u}\right) \tag{4-82d}$$

$$\sigma_{zz}=2\mu\left(\frac{\partial u_z}{\partial z}-\frac{1}{3}\nabla\cdot\boldsymbol{u}\right),\quad\tau_{xy}=\tau_{yx}=\mu\left(\frac{\partial u_x}{\partial y}+\frac{\partial u_y}{\partial x}\right) \tag{4-82e}$$

$$\tau_{yz}=\tau_{zy}=\mu\left(\frac{\partial u_y}{\partial z}+\frac{\partial u_z}{\partial y}\right),\quad \tau_{zx}=\tau_{xz}=\mu\left(\frac{\partial u_x}{\partial z}+\frac{\partial u_z}{\partial x}\right) \tag{4-82f}$$

**2. $w_f$和$P'$在圆柱坐标系中的表达式**

$$\begin{aligned}w_f&=\frac{W_f}{m}=-\frac{1}{m}\iiint_{CV}\boldsymbol{u}\cdot\nabla\cdot\boldsymbol{P}'\mathrm{d}V\\&=-\frac{1}{m}\iiint_{CV}\left[u_r\left(\nabla\cdot\boldsymbol{P}'\right)_r+u_\theta\left(\nabla\cdot\boldsymbol{P}'\right)_\theta+u_z\left(\nabla\cdot\boldsymbol{P}'\right)_z\right]\mathrm{d}V\end{aligned} \tag{4-83}$$

$$\left(\nabla\cdot\boldsymbol{P}'\right)_r=\frac{1}{r}\left[\frac{\partial\left(r\sigma_{rr}\right)}{\partial r}+\frac{\partial\tau_{\theta r}}{\partial\theta}+\frac{\partial\left(r\tau_{zr}\right)}{\partial z}\right]-\frac{\sigma_{\theta\theta}}{r} \tag{4-84a}$$

$$\left(\nabla\cdot\boldsymbol{P}'\right)_\theta=\frac{1}{r}\left[\frac{\partial\left(r\tau_{r\theta}\right)}{\partial r}+\frac{\partial\sigma_{\theta\theta}}{\partial\theta}+\frac{\partial\left(r\tau_{z\theta}\right)}{\partial z}\right]+\frac{\tau_{r\theta}}{r} \tag{4-84b}$$

$$\left(\nabla\cdot\boldsymbol{P}'\right)_z=\frac{1}{r}\left[\frac{\partial\left(r\tau_{rz}\right)}{\partial r}+\frac{\partial\tau_{\theta z}}{\partial\theta}+\frac{\partial\left(r\sigma_{zz}\right)}{\partial z}\right] \tag{4-84c}$$

$$\sigma_{rr}=2\mu\left(\frac{\partial u_r}{\partial r}-\frac{1}{3}\nabla\cdot\boldsymbol{u}\right),\qquad \sigma_{\theta\theta}=2\mu\left(\frac{\partial u_\theta}{\partial\theta}+\frac{u_r}{r}-\frac{1}{3}\nabla\cdot\boldsymbol{u}\right) \tag{4-84d}$$

$$\sigma_{zz}=2\mu\left(\frac{\partial u_z}{\partial z}-\frac{1}{3}\nabla\cdot\boldsymbol{u}\right),\qquad \tau_{r\theta}=\tau_{\theta r}=\mu\left(\frac{\partial u_\theta}{\partial r}+\frac{1}{r}\frac{\partial u_r}{\partial\theta}-\frac{u_\theta}{r}\right) \tag{4-84e}$$

$$\tau_{\theta z}=\tau_{z\theta}=\mu\left(\frac{1}{r}\frac{\partial u_z}{\partial\theta}+\frac{\partial u_\theta}{\partial z}\right),\quad \tau_{zr}=\tau_{rz}=\mu\left(\frac{\partial u_r}{\partial z}+\frac{\partial u_z}{\partial r}\right) \tag{4-84f}$$

## 五、流体在直管内流动时的摩擦阻力损失计算通用公式

在运用式（4-80）或式（2-46）解决工程实际问题时，首先要求取流体流动时的摩擦阻力损失 $w_f$。对于流体做层流流动时，可利用式（4-79）从理论上求取摩擦阻力损失 $w_f$。但在工程上，由于多数情况下流体流动处于湍流状况，所以很难用式（4-79）求取 $w_f$。在工程上，可用如下方法导出计算 $w_f$ 的通用公式来解决实际问题。

对圆形等径直管内不可压缩流体的流动，如图 4-13 所示，选取由截面 1-1、2-2 和管内壁包合成的控制体，根据机械能衡算方程式（2-46），结合连续性方程式（2-19），可知长度 $l$ 管段内的摩擦阻力损失为

$$w_f=\frac{p_1-p_2}{\rho}+g\left(z_1-z_2\right)=\frac{\Delta p}{\rho}-gh \tag{4-85}$$

另一方面，再对所选控制体内的流体柱作受力分析。如图 4-13 所示，在上游截面 1-1 处流体柱所受总压力为$\pi R^2 p_1$，在下游截面 2-2 处流体柱所受总压力为$\pi R^2 p_2$，流体柱侧面所受壁面剪应力为 $2\pi Rl\tau_w$，这里 $\tau_w$ 是管段内壁面作用在流体柱上的剪应力，此外还有流体柱本身所受的重力，其在管轴向的分量为$\pi R^2 l\rho g\sin\theta$即$\pi R^2\rho gh$，其中，$R=d/2$ 为管半径。

因流体柱做匀速运动，故上述四个力达到平衡，即

$$\pi R^2\left(p_1-p_2\right)=2\pi Rl\tau_w+\pi R^2\rho gh \tag{4-86}$$

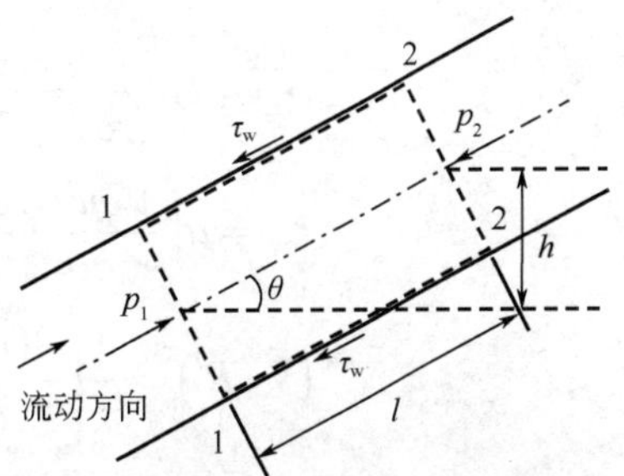


图 4-13　圆形等径直管内的流动阻力

整理，得
$$\frac{\Delta p}{\rho}=\frac{4\tau_{\mathrm{w}}l}{\rho d}+gh \tag{4-87}$$
将式（4-87）代入式（4-85），得
$$w_{\mathrm{f}}=\frac{4\tau_{\mathrm{w}}l}{\rho d} \tag{4-88}$$
工程上通常将摩擦阻力损失 $w_{\mathrm{f}}$ 表达成动能 $u^2/2$ 的某个倍数，这里的 $u$ 为管截面上的平均速度，于是式（4-88）改写成
$$w_{\mathrm{f}}=\frac{8\tau_{\mathrm{w}}}{\rho u^2}\frac{l}{d}\frac{u^2}{2} \tag{4-89}$$
式中，$l/d$ 为长径比，无量纲，由圆形直管的几何尺寸所确定；$\tau_{\mathrm{w}}/(\rho u^2)$为壁面剪应力与单位体积流体的动能之比，无量纲。令
$$\lambda=\frac{8\tau_{\mathrm{w}}}{\rho u^2} \tag{4-90}$$
式中，$\lambda$称为摩擦系数或摩擦因数，无量纲。于是式（4-89）改写为
$$w_{\mathrm{f}}=\lambda\frac{l}{d}\frac{u^2}{2} \tag{4-91}$$
式（4-91）为直管摩擦阻力损失的计算通式，对流体在直管内做层流或湍流流动均适用。在工程应用上，只要得到摩擦系数，就可用式（4-91）方便地计算摩擦阻力损失。

## 六、流体在几种管内做层流流动时的摩擦阻力损失计算

工程上由式（4-91）计算流体在直管内流动摩擦阻力损失的关键是$\lambda$数据的获取。流体做层流和湍流时的摩擦系数$\lambda$求法不尽相同，对于层流流动可以用理论公式求得，下面推出流体在几种直管内层流流动时$\lambda$的计算公式；而对于湍流流动目前只能采用半经验及纯经验的公式获得，求取方法将在第六、七章详细介绍。

### 1. 流体在圆管内层流流动的摩擦阻力损失

不可压缩流体在圆管内做层流流动时的速度分布见式（3-26）
$$u_z=\frac{\Delta p_L}{4\mu}\left(R^2-r^2\right)=2u_{\mathrm{b}}\left[1-\left(\frac{r}{R}\right)^2\right] \tag{3-26}$$
在柱坐标系下，单位质量流体在流动过程中的摩擦阻力损失 $w_{\mathrm{f}}$ 可以用式（4-83）进行计算。下面计算式（4-83）中的各项数值
$$\sigma_{rr}=2\mu\left(\frac{\partial u_r}{\partial r}-\frac{1}{3}\nabla\cdot\boldsymbol{u}\right)=0,\quad \sigma_{\theta\theta}=2\mu\left(\frac{1}{r}\frac{\partial u_\theta}{\partial\theta}+\frac{u_r}{r}-\frac{1}{3}\nabla\cdot\boldsymbol{u}\right)=0$$
$$\sigma_{zz}=2\mu\left(\frac{\partial u_z}{\partial z}-\frac{1}{3}\nabla\cdot\boldsymbol{u}\right)=0,\quad \tau_{r\theta}=\mu\left(\frac{\partial u_\theta}{\partial r}+\frac{1}{r}\frac{\partial u_r}{\partial\theta}-\frac{u_\theta}{r}\right)=0$$
$$\tau_{\theta z}=\mu\left(\frac{1}{r}\frac{\partial u_z}{\partial\theta}+\frac{\partial u_\theta}{\partial z}\right)=0,\quad \tau_{zr}=\mu\left(\frac{\partial u_r}{\partial z}+\frac{\partial u_z}{\partial r}\right)=\mu\frac{\partial u_z}{\partial r}=-\frac{4\mu u_{\mathrm{b}}r}{R^2}$$
$$(\nabla\cdot\boldsymbol{P}')_r=\frac{1}{r}\left[\frac{\partial\left(r\sigma_{rr}\right)}{\partial r}+\frac{\partial\tau_{\theta r}}{\partial\theta}+\frac{\partial\left(r\tau_{zr}\right)}{\partial z}\right]-\frac{\sigma_{\theta\theta}}{r}=0$$
$$(\nabla\cdot\boldsymbol{P}')_\theta=\frac{1}{r}\left[\frac{\partial\left(r\tau_{r\theta}\right)}{\partial r}+\frac{\partial\sigma_{\theta\theta}}{\partial\theta}+\frac{\partial\left(r\tau_{z\theta}\right)}{\partial z}\right]+\frac{\tau_{r\theta}}{r}=0$$

$$\left(\nabla\cdot\boldsymbol{P}'\right)_z=\frac{1}{r}\left[\frac{\partial\left(r\tau_{rz}\right)}{\partial r}+\frac{\partial\tau_{\theta z}}{\partial\theta}+\frac{\partial\left(r\sigma_{zz}\right)}{\partial z}\right]=-\frac{8\mu u_{\mathrm{b}}}{R^2}$$

上述各项代入式（4-83），并在长度为 $l$ 的管段上积分

$$\begin{aligned}w_{\mathrm{f}}&=-\frac{1}{m}\iiint_{CV}\left[u_r\left(\nabla\cdot\boldsymbol{P}'\right)_r+u_\theta\left(\nabla\cdot\boldsymbol{P}'\right)_\theta+u_z\left(\nabla\cdot\boldsymbol{P}'\right)_z\right]\mathrm{d}V\\&=-\frac{1}{m}\iiint_{CV}\left\{2u_{\mathrm{b}}\left[1-\left(\frac{r}{R}\right)^2\right]\left(-\frac{8\mu u_{\mathrm{b}}}{R^2}\right)\right\}\mathrm{d}V\\&=-\frac{1}{m}\int_0^R\left\{2u_{\mathrm{b}}\left[1-\left(\frac{r}{R}\right)^2\right]\left(-\frac{8\mu u_{\mathrm{b}}}{R^2}\right)\right\}\left(l\times2\pi r\right)\mathrm{d}r\end{aligned}\tag{4-92}$$

式中，$m=\pi R^2u_{\mathrm{b}}\rho$，积分上式得

$$w_{\mathrm{f}}=\frac{32\mu u_{\mathrm{b}}l}{\rho d^2}\tag{4-93}$$

式（4-93）为不可压缩流体在等径直管内做层流流动时的摩擦阻力损失计算公式。将式（4-93）与式（4-91）比较，并整理成无量纲形式，得

$$\lambda=\frac{64}{Re}\tag{4-94}$$

式中，$Re=du_{\mathrm{b}}\rho/\mu$为圆管内流体流动的雷诺数，当 $Re\leqslant2000$ 时流动为层流，$Re\geqslant4000$ 时为湍流，$2000<Re<4000$ 为过渡流。式（4-94）为计算圆管内层流流动时摩擦系数的公式。

**2. 同心套管内轴向定常态层流流动的摩擦阻力损失**

不可压缩流体在同心套管内做层流流动时的速度分布见式（4-46）和式（4-47）。对于套管内的流动，要分两个流动区域分别进行计算，即 $r_1$ 到 $r_{\max}$ 和 $r_{\max}$ 到 $r_2$ 两个区域。

下面先对 $r_{\max}$ 到 $r_2$ 这个区域进行计算。在柱坐标系下，单位质量流体在流动过程中的摩擦阻力损失 $w_{\mathrm{f}}$ 可以用式（4-83）进行计算。

下面计算式（4-83）中的各项数值

$$\sigma_{rr}=2\mu\left(\frac{\partial u_r}{\partial r}-\frac{1}{3}\nabla\cdot\boldsymbol{u}\right)=0,\quad\sigma_{\theta\theta}=2\mu\left(\frac{1}{r}\frac{\partial u_\theta}{\partial\theta}+\frac{u_r}{r}-\frac{1}{3}\nabla\cdot\boldsymbol{u}\right)=0$$

$$\sigma_{zz}=2\mu\left(\frac{\partial u_z}{\partial z}-\frac{1}{3}\nabla\cdot\boldsymbol{u}\right)=0,\quad\tau_{r\theta}=\mu\left(\frac{\partial u_\theta}{\partial r}+\frac{1}{r}\frac{\partial u_r}{\partial\theta}-\frac{u_\theta}{r}\right)=0$$

$$\tau_{\theta z}=\mu\left(\frac{1}{r}\frac{\partial u_z}{\partial\theta}+\frac{\partial u_\theta}{\partial z}\right)=0,\quad\tau_{zr}=\mu\left(\frac{\partial u_r}{\partial z}+\frac{\partial u_z}{\partial r}\right)=\mu\frac{\partial u_z}{\partial r}=\frac{1}{2}\times\frac{\mathrm{d}\varGamma}{\mathrm{d}z}\left(r-\frac{r_{\max}^2}{r}\right)$$

$$\left(\nabla\cdot\boldsymbol{P}'\right)_r=\frac{1}{r}\left[\frac{\partial\left(r\sigma_{rr}\right)}{\partial r}+\frac{\partial\tau_{\theta r}}{\partial\theta}+\frac{\partial\left(r\tau_{zr}\right)}{\partial z}\right]-\frac{\sigma_{\theta\theta}}{r}=0$$

$$\left(\nabla\cdot\boldsymbol{P}'\right)_\theta=\frac{1}{r}\left[\frac{\partial\left(r\tau_{r\theta}\right)}{\partial r}+\frac{\partial\sigma_{\theta\theta}}{\partial\theta}+\frac{\partial\left(r\tau_{z\theta}\right)}{\partial z}\right]+\frac{\tau_{r\theta}}{r}=0$$

$$\left(\nabla\cdot\boldsymbol{P}'\right)_z=\frac{1}{r}\left[\frac{\partial\left(r\tau_{rz}\right)}{\partial r}+\frac{\partial\tau_{\theta z}}{\partial\theta}+\frac{\partial\left(r\sigma_{zz}\right)}{\partial z}\right]=\frac{\mathrm{d}\varGamma}{\mathrm{d}z}$$

将上述各项代入式（4-83），并在 $r_{\max}\to r_2$、长度为 $l$ 的区域 $CV_2$ 上积分

$$w_{f2}=-\frac{1}{m_2}\iiint_{CV_2}\left[u_r\left(\nabla\cdot\boldsymbol{P}'\right)_r+u_\theta\left(\nabla\cdot\boldsymbol{P}'\right)_\theta+u_z\left(\nabla\cdot\boldsymbol{P}'\right)_z\right]\mathrm{d}V=-\frac{\left(\nabla\cdot\boldsymbol{P}'\right)_z}{m_2}\iiint_{CV_2}u_z\mathrm{d}V$$

$$=-2\pi l\frac{\left(\nabla\cdot\boldsymbol{P}'\right)_z}{m_2}\int_{r_{\max}}^{r_2}u_z r\mathrm{d}r=-\frac{l}{\rho}\times\frac{\mathrm{d}\Gamma}{\mathrm{d}z} \tag{4-95}$$

式中，$m_2=2\pi\rho\int_{r_{\max}}^{r_2}u_z r\mathrm{d}r$，为 $r_{\max}\to r_2$ 截面上的质量流量。

同理，对 $r_1$ 到 $r_{\max}$ 这个区域进行计算，可得：$w_{f1}=w_{f2}$。

由于套管为非圆形管，这里引入当量直径来代替圆管直径

$$d_e=\frac{4\times流通截面积}{润湿周边}=4\times水力半径 \tag{4-96}$$

于是，套管的当量直径为 $d_e=\dfrac{4\pi\left(r_2^2-r_1^2\right)}{2\pi\left(r_2+r_1\right)}=2\left(r_2-r_1\right)$。

结合式（4-50），将式（4-95）整理成式（4-91）的形式，得

$$\lambda=\frac{C}{Re} \tag{4-97}$$

式中，$Re=d_e u_b\rho/\mu$ 为套管内流体流动的雷诺数；$C$ 为与 $r_1$、$r_2$ 有关的常数。

$$C=\frac{64\left(1-k\right)^2}{1+k^2+\left(1-k^2\right)/\ln k} \tag{4-98}$$

式中，$k=r_1/r_2$。

当 $r_1\to 0$ 时，$k\to 0$，代入式（4-98）得：$C=64$，即为圆管的情形。当 $r_1\to r_2$ 时，$k\to 1$，代入式（4-98）得：$C=96$，这表示流体在两无限大平板中流动的情形。当 $k=0.6$，代入式（4-98）得：$C=95.6$，可见 $k\geqslant 0.6$，$C$ 已趋近 96，此时可忽略圆筒曲率对流动的影响，而近似当成流体在两大平板间的流动。常数 $C$ 随套管内外径之比 $k$ 的关系见图 4-14。

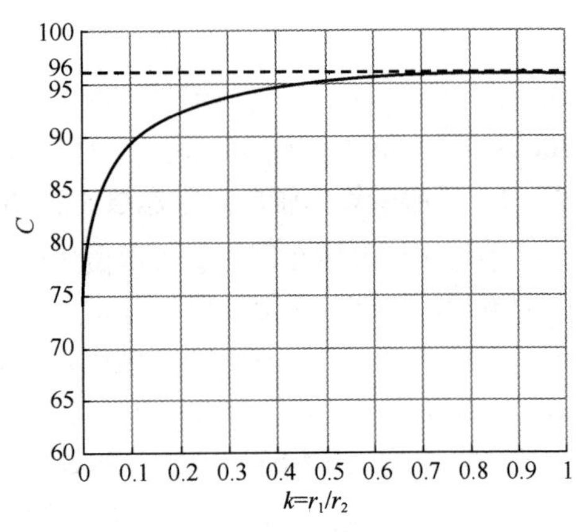


图 4-14　$C$ 与 $k$ 的关系

**3. 正三角形管内轴向定常态层流流动的摩擦阻力损失**

如图 4-15 所示，不可压缩流体在正三角形管内做层流流动时的速度分布为[5]

$$u_z=-\frac{15u_b}{8b^3}\left[-y^3+3yx^2+2b\left(y^2+x^2\right)-\frac{32}{27}b^3\right] \tag{4-99}$$

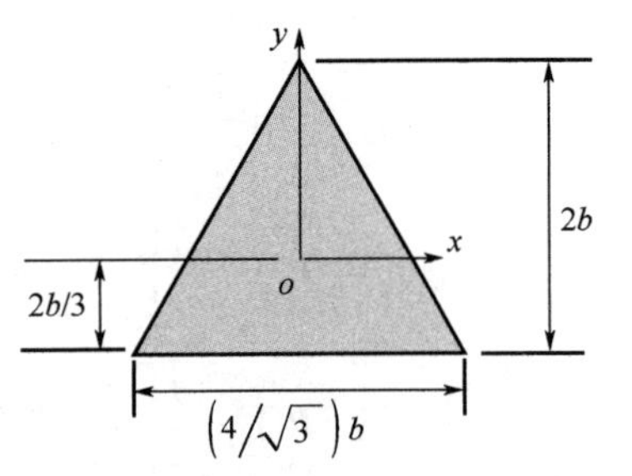


图 4-15　正三角通道截面尺寸

在直角坐标系下，单位质量流体在流动过程中的摩擦阻力损失 $w_f$ 可以用式（4-81）进行计算。

下面计算式（4-81）中的各项数值

$$\sigma_{xx}=2\mu\left(\frac{\partial u_x}{\partial x}-\frac{1}{3}\nabla\cdot\boldsymbol{u}\right)=0,\quad \sigma_{yy}=2\mu\left(\frac{\partial u_y}{\partial y}-\frac{1}{3}\nabla\cdot\boldsymbol{u}\right)=0$$

$$\sigma_{zz}=2\mu\left(\frac{\partial u_z}{\partial z}-\frac{1}{3}\nabla\cdot\boldsymbol{u}\right)=0,\quad \tau_{xy}=\mu\left(\frac{\partial u_y}{\partial x}+\frac{\partial u_x}{\partial y}\right)=0$$

$$\tau_{yz}=\mu\left(\frac{\partial u_z}{\partial y}+\frac{\partial u_y}{\partial z}\right)=-\frac{15\mu u_{\mathrm{b}}}{8b^3}\left(-2y^2+3x^2+4by\right)$$

$$\tau_{zx}=\mu\left(\frac{\partial u_x}{\partial z}+\frac{\partial u_z}{\partial x}\right)=-\frac{15\mu u_{\mathrm{b}}}{8b^3}\left(6yx+4bx\right)$$

$$\left(\nabla\cdot\boldsymbol{P}'\right)_x=\frac{\partial\sigma_{xx}}{\partial x}+\frac{\partial\tau_{yx}}{\partial y}+\frac{\partial\tau_{zx}}{\partial z}=0,\quad\left(\nabla\cdot\boldsymbol{P}'\right)_y=\frac{\partial\tau_{xy}}{\partial x}+\frac{\partial\sigma_{yy}}{\partial y}+\frac{\partial\tau_{zy}}{\partial z}=0$$

$$\left(\nabla\cdot\boldsymbol{P}'\right)_z=\frac{\partial\tau_{xz}}{\partial x}+\frac{\partial\tau_{yz}}{\partial y}+\frac{\partial\sigma_{zz}}{\partial z}=-\frac{15\mu u_{\mathrm{b}}}{8b^3}\left(6y+4b\right)-\frac{15\mu u_{\mathrm{b}}}{8b^3}\left(-4y+4b\right)$$

$$=-\frac{15\mu u_{\mathrm{b}}}{8b^3}\left(2y+8b\right)$$

代入式（4-81），并在长度为 $l$ 的管段上积分

$$\begin{aligned}w_{\mathrm{f}}&=-\frac{1}{m}\iiint_{CV}\left[u_x\left(\nabla\cdot\boldsymbol{P}'\right)_x+u_y\left(\nabla\cdot\boldsymbol{P}'\right)_y+u_z\left(\nabla\cdot\boldsymbol{P}'\right)_z\right]\mathrm{d}V\\&=-\frac{1}{m}\iiint_{CV}\left\{-\frac{15u_{\mathrm{b}}}{8b^3}\left[-y^3+3yx^2+2b\left(y^2+x^2\right)-\frac{32}{27}b^3\right]\left(-\frac{15\mu u_{\mathrm{b}}}{8b^3}\left(2y+8b\right)\right)\right\}\mathrm{d}V\\&=-\frac{225\sqrt{3}\mu u_{\mathrm{b}}l}{128b^8\rho}\int_{-2b/3}^{4b/3}\left(y+4b\right)\int_{-\sqrt{3}(4b/3-y)/2}^{\sqrt{3}(4b/3-y)/2}\left[-y^3+3yx^2+2b\left(y^2+x^2\right)-\frac{32}{27}b^3\right]\mathrm{d}x\mathrm{d}y\\&=\frac{15\mu u_{\mathrm{b}}l}{16b^2\rho}\end{aligned}\tag{4-100}$$

式中，$m=\left(4/\sqrt{3}\right)b^2u_{\mathrm{b}}\rho$，将式（4-100）整理成式（4-91）形式，得

$$\lambda=\frac{160}{3Re}=\frac{53.3}{Re}\tag{4-101}$$

式中，$Re=d_{\mathrm{e}}u_{\mathrm{b}}\rho/\mu$为管内流体流动的雷诺数，$d_{\mathrm{e}}=16b/3$。

对于复杂流道的层流流动，应用式（4-79）、式（4-81）或式（4-83）可通过数值计算求得流体层流流动时的摩擦阻力损失。

**【例 4-2】** 用一个板翅式换热器将乙二醇由20℃加热到50℃。已知板翅的通道截面为正三角形，正三角形内边长为6mm，通道长度为1m，如图4-16所示。设乙二醇物性可用进出口平均温度下的物性近似代替。35℃下乙二醇的密度为1102kg·m$^{-3}$，黏度为0.011734Pa·s。乙二醇在一条通道内的质量流量为50 kg·h$^{-1}$。求乙二醇流过板翅通道时的流动阻力。

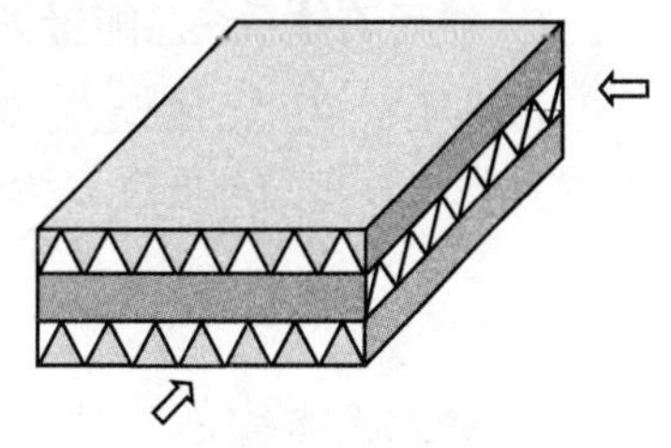

图4-16　例4-2附图

**解**　三角形通道的截面积为

$$S=\frac{1}{2}\times\left(0.006\right)^2\times\sin\frac{\pi}{3}=1.56\times10^{-5}\,\mathrm{m}^2$$

通道内的平均流速为

$$u_{\mathrm{b}}=\frac{m}{\rho S}=\frac{50/3600}{1102\times1.56\times10^{-5}}=0.808\,\mathrm{m\cdot s^{-1}}$$

三角形通道的当量直径

$$d_{\mathrm{e}}=\frac{16}{3}\times\frac{1}{2}\times0.006\times\sin\frac{\pi}{3}=0.0139\,\mathrm{m}$$

流动雷诺数

$$Re = \frac{d_e u_b \rho}{\mu} = \frac{0.0139 \times 0.808 \times 1102}{0.011734} = 1054.8$$

雷诺数小于 2000，属于层流流动，故流动摩擦系数为

$$\lambda = \frac{53.3}{Re} = 0.0505$$

通过 1m 长通道的阻力损失为

$$w_f = \lambda \frac{l}{d_e}\frac{u_b^2}{2} = 0.0505 \times \frac{1}{0.0139} \times \frac{0.808^2}{2} = 1.19\ \mathrm{J{\cdot}kg^{-1}}$$

# 第四节　微观体积的能量衡算

在微元流体系统上应用能量守恒定律，可以得到微观体积的能量衡算方程，即通用能量微分方程。对具体问题，通过对通用能量微分方程的化简可得特定形式的能量微分方程，然后求解微分方程得到问题的解。

## 一、通用能量微分方程式

流体系统的能量守恒定律，即式（2-25）

$$\frac{DE}{Dt} = Q - W \tag{2-25}$$

也可用于微元流体系统，式中的 $E$、$Q$ 和 $W$ 都是针对微元流体系统而言。

在第二章已介绍过，流体的比总能量 $e$ 为

$$e = \tilde{u} + \frac{1}{2}u^2 + gz \tag{2-27}$$

下面对式（2-25）中各项进行计算。

**1. 微元流体系统总能量 $E$**

取图 4-17 所示的微元流体系统进行研究，则该微元流体系统具有的总能量 $E$ 为

$$E = e\mathrm{d}m = \left(\tilde{u} + \frac{1}{2}u^2 + gz\right)\rho \mathrm{d}x\mathrm{d}y\mathrm{d}z \tag{4-102}$$

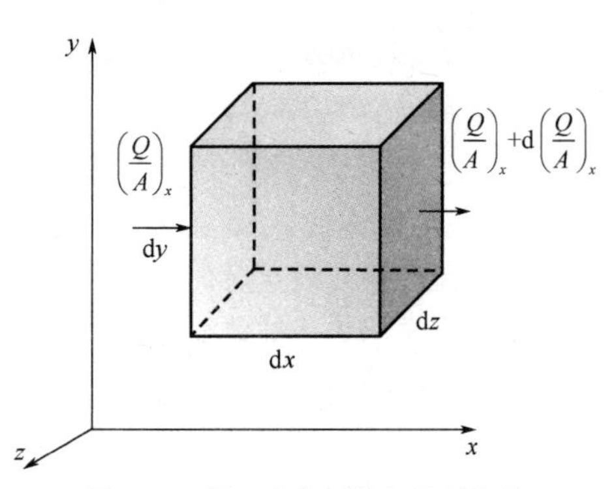

图 4-17　微元流体系统的能量衡算

**2. 微元流体系统与环境之间的传热量 $Q$**

微元流体系统与环境之间的热量交换可分为两类：

**（1）微元流体系统内部产生的热量**　当微元流体系统处在电场、微波场、声场等能量场时，系统内部将产生热能；此外当有化学反应产生反应热时，系统内部也将产生热量。这些热源称为内热源，用 $S$ 表示单位体积产生的热量，$\mathrm{W{\cdot}m^{-3}}$。

**（2）在微元流体系统的表面从环境通过热传导而传入的热量**　由于以微元流体系统为研究对象，所以这类热量只能通过分子的热运动进行传递，即以分子热量传递方式进行。参考图 4-17，沿 $x$ 方向净输入此微元流体系统的热流速率为

$$\left\{\left(\frac{Q}{A}\right)_x-\left[\left(\frac{Q}{A}\right)_x+\frac{\partial}{\partial x}\left(\frac{Q}{A}\right)_x\mathrm{d}x\right]\right\}\mathrm{d}y\mathrm{d}z=-\frac{\partial}{\partial x}\left(\frac{Q}{A}\right)_x\mathrm{d}x\mathrm{d}y\mathrm{d}z \tag{4-103}$$

同理，沿 $y$，$z$ 两个方向净输入此微元流体系统的热流速率分别为

$$\left\{\left(\frac{Q}{A}\right)_y-\left[\left(\frac{Q}{A}\right)_y+\frac{\partial}{\partial y}\left(\frac{Q}{A}\right)_y\mathrm{d}y\right]\right\}\mathrm{d}x\mathrm{d}z=-\frac{\partial}{\partial y}\left(\frac{Q}{A}\right)_y\mathrm{d}x\mathrm{d}y\mathrm{d}z \tag{4-104}$$

$$\left\{\left(\frac{Q}{A}\right)_z-\left[\left(\frac{Q}{A}\right)_z+\frac{\partial}{\partial z}\left(\frac{Q}{A}\right)_z\mathrm{d}z\right]\right\}\mathrm{d}x\mathrm{d}y=-\frac{\partial}{\partial z}\left(\frac{Q}{A}\right)_z\mathrm{d}x\mathrm{d}y\mathrm{d}z \tag{4-105}$$

可见，以分子热量传递方式净输入微元流体系统的总热流速率为

$$-\left[\frac{\partial}{\partial x}\left(\frac{Q}{A}\right)_x+\frac{\partial}{\partial y}\left(\frac{Q}{A}\right)_y+\frac{\partial}{\partial z}\left(\frac{Q}{A}\right)_z\right]\mathrm{d}x\mathrm{d}y\mathrm{d}z \tag{4-106}$$

将傅里叶定律代入，则式（4-106）变为

$$\nabla\cdot\left(k\nabla T\right)\mathrm{d}x\mathrm{d}y\mathrm{d}z \tag{4-107}$$

所以，系统与环境之间的传热量为

$$Q=\left[\nabla\cdot\left(k\nabla T\right)+S\right]\mathrm{d}x\mathrm{d}y\mathrm{d}z \tag{4-108}$$

**3. 环境通过表面应力对微元流体系统所做的功率 $W$**

如图 4-18 所示，先考察微元体左侧的环境对微元体做的功率。环境作用于微元体左侧面上的应力在 $x$，$y$，$z$ 方向的分量分别为：$\tau_{-xx}$，$\tau_{-xy}$，$\tau_{-xz}$。

此 3 个分力对微元体所做的功率分别为：

$$\left(\tau_{-xx}\mathrm{d}z\mathrm{d}y\right)u_x,\quad\left(\tau_{-xy}\mathrm{d}z\mathrm{d}y\right)u_y,\quad\left(\tau_{-xz}\mathrm{d}z\mathrm{d}y\right)u_z$$

类似地，环境对微元体右侧面所做的功率分别为

$x$ 方向分力做功

$$\left[\left(\tau_{xx}+\frac{\partial\tau_{xx}}{\partial x}\mathrm{d}x\right)\mathrm{d}z\mathrm{d}y\right]\left(u_x+\frac{\partial u_x}{\partial x}\mathrm{d}x\right)$$

$y$ 方向分力做功

$$\left[\left(\tau_{xy}+\frac{\partial\tau_{xy}}{\partial x}\mathrm{d}x\right)\mathrm{d}z\mathrm{d}y\right]\left(u_y+\frac{\partial u_y}{\partial x}\mathrm{d}x\right)$$

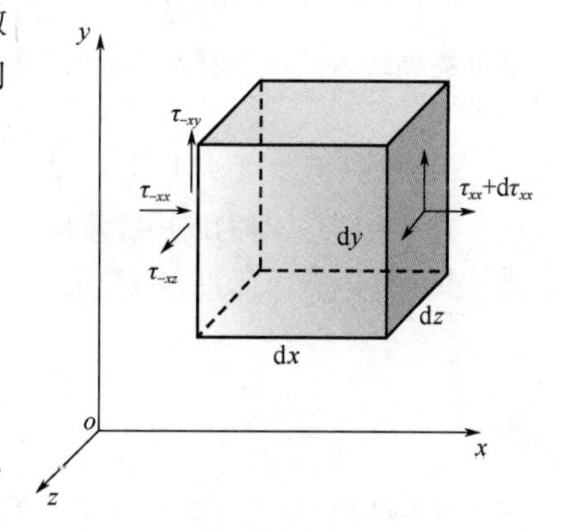

图 4-18 环境对微元流体系统做功

$z$ 方向分力做功

$$\left[\left(\tau_{xz}+\frac{\partial\tau_{xz}}{\partial x}\mathrm{d}x\right)\mathrm{d}z\mathrm{d}y\right]\left(u_z+\frac{\partial u_z}{\partial x}\mathrm{d}x\right)$$

根据做功的正负号规定，环境通过作用在微元体左、右侧面上的应力对系统所做的功率为上述 6 项的代数和，按规定应取负值，整理并略去高阶项，即为

$$-\left(\tau_{-xx}\mathrm{d}z\mathrm{d}y\right)u_x-\left[\left(\tau_{xx}+\frac{\partial\tau_{xx}}{\partial x}\mathrm{d}x\right)\mathrm{d}z\mathrm{d}y\right]\left(u_x+\frac{\partial u_x}{\partial x}\mathrm{d}x\right)$$

$$-\left(\tau_{-xy}\mathrm{d}z\mathrm{d}y\right)u_y-\left[\left(\tau_{xy}+\frac{\partial\tau_{xy}}{\partial x}\mathrm{d}x\right)\mathrm{d}z\mathrm{d}y\right]\left(u_y+\frac{\partial u_y}{\partial x}\mathrm{d}x\right)$$

$$-\left(\tau_{-xz}\mathrm{d}z\mathrm{d}y\right)u_z-\left[\left(\tau_{xz}+\frac{\partial\tau_{xz}}{\partial x}\mathrm{d}x\right)\mathrm{d}z\mathrm{d}y\right]\left(u_z+\frac{\partial u_z}{\partial x}\mathrm{d}x\right)$$

$$=-\frac{\partial\left(\tau_{xx}u_x\right)}{\partial x}\mathrm{d}x\mathrm{d}y\mathrm{d}z-\frac{\partial\left(\tau_{xy}u_y\right)}{\partial x}\mathrm{d}x\mathrm{d}y\mathrm{d}z-\frac{\partial\left(\tau_{xz}u_z\right)}{\partial x}\mathrm{d}x\mathrm{d}y\mathrm{d}z$$

$$=-\frac{\partial}{\partial x}\left[\tau_{xx}u_x+\tau_{xy}u_y+\tau_{xz}u_z\right]\mathrm{d}x\mathrm{d}y\mathrm{d}z \tag{4-109}$$

同理通过上下面、前后面，环境对系统所做的功率分别为

$$-\frac{\partial}{\partial y}\left[\tau_{yx}u_x+\tau_{yy}u_y+\tau_{yz}u_z\right]\mathrm{d}x\mathrm{d}y\mathrm{d}z \tag{4-110}$$

$$-\frac{\partial}{\partial z}\left[\tau_{zx}u_x+\tau_{zy}u_y+\tau_{zz}u_z\right]\mathrm{d}x\mathrm{d}y\mathrm{d}z \tag{4-111}$$

将式（4-109)、式（4-110）和式（4-111）加和，可得环境对微元流体系统做的总功率

$$W=-\frac{\partial}{\partial x}\left[\tau_{xx}u_x+\tau_{xy}u_y+\tau_{xz}u_z\right]\mathrm{d}x\mathrm{d}y\mathrm{d}z-\frac{\partial}{\partial y}\left[\tau_{yx}u_x+\tau_{yy}u_y+\tau_{yz}u_z\right]\mathrm{d}x\mathrm{d}y\mathrm{d}z$$

$$-\frac{\partial}{\partial z}\left[\tau_{zx}u_x+\tau_{zy}u_y+\tau_{zz}u_z\right]\mathrm{d}x\mathrm{d}y\mathrm{d}z=-\left[\frac{\partial}{\partial x}\left(\boldsymbol{\tau}_x\cdot\boldsymbol{u}\right)+\frac{\partial}{\partial y}\left(\boldsymbol{\tau}_y\cdot\boldsymbol{u}\right)+\frac{\partial}{\partial z}\left(\boldsymbol{\tau}_z\cdot\boldsymbol{u}\right)\right]\mathrm{d}x\mathrm{d}y\mathrm{d}z$$

$$=-\nabla\cdot\left(\boldsymbol{\tau}\cdot\boldsymbol{u}\right)\mathrm{d}x\mathrm{d}y\mathrm{d}z=-\left[-\nabla\cdot\left(p\boldsymbol{u}\right)+\nabla\cdot\left(\boldsymbol{P}'\cdot\boldsymbol{u}\right)\right]\mathrm{d}x\mathrm{d}y\mathrm{d}z \tag{4-112}$$

将有关项代入式（2-25），同时注意到可以将$\rho\mathrm{d}x\mathrm{d}y\mathrm{d}z$ 从微分号内移出来，得

$$\rho\frac{\mathrm{D}}{\mathrm{D}t}\left(\tilde{u}+\frac{1}{2}u^2+gz\right)=\nabla\cdot\left(k\nabla T\right)+S-\nabla\cdot\left(p\boldsymbol{u}\right)+\nabla\cdot\left(\boldsymbol{P}'\cdot\boldsymbol{u}\right) \tag{4-113}$$

式（4-113）即为通用能量微分方程式，适用于各种情况。利用式（4-67）可以进一步简化式（4-113）。考虑在重力场中有 $\boldsymbol{F}=-g\boldsymbol{k}$，故

$$\rho\boldsymbol{u}\cdot\boldsymbol{F}=-\rho g u_z \tag{4-114}$$

又

$$\rho\frac{\mathrm{D}(gz)}{\mathrm{D}t}=\rho g\frac{\mathrm{D}z}{\mathrm{D}t}=\rho g u_z \tag{4-115}$$

将式（4-114）和式（4-115）合并代入式（4-67），得

$$\rho\frac{\mathrm{D}}{\mathrm{D}t}\left(\frac{u^2}{2}+gz\right)=\boldsymbol{u}\cdot\left(\nabla\cdot\boldsymbol{\tau}\right) \tag{4-116}$$

将式（4-116）代入式（4-113），同时利用式（4-73），化简整理得

$$\rho\frac{\mathrm{D}\tilde{u}}{\mathrm{D}t}=\nabla\cdot\left(k\nabla T\right)+S-p\nabla\cdot\boldsymbol{u}-\boldsymbol{u}\cdot\left(\nabla\cdot\boldsymbol{P}'\right)+\nabla\cdot\left(\boldsymbol{P}'\cdot\boldsymbol{u}\right) \tag{4-117}$$

令

$$\varPhi=\nabla\cdot\left(\boldsymbol{P}'\cdot\boldsymbol{u}\right)-\boldsymbol{u}\cdot\left(\nabla\cdot\boldsymbol{P}'\right)=\boldsymbol{P}':\nabla\boldsymbol{u} \tag{4-118}$$

$\varPhi$ 称为散逸热速率，$\mathrm{W\cdot m^{-3}}$，表示流体流动时由于黏性而耗散掉的机械能。一般情况下散逸热速率可以略去，但流体内部有很高的形变速率时要考虑此项，如轴承因轴的高速运动、宇宙飞船返回地球时飞船表面附近的空气因高形变速率等情况，散逸热速率很大，使轴承、飞船表面产生很高的温升。式中的$-p\nabla\cdot\boldsymbol{u}$ 项表示当体积有相对膨胀或压缩时压力 $p$ 所做的功率。于是式（4-117）简写为

$$\rho\frac{\mathrm{D}\tilde{u}}{\mathrm{D}t}=\nabla\cdot\left(k\nabla T\right)-p\nabla\cdot\boldsymbol{u}+S+\varPhi \tag{4-119}$$

此式也是能量微分方程。在没有牵涉机械能的问题中，式（4-119）比式（4-113）更便于应用。在一些特殊情况下，式（4-119）可以进一步简化。

## 二、固体内的热传导微分方程

在固体内部，物质静止不动，没有宏观运动，所以随体导数等于偏导数。固体内部也不存在形变，即 $\Phi=0$，式（4-119）变为

$$\rho\frac{\partial\tilde{u}}{\partial t}=\nabla\cdot\left(k\nabla T\right)+S \tag{4-120}$$

式中的内能与温度的关系可用下式表示

$$\tilde{u}=c_V T \tag{4-121}$$

对于固体 $c_V\approx c_p$，式中，$c_V$、$c_p$ 分别为固体材料的定容比热容和定压比热容。若$\rho$、$k$ 为常数，则式（4-120）简化为

$$\frac{1}{a}\frac{\partial T}{\partial t}=\nabla^2 T+\frac{S}{k} \tag{4-122}$$

式（4-122）为具有内热源的固体热传导微分方程。

当固体内没有内热源时，式（4-122）进一步简化为

$$\frac{1}{a}\frac{\partial T}{\partial t}=\nabla^2 T \tag{4-123}$$

式（4-123）为固体无内热源时非定常态热传导微分方程，即傅里叶场方程，也称为傅里叶第二导热定律。

对于固体有内热源的定常态热传导，式（4-122）等号左边为零，则有

$$\nabla^2 T=-\frac{S}{k} \tag{4-124}$$

式（4-124）也称泊松方程（Poisson equation）。

对于固体无内热源的定常态热传导，式（4-124）再简化为

$$\nabla^2 T=0 \tag{4-125}$$

式（4-125）也称为拉普拉斯方程（Laplacc cquation）。

## 三、液体内的热传导微分方程

设液体内部无内热源，液体视为不可压缩流体，$\nabla\cdot\boldsymbol{u}=0$，$c_V\approx c_p$，同时设 $k$ 为常数，则式（4-119）简化为

$$\frac{1}{a}\frac{\mathrm{D}T}{\mathrm{D}t}=\nabla^2 T+\frac{\Phi}{k} \tag{4-126}$$

对于形变速率不大的一般工业生产过程，式中 $\Phi$ 也可忽略。

## 四、气体内的热传导微分方程

对于压力变化不大的情形，可以近似将气体看成不可压缩流体。若气体内部无内热源，$k$ 为常数，则式（4-119）简化为

$$\frac{\mathrm{D}T}{\mathrm{D}t}=\frac{k}{\rho c_V}\nabla^2 T+\frac{\Phi}{\rho c_V} \tag{4-127}$$

需注意的是，对于气体 $c_V\neq c_p$，所以上式在应用时需以 $c_V$ 代入计算。

上述热传导微分方程是以一般形式表达出来的，因此这些微分方程式都能应用于正交坐标系。在具体坐标系内应用热传导微分方程时应采用相应的方程形式。式（4-126）在具体坐标系内，其形式如下。

直角坐标系

$$\frac{\partial T}{\partial t}+u_x\frac{\partial T}{\partial x}+u_y\frac{\partial T}{\partial y}+u_z\frac{\partial T}{\partial z}=a(\frac{\partial^2 T}{\partial x^2}+\frac{\partial^2 T}{\partial y^2}+\frac{\partial^2 T}{\partial z^2})+\frac{\Phi}{\rho c_p} \tag{4-128}$$

柱坐标系

$$\frac{\partial T}{\partial t}+u_r\frac{\partial T}{\partial r}+\frac{u_\theta}{r}\frac{\partial T}{\partial \theta}+u_z\frac{\partial T}{\partial z}=a\left[\frac{1}{r}\frac{\partial}{\partial r}(r\frac{\partial T}{\partial r})+\frac{1}{r^2}\frac{\partial^2 T}{\partial \theta^2}+\frac{\partial^2 T}{\partial z^2}\right]+\frac{\Phi}{\rho c_p} \tag{4-129}$$

球坐标系

$$\frac{\partial T}{\partial t}+u_r\frac{\partial T}{\partial r}+\frac{u_\theta}{r}\frac{\partial T}{\partial \theta}+\frac{u_\varphi}{r\sin\theta}\frac{\partial T}{\partial \varphi}$$
$$=a\left[\frac{1}{r^2}\frac{\partial}{\partial r}(r^2\frac{\partial T}{\partial r})+\frac{1}{r^2\sin^2\theta}\frac{\partial^2 T}{\partial \varphi^2}+\frac{1}{r^2\sin\theta}\frac{\partial}{\partial \theta}(\sin\theta\frac{\partial T}{\partial \theta})\right]+\frac{\Phi}{\rho c_p} \tag{4-130}$$

# 第五节 能量微分方程的应用

## 一、固体平壁内一维定常态热传导

如图 4-19 所示，一大平板，厚度为 $b$，一面温度维持在 $T_1$，另一面温度保持在 $T_2$。忽略边缘效应，试运用热传导微分方程求平板内温度分布及传热通量。

此问题为固体内无内热源的沿 $x$ 方向的一维定常态导热，用式（4-125）进行求解。式（4-125）在直角坐标系中的形式为

$$\frac{\partial^2 T}{\partial x^2}+\frac{\partial^2 T}{\partial y^2}+\frac{\partial^2 T}{\partial z^2}=0 \tag{4-131}$$

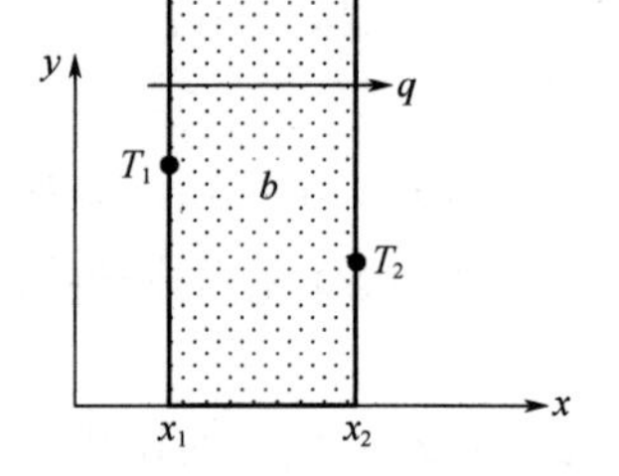

图 4-19 大平板的定常态导热

由于在 $y$，$z$ 方向没有导热，所以上式简化为

$$\frac{\mathrm{d}^2 T}{\mathrm{d}x^2}=0 \tag{4-132}$$

微分方程式（4-132）的边界条件为

$$\begin{aligned}&\text{边界条件1：}x=x_1,\quad T=T_1\\&\text{边界条件2：}x=x_2,\quad T=T_2\end{aligned} \tag{4-133}$$

积分式（4-132），结合边界条件式（4-133），得板内温度分布

$$T=T_1-\frac{T_1-T_2}{x_2-x_1}\left(x-x_1\right) \tag{4-134}$$

将式（4-134）代入傅里叶定律，得传热通量

$$q=k\frac{T_1-T_2}{x_2-x_1} \tag{4-135}$$

面积为 $A$ 的平板上通过的热量为

$$Q = Aq = Ak\frac{T_1 - T_2}{x_2 - x_1} \tag{4-136}$$

上式可写成如下形式

$$Q = Aq = Ak\frac{T_1 - T_2}{x_2 - x_1} = \frac{\Delta T}{b/(Ak)} = \frac{\Delta T}{R} \tag{4-137}$$

式中，$R=b/(Ak)$，称为导热热阻，类比于电学中的电阻，引入热阻概念有利于复杂热传导问题的分析。通过热阻与电阻的类比方法，可以借助串、并联电路的电阻计算分析热传导过程中热阻的计算，由此可以方便导出多层平壁的热传导计算公式。

如图 4-20 所示，由三层不同材料组成的平壁，各层的厚度分别为 $b_1$、$b_2$、$b_3$，材料的热导率分别为 $k_1$、$k_2$、$k_3$，且为常数。在定常态一维热传导时，通过每层材料的传热速率相等，由式（4-137）可得

$$Q = \frac{\Delta T_1}{R_1} = \frac{\Delta T_2}{R_2} = \frac{\Delta T_3}{R_3} \tag{4-138}$$

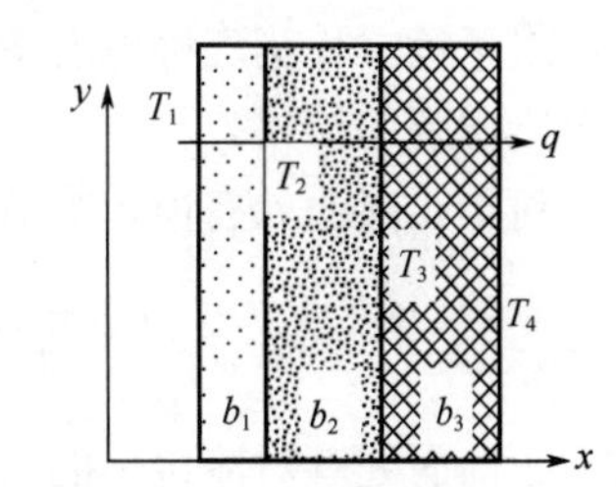

图 4-20 多层平板的定常态热传导

由式（4-138）可见，热阻大的导热层，需要的温差也大。式（4-138）也可写成

$$\begin{aligned} Q &= \frac{\Delta T_1}{R_1} = \frac{\Delta T_2}{R_2} = \frac{\Delta T_3}{R_3} = \frac{(T_1 - T_2) + (T_2 - T_3) + (T_3 - T_4)}{R_1 + R_2 + R_3} \\ &= \frac{T_1 - T_4}{b_1/(Ak_1) + b_2/(Ak_2) + b_3/(Ak_3)} \end{aligned} \tag{4-139}$$

由此可知，类比于串联电路，多层平壁导热中，各层温差（类比电路中的电压）可以相加，各层热阻也可以相加。所以对于 $n$ 层固体平壁的定常态导热，有

$$Q = \frac{T_1 - T_{n+1}}{\sum_{i=1}^{n} b_i/(Ak_i)} \tag{4-140}$$

## 二、半无限大固体内一维非定常态热传导

在冬天，当寒潮突然来临时，地表开始降温，此时地表层的传热过程属于半无限大固体内非定常态热传导过程。工业上对工件进行热处理时，突然将工件放置在高温环境中，传热开始的短时间内也可将工件内的热传导看成是半无限大固体内非定常态热传导过程。

如图 4-21 所示为一半无限大固体，选取正前面位于 $yoz$ 平面上，后端面为无穷远处。在导热开始时，物体的初始温度均为 $T_0$，然后突然改变正前面的边界条件。由于后端面在无限远处，其温度在整个导热过程中均维持开始时的恒定温度 $T_0$ 不变。求固体内任一点温度与时间的关系。正前面的边界条件分为三种情况：

（1）正前面的表面温度突然升为 $T_s$，并一直维持不变。

（2）正前面处有恒定的热流通量，即 $q_s$ 为恒定。

（3）正前面处与环境有对流传热，$-k\left.\frac{dT}{dx}\right|_{x=0} = h(T_b - T_s)$，$T_b$ 为环境的温度。

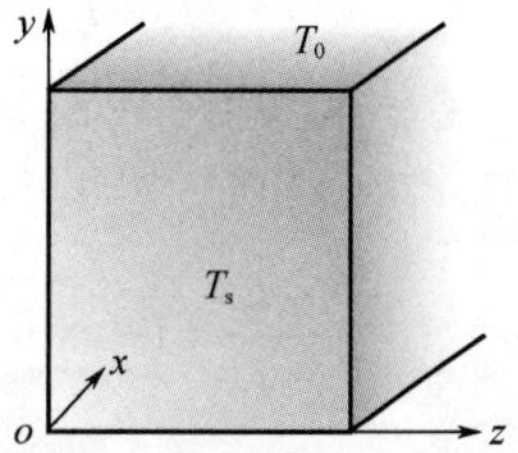

图 4-21 半无限大固体的非定常态热传导

按题意，温度仅沿 $x$ 方向有变化，是无内热源的一维热传导，采用式（4-123），简化后，在直角坐标系内的形式同第三章中的式（3-71）

$$\frac{1}{a}\frac{\partial T}{\partial t}=\frac{\partial^2 T}{\partial x^2} \tag{3-71}$$

可见采用式（4-123）很容易获得具体问题的热传导微分方程。

二阶偏微分方程式（3-71）在第一种边界条件下，固体内的温度分布如式（3-77）

$$\frac{T-T_s}{T_0-T_s}=\mathrm{erf}(\eta)=\mathrm{erf}\left(\frac{x}{\sqrt{4at}}\right) \tag{3-77}$$

对于第二、第三种情况下的边界条件也可得到分析解。详细的求解过程参见有关资料，这里仅给出解的结果。

对于正前面处有恒定热流通量的情况，固体内的温度分布为

$$T-T_0=\frac{2q_s\sqrt{at/\pi}}{k}\exp\left(\frac{-x^2}{4at}\right)-\frac{q_s x}{k}\left[1-\mathrm{erf}\left(\frac{x}{\sqrt{4at}}\right)\right] \tag{4-141}$$

对于正前面处有对流传热的情况，固体内的温度分布为

$$\frac{T-T_0}{T_b-T_0}=1-\mathrm{erf}\left(\frac{x}{\sqrt{4at}}\right)-\exp\left(\frac{hx}{k}+\frac{h^2at}{k^2}\right)\left[1-\mathrm{erf}\left(\frac{x}{\sqrt{4at}}+\frac{h\sqrt{at}}{k}\right)\right] \tag{4-142}$$

**【例 4-3】** 盛有冷冻食物的容器，堆置在一起并被储藏于−20℃的仓库中。冰冻食物的物性近似为：热导率为 0.5 $W\cdot m^{-1}\cdot K^{-1}$，热扩散系数为 $1.28\times10^{-7}$ $m^2\cdot s^{-1}$。由于压缩机突然损坏以致制冷系统失去功能，且在调查故障时期，仓库中的冰冻食物表面暴露于 21℃的空气中。空气与冰冻食物表面之间的对流传热系数为 6.8$W\cdot m^{-2}\cdot K^{-1}$。完成制冷系统的修理任务需要 12.5h。假设仓库仅顶面与空气有对流传热，而仓库四周及底面保温良好。

（1）试决定是否必须把食物转移到其他仓库以防止损坏，假设在修理期间内冰冻食物的表面温度不能超过 0℃。

（2）在上述条件下，若食物表面温度超过 0℃，则温度为 0℃的界面距离顶部食物表面有多深？

（3）其他条件不变，作图显示食物表面温度与对流传热的关系。

（4）其他条件不变，作图显示食物表面温度与食物热扩散系数的关系。

**解** （1）按题意，若食物堆积较高，在传热过程中底面食物温度一直保持不变，则此问题属于无限大一维非稳态导热问题，边界条件属于第三类边界条件。故可用式（4-142）描述食物内的温度分布。

$$\frac{T-T_0}{T_b-T_0}=1-\mathrm{erf}\left(\frac{x}{\sqrt{4at}}\right)-\exp\left(\frac{hx}{k}+\frac{h^2at}{k^2}\right)\left[1-\mathrm{erf}\left(\frac{x}{\sqrt{4at}}+\frac{h\sqrt{at}}{k}\right)\right] \tag{a}$$

将 $x$=0，$k$=0.5 $W\cdot m^{-1}\cdot K^{-1}$，$a$=$1.28\times10^{-7}$ $m^2\cdot s^{-1}$，$h$=6.8$W\cdot m^{-2}\cdot K^{-1}$，$t$=12.5×3600=45000s，$T_b$=21℃，$T_0$= −20℃，$T$=$T_s$代入上式，得

$$\frac{T_s-T_0}{T_b-T_0}=1-\exp\left(\frac{6.8^2\times1.28\times10^{-7}\times45000}{0.5^2}\right)\left[1-\mathrm{erf}\left(\frac{6.8\times\sqrt{1.28\times10^{-7}\times45000}}{0.5}\right)\right] \tag{b}$$

解得此时食物表面温度：$T_s$=3.8℃。可见食物在修理期间会损坏，需转移。

（2）将 $k$=0.5$W\cdot m^{-1}\cdot K^{-1}$，$a$=$1.28\times10^{-7}$ $m^2\cdot s^{-1}$，$h$=6.8$W\cdot m^{-2}\cdot K^{-1}$，$t$=12.5×3600=45000s，$T_b$=

21℃，$T_0=-20$℃，$T=0$℃代入式（a），整理得

$$0.4878=1-\mathrm{erf}\left(6.588x\right)-\exp\left(13.6x+1.065\right)\left[1-\mathrm{erf}\left(6.588x+1.032\right)\right] \quad \text{(c)}$$

通过试差法，解得$x$=0.017m。说明若按此条件下进行设备维修，在规定时间内，上层有17mm厚的食物将损坏。

（3）将$x=0$，$k=0.5\ \mathrm{W\cdot m^{-1}\cdot K^{-1}}$，$a=1.28\times10^{-7}\ \mathrm{m^2\cdot s^{-1}}$，$t=12.5\times3600=45000\mathrm{s}$，$T_b=21$℃，$T_0=-20$℃，$T=T_s$代入式（a），整理得

$$T_s=-20+41\left\{1-\exp\left(0.023h^2\right)\left[1-\mathrm{erf}\left(0.1518h\right)\right]\right\} \quad \text{(d)}$$

（4）将$x=0$，$k=0.5\ \mathrm{W\cdot m^{-1}\cdot K^{-1}}$，$h=6.8\mathrm{W\cdot m^{-2}\cdot K^{-1}}$，$t=12.5\times3600=45000\mathrm{s}$，$T_b=21$℃，$T_0=-20$℃，$T=T_s$代入式（a），整理得

$$T_s=-20+41\left\{1-\exp\left(8323200a\right)\left[1-\mathrm{erf}\left(2885\sqrt{a}\right)\right]\right\} \quad \text{(e)}$$

式（d）示于图4-22中，式（e）示于图4-23中。

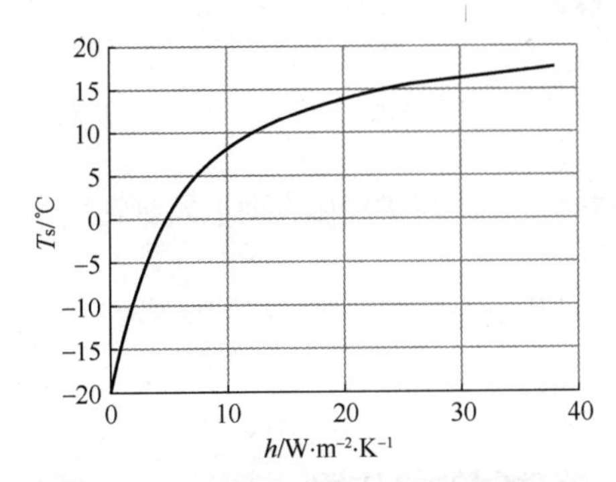


图4-22　食物表面温度与对流传热系数的关系

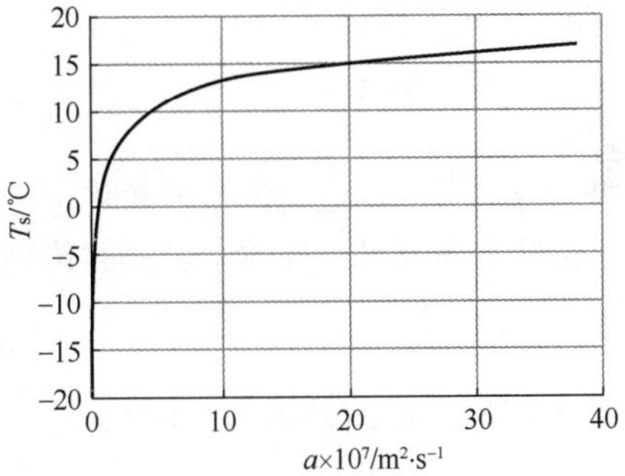

图4-23　食物表面温度与食物热扩散系数的关系

## 三、具有内热源变热导率的圆柱体内一维定常态热传导

如图4-24所示，一圆柱形导电体，通电后发热升温，达到稳定时，试求柱体内温度分布。设柱体长径比很大，边缘效应可忽略。柱体半径为$R$。材料的热导率与温度的关系可表示为：$k=A+BT+CT^2$，式中$A$，$B$，$C$为常数。柱体内产生的内热源为$S$，$\mathrm{W\cdot m^{-3}}$。环境的温度为$T_b$，柱体表面与环境间的对流传热系数为$h$。

选取如图4-24所示的柱坐标系。由于轴向尺寸远大于径向，设导电体内的温度仅沿径向变化，所以是沿径向的一维定常态热传导。因热导率随温度变化，所以采用式（4-120），将内能与温度的关系式（4-121）代入，简化后得到在柱坐标系内的形式为

$$\frac{1}{r}\frac{\mathrm{d}}{\mathrm{d}r}\left(rk\frac{\mathrm{d}T}{\mathrm{d}r}\right)+S=0 \quad \text{(4-143)}$$

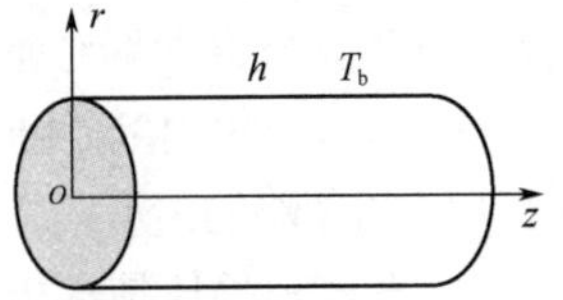

图4-24　具有内热源变热导率的圆柱体内一维定常态热传导

按此问题的特性，微分方程的边界条件为

$$\text{边界条件1：}r=0,\quad \frac{\mathrm{d}T}{\mathrm{d}r}=0$$
$$\text{边界条件2：}r=R,\quad -k\frac{\mathrm{d}T}{\mathrm{d}r}=h\left(T_s-T_b\right) \quad \text{(4-144)}$$

将式（4-143）积分一次，得

$$rk\frac{\mathrm{d}T}{\mathrm{d}r}=-\frac{1}{2}Sr^2+C_1 \quad \text{(4-145)}$$

由边界条件 1，得积分常数 $C_1=0$。简化后，将 $k$ 代入式（4-145），再积分一次，得

$$AT+\frac{1}{2}BT^2+\frac{1}{3}CT^3=-\frac{1}{4}Sr^2+C_2 \tag{4-146}$$

令 $r=R$，$T=T_s$ 代入上式得积分常数 $C_2$

$$C_2=AT_s+\frac{1}{2}BT_s^2+\frac{1}{3}CT_s^3+\frac{1}{4}SR^2 \tag{4-147}$$

式中，$T_s$ 由边界条件 2 计算得到

$$T_s=\frac{SR}{2h}+T_b \tag{4-148}$$

将式（4-148）代入式（4-147），得到积分常数 $C_2$。然后将 $C_2$ 代入式（4-146），即得柱体内的温度分布。

通过柱体外表面的单位面积传热量

$$q=-k\left.\frac{\mathrm{d}T}{\mathrm{d}r}\right|_{r=R} \tag{4-149}$$

将式（4-145）代入式（4-149），令 $r=R$，得

$$q=-k\left.\frac{\mathrm{d}T}{\mathrm{d}r}\right|_{r=R}=\frac{SR}{2} \tag{4-150}$$

从另外一方面考虑，达到传热平衡时，柱体内产生的热量应该都从柱体表面散发到环境中，所以通过总热量衡算可得柱体外表面的传热通量

$$q=\frac{\pi R^2 LS}{2\pi RL}=\frac{SR}{2} \tag{4-151}$$

可见式（4-151）的结果同式（4-150）。

## 四、具有黏性摩擦内生热源的一维定常态层流流动时的热传导

如图 4-25 所示，不可压缩黏性流体在一个环隙内做周向运动，内筒外半径为 $r_1$，外筒内半径为 $r_2$。内筒和外筒的表面温度分别保持为 $T_1$ 和 $T_2$，内筒固定不动，外筒以$\omega$的角速度顺时针旋转。设流体的物性为常数。圆筒较长，忽略边缘效应。试求环隙内温度分布。

下面分两种情形来讨论此问题，第一种是 $r_1/r_2$ 的比值接近于 1 时，圆筒曲率对速度和温度分布的影响可以忽略；第二种是 $r_1/r_2$ 的比值较小时，圆筒曲率对速度和温度分布的影响不可忽略的情形。

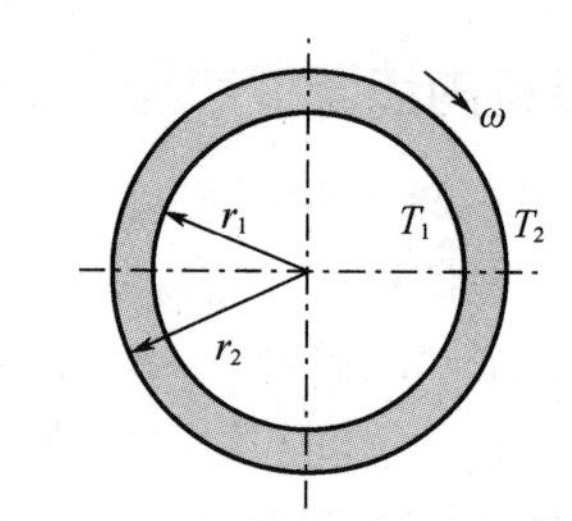


图 4-25　具有黏性摩擦内生热源的一维定常态层流流动时的热传导（一）

**1. 当 $r_1/r_2$ 的比值接近于 1 时，圆筒曲率对速度和温度分布的影响可以忽略**

此时可以将环隙内的流动和传热看成如图 4-26 所示的两大平板间的流动和传热，即 $r_1/r_2\to1$ 时的极端情况。

对不可压缩流体，可分别用式（4-36）和式（4-126）描述环隙内的流动和传热规律。

先对式（4-36）的 $x$ 方向分量式进行化简，按题意化简条件：

① 定常态流动，即$\partial u_x/\partial t=0$；②$y$、$z$ 方向无流速 $u_y=u_z=0$；③$x$ 方向的质量力 $g_x=0$；④$x$ 方向的压力为常数，即$\partial p/\partial x=0$；⑤速度在 $x$，$z$ 方向无变化，即$\partial u_x/\partial x=0$，$\partial u_x/\partial y=0$。

于是简化后，得

$$\frac{\partial^2 u_x}{\partial y^2}=0 \tag{4-152}$$

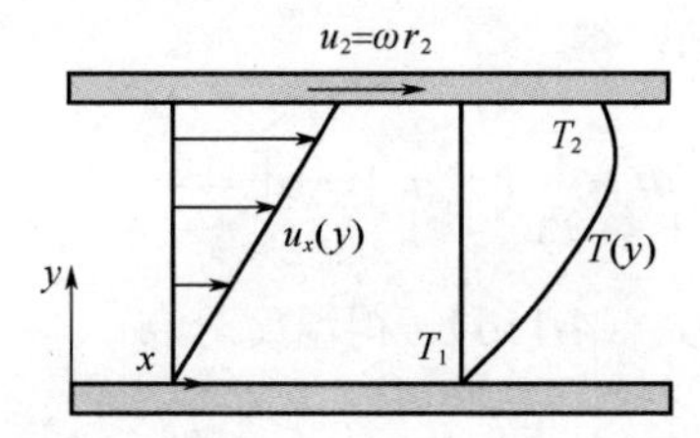


图 4-26　具有黏性摩擦内生热源的一维定常态层流流动时的热传导（二）

式（4-152）的边界条件

$$\begin{aligned}&\text{边界条件1：} y=0,\quad u_x=0\\&\text{边界条件2：} y=r_2-r_1,\quad u_x=\omega r_2\end{aligned} \tag{4-153}$$

解微分方程（4-152），结合边界条件式（4-153）得环隙内的速度分布：

$$u_x=\frac{r_2}{r_2-r_1}\omega y \tag{4-154}$$

下面再化简能量方程：

式（4-126）在直角坐标系中的表达式（4-128）为

$$\frac{\partial T}{\partial t}+u_x\frac{\partial T}{\partial x}+u_y\frac{\partial T}{\partial y}+u_z\frac{\partial T}{\partial z}=a\left(\frac{\partial^2 T}{\partial x^2}+\frac{\partial^2 T}{\partial y^2}+\frac{\partial^2 T}{\partial z^2}\right)+\frac{\Phi}{\rho c_p} \tag{4-128}$$

列出式（4-128）的化简条件如下，按题意：①定常态传热，故有$\partial T/\partial t=0$；②温度沿 $x$ 方向没有变化，所以$\partial T/\partial x=0$；③温度沿 $z$ 方向没有变化，即$\partial T/\partial z=0$；④$u_y=0$，$u_z=0$。

对式（4-128）进行化简，得

$$k\frac{\mathrm{d}^2 T}{\mathrm{d}y^2}+\Phi=0 \tag{4-155}$$

式（4-155）为二次常微分方程，其边界条件

$$\begin{aligned}&\text{边界条件1：} y=0,\quad T=T_1\\&\text{边界条件2：} y=r_2-r_1,\quad T=T_2\end{aligned} \tag{4-156}$$

下面计算式（4-155）中的 $\Phi$，因为

$$\Phi=\nabla\cdot(\boldsymbol{P}'\cdot\boldsymbol{u})-\boldsymbol{u}\cdot(\nabla\cdot\boldsymbol{P}')=\boldsymbol{P}':\nabla\boldsymbol{u} \tag{4-118}$$

将式（4-118）等号右边在直角坐标系中展开，则为

$$\begin{aligned}\Phi=&\frac{\partial}{\partial x}(\sigma_{xx}u_x)+\frac{\partial}{\partial x}(\tau_{xy}u_y)+\frac{\partial}{\partial x}(\tau_{xz}u_z)+\frac{\partial}{\partial y}(\tau_{yx}u_x)+\frac{\partial}{\partial y}(\sigma_{yy}u_y)+\frac{\partial}{\partial y}(\tau_{yz}u_z)\\&+\frac{\partial}{\partial z}(\tau_{zx}u_x)+\frac{\partial}{\partial z}(\tau_{zy}u_y)+\frac{\partial}{\partial z}(\sigma_{zz}u_z)-u_x\left(\frac{\partial\sigma_{xx}}{\partial x}+\frac{\partial\tau_{yx}}{\partial y}+\frac{\partial\tau_{zx}}{\partial z}\right)\\&-u_y\left(\frac{\partial\tau_{xy}}{\partial x}+\frac{\partial\sigma_{yy}}{\partial y}+\frac{\partial\tau_{zy}}{\partial z}\right)-u_z\left(\frac{\partial\tau_{xz}}{\partial x}+\frac{\partial\tau_{yz}}{\partial y}+\frac{\partial\sigma_{zz}}{\partial z}\right)\end{aligned} \tag{4-157}$$

又

$$u_y=u_z=0,\quad \sigma_{xx}=2\mu\left(\frac{\partial u_x}{\partial x}-\frac{1}{3}\nabla\cdot\boldsymbol{u}\right)=0$$

$$\tau_{xy}=\mu\left(\frac{\partial u_y}{\partial x}+\frac{\partial u_x}{\partial y}\right)=\frac{\mu r_2\omega}{r_2-r_1},\quad \tau_{zx}=\mu\left(\frac{\partial u_x}{\partial z}+\frac{\partial u_z}{\partial x}\right)=0$$

将上述各项代入式（4-157）化简，得

$$\Phi = \frac{\partial}{\partial y}\left(\tau_{yx} u_x\right) = \mu\left(\frac{r_2\omega}{r_2 - r_1}\right)^2 \tag{4-158}$$

积分式（4-155），结合边界条件式（4-156），得温度分布

$$T = -\frac{\Phi}{2k}y^2 + \frac{T_2 - T_1 + \frac{\Phi}{2k}\left(r_2 - r_1\right)^2}{r_2 - r_1}y + T_1 \tag{4-159}$$

引入无量纲量

$$r^* = \frac{r - r_1}{r_2 - r_1},\quad T^* = \frac{T - T_1}{T_2 - T_1},\quad N = \frac{\mu\omega^2 r_2^2}{2k\left(T_2 - T_1\right)} \tag{4-160}$$

则式（4-159）可写为

$$T^* = r^*\left[N\left(1 - r^*\right) + 1\right] \tag{4-161}$$

以 $N$ 为参数，将式（4-161）绘于图 4-27 中。现对该图讨论如下：

（1）图中 $N$=0 的线为一条直线，代表理想流体在环隙内流动时无量纲温度随无量纲位置的关系，即黏度为零的流体在环隙间的流动传热。此时没有散逸热速率，流体流动对环隙内的传热没有影响。

（2）$N$ 的绝对值越大表示流体黏度越大，或旋转角速度越大（即上板移动速度越大），环隙内的无量纲温度分布偏离线性分布越大。

（3）$N$ 大于一定的数值后，流体内部将出现最大温度值，此最大温度值所处的位置可通过对式（4-161）求导数得出，即令

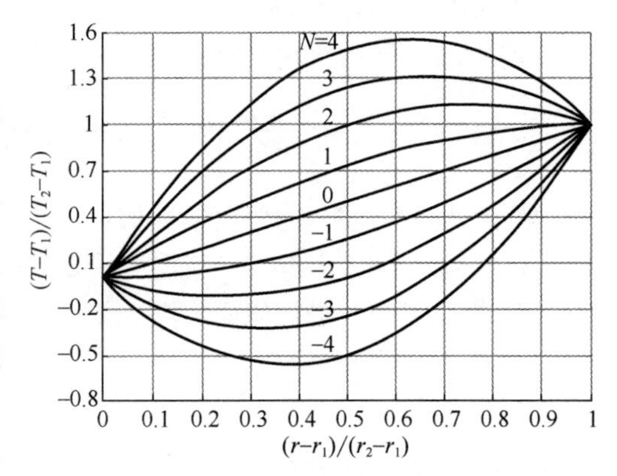

图 4-27 无量纲温度与无量纲位置关系

$$\frac{dT^*}{dr^*} = N - 2Nr^* + 1 = 0 \tag{4-162}$$

整理式（4-162），并用 $r^*_{max}$ 表示温度最大值的无量纲位置，得

$$r^*_{max} = \frac{N + 1}{2N} \tag{4-163}$$

由图 4-27 及式（4-163）可见，随着 $N$ 的增大，$r^*_{max}$ 向流体内部移动。当 $N$=1 时，由式（4-160）可知 $T_2 > T_1$，而由式（4-163）可知 $r^*_{max} = 1$，此时温度最大值出现在高温面 $r_2$ 处，此面相当于绝热面。当 $N$= −1 时，$r^*_{max} = 0$，此时温度最大值出现在高温面 $r_1$ 处，此面相当于绝热面。

**2．当 $r_1/r_2$ 的比值较小时，圆筒曲率对速度和温度分布的影响不可以忽略**

此时需要采用柱坐标系下运动方程和能量方程解决此问题。

首先化简连续性方程和运动方程。为此，列出简化条件，按题意：①由于流体做定常态流动，$\partial/\partial t$=0；②设圆筒很长，忽略边缘效应，仅做一维周向流动，故 $u_z$=0，$u_r$=0；③沿轴向和周向的速度恒定，故$\partial \boldsymbol{u}/\partial z$=0，$\partial \boldsymbol{u}/\partial \theta$=0；④沿周向压力恒定，故$\partial p/\partial \theta$=0；⑤不失一般性，将圆筒垂直放置，则在柱坐标系有 $g_\theta$=0，$g_r$=0。

用以上条件化简不可压缩流体柱坐标系下的连续性方程，见附录 A.6-（2）。

$$\frac{\partial\rho}{\partial t}+\frac{1}{r}\frac{\partial(\rho ru_r)}{\partial r}+\frac{1}{r}\frac{\partial(\rho u_\theta)}{\partial\theta}+\frac{\partial(\rho u_z)}{\partial z}=0 \tag{4-164}$$

经化简得：$\partial u_\theta/\partial\theta=0$，此结果也可由简化条件③得出。又因$\partial u_\theta/\partial z=0$，可见$u_\theta$只是$r$的函数，与$\theta$、$z$无关。

再化简运动方程的$\theta$分量式

$$\rho\left(\frac{\partial u_\theta}{\partial t}+u_r\frac{\partial u_\theta}{\partial r}+\frac{u_\theta}{r}\frac{\partial u_\theta}{\partial\theta}+\frac{u_r u_\theta}{r}+u_z\frac{\partial u_\theta}{\partial z}\right)$$

$$=-\frac{1}{r}\frac{\partial\Gamma}{\partial\theta}+\mu\left\{\frac{\partial}{\partial r}\left[\frac{1}{r}\frac{\partial}{\partial r}(ru_\theta)\right]+\frac{1}{r^2}\frac{\partial^2u_\theta}{\partial\theta^2}+\frac{2}{r^2}\frac{\partial u_r}{\partial\theta}+\frac{\partial^2u_\theta}{\partial z^2}\right\} \tag{4-165}$$

式中，$\frac{1}{r}\frac{\partial\Gamma}{\partial\theta}=\frac{1}{r}\frac{\partial p}{\partial\theta}-\rho g_\theta$。化简式（4-165），得

$$\frac{\partial}{\partial r}\left[\frac{1}{r}\frac{\partial}{\partial r}(ru_\theta)\right]=0 \tag{4-166}$$

考虑到$u_\theta$只是$r$的函数，故可将上式中的偏微分写成全微分形式，即

$$\frac{\mathrm{d}}{\mathrm{d}r}\left[\frac{1}{r}\frac{\mathrm{d}}{\mathrm{d}r}(ru_\theta)\right]=0 \tag{4-167}$$

将上式积分两次，得

$$u_\theta=C_1r+\frac{C_2}{r} \tag{4-168}$$

边界条件为$r=r_1$，$u_\theta=0$；$r=r_2$，$u_\theta=-\omega r_2$。

代入式（4-168）得积分常数为$C_1=-\frac{\omega r_2^2}{r_2^2-r_1^2}$，$C_2=\frac{\omega r_2^2r_1^2}{r_2^2-r_1^2}$。于是，得到速度分布为

$$u_\theta=-\frac{r_2^2\omega}{r_2^2-r_1^2}\frac{r^2-r_1^2}{r} \tag{4-169}$$

最后，化简能量方程。液体内的热传导微分方程式（4-126）在柱坐标系中的表达式（4-129）为

$$\frac{\partial T}{\partial t}+u_r\frac{\partial T}{\partial r}+\frac{u_\theta}{r}\frac{\partial T}{\partial\theta}+u_z\frac{\partial T}{\partial z}=a\left[\frac{1}{r}\frac{\partial}{\partial r}(r\frac{\partial T}{\partial r})+\frac{1}{r^2}\frac{\partial^2T}{\partial\theta^2}+\frac{\partial^2T}{\partial z^2}\right]+\frac{\Phi}{\rho c_p} \tag{4-129}$$

按题意，上式的简化条件为：①流体做定常态传热，$\partial T/\partial t=0$；②设圆筒很长，忽略边缘效应，仅做一维周向流动，故$u_z=0$，$u_r=0$；③沿轴向和周向的温度恒定，故$\partial T/\partial z=0$，$\partial T/\partial\theta=0$。对式（4-129）进行化简，并将偏微分改写成全微分，得

$$k\frac{1}{r}\frac{\mathrm{d}}{\mathrm{d}r}(r\frac{\mathrm{d}T}{\mathrm{d}r})+\Phi=0 \tag{4-170}$$

式（4-170）为二次常微分方程，其边界条件

$$\begin{aligned}&\text{边界条件1：}r=r_1,\quad T=T_1\\&\text{边界条件2：}r=r_2,\quad T=T_2\end{aligned} \tag{4-171}$$

下面先计算式（4-170）中的$\Phi$

$$\Phi=\nabla\cdot(\boldsymbol{P}'\cdot\boldsymbol{u})-\boldsymbol{u}\cdot(\nabla\cdot\boldsymbol{P}')=\boldsymbol{P}':\nabla\boldsymbol{u} \tag{4-118}$$

将式（4-118）右边项在柱坐标系中展开，则为

$$\Phi=\frac{1}{r}\frac{\partial}{\partial r}\left(r\sigma_{rr}u_r\right)+\frac{1}{r}\frac{\partial}{\partial r}\left(r\tau_{r\theta}u_\theta\right)+\frac{1}{r}\frac{\partial}{\partial r}\left(r\tau_{rz}u_z\right)+\frac{1}{r}\frac{\partial}{\partial\theta}\left(\tau_{\theta r}u_r\right)+\frac{1}{r}\frac{\partial}{\partial\theta}\left(\sigma_{\theta\theta}u_\theta\right)$$
$$+\frac{1}{r}\frac{\partial}{\partial\theta}\left(\tau_{\theta z}u_z\right)+\frac{\partial}{\partial z}\left(\tau_{zr}u_r\right)+\frac{\partial}{\partial z}\left(\tau_{z\theta}u_\theta\right)+\frac{\partial}{\partial z}\left(\sigma_{zz}u_z\right)$$
$$-u_r\left(\nabla\cdot\boldsymbol{P}'\right)_r-u_\theta\left(\nabla\cdot\boldsymbol{P}'\right)_\theta-u_z\left(\nabla\cdot\boldsymbol{P}'\right)_z \tag{4-172}$$

又
$$\sigma_{rr}=2\mu\left(\frac{\partial u_r}{\partial r}-\frac{1}{3}\nabla\cdot\boldsymbol{u}\right)=0,\quad \sigma_{\theta\theta}=2\mu\left(\frac{1}{r}\frac{\partial u_\theta}{\partial\theta}+\frac{u_r}{r}-\frac{1}{3}\nabla\cdot\boldsymbol{u}\right)=0$$
$$\sigma_{zz}=2\mu\left(\frac{\partial u_z}{\partial z}-\frac{1}{3}\nabla\cdot\boldsymbol{u}\right)=0,\quad \tau_{r\theta}=\mu\left(\frac{\partial u_\theta}{\partial r}+\frac{1}{r}\frac{\partial u_r}{\partial\theta}-\frac{u_\theta}{r}\right)=-\frac{2\mu\omega r_1^2r_2^2}{\left(r_2^2-r_1^2\right)r^2}$$
$$\sigma\tau_{\theta z}=\mu\left(\frac{1}{r}\frac{\partial u_z}{\partial\theta}+\frac{\partial u_\theta}{\partial z}\right)=0,\quad \tau_{zr}=\mu\left(\frac{\partial u_r}{\partial z}+\frac{\partial u_z}{\partial r}\right)=0$$
$$u_r=0,\quad u_z=0,\quad \left(\nabla\cdot\boldsymbol{P}'\right)_\theta=\frac{1}{r}\left[\frac{\partial\left(r\tau_{r\theta}\right)}{\partial r}+\frac{\partial\sigma_{\theta\theta}}{\partial\theta}+\frac{\partial\left(r\tau_{z\theta}\right)}{\partial z}\right]+\frac{\tau_{r\theta}}{r}=0$$

将上述各项代入式（4-172）化简，得

$$\Phi=\frac{1}{r}\frac{\partial}{\partial r}\left(r\tau_{r\theta}u_\theta\right)=\frac{4\mu\omega^2r_1^4r_2^4}{\left(r_2^2-r_1^2\right)^2}\frac{1}{r^4} \tag{4-173}$$

由式（4-173）可见该情形下，$\Phi$与 $r$ 有关，将式（4-173）代入式（4-170），得

$$k\frac{1}{r}\frac{\partial}{\partial r}(r\frac{\partial T}{\partial r})+\frac{4\mu\omega^2r_1^4r_2^4}{\left(r_2^2-r_1^2\right)^2}\frac{1}{r^4}=0 \tag{4-174}$$

引入式（4-160）中的无量纲量，但为了推导公式简洁，这里无量纲位置采用 $r^*=r_1/r_2$，于是式（4-174）可改写为

$$\frac{1}{r^*}\frac{\partial}{\partial r^*}(r^*\frac{\partial T^*}{\partial r^*})+\frac{8Nr_1^4}{\left(r^*\right)^4\left(r_2^2-r_1^2\right)^2}=0 \tag{4-175}$$

积分式（4-175）得
$$T^*=-\frac{2Nr_1^4}{\left(r_2^2-r_1^2\right)^2}\frac{1}{\left(r^*\right)^2}+C_1\ln r^*+C_2 \tag{4-176}$$

积分常数 $C_1$，$C_2$ 由下述边界条件确定

$$\begin{aligned}&\text{边界条件1：}r^*=r_1/r_2,\quad T^*=0\\&\text{边界条件2：}r^*=1,\quad T^*=1\end{aligned} \tag{4-177}$$

最终得到环隙内流体的温度分布为

$$T^*=1-\frac{\ln r^*}{\ln\left(r_1/r_2\right)}+\frac{2N}{\left[\left(r_2/r_1\right)^2-1\right]^2}\left[1-\frac{1}{\left(r^*\right)^2}+\frac{\left(r_2/r_1\right)^2-1}{\ln\left(r_1/r_2\right)}\ln r^*\right] \tag{4-178}$$

以 $N$ 为参数，将式（4-178）绘于图 4-28 中，现对该图讨论如下。

（1）$r_1/r_2$ 对温度分布曲线有很大影响。当 $r_1/r_2$ 比值较小时，无量纲数 $N$ 对温度分布曲线的形态影响不大，如图 4-28（a）所示；当 $r_1/r_2$ 比值变大时，无量纲数 $N$ 对温度分布曲线的形态影响开始变得显著，如图 4-28（b）、（c）和（d）所示。

（2）当 $r_1/r_2$ 比值接近 1 时，无量纲数 $N$ 对温度分布曲线的形态影响接近两平板间的流动传热情形，如 $r_1/r_2$=0.9 的图 4-28（d）与图 4-27 非常类似。

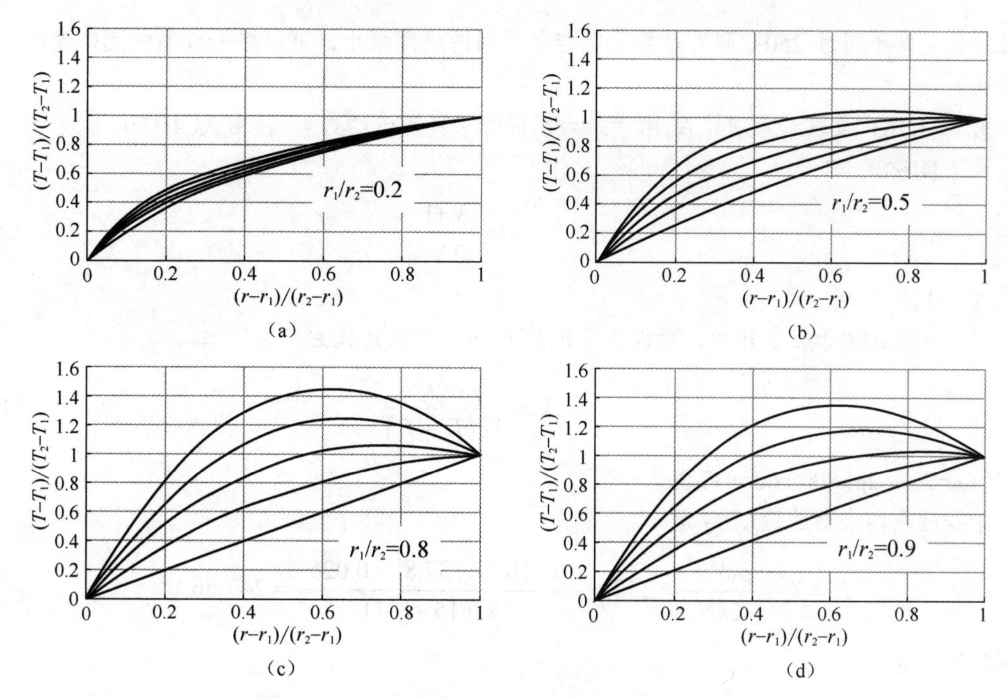


图 4-28　$r_1/r_2$ 对无量纲温度与无量纲位置关系的影响

注：图中曲线由低到高依次为 $N$=0,1,2,3,4 对应的无量纲温度与无量纲位置关系曲线

（3）$N$ 大于一定的数值后，流体内部将出现最大温度值，此最大温度值所处的位置可通过对式（4-178）求导数，令导数为零得出，即

$$\frac{\mathrm{d}T^*}{\mathrm{d}r^*}=-\frac{1}{r^*\ln\left(r_1/r_2\right)}+\frac{2N}{\left[\left(r_2/r_1\right)^2-1\right]^2}\left[\frac{2}{\left(r^*\right)^3}+\frac{\left(r_2/r_1\right)^2-1}{r^*\ln\left(r_1/r_2\right)}\right]=0 \tag{4-179}$$

整理式（4-179），并用 $r_{\max}^*$ 表示温度最大值的无量纲位置，得

$$r_{\max}^*=\sqrt{\frac{2\ln\left(r_1/r_2\right)}{\left[\left(r_2/r_1\right)^2-1\right]\left[\frac{\left(r_2/r_1\right)^2-1}{2N}-1\right]}} \tag{4-180}$$

【例 4-4】　如图 4-29 所示，一高速旋转的轴承，轴承尺寸见图所示，轴的直径为 50mm，轴承内径为 50.1mm，转动轴和轴承之间的接触表面长度为 50mm。该轴以 8000r·min$^{-1}$ 的转速旋转，润滑油脂在工作温度下的黏度为 1.6cP（1cP=1mPa·s，下同），热导率为 0.15W·m$^{-1}$·K$^{-1}$。忽略偏心和边缘效应的影响。为了能顺利长时间工作，需要对轴承进行冷却，保证润滑油脂温度不超过 250℃，试求轴承内表面温度不应超过多少度？需要移除多少热量？

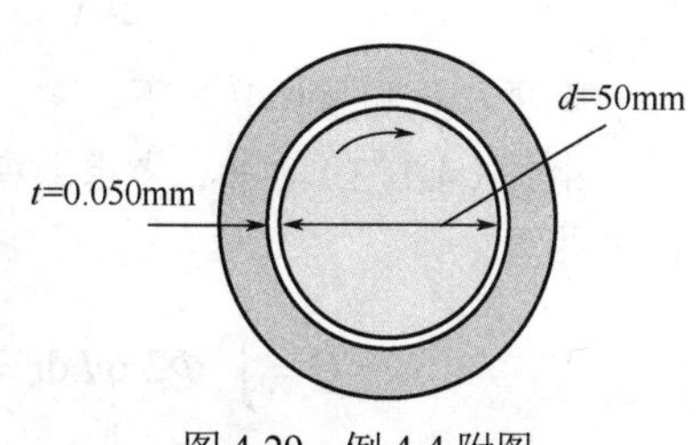


图 4-29　例 4-4 附图

**解**　轴承正常工作时，由于润滑油脂受到高速剪切产生的摩擦热使轴承升温，达到稳定时轴的温度将恒定不变，此时轴的表面相当于绝热面。这里假设没有热量通过轴沿轴向传递出去，热量仅通过轴承外面的冷却液传递出去。轴表面上的温度即为润滑油脂工作时的最高温度，只要

保证此处温度不超过 250℃即可。由于轴与轴承间的缝隙很小，可以按平板间的流体流动传热来处理。

用式(4-163)求取无量纲数 $N$。由于最大温度处于环隙流的内表面，由式(4-160)可知 $r_{max}^*=0$，代入式（4-163），即

$$0=\frac{N+1}{2N} \tag{a}$$

得到 $N=-1$。

对于本题，由于轴在转动，所以无量纲数 $N$ 对应的表达式为

$$N=\frac{\mu\omega^2 r_1^2}{2k\left(T_2-T_1\right)} \tag{b}$$

式中，$\omega=2\pi n=2\pi\times 8000/60=837.8\text{s}^{-1}$。

于是轴承内表面的温度 $T_2$ 为

$$T_2=T_1+\frac{\mu\omega^2 r_1^2}{2kN}=250+\frac{1.6\times10^{-3}\times837.8^2\times0.025^2}{2\times0.15\times(-1)}=247.66\ ℃$$

需要移除热量为

$$Q=\Phi V=\mu\left(\frac{r_1\omega}{r_2-r_1}\right)^2\pi\left(r_2^2-r_1^2\right)L$$

$$=1.6\times10^{-3}\times\left(\frac{0.025\times837.8}{0.02505-0.025}\right)^2\times\pi\times\left(0.02505^2-0.025^2\right)\times0.05=110.4\text{W}$$

若考虑曲率对环隙流传热的影响，可采用式（4-180）求取 $N$ 值，即

$$r_{max}^*=\frac{r_1}{r_2}=\sqrt{\frac{2\ln\left(r_1/r_2\right)}{\left[\left(r_2/r_1\right)^2-1\right]\left[\dfrac{\left(r_2/r_1\right)^2-1}{2N}-1\right]}} \tag{c}$$

代入 $r_1$ 和 $r_2$ 计算，得：$N=-1.002$。

将此 $N$ 代入式（b），可得轴承内表面的温度 $T_2$ 为

$$T_2=T_1+\frac{\mu\omega^2 r_1^2}{2kN}=250+\frac{1.6\times10^{-3}\times837.8^2\times0.025^2}{2\times0.15\times(-1.002)}=247.66\ ℃$$

需要移除热量计算如下。

由式（4-173）可知，考虑曲率影响时，散逸热速率随半径而变，需要采用积分方法求取总的散热量，即

$$Q=\int_{r_1}^{r_2}\Phi 2\pi rL\mathrm{d}r=\frac{8\pi L\mu\omega^2 r_1^4 r_2^4}{\left(r_2^2-r_1^2\right)^2}\int_{r_1}^{r_2}\frac{1}{r^3}\mathrm{d}r=\frac{4\pi L\mu\omega^2 r_1^2 r_2^2}{r_2^2-r_1^2}$$

$$=\frac{4\pi\times0.05\times1.6\times10^{-3}\times837.8^2\times0.025^2\times0.02505^2}{0.02505^2-0.025^2}=110.5\text{W}$$

可见两种方法计算结果基本一致。

## 五、圆管内流体一维定常态层流流动时的热传导

如图 4-30 所示，流体在管内做定常态层流流动，流体以 $T_1$ 的温度进入管内，经过进口段后，流体速度分布达到稳定，此后管壁处以恒定的传热通量 $q_0$ 向管内流体传热，试分析管内流体温度将如何变化。

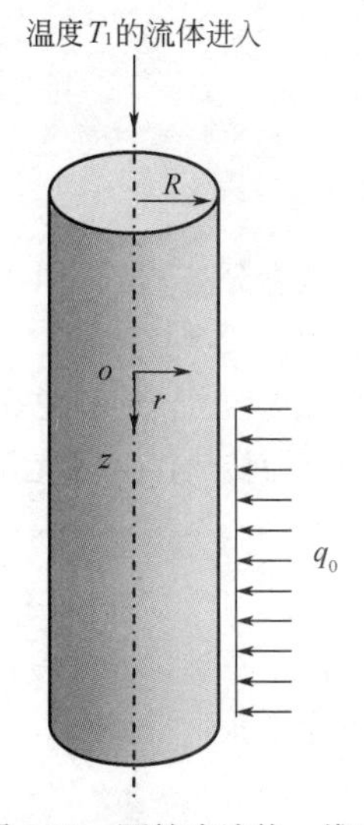


图 4-30 圆管内流体一维定常态层流流动时的热传导

为简单起见，不妨假设流体物性为常数，选取图示的柱坐标系，不难得出流动速度仅是 $r$ 的函数，而温度是 $r$ 和 $z$ 的函数，据此简化运动方程的 $z$ 分量式（4-40），得

$$-\frac{\mathrm{d}\Gamma}{\mathrm{d}z}+\mu\frac{1}{r}\frac{\mathrm{d}}{\mathrm{d}r}\left(r\frac{\mathrm{d}u_z}{\mathrm{d}r}\right)=0 \tag{4-181}$$

二次常微分方程式（4-181）的边界条件为

$$\begin{aligned}&\text{边界条件1：}r=R,\quad u_z=0\\&\text{边界条件2：}r=0,\quad \frac{\partial u_z}{\partial r}=0\end{aligned} \tag{4-182}$$

解方程式（4-181），结合边界条件式（4-182），可得管内速度分布

$$u_z=u_{\max}\left[1-\left(\frac{r}{R}\right)^2\right] \tag{4-183}$$

再简化能量方程式（4-129），可得

$$u_z\frac{\partial T}{\partial z}=a\left[\frac{1}{r}\frac{\partial}{\partial r}(r\frac{\partial T}{\partial r})+\frac{\partial^2 T}{\partial z^2}\right]+\frac{\Phi}{\rho c_p} \tag{4-184}$$

现假设：①$z$ 方向热传导与 $r$ 方向的相比非常小，所以式（4-184）中括号内的$\partial^2 T/\partial z^2$ 项可忽略；②流动速度不快，黏性摩擦发热可忽略，即 $\Phi$=0。

根据上述假设，进一步简化式（4-184），并将式（4-183）代入，得

$$u_{\max}\left[1-\left(\frac{r}{R}\right)^2\right]\frac{\partial T}{\partial z}=a\left[\frac{1}{r}\frac{\partial}{\partial r}(r\frac{\partial T}{\partial r})\right] \tag{4-185}$$

由问题的特性，可写出偏微分方程式（4-185）的边界条件

$$\begin{aligned}&\text{边界条件1：}r=0,\quad T\text{为有限值}\\&\text{边界条件2：}r=R,\quad -k\frac{\partial T}{\partial r}=q_0(\text{常数})\\&\text{边界条件3：}z=0,\quad T=T_1\end{aligned} \tag{4-186}$$

求解微分方程式（4-185）即可得流体的温度随 $r$ 和 $z$ 变化关系。为解此方程，引入无量纲量，对式（4-185）及相应的边界条件进行变换。

令无量纲温度、半径和轴向距离分别为

$$T^*=\frac{T-T_1}{q_0R/k},\quad r^*=\frac{r}{R},\quad z^*=\frac{z}{u_{z,\max}R^2/a} \tag{4-187}$$

将无量纲量代入方程式（4-185），经变换得

$$\left[1-\left(r^*\right)^2\right]\frac{\partial T^*}{\partial z^*}=\frac{1}{r^*}\frac{\partial}{\partial r^*}\left(r^*\frac{\partial T^*}{\partial r^*}\right) \tag{4-188}$$

同时，边界条件式（4-186）相应地变换为

$$\begin{aligned}&\text{边界条件1：}r^*=0,\quad T^*\text{为有限值}\\&\text{边界条件2：}r^*=1,\quad \frac{\partial T^*}{\partial r^*}=1\\&\text{边界条件3：}z^*=0,\quad T^*=0\end{aligned}\tag{4-189}$$

偏微分方程式（4-188）在边界条件式（4-189）下的求解过程可参见相关资料[7]，这里不做介绍。

在工程上，更有意义的情况是对于温度分布达到充分发展后的传热，即离进口端足够远的下游的层流传热，此时无量纲温度$(T_s-T)/(T_s-T_b)$与轴向距离无关而仅为无量纲径向$(r/R)$的函数，即

$$\frac{\partial}{\partial z}\left(\frac{T_s-T}{T_s-T_b}\right)=0\tag{4-190}$$

式中，$T_s$为壁面处温度；$T_b$为流体平均温度。流体平均温度$T_b$通过热量衡算由截面上各处流体的温度$T$求取

$$T_b=\frac{\int_0^R Tu_z(2\pi r)\mathrm{d}r}{\int_0^R u_z(2\pi r)\mathrm{d}r}\tag{4-191}$$

积分式（4-190），可得

$$\frac{T_s-T}{T_s-T_b}=f\left(\frac{r}{R}\right)\tag{4-192}$$

另外，将式（4-190）展开，得

$$\frac{\partial T_s}{\partial z}-\frac{\partial T}{\partial z}=\left(\frac{T_s-T}{T_s-T_b}\right)\left(\frac{\partial T_s}{\partial z}-\frac{\partial T_b}{\partial z}\right)\tag{4-193}$$

在工业上管内对流传热常见的两种情况为：①通过管壁的热通量恒定，如在管外壁缠上电热丝；②管外壁上温度恒定，如管外壁采用蒸汽加热。下面分别讨论这两种情况下的温度随轴向的变化率，以便求解方程（4-185）。

**1．壁面上热通量恒定**

根据牛顿冷却定律

$$q_0=h(T_s-T_b)\tag{4-194}$$

式中，$h$为壁面与流体间的对流传热系数，与流动状况、物性及管径有关，在充分发展流动状况下可认为是常数。

将式（4-194）对$z$求导数，同时注意到$h$、$q_0$都为常数，得

$$\frac{\partial T_s}{\partial z}=\frac{\partial T_b}{\partial z}\tag{4-195}$$

然后，将式（4-195）代入式（4-193），得

$$\frac{\partial T}{\partial z}=\frac{\partial T_s}{\partial z}=\frac{\partial T_b}{\partial z}\tag{4-196}$$

再对流体经过微元管段dz进行热量衡算，即

$$q_0\times 2\pi R\mathrm{d}z=u_b\pi R^2\rho c_p\mathrm{d}T_b\tag{4-197}$$

故
$$\frac{\mathrm{d}T_b}{\mathrm{d}z}=\frac{\partial T_s}{\partial z}=\frac{\partial T}{\partial z}=\frac{2q_0}{u_b R\rho c_p}=\text{常数} \quad (4\text{-}198)$$

将式（4-198）中第三个等式代入式（4-185）中，同时注意到圆管内层流流动时 $u_{max}=2u_b$，于是得到如下的常微分方程

$$\frac{\mathrm{d}}{\mathrm{d}r}\left(r\frac{\mathrm{d}T}{\mathrm{d}r}\right)=\frac{4q_0}{kR}\left[1-\left(\frac{r}{R}\right)^2\right]r \quad (4\text{-}199)$$

由问题的特性，微分方程式（4-199）的边界条件

$$\begin{aligned}&\text{边界条件1：}r=0,\ T\text{为有限值}\\&\text{边界条件2：}r=R,\ -k\frac{\partial T}{\partial r}=q_0\text{（常数）}\end{aligned} \quad (4\text{-}200)$$

积分式（4-199），结合边界条件式（4-200），得管内流体温度分布方程

$$T_s-T=\frac{q_0}{4kR^3}\left(3R^4-4R^2r^2+r^4\right) \quad (4\text{-}201)$$

而管内对流传热系数可由下式计算

$$h=\frac{-k}{\left(T_s-T_b\right)}\left.\frac{\mathrm{d}T}{\mathrm{d}r}\right|_{r=R} \quad (4\text{-}202)$$

式中，$(T_s-T_b)$ 可通过截面上的热量衡算关系由下式计算，并将式（4-183）和式（4-201）代入积分可得

$$T_s-T_b=\frac{\int_0^R u_z\left(T_s-T\right)\times 2\pi r\mathrm{d}r}{\int_0^R u_z\times 2\pi r\mathrm{d}r}=\frac{11}{24}\frac{Rq_0}{k} \quad (4\text{-}203)$$

再将式（4-203）代入式（4-194），最终得

$$h=\frac{24}{11}\frac{k}{R} \quad (4\text{-}204)$$

式（4-204）也可整理写成

$$Nu=\frac{hd}{k}=\frac{2hR}{k}=\frac{48}{11}=4.36 \quad (4\text{-}205)$$

式中，$Nu$ 称为努塞尔数（Nusselt）。

**2. 壁面温度恒定**

对于恒壁温，$\partial T_s/\partial z=0$，同时考虑到（4-192），则式（4-193）可简化为

$$\frac{\partial T}{\partial z}=\left(\frac{T_s-T}{T_s-T_b}\right)\frac{\partial T_b}{\partial z}=f\left(\frac{r}{R}\right)\frac{\partial T_b}{\partial z} \quad (4\text{-}206)$$

由于$\partial T_s/\partial z=0$，式（4-185）不能化为常微分方程。葛雷兹（Greatz）对此条件下的传热进行分析求解，得到速度和温度分布充分发展的传热努塞尔数为

$$Nu=3.66 \quad (4\text{-}207)$$

对于距离管子进口足够远的下游处，即在速度分布和温度分布都达到充分发展后，由式（4-205）和式（4-207）可见，管壁恒定热通量和管壁恒定温度这两种情况下的传热，其 $Nu$ 的数值有较大的差别。

在进行管内层流传热计算时，所用到的物性数据，严格地说，应该采用式（4-191）计算出

来的温度作为定性温度，但 $T_b$ 随流动距离变化，求算困难，所以一般近似取进出口温度的算术平均值作为定性温度：$T_b=(T_{b1}+T_{b2})/2$，式中，$T_b$，$T_{b1}$，$T_{b2}$ 分别为定性温度、流体进口温度和出口温度。

**【例 4-5】** 在一种收集太阳能的方案中，把管子放置在抛物面反射器的焦平面上，并在管中通流体，如图 4-31 所示。这种布置的等效效应可近似认为在管子表面具有均匀的加热速率。设内径为 60mm 的管子在 $2\text{kW·m}^{-2}$（以管内表面积计）的晴朗天运行。已知水在 50℃时的比热容为 $4181\text{J·kg}^{-1}\text{·K}^{-1}$。水在定性温度下的热导率为 $0.670\text{W·m}^{-1}\text{·K}^{-1}$，黏度为 0.352cP。

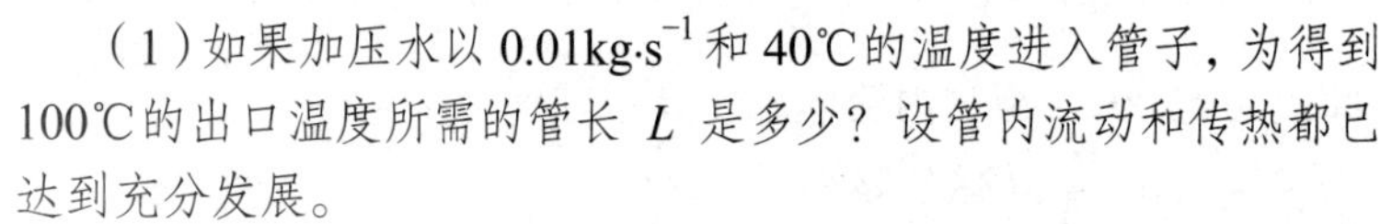

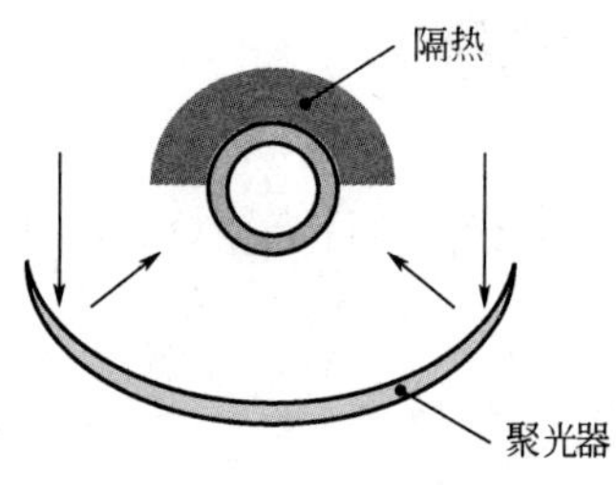


图 4-31　例 4-5 附图

（1）如果加压水以 $0.01\text{kg·s}^{-1}$ 和 40℃的温度进入管子，为得到 100℃的出口温度所需的管长 $L$ 是多少？设管内流动和传热都已达到充分发展。

（2）假定管子出口处于充分发展状态，该处的壁面温度为多少？

**解**　（1）在等表面热流密度的情况下，由能量衡算可得

$$q\pi dL=mc_p\left(T_2-T_1\right)$$

所以

$$L=\frac{mc_p\left(T_2-T_1\right)}{q\pi d}=\frac{0.01\times4181\times(100-40)}{2000\times\pi\times0.06}=6.7\text{ m}$$

（2）由牛顿冷却定律可求得出口处的壁面温度

$$T_{w2}=\frac{q}{h}+T_2$$

为求出壁面温度，要先求取管子出口处的局部对流传热系数。为此，首先必须确定流动状态。

$$Re=\frac{du\rho}{\mu}=\frac{4m}{\pi d\mu}=\frac{4\times0.01}{\pi\times0.06\times0.352\times10^{-3}}=603$$

$Re<2000$，故管内流动为层流。设为充分发展，表面为恒热流，于是由式（4-205）

$$Nu=\frac{hd}{k}=4.36$$

得

$$h=4.36\frac{k}{d}=4.36\times\frac{0.670}{0.06}=48.7\text{ W·m}^{-2}\text{·K}^{-1}$$

所以，管子出口处的壁面温度为

$$T_{w2}=\frac{q}{h}+T_2=\frac{2000}{48.7}+100=141\text{ ℃}$$

## 六、矩形平板内二维定常态热传导

如图 4-32 所示，一块矩形平板，长为 $L$，宽为 $H$。平板的前后两面为绝热，无内热源，上边保持温度为 $T_1$，其他三边维持温度为 $T_0$。传热稳定时，求板内温度分布。

固体内的导热问题可用能量方程式（4-122）描述。对于无内热源的定常态二维导热问题，在直角坐标系中简化为

$$\frac{\partial^2T}{\partial x^2}+\frac{\partial^2T}{\partial y^2}=0 \tag{4-208}$$

针对图 4-32 所示的问题，其边界条件为

$$
\begin{aligned}
&\text{边界条件1：} x=0,\ \ T=T_0\\
&\text{边界条件2：} x=L,\ \ T=T_0\\
&\text{边界条件3：} y=0,\ \ T=T_0\\
&\text{边界条件4：} y=H,\ \ T=T_1
\end{aligned}
\tag{4-209}
$$

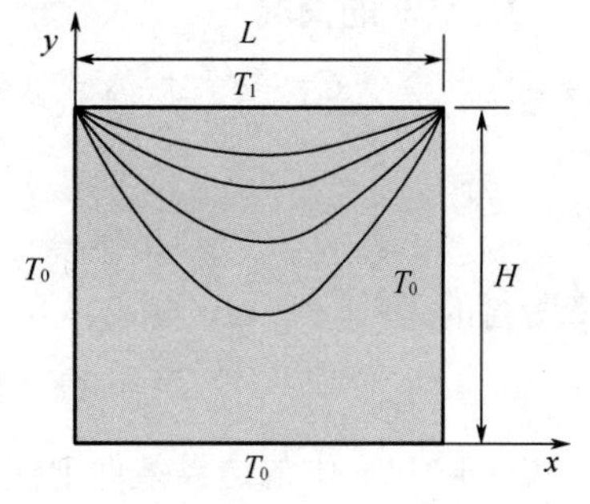

图 4-32　矩形平板内二维定常态热传导

式（4-208）为二维泊松方程，为便于求解，引入无量纲温度

$$T^*=\frac{T-T_0}{T_1-T_0} \tag{4-210}$$

用无量纲温度将偏微分方程式（4-208）及其边界条件式（4-209）转换为

$$\frac{\partial^2 T^*}{\partial x^2}+\frac{\partial^2 T^*}{\partial y^2}=0 \tag{4-211}$$

$$
\begin{aligned}
&\text{边界条件1：} x=0,\ \ T^*=0\\
&\text{边界条件2：} x=L,\ \ T^*=0\\
&\text{边界条件3：} y=0,\ \ T^*=0\\
&\text{边界条件4：} y=H,\ \ T^*=1
\end{aligned}
\tag{4-212}
$$

偏微分方程式（4-211）可用分离变量法求解。为此，令其解为

$$T^*=X(x)Y(y) \tag{4-213}$$

式中，$X$ 仅为 $x$ 的函数，而 $Y$ 仅为 $y$ 的函数。将式（4-213）代入式（4-211），并整理得

$$-\frac{1}{X}\frac{\partial^2 X}{\partial x^2}=\frac{1}{Y}\frac{\partial^2 Y}{\partial y^2} \tag{4-214}$$

式（4-214）等号两边分别为 $x$ 和 $y$ 的函数。因此，式（4-214）只有等于常数 $C$，才能使此式成立。于是得到两个方程，

$$\frac{\partial^2 X}{\partial x^2}+CX=0 \tag{4-215}$$

$$\frac{\partial^2 Y}{\partial y^2}-CY=0 \tag{4-216}$$

写出式（4-215）和式（4-216）的全部解，然后再由边界条件确定出方程式（4-208）的唯一解。这里根据 $C$ 值大小，分三种情况进行讨论。

**1. $C$=0 的情况**

将 $C$=0 代入式（4-215）和式（4-216），分别积分得到

$$X=C_1x+C_2 \tag{4-217}$$

$$Y=C_3y+C_4 \tag{4-218}$$

将所得的 $X$、$Y$ 代入式（4-213），得

$$T^*=XY=(C_1x+C_2)(C_3y+C_4) \tag{4-219}$$

由边界条件确定积分常数，得 $C_1$=0，$C_2$=0。显然，此解不合理，即 $C\neq0$。

**2. $C$<0 的情况**

为此，令 $C=-\lambda^2$，代入式（4-215）和式（4-216），分别积分得

$$X=C_5\mathrm{e}^{\lambda x}+C_6\mathrm{e}^{-\lambda x} \tag{4-220}$$

$$Y=C_7\cos(\lambda y)+C_8\sin(\lambda y) \tag{4-221}$$

将所得的 $X$、$Y$ 代入式（4-213），得

$$T^*=XY=\left(C_5\mathrm{e}^{\lambda x}+C_6\mathrm{e}^{-\lambda x}\right)\left[C_7\cos(\lambda y)+C_8\sin(\lambda y)\right] \tag{4-222}$$

将式（4-212）中的边界条件 1 代入式（4-222），得

$$0=\left(C_5+C_6\right)\left[C_7\cos(\lambda y)+C_8\sin(\lambda y)\right] \tag{4-223}$$

上式中 $C_7$ 和 $C_8$ 不能同时为零，否则其解无意义，所以只有当 $C_5=-C_6$ 时才能成立。将此关系代入式（4-222），得

$$T^*=C_5\left(\mathrm{e}^{\lambda x}-\mathrm{e}^{-\lambda x}\right)\left[C_7\cos(\lambda y)+C_8\sin(\lambda y)\right] \tag{4-224}$$

将式（4-212）中的边界条件 3 代入式（4-224），得

$$0=C_5C_7\left(\mathrm{e}^{\lambda x}-\mathrm{e}^{-\lambda x}\right) \tag{4-225}$$

上式中，$C_5\neq 0, \left(\mathrm{e}^{\lambda x}-\mathrm{e}^{-\lambda x}\right)\neq 0$，否则方程的解无意义，所以可得 $C_7=0$。将 $C_7$ 代入式（4-224），得

$$T^*=C_5C_8\left(\mathrm{e}^{\lambda x}-\mathrm{e}^{-\lambda x}\right)\sin(\lambda y) \tag{4-226}$$

再将式（4-212）中的边界条件 2 代入式（4-226），得

$$0=C_5C_8\left(\mathrm{e}^{\lambda L}-\mathrm{e}^{-\lambda L}\right)\sin(\lambda y) \tag{4-227}$$

上式只有在 $\lambda=0$ 时才能成立，可见 $C<0$ 的情况所得出的解也不合理，即 $C\nless 0$。

**3. $C>0$ 的情况**

令 $C=\lambda^2$，代入式（4-215）和式（4-216），分别积分得

$$X=C_9\cos(\lambda x)+C_{10}\sin(\lambda x) \tag{4-228}$$

$$Y=C_{11}\mathrm{e}^{\lambda y}+C_{12}\mathrm{e}^{-\lambda y} \tag{4-229}$$

将所得的 $X$、$Y$ 代入式（4-213），得

$$T^*=XY=\left[C_9\cos(\lambda x)+C_{10}\sin(\lambda x)\right]\left(C_{11}\mathrm{e}^{\lambda y}+C_{12}\mathrm{e}^{-\lambda y}\right) \tag{4-230}$$

将式（4-212）中的边界条件 1 代入上式，得

$$0=C_9\left(C_{11}\mathrm{e}^{\lambda y}+C_{12}\mathrm{e}^{-\lambda y}\right) \tag{4-231}$$

由此可得：$C_9=0$。于是式（4-230）简化为

$$T^*=C_{10}\sin(\lambda x)\left(C_{11}\mathrm{e}^{\lambda y}+C_{12}\mathrm{e}^{-\lambda y}\right)=\sin(\lambda x)\left(A\mathrm{e}^{\lambda y}+B\mathrm{e}^{-\lambda y}\right) \tag{4-232}$$

式中，$A=C_{10}C_{11}$，$B=C_{10}C_{12}$。

将式（4-212）中的边界条件 3 代入式（4-232），得

$$0=(A+B)\sin(\lambda x) \tag{4-233}$$

于是可得：$A=-B$，代入式（4-232），利用双曲函数 $\sinh(\lambda y)$，得

$$T^*=D\sin(\lambda x)\sinh(\lambda y) \tag{4-234}$$

式中，$D=2A$，为常数。将式（4-212）中的边界条件 2 代入式（4-234），得

$$0=D\sin(\lambda L)\sinh(\lambda y) \tag{4-235}$$

由于$D\neq0$，否则其解无意义，而且$\lambda\neq0$，于是据式（4-235）可知

$$\sin(\lambda L)=0 \tag{4-236}$$

所以，有

$$\lambda=\frac{n\pi}{L}\quad (n=1,2,3,\cdots) \tag{4-237}$$

$\lambda$为方程的特征值，将特征值代入式（4-234），得到无穷多个解。由于方程（4-211）是线性，故无穷多个解的叠加仍为方程的解，即

$$T^{*}=\sum_{n=1}^{\infty}D_n\sin\left(\frac{n\pi}{L}x\right)\sinh\left(\frac{n\pi}{L}y\right) \tag{4-238}$$

式中，$D_n$为常数，由式（4-212）中的边界条件4确定。将边界条件4代入上式，得

$$1=\sum_{n=1}^{\infty}D_n\sin\left(\frac{n\pi}{L}x\right)\sinh\left(\frac{n\pi}{L}H\right)=\sum_{n=1}^{\infty}A_n\sin\left(\frac{n\pi}{L}x\right) \tag{4-239}$$

式中，

$$A_n=D_n\sinh\left(\frac{n\pi}{L}H\right) \tag{4-240}$$

若能求出$A_n$，则温度分布即可得到。为此，将式（4-239）展开，得

$$1=A_1\sin\left(\frac{\pi}{L}x\right)+A_2\sin\left(\frac{2\pi}{L}x\right)+A_3\sin\left(\frac{3\pi}{L}x\right)+\cdots \tag{4-241}$$

将式（4-241）两边同乘以$\sin\left(\frac{m\pi}{L}x\right)\mathrm{d}x$，并在0～$L$之间积分

$$\int_0^L\sin\left(\frac{m\pi}{L}x\right)\mathrm{d}x=\sum_{n=1}^{\infty}\int_0^L A_n\sin\left(\frac{n\pi}{L}x\right)\sin\left(\frac{m\pi}{L}x\right)\mathrm{d}x \tag{4-242}$$

由于三角函数系为正交函数系，有

$$\int_0^L\sin\left(\frac{n\pi}{L}x\right)\sin\left(\frac{m\pi}{L}x\right)\mathrm{d}x=\begin{cases}0 & (n\neq m)\\ \int_0^L\sin^2\left(\frac{m\pi}{L}x\right)\mathrm{d}x & (n=m)\end{cases} \tag{4-243}$$

于是，式（4-242）变为

$$\int_0^L\sin\left(\frac{n\pi}{L}x\right)\mathrm{d}x=A_n\int_0^L\sin^2\left(\frac{n\pi}{L}x\right)\mathrm{d}x \tag{4-244}$$

两边进行积分运算，即得

$$A_n=\frac{2}{\pi}\cdot\frac{1-(-1)^n}{n} \tag{4-245}$$

将式（4-245）代入式（4-240），得

$$D_n=\frac{2}{\pi}\cdot\frac{1-(-1)^n}{n}\cdot\frac{1}{\sinh\left(\frac{n\pi}{L}H\right)} \tag{4-246}$$

将式（4-246）代入式（4-238），最终得温度分布

$$\frac{T-T_0}{T_1-T_0}=\frac{2}{\pi}\sum_{n=1}^{\infty}\frac{1-(-1)^n}{n}\sin\left(\frac{n\pi}{L}x\right)\frac{\sinh\left(\frac{n\pi}{L}y\right)}{\sinh\left(\frac{n\pi}{L}H\right)} \tag{4-247}$$

# 第六节 微观体积的多组分流体质量衡算

纯组分在微观体积上的衡算见本章第一节的内容，对于多组分流体，有时还伴有化学反应的多组分流体系统，传质过程较为复杂，需要建立传质微分方程描述其传质过程。下面分别以质量和摩尔为基准建立传质微分方程。

## 一、以质量为基准的传质微分方程

取如图 4-33 所示的微元控制体，在此微元控制体上对组分 A 进行质量衡算：

$$\begin{pmatrix}输入微元体\\的质量速率\end{pmatrix}-\begin{pmatrix}输出微元体\\的质量速率\end{pmatrix}+\begin{pmatrix}微元体内质\\量生成速率\end{pmatrix}=\begin{pmatrix}微元体内质\\量积累速率\end{pmatrix} \tag{4-248}$$

计算式（4-248）中各项如下：

沿 $x$ 方向净输入控制体的质量流率为

$$n_{Ax}\mathrm{d}y\mathrm{d}z-\left(n_{Ax}+\frac{\partial n_{Ax}}{\partial x}\mathrm{d}x\right)\mathrm{d}y\mathrm{d}z=-\frac{\partial n_{Ax}}{\partial x}\mathrm{d}x\mathrm{d}y\mathrm{d}z\ ;$$

同理，沿 $y$ 方向净输入控制体的质量流率为

$$-\frac{\partial n_{Ay}}{\partial y}\mathrm{d}x\mathrm{d}y\mathrm{d}z\ ;$$

沿 $z$ 方向净输入控制体的质量流率为

$$-\frac{\partial n_{Az}}{\partial z}\mathrm{d}x\mathrm{d}y\mathrm{d}z\ ;$$

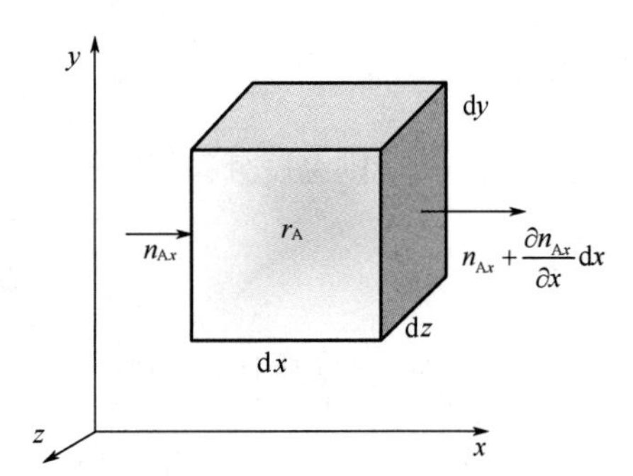

图 4-33 微元体上多组分流体的质量衡算

上述式中，$n_{Ax}$、$n_{Ay}$ 和 $n_{Az}$ 分别为组分 A 在 $x$、$y$ 和 $z$ 方向的绝对质量通量。

微元控制体内组分 A 生成速率 $r_A$，$\mathrm{kg \cdot m^{-3} \cdot s^{-1}}$。

微元控制体内质量积累速率为 $\frac{\partial}{\partial t}\left(\rho_A \mathrm{d}x\mathrm{d}y\mathrm{d}z\right)=\mathrm{d}x\mathrm{d}y\mathrm{d}z\frac{\partial \rho_A}{\partial t}$。

式中，$\rho_A$ 为组分 A 的分密度。

将上述各项代入式（4-248），整理得

$$\frac{\partial \rho_A}{\partial t}+\frac{\partial n_{Ax}}{\partial x}+\frac{\partial n_{Ay}}{\partial y}+\frac{\partial n_{Az}}{\partial z}-r_A=0 \tag{4-249}$$

式（4-249）即为组分 A 的传质微分方程，此式也称为多组分反应混合物中组分 A 的连续性方程。式（4-249）描述了组分 A 的扩散和涡流以及由于化学反应引起 A 的生成或消耗使空间固定点处组分 A 的质量浓度随时间的变化。

式（4-249）写成矢量形式，则

$$\frac{\partial \rho_A}{\partial t}+\nabla\cdot\boldsymbol{n}_A-r_A=0 \tag{4-250}$$

将绝对质量通量与扩散质量通量的关系式（3-144）代入上式，得

$$\frac{\partial \rho_A}{\partial t}+\nabla\cdot\left(\rho_A\boldsymbol{u}\right)+\nabla\cdot\boldsymbol{j}_A-r_A=0 \tag{4-251}$$

将混合物体系中所有 $N$ 种组分对应的式（4-251）相加，同时考虑到式（3-146），得

$$\frac{\partial \rho}{\partial t}+\nabla\cdot\left(\rho\boldsymbol{u}\right)-\sum_{i=1}^{N}r_i=0 \tag{4-252}$$

对于有化学反应的混合物体系内，有物质 A 生成，必有相等质量的其他物质被消耗掉，故有

$$\sum_{i=1}^{N} r_i = 0 \tag{4-253}$$

于是，进一步简化式（4-252），得

$$\frac{\partial \rho}{\partial t} + \nabla \cdot (\rho \boldsymbol{u}) = 0 \tag{4-254}$$

此即为混合物的连续性方程。式中，$\rho$为混合物总密度，当为纯物质时，上式就是纯物质的连续性方程。

对于恒定质量密度的混合物体系，式（4-254）进一步简化为

$$\nabla \cdot \boldsymbol{u} = 0 \tag{4-255}$$

## 二、以物质的量为基准的传质微分方程

传质微分方程也可以采用物质的量为基准进行推导得到，推导方法同上，可得以物质的量为基准的组分 A 的传质微分方程或连续性方程，

$$\frac{\partial C_{\mathrm{A}}}{\partial t} + \nabla \cdot \boldsymbol{N}_{\mathrm{A}} - R_{\mathrm{A}} = 0 \tag{4-256}$$

式中，$C_{\mathrm{A}}$ 为组分 A 在单位体积内的物质的量，即摩尔浓度，$\mathrm{kmol \cdot m^{-3}}$；$\boldsymbol{N}_{\mathrm{A}}$ 为组分 A 的绝对摩尔通量，$\mathrm{kmol \cdot m^{-2} \cdot s^{-1}}$；$R_{\mathrm{A}}$ 为组分 A 的摩尔生成速率，$\mathrm{kmol \cdot m^{-3} \cdot s^{-1}}$。

将绝对摩尔通量与扩散摩尔通量的关系式（3-150）代入式（4-256），得

$$\frac{\partial C_{\mathrm{A}}}{\partial t} + \nabla \cdot (C_{\mathrm{A}} \boldsymbol{u}_{\mathrm{M}}) + \nabla \cdot \boldsymbol{J}_{\mathrm{A}} - R_{\mathrm{A}} = 0 \tag{4-257}$$

然后将混合物体系中所有 $N$ 种组分对应的式（4-257）相加，得

$$\frac{\partial C}{\partial t} + \nabla \cdot (C \boldsymbol{u}_{\mathrm{M}}) - \sum_{i=1}^{N} R_i = 0 \tag{4-258}$$

对于有化学反应的混合物体系内，物质的生成物质的量并不一定等于物质的消耗物质的量，所以，$\sum_{i=1}^{N} R_i$ 项不能从上式中消失。式（4-258）也称为以物质的量为基准的混合物传质微分方程或连续性方程。

对于总摩尔浓度恒定的混合物体系，式（4-258）进一步简化为

$$\nabla \cdot (\boldsymbol{u}_{\mathrm{M}}) = \frac{1}{C} \sum_{i=1}^{N} R_i \tag{4-259}$$

## 三、二元体系的传质微分方程

本章主要讨论二元体系的传质问题，对于各种特殊情况下的二元体系，上述传质方程可进一步简化。

### 1. 流体总密度和扩散系数为常数的二元体系

如对于组分 A 在稀溶液中或温度和压力为恒定的低密度气体中扩散，属于此类情形。将式（1-25）代入式（4-251）中，得

$$\rho \left[ \frac{\partial a_{\mathrm{A}}}{\partial t} + (\boldsymbol{u} \cdot \nabla a_{\mathrm{A}}) \right] = \rho D_{\mathrm{AB}} \nabla^2 a_{\mathrm{A}} + r_{\mathrm{A}} \tag{4-260}$$

式中，$a_{\mathrm{A}}$ 为组分 A 的质量分数。也可将式（4-260）写成

$$\frac{\mathrm{D}a_{\mathrm{A}}}{\mathrm{D}t}=D_{\mathrm{AB}}\nabla^{2}a_{\mathrm{A}}+\frac{r_{\mathrm{A}}}{\rho} \tag{4-261}$$

对于组分 B 也可写出类似式（4-260）的传质微分方程。式（4-261）的物理意义可理解为体系内组分 A 的质量分数随时间的变化率是由扩散项（扩散传质）和源项（化学生成）决定的。

此外，在本章也介绍了动量传递微分式（4-36）和热量传递微分式（4-127），将此两式分别改写为

$$\frac{\mathrm{D}\boldsymbol{u}}{\mathrm{D}t}=\nu\nabla^{2}\boldsymbol{u}+\left(\boldsymbol{g}-\frac{\nabla p}{\rho}\right) \tag{4-262}$$

$$\frac{\mathrm{D}T}{\mathrm{D}t}=a\nabla^{2}T+\frac{\Phi}{\rho c_{p}} \tag{4-263}$$

可见速度或温度随时间的变化率也可认为由扩散项和源项组成。故描述动量、热量和质量传递过程的微分式（4-262）、式（4-263）和式（4-261）具有类似的形式，若初始和边界条件也类似，则它们的解也必将类似，这种相似特性有重要的意义，它是处理物理性质为常数的流动流体进行热量传递和质量传递之间类比的基础。

**2．流体总摩尔浓度和扩散系数为常数的二元体系**

如对于组分 A 在稀溶液中或温度和压力为恒定的低密度气体中扩散，属于此类情形。将式（1-26）代入式（4-257）中，再考虑到式（4-259）的关系，整理得

$$C\left[\frac{\partial x_{\mathrm{A}}}{\partial t}+\boldsymbol{u}_{\mathrm{M}}\cdot\nabla x_{\mathrm{A}}\right]=CD_{\mathrm{AB}}\nabla^{2}x_{\mathrm{A}}+\left(x_{\mathrm{B}}R_{\mathrm{A}}-x_{\mathrm{A}}R_{\mathrm{B}}\right) \tag{4-264}$$

类似地，对于组分 B 也可写出相应的方程式。

如果体系内没有化学反应，同时式（4-264）中的 $\boldsymbol{u}_{\mathrm{M}}$ 为零，$C$ 为常数，则可得

$$\frac{\partial C_{\mathrm{A}}}{\partial t}=D_{\mathrm{AB}}\nabla^{2}C_{\mathrm{A}} \tag{4-265}$$

这就是费克第二扩散定律，也简称为扩散定律。这个方程常用于固体或静止液体中的扩散，以及气体中的恒摩尔反向扩散。

在各种坐标系下的传质微分方程形式见附录 A.10、A.11。

# 第七节　传质微分方程的应用

## 一、半无限大空间的非定常态扩散传质

在自然界，如无风的天气，湖面的水向空气中蒸发水分的情形属于半无限大空间的非定常态扩散的传质。现在考虑如图 4-34 所示装置内的扩散传质，装置处于恒温环境中，组分 A 通过竖直的管子向 $z$ 方向扩散。气体 B 不溶于液体 A 中。对于组分 B 来说，由于管内液面下降，组分 B 将不断向管内扩散，但是当传质速率较慢时，液面下降速度很慢，此时可忽略组分 B 向管内扩散的传质通量，而将组分 B 看成是停滞不动。设体系处于低压，组分 A 在气相中浓度较低，总摩尔浓度可视为恒定，试分析管内组分 A 的浓度分布以及在液面处组分 A 的蒸发速率。假设初始气体中 A 组分的摩尔分数为 $x_{\mathrm{A0}}$。

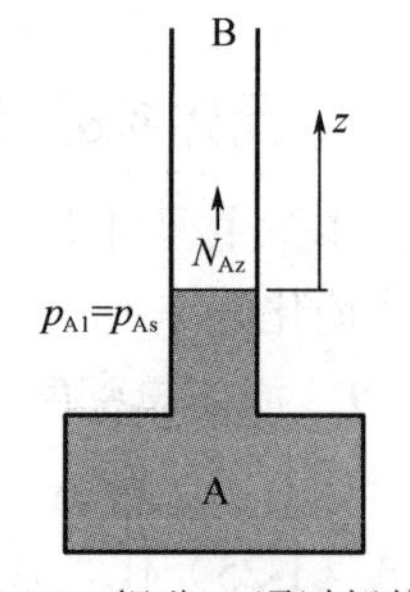


图 4-34　组分 A 通过拟停滞组分 B 的非定常态扩散时的传质

按题意分析可知，此问题属于一维非定常态传质。直接应用微分传质方程式（4-256），由于无化学反应，故化简得

$$\frac{\partial N_{Az}}{\partial z}=-\frac{\partial C_A}{\partial t} \tag{4-266}$$

对于二元体系，由式（3-150），可知

$$N_{Az}=-D_{AB}\frac{dC_A}{dz}+x_A\left(N_{Az}+N_{Bz}\right) \tag{4-267}$$

扩散管内液体汽化后产生的空间，一部分被气态组分 A 所占据，另一部分则由补充进来的气体 B 所占据。由于液体密度比气体的密度大得多，所以组分 A 通过管子向外扩散的物质的量比组分 B 向管内扩散的物质的量要大得多，即 $N_{Az}\gg N_{Bz}$。整理式（4-267），得

$$N_{Az}=-CD_{AB}\frac{dx_A}{\left(1-x_A\right)dz}=CD_{AB}\frac{d\ln\left(1-x_A\right)}{dz} \tag{4-268}$$

将式（4-268）代入式（4-266），整理得

$$D_{AB}\frac{\partial^2\ln\left(1-x_A\right)}{\partial z^2}=\left(1-x_A\right)\frac{\partial\ln\left(1-x_A\right)}{\partial t} \tag{4-269}$$

令

$$D_{ABe}=\frac{D_{AB}}{1-x_A} \tag{4-270}$$

当组分 A 在气相中浓度较低时，$x_A$ 较小，故将 $D_{ABe}$ 近似看成为常数，则式（4-269）变为

$$D_{ABe}\frac{\partial^2\ln\left(1-x_A\right)}{\partial z^2}=\frac{\partial\ln\left(1-x_A\right)}{\partial t} \tag{4-271}$$

此式在形式上同式（3-71）。

式（4-271）的初始和边界条件为

$$\begin{aligned}&\text{初始条件：}t=0,\ C_A=C_{A0},\ \ln\left(1-x_A\right)=\ln\left(1-x_{A0}\right)\\&\text{边界条件1：}z=0,\ C_A=C_{As},\ \ln\left(1-x_A\right)=\ln\left(1-x_{As}\right)\ \left(\text{当}t>0\text{时}\right)\\&\text{边界条件2：}z=\infty,\ C_A=C_{A0},\ \ln\left(1-x_A\right)=\ln\left(1-x_{A0}\right)\ \left(\text{当}t\geqslant 0\text{时}\right)\end{aligned} \tag{4-272}$$

类似式（3-71）的解，可得式（4-271）的解为

$$\ln\left(1-x_A\right)=\ln\frac{1-x_{A0}}{1-x_{As}}\mathrm{erf}\left(\xi\right)+\ln\left(1-x_{As}\right) \tag{4-273}$$

式中

$$\xi=\frac{z}{\sqrt{4D_{ABe}t}} \tag{4-274}$$

通过液面蒸发组分 A 的摩尔通量

$$N_{Az}\Big|_{z=0}=-CD_{As}\frac{dx_A}{\left(1-x_A\right)dz}\Bigg|_{z=0}=\frac{C\sqrt{\left(1-x_{As}\right)D_{AB}}}{\sqrt{\pi t}}\ln\frac{1-x_{A0}}{1-x_{As}} \tag{4-275}$$

**【例 4-6】** 在一个无风晴朗的天气，估算湖面上水在白天 12h 内的蒸发量。已知湖面面积为 $6.4\times10^6\mathrm{m}^2$，水温和空气温度平均为 25℃，初始空气的相对湿度为 50%。25℃下，水的饱和蒸气压为 3.17kPa，水在空气中的扩散系数为 $2.6\times10^{-5}\mathrm{m}^2\cdot\mathrm{s}^{-1}$。

**解** $x_{As}=\frac{p_{As}}{p}=\frac{3.17}{101.3}=0.0313$，相对湿度 $\varphi=\frac{p_A}{p_{As}}$，故 $x_A=\frac{p_A}{p}=\varphi x_{As}=0.0313\varphi$。

将式（4-275）对时间积分，可得单位面积上在 $0\sim t$ 时间内蒸发的水量

$$W=\int_0^t N_{Az}\big|_{z=0}\,\mathrm{d}t=2C\sqrt{\frac{(1-x_{As})D_{AB}t}{\pi}}\ln\frac{1-x_{A0}}{1-x_{As}}=\frac{2p}{RT}\sqrt{\frac{(1-x_{As})D_{AB}t}{\pi}}\ln\frac{1-x_{A0}}{1-x_{As}}$$

$$=\frac{2\times1.013\times10^5}{8314\times298}\times\sqrt{\frac{(1-0.0313)\times2.6\times10^{-5}t}{\pi}}\times\ln\frac{1-0.0313\varphi_0}{1-0.0313}$$

$$=2.32\times10^{-4}t^{\frac{1}{2}}\ln(1.0323-0.0323\varphi_0)$$

初始相对湿度为50%时，整个湖面，12h内蒸发的水量为

$$m=6.4\times10^6\times2.32\times10^{-4}\times(12\times3600)^{\frac{1}{2}}\times\ln(1.0323-0.0323\times0.5)$$

$$=4944\text{kmol}=8.9\times10^4\text{kg}$$

**【例4-7】** 如图4-35所示的半导体薄片的生产过程，砷薄层是通过三氢化砷气体扩散到硅晶片表面进行反应生成砷，沉积的砷原子然后扩散到固体硅中，“渗润”晶片并赋予半导体性质。反应温度为1050℃，化学反应方程式如下

$$2AsH_3(g)\longrightarrow 2As(s)+3H_2(g)$$

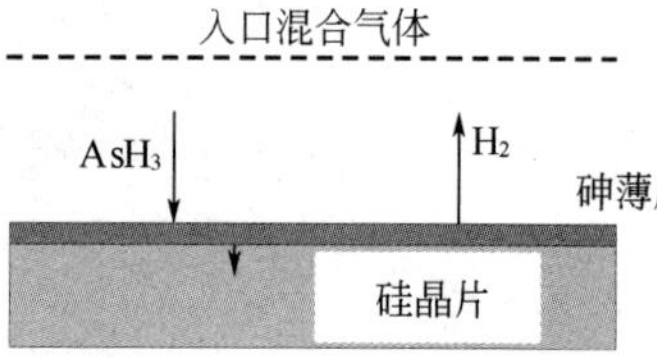

图4-35 砷在硅片中的渗透

反应温度下砷在硅中的扩散系数为 $5\times10^{-19}\text{m}^2\cdot\text{s}^{-1}$，砷分子在硅中的最大溶解度为 $2\times10^{21}$ 个原子$\cdot\text{cm}^{-3}$，固体硅的密度为 $5\times10^{22}$ 个原子$\cdot\text{cm}^{-3}$。试求从反应开始，硅晶片内砷的浓度分布。

**解** 假设反应速率很快，三氢化砷在气体中的扩散速率远远大于砷原子在硅晶片中的扩散速率，故反应一旦开始，在硅晶片表面上将慢慢形成砷薄层，此时硅晶片表面的砷分子达到最大溶解度，且在生产过程中一直不变。

由于砷在硅晶片中的扩散系数很小，故砷在硅晶片中的渗透过程可以看成是无限大固体的非稳态扩散过程，且设为一维扩散。

直接应用微分传质方程式（4-256），无化学反应，化简得

$$\frac{\partial N_{Az}}{\partial z}=-\frac{\partial C_A}{\partial t} \tag{a}$$

对于二元体系，由式（3-150），可得

$$N_{Az}=-D_{AB}\frac{\mathrm{d}C_A}{\mathrm{d}z}+x_A(N_{Az}+N_{Bz}) \tag{b}$$

由于 $x_A$ 很小，故上式简化为

$$N_{Az}=-D_{AB}\frac{\mathrm{d}C_A}{\mathrm{d}z} \tag{c}$$

将式（c）代入式（a），得

$$D_{AB}\frac{\partial^2 C_A}{\partial z^2}=\frac{\partial C_A}{\partial t} \tag{d}$$

此式在形式上同式（3-71）。

初始和边界条件为

$$\begin{aligned}&\text{初始条件：}t=0,\ C_A=0\\&\text{边界条件1：}z=0,\ C_{AB}=C_{As}\ (\text{当}t>0\text{时})\\&\text{边界条件2：}z=\infty,\ C_A=0\ (\text{当}t\geqslant0\text{时})\end{aligned} \tag{e}$$

初始和边界条件在形式上同式（3-72）。于是，其解的形式也类似，可得

$$C_{\mathrm{A}}=C_{\mathrm{As}}\left[1-\operatorname{erf}(\xi)\right] \tag{f}$$

式中，$\xi=\dfrac{z}{\sqrt{4D_{\mathrm{AB}}t}}$；$C_{\mathrm{As}}$计算如下，按题意，

$$C_{\mathrm{As}}=\frac{2\times10^{21}}{6.02\times10^{23}}=3.32\times10^{-3}\,\mathrm{mol\cdot cm^{-3}}=3.32\mathrm{kmol\cdot m^{-3}} \tag{g}$$

故硅晶片中砷的浓度分布

$$C_{\mathrm{A}}=3.32\left[1-\operatorname{erf}(\xi)\right]\mathrm{kmol{\cdot}m^{-3}}$$

式中，$\xi=7.071\times10^{8}zt^{-1/2}$。

## 二、伴有快速反应的一维非定常态扩散传质

在许多问题中，扩散组分 A 与周围物质发生快速而可逆的反应生成物质 B，而周围物质包括物质 B 是固定不动。如羊毛染色时，染料扩散进入纤维后可与羊毛迅速反应，而反应后的染料分子就固定不动了，未反应的自由染料分子可继续扩散。

现有组分 A 的初始浓度为 $C_{\mathrm{A0}}$的物料，在其界面处组分 A 的浓度突然升至 $C_{\mathrm{As}}$，并维持不变。如图 4-36 所示，设组分 A 沿 $z$ 方向进行一维扩散，在扩散途径上进行快速可逆化学反应生成物质 B，生成的物质 B 固定不动，反应达到平衡时组分 A、B 的浓度关系为 $C_{\mathrm{B}}=KC_{\mathrm{A}}$，式中，$K$ 为反应平衡常数。

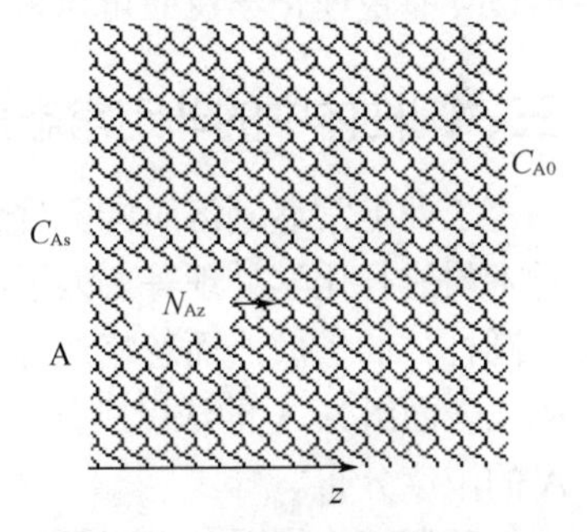


图 4-36　伴有快速反应一维非定常态扩散传质

此问题属于一维非定常态传质。直接应用微分传质方程式（4-256），伴有化学反应，对于组分 A，化简得

$$\frac{\partial N_{\mathrm{Az}}}{\partial z}=-\frac{\partial C_{\mathrm{A}}}{\partial t}-R \tag{4-276}$$

式中，$R$ 为反应速率。

对于组分 B，$N_{\mathrm{Bz}}=0$，化简微分传质方程式（4-256）得

$$0=-\frac{\partial C_{\mathrm{B}}}{\partial t}+R \tag{4-277}$$

对于二元体系，由式（3-150），可知

$$N_{\mathrm{Az}}=-D_{\mathrm{AB}}\frac{\mathrm{d}C_{\mathrm{A}}}{\mathrm{d}z}+x_{\mathrm{A}}\left(N_{\mathrm{Az}}+N_{\mathrm{Bz}}\right) \tag{4-278}$$

当组分 A 的浓度较小，或传质通量较小时，式（4-278）简化为

$$N_{\mathrm{Az}}=-D_{\mathrm{AB}}\frac{\mathrm{d}C_{\mathrm{A}}}{\mathrm{d}z} \tag{4-279}$$

合并式（4-276）、式（4-277）和式（4-279），得

$$\frac{\partial\left(C_{\mathrm{A}}+C_{\mathrm{B}}\right)}{\partial t}=D_{\mathrm{AB}}\frac{\partial^{2}C_{\mathrm{A}}}{\partial z^{2}} \tag{4-280}$$

由于是快速可逆反应，所以 A 和 B 组分处于平衡状态，故上式变为

$$\frac{\partial\left(C_{\mathrm{A}}+KC_{\mathrm{A}}\right)}{\partial t}=D_{\mathrm{AB}}\frac{\partial^{2}C_{\mathrm{A}}}{\partial z^{2}} \tag{4-281}$$

式（4-281）改写为

$$\frac{\partial C_{\mathrm{A}}}{\partial t}=\frac{D_{\mathrm{AB}}}{1+K}\frac{\partial^{2}C_{\mathrm{A}}}{\partial z^{2}} \tag{4-282}$$

此问题的初始和边界条件为

$$
\begin{aligned}
&\text{初始条件：} t=0,\ C_A=C_{A0}\\
&\text{边界条件1：} z=0,\ C_A=C_{As}\quad (\text{当}t>0\text{时})\\
&\text{边界条件2：} z=\infty,\ C_A=C_{A0}\quad (\text{当}t\geqslant 0\text{时})
\end{aligned}
\tag{4-283}
$$

解方程式（4-282），结合初始和边界条件式（4-283），得物料内组分 A 的浓度分布

$$\frac{C_A-C_{As}}{C_{A0}-C_{As}}=\operatorname{erf}\left(\frac{z}{\sqrt{4\left[D_{AB}/(1+K)\right]t}}\right) \tag{4-284}$$

界面处组分 A 的摩尔通量

$$J_A\big|_{z=0}=\sqrt{\left[D_{AB}(1+K)\right]/(\pi t)}\left(C_{As}-C_{A0}\right) \tag{4-285}$$

可见伴有化学反应时能增大传质通量。通常组分的扩散系数处于一个相当窄的范围之内。如气体的扩散系数约为 $10^{-5}\mathrm{m^2{\cdot}s^{-1}}$ 数量级；而一般液体中的扩散系数则在 $10^{-9}\mathrm{m^2{\cdot}s^{-1}}$ 数量级。与这些数值相差大于一个数量级的情况很少。但是化学反应平衡常数则不同，可以相差百万倍，所以伴有快速化学反应可以极大地影响非定常态传质速率。

## *三、圆柱体中的非定常态扩散传质

工业上常遇到溶质向圆柱体内的扩散，如金属圆棒的渗碳热处理，对木材进行化学处理等。为了简化问题，把此类问题模拟成溶质向无限长圆柱体的扩散，而忽略边缘效应。如图 4-37 所示，设圆柱体半径为 $R_0$，表面组分 A 的浓度突然升至 $C_{As}$，并维持不变。确定圆柱体内组分 A 的浓度分布。

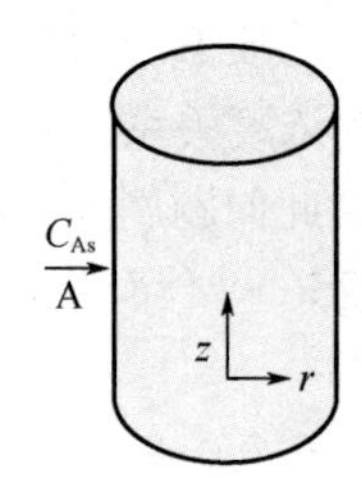

图 4-37 圆柱体中的非定常态扩散传质

采用柱坐标系，见附录 A.10 柱坐标系中的微分方程

$$
\begin{aligned}
&\frac{\partial C_A}{\partial t}+\frac{1}{r}\frac{\partial\left(C_A r u_{Mr}\right)}{\partial r}+\frac{1}{r}\frac{\partial\left(C_A u_{M\theta}\right)}{\partial\theta}+\frac{\partial\left(C_A u_{Mz}\right)}{\partial z}\\
&=-\left[\frac{1}{r}\times\frac{\partial}{\partial r}(rJ_{Ar})+\frac{1}{r}\times\frac{\partial J_{A\theta}}{\partial\theta}+\frac{\partial J_{Az}}{\partial z}\right]+R_A
\end{aligned}
\tag{4-286}
$$

设组分 A 的浓度较小，忽略主体流动，无化学反应，仅沿径向有浓度分布，简化上式，得

$$\frac{\partial C_A}{\partial t}=-\frac{1}{r}\times\frac{\partial}{\partial r}(rJ_{Ar}) \tag{4-287}$$

又

$$J_{Ar}=-D_{AB}\frac{\partial C_A}{\partial r} \tag{4-288}$$

将式（4-288）代入式（4-287），并设扩散系数为常数，得

$$\frac{\partial C_A}{\partial t}=D_{AB}\frac{1}{r}\times\frac{\partial}{\partial r}\left(r\frac{\partial C_A}{\partial r}\right) \tag{4-289}$$

按问题的性质，偏微分方程（4-289）的初始和边界条件

$$
\begin{aligned}
&\text{初始条件：} t=0,\ C_A=0\\
&\text{边界条件1：} r=R_0,\ C_A=C_{As}\quad (\text{当}t>0\text{时})\\
&\text{边界条件2：} r=0,\ \frac{\partial C_A}{\partial r}=0\quad (\text{当}t\geqslant 0\text{时})
\end{aligned}
\tag{4-290}
$$

为了解偏微分方程（4-289），引入无量纲变量。

无量纲浓度：
$$C_A^* = \frac{C_{As} - C_A}{C_{As} - 0} \tag{4-291}$$

无量纲位置：
$$r^* = \frac{r}{R_0} \tag{4-292}$$

无量纲时间：
$$t^* = \frac{D_{AB}t}{R_0^2} \tag{4-293}$$

将上述无量纲变量代入式（4-289），经整理得
$$\frac{\partial C_A^*}{\partial t^*} = \frac{1}{r^*} \times \frac{\partial}{\partial r^*}(r^* \frac{\partial C_A^*}{\partial r^*}) \tag{4-294}$$

初始和边界条件也相应变为

$$\begin{aligned} &\text{初始条件：}t^* = 0,\ C_A^* = 1 \\ &\text{边界条件1：}r^* = 1,\ \ C_A^* = 0\ \ \left(\text{当}t^* > 0\text{时}\right) \\ &\text{边界条件2：}r^* = 0,\ \ \frac{\partial C_A^*}{\partial r^*} = 0\ \ \left(\text{当}t^* \geqslant 0\text{时}\right) \end{aligned} \tag{4-295}$$

下面采用分离变量法解偏微分方程式（4-294）。为此设
$$C_A^* = R\left(r^*\right)T(t^*) \tag{4-296}$$

将式（4-296）代入式（4-294），得
$$R\frac{\partial T}{\partial t^*} = T\frac{1}{r^*} \times \frac{\partial}{\partial r^*}(r^* \frac{\partial R}{\partial r^*}) \tag{4-297}$$

分离变量，并考虑到 $T$ 仅为 $t^*$ 的函数，$R$ 仅为 $r^*$ 的函数，可将偏导数改写为全导数
$$\frac{1}{T}\frac{\mathrm{d}T}{\mathrm{d}t^*} = \frac{1}{Rr^*} \times \frac{\mathrm{d}}{\mathrm{d}r^*}(r^* \frac{\mathrm{d}R}{\mathrm{d}r^*}) \tag{4-298}$$

上式中等号左边仅为 $t^*$ 的函数，而等号右边仅为 $r^*$ 的函数，要使此恒等式成立，必须等于常数，即
$$\frac{1}{T}\frac{\mathrm{d}T}{\mathrm{d}t^*} = \frac{1}{Rr^*} \times \frac{\mathrm{d}}{\mathrm{d}r^*}(r^* \frac{\mathrm{d}R}{\mathrm{d}r^*}) = C \tag{4-299}$$

下面确定式（4-299）中的常数 $C$。

（1）设 $C$=0，即得
$$\frac{1}{T}\frac{\mathrm{d}T}{\mathrm{d}t^*} = 0 \tag{4-300}$$
$$\frac{1}{Rr^*} \times \frac{\mathrm{d}}{\mathrm{d}r^*}(r^* \frac{\mathrm{d}R}{\mathrm{d}r^*}) = 0 \tag{4-301}$$

分别解常微分方程式（4-300）和式（4-301），得它们的通解分别为
$$T = C_1 \tag{4-302}$$
$$R = C_2 \ln r^* + C_3 \tag{4-303}$$

将式（4-302）和式（4-303）代入式（4-296），得
$$C_A^* = A\ln r^* + B \tag{4-304}$$

式中，$A=C_1C_2$，$B=C_1C_3$，为积分常数，由边界条件可知 $A$=0，$B$=0。显然此解不合理，所以常数 $C$ 不能是零。

（2）设 $C > 0$，即得
$$\frac{1}{T}\frac{\mathrm{d}T}{\mathrm{d}t^*} = C \tag{4-305}$$

$$\frac{1}{Rr^*}\times\frac{\mathrm{d}}{\mathrm{d}r^*}(r^*\frac{\mathrm{d}R}{\mathrm{d}r^*})=C \tag{4-306}$$

解常微分方程式（4-305），得其通解

$$T=\mathrm{e}^{C_1}\mathrm{e}^{Ct^*} \tag{4-307}$$

将式（4-307）代入式（4-296），得

$$C_A^*=\mathrm{e}^{C_1}\mathrm{e}^{Ct^*}R\left(r^*\right) \tag{4-308}$$

由于 $C>0$，从上式可知，当 $t^*\to\infty$时，$C_A$将趋于无穷大，这显然不合理，可见 $C$ 也不能是一个大于零的常数。

（3）设 $C<0$，并令 $C=-\lambda^2$，即得

$$\frac{1}{T}\frac{\mathrm{d}T}{\mathrm{d}t^*}=-\lambda^2 \tag{4-309}$$

$$\frac{1}{Rr^*}\times\frac{\mathrm{d}}{\mathrm{d}r^*}(r^*\frac{\mathrm{d}R}{\mathrm{d}r^*})=-\lambda^2 \tag{4-310}$$

解常微分方程式（4-309），得其通解

$$T=C_1\mathrm{e}^{-\lambda^2t^*} \tag{4-311}$$

式中，$C_1$为积分常数。

而常微分方程式（4-310）为 0 阶贝塞尔方程，其通解为

$$R=C_2J_0\left(\lambda r^*\right)+C_3Y_0\left(\lambda r^*\right) \tag{4-312}$$

式中，$J_0$为第一类 0 阶贝塞尔函数；$Y_0$为第二类 0 阶贝塞尔函数；$C_2$，$C_3$为积分常数。由式（4-295）中第二个边界条件可得 $C_3=0$。再由第一个边界条件，得

$$0=C_2J_0\left(\lambda\right) \tag{4-313}$$

这里 $C_2$不能为零，否则其解无意义，故只能取

$$J_0\left(\lambda_n\right)=0 \tag{4-314}$$

此式为特征方程，$\lambda_n$为特征值，$n$=1，2，3，…

将式（4-311）和式（4-312）代入式（4-296），并将所有特征值对应的特解相加，即得到偏微分方程的通解

$$C_A^*=\sum_{n=1}^{\infty}\left(C_1C_2\right)_nJ_0\left(\lambda_nr^*\right)\mathrm{e}^{-\lambda_n^2t^*} \tag{4-315}$$

利用式（4-295）中的初始条件求取积分常数$\left(C_1C_2\right)_n$

$$1=\sum_{n=1}^{\infty}\left(C_1C_2\right)_nJ_0\left(\lambda_nr^*\right) \tag{4-316}$$

为了求取此积分常数，将上式两端同乘$r^*J_0\left(\lambda_mr^*\right)\mathrm{d}r^*$，再由 $r^*$=0 到 $r^*$=1 积分，即

$$\int_0^1r^*J_0\left(\lambda_mr^*\right)\mathrm{d}r^*=\int_0^1\left[\sum_{n=1}^{\infty}\left(C_1C_2\right)_nJ_0\left(\lambda_nr^*\right)\right]r^*J_0\left(\lambda_mr^*\right)\mathrm{d}r^* \tag{4-317}$$

由贝塞尔函数递推公式

$$\frac{\mathrm{d}}{\mathrm{d}x}\left[xJ_1\left(x\right)\right]=xJ_0\left(x\right) \tag{4-318}$$

可得式（4-317）等号左边为

$$\int_0^1r^*J_0\left(\lambda_mr^*\right)\mathrm{d}r^*=\frac{J_1\left(\lambda_m\right)}{\lambda_m} \tag{4-319}$$

对于式（4-317）等号右边，根据贝塞尔函数加权正交性质有

$$\int_0^1 J_0\left(\lambda_n r^*\right) r^* J_0\left(\lambda_m r^*\right) \mathrm{d}r^* = 0 \qquad (m \neq n) \tag{4-320}$$

$$\int_0^1 J_0\left(\lambda_n r^*\right) r^* J_0\left(\lambda_m r^*\right) \mathrm{d}r^* = \frac{1}{2} J_1^2\left(\lambda_m\right) \qquad (m = n) \tag{4-321}$$

将式（4-319）、式（4-320）和式（4-321）代入式（4-317），得

$$\left(C_1 C_2\right)_m = \frac{2}{\lambda_m J_1\left(\lambda_m\right)} \tag{4-322}$$

将式（4-322）代入式（4-315），最终得到柱体内无量纲浓度分布为

$$C_{\mathrm{A}}^* = \sum_{n=1}^{\infty}\left[\frac{2}{\lambda_n J_1\left(\lambda_n\right)}\right] J_0\left(\lambda_n r^*\right) \mathrm{e}^{-\lambda_n^2 t^*} \tag{4-323}$$

将无量纲变量变回为初始变量，则得柱体内组分 A 的浓度分布

$$\frac{C_{\mathrm{A}}}{C_{\mathrm{As}}} = 1 - 2\sum_{n=1}^{\infty}\left[\frac{\mathrm{e}^{-\lambda_n^2 D_{\mathrm{AB}} t / R^2} J_0\left(\lambda_n r / R\right)}{\lambda_n J_1\left(\lambda_n\right)}\right] \tag{4-324}$$

式中，特征值 $\lambda_n$ 要通过特征方程式（4-314）求出，然后由式（4-324）求出相应的浓度。

## 四、圆管内定常态层流传质

在工程上常遇到流体在管道中流动时发生质量传递，如管式膜分离中的传质问题。在生物体内，如血液在血管中流动，自肺吸入的氧气以及由消化道吸收的营养物质，都依靠血液运输才能到达全身各组织。同时组织代谢产生的二氧化碳与其他废物也依赖血液运输到肺、肾等处排泄，从而保证身体正常代谢的进行。

若流体在管内为层流流动，此时发生的传质称为管内层流传质。这里只讨论流动及传质均已达到充分发展时的管内定常态层流传质的情况。

对于圆管内定常态层流传质，采用柱坐标系，见附录 A.10 柱坐标系中的微分方程

$$\begin{aligned} & \frac{\partial C_{\mathrm{A}}}{\partial t} + \frac{1}{r}\frac{\partial\left(C_{\mathrm{A}} r u_{\mathrm{M}r}\right)}{\partial r} + \frac{1}{r}\frac{\partial\left(C_{\mathrm{A}} u_{\mathrm{M}\theta}\right)}{\partial \theta} + \frac{\partial\left(C_{\mathrm{A}} u_{\mathrm{M}z}\right)}{\partial z} \\ & = -\left[\frac{1}{r} \times \frac{\partial}{\partial r}(r J_{\mathrm{A}r}) + \frac{1}{r} \times \frac{\partial J_{\mathrm{A}\theta}}{\partial \theta} + \frac{\partial J_{\mathrm{A}z}}{\partial z}\right] + R_{\mathrm{A}} \end{aligned} \tag{4-325}$$

设组分 A 的浓度较小，在径向、周向无主体流动，无化学反应，径向浓度变化远大于轴向浓度变化，即 $\partial J_{\mathrm{A}z}/\partial z$ 可忽略，又 $\partial J_{\mathrm{A}\theta}/\partial\theta=0$，同时考虑到 $u_{\mathrm{M}z} \approx u_z$，简化式（4-325），得

$$u_z \frac{\partial C_{\mathrm{A}}}{\partial z} = -\frac{1}{r} \times \frac{\partial}{\partial r}(r J_{\mathrm{A}r}) \tag{4-326}$$

又

$$J_{\mathrm{A}r} = -D_{\mathrm{AB}} \frac{\partial C_{\mathrm{A}}}{\partial r} \tag{4-327}$$

将式（4-327）代入式（4-326），并设扩散系数为常数，则得

$$u_z \frac{\partial C_{\mathrm{A}}}{\partial z} = D_{\mathrm{AB}} \frac{1}{r} \times \frac{\partial}{\partial r}\left(r \frac{\partial C_{\mathrm{A}}}{\partial r}\right) \tag{4-328}$$

当管内层流处于充分发展阶段，则有

$$u_z = u_{\max}\left[1 - \left(\frac{r}{R}\right)^2\right] \tag{4-329}$$

将式（4-329）代入式（4-328），得

$$u_{\max}\left[1-\left(\frac{r}{R}\right)^2\right]\frac{\partial C_A}{\partial z}=D_{AB}\frac{1}{r}\times\frac{\partial}{\partial r}\left(r\frac{\partial C_A}{\partial r}\right) \tag{4-330}$$

按题意，上述偏微分方程的定解边界条件

$$\begin{aligned}&\text{边界条件1：}r=R_0,\quad C_A=C_{As}\quad \text{或}N_A=N_{As}\\&\text{边界条件2：}r=0,\quad \frac{\partial C_A}{\partial r}=0\end{aligned} \tag{4-331}$$

类似于管内层流对流传热，在管壁处的边界条件也有两种典型的情况：①$N_{As}$=常量，如多孔性管壁处，组分 A 以恒定速率通过管壁进入流体；②$C_{As}$=常量，如管壁处涂有某种可溶性或挥发性物质。

类比于管内层流对流传热的结果，可得管壁处恒定传质通量时的解为

$$Sh=\frac{k_C^0 d}{D_{AB}}=4.36 \tag{4-332}$$

而对于管壁处组分 A 的浓度恒定时的解为

$$Sh=\frac{k_C^0 d}{D_{AB}}=3.66 \tag{4-333}$$

式中，$Sh$ 称为施伍德数。

式（4-332）和式（4-333）为流动及传质均已达到充分发展时的结果。在进行管内层流传质过程计算时，公式中的各物理量的定性温度和定性浓度取流体主体温度和主体浓度在进出口值的算术平均值。

## 习 题

**4-1** 已知不可压缩流体流动的速度场为 $\boldsymbol{u}=5x^2yz\boldsymbol{i}+3xy^2z\boldsymbol{j}-8xz^2y\boldsymbol{k}$，流体的黏度为 0.0107Pa·s。求（2，4，−6）点处的法向应力和切向应力。

**4-2** 将通用连续性方程简化为不可压缩流体在球面上作轴对称流动时的连续性方程。

**4-3** 考虑两个平行板之间的黏性不可压缩流体的运动。设两板为无限大平面，间距为 $b$，下板不动，上板以 $u_0$ 的常速度沿板向运动，定常态运动，不计质量力。求下列各种情况下，速度分布、最大速度及作用在运动板上的摩擦应力。

（1）沿板向压力梯度为常数；

（2）沿板向没有压力梯度；

（3）沿板向压力梯度为常数，但两板均不动。

**4-4** 如附图所示，已知相距为 $b$ 的两块无限大平行平板与垂直方向夹角为 $\theta$。板间充满密度为 $\rho$、黏度为 $\mu$ 的液体，板间液体向下流动，压力沿流动方向保持不变。求流体流动速度分布、单位宽度所通过的液体流量 $Q$。设板内液体为层流流动。

习题 4-4 附图

**4-5** 如附图所示，在两块无限大的平行平板间充满两种互不相混的不可压缩牛顿流体，上层流体的厚度为 $b_1$，黏度为 $\mu_1$；下层流体的厚度为 $b_2$，黏度为 $\mu_2$。上板面向右做匀速直线运动，速度为 $u$，下板面固定，沿运动方向压力梯度为常数，并不计质量力，求定常态时流场的速度分布。

**4-6**　如附图所示，两大平板间充满黏度为$\mu$、密度为$\rho$的液体。平板足够大，忽略端边效应。现上板突然启动并以恒定速度$u_0$向右运动，两板间的流体也随之而动。设两板间距为$b$。沿板运动方向压力为常数。试计算两板间液体速度分布。

**4-7**　如附图所示，两大平板间充满黏度为$\mu$、密度为$\rho$的液体。平板足够大，忽略端边效应。上板以恒定速度$u_0$向右运动，两板间的流体建立了定常态流动。现上板突然停止运动，试计算两板间液体速度分布。设两板间距为$b$。

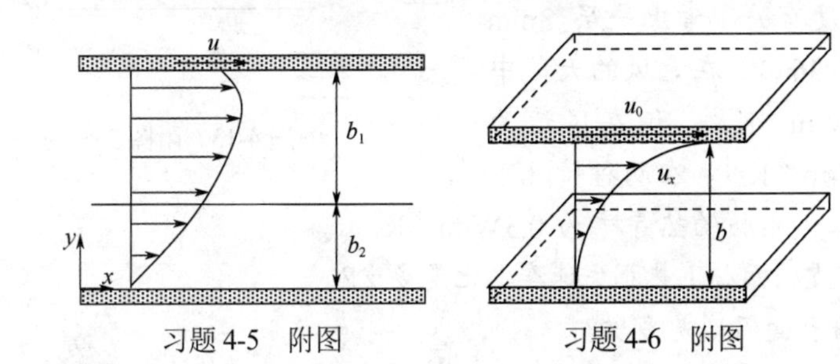


习题4-5　附图　　习题4-6　附图

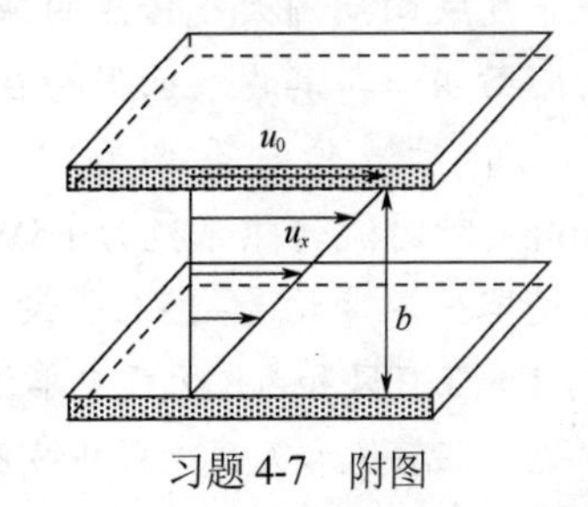


习题4-7　附图

**4-8**　一个湿壁塔，塔内径为$D$，一股液体从顶部沿塔内壁四周均匀呈液膜状下流，假设为层流流动。在离入口足够远的壁面上液膜厚度为$\delta$，求液膜内的速度分布、液膜中的最大速度、壁面对液膜的剪应力。

**4-9**　一个高速管式离心机，如附图所示，转鼓内径为75mm，转鼓转速为20000$\mathrm{r \cdot min^{-1}}$，现用于分离常温水中的微小固体颗粒。常温水的密度为998.2$\mathrm{kg \cdot m^{-3}}$。固体颗粒为球形，其密度为1100 $\mathrm{kg \cdot m^{-3}}$，颗粒直径为5μm。设转鼓内充满水，忽略端效应，试求：

（1）颗粒受到的离心力、压力及两者的合力沿径向的分布。

（2）颗粒距离转鼓中心线10mm和30mm处受到的离心力、径向压力及两者的合力。

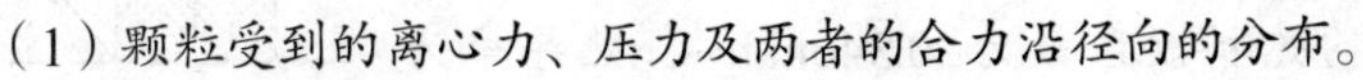

习题4-9　附图

**4-10**　20℃的水以1$\mathrm{m^3 \cdot h^{-1}}$的体积流率流过内管外径为160mm、外管内径为260mm的水平套管环隙。试求截面上出现最大速度的径向距离、该处的流速以及内外壁面处剪应力的比值。已知水的黏度为1.005cP，密度为1000$\mathrm{kg \cdot m^{-3}}$。

**4-11**　考虑两个平行板之间的黏性不可压缩流体的运动。设两板为无限大平面，间距为$b$，下板不动，上板以$u_0$的常速度沿板向运动，定常态运动，不计质量力。求下列各种情况下单位体积流体的机械能损耗。

（1）沿板向压力梯度为常数；

（2）沿板向没有压力梯度；

（3）沿板向压力梯度为常数，但两板均不动。

**4-12**　已知相距为$b$的两块无限大平行平板与垂直方向夹角为$\theta$。板间充满密度为$\rho$、黏度为$\mu$的液体，板间液体向下流动，压力沿流动方向保持不变。求单位体积流体的机械能损耗。设板内液体为层流流动。

**4-13**　如附图，利用0.02mm厚的环氧树脂黏结剂将一片薄的硅芯片和厚为8mm的铝材基板粘连在一起。芯片和基板的边长都为10mm，它们的暴露面由空气冷却，空气的温度为25℃，

对流传热系数为 $100\mathrm{W\cdot m^{-2}\cdot K^{-1}}$，铝的热导率为 $239\mathrm{W\cdot m^{-1}\cdot K^{-1}}$，0.02mm 厚环氧树脂黏结剂的热阻取 $0.9\times10^{-4}\mathrm{m^2\cdot K\cdot W^{-1}}$，芯片和铝基板侧面隔热良好，忽略与环境的辐射传热。问如果在正常情况下芯片消耗的功率为 $10^4\mathrm{W\cdot m^{-2}}$，它的工作温度是否低于最高的允许值 85℃？

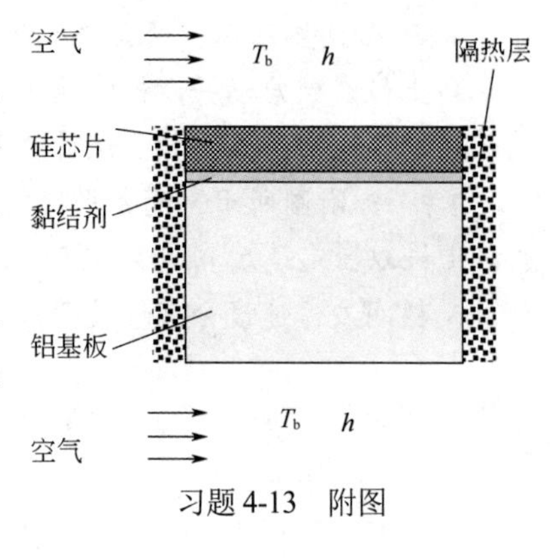

习题 4-13 附图

**4-14** 在寒冷有风的天气中经历的风寒感受与人体的裸露皮肤向周围大气传热的强度有关。考虑一层 3mm 厚的脂肪组织，其内表面保持在 36℃。在无风的天气中外表面的对流传热系数为 $25\mathrm{W\cdot m^{-2}\cdot K^{-1}}$，但在风速为 $30\mathrm{km\cdot h^{-1}}$ 时对流传热系数为 $65\mathrm{W\cdot m^{-2}\cdot K^{-1}}$。在两种情况下的环境空气温度均为−15℃。设人体脂肪的热导率为 $0.3\mathrm{W\cdot m^{-1}\cdot K^{-1}}$。

（1）在有风和无风天气中单位皮肤面积上热损失速率之比是多少？

（2）在有风和无风天气中皮肤表面温度是多少？

（3）为使有风天气中的热损失与空气温度为−15℃的无风天气中的相同，有风天气的气温应升高到多少度？

**4-15** 如附图所示，厚度为 $2l$ 的一块大平板，平板内初始温度为 $T_0$，现在突然将平板置于主体温度恒定为 $T_b$ 的流体中，平板两端面与流体间的对流传热系数为 $h$。忽略边缘效应，试求平板内温度分布。

现设有个片厚度为 5cm 的大铝板，其初始温度均匀，为 500K。突然将该铝板暴露在 340K 的介质中进行冷却，铝板表面与周围环境之间的对流传热系数为 $45\mathrm{W\cdot m^{-2}\cdot K^{-1}}$。试求铝板中心温度降低至 470K 时所需的时间。已知铝板的平均热扩散系数为 $0.340\mathrm{m\cdot h^{-1}}$，热导率为 $208\mathrm{W\cdot m^{-1}\cdot K^{-1}}$。

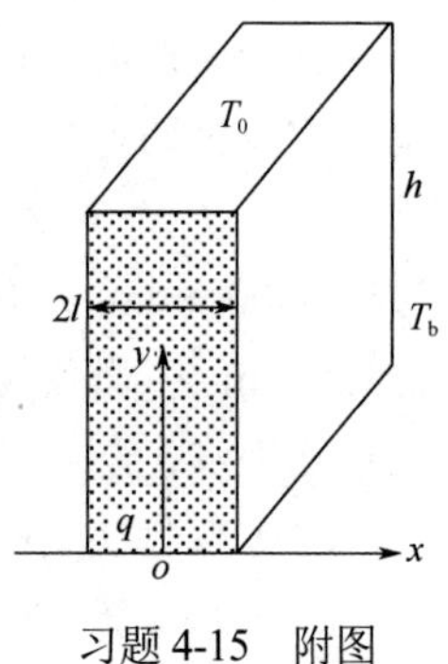

习题 4-15 附图

**4-16** 一根用于输送冷药物的不锈钢（AISI 304）管的内直径为 36mm，壁厚为 2mm。药物和环境空气的温度分别为 6℃和 23℃，相应的内外对流传热系数分别为 $400\mathrm{W\cdot m^{-2}\cdot K^{-1}}$ 和 $6\mathrm{W\cdot m^{-2}\cdot K^{-1}}$。不锈钢（AISI 304）的热导率为 $16.3\mathrm{W\cdot m^{-1}\cdot K^{-1}}$。试求：

（1）单位管长上的冷量损失速率为多少？

（2）若在管的外表面上加上一层 10mm 厚的硅酸钙隔热层，其热导率为 $0.050\mathrm{W\cdot m^{-1}\cdot K^{-1}}$，单位管长上的冷量损失又是多少？

**4-17** 如附图所示，蒸汽在一根长的薄壁管内流动，使管壁处于均匀温度 500K。管外覆盖有由 A 和 B 两种不同材料组成的隔热毡，厚度为 50mm，材料 A 的热导率为 $2\mathrm{W\cdot m^{-1}\cdot K^{-1}}$，材料 B 的热导率为 $0.25\mathrm{W\cdot m^{-1}\cdot K^{-1}}$。可假设两种材料的交界面处的接触热阻为无限大，整个外表面暴露于 300K 的空气，与空气的对流传热系数为 $25\mathrm{W\cdot m^{-2}\cdot K^{-1}}$。薄壁管径 100mm，在给定的条件下，每米管长的总热损失速率是多少？外表面温度 $T_{s,2(A)}$和 $T_{s,2(B)}$分别为多少？

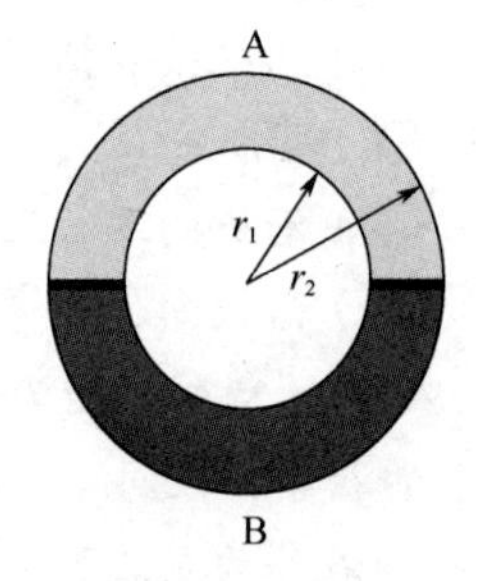

习题 4-17 附图

**4-18** 如附图所示的一半无限大固体，其正前面位于 $yoz$ 平面上，后端面为无穷远处。

在导热开始时，物体的初始温度均为 $T_0$，然后突然使正前面处有恒定的热流通量，即 $q_s$ 为恒定。由于后端面在无穷远处，其温度在整个过程中均维持导热开始时的恒定温度 $T_0$ 不变。试证明固体内的温度分布为

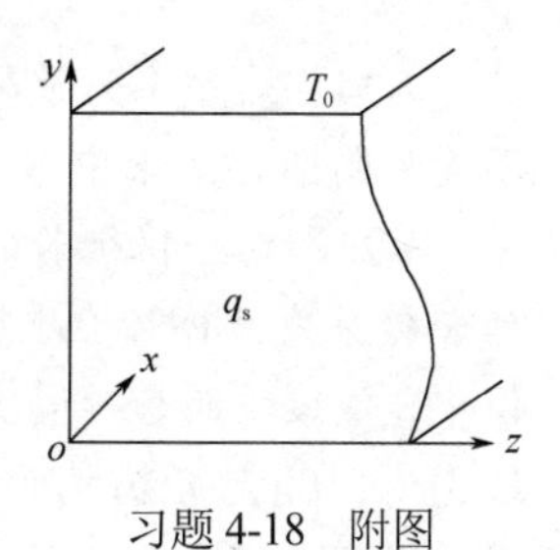

习题 4-18　附图

$$T-T_0=\frac{2q_s\sqrt{at/\pi}}{k}\exp\left(\frac{-x^2}{4at}\right)-\frac{q_s x}{k}\left[1-\mathrm{erf}\left(\frac{x}{\sqrt{4at}}\right)\right]$$

**4-19**　如附图所示，电加热器夹在两个相同的试样之间，试样的直径和长度分别为 30mm 和 60mm。在所有的接触面之间均填充了导热脂以确保良好的热接触。试样的周侧绝热，保证试样中为一维导热。现在装置中有两个相同材料的试样，初始温度为 20℃，加热器的电流和电压分别为 0.353A 和 100V。从开始加热到 50s 之内，求试样热端面以及距热端面 5mm、10mm 和 20mm 处温度随时间的变化，并作图。试样材料的热导率为 $15\mathrm{W{\cdot}m^{-1}{\cdot}K^{-1}}$，密度为 $7900\mathrm{kg{\cdot}m^{-3}}$，比热容为 $460\mathrm{J{\cdot}kg^{-1}{\cdot}K^{-1}}$。

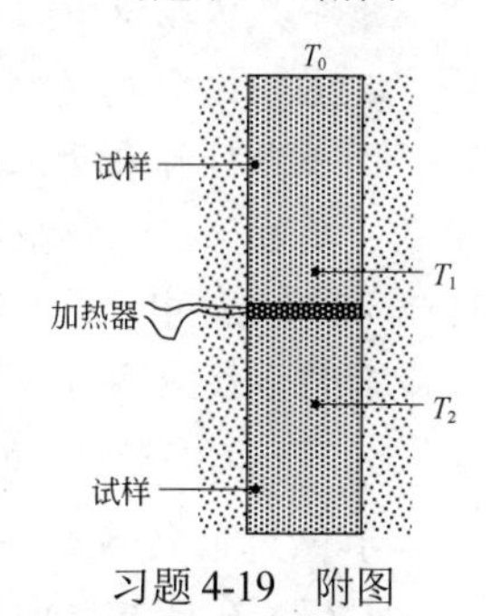

习题 4-19　附图

**4-20**　如附图所示的一半无限大固体，其正前面位于 $yoz$ 平面上，后端面为无穷远处。在导热开始时，物体的初始温度均为 $T_0$，然后突然使正前面处与环境有对流传热，$-k\left.\dfrac{\mathrm{d}T}{\mathrm{d}x}\right|_{x=0}=h\left(T_b-T_s\right)$，$T_b$ 为环境的温度。由于后端面在无穷远处，其温度在整个过程中均维持导热开始时的恒定温度 $T_0$ 不变。试证明固体内任一点温度随时间的关系为

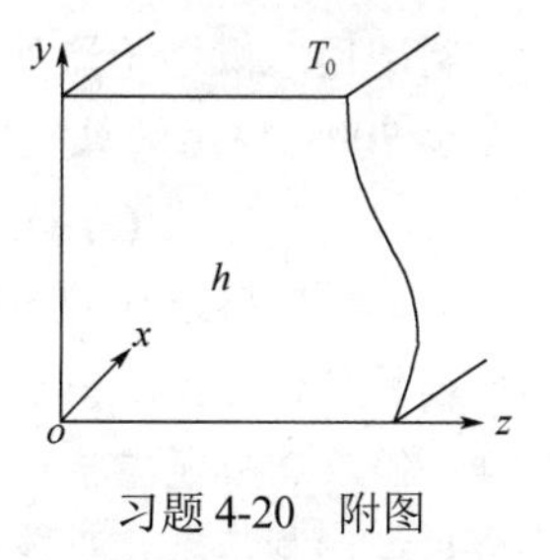

习题 4-20　附图

$$\frac{T-T_0}{T_b-T_0}=1-\mathrm{erf}\left(\frac{x}{\sqrt{4at}}\right)-\exp\left(\frac{hx}{k}+\frac{h^2at}{k^2}\right)\left[1-\mathrm{erf}\left(\frac{x}{\sqrt{4at}}+\frac{h\sqrt{at}}{k}\right)\right]$$

**4-21**　在铺设总水管时，公共事业公司必须考虑在寒冷季节冻结的问题。虽然由于表面条件是变化的，因而确定土壤中温度与时间的关系是个非常复杂的问题；但是基于安全考虑，可以合理地做个估算。设初始土壤温度处于 20℃的均匀温度，在 60 天期间内气温保持在−15℃，在此期间由于空气流动，假设地面处的对流传热系数分别为 $2\mathrm{W{\cdot}m^{-2}{\cdot}K^{-1}}$、$5\ \mathrm{W{\cdot}m^{-2}{\cdot}K^{-1}}$ 和 $25\mathrm{W{\cdot}m^{-2}{\cdot}K^{-1}}$，为防止冻结，你建议的最浅埋管深度是多少？已知土壤的物性：密度为 $2050\mathrm{kg{\cdot}m^{-3}}$，热导率为 $0.52\mathrm{W{\cdot}m^{-1}{\cdot}K^{-1}}$，比热容为 $1840\mathrm{J{\cdot}kg^{-1}{\cdot}K^{-1}}$。

**4-22**　一碳化硅材料制作的换热管，换热管外径 19mm，内径 14.5mm，在工作时，若管内壁温度 505℃，管外壁温度 500℃。试求单位管长的传热速率，并导出管壁温度沿管径的变化。已知碳化硅密度为 $3.1\mathrm{g{\cdot}cm^{-3}}$，热导率与温度的关系为：$k=128.0-0.126T$，比热容 $0.67\mathrm{J{\cdot}g^{-1}{\cdot}K^{-1}}$。

**4-23**　乙二醇通过一个蒸汽套管式加热器加热后进入反应器。已知乙二醇进入内管前的温度为 15℃，套管内蒸汽温度为 100℃，套管内管直径为 20mm。乙二醇的质量流量为 $0.51\mathrm{kg{\cdot}s^{-1}}$，乙二醇在 20℃时的比热容为 $2390\mathrm{J{\cdot}kg^{-1}{\cdot}K^{-1}}$，热导率为 $0.253\mathrm{W{\cdot}m^{-1}{\cdot}K^{-1}}$，黏度为 23cP。忽略蒸汽冷凝热阻和管壁的热阻。为得到 25℃的出口温度所需的加热段管长 $L$ 是多少？设管内流动和传热都已达到充分发展。

**4-24** 热导率为常数的正方体，前后面绝热，其他四面的温度见附图，试求中心点处的温度。

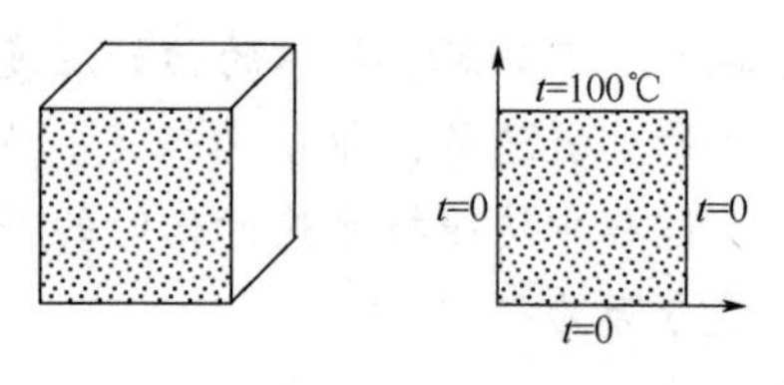

习题 4-24 附图

**4-25** 对一根很长的低碳钢圆棒进行碳化处理，已知其初始含碳量为 0.18%（质量分数），现将其一端面暴露于含碳气体中，使该端面含碳量突然升至 0.78%，并维持不变，试问经过 1h 和 10h 后距离端面 0.5mm 处的含碳量各为多少？已知操作温度下，碳在钢中的扩散系数为 $1.05\times10^{-11}m^2\cdot s^{-1}$。

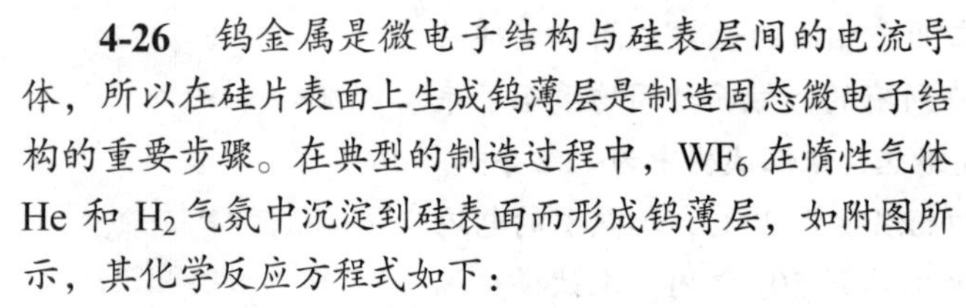

**4-26** 钨金属是微电子结构与硅表层间的电流导体，所以在硅片表面上生成钨薄层是制造固态微电子结构的重要步骤。在典型的制造过程中，$WF_6$ 在惰性气体 He 和 $H_2$ 气氛中沉淀到硅表面而形成钨薄层，如附图所示，其化学反应方程式如下：

$$3H_2(g)+WF_6(g)\longrightarrow W(s)+6HF(g)$$

求 $WF_6$ 的传质速率表达式。

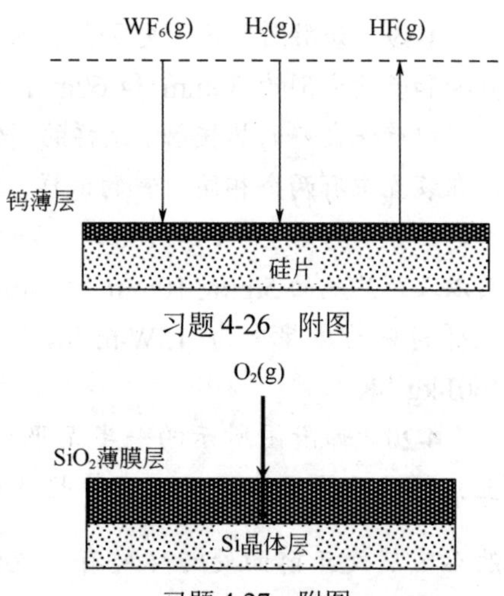

习题 4-26 附图

习题 4-27 附图

**4-27** 在硅片表面形成一层二氧化硅（$SiO_2$）薄膜是制造固态微电子器件的重要步骤。为此通常将硅片暴露于 700℃以上的氧气中进行氧化而得：

$$Si(s)+O_2(g)\longrightarrow SiO_2(s)$$

如附图所示，$O_2$ 分子溶入固态，通过二氧化硅（$SiO_2$）薄膜扩散，然后在 $Si/SiO_2$ 分界面处与硅反应生成二氧化硅。假设反应速率很快，整个过程的速率由氧分子在二氧化硅层内的扩散速率决定。试建立一个模型预测二氧化硅薄膜厚度随时间的变化。设反应温度为 1000℃。在此温度下，固态二氧化硅的密度 $\rho_B=2.27g\cdot cm^{-3}$，二氧化硅的摩尔质量 $M_B=60g\cdot mol^{-1}$，氧在二氧化硅中的扩散系数 $D_{AB}=2.7\times10^{-9}cm^2\cdot s^{-1}$。在 1000℃和氧的分压为 1atm 条件下，氧在二氧化硅中的最大溶解度 $C_{As}=9.6\times10^{-8}molO_2\cdot cm^{-3}SiO_2$。

**4-28** 用水除去氨气和空气混合气中的氨。混合气中的氨先经过一厚度为 20mm 的气体膜扩散至气液界面，然后扩散经过一层 10mm 厚的水膜被除去。体系温度为 288K，压力为 1atm。混合气体主体中氨的摩尔分数为 0.0342，水膜层下表面氨的浓度为 0，见附图。设在气液相界面上气液达到平衡，其平衡关系为：

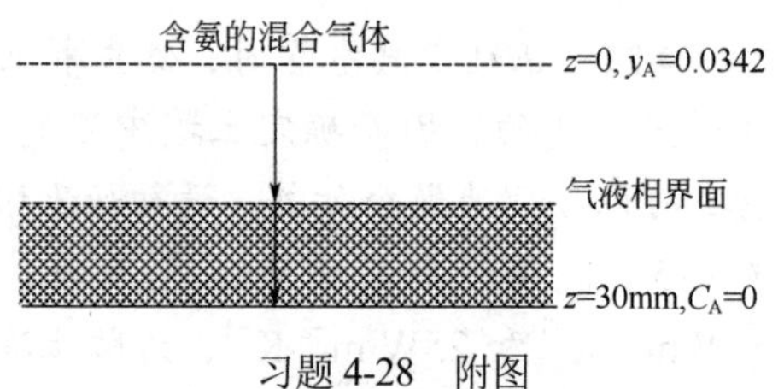

习题 4-28 附图

| $p_A$/mmHg | 5.0 | 10.0 | 15.0 | 20.0 | 25.0 | 30.0 |
|---|---|---|---|---|---|---|
| $C_A$/mol·m$^{-3}$ | 6.1 | 11.9 | 20.0 | 32.1 | 53.6 | 84.8 |

现已知 288K 时，氨气在空气与在水中的扩散系数分别为 $2.15\times10^{-5}m^2\cdot s^{-1}$ 和 $1.77\times10^{-9}m^2\cdot s^{-1}$。试计算吸收过程中氨的传质通量以及气液界面处氨的分压。

**4-29** 在北方冬天，湖面冰冻结冰，湖水中的氧含量逐渐减少。冬天过后，湖面冰层融化，此时测定湖水中的含氧量为 $1.5mg\cdot L^{-1}$。由于冰层融化，湖水与空气接触，空气中的氧开始溶入水中。若此湖处在海拔 2133m 处（此处大气压力为 78kPa），湖水温度为 5℃，氧在水中的扩散系数为 $1.16\times10^{-9}m^2\cdot s^{-1}$。假设湖表面处水中的氧浓度与空气中的氧气达到平衡，氧在水中的溶

解量可以下式计算

$$DO=1.117\times10^{-6}e^{\frac{1746.5}{T+273.15}}p_{O_2}$$

式中，DO为水中氧气溶解量，$mg\cdot L^{-1}$；$T$为水温，℃，$p_{O_2}$为空气中氧气分压，Pa。试计算在湖水0.1m深处，氧含量增至$1.6mg\cdot L^{-1}$需要多长时间？

**4-30**　流体在水平圆管内沿轴向做一维稳态层流流动，设流动已充分发展，其速度分布可近似认为是活塞流，即 $u_z=u_b$。流体在流动过程中与壁面进行稳态轴对称传质，且管壁处传质通量$N_{As}$维持恒定，试求：

（1）管内的浓度分布方程（$C_A-C_{As}$），用$(\partial C_A/\partial z)$表达；

（2）传质修伍德数$Sh$。

# 第五章

# 层流流动下的传递过程

从第二章到第四章介绍了衡算方法在宏观体积、薄层体积和微观体积上的具体应用，从而得到有关物理量在传递过程中的变化关系。动量、热量和质量在微观体积上的衡算得到相对应物理量在传递过程中的微分方程，如运动方程、能量微分方程和质量传递微分方程。这些微分方程仅在少数的几种特殊情况下得到解析解，大多数情况下无法求解得到解析解，因此远远不能满足工程实际需要。

在动量、热量和质量三种物理量的传递过程中，若无流体流动的存在下，热量和质量传递问题相对简单；若伴有流体流动，则热量和质量传递问题将变得较为复杂，事实表明流体流动对传热和传质的速率有着重大的影响。在大量的传热、传质工程实际问题中常常伴有流体流动，因此为了解决传热和传质的工程问题，首先需要解决流体流动的问题。

流体流动问题的解决有赖于纳维-斯托克斯方程的求解。纳维-斯托克斯方程是一个二阶非线性偏微分方程，方程中的压力项及黏性项虽然都是线性的，然而惯性项却是非线性的。非线性项的存在对求解纳维-斯托克斯方程造成极大的困难，为避免方程的求解难题，在流体力学中常采用如下两种方法进行求解。

**1. 精确解**

如第四章所介绍，对于简单问题，根据问题的特点，非线性的惯性项往往简化为非常简单的形式或者等于零，此时纳维-斯托克斯方程简化为简单的非线性方程组或者化为线性方程，从而可以求出方程的精确解。

**2. 近似解**

根据问题的特点，通过量阶大小比较和分析，略去方程中次要的项，得到近似方程，进而得到近似方程的解。近似方法又分为如下两种情形：

（1）小雷诺数情形　黏性力对流场的影响远大于惯性力，因此可以全部或部分地忽略惯性力得到近似的线性方程。

（2）大雷诺数情形　此时惯性力对流场的影响远大于黏性力，除了贴近固体壁面附近的很窄的流动区域，大部分流动区域可以忽略黏性力项，因而可以将流体看成是理想流体来处理流动问题。

对于中等大小雷诺数的情形，惯性力与黏性力相当，两项都必须保留，此时需要通过其他途径化简方程，或采用数值计算进行求解。

本章第一节中介绍爬流、势流、平面流等几种特殊流体流动的解析解；在第二节中介绍边界层内层流流动下的动量、热量和质量传递过程的精确解；最后，在第三节中介绍边界层内层流流动下的动量、热量和质量传递过程的近似解。

# 第一节　几种特殊的流体流动

## 一、爬流

当运动速度很慢时，流体流动雷诺数很小，此时惯性力远远小于黏性力而可以忽略不计，这种流动称为爬流，也称蠕动流。如气溶胶粒子的运动、细微颗粒在流体中的自由沉降等均属于典型的爬流流动。

下面分析不可压缩流体流动时纳维-斯托克斯方程（4-36）中各项的特性。

$$\rho\frac{\mathrm{D}\boldsymbol{u}}{\mathrm{D}t}=\rho\boldsymbol{g}-\nabla p+\mu\nabla^2\boldsymbol{u} \tag{4-36}$$

式中，$\rho\mathrm{D}\boldsymbol{u}/(\mathrm{D}t)$等价为$\rho\boldsymbol{u}\mathrm{D}\boldsymbol{u}/(\mathrm{D}L)$，代表惯性力；$L$ 为物体的特征尺寸；$\rho\boldsymbol{g}$ 为质量力，也是一种惯性力；$\nabla p$ 代表一种平衡力而存在；$\mu\nabla^2\boldsymbol{u}$ 项代表黏性力，也可表示成$\mu\mathrm{D}^2\boldsymbol{u}/(\mathrm{D}L^2)$。$\boldsymbol{u}$，$\mathrm{D}\boldsymbol{u}/(\mathrm{D}L)$，$\mathrm{D}^2\boldsymbol{u}/(\mathrm{D}L^2)$的量阶分别为 $u_0$，$u_0/L$，$u_0/L^2$。所谓量阶是指能代表该物理量在整个区域内平均数值的量。于是方程式（4-36）中的惯性力与黏性力量阶之比

$$\frac{惯性力}{黏性力}=\frac{\rho\boldsymbol{u}\dfrac{\mathrm{D}\boldsymbol{u}}{\mathrm{D}L}}{\mu\dfrac{\mathrm{D}^2\boldsymbol{u}}{\mathrm{D}L^2}}\propto\frac{\dfrac{\rho u_0^2}{L}}{\dfrac{\mu u_0}{L^2}}=\frac{\rho u_0 L}{\mu}=Re \tag{5-1}$$

上式表明，流场中惯性力与黏性力的相对大小，可以用雷诺数的大小来表征。实验表明：当 $Re<1$，即流速极小的爬流流动，或运动物体的尺寸很小，或流体的黏度很大等情况，流体流动过程中黏性力的影响远远大于惯性力的影响，此时，可将纳维-斯托克斯方程中的惯性力项略去，得

$$\nabla p=\mu\nabla^2\boldsymbol{u} \tag{5-2}$$

式（5-2）称为斯托克斯方程，它与连续性方程一起组成爬流流动的基本方程组。

下面以小球的缓慢运动为例，说明该方程组的应用。

考虑一个半径为 $R_0$ 的球形细小颗粒在静止的无界黏性不可压缩流体中以 $u_0$ 的匀速作直线运动，如图 5-1 所示。设颗粒的运动速度很小，不考虑重力场，试分析流体受到颗粒运动干扰后的速度分布、压力分布和颗粒运动时受到流体的曳力。

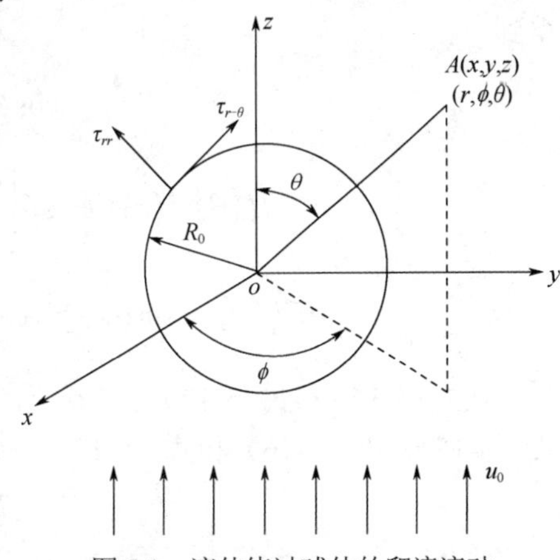

图 5-1　流体绕过球体的爬流流动

根据伽利略相对性原理，上述的颗粒运动等价于无穷远处流体以 $u_0$ 的匀速绕过球体的定常态流动。由球体的边界特性可知，采用球坐标系进行研究较为方便。列出化简连续性方程和运动方程的简化条件为：定常态流动，即$\partial/\partial t=0$；流动关于 $z$ 轴对称，则有$\partial/\partial\phi=0$；同时有 $u_\phi=0$。利用这些简化条件化简球坐标系下的连续性方程，则得

$$\frac{1}{r^2}\times\frac{\partial\left(r^2u_r\right)}{\partial r}+\frac{1}{r\sin\theta}\times\frac{\partial\left(u_\theta\sin\theta\right)}{\partial\theta}=0 \tag{5-3}$$

化简球坐标系下的 $r$、$\theta$方向分量运动方程，见附录 A.8，同时考虑到做爬流流动时，惯性项与黏性项相比可以忽略，于是分别得到：

$r$ 方向分量方程

$$\frac{\partial p}{\partial r}=\mu\left[\frac{1}{r^2}\times\frac{\partial^2}{\partial r^2}\left(r^2u_r\right)+\frac{1}{r^2\sin\theta}\times\frac{\partial}{\partial\theta}\left(\sin\theta\frac{\partial u_r}{\partial\theta}\right)\right] \tag{5-4}$$

$\theta$方向分量方程

$$\frac{1}{r}\times\frac{\partial p}{\partial\theta}=\mu\left\{\frac{1}{r^2}\times\frac{\partial}{\partial r}\left(r^2\frac{\partial u_\theta}{\partial r}\right)+\frac{1}{r^2}\times\frac{\partial}{\partial\theta}\left[\frac{1}{\sin\theta}\times\frac{\partial\left(u_\theta\sin\theta\right)}{\partial\theta}\right]+\frac{2}{r^2}\times\frac{\partial u_r}{\partial\theta}\right\} \tag{5-5}$$

根据问题的特性，边界条件为

$$\begin{aligned}&\text{边界条件1：}r=R_0,\quad u_r=0,\quad u_\theta=0\\&\text{边界条件2：}r=\infty,\quad u_r=u_0\cos\theta,\quad u_\theta=-u_0\sin\theta,\quad p=p_0\end{aligned} \tag{5-6}$$

式中，$p_0$为自由来流的压力。式（5-3）、式（5-4）和式（5-5）包含三个未知量$u_r$、$u_\theta$和$p$，在边界条件式（5-6）下，采用分离变量法可以得到其解。为此令

$$u_r=f\left(r\right)F\left(\theta\right) \tag{5-7}$$

$$u_\theta=g\left(r\right)G\left(\theta\right) \tag{5-8}$$

$$p=\mu h\left(r\right)H\left(\theta\right)+p_0 \tag{5-9}$$

将边界条件 2 代入式（5-7）和式（5-8），分别得

$$u_0\cos\theta=f\left(\infty\right)F\left(\theta\right) \tag{5-10}$$

$$-u_0\sin\theta=g\left(\infty\right)G\left(\theta\right) \tag{5-11}$$

为了推演简单，根据式（5-10）和式（5-11）的形式，不妨假设

$$F\left(\theta\right)=\cos\theta,\quad G\left(\theta\right)=-\sin\theta,\quad f\left(\infty\right)=u_0,\quad g\left(\infty\right)=u_0 \tag{5-12}$$

于是，式（5-7）和式（5-8）可写成

$$u_r=f\left(r\right)\cos\theta \tag{5-13}$$

$$u_\theta=-g\left(r\right)\sin\theta \tag{5-14}$$

将式（5-9）、式（5-13）和式（5-14）代入式（5-3）、式（5-4）和式（5-5），整理后分别得到

$$\cos\theta\left[f'-\frac{g}{r}+\frac{2f}{r}-\frac{g}{r}\right]=0 \tag{5-15}$$

$$H\left(\theta\right)h'\left(r\right)=\cos\theta\left[f''-\frac{f}{r^2}+\frac{2f'}{r}-\frac{f}{r^2}+\frac{2g}{r^2}-\frac{2f}{r^2}+\frac{2g}{r^2}\right] \tag{5-16}$$

$$H'\left(\theta\right)\frac{h}{r}=\sin\theta\left[-g''+\frac{g}{r^2}-\frac{2g'}{r}-\frac{g}{r^2}\frac{\cos^2\theta}{\sin^2\theta}-\frac{2f}{r^2}+\frac{g}{r^2}\frac{1}{\sin^2\theta}\right] \tag{5-17}$$

从式(5-16)和式(5-17)可以看出，若要将自变量$\theta$分离出来，$H(\theta)$应取 $\cos\theta$，于是式(5-9)、式（5-15）、式（5-16）和式（5-17）分别变为

$$p=\mu h\left(r\right)\cos\theta+p_0 \tag{5-18}$$

$$f'+\frac{2\left(f-g\right)}{r}=0 \tag{5-19}$$

$$h'=f''+\frac{2f'}{r}-\frac{4\left(f-g\right)}{r^2} \tag{5-20}$$

$$\frac{h}{r}=g''+\frac{2g'}{r}+\frac{2\left(f-g\right)}{r^2} \tag{5-21}$$

方程式（5-19）、式（5-20）和式（5-21）的边界条件变为

$$\begin{aligned}&\text{边界条件1：}r=R_0,\quad f=0,\quad g=0\\&\text{边界条件2：}r=\infty,\ f=u_0,\quad g=u_0,\quad p=p_0\end{aligned}\tag{5-22}$$

联合式（5-19）和式（5-21）消去$g$，可得

$$h=\frac{1}{2}r^2f'''+3rf''+2f'\tag{5-23}$$

再将$h$和由式（5-19）解出的$g$代入式（5-20），得到确定$f$的微分方程式

$$r^3f''''+8r^2f'''+8rf''-8f'=0\tag{5-24}$$

上式称为欧拉（Leonhard Euler）方程，其解具有$r^k$的形式，$k$是下列代数方程的解

$$k(k-1)(k-2)(k-3)+8k(k-1)(k-2)+8k(k-1)-8k=0\tag{5-25}$$

解之，得$k$=0,2,−1,−3。于是式（5-24）的通解为

$$f=\frac{A}{r^3}+\frac{B}{r}+C+Dr^2\tag{5-26}$$

将式（5-26）分别代入式（5-19）和式（5-23），得

$$g=-\frac{A}{2r^3}+\frac{B}{2r}+C+2Dr^2\tag{5-27}$$

$$h=\frac{B}{r^2}+10Dr\tag{5-28}$$

式（5-26）、式（5-27）和式（5-28）中的积分常数由边界条件式（5-22）确定。将边界条件代入，经过简单运算后，可得

$$A=\frac{1}{2}u_0R_0^3,\quad B=-\frac{3}{2}u_0R_0,\quad C=u_0,\quad D=0\tag{5-29}$$

将相关积分常数代入式（5-26）、式（5-27）和式（5-28）中，得

$$f=\frac{1}{2}u_0\frac{R_0^3}{r^3}-\frac{3}{2}u_0\frac{R_0}{r}+u_0\tag{5-30}$$

$$g=-\frac{1}{4}u_0\frac{R_0^3}{r^3}-\frac{3}{4}u_0\frac{R_0}{r}+u_0\tag{5-31}$$

$$h=-\frac{3}{2}u_0\frac{R_0}{r^2}\tag{5-32}$$

最后将式（5-30）、式（5-31）和式（5-32）代入式（5-13）、式（5-14）和式（5-18），可得流场中的速度分布和压力分布

$$u_r=u_0\left[1-\frac{3}{2}\left(\frac{R_0}{r}\right)+\frac{1}{2}\left(\frac{R_0}{r}\right)^3\right]\cos\theta\tag{5-33}$$

$$u_\theta=-u_0\left[1-\frac{3}{4}\left(\frac{R_0}{r}\right)-\frac{1}{4}\left(\frac{R_0}{r}\right)^3\right]\sin\theta\tag{5-34}$$

$$p=p_0-\frac{3}{2}u_0\frac{\mu}{R_0}\left(\frac{R_0}{r}\right)^2\cos\theta\tag{5-35}$$

由所得的速度分布和压力分布就可计算颗粒所受到的曳力，也即流体流动过程中受到的阻力。计算球体表面上的应力，并在整个球面上积分，即可得颗粒受到的曳力。

在球坐标系中，牛顿流体的本构方程见附录A.3，化简后得

$$\tau_{rr}=-p+2\mu\frac{\partial u_r}{\partial r} \tag{5-36}$$

$$\tau_{r\theta}=\tau_{\theta r}=\mu\left(\frac{1}{r}\frac{\partial u_r}{\partial\theta}+\frac{\partial u_\theta}{\partial r}-\frac{u_\theta}{r}\right) \tag{5-37}$$

$$\tau_{\phi r}=\tau_{r\phi}=\mu\left(\frac{\partial u_\phi}{\partial r}+\frac{1}{r\sin\theta}\frac{\partial u_r}{\partial\phi}-\frac{u_\phi}{r}\right) \tag{5-38}$$

在球面上，由于流体具有黏附性，故 $u_r$=0，$u_\theta$=0。因此，在球面上，有$\partial u_r/\partial\theta$=0，$\partial u_\theta/\partial\theta$=0。代入连续性方程后，可得$\partial u_r/\partial r$=0。同时根据本问题的特点，有 $u_\phi$=0，$\partial/\partial\phi$=0。代入式（5-36）、式（5-37）和式（5-38），分别得

$$\tau_{rr}\big|_{r=R_0}=-p \tag{5-39}$$

$$\tau_{r\theta}\big|_{r=R_0}=\mu\left(\frac{\partial u_\theta}{\partial r}-\frac{u_\theta}{r}\right)\bigg|_{r=R_0} \tag{5-40}$$

$$\tau_{r\phi}\big|_{r=R_0}=0 \tag{5-41}$$

将压力分布式（5-35）及速度分布式（5-33）、式（5-34）分别代入式（5-39）和式（5-40），并令 $r$=$R_0$，可得球面上的剪应力，结果如下

$$\tau_{rr}\big|_{r=R_0}=\frac{3}{2}u_0\frac{\mu}{R_0}\cos\theta-p_0 \tag{5-42}$$

$$\tau_{r\theta}\big|_{r=R_0}=-\frac{3}{2}u_0\frac{\mu}{R_0}\sin\theta \tag{5-43}$$

由于流动为关于 $z$ 轴对称，所以在与 $z$ 轴垂直的方向球体受到的合力为零。球体受到的力为沿 $z$ 方向，所以将球面上的应力分解为沿 $z$ 方向的分量，然后在整个球面上积分，可得球体所受到的合力，即

$$\begin{aligned}F_{\rm D}&=\iint\limits_A\left(\tau_{rr}\big|_{r=R_0}\cos\theta+\tau_{r-\theta}\big|_{r=R_0}\sin\theta\right){\rm d}A=2\pi R_0^2\int_0^\pi\left(\tau_{rr}\big|_{r=R_0}\cos\theta-\tau_{r\theta}\big|_{r=R_0}\sin\theta\right)\sin\theta{\rm d}\theta\\&=2\pi\mu R_0u_0+4\pi\mu R_0u_0=6\pi\mu R_0u_0\end{aligned} \tag{5-44}$$

上式称为斯托克斯方程，表明球体所受到的阻力与球体半径、流体黏度以及流速成正比。其中由球面上的剪应力$\tau_{r\theta}$引起的阻力为摩擦阻力，占总阻力的 2/3；而由球面上的法向应力$\tau_{rr}$ 引起的阻力为形体阻力，占总阻力的 1/3。

引入曳力系数的定义，即曳力系数等于物体受到的曳力与物体在流动方向的投影面积和单位体积流体的动能之比，可得爬流流动时的曳力系数计算式

$$C_{\rm D}=\frac{2F_{\rm D}}{\rho u_0^2A_0}=\frac{2\times6\pi\mu R_0u_0}{\rho u_0^2\pi R_0^2}=\frac{24}{Re} \tag{5-45}$$

式中，$Re=du_0\rho/\mu$ 为雷诺数，$d$ 为球体直径。实验表明，当 $Re<1$ 时，称为斯托克斯区，式（5-45）的结果与实验吻合得很好。

当雷诺数增大时，奥森（Oseen）将运动方程作一级近似，即保留部分惯性项后进行求解，得结果为

$$C_{\rm D}=\frac{24}{Re}\left(1+\frac{3}{16}Re\right) \tag{5-46}$$

式（5-46）在 $Re<5$ 范围内与实验结果吻合良好。当雷诺数进一步增大，惯性力变得更加重要，此时从理论上求解方程相当困难，曳力系数只能通过实验得到。图 5-2 给出了奥森

公式，球体、圆盘和长圆柱体等各种形状颗粒在流体中沉降时曳力系数随雷诺数变化的实验结果。

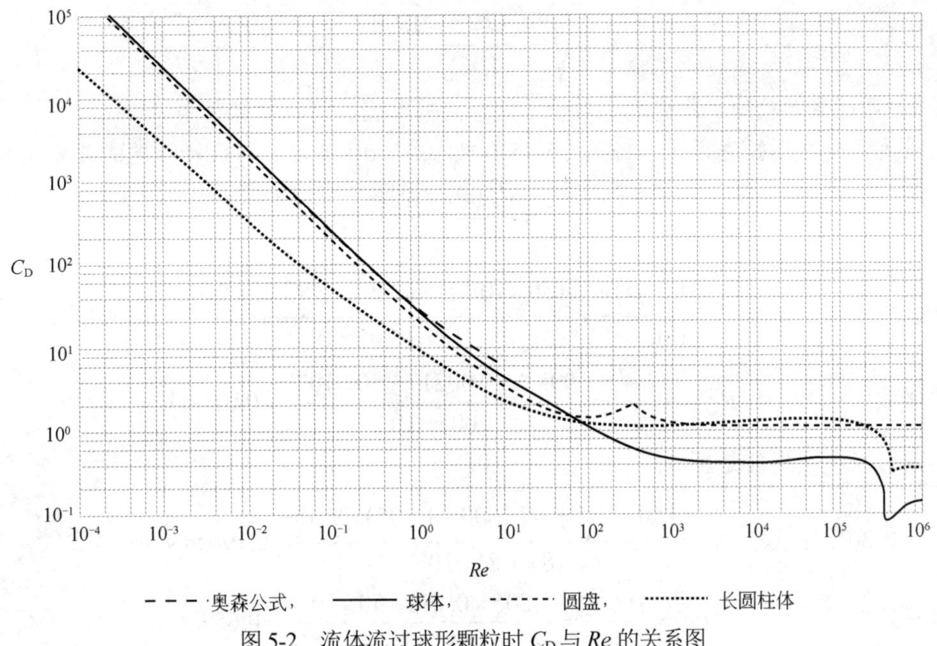


图 5-2　流体流过球形颗粒时 $C_D$ 与 $Re$ 的关系图

**【例 5-1】** 求直径 $d_p$=50μm 的球形石英颗粒分别在 20℃水中和 20℃空气中的沉降速度。设水和空气处于静止状态。已知石英密度 $\rho_p$=2600kg·m$^{-3}$；20℃水的密度为 998.2 kg·m$^{-3}$，黏度为 1.005×10$^{-3}$Pa·s；20℃空气的密度为 1.205 kg·m$^{-3}$，黏度为 1.81×10$^{-5}$Pa·s。

**解** 对于细小颗粒在流体中做沉降运动时，其沉降速度在工程实际中具有重要的意义，如工程上液固、气固的沉降分离等都需要估算颗粒的沉降速度。

通过曳力系数可以计算沉降速度。为简单起见，讨论一个球形颗粒在流体中沉降时的受力分析，见图 5-3。颗粒在重力场中受到重力和浮力，当重力大于浮力时，颗粒获得一个向下的合力而向下做加速运动。颗粒一旦在流体中运动，将受到流体对颗粒的曳力，而此曳力将随着颗粒运动速度的增大而增大。当颗粒受到的重力、浮力和曳力达到平衡时，颗粒将做匀速运动，此时颗粒的速度称为沉降速度。据此，当颗粒达到沉降速度时，应有如下的力平衡关系

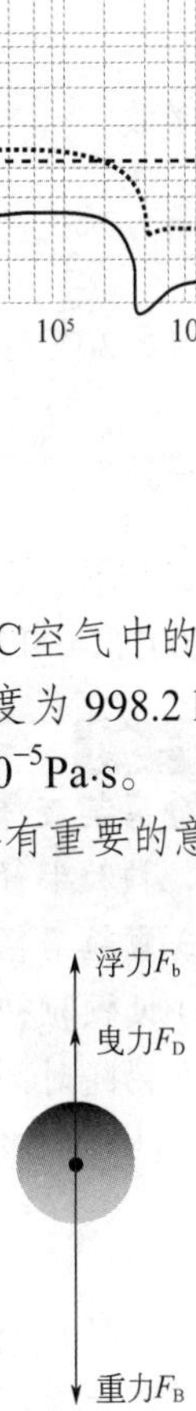

$$F_B - F_b - F_D = 0 \quad (a)$$

浮力$F_b$
曳力$F_D$
重力$F_B$

图 5-3　例 5-1 附图球体在流体中沉降时的受力分析

颗粒在运动方向上的投影面积 $A_0=\pi d_p^2/4$，球形颗粒的体积 $V_p=\pi d_p^3/6$。设用 $m$ 表示颗粒质量，$\rho$ 表示流体的密度，则重力 $F_B=mg$，浮力 $F_b=m\rho g/\rho_p$。式中的曳力 $F_D=C_D\rho u_t^2 A_0/2$，这里 $C_D$ 为曳力系数，$u_t$ 为颗粒的沉降速度。代入式（a），即

$$mg\left(1-\frac{\rho}{\rho_p}\right)-C_D\frac{\rho u_t^2}{2}\frac{\pi}{4}d_p^2=0 \quad (b)$$

即
$$\frac{\pi}{6}d_{\rm p}^3\rho_{\rm p}g\left(1-\frac{\rho}{\rho_{\rm p}}\right)-\frac{\pi}{8}d_{\rm p}^2C_{\rm D}\rho u_{\rm t}^2=0 \tag{c}$$

整理得
$$u_{\rm t}=\sqrt{\frac{4d_{\rm p}\left(\rho_{\rm p}-\rho\right)g}{3\rho C_{\rm D}}} \tag{d}$$

由式（d）可计算颗粒的沉降速度。对于本题给定的数据，可以计算如下。

假设沉降处在斯托克斯区，将式（5-45）代入式（d）整理，得沉降速度的计算式为

$$u_{\rm t}=\frac{d_{\rm p}^2\left(\rho_{\rm p}-\rho\right)g}{18\mu}$$

所以，20℃水中 $u_{\rm t}=\dfrac{d_{\rm p}^2\left(\rho_{\rm p}-\rho\right)g}{18\mu}=\dfrac{\left(50\times10^{-6}\right)^2\times\left(2600-998.2\right)\times9.81}{18\times1.005\times10^{-3}}=0.00217\ {\rm m\cdot s^{-1}}$

检验雷诺数 $Re_{\rm t}=\dfrac{\rho u_{\rm t}d_{\rm p}}{\mu}=\dfrac{998.2\times0.00217\times50\times10^{-6}}{1.005\times10^{-3}}=0.108<1$

可见假设为斯托克斯区是正确的。

同样，20℃空气中 $u_{\rm t}=\dfrac{\left(50\times10^{-6}\right)^2\times\left(2600-1.205\right)\times9.81}{18\times1.81\times10^{-5}}=0.196\,{\rm m\cdot s^{-1}}$

检验雷诺数 $Re_{\rm t}=\dfrac{\rho u_{\rm t}d_{\rm p}}{\mu}=\dfrac{1.205\times0.196\times50\times10^{-6}}{1.81\times10^{-5}}=0.65<1$

经过校核：假设正确，计算结果可靠。可见，该颗粒在空气和水中的沉降速度之比为0.196/0.00217=90.3倍。

**【例 5-2】** 一台高速管式离心机，如例 4-1 中图 4-11 所示，转鼓内径为 $d_2$，转鼓转速为 $n$，现用于分离某液体中的微小固体颗粒。设液体的密度为 $\rho$，黏度为 $\mu$。固体颗粒为球形，其密度为 $\rho_0$，颗粒半径为 $R_0$。设转鼓内充满液体，忽略边缘效应，在定常态层流流动下，试求：

（1）颗粒沿径向受到的总合力；

（2）设颗粒初始处于离轴心 $r_1$ 处，初始速度为零，然后沿径向向转鼓壁面运动，导出颗粒的径向距离随时间的关系。

**解** （1）由例 4-1 已得到颗粒受到的离心力和径向压力分别为

$$F_{\rm c}=\frac{4}{3}\pi R_0^3\rho_0\omega^2 r\ ,\ F_p=-\frac{4}{3}\pi R_0^3\rho\omega^2 r$$

此外，颗粒还受到流体的曳力。设颗粒直径很小，颗粒与液体的相对运动为层流。设颗粒在旋转流场中受到的曳力近似由式（5-44）计算

$$F_{\rm D}=6\pi\mu R_0 u \tag{5-44}$$

式中，$u$ 为颗粒与液体的相对运动速度。此力方向向轴心，故颗粒沿径向受到的总合力为

$$F=\frac{4}{3}\pi R_0^3\left(\rho_0-\rho\right)\omega^2 r-6\pi\mu R_0 u \tag{a}$$

（2）颗粒在 $r$ 处的加速度为

$$a=\frac{F}{m}=\frac{\frac{4}{3}\pi R_0^3\left(\rho_0-\rho\right)\omega^2 r-6\pi\mu R_0 u}{\frac{4}{3}\pi R_0^3\rho_0}=\frac{\rho_0-\rho}{\rho_0}\omega^2 r-\frac{9}{2}\frac{\mu u}{R_0^2\rho_0} \tag{b}$$

可见颗粒的加速度沿径向为一变量。

又颗粒速度可表示为
$$u=\frac{\mathrm{d}r}{\mathrm{d}t} \tag{c}$$
颗粒加速度可表示为
$$a=\frac{\mathrm{d}u}{\mathrm{d}t} \tag{d}$$
由式（b）、式（c）和式（d）得
$$\frac{\mathrm{d}^2r}{\mathrm{d}t^2}+\frac{9}{2}\frac{\mu}{R_0^2\rho_0}\frac{\mathrm{d}r}{\mathrm{d}t}-\frac{\rho_0-\rho}{\rho_0}\omega^2 r=0 \tag{e}$$
式（e）为二次常微分方程，其特征方程为
$$x^2+\frac{9}{2}\frac{\mu}{R_0^2\rho_0}x-\frac{\rho_0-\rho}{\rho_0}\omega^2=0$$
解得两个根为
$$x_1=-\frac{9}{4}\frac{\mu}{R_0^2\rho_0}+\sqrt{\frac{81}{16}\frac{\mu^2}{R_0^4\rho_0^2}+\frac{\rho_0-\rho}{\rho_0}\omega^2}$$
$$x_2=-\frac{9}{4}\frac{\mu}{R_0^2\rho_0}-\sqrt{\frac{81}{16}\frac{\mu^2}{R_0^4\rho_0^2}+\frac{\rho_0-\rho}{\rho_0}\omega^2}$$
于是微分方程式（e）的通解为
$$r=C_1\mathrm{e}^{x_1t}+C_2\mathrm{e}^{x_2t}$$
设初始时刻，颗粒处于 $r_1$ 位置，其径向速度为零，即上式的边界条件为

边界条件1：$t=0$，$r=r_1$

边界条件2：$t=0$，$\mathrm{d}r/\mathrm{d}t=0$

于是可得积分常数
$$C_1=-\frac{x_2r_1}{x_1-x_2},\quad C_2=\frac{x_1r_1}{x_1-x_2}$$
所以，颗粒的径向距离与时间的关系为
$$r=-\frac{x_2r_1}{x_1-x_2}\mathrm{e}^{x_1t}+\frac{x_1r_1}{x_1-x_2}\mathrm{e}^{x_2t}$$

## 二、势流

在处理爬流问题时，我们将惯性力略去，得到问题的解。相应的，在解决大雷诺数问题时，除了靠近物体壁面很窄区域内不能忽略黏性力外，在流动的大部分区域可以将黏性力略去而将问题简化为理想流体的流动问题。理想流体的流动问题属于理论流体力学范畴，在航空航天、水利工程等领域经常遇到此类问题。如在空中飞行的飞机，可以看成是空气绕飞机的流动问题，除飞机表面附近的狭窄空域外，其余广大空域中的空气运动可看成是理想流体的流动问题。

### （一）理想流体的运动方程

理想流体的黏度为零，所以对理想流体，纳维-斯托克斯方程式（4-35）简化为
$$\rho\frac{\mathrm{D}\boldsymbol{u}}{\mathrm{D}t}=\rho\boldsymbol{g}-\nabla p \tag{5-47}$$

式（5-47）也称欧拉（Euler）方程。

对不可压缩流体，连续性方程不变，仍为式（4-9），即$\nabla \cdot \boldsymbol{u}=0$。

式（5-47）共有三个分量方程，加上式（4-9）共4个方程，可以求取$u_x$、$u_y$、$u_z$和$p$等4个未知量。

## （二）流体的旋度

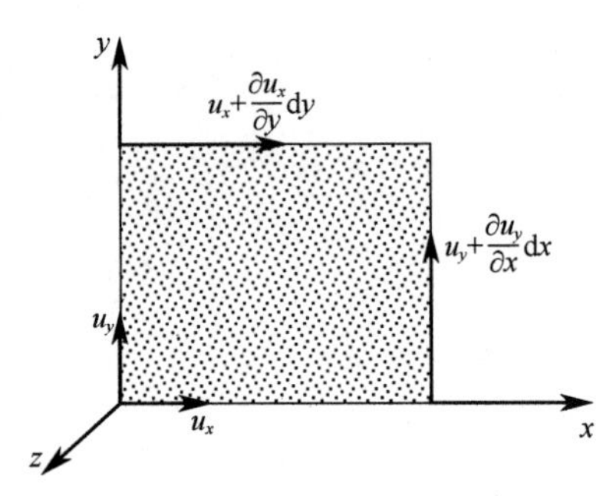

图5-4 流体微元由于速度梯度产生的绕z轴的旋转

如图5-4所示的流体微元，由于微元体的上下面位置处$x$方向的速度不同，使微元体产生一个绕$z$轴旋转的角速度，其大小为

$$\omega_{z,1}=-\frac{u_x+\dfrac{\partial u_x}{\partial y}dy-u_x}{dy}=-\frac{\partial u_x}{\partial y} \tag{5-48}$$

式中负号表示微元体顺时针方向旋转。

同样由于在左右面位置处$y$方向的速度不同，使微元体产生一个绕$z$轴旋转的角速度，其大小为

$$\omega_{z,2}=\frac{u_y+\dfrac{\partial u_y}{\partial x}dx-u_y}{dx}=\frac{\partial u_y}{\partial x} \tag{5-49}$$

于是微元体绕$z$轴旋转的净角速度为

$$\omega_z=\frac{1}{2}\left(\omega_{z,1}+\omega_{z,2}\right)=\frac{1}{2}\left(\frac{\partial u_y}{\partial x}-\frac{\partial u_x}{\partial y}\right) \tag{5-50}$$

理论上应该是微元体外边缘各点到原点的旋转角速度的加权平均，这里不失一般性仅考虑外缘上的两条边的角速度，所以仅对这两条边的角速度进行平均。

同理微元体绕$y$、$x$轴旋转的净角速度分别为

$$\omega_y=\frac{1}{2}\left(\frac{\partial u_x}{\partial z}-\frac{\partial u_z}{\partial x}\right) \tag{5-51}$$

$$\omega_x=\frac{1}{2}\left(\frac{\partial u_z}{\partial y}-\frac{\partial u_y}{\partial z}\right) \tag{5-52}$$

用矢量形式表示，则为

$$\boldsymbol{\omega}=\frac{1}{2}\nabla\times\boldsymbol{u} \tag{5-53}$$

上式即为流体的旋度。当流场中各处的旋转角速度都为零，便将这种流动称为无旋流动。由式（5-53）可知，对于无旋流动有

$$\nabla\times\boldsymbol{u}=\boldsymbol{0} \tag{5-54}$$

上式在直角坐标系中的形式为

$$\left(\frac{\partial u_z}{\partial y}-\frac{\partial u_y}{\partial z}\right)\boldsymbol{i}+\left(\frac{\partial u_x}{\partial z}-\frac{\partial u_z}{\partial x}\right)\boldsymbol{j}+\left(\frac{\partial u_y}{\partial x}-\frac{\partial u_x}{\partial y}\right)\boldsymbol{k}=\boldsymbol{0} \tag{5-55}$$

所以对于无旋流动，有如下关系

$$\frac{\partial u_z}{\partial y}=\frac{\partial u_y}{\partial z},\quad \frac{\partial u_x}{\partial z}=\frac{\partial u_z}{\partial x},\quad \frac{\partial u_y}{\partial x}=\frac{\partial u_x}{\partial y} \tag{5-56}$$

**【例 5-3】** 计算牛顿型流体在圆管内做层流流动时的旋度。并讨论流场中的旋度、剪切应力和单位流体体积机械能损耗随管径的变化。

**解** 圆管内流动采用柱坐标系较为合适，旋度在柱坐标系下的形式为

$$\boldsymbol{\omega}=\left(\frac{1}{r}\frac{\partial u_z}{\partial \theta}-\frac{\partial u_\theta}{\partial z}\right)\boldsymbol{\delta}_r+\left(\frac{\partial u_r}{\partial z}-\frac{\partial u_z}{\partial r}\right)\boldsymbol{\delta}_\theta+\frac{1}{r}\left(\frac{\partial (ru_\theta)}{\partial r}-\frac{\partial u_r}{\partial \theta}\right)\boldsymbol{\delta}_z$$

式中，$\boldsymbol{\delta}_r$、$\boldsymbol{\delta}_\theta$和$\boldsymbol{\delta}_z$分别为 $r$、$\theta$ 和 $z$ 方向的单位矢量。

圆管内层流流动时的速度分布为

$$u_z=\frac{\Delta p_{\mathrm{L}}}{4\mu}\left(R^2-r^2\right)=2u_{\mathrm{b}}\left[1-\left(\frac{r}{R}\right)^2\right]$$

将速度分布代入旋度表达式，得

$$\boldsymbol{\omega}=\frac{4u_{\mathrm{b}}r}{R^2}\boldsymbol{\delta}_\theta$$

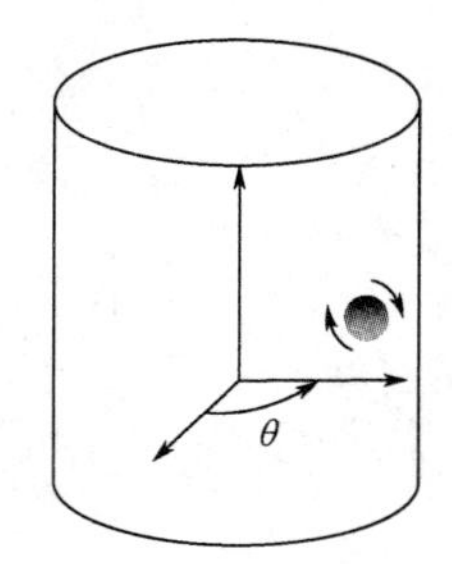


图 5-5 例 5-3 附图

流体微团的旋转运动

可见圆管内层流流动时，流体微团在绕$\theta$轴旋转，见图 5-5 所示。

**讨论：**（1）由旋度表达式可见在管中心处旋度为零，即流体微团没有旋转运动，旋度随径向线性增大，至管壁处旋度达到最大。

（2）流场中的剪应力随径向的变化为

$$\tau_{rz}=-\mu\frac{\mathrm{d}u_z}{\mathrm{d}r}=2u_{\mathrm{b}}\left[1-\left(\frac{r}{R}\right)^2\right]=\frac{4\mu u_{\mathrm{b}}r}{R^2}$$

管内剪应力随 $r$ 的增大而线性增大。

（3）由式（4-75）中的$-\boldsymbol{u}\cdot(\nabla\cdot\boldsymbol{P}')$项可知，圆管内单位体积流体的机械能损耗为

$$-\boldsymbol{u}\cdot\left(\nabla\cdot\boldsymbol{P}'\right)=-\left[u_r\left(\nabla\cdot\boldsymbol{P}'\right)_r+u_\theta\left(\nabla\cdot\boldsymbol{P}'\right)_\theta+u_z\left(\nabla\cdot\boldsymbol{P}'\right)_z\right]=\frac{16\mu u_{\mathrm{b}}^2}{R^2}\left[1-\left(\frac{r}{R}\right)^2\right]$$

此结果说明在管中心处机械能损耗最大，而在管壁处流体的机械能损耗为零。

### （三）速度势函数

由于式（5-56）是某函数全微分的充要条件，故令某函数用$\phi$表示，则有

$$\mathrm{d}\phi=\frac{\partial\phi}{\partial x}\mathrm{d}x+\frac{\partial\phi}{\partial y}\mathrm{d}y+\frac{\partial\phi}{\partial z}\mathrm{d}z=u_x\mathrm{d}x+u_y\mathrm{d}y+u_z\mathrm{d}z \tag{5-57}$$

由此可得

$$u_x=\frac{\partial\phi}{\partial x},\quad u_y=\frac{\partial\phi}{\partial y},\quad u_z=\frac{\partial\phi}{\partial z} \tag{5-58}$$

式中，$\phi$称为速度势函数。可见流体流动时无旋必有势，有势必无旋，所以无旋流动又称有势流动。

将式（5-58）代入连续性方程式（4-9），得

$$\nabla^2\phi=\frac{\partial^2\phi}{\partial x^2}+\frac{\partial^2\phi}{\partial y^2}+\frac{\partial^2\phi}{\partial z^2}=0 \tag{5-59}$$

可见，速度势$\phi$满足拉普拉斯方程。

### （四）势流的解

假设流场处在一个有势的质量力场中，并用$\Omega$（$x$，$y$，$z$）表示质量力势，则有

$$\boldsymbol{F}_{\mathrm{B}}=\nabla\Omega \tag{5-60}$$

式（5-60）在直角坐标系中的表达式为

$$F_{\mathrm{B}x}=\frac{\partial\Omega}{\partial x},\quad F_{\mathrm{B}y}=\frac{\partial\Omega}{\partial y},\quad F_{\mathrm{B}z}=\frac{\partial\Omega}{\partial z} \tag{5-61}$$

另一方面，对于无旋流动，各速度分量间具有式（5-56）的关系。将式（5-56）和式（5-61）代入式（5-47），并考虑定常态流动状况，则有

$$u_x\frac{\partial u_x}{\partial x}+u_y\frac{\partial u_y}{\partial x}+u_z\frac{\partial u_z}{\partial x}-\frac{\partial\Omega}{\partial x}+\frac{1}{\rho}\frac{\partial p}{\partial x}=0 \tag{5-62}$$

$$u_x\frac{\partial u_x}{\partial y}+u_y\frac{\partial u_y}{\partial y}+u_z\frac{\partial u_z}{\partial y}-\frac{\partial\Omega}{\partial y}+\frac{1}{\rho}\frac{\partial p}{\partial y}=0 \tag{5-63}$$

$$u_x\frac{\partial u_x}{\partial z}+u_y\frac{\partial u_y}{\partial z}+u_z\frac{\partial u_z}{\partial z}-\frac{\partial\Omega}{\partial z}+\frac{1}{\rho}\frac{\partial p}{\partial z}=0 \tag{5-64}$$

即

$$\frac{1}{2}\frac{\partial u^2}{\partial x}-\frac{\partial\Omega}{\partial x}+\frac{1}{\rho}\frac{\partial p}{\partial x}=0 \tag{5-65}$$

$$\frac{1}{2}\frac{\partial u^2}{\partial y}-\frac{\partial\Omega}{\partial y}+\frac{1}{\rho}\frac{\partial p}{\partial y}=0 \tag{5-66}$$

$$\frac{1}{2}\frac{\partial u^2}{\partial z}-\frac{\partial\Omega}{\partial z}+\frac{1}{\rho}\frac{\partial p}{\partial z}=0 \tag{5-67}$$

上述式中，$u^2=u_x^2+u_y^2+u_z^2$。对于均质不可压缩流体，$\rho$=常数，将式（5-65）、式（5-66）、式（5-67）分别对$x$、$y$、$z$积分，可得

$$\frac{1}{2}u^2+\frac{p}{\rho}-\Omega=f_1(y,z) \tag{5-68}$$

$$\frac{1}{2}u^2+\frac{p}{\rho}-\Omega=f_2(x,z) \tag{5-69}$$

$$\frac{1}{2}u^2+\frac{p}{\rho}-\Omega=f_3(x,y) \tag{5-70}$$

比较式（5-68）和式（5-69），得$f_1(y，z)=f_2(x，z)$，可推知$f_1$、$f_2$只能是$z$的函数。同理比较式（5-69）和式（5-70），得$f_2(x，z)=f_3(x，y)$，可推知$f_2$、$f_3$只能是$x$的函数。由此可见$f_2$只能取常数，所以可得$f_1(y，z)=f_2(x，z)=f_3(x，y)=C$（常数）。于是上述三式可写成

$$\frac{1}{2}u^2+\frac{p}{\rho}-\Omega=C \tag{5-71}$$

式（5-71）即为著名的伯努利（Bernoulli）方程。

如果质量力场是重力场，即$\boldsymbol{F}_{\mathrm{B}}=\boldsymbol{g}$，同时直角坐标系中的$z$轴取垂直地面向上，则

$$F_{\mathrm{B}x}=\frac{\partial\Omega}{\partial x}=0,\quad F_{\mathrm{B}y}=\frac{\partial\Omega}{\partial y}=0,\quad F_{\mathrm{B}z}=\frac{\partial\Omega}{\partial z}=-g \tag{5-72}$$

将式（5-72）进行积分，可得

$$\Omega=-gz+\text{常数} \tag{5-73}$$

将式（5-73）代入式（5-71）

$$\frac{1}{2}u^2 + \frac{p}{\rho} + gz = 常数 \tag{5-74}$$

此即为工程上常用的重力场下的伯努利方程。

综上所述，对势流流场的求解是：先由式（5-59）求取速度势$\phi$，再代入式（5-58）求取速度分布，最后由式（5-74）求取压力分布。

## 三、平面流与流函数

### （一）平面流

在自然界和工程实际中常常会遇到可以被认为是二维的流动情形，如涨潮时，海水沿长长的海滩上涨时的流动，流体沿一个较宽的平壁面的流动等。其特点是一个方向的尺度要比另外两个方向的尺度大得多，于是流体的有关物理量在一个方向上无变化或变化很小可以忽略，故常常可以将其按二维平面流动来处理。

考虑不可压缩流体的二维定常态流动情形。在直角坐标系下，设流动仅在$x$，$y$方向，$z$方向无流动且沿$z$方向的物理量无变化或变化很小而可忽略，即$u_z=0$，$\partial/\partial z=0$。简化连续性方程式（4-10）和运动方程式（4-32）及式（4-33），可得

$$\frac{\partial u_x}{\partial x} + \frac{\partial u_y}{\partial y} = 0 \tag{5-75}$$

$$\rho\left(u_x\frac{\partial u_x}{\partial x} + u_y\frac{\partial u_x}{\partial y}\right) = \rho g_x - \frac{\partial p}{\partial x} + \mu\left(\frac{\partial^2 u_x}{\partial x^2} + \frac{\partial^2 u_x}{\partial y^2}\right) \tag{5-76}$$

$$\rho\left(u_x\frac{\partial u_y}{\partial x} + u_y\frac{\partial u_y}{\partial y}\right) = \rho g_y - \frac{\partial p}{\partial y} + \mu\left(\frac{\partial^2 u_y}{\partial x^2} + \frac{\partial^2 u_y}{\partial y^2}\right) \tag{5-77}$$

式（5-75）、式（5-76）和式（5-77）组成了一个二阶非线性偏微分方程组，相对于三维的流动问题，此方程组已得到很大程度的简化，但其求解仍是很复杂的。对于某些流动问题，引入流函数的概念，可以得到方程的解析解。

### （二）流函数

在引入流函数前，我们先介绍一下流线的概念。如果某瞬间在流场中画出一条线，若线上任一点处的切线即为该点处流速的方向，这条曲线即称为流线。在同一瞬间各流线在流场中不会相交，所以流体微团也不会穿过流线而流动。

按流线的定义，可得流线方程，

$$\frac{\mathrm{d}x}{u_x(x,y,z,t)} = \frac{\mathrm{d}y}{u_y(x,y,z,t)} = \frac{\mathrm{d}z}{u_z(x,y,z,t)} \tag{5-78}$$

式中，$t$为时间参数，进行积分时可做常数处理。

对于二维流动系统，流线方程式（5-78）则为

$$\frac{\mathrm{d}x}{u_x} = \frac{\mathrm{d}y}{u_y} \tag{5-79}$$

现在考虑如图5-6所示的二维流动系统内控制体的质量衡算，控制体为由相邻两条流线$D$、$E$间围成的$ABC$微元控制体。设$A$点$x$、$y$方向的分速度为$u_x$、$u_y$。从$A$点出发，$D$、$E$流线$x$、

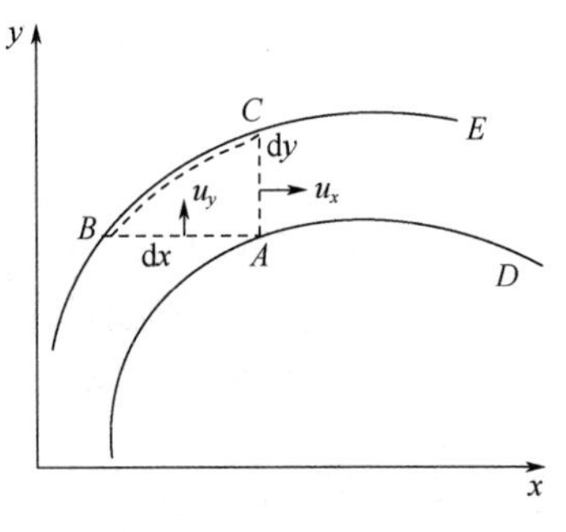

图 5-6　相邻流线间的微元控制体质量衡算

$y$ 方向的间距分别为 d$x$、d$y$。则通过 $AB$ 的体积流量为

$$\mathrm{d}\psi_1 = -u_y \mathrm{d}x \tag{5-80}$$

式中负号表示速度与 $AB$ 的外法向方向相反。

而通过 $AC$ 的体积流量为

$$\mathrm{d}\psi_2 = u_x \mathrm{d}y \tag{5-81}$$

由于流体不能穿过 $BC$ 段，所以对于不可压缩流体流动，上述两个体积流量应相等，即 $\mathrm{d}\psi_1=\mathrm{d}\psi_2=\mathrm{d}\psi$。同时由于 $\psi$ 为 $x$、$y$ 的函数，因此式（5-80）和式（5-81）应写成偏导数的形式

$$\frac{\partial \psi}{\partial x} = -u_y \tag{5-82}$$

$$\frac{\partial \psi}{\partial y} = u_x \tag{5-83}$$

式中，$\psi$ 称为流函数，其物理意义就是流体通过两条流线间的体积流量。

此外，将式（5-82）对 $y$ 求偏导

$$\frac{\partial u_y}{\partial y} = -\frac{\partial^2 \psi}{\partial y \partial x} \tag{5-84}$$

将式（5-83）对 $x$ 求偏导

$$\frac{\partial u_x}{\partial x} = \frac{\partial^2 \psi}{\partial x \partial y} \tag{5-85}$$

最后，将式（5-84）和式（5-85）相加，得

$$\frac{\partial u_x}{\partial x} + \frac{\partial u_y}{\partial y} = 0 \tag{5-75}$$

可见，流函数自动满足连续性方程。

对于二维平面流动，微元流体绕 $z$ 轴旋转的角速度为

$$\omega_z = \frac{1}{2}\left(\frac{\partial u_y}{\partial x} - \frac{\partial u_x}{\partial y}\right) \tag{5-50}$$

将式（5-82）、式（5-83）代入上式，则

$$-2\omega_z = \frac{\partial^2 \psi}{\partial x^2} + \frac{\partial^2 \psi}{\partial y^2} \tag{5-86}$$

当流动为无旋时，$\omega_z=0$，则上式变为

$$\nabla^2 \psi = \frac{\partial^2 \psi}{\partial x^2} + \frac{\partial^2 \psi}{\partial y^2} = 0 \tag{5-87}$$

上式表明：无旋流动的流函数满足拉普拉斯方程。需要说明的是，在三维流动中不存在流函数。

### （三）不可压缩理想流体绕圆柱体的流动

流体绕过长圆柱体的流动可以当成平面流问题来处理，在实际中常常遇到。如流体绕换热管的流动，空气绕过电线的流动，河水绕圆柱形桥墩的流动等等。

如图 5-7 所示，一半径为 $R_0$ 的圆柱体置于一均匀的、沿 $x$ 轴方向流动的流场中。设流体为

不可压缩理想流体，流动无旋，流速为$u_0$。圆柱体较长，流动可视为平面流动。按固体物的形状，采用柱坐标系较为合适，此时方程式（5-87）的形式为

$$\frac{\partial^2\psi}{\partial r^2}+\frac{1}{r}\frac{\partial\psi}{\partial r}+\frac{1}{r^2}\frac{\partial^2\psi}{\partial\theta^2}=0 \tag{5-88}$$

在柱坐标系中，速度分量则为

$$u_r=\frac{1}{r}\frac{\partial\psi}{\partial\theta} \tag{5-89}$$

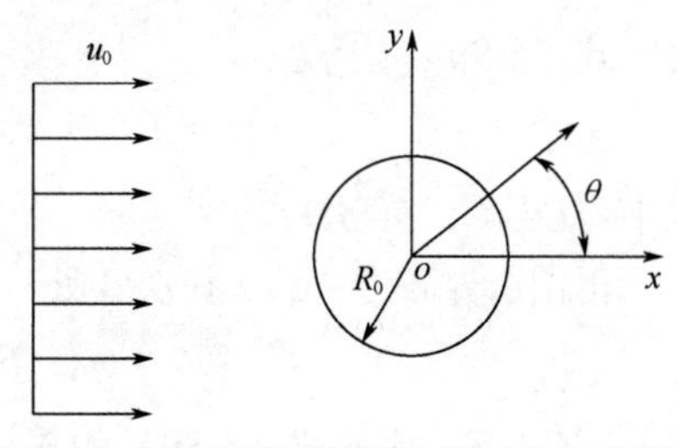

图 5-7 不可压缩理想流体绕圆柱体的流动

$$u_\theta=-\frac{\partial\psi}{\partial r} \tag{5-90}$$

根据问题的特性，偏微分方程式（5-88）的边界条件为：

（1）按照流线的特点，流体是不能穿过流线，所以 $r=R_0$ 的圆柱面上必须是一条流线，垂直于流线方向的速度为零，故

$$u_r\Big|_{r=R_0}=0 \quad 或 \quad \frac{\partial\psi}{\partial\theta}\Big|_{r=R_0}=0 \tag{5-91}$$

（2）由于圆柱体的对称性，不难推知$\theta$=0 的线也是一条流线，即

$$u_\theta\Big|_{\theta=0}=0 \quad 或 \quad \frac{\partial\psi}{\partial r}\Big|_{\theta=0}=0 \tag{5-92}$$

（3）当 $r\to\infty$时，$u_0$为有限值，且是一个定值。

下面采用分离变量法求解偏微分方程式（5-88）。为此，设方程的解为

$$\psi(r,\theta)=F(r)G(\theta) \tag{5-93}$$

将式（5-93）代入式（5-88），整理得

$$r^2\frac{F''}{F}+r\frac{F'}{F}=-\frac{G''}{G} \tag{5-94}$$

式（5-94）等号右边仅为$\theta$ 的函数，而左边仅为 $r$ 的函数，为使等式成立，等式必须等于常数，即

$$r^2F''+rF'-\lambda^2F=0 \tag{5-95}$$

$$G''+\lambda^2G=0 \tag{5-96}$$

式中，$\lambda^2$为常数。

方程式（5-95）是欧拉型方程，其通解为

$$F(r)=Ar^{\lambda}+Br^{-\lambda} \tag{5-97}$$

方程式（5-96）的通解为

$$G(\theta)=C\sin(\lambda\theta)+D\cos(\lambda\theta) \tag{5-98}$$

将式（5-97）、式（5-98）代入式（5-93），得

$$\psi(r,\theta)=\left(Ar^{\lambda}+Br^{-\lambda}\right)\left[C\sin(\lambda\theta)+D\cos(\lambda\theta)\right] \tag{5-99}$$

式中，积分常数 $A$、$B$、$C$、$D$ 由边界条件确定。由边界条件（1），可得

$$\frac{\partial\psi}{\partial\theta}\Big|_{r=R_0}=\left(AR_0^{\lambda}+BR_0^{-\lambda}\right)\lambda\left[C\cos(\lambda\theta)-D\sin(\lambda\theta)\right]=0 \tag{5-100}$$

由上式可得

$$B=-AR_0^{2\lambda} \tag{5-101}$$

代入式（5-99），于是

$$\psi(r,\theta)=\left(E\sin(\lambda\theta)+F\cos(\lambda\theta)\right)\left(r^{\lambda}-R_0^{2\lambda}/r^{\lambda}\right) \tag{5-102}$$

式中，$E=AC$，$F=AD$。

再由边界条件（2），在$\theta=0$处，$\partial\psi/\partial r=0$，可得$F=0$，于是式（5-102）进一步简化为

$$\psi(r,\theta)=E\left(r^{\lambda}-R_0^{2\lambda}/r^{\lambda}\right)\sin(\lambda\theta) \tag{5-103}$$

将式（5-103）代入式（5-89）和式（5-90），可得$r$和$\theta$方向的速度为

$$u_r=\frac{1}{r}\frac{\partial\psi}{\partial\theta}=E\lambda\left(r^{\lambda-1}-R_0^{2\lambda}/r^{\lambda+1}\right)\cos(\lambda\theta) \tag{5-104}$$

$$u_\theta=-\frac{\partial\psi}{\partial r}=-E\lambda\left(r^{\lambda-1}+R_0^{2\lambda}/r^{\lambda+1}\right)\sin(\lambda\theta) \tag{5-105}$$

由边界条件（3），当$r\to\infty$时，$u_0$为有限值，从式（5-104）和式（5-105）可知只有$\lambda=1$才能满足。于是有

$$u_r=\frac{1}{r}\frac{\partial\psi}{\partial\theta}=E\left(1-R_0^2/r^2\right)\cos\theta \tag{5-106}$$

$$u_\theta=-\frac{\partial\psi}{\partial r}=-E\left(1+R_0^2/r^2\right)\sin\theta \tag{5-107}$$

再由边界条件（3），当$r\to\infty$时，$u_0$是一个定值，即$u_r^2+u_\theta^2=u_0^2$。将式（5-106）和式（5-107）代入可得$E=u_0$。于是流场中流体流动速度为

$$u_r=\frac{1}{r}\frac{\partial\psi}{\partial\theta}=u_0\left(1-R_0^2/r^2\right)\cos\theta \tag{5-108}$$

$$u_\theta=-\frac{\partial\psi}{\partial r}=-u_0\left(1+R_0^2/r^2\right)\sin\theta \tag{5-109}$$

将 $r=R_0$ 代入上两式，可得圆柱表面的速度，$u_\theta=-2u_0\sin\theta$，$u_r=0$。由于圆柱体表面为一条流线，所以其径向速度为零。可以看出，在$\theta=0°$和$\theta=180°$处，沿圆柱体表面的流速为零。零速度所在的这些点被称为滞止点（stagnation point）。如图 5-8 中，$\theta=180°$处的点$A$为前滞止点（forward stagnation point），$\theta=0°$处的点$B$为后滞止点（reaward stagnation point）。

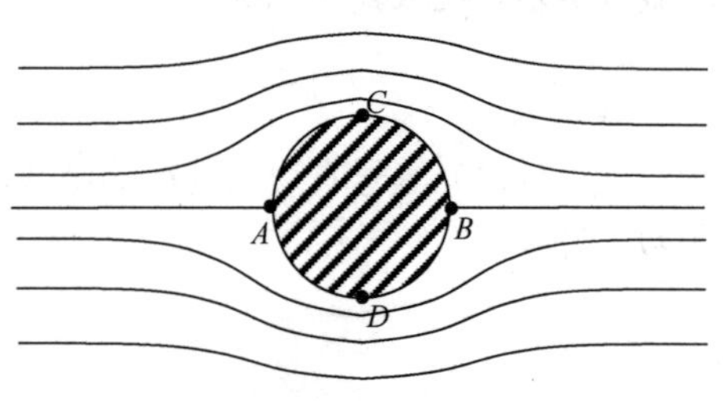

图 5-8 绕圆柱体的流场流线

# 第二节 边界层内的传递现象

在上一节中介绍了爬流、势流和平面流几种较为特殊情况下流动问题的解，在第三、四章中也能解决非常简单情形下的流动问题，但这些还远远不能满足工程实际的需要。工程实际中大部分的流动问题属于大雷诺数的情形，其原因是自然界中常见的流体是水和空气，以及在工业生产中大量遇到的流体是小分子物质，它们的黏度都很小。同时与流动相关的设备特征尺寸及流体的特征速度都不小。其结果是流动时雷诺数一般都会达到很大的数值，因此研究大雷诺数的流动问题具有更重要的实际意义。

对于雷诺数很小的爬流问题，我们采取将惯性力项略去的方法，然后得到了较为满意的结果。相应的，对于雷诺数很大的流动问题，我们是否可以将黏性力项略去来处理问题呢？事实

上这样的处理，会得到无法解释的结果。首先，如果把流体的黏性略去，意味着把流体当成理想流体，而理想流体流经固体壁面时是不会产生阻力的，这与实际情况不符。其次，黏性流体在固体壁面上是没有滑移的，即紧邻壁面的流体对壁面的相对速度为零，如果将黏性力略去，则流体相对于壁面的速度不会等于零，这也与实际不符。因此，对大雷诺数的流动问题，不能简单地把黏性力略去来处理。这个问题直到 1904 年德国力学家普朗特（Prandtl）提出边界层理论之后才获得了令人满意的解决。从此以后，边界层理论发展成为流体动力学中最重要的学说之一。边界层理论对传热、传质过程研究也具有非常重要的意义。

## 一、边界层理论

### （一）边界层

由普朗特提出的边界层理论，其理论要点为：当实际流体与固体壁面接触时，紧贴壁面的一层流体，由于黏性作用将黏附在固体壁面上而不"滑脱"，即在壁面上的流体与壁面的相对速度为零；当流体与固体壁面相对运动速度很大时，由于流体的黏性，离开壁面的流体与壁面的相对速度迅速增大，并在很短的距离之内趋于一定值。据此推理，对于大雷诺数的流动问题，可以将整个流场划分为两个区域：其一为紧邻固体表面的非常薄的一狭窄区域，称为边界层。在此区域中，由于受到固体壁面的影响存在着很大的速度梯度，依据牛顿黏性定律，此区域内的黏性力也能达到较大的数值，在量阶上与惯性力相当，所以黏性力和惯性力都不可忽略。其二为边界层之外的广大流动区域，称为外部流动区。在外流区，固体壁面对流体流动的影响大大减小，流动状况几乎不受影响，因而速度梯度极小，黏性力相对惯性力可以忽略不计，故可以按照理想流体的流动来处理。

### （二）边界层形成与发展

流体沿平板流动时，将在平板上形成边界层。平板上边界层的形成与发展过程可用图 5-9 所示来说明。来流速度为 $u_0$ 的流体沿无限大平板流过。当流体流到平板前缘时，由于在黏附性作用下紧贴壁面的流体微团将停滞不动，其速度变为零，从而在垂直于流动的方向上形成了速度梯度。与此速度梯度相应的黏性力将促使外侧邻近的流体层速度减慢，于是边界层开始形成。依次类推，流体的黏附性造成速度梯度的形成，从而产生了黏性力，黏性力又减慢了外侧流体速度，在新的空间位置形成了速度梯度，如此逐步相互影响、相互发展。随着流体向前流动，流体速度受到壁面影响的范围不断扩大，即边界层厚度不断增厚。当边界层厚度增大到一定程度后，边界层内的流动形态将由层流经一过渡区逐渐转变为湍流，此时的边界层称为湍流边界层。发展为湍流边界层后，壁面附近仍存在着一极薄的流体层，维持着层流流动，称为层流内层或层流底层。另外，在与壁面垂直的方向上，层流底层与湍流边界层之间不是突变，其间还存在一个缓冲层或称过渡层。此缓冲层内流体的流动既非层流又非完全的湍流。所以湍流边界层可认为是由层流底层、过渡层和湍流层构成。

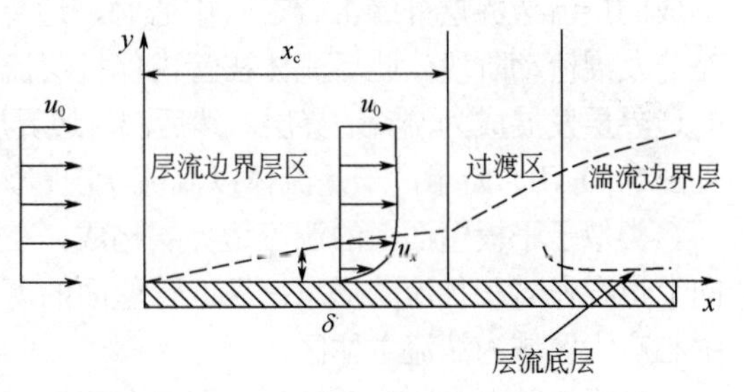

图 5-9　无限大平板上边界层的形成与发展

在层流边界层和湍流边界层内，由于流动形态不同，在处理流动问题、传热问题和传质问题的方法上有着较大的差别。所以确定由层流边界层转变为湍流边界层的距离具有重要的实际意义，这个转变距离称为临界距离，以 $x_c$ 表示。临界距离的大小与壁面前缘的形状、壁面粗糙

度、流体性质以及流速等因素有关。对于平板壁面上的流动，雷诺数定义为

$$Re_x = \frac{xu_0\rho}{\mu} \tag{5-110}$$

式中，$x$ 为由平板前缘开始的流动距离；$u_0$ 为流体的来流速度（或外流区的速度）。相应地，以临界距离表示的临界雷诺数定义为

$$Re_{x_c} = \frac{x_c u_0\rho}{\mu} \tag{5-111}$$

大量的实验表明，对于光滑的平板壁面，边界层由层流转变湍流的临界雷诺数范围为：$2\times10^5 \leqslant Re_{x_c} \leqslant 6\times10^5$。工程上为计算方便起见，通常可取 $Re_{x_c} = 5\times10^5$。

在工业上，尤其化工生产过程中，经常遇到流体通过管道的流动。对于流体进入圆管内后边界层的形成与发展，见图 5-10 所示。当黏性流体以均匀的速度 $u_0$ 进入水平圆管时，由于流体的黏性作用，在管内壁处形成边界层，并不断发展，四周边界层的外缘不断向管中心靠拢。在距管的进口某一段距离处，边界层外缘在管中心汇合，从此以后边界层不再发展变化。因此流体进入圆管的流动分为两个阶段：一是边界层汇合以前的流动阶段，称为进口段流动；另一个是边界层汇合以后的流动阶段，称为充分发展流动。

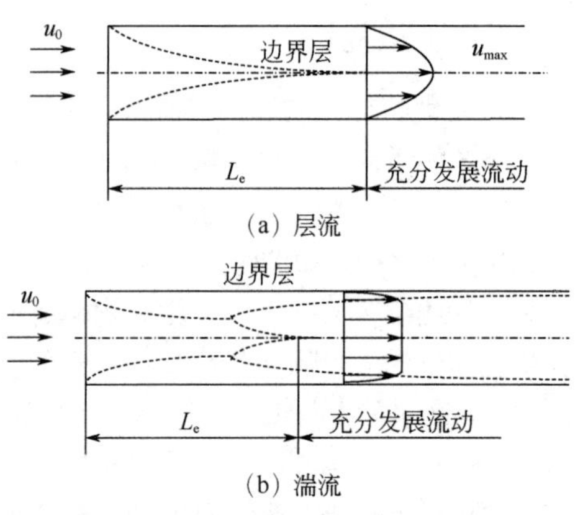

图 5-10 圆管内边界层的形成与发展

流体进入圆管开始形成边界层，并在发展过程中常出现两种情况：一种情况是流体流速较小，进口段形成的层流边界层外缘汇合在管中心时，边界层内仍为层流，如图 5-10（a）所示，而后进入充分发展流动阶段，此后流体在管内保持层流流动。另一种情况是流体流速较大，进口段形成的边界层发展成为湍流边界层，然后湍流边界层外缘在管中心汇合，此时边界层内已成为湍流，见图 5-10（b）所示，于是流体以湍流状况进入充分发展流动阶段。

类似于平板壁面上的湍流边界层构成，在管内的湍流边界层以及充分发展流动阶段，在径向上也存在着三种流动形态：靠近管壁面的薄层流体为层流底层，其外为缓冲层，再外，即管中心广大区域为湍流主体区。

与平板壁面上的流动情形不同，在管内流动边界层充分发展后，流动形态以及边界层范围不再随流动距离 $x$ 变化。此时影响流动形态的特征尺寸为管内径，所以对于充分发展的管内流动，判别流动形态的雷诺数定义为

$$Re = \frac{du_b\rho}{\mu} \tag{5-112}$$

式中，$d$ 为管内径；$u_b$ 为主体流速或管内平均流速。

实验表明，当 $Re \leqslant 2000$ 时，管内流动为层流；当 $Re$ 在 2000 与 4000 之间为过渡区；$Re \geqslant 4000$ 为湍流。

流体在圆管中流动时，边界层外缘汇合处，即流动变为充分发展时，离管的入口距离 $L_e$，称为进口段长度。对于层流流动

$$\frac{L_e}{d} = 0.05Re \tag{5-113}$$

对于湍流流动，一般认为

$$\frac{L_e}{d}=25\sim40 \tag{5-114}$$

### （三）边界层厚度

按照边界层理论，当流体以大雷诺数情形流过物体壁面时，整个流动区域可划分为壁面附近的边界层区和边界层外的外流区，这两个区域在边界层外边界处衔接起来。通常用边界层厚度$\delta$来表征边界层区域。由于边界层内的流动速度趋于外部流动速度是渐近的而不是突然变化的，因此给边界层边界的确定带来一定的任意性。为了唯一地定义边界层厚度，通常人为地约定 $x$ 方向的速度分量与相应的外流速度相差 1%的地方就是边界层的外边界。需要特别注意的是：这样定义的边界层的外边界线并不是流线，流体是可以通过这条外边界线流动的。

对于管内流动，在充分发展流动之前，即进口段流动，边界层厚度的定义与平板壁面上流动时类似。但在充分发展流动后，边界层厚度即为管的内半径。

通常，对于层流边界层厚度或层流底层厚度，其数量级在 $10^{-3}$m 的量级以下。尽管其厚度数值很小，但对流体的流动阻力、传热速率和传质速率有重大的影响。

### （四）边界层分离

以上对边界层在平板壁面上、等径圆管内壁上形成与发展进行了描述，同样当黏性流体流过曲面物体如圆柱形壁面时，在壁面附近也会形成边界层。此时边界层的发展将与平板壁面上的不同，尤其物体表面曲率较大的时候，常常会出现边界层与固体壁面相脱离的现象，伴随着产生大量旋涡，导致流体能量的大量损失。这种现象称为边界层分离。

下面以黏性流体绕过无限长圆柱体的流动为例说明边界层在大曲率面上是如何形成、发展与脱离的。

首先回顾一下上节中不可压缩理想流体绕圆柱体的流动。如图 5-8 所示，由于理想流体无黏性，故流体绕过圆柱体表面时，在柱体表面会滑移，其滑移速度为 $u_\theta=-2u_0\sin\theta$，$u_r=0$。另外，根据伯努利方程，在流场的任一点处，流速越小，流体的压力越大。由于流速以图 5-8 中的 $CD$ 截面前后对称，所以压力也是以 $CD$ 截面前后对称。在圆柱体附近，流速在圆柱体前半部分逐渐增大，到达 $CD$ 截面处速度最大；而在圆柱体后半部分速度逐渐减小。因此压力的变化为在 $A$ 处压力最大，然后逐渐下降，到 $C$、$D$ 点处压力最低，接着压力又逐渐升高，到 $B$ 点又达到最大。

然而，当黏性流体绕圆柱体流动时，情况就有所不同。用图 5-11 来说明，当黏性流体以较大的速度绕过圆柱体流动时，由于黏性的作用，从 $A$ 点开始，沿柱体表面形成边界层，且沿着流动方向逐渐增厚。从 $A$ 点到 $C$ 点的流动过程中，外流区中的势流处于加速减压的流动状态，根据压力可以穿过边界层不变的特点（此特点在下节中定量说明），可知边界层内的流体也处于加速减压的流动状态。在此流动过程中，边界层内的流体所具有的压力能一部分用于克服流动阻力，还有一部分压力能转换为动能。只要初始来流速度足够大，在此阶段边界层内流体始终向前运动。

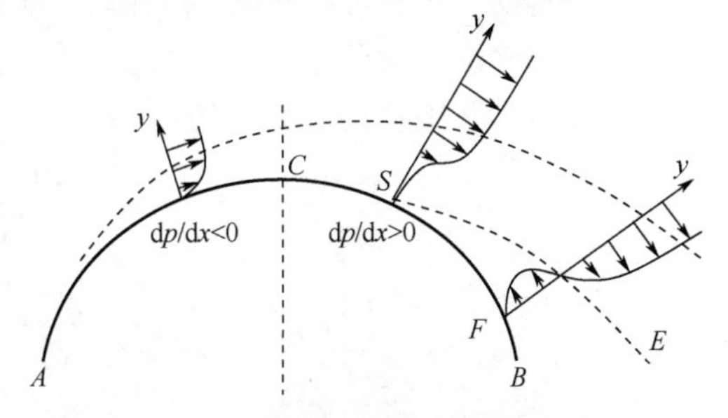

图 5-11　圆柱体绕流时边界层分离

但在流过 $C$ 点以后，流动状况就大不相同了。从 $C$ 点到 $B$ 点区域，外部势流以及边界层内的流体均处于减速增压状态下向前运动，称为逆压区流动。在逆压区，边界层内的流体微团一方面要克服前方的压力升高，另一方面还要克服黏性阻力。在此两个因素作用下，靠近壁面附近的流体微团，其速度愈来愈慢，以至于在壁面附近的某点 $S$ 处，流体微团的动能消耗殆尽而停滞下来。而离壁面稍远一点的流体微团也在下游不远处停滞下来。如此继续下去，在 $S$ 点以后，流场中将出现一个速度为零的面 $SE$。此面本来作为边界层内缘应该贴合于圆柱体表面的，现在离开了固体表面，即边界层整体脱离了固体表面，此现象称为边界层分离，$S$ 点称为分离点。这样，在 $S$ 点下游的壁面区域形成了一个流体空白区，流体不能穿过 $SE$ 面进入这个空白区。于是在逆压梯度作用下，下游流体倒流进入这个空白区，产生了旋涡。旋涡的形成会消耗大量的机械能，使流动阻力大大增加。

综上可见，产生边界层分离有两个必要条件：一是边界层内存在逆压流动，二是流体具有黏性，二者缺一不可。如在平板壁面上或等径圆管内，由于边界层内没有逆压，流体不会产生倒流；若仅存在逆压梯度而无黏性力作用，也不会产生边界层分离，如理想流体绕过柱体的流动即属于这种情况。还需指出，逆压和黏性是产生边界层分离的必要条件，而不是充分条件。因为逆压和黏性即使都存在，也不一定会产生边界层分离。边界层是否会产生分离，还要视物体表面的曲率及逆压梯度的大小。

为了减少边界层分离造成的能耗，在工程上常常将物体制成流线型，如轮船的船体、飞机的机翼等。此外，在化工生产中，流体经过连接管道的弯头、三通、大小接头等管件和管道上的阀门等部件时，流体的速度和流向不断变化，造成边界层分离，产生很大的流动阻力。但事物都是一分为二的，在化工生产中边界层的分离却有利于提高对流传热和传质的速率。

## 二、速度边界层方程

前文对边界层理论及边界层的有关现象进行了定性描述和分析，下面将利用运动方程对平板壁面上边界层流动问题进行理论求解。

### （一）普朗特边界层方程

流体以大雷诺数情形流过平板时，可把流场划分为平板壁面上的边界层区域和外流区，而外流区可按理想流体来处理，所以我们把注意力集中在边界层内。只要解决了边界层内的流动问题，整个流场的流动问题就得以解决。

现在考虑一个不可压缩流体沿无限大平板壁面的定常态流动情形，见前述图 5-9 所示，在边界层内是二维流动问题。若不计重力场对流动的影响，此二维不可压缩流体定常态流动问题的连续性方程和纳维-斯托克斯方程为

$$\frac{\partial u_x}{\partial x}+\frac{\partial u_y}{\partial y}=0 \tag{5-115}$$

$$\rho\left(u_x\frac{\partial u_x}{\partial x}+u_y\frac{\partial u_x}{\partial y}\right)=-\frac{\partial p}{\partial x}+\mu\left(\frac{\partial^2 u_x}{\partial x^2}+\frac{\partial^2 u_x}{\partial y^2}\right) \tag{5-116}$$

$$\rho\left(u_x\frac{\partial u_y}{\partial x}+u_y\frac{\partial u_y}{\partial y}\right)=-\frac{\partial p}{\partial y}+\mu\left(\frac{\partial^2 u_y}{\partial x^2}+\frac{\partial^2 u_y}{\partial y^2}\right) \tag{5-117}$$

上述非线性偏微分组的求解仍然非常复杂，需要做进一步简化。下面利用边界层的特点对上述方程组进行简化。由实验结果可知，大雷诺数流动的边界层有下面两个主要性质。

① 边界层的厚度 $\delta$ 比物体的特征长度 $L$ 小得多，即 $\delta^*=\delta/L$ 是一小量。

② 边界层内黏性力与惯性力同阶。

引入无量纲量

$$u_x^* = \frac{u_x}{u_0},\quad u_y^* = \frac{u_y}{u_0},\quad p^* = \frac{p}{\rho u_0^2},\quad x^* = \frac{x}{L},\quad y^* = \frac{y}{L} \tag{5-118}$$

式中，$u_0$为来流速度，这里选取为特征速度；$L$为平板长度，这里选取为特征长度。

将方程式（5-115）、式（5-116）和式（5-117）无量纲化，分别得

$$\frac{\partial u_x^*}{\partial x^*} + \frac{\partial u_y^*}{\partial y^*} = 0 \tag{5-119}$$

$$u_x^* \frac{\partial u_x^*}{\partial x^*} + u_y^* \frac{\partial u_x^*}{\partial y^*} = -\frac{\partial p^*}{\partial x^*} + \frac{1}{Re}\left(\frac{\partial^2 u_x^*}{\partial x^{*2}} + \frac{\partial^2 u_x^*}{\partial y^{*2}}\right) \tag{5-120}$$

$$u_x^* \frac{\partial u_y^*}{\partial x^*} + u_y^* \frac{\partial u_y^*}{\partial y^*} = -\frac{\partial p^*}{\partial y^*} + \frac{1}{Re}\left(\frac{\partial^2 u_y^*}{\partial x^{*2}} + \frac{\partial^2 u_y^*}{\partial y^{*2}}\right) \tag{5-121}$$

现在估计上述无量纲方程中每一项的量阶，保留对流动有重要影响的项，忽略次要的高阶小项，从而使方程得到简化。在进行估阶分析之前，首先对量阶做两点说明：①估阶必须先定一个标准，其他物理量的量阶都是相对这个标准而言的，标准改变后，整个物理量的量阶可以完全不同。②所谓量阶不是指该物理量或几何量的具体数值，而是指该量在整个区域内相对于标准小参数而言的平均水平。所以允许一阶或更高阶量在个别点上或区域内取较低的值甚至等于零，重要的是它的平均水平高。

在边界层问题中，现在选取$\delta^* = \delta/L$为估阶标准，下面分析其他无量纲量的量阶。

**1. 分析$u_x^*$及其各阶导数的量阶**

① 十分明显，在边界层内$u_x$由边界层内缘的零值变化到边界层外缘的$u_0$，故边界层内$u_x$与$u_0$同量阶，即$u_x^*$与1为同量阶，用$u_x^*$-1表之。

② 另外，当$y^*$由0变到$\delta^*$时，$u_x^*$则由0变到与1同阶的量，由此可见$\partial u_x^*/\partial y^*$ -$1/\delta^*$。

③ 同样可得，$\partial^2 u_x^*/\partial y^{*2}$ -$1/\delta^{*2}$。

④ 最后，当$x^*$由平板前缘的0值变化到与1同阶的量时，$u_x^*$也由0变到与1同阶的量，所以$\partial u_x^*/\partial x^*$ -1。

⑤ 同样可得，$\partial^2 u_x^*/\partial x^{*2}$ -1。

**2. 分析$u_y^*$及其各阶导数的量阶**

由无量纲连续性方程式（5-119）可知，$\partial u_y^*/\partial y^* = -\partial u_x^*/\partial x^*$ -1，即$u_y^*$与$\delta^*$同量阶。由此易证，$\partial u_y^*/\partial x^*$ -$\delta^*$，$\partial^2 u_y^*/\partial x^{*2}$ -$\delta^*$，$\partial u_y^*/\partial y^*$ -1，$\partial^2 u_y^*/\partial y^{*2}$ -$1/\delta^*$。

**3. 分析$\partial p^*/\partial x^*$及$\partial p^*/\partial y^*$的量阶**

压力梯度这一项是被动项，起调节作用，它的量阶由方程内其他项中的最大量阶决定。将上面分析出来的各项量阶附写在无量纲方程下方，得

$$u_x^* \frac{\partial u_x^*}{\partial x^*} + u_y^* \frac{\partial u_x^*}{\partial y^*} = -\frac{\partial p^*}{\partial x^*} + \frac{1}{Re}\left(\frac{\partial^2 u_x^*}{\partial x^{*2}} + \frac{\partial^2 u_x^*}{\partial y^{*2}}\right) \tag{5-122}$$

$$1 \quad 1 \qquad \delta^* \ \frac{1}{\delta^*} \qquad\qquad\qquad 1 \qquad\quad \frac{1}{\delta^{*2}}$$

$$u_x^* \frac{\partial u_y^*}{\partial x^*} + u_y^* \frac{\partial u_y^*}{\partial y^*} = -\frac{\partial p^*}{\partial y^*} + \frac{1}{Re}\left(\frac{\partial^2 u_y^*}{\partial x^{*2}} + \frac{\partial^2 u_y^*}{\partial y^{*2}}\right) \tag{5-123}$$

$$1 \quad \delta^* \quad \delta^* \quad 1 \qquad \delta^* \quad \frac{1}{\delta^*}$$

根据黏性力和惯性力在边界层内同阶的假设，由式（5-122）推知

$$\frac{1}{Re\delta^{*2}} \text{-} 1 \tag{5-124}$$

即

$$\delta^* - \frac{1}{\sqrt{Re}} - \sqrt{\frac{\nu}{u_0 L}} \tag{5-125}$$

上式表明，在大雷诺数下，边界层厚度很小，此结果与上面的定性分析所得的结论一致。

根据压力梯度是被动项，它的量阶由方程内其他项中的最大量阶决定。所以由式（5-122）可知$\partial p^*/\partial x^*$的量阶同1。

同样通过分析式（5-123）可知，$\partial p^*/\partial y^*$-$\delta^*$，作为一级近似，可以认为

$$\partial p^* / \partial y^* \approx 0 \tag{5-126}$$

经过量阶分析，边界层内 $y$ 方向的动量方程式（5-123）可以用式（5-126）代替，其物理意义表明 $y$ 方向的动量方程较次要，可以忽略不计。

式（5-126）表明，外流区的压力可以无改变地传递到边界层内。由于外流区属于理想流体，流场中的压力分布可以确定，所以边界层内的压力变成了 $x$ 的已知函数，即变量数减少了一个。于是在边界层内用两个方程描述，即

$$\frac{\partial u_x^*}{\partial x^*} + \frac{\partial u_y^*}{\partial y^*} = 0 \tag{5-119}$$

$$u_x^* \frac{\partial u_x^*}{\partial x^*} + u_y^* \frac{\partial u_x^*}{\partial y^*} = -\frac{\partial p^*}{\partial x^*} + \frac{1}{Re}\frac{\partial^2 u_x^*}{\partial y^{*2}} \tag{5-127}$$

将式（5-119）和式（5-127）转换为有量纲形式，则

$$\frac{\partial u_x}{\partial x} + \frac{\partial u_y}{\partial y} = 0 \tag{5-115}$$

$$u_x \frac{\partial u_x}{\partial x} + u_y \frac{\partial u_x}{\partial y} = -\frac{1}{\rho}\frac{\partial p}{\partial x} + \nu \frac{\partial^2 u_x}{\partial y^2} \tag{5-128}$$

式（5-115）和式（5-128）组成边界层内流体流动的方程组，称为普朗特边界层方程，其边界条件为：①在壁面上，$y=0$，$u_x=0$，$u_y=0$；②在边界层外缘处，$y=\delta$，$u_x=u_0$。根据边界层内流速渐近地趋于外部流速 $u_0$ 的性质，边界条件②也可用③$y=\infty$，$u_x=u_0$ 来代替。

因方程式（5-128）的解具有渐近性，它在 $y=\delta$ 处的值与 $y=\infty$ 的值相差无几，故采用 $y=\delta$ 或 $y=\infty$ 处 $u_x=u_0$ 的边界条件所得的解相差不大。通常将具有边界条件②的边界层理论称为有限厚度理论，而具有边界条件③的边界层理论称为渐近理论。

应当指出，上述导出的普朗特边界层方程仅适用于平板壁面上或楔形物面上的边界层流动。实际问题中，流体流过的物面大多为弯曲的表面。对于曲面物体上的边界层方程推导，需要采用正交曲线坐标系。有关这方面的内容，读者可参阅流体力学专著。

### （二）平板层流边界层的精确解

考虑无限空间中黏性不可压缩均匀气流，以 $u_0$ 的速度沿板面方向稳态地向半无限长且厚度为零的平板流来。在平板上形成边界层，求边界层内普朗特边界层方程的精确解。

前已述及，边界层外的流动可视为理想流体的势流，因此其流动参数之间的关系可用伯努利方程描述。考虑流场内等高面上，有

$$p+\frac{\rho u_0^2}{2}=常数 \tag{5-129}$$

将上式对 $x$ 求导，得

$$\frac{\mathrm{d}p}{\mathrm{d}x}+\rho u_0\frac{\mathrm{d}u_0}{\mathrm{d}x}=0 \tag{5-130}$$

当外流区的速度 $u_0$ 为常数时，由（5-130）可得出在边界层外有

$$\frac{\mathrm{d}p}{\mathrm{d}x}=0 \tag{5-131}$$

由边界层的特点，外流区的压力可无改变地传递到边界层内，所以式（5-128）简化为

$$u_x\frac{\partial u_x}{\partial x}+u_y\frac{\partial u_x}{\partial y}=\nu\frac{\partial^2 u_x}{\partial y^2} \tag{5-132}$$

连续性方程仍为式（5-115）。这是一个二阶非线性偏微分方程组，利用流函数可以将其转化为常微分方程。将流函数的表达式（5-82）和式（5-83）代入式（5-132）中，得

$$\frac{\partial\psi}{\partial y}\frac{\partial^2\psi}{\partial x\partial y}-\frac{\partial\psi}{\partial x}\frac{\partial^2\psi}{\partial y^2}=\nu\frac{\partial^3\psi}{\partial y^3} \tag{5-133}$$

由于流函数自动满足连续性方程，所以普朗特边界层方程组简化为单一的偏微分方程式（5-133）。相应的边界条件则变为：①$y=0$，$\partial\psi/\partial y=0$；②$y=0$，$\partial\psi/\partial x=0$；③$y=\infty$，$\partial\psi/\partial y=u_0$。

式（5-133）为三阶非线性偏微分方程。采用变量置换，可以将此偏微分方程变为常微分方程，为此令

$$\eta(x,y)=y\sqrt{\frac{u_0}{\nu x}} \tag{5-134}$$

$$f(\eta)=\frac{\psi}{\sqrt{u_0\nu x}} \tag{5-135}$$

这里 $\eta$ 为无量纲位置；$f$ 为无量纲流函数。

将式（5-135）写成

$$\psi=\sqrt{u_0\nu x}f(\eta) \tag{5-136}$$

分别计算 $\psi$ 的各阶导数

$$\frac{\partial\psi}{\partial y}=\sqrt{u_0\nu x}\frac{\mathrm{d}f}{\mathrm{d}\eta}\left[\frac{\partial}{\partial y}\left(y\sqrt{\frac{u_0}{\nu x}}\right)\right]=u_0\frac{\mathrm{d}f}{\mathrm{d}\eta}=u_0 f' \tag{5-137}$$

$$\frac{\partial^2\psi}{\partial y^2}=u_0\frac{\mathrm{d}^2 f}{\mathrm{d}\eta^2}\frac{\partial\eta}{\partial y}=u_0\sqrt{\frac{u_0}{\nu x}}f'' \tag{5-138}$$

$$\frac{\partial^3\psi}{\partial y^3}=\frac{u_0^2}{\nu x}f''' \tag{5-139}$$

$$\frac{\partial\psi}{\partial x}=f(\eta)\frac{\partial}{\partial x}\left(\sqrt{u_0\nu x}\right)+\sqrt{u_0\nu x}\frac{\mathrm{d}f}{\mathrm{d}\eta}\frac{\partial\eta}{\partial x}=\frac{1}{2}\sqrt{\frac{u_0\nu}{x}}\left(f-\eta f'\right) \tag{5-140}$$

$$\frac{\partial^2\psi}{\partial x\partial y}=u_0f''\left[-\frac{1}{2}y\sqrt{\frac{u_0}{\nu x^3}}\right]=-\frac{1}{2}\frac{u_0}{x}\eta f'' \tag{5-141}$$

将式（5-137）～式（5-141）代入式（5-133）中，整理简化得

$$2f'''+ff''=0 \tag{5-142}$$

相应的边界条件变为：①$\eta=0$，$f'=0$；②$\eta=0$，$f=0$；③$\eta=\infty$，$f'=1$。

这种原有两个自变量的偏微分方程组，若其解只依赖于一个组合变量，能使偏微分方程变为常微分方程，则称此方程式具有相似性解。方程式（5-142）是一个非线性的三阶常微分方程，形式虽然简单，但却无法找出封闭形式的解析解。

布拉修斯（Blasuis）采用级数衔接法近似地求出了式（5-142）的解，其后有许多研究者又用数值方法求出了该方程的解。在此仅给出级数解的最终结果，见式（5-143），关于求解的详细步骤可参阅有关专著。

$$f(\eta)=\sum_{k=0}^{\infty}\left(-\frac{1}{2}\right)^k\frac{C_k\alpha^{k+1}}{(3k+2)!}\eta^{3k+2} \tag{5-143}$$

式中，$C_k=\sum_{r=0}^{k-1}\begin{pmatrix}3k-1\\3r\end{pmatrix}C_{k-r-1}C_r$，$\begin{pmatrix}n\\r\end{pmatrix}=\frac{n!}{r!(n-r)!}$，$C_0=1$，$\alpha=0.33206$。将系数代入并展开为

$$f(\eta)=0.16603\eta^2-4.5943\times10^{-4}\eta^5+2.4972\times10^{-6}\eta^8-1.4277\times10^{-8}\eta^{11}+\cdots \tag{5-144}$$

为便于应用，可将式（5-143）列成表格形式，如表 5-1 所示。

**表 5-1 函数 $f$ 及其导数**

| $\eta=y\sqrt{\frac{u_0}{\nu x}}$ | $f$ | $f'=\frac{u_x}{u_0}$ | $f''$ | $\eta=y\sqrt{\frac{u_0}{\nu x}}$ | $f$ | $f'=\frac{u_x}{u_0}$ | $f''$ |
|---|---|---|---|---|---|---|---|
| 0 | 0 | 0 | 0.33206 | 4.6 | 2.88826 | 0.98269 | 0.02948 |
| 0.2 | 0.00664 | 0.06641 | 0.33199 | 4.8 | 3.08534 | 0.98779 | 0.02187 |
| 0.4 | 0.02656 | 0.13277 | 0.33147 | 5.0 | 3.28329 | 0.99155 | 0.01591 |
| 0.6 | 0.05974 | 0.19894 | 0.33008 | 5.2 | 3.48189 | 0.99425 | 0.01134 |
| 0.8 | 0.10611 | 0.26471 | 0.32739 | 5.4 | 3.68094 | 0.99616 | 0.00793 |
| 1.0 | 0.16557 | 0.32979 | 0.32301 | 5.6 | 3.88031 | 0.99748 | 0.00543 |
| 1.2 | 0.23795 | 0.39378 | 0.31659 | 5.8 | 4.07990 | 0.99838 | 0.00365 |
| 1.4 | 0.32298 | 0.45627 | 0.30787 | 6.0 | 4.27964 | 0.99898 | 0.00240 |
| 1.6 | 0.42032 | 0.51676 | 0.29667 | 6.2 | 4.47948 | 0.99937 | 0.00155 |
| 1.8 | 0.52952 | 0.57477 | 0.28293 | 6.4 | 4.67938 | 0.99961 | 0.00098 |
| 2.0 | 0.65003 | 0.62977 | 0.26675 | 6.6 | 4.87931 | 0.99977 | 0.00061 |
| 2.2 | 0.78120 | 0.68132 | 0.24835 | 6.8 | 5.07928 | 0.99987 | 0.00037 |
| 2.4 | 0.92230 | 0.72899 | 0.22809 | 7.0 | 5.27926 | 0.99992 | 0.00022 |
| 2.6 | 1.07252 | 0.77246 | 0.20646 | 7.2 | 5.47925 | 0.99996 | 0.00013 |
| 2.8 | 1.23099 | 0.81152 | 0.18401 | 7.4 | 5.67924 | 0.99998 | 0.00007 |
| 3.0 | 1.39682 | 0.84605 | 0.16136 | 7.6 | 5.87924 | 0.99999 | 0.00004 |
| 3.2 | 1.56911 | 0.87609 | 0.13913 | 7.8 | 6.07923 | 1.00000 | 0.00002 |
| 3.4 | 1.74696 | 0.90177 | 0.11788 | 8.0 | 6.27923 | 1.00000 | 0.00001 |
| 3.6 | 1.92954 | 0.92333 | 0.09809 | 8.2 | 6.47923 | 1.00000 | 0.00001 |
| 3.8 | 2.11605 | 0.94112 | 0.08013 | 8.4 | 6.67923 | 1.00000 | 0.00000 |
| 4.0 | 2.30576 | 0.95552 | 0.06424 | 8.6 | 6.87923 | 1.00000 | 0.00000 |
| 4.2 | 2.49806 | 0.96696 | 0.05025 | 8.8 | 7.07923 | 1.00000 | 0.00000 |
| 4.4 | 2.69238 | 0.97587 | 0.03897 | | | | |

通过上述得到普朗特边界层方程的解，然后就可以求出边界层内的速度分布、边界层厚度、摩擦曳力及曳力系数等物理量。

**1. 边界层内速度**

由式（5-137）及式（5-140）可得边界层内 $x$ 及 $y$ 方向分速度

$$u_x = \frac{\partial \psi}{\partial y} = u_0 f' \tag{5-145}$$

$$u_y = -\frac{\partial \psi}{\partial x} = \frac{1}{2}\sqrt{\frac{u_0 \nu}{x}}\left(\eta f' - f\right) \tag{5-146}$$

对于给定位置（$x$，$y$），先由式（5-134）和式（5-143）或表 5-1 求出对应的$\eta$，$f$ 和 $f'$，再由式（5-145）和式（5-146）求出 $u_x$ 和 $u_y$。

**2. 边界层厚度**

由边界层厚度的定义，即当 $u_x/u_0$=0.99 时，壁面的法线方向距离 $y$ 即为边界层厚度$\delta$。查表 5-1，可见当 $u_x/u_0$=0.99155 时，$\eta$=5.0。于是可得

$$\delta = 5.0\sqrt{\frac{\nu x}{u_0}} \tag{5-147}$$

将式（5-147）写成无量纲形式

$$\frac{\delta}{x} = 5.0 Re_x^{-1/2} \tag{5-148}$$

上式即为平板壁面上层流边界层厚度的计算公式。

**3. 摩擦曳力及曳力系数**

为了求出平板壁面对流体流动的摩擦曳力，需要先求出壁面处的剪应力。壁面处的剪应力用下式计算

$$\tau_{wx} = \mu \left.\frac{\partial u_x}{\partial y}\right|_{y=0} \tag{5-149}$$

由于剪应力与 $x$ 有关，所以用$\tau_{wx}$表示 $x$ 处的局部剪应力。

由式（5-138）可得

$$\left.\frac{\partial u_x}{\partial y}\right|_{y=0} = \left.\frac{\partial^2 \psi}{\partial y^2}\right|_{y=0} = u_0\sqrt{\frac{u_0}{\nu x}} f''(0) = 0.33206 u_0 \sqrt{\frac{u_0}{\nu x}} \tag{5-150}$$

将式（5-150）代入式（5-149），整理得

$$\tau_{wx} = 0.33206 \rho u_0^2 Re_x^{-1/2} \tag{5-151}$$

距离平板前缘 $x$ 处的局部摩擦曳力系数为

$$C_{Dx} = \frac{2\tau_{wx}}{\rho u_0^2} = 0.664 Re_x^{-1/2} \tag{5-152}$$

流体流过长度为 $L$、宽度为 $W$ 的平板壁面时所受到的总摩擦曳力为

$$F_D = W\int_0^L \tau_{wx} dx = 0.664 W u_0 \sqrt{\mu \rho L u_0} \tag{5-153}$$

壁面上平均曳力系数为

$$C_D = \frac{2F_D}{\rho u_0^2 WL} = 1.328 Re_L^{-1/2} \tag{5-154}$$

式（5-153）表明，摩擦曳力与来流速度的 1.5 次方成正比。而在小雷诺数的爬流流动中，摩擦阻力与来流速度的 1 次方成正比。这也充分说明在边界层内惯性力与黏性力同等重要，两者都不能忽略。上述结果首先由布拉修斯研究得出，所以常称为布拉修斯解。布拉修斯所得的结果在层流范围内与尼古拉则（Nikurades）、汉森（Hasen）、李普曼（Liepmann）以及达温（Dhawan）等人的实验结果符合得很好。

需要说明的是，当 $Re$ 超过临界值（约为 $2\times10^5$ 到 $6\times10^5$），层流边界层转化为湍流边界层，此时边界层内空气动力学的规律完全改观，上述结果不再适用。反之，当局部 $Re_x$ 较小，等于或小于 100 时，上述边界层理论也不再适用。例如在平板的前缘附近，情况就是如此。因为平板前缘 $x$ 很小，根据 $x$ 计算的 $Re_x$ 也就不大。为什么在前缘附近布拉修斯解不能用呢？原因在于平板前缘，速度沿板面由前缘点零值很快变化到来流的量阶，因此沿 $x$ 方向的速度变化将和沿 $y$ 方向的速度变化同样重要，对它做边界层近似处理显然并不合适。

### （三）管道进口段的流动

流体进入管道内的流动可分为进口段的流动阶段和边界层外缘在管中心汇合后的充分发展流动阶段。进口段的流动根据雷诺数的大小有层流和湍流两种边界层流动，下面讨论层流边界层流动情况。

流体在管道进口段内边界层的形成过程也类似于平板壁面的情况，由于管道为轴对称，进口段的流动只有轴向和径向的流动而没有周向的流动，所以管道进口段内的边界层也为二维流动。考察不可压缩流体进入圆管内的定常态流动，由于流动是轴对称的，故 $u_\theta=0$，同时$\partial/\partial\theta=0$。若忽略重力对流动的影响，则在柱坐标系中的运动方程可简化为

$$u_r\frac{\partial u_r}{\partial r}+u_z\frac{\partial u_r}{\partial z}=-\frac{1}{\rho}\frac{\partial p}{\partial r}+\nu\left\{\frac{\partial}{\partial r}\left[\frac{1}{r}\frac{\partial}{\partial r}(ru_r)\right]+\frac{\partial^2 u_r}{\partial z^2}\right\} \tag{5-155}$$

$$u_r\frac{\partial u_z}{\partial r}+u_z\frac{\partial u_z}{\partial z}=-\frac{1}{\rho}\frac{\partial p}{\partial z}+\nu\left[\frac{1}{r}\frac{\partial}{\partial r}\left(r\frac{\partial u_z}{\partial r}\right)+\frac{\partial^2 u_z}{\partial z^2}\right] \tag{5-156}$$

连续性方程则简化为

$$\frac{1}{r}\times\frac{\partial(ru_r)}{\partial r}+\frac{\partial u_z}{\partial z}=0 \tag{5-157}$$

式（5-155）～式（5-157）组成一个二阶非线性偏微分方程组，求解非常困难。郎海尔（Langhaar）根据圆管进口段边界层流动的特点，结合实验结果，进行了详细的分析，将复杂的二维流动近似为仅沿轴向 $z$ 的一维流动，并将式（5-156）左边的惯性力项近似为 $z$ 的线性函数，得到了圆管进口段边界层流动的简化方程。这里仅给出求解的最终结果

$$\frac{u_z}{u_0}=\frac{I_0[\gamma(z)]-I_0[(r/R)\gamma(z)]}{I_2[\gamma(z)]} \tag{5-158}$$

式中，$I_0$ 和 $I_2$ 分别是零阶和二阶第一类修正贝塞尔函数（Bessel function），可从有关的特殊函数手册中查得；$r$ 和 $R$ 分别为距管中心的距离和管半径；$\gamma(z)$ 是$(z/d)/Re$ 的函数，如图 5-12 所示。$Re=du_b\rho/\mu$ 为管内流动的雷诺数。

郎海尔还给出了计算圆管进口段长度的表达式

$$\frac{L_e}{d}=0.0575Re \tag{5-159}$$

式中，$d$ 为管内径。式（5-159）与式（5-113）也较为吻合。

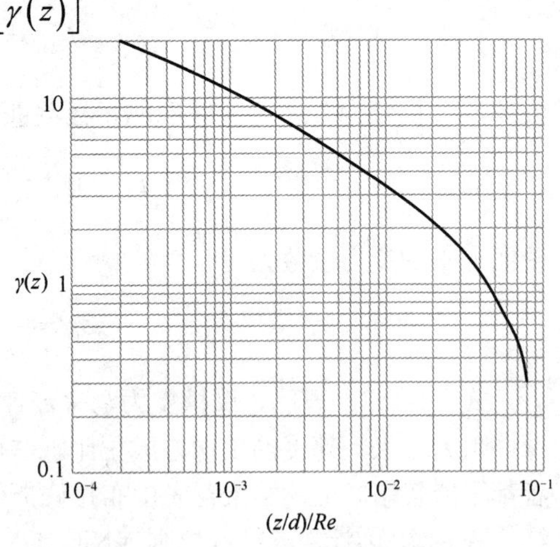

图 5-12 $\gamma(z)$ 与 $(z/d)/Re$ 的关系图

**【例 5-4】** 黏度为 5.7cP、密度为 $930\text{kg}\cdot\text{m}^{-3}$ 的油，以 $1.0\text{m}\cdot\text{s}^{-1}$ 的速度平行流过一块长度为

0.5m、宽度为 0.3m 的光滑平板，求边界层最大厚度、板受到的总曳力以及平均曳力系数。临界雷诺数取 $5\times10^5$。

**解**　当油沿板长度方向流动时，将在板尾端有最大的边界层厚度。临界雷诺数取 $5\times10^5$，则临界长度

$$x_c = \frac{\mu Re_{x_c}}{\rho u} = \frac{5.7\times10^{-3}\times5\times10^5}{930\times1.0} = 3.06\text{m} > 0.5\text{ m}$$

临界长度大于板长，所以在板上的边界层处于层流状态。

（1）边界层最大厚度　由式（5-148），得板尾端处边界层厚度

$$\delta = 5.0xRe_x^{-1/2} = 5.0\times0.5\times\left(\frac{0.5\times1\times930}{5.7\times10^{-3}}\right)^{-1/2} = 0.00875\text{ m}（或 8.75\text{mm}）$$

（2）板受到的总曳力　板所受到的总摩擦曳力，由式（5-153）为

$$F_D = 0.664Wu_0\sqrt{\mu\rho Lu_0} = 0.664\times0.3\times1\times\sqrt{5.7\times10^{-3}\times930\times0.5\times1} = 0.324\text{ N}$$

（3）壁面上平均曳力系数　由式（5-154）为

$$C_D = 1.328Re_L^{-1/2} = 1.328\times\left(\frac{0.5\times1\times930}{5.7\times10^{-3}}\right)^{-1/2} = 0.00465$$

## 三、温度边界层方程

当流体流过与其温度不同的固体表面时，受固体表面的影响，临近固体表面区域的流体层内温度发生变化，这一流体层区域称为温度边界层，亦称热边界层。

温度边界层的形成和发展类似于速度边界层。如图 5-13 所示，来流速度为 $u_0$、温度为 $T_0$ 的流体流过温度为 $T_s$ 的平板壁面，由于流体与壁面间的传热，在壁面附近的流体温度将发生变化。热边界层从平壁前缘开始，随着流体流动逐渐增厚。类似于速度边界层厚度的定义，这里规定流体的温度与壁面温度之差（$T-T_s$）达到最大温差（$T_0-T_s$）的 99%时的 $y$ 向距离为温度边界层的厚度。

当流体进入管内传热时，边界层的形成与发展如图 5-14 所示，温度边界层从管口开始逐渐增厚，经过传热进口段 $L_T$ 后，温度边界层外缘在管中心汇合进入充分发展阶段。需要注意的是，进入充分发展阶段后，管截面上的温度分布仍在变化但将趋于平坦，这一点与管内充分发展阶段的速度分布不同。若管子足够长，则截面上的温度趋于均匀，并等于管壁温度。下面分别介绍平板上和圆管内层流流动温度边界层的精确解。

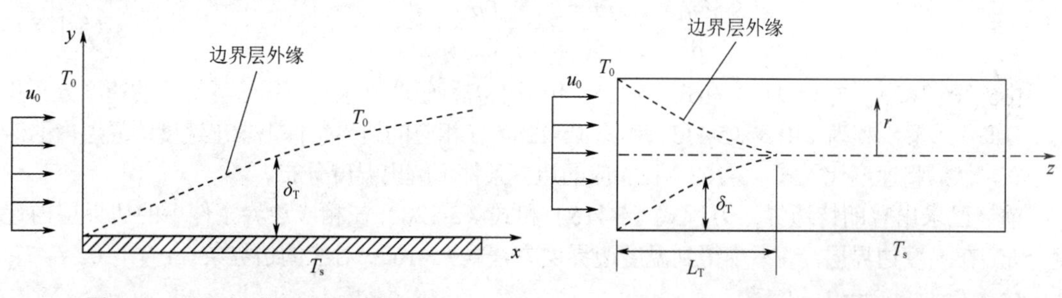


图 5-13　无限大平板上的温度边界层　　图 5-14　流体进入管内的温度边界层

## （一）平板层流温度边界层的精确解

流体流过平板壁面进行对流传热时，在壁面上会同时形成速度边界层和温度边界层。如图 5-15 所示，（a）表示在平板前缘开始加热，速度边界层和热边界层在平板前缘同时开始形成；（b）表示加热是从离平板前缘 $x_0$ 处开始，此时，速度边界层从平板前缘开始形成，而热边界层是从 $x_0$ 处开始形成。一般情况下，速度边界层和热边界层并不重合。

下面将根据温度边界层的特性导出温度边界层方程。

考虑不可压缩流体在半无限大平板壁面上二维流动时的对流传热。设平板壁面温度恒定为 $T_s$，来流温度为 $T_0$，来流速度为 $u_0$，对于定常态二维流动时的对流传热，忽略散逸热速率，则能量方程为

$$u_x\frac{\partial T}{\partial x}+u_y\frac{\partial T}{\partial y}=a\left(\frac{\partial^2 T}{\partial x^2}+\frac{\partial^2 T}{\partial y^2}\right) \tag{5-160}$$

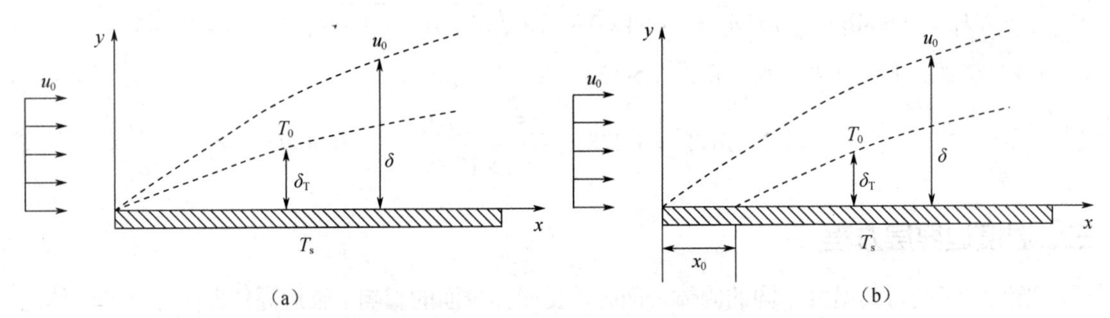


图 5-15　无限大平板上的速度边界层和温度边界层同时发展的情形

在温度边界层内，由于 $x$ 方向的尺度远远大于 $y$ 方向的尺度，不难通过量阶分析得出

$$\frac{\partial^2 T}{\partial x^2}<<\frac{\partial^2 T}{\partial y^2} \tag{5-161}$$

于是式（5-160）可简化为

$$u_x\frac{\partial T}{\partial x}+u_y\frac{\partial T}{\partial y}=a\frac{\partial^2 T}{\partial y^2} \tag{5-162}$$

另外，连续性方程和速度边界层内的运动方程分别为

$$\frac{\partial u_x}{\partial x}+\frac{\partial u_y}{\partial y}=0 \tag{5-115}$$

$$u_x\frac{\partial u_x}{\partial x}+u_y\frac{\partial u_x}{\partial y}=-\frac{1}{\rho}\frac{\partial p}{\partial x}+\nu\frac{\partial^2 u_x}{\partial y^2} \tag{5-128}$$

由式（5-162）、式（5-115）和式（5-128）组成的方程组联立求解可得边界层内的速度分布和温度分布。求解步骤为：由式（5-115）和式（5-128）在相应的边界条件下求出速度边界层内的速度分布，然后将速度代入式（5-162）在相应的边界条件下解出温度分布。

前述已求出普朗特边界层方程式（5-115）和式（5-128）在相应边界条件下的边界层内速度分布。在温度边界层内，不难得到温度边界层方程式（5-162）对应的边界条件：①$y=0$，$T=T_s$；②$y=\infty$，$T=T_0$；③$x=0$，$T=T_0$。

为了求解方程式（5-162），首先引入无量纲温度

$$T^* = \frac{T_s - T}{T_s - T_0} \tag{5-163}$$

将式（5-163）代入式（5-162），则得

$$u_x \frac{\partial T^*}{\partial x} + u_y \frac{\partial T^*}{\partial y} = a \frac{\partial^2 T^*}{\partial y^2} \tag{5-164}$$

同时引入无量纲位置，即

$$\eta(x, y) = y\sqrt{\frac{u_0}{\nu x}} \tag{5-134}$$

显然，$T^*$也为$\eta$的函数，于是式（5-164）中各导数项与$\eta$的关系为

$$\frac{\partial T^*}{\partial x} = \frac{\partial T^*}{\partial \eta}\frac{\partial \eta}{\partial x} = -\frac{1}{2x}\eta\frac{\partial T^*}{\partial \eta} \tag{5-165}$$

$$\frac{\partial T^*}{\partial y} = \sqrt{\frac{u_0}{\nu x}}\frac{\partial T^*}{\partial \eta} \tag{5-166}$$

$$\frac{\partial^2 T^*}{\partial y^2} = \frac{u_0}{\nu x}\frac{\partial^2 T^*}{\partial \eta^2} \tag{5-167}$$

$u_x$、$u_y$由式（5-145）和式（5-146）计算

$$u_x = \frac{\partial \psi}{\partial y} = u_0 f' \tag{5-145}$$

$$u_y = -\frac{\partial \psi}{\partial x} = \frac{1}{2}\sqrt{\frac{u_0 \nu}{x}}(\eta f' - f) \tag{5-146}$$

将式（5-165）～式（5-167），式（5-145）及式（5-146）代入式（5-164），整理得

$$\frac{\partial^2 T^*}{\partial \eta^2} + \frac{\nu}{2a} f \frac{\partial T^*}{\partial \eta} = 0 \tag{5-168}$$

式（5-168）中$f$为已知函数，可见$T^*$仅为$\eta$的函数，所以上式可写成常微分方程形式

$$\frac{d^2 T^*}{d\eta^2} + \frac{Pr}{2} f \frac{dT^*}{d\eta} = 0 \tag{5-169}$$

式中，$Pr=\nu/a$，称为普朗特数。相应的边界条件为：①$\eta = 0$，$T^* = 0$；②$\eta = \infty$，$T^* = 1$。令$p = dT^*/d\eta$，代入式（5-169）中，得

$$\frac{dp}{d\eta} + \frac{Pr}{2} fp = 0 \tag{5-170}$$

将式（5-170）分离变量并进行积分，得

$$p = \frac{dT^*}{d\eta} = C_1 \exp\left(-\frac{Pr}{2}\int_0^\eta f(\beta)d\beta\right) \tag{5-171}$$

对式（5-171）再积分一次，得

$$T^* = C_1\left[\int_0^\eta \exp\left(-\frac{Pr}{2}\int_0^\gamma f(\beta)d\beta\right)d\gamma\right] + C_2 \tag{5-172}$$

式中，$C_1$、$C_2$为积分常数，可由边界条件①、②确定，得

$$C_1=\left[\int_0^\infty \exp\left(-\frac{Pr}{2}\int_0^\gamma f(\beta)\mathrm{d}\beta\right)\mathrm{d}\gamma\right]^{-1},\qquad C_2=0 \tag{5-173}$$

将积分常数代入式（5-172），并转化为原变量，得温度边界层内温度分布

$$T^*=\frac{T_s-T}{T_s-T_0}=\frac{\int_0^\eta \exp\left(-\frac{Pr}{2}\int_0^\gamma f(\beta)\mathrm{d}\beta\right)\mathrm{d}\gamma}{\int_0^\infty \exp\left(-\frac{Pr}{2}\int_0^\gamma f(\beta)\mathrm{d}\beta\right)\mathrm{d}\gamma} \tag{5-174}$$

上式即为平板壁面上不可压缩流体定常态传热时层流边界层内的温度分布方程。

波尔豪森（Pohlhausen）曾经采用数值法对式（5-174）进行了求解，结果见图 5-16 所示。图中曲线表示不同普朗特数 $Pr$ 值下无量纲温度与无量纲位置间的关系，参数 $Pr$ 数值范围为0.016～1000。由图 5-16 可知，速度边界层厚度与温度边界层厚度有如下关系

$$\frac{\delta}{\delta_T}=Pr^{1/3} \tag{5-175}$$

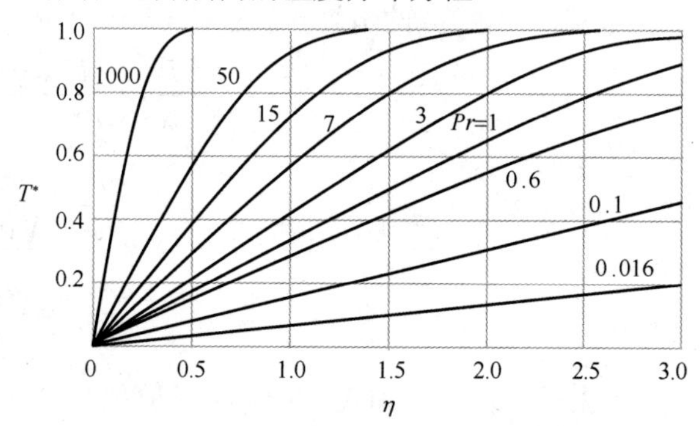

图 5-16　无限大平板壁面上的温度边界层中无量纲温度 $T^*$ 与 $Pr$、$\eta$ 的关系

由边界层内的温度分布可方便得到对流传热系数的理论计算式。

当低温流体流过平板壁面进行定常态对流传热时，则通过局部某一微元面积 d$A$ 的对流传热速率 d$Q_1$ 可表示为

$$\mathrm{d}Q_1=h_x\mathrm{d}A\left(T_s-T_0\right) \tag{5-176}$$

式中，$T_0$、$T_s$ 分别为流体和壁面温度；$h_x$ 为微元面积处的局部对流传热系数。

另一方面，由于紧贴壁面的底层流体处于层流状态，通过此层流体传热是以导热方式进行，即

$$\mathrm{d}Q_2=-k\mathrm{d}A\left.\frac{\mathrm{d}T}{\mathrm{d}y}\right|_{y=0} \tag{5-177}$$

式中，$k$ 为流体的热导率。

在定常态传热时，忽略散逸热速率，则由热量衡算可知应该有

$$\mathrm{d}Q_1=\mathrm{d}Q_2 \tag{5-178}$$

将式（5-176）和式（5-177）代入式（5-178）中，整理可得壁面局部对流传热系数

$$h_x=\frac{k}{T_0-T_s}\left.\frac{\mathrm{d}T}{\mathrm{d}y}\right|_{y=0} \tag{5-179}$$

由式（5-174）或图 5-16 求取温度分布后，代入式（5-179）即可求得对流传热系数。

若用无量纲温度式（5-163）代入式（5-179），可得

$$h_x=k\left.\frac{\mathrm{d}T^*}{\mathrm{d}y}\right|_{y=0} \tag{5-180}$$

将式（5-166）代入式（5-180），得

$$h_x = k\sqrt{\frac{u_0}{\nu x}}\frac{\partial T^*}{\partial \eta}\bigg|_{\eta=0} \tag{5-181}$$

令$\eta=0$，则由式（5-171）可得

$$\frac{\partial T^*}{\partial \eta}\bigg|_{\eta=0} = C_1 = \left[\int_0^{\infty}\exp\left(-\frac{Pr}{2}\int_0^{\eta}f(\beta)\mathrm{d}\beta\right)\mathrm{d}\eta\right]^{-1} \tag{5-182}$$

最后将式（5-182）代入式（5-181），得局部对流传热系数

$$h_x = k\sqrt{\frac{u_0}{\nu x}}\left[\int_0^{\infty}\exp\left(-\frac{Pr}{2}\int_0^{\eta}f(\beta)\mathrm{d}\beta\right)\mathrm{d}\eta\right]^{-1} \tag{5-183}$$

局部努塞尔数$Nu_x$则为

$$Nu_x = \frac{h_x x}{k} = Re_x^{1/2}\left[\int_0^{\infty}\exp\left(-\frac{Pr}{2}\int_0^{\eta}f(\beta)\mathrm{d}\beta\right)\mathrm{d}\eta\right]^{-1} \tag{5-184}$$

式中，$Re_x = xu_0\rho/\mu$。在$Re_x<5\times10^5$的层流流动范围内，式（5-183）、式（5-184）对所有的$Pr$数值均适用。

式（5-183）和式（5-184）在实际应用中要进行数值积分才能求取，所以使用起来很不方便。波尔豪森对$Pr$=0.6～15范围内的流体进行了研究。对于层流传热情况，以$T^*$为纵坐标、$\eta Pr^{1/3}$为横坐标对两者关系进行标绘，结果图5-16中$Pr$=0.6～15范围内的曲线合并为单一的曲线，得到如图5-17所示的曲线。该曲线在$\eta Pr^{1/3}=0$处的斜率等于0.332，即

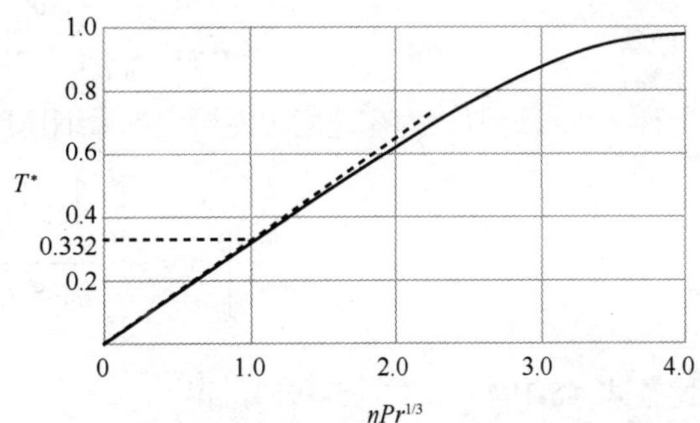


图5-17 无限大平板壁面上的温度边界层中无量纲温度$T^*$与$\eta Pr^{1/3}$的关系

$$\frac{\partial T^*}{\partial\left(\eta Pr^{1/3}\right)}\bigg|_{\eta=0} = 0.332 \tag{5-185}$$

于是得到

$$\frac{\partial T^*}{\partial \eta}\bigg|_{\eta=0} = 0.332Pr^{1/3} \tag{5-186}$$

将式（5-186）代入式（5-181），得局部对流传热系数

$$h_x = 0.332\frac{k}{x}Re^{1/2}Pr^{1/3} \tag{5-187}$$

局部努塞尔数$Nu_x$则为

$$Nu_x = 0.332Re^{1/2}Pr^{1/3} \tag{5-188}$$

在进行对流传热计算时，需要整个平板壁面的平均对流传热系数。设板长为$L$，平均对流传热系数为$h_{\mathrm{m}}$，则

$$h_{\mathrm{m}} = \frac{1}{L}\int_0^L h_x\mathrm{d}x = 0.664\frac{k}{L}Re_{\mathrm{L}}^{1/2}Pr^{1/3} \tag{5-189}$$

类似地，平均努塞尔数$Nu_{\mathrm{m}}$则为

$$Nu_{\mathrm{m}} = \frac{h_{\mathrm{m}}L}{k} = 0.664Re_{\mathrm{L}}^{1/2}Pr^{1/3} \tag{5-190}$$

式中，$Re_L=Lu_0\rho/\mu$。式（5-187）～式（5-190）适用于恒定壁温条件下，平板壁面上层流边界层内定常态传热的计算。各式的使用范围为 $0.6<Pr<15$，$Re_L<5\times10^5$。各式中的物性数据采用平均温度下的值

$$T_m=\frac{T_s+T_0}{2} \tag{5-191}$$

下面从理论分析导出速度边界层厚度和温度边界层厚度的关系式（5-175）。

由式（5-186），再结合图5-17，在边界层内可近似认为无量纲温度梯度是恒定的，于是可得

$$\left.\frac{\partial T^*}{\partial \eta}\right|_{\eta=0}\approx\frac{T_0^*-T_s^*}{\eta_0-\eta_s}=\frac{1-0}{\delta_T\sqrt{\dfrac{u_0}{\nu x}}-0}=\frac{1}{\delta_T\sqrt{\dfrac{u_0}{\nu x}}} \tag{5-192}$$

将式（5-192）与式（5-186）比较，可知

$$\frac{1}{\delta_T\sqrt{\dfrac{u_0}{\nu x}}}=0.332Pr^{1/3} \tag{5-193}$$

另外，由表5-1，得

$$\left.\frac{\partial(u_x/u_0)}{\partial \eta}\right|_{\eta=0}=\left.\frac{df'}{d\eta}\right|_{\eta=0}=f''(0)=0.332 \tag{5-194}$$

同样，也可近似认为在速度边界层内无量纲速度梯度为恒定值，即

$$\left.\frac{\partial(u_x/u_0)}{\partial \eta}\right|_{\eta=0}\approx\frac{\left(\dfrac{u_x}{u_0}\right)_0-\left(\dfrac{u_x}{u_0}\right)_s}{\eta_0-\eta_s}=\frac{1-0}{\delta\sqrt{\dfrac{u_0}{\nu x}}-0}=\frac{1}{\delta\sqrt{\dfrac{u_0}{\nu x}}} \tag{5-195}$$

比较式（5-194）和式（5-195），得

$$\frac{1}{\delta\sqrt{\dfrac{u_0}{\nu x}}}=0.332 \tag{5-196}$$

最后由式（5-193）和式（5-196），得

$$\frac{\delta}{\delta_T}=Pr^{1/3} \tag{5-175}$$

由式（5-175）可见，根据 $Pr$ 数值大小，可以判断速度边界层和温度边界层的相对厚度。工业上常见液体的 $Pr$ 数值见表5-2。

**表5-2 常见液体的 *Pr* 数值**

| 液体 | 液态金属 | 气体 | 水 | 轻质有机液 | 油 |
|---|---|---|---|---|---|
| ***Pr*** | 0.001～0.01 | 0.6～1.0 | 1～10 | 10～100 | 100～1000 |

由表5-2可见，液态金属由于导热性能良好，温度边界层厚度比速度边界层厚度大得多；而油类物质，由于导热性能差，温度边界层厚度比速度边界层厚度小得多。

【例5-5】 常压下20℃的空气，以15 $m\cdot s^{-1}$ 的速度平行地沿光滑的平板壁面长度方向流过，设平板壁面温度恒定为100℃，平板长为0.5m，宽为0.2m。试求空气离开平板时速度边界层厚度、温度边界层厚度和板上的总传热速率。临界雷诺数为 $5\times10^5$。

**解**　定性温度为 $T_m=(T_s+T_0)/2=(100+20)/2=60℃$。查取 60℃下空气的物性数据为：运动黏度为 $1.897\times10^{-5}\ m^2\cdot s^{-1}$，热导率为 $0.02893W\cdot m^{-1}\cdot ℃^{-1}$，$Pr=0.698$。

先求临界长度，由于 $Re_{x_c}=\dfrac{x_c u_0}{\nu}=5\times10^5$，所以 $x_c=\dfrac{1.897\times10^{-5}}{15}\times5\times10^5=0.63\ m$。临界长度大于板长，故板上的边界层处于层流范围内。

（1）求 0.5m 处速度边界层厚度。空气离开板时，即在 0.5m 处速度边界层厚度由式（5-147）求取

$$\delta=5.0\sqrt{\frac{\nu x}{u_0}}=5.0\times\sqrt{\frac{1.897\times10^{-5}\times0.5}{15}}=4.0\ mm$$

（2）求 0.5m 处温度边界层厚度。空气离开板时，即在 0.5m 处温度边界层厚度由式（5-175）求取

$$\delta_T=\frac{\delta}{Pr^{1/3}}=\frac{4.0}{0.698^{1/3}}=4.51\ mm$$

（3）传热速率计算。在 0.5m 处的对流传热系数由式（5-187）可得

$$h_x=0.332k\sqrt{\frac{u_0}{\nu x}}Pr^{1/3}=0.332\times0.02893\times\sqrt{\frac{15}{1.897\times10^{-5}\times0.5}}\times0.698^{1/3}=10.7\ W\cdot m^{-2}\cdot ℃^{-1}$$

板上平均对流传热系数则为

$$h_m=2h_x=2\times10.7=21.4W\cdot m^{-2}\cdot ℃^{-1}$$

所以通过板的对流传热速率为

$$Q=h_m A\left(T_s-T_0\right)=21.4\times0.5\times0.2\times\left(100-20\right)=171.2\ W$$

## （二）管道进口段的传热

对于管子进口段的传热，由于速度分布和温度分布都未达到充分发展，此时，努塞尔数 $Nu$ 的数值与位置、流动雷诺数及物性有关。管子进口段传热问题非常复杂，在此不做详细讨论，读者可查阅有关专著。这里仅给出努塞尔及凯斯（Kays）关于管子进口段传热的综合研究结果，见图 5-18 所示。图中曲线说明如下：

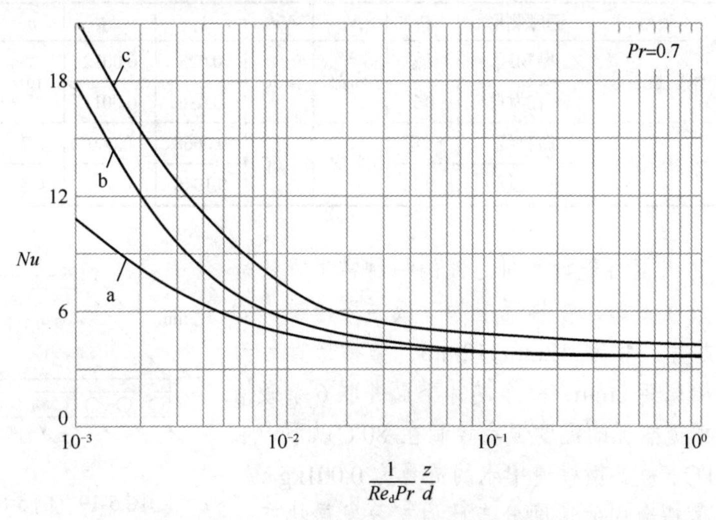


图 5-18　管子进口段的局部 $Nu$

a—恒壁温，速度边界层充分发展；b—恒壁温，速度、温度边界层在发展；c—恒壁热通量，速度、温度边界层在发展

（1）曲线 a 为恒壁温，传热开始时速度边界层已经充分发展的情况。从图中可见，曲线最后趋于水平，此时 $Nu$=3.66。

（2）曲线 b 也是恒壁温，但在传热开始时速度边界层和温度边界层同时发展的情况，曲线最后也趋于水平，此时 $Nu$=3.66。

（3）曲线 c 为恒壁热通量的情况，在传热开始时速度边界层和温度边界层同时发展的情况，曲线最后也趋于水平，此时 $Nu$=4.36。

由图 5-18 可见，当 $\dfrac{1}{Re_\mathrm{d}Pr}\dfrac{z}{d}>0.05$ 时，$Nu$ 基本趋于恒定值，故可认为 $\dfrac{1}{Re_\mathrm{d}Pr}\dfrac{z}{d}=0.05$ 时对应的位置为传热进口段尾端，此时对应的管长称为传热进口段长度，用 $L_\mathrm{T}$ 表示，即

$$\frac{L_\mathrm{T}}{d}=0.05Re_\mathrm{d}Pr \tag{5-197}$$

将式（5-197）与式（5-113）比较可知，$L_\mathrm{T}/L_\mathrm{e}=Pr$。可见 $Pr$ 数值为 1 左右时，温度边界层厚度与速度边界层厚度大约相等；对于 $Pr$ 数值很小的流体（如液态金属），$L_\mathrm{T}$ 比 $L_\mathrm{e}$ 小得多，即黏度低、热导率大的流体其温度边界层的发展比速度边界层的发展要快得多；而对于 $Pr$ 数值很大的流体（如黏性油类液态），$L_\mathrm{T}$ 比 $L_\mathrm{e}$ 大得多，即温度边界层的发展比速度边界层的发展要慢得多。

随着流体流进管内，温度边界层逐渐发展，对流热阻不断增大，即对流传热系数逐渐减小。若考虑到进口段的影响，管内层流传热时的平均或局部努塞尔数可用下式计算

$$Nu=Nu_\infty+\frac{k_1\left(\dfrac{d}{L}RePr\right)}{1+k_2\left(\dfrac{d}{L}RePr\right)^n} \tag{5-198}$$

式中，$Nu_\infty$为流动和传热边界层充分发展后的努塞尔数；$L$ 为传热管长度；$k_1$，$k_2$ 和 $n$ 均为常数，其值查表 5-3。

**表 5-3 式（5-198）中的各常数值**

| 项目 | 速度侧形 | $Pr$ | $Nu$ | $Nu_\infty$ | $k_1$ | $k_2$ | $n$ |
|---|---|---|---|---|---|---|---|
| 恒壁热通量 | 抛物线 | 任意 | 局部 | 4.36 | 0.023 | 0.0012 | 1.0 |
| | 正在发展 | 0.7 | | | 0.036 | 0.0011 | |
| 恒壁温 | 抛物线 | 任意 | 平均 | 3.66 | 0.0668 | 0.040 | 2/3 |
| | 正在发展 | 0.7 | | | 0.1040 | 0.016 | 0.8 |

**【例 5-6】** 冷却高性能计算机芯片的一种常用方法是将芯片与热沉连接在一起，在热沉中加工微循环槽道，如图 5-19 所示。芯片尺寸为 12mm×12mm，微槽道直径为 1mm，微槽道中心间距 2mm，一个芯片下面并联 6 条微槽道。设计要求微槽道热沉的温度恒定控制在 80℃以下。水的进口温度为 20℃，每条微槽道中水的流量为 0.001kg·s$^{-1}$。设传热开始前，微槽道内的速度分布已为充分发展状态，达到传热稳定时，求：

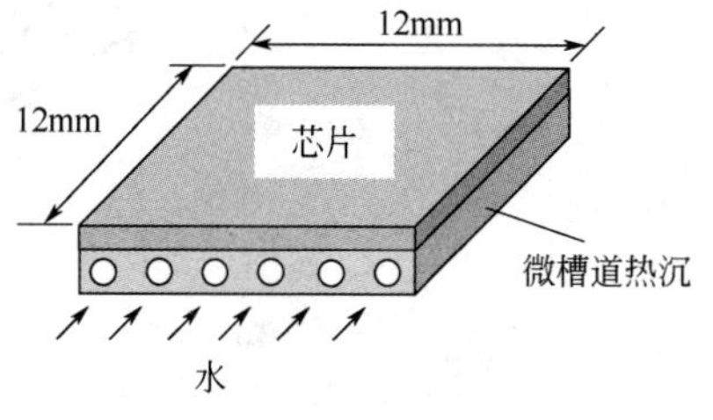

图 5-19 例 5-6 附图（一）

（1）水的出口温度以及通过水移除的热量。

（2）若进口水温变为 25℃，芯片的发热速率不变，为保持热沉温度仍为 80℃，采取加大水流量是否可行？水流量应多大？

**解**　（1）设水的出口温度为 25℃，则定性温度为 22.5℃，查取水在定性温度下的物性为：密度 997.6kg·m$^{-3}$，黏度 0.954cP，热导率 0.604W·m$^{-1}$·℃$^{-1}$，比热容 4181J·kg$^{-1}$·℃$^{-1}$，$Pr$=6.62。管内流速为

$$u=\frac{1}{d}\sqrt{\frac{4m}{\pi\rho}}=\frac{1}{1\times10^{-3}}\times\sqrt{\frac{4\times0.001}{\pi\times997.6}}=1.13\ \mathrm{m\cdot s^{-1}}$$

计算管内流动雷诺数

$$Re=\frac{du\rho}{\mu}=\frac{1\times10^{-3}\times1.13\times997.6}{0.954\times10^{-3}}=1182$$

雷诺数小于 2000，可知为层流流动，传热进口段长度由式（5-197）计算得

$$L_{\mathrm{T}}=0.05dRe_{\mathrm{d}}Pr=0.05\times0.001\times1182\times6.62=0.391\,\mathrm{m}$$

可见属于进口段内的传热。考虑到为进口管传热，故可用式（5-198）计算。对于速度边界层充分发展，管壁温度恒定的情况，由表 5-3 可知所求得的是平均 $Nu_{\mathrm{m}}$。将表 5-3 中的常数代入式（5-198），即

$$Nu_{\mathrm{m}}=3.66+\frac{0.0668\times\left(\dfrac{0.001}{0.012}\times1182\times6.62\right)}{1+0.04\times\left(\dfrac{0.001}{0.012}\times1182\times6.62\right)^{2/3}}=3.66+10.87=14.53$$

平均对流传热系数为　$$h_{\mathrm{m}}=\frac{Nu_{\mathrm{m}}k}{d}=\frac{14.53\times0.604}{0.001}=8776\ \mathrm{W\cdot m^{-2}\cdot ℃^{-1}}$$

计算水的出口温度。

通过微分段管长 d$L$ 的传热速率为

$$\mathrm{d}q=h_{\mathrm{m}}\pi d\mathrm{d}L\left(T_{\mathrm{s}}-T_{\mathrm{b}}\right)$$

设流体经过微分段管长 d$L$ 后，平均温度升高 d$T_{\mathrm{b}}$，由热量衡算可得

$$\mathrm{d}q=\frac{1}{4}\pi d^2u_{\mathrm{b}}\rho c_p\mathrm{d}T_{\mathrm{b}}$$

将上两式相等，分离变量，积分

$$\int_{T_{\mathrm{b1}}}^{T_{\mathrm{b2}}}\frac{\mathrm{d}T_{\mathrm{b}}}{T_{\mathrm{s}}-T_{\mathrm{b}}}=\frac{4h_{\mathrm{m}}}{du_{\mathrm{b}}\rho c_p}\int_0^L\mathrm{d}L$$

$$\ln\left(T_{\mathrm{s}}-T_{\mathrm{b2}}\right)=\ln\left(T_{\mathrm{s}}-T_{\mathrm{b1}}\right)-\frac{4h_{\mathrm{m}}L}{du_{\mathrm{b}}\rho c_p}=\ln\left(80-20\right)-\frac{4\times8776\times0.012}{0.001\times1.13\times997.6\times4181}=4.005$$

于是得 $T_{\mathrm{b2}}$=25.13℃，与假设的出口温度接近。

通过 6 条微槽道移除的热量为

$$\begin{aligned}Q&=6mc_p\left(T_{\mathrm{b2}}-T_{\mathrm{b1}}\right)\\&=6\times0.001\times4181\times\left(25.13-20\right)=128.7\mathrm{W}\end{aligned}$$

（2）冷却水温度升高，对传热不利。为保持原来的传热速率，可以采用增大水流量提高对流传热系数。

为简化计算，根据（1）的计算结果，这里可以假定水的定性温度取 27℃，其物性数据为：密度 996.5kg·m$^{-3}$，比热容 4177 J·kg$^{-1}$·℃$^{-1}$，黏度 0.862cP，热导率 0.612 W·m$^{-1}$·℃$^{-1}$，$Pr$=5.9。

由于要移除的热量不变，所以

$$Q = 6mc_p\left(T_{b2} - T_{b1}\right) = 128.7\ \mathrm{W}$$

即得
$$m\left(T_{b2} - 25\right) = \frac{128.7}{6 \times 4177} = 0.005135 \tag{a}$$

另外，通过热量衡算，由小题（1）可知

$$\ln\left(T_s - T_{b2}\right) = \ln\left(T_s - T_{b1}\right) - \frac{4h_m L}{du_b \rho c_p} = \ln\left(T_s - T_{b1}\right) - \frac{\pi Nu_m kL}{mc_p}$$

得
$$T_{b2} = 80 - 55\mathrm{e}^{-5.52\times10^{-6}\,Nu_m/m} \tag{b}$$

式（b）中的 $Nu_m$ 由式（5-198）计算而得。将具体数据代入化简整理得

$$Nu_m = 3.66 + \frac{4.851\times10^4 m}{1 + 323.2m^{2/3}} \tag{c}$$

将式（a）、式（b）绘于图5-20中，图中交点读取：水流量为 0.00148kg·s$^{-1}$，此时水出口温度为 28.47℃。定性温度则为 26.74℃，与假设的基本一致。

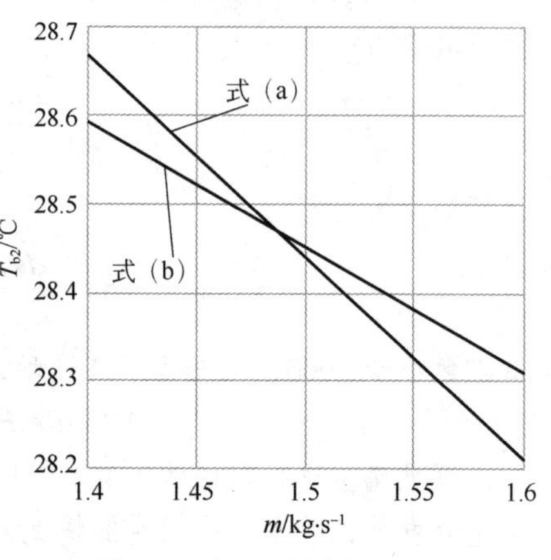


图 5-20 例 5-6 附图（二）

## 四、浓度边界层方程

当流体流过固体表面时，若流体与固体表面间存在浓度差而发生质量传递的情况下，临近固体表面区域的流体层内浓度将发生变化，这一流体层区域称为浓度边界层。

浓度边界层的形成和发展类似于温度边界层和速度边界层。如图 5-21 所示，来流速度为 $u_0$、浓度为 $C_0$ 的流体流过壁面浓度维持为 $C_s$ 的平板壁面。由于流体与壁面间的传质，在壁面附近的流体浓度将发生变化。浓度边界层从平壁前缘开始，随着流体流动逐渐增厚。类似于温度及速度边界层厚度的定义，这里规定流体的浓度与壁面浓度之差（$C - C_s$）达到最大浓度差（$C_0 - C_s$）的 99%时的 $y$ 向距离为浓度边界层的厚度。

当流体进入管内传质时，边界层的形成与发展如图 5-22 所示。浓度边界层从管口开始逐渐增厚，经过传质进口段 $L_C$ 后，浓度边界层外缘在管中心汇合进入充分发展阶段。需要注意的是，进入充分发展阶段后，管截面上的浓度分布仍在变化但趋于平坦，这一点与管内充分发展阶段的温度边界层类似。若管子足够长，则截面上的浓度趋于均匀，并等于管壁处的浓度。对于管内速度边界层和浓度边界层都充分发展后的传质在第四章已做了介绍，而传质进口段传质问题非常复杂，这里不做讨论，读者可查阅有关专著。

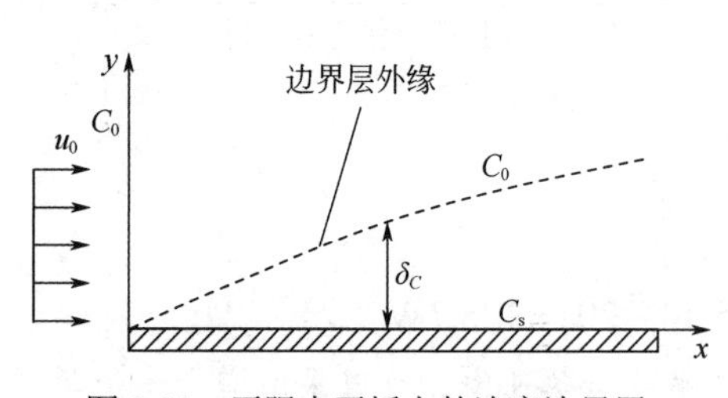


图 5-21 无限大平板上的浓度边界层

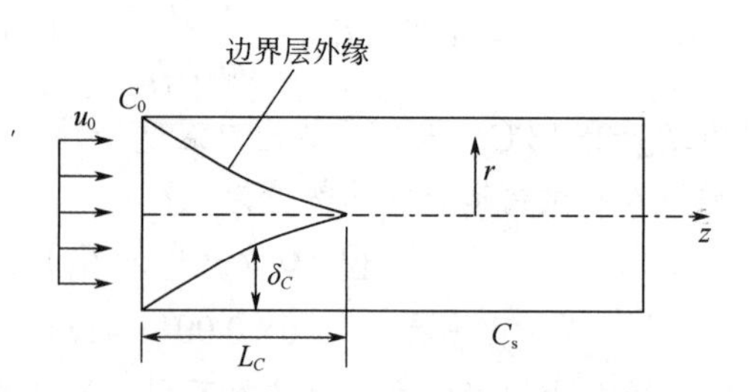


图 5-22 流体进入管内的浓度边界层

类似于平板壁面上的对流传热，平板壁面上的对流传质也是所有几何形状壁面对流传质中最简单的传质问题。由于质量传递与热量传递的微分方程和相应的边界条件相类似，其求解过

程和解的结果也类似。

### （一）平板层流浓度边界层的精确解

下面讨论平板壁面上层流边界层内对流传质情况。

由于在层流流动中，动量传递、热量传热和质量传递的机理类似，都是通过分子的热运动而进行传递的，因而它们的传递微分方程、边界条件也类似，其解必然类似。下面的讨论拟将这三者同时进行论述和类比。

组分 A 的传质微分方程为

$$\frac{\partial C_{\mathrm{A}}}{\partial t}+\frac{\partial\left(C_{\mathrm{A}}u_{\mathrm{M}x}\right)}{\partial x}+\frac{\partial\left(C_{\mathrm{A}}u_{\mathrm{M}y}\right)}{\partial y}+\frac{\partial\left(C_{\mathrm{A}}u_{\mathrm{M}z}\right)}{\partial z}=-\left(\frac{\partial J_{\mathrm{A}x}}{\partial x}+\frac{\partial J_{\mathrm{A}y}}{\partial y}+\frac{\partial J_{\mathrm{A}z}}{\partial z}\right)+R_{\mathrm{A}} \tag{5-199}$$

对于无化学反应、不可压缩流体在大平板壁面上进行二维定常态流动时，设组分 A 的浓度很小，扩散系数为常数的情况下，式（5-199）可简化为

$$u_x\frac{\partial C_{\mathrm{A}}}{\partial x}+u_y\frac{\partial C_{\mathrm{A}}}{\partial y}=D_{\mathrm{AB}}\left(\frac{\partial^2 C_{\mathrm{A}}}{\partial x^2}+\frac{\partial^2 C_{\mathrm{A}}}{\partial y^2}\right) \tag{5-200}$$

我们曾利用边界层的特性，通过量阶分析得到速度边界层方程和温度边界层方程。同样利用边界层的特性，在浓度边界层内通过量阶分析得到

$$\frac{\partial^2 C_{\mathrm{A}}}{\partial x^2}\ll\frac{\partial^2 C_{\mathrm{A}}}{\partial y^2} \tag{5-201}$$

于是式（5-200）进一步简化为

$$u_x\frac{\partial C_{\mathrm{A}}}{\partial x}+u_y\frac{\partial C_{\mathrm{A}}}{\partial y}=D_{\mathrm{AB}}\frac{\partial^2 C_{\mathrm{A}}}{\partial y^2} \tag{5-202}$$

式（5-202）称为浓度边界层方程。

为求解偏微分方程式（5-202），引入无量纲浓度

$$C_{\mathrm{A}}^*=\frac{C_{\mathrm{As}}-C_{\mathrm{A}}}{C_{\mathrm{As}}-C_{\mathrm{A0}}} \tag{5-203}$$

以及无量纲位置$\eta$代入式（5-202），简化整理得

$$\frac{\mathrm{d}^2C_{\mathrm{A}}^*}{\mathrm{d}\eta^2}+\frac{Sc}{2}f\frac{\mathrm{d}C_{\mathrm{A}}^*}{\mathrm{d}\eta}=0 \tag{5-204}$$

式中，$Sc$ 为施密特数，类似于传热中的普朗特数，表示物性对传质的影响，其表达式为

$$Sc=\frac{\nu}{D_{\mathrm{AB}}}=\frac{\mu}{\rho D_{\mathrm{AB}}} \tag{5-205}$$

前述已得无量纲温度边界层方程为

$$\frac{\mathrm{d}^2T^*}{\mathrm{d}\eta^2}+\frac{Pr}{2}f\frac{\mathrm{d}T^*}{\mathrm{d}\eta}=0 \tag{5-169}$$

无量纲速度边界层方程为

$$2f'''+ff''=0 \tag{5-142}$$

而由式（5-137），得

$$f'=\frac{1}{u_0}\frac{\partial\psi}{\partial y}=\frac{u_x}{u_0}\equiv u_x^* \tag{5-137}$$

可见，$f'$ 就是 $x$ 方向的无量纲速度。将上式代入式（5-142），并整理成

$$\frac{d^2u_x^*}{d\eta^2}+\frac{f}{2}\frac{du_x^*}{d\eta}=0 \tag{5-206}$$

比较式（5-206）、式（5-169）及式（5-204），可见速度、温度及浓度的无量纲边界层方程在形式上非常类似，但是质量传递时的边界条件与动量传递、热量传递时的边界条件有所不同。在动量、热量传递时，壁面处的速度为零，即 $u_{xs}=0$、$u_{ys}=0$；在质量传递时，$u_{xs}=0$，但 $u_{ys}$ 通常不为 0。例如，当流体流过可溶性壁面或具有挥发性物质表面时，溶质 A 从壁面溶解或挥发进入流体，此时组分 A 会引起壁面处的流体沿 $y$ 方向运动。

当 $u_{ys}\neq0$ 时，式（5-204）的求解结果与式（5-206）、式（5-169）的求解结果不能类比。但是当组分 A 的溶解性或挥发性很小时，可认为 $u_{ys}\approx0$，此时它们的求解结果将具有类比性。下面对此种情形进行讨论。此时无量纲边界条件为：① $\eta=0$，$C_A^*=0$；② $\eta=\infty$，$C_A^*=1$。于是式（5-204）与式（5-169）应具有类似的解。根据波尔豪森对传热的解，可以类推出传质的类似解为

| 边界层内传热的解 | 边界层内传质的解 | |
|---|---|---|
| $\dfrac{\delta}{\delta_T}=Pr^{1/3}$ | $\dfrac{\delta}{\delta_C}=Sc^{1/3}$ | （5-207） |
| $\left.\dfrac{\partial T^*}{\partial\eta}\right\vert_{\eta=0}=0.332Pr^{1/3}$ | $\left.\dfrac{\partial C_A^*}{\partial\eta}\right\vert_{\eta=0}=0.332Sc^{1/3}$ | （5-208） |
| $\left.\dfrac{\partial T^*}{\partial y}\right\vert_{\eta=0}=0.332\dfrac{1}{x}Re_x^{1/2}Pr^{1/3}$ | $\left.\dfrac{\partial C_A^*}{\partial y}\right\vert_{\eta=0}=0.332\dfrac{1}{x}Re_x^{1/2}Sc^{1/3}$ | （5-209） |
| $h_x=0.332\dfrac{k}{x}Re^{1/2}Pr^{1/3}$ | $k_{Cx}^0=0.332\dfrac{D_{AB}}{x}Re^{1/2}Sc^{1/3}$ | （5-210） |
| $Nu_x=0.332Re^{1/2}Pr^{1/3}$ | $Sh_x=0.332Re^{1/2}Sc^{1/3}$ | （5-211） |
| $h_m=0.664\dfrac{k}{L}Re_L^{1/2}Pr^{1/3}$ | $k_{Cm}^0=0.664\dfrac{D_{AB}}{L}Re_L^{1/2}Sc^{1/3}$ | （5-212） |
| $Nu_m=0.664Re_L^{1/2}Pr^{1/3}$ | $Sh_m=0.664Re_L^{1/2}Sc^{1/3}$ | （5-213） |

式中，$Sh_x=k_{Cx}^0x/D_{AB}$，称为施伍德数。需要注意的是，上述传质的解适用于 $Sc>0.6$、平板壁面上传质速率很低的层流流动边界层内的对流传质系数计算。

**【例 5-7】** 有一股常压下、45℃的空气在一块厚度为 10mm、长度为 0.2m 的萘板上平行流过。空气速度为 $10m\cdot s^{-1}$。试求：

（1）空气离开萘板时浓度边界层厚度；

（2）萘板与空气间的平均对流传质系数；

（3）经过 1h 后萘板厚度减少的百分率。

在 45℃时，萘在空气中的扩散系数为 $6.87\times10^{-6}m^2\cdot s^{-1}$。萘在 45℃时的蒸气压为 74Pa。固体萘的密度为 $1152kg\cdot m^{-3}$。临界雷诺数取 $3\times10^5$。

**解** （1）空气离开萘板时浓度边界层厚度 查 45℃时空气的物性数据为：密度为 $1.111kg\cdot m^{-3}$，黏度为 $1.935\times10^{-5}Pa\cdot s$，则

$$Sc=\frac{\mu}{\rho D_{AB}}=\frac{1.935\times10^{-5}}{1.111\times6.87\times10^{-6}}=2.535$$

① 计算临界长度　由于 $Re_{x_c}=\dfrac{x_c u_0\rho}{\mu}=3\times10^5$，所以，$x_c=\dfrac{1.935\times10^{-5}}{10\times1.111}\times3\times10^5=0.52\,\text{m}$。临界长度大于板长，故板上边界层处于层流范围内。

② 求 0.2m 处速度边界层厚度　空气离开板时，即在 0.2m 处速度边界层厚度由式（5-147）求取

$$\delta=5.0\sqrt{\frac{\mu x}{\rho u_0}}=5.0\times\sqrt{\frac{1.935\times10^{-5}\times0.2}{1.111\times10}}=2.95\,\text{mm}$$

③ 求 0.2m 处浓度边界层厚度　空气离开板时，即在 0.2m 处浓度边界层厚度由式（5-207）求取

$$\delta_C=\delta Sc^{-1/3}=2.95\times2.535^{-1/3}=2.16\,\text{mm}$$

（2）萘板与空气间的平均对流传质系数　由于萘的蒸气压很低，扩散系数也很小，所以可认为 $u_{ys}\approx0$。故对流传质系数可由式（5-212）计算而得

$$k_{\text{Cm}}^0=k_{\text{Cm}}=0.664\frac{D_{\text{AB}}}{L}Re_{\text{L}}^{1/2}Sc^{1/3}$$

$$=0.664\times\frac{6.87\times10^{-6}}{0.2}\times\left(\frac{0.2\times10\times1.111}{1.935\times10^{-5}}\right)^{1/2}\times2.535^{1/3}=0.0105\,\text{m}\cdot\text{s}^{-1}$$

（3）经过 1h 后萘板厚度减少的百分率　萘的传质通量可用下式计算

$$N_{\text{A}}=k_{\text{Cm}}\left(C_{\text{As}}-C_{\text{A0}}\right)$$

式中，$C_{\text{A0}}$ 为边界层外缘萘的浓度，按浓度边界层的定义，此处萘的浓度为零，即 $C_{\text{A0}}=0$；$C_{\text{As}}$ 为表面处气相中萘的饱和浓度，在低压情况下，可用下式计算

$$y_{\text{A}}=\frac{C_{\text{As}}}{C}=\frac{p_{\text{As}}}{p}$$

式中，$C$ 为表面处气相总浓度，由于萘的蒸气压很低，所以 $C$ 也可近似为空气的摩尔浓度；$p_{\text{As}}$ 为表面处气相中萘的蒸气压；$p$ 为气相总压。

低压空气可按理想气体处理，即 $C=\dfrac{p}{RT}$，故，

$$C_{\text{As}}=\frac{p_{\text{As}}}{p}C=\frac{p_{\text{As}}}{RT}=\frac{74}{8314\times\left(273+45\right)}=2.8\times10^{-5}\,\text{kmol}\cdot\text{m}^{-3}$$

于是可得传质通量

$$N_{\text{A}}=k_{\text{Cm}}\left(C_{\text{As}}-C_{\text{A0}}\right)=0.0105\times\left(2.8\times10^{-5}-0\right)=2.94\times10^{-7}\,\text{kmol}\cdot\text{m}^{-2}\cdot\text{s}^{-1}$$

设萘板表面积为 $A$，萘板由于扩散而减小的厚度为 $b$，固体萘的密度为$\rho_{\text{s}}$，萘的摩尔质量为 $M_{\text{A}}$，根据质量衡算可得

$$Ab\rho_{\text{s}}=N_{\text{A}}M_{\text{A}}At$$

所以　$$b=\frac{N_{\text{A}}M_{\text{A}}t}{\rho_{\text{s}}}=\frac{2.94\times10^{-7}\times128\times3600}{1152}=1.18\times10^{-4}\,\text{m}\text{（或 0.118mm）}$$

故萘板厚度减少的百分数为(0.118/10)×100%=1.18%。

### （二）管道进口段的传质

流体进入管道进行传质时，速度边界层和浓度边界层也处于逐步发展阶段，浓度边界层处

于发展段的管长称为传质进口段长度 $L_D$，其值由下式估算

$$\frac{L_D}{d}=0.05Re_d Sc \tag{5-214}$$

考虑到传质进口段的影响，管内层流传质时的平均或局部施伍德数也可用下式计算

$$Sh=Sh_\infty+\frac{k_1\left(\dfrac{d}{L}ReSc\right)}{1+k_2\left(\dfrac{d}{L}ReSc\right)^n} \tag{5-215}$$

式中，$Sh_\infty$为流动和传质边界层充分发展后的施伍德数；$L$ 为传质管长度；$k_1$，$k_2$ 和 $n$ 均为常数，其值查表 5-4。

**表 5-4 式（5-215）中的各常数值**

| 边界条件 | 速度侧形 | $Sc$ | Sc | $Sc_\infty$ | $k_1$ | $k_2$ | $n$ |
|---|---|---|---|---|---|---|---|
| 恒壁传质通量 | 抛物线 | 任意 | 局部 | 4.36 | 0.023 | 0.0012 | 1.0 |
| | 正在发展 | 0.7 | | | 0.036 | 0.0011 | |
| 恒壁浓度 | 抛物线 | 任意 | 平均 | 3.66 | 0.0668 | 0.040 | 2/3 |
| | 正在发展 | 0.7 | | | 0.1040 | 0.016 | 0.8 |

在进行管内层流传质计算时，所用到的物性数据，一般近似取进出口浓度的算术平均值作为定性浓度

$$C_{Ab}=\frac{1}{2}\left(C_{A1}+C_{A2}\right) \tag{5-216}$$

式中，$C_{Ab}$、$C_{A1}$ 和 $C_{A2}$ 分别为定性浓度、流体进口浓度和出口浓度。

**【例 5-8】** 常压、25℃的空气以 $0.4\text{m}\cdot\text{s}^{-1}$ 的速度通过直径为 25mm、长度为 1.5m 的嫁接光滑管道。嫁接管前部分为 1m 长的光滑金属管，后部分为 0.5m 长的光滑固体萘管。试求：出口气体中萘的浓度和全萘管段的传质速率。

已知常压、25℃下萘在空气中的扩散系数为 $6.13\times10^{-6}\text{m}^2\cdot\text{s}^{-1}$。萘在 25℃时的蒸气压为 13.1Pa。固体萘的密度为 $1160\text{kg}\cdot\text{m}^{-3}$。

**解** 查取常压、25℃空气的物性：密度 $1.186\text{kg}\cdot\text{m}^{-3}$，黏度 $1.835\times10^{-5}\text{Pa}\cdot\text{s}$，故

$$Sc=\frac{\mu}{\rho D_{AB}}=\frac{1.835\times10^{-5}}{1.186\times6.13\times10^{-6}}=2.52$$

管内流动雷诺数

$$Re=\frac{du_b\rho}{\mu}=\frac{0.025\times0.4\times1.186}{1.835\times10^{-5}}=646$$

可见流动为层流，流动进口段长度由式（5-113）计算，为

$$L_e=0.05Red=0.05\times646\times0.025=0.81\text{m}$$

由计算所得进口段长度，可知空气进入萘管段时速度边界层已达到充分发展。又萘管表面处萘的蒸气压恒定，所以可用式（5-215）计算进口段的对流传质系数

$$Sh_m=3.66+\frac{0.0668\times\left(\dfrac{0.025}{0.5}\times646\times2.52\right)}{1+0.04\times\left(\dfrac{0.025}{0.5}\times646\times2.52\right)^{2/3}}=6.76$$

所以，得 $$k_{\mathrm{Cm}}^{0}=\frac{Sh_{\mathrm{m}}D_{\mathrm{AB}}}{d}=\frac{6.76\times 6.13\times 10^{-6}}{0.025}=1.66\times 10^{-3}\ \mathrm{m\cdot s^{-1}}$$

由于萘在空气中的浓度很低，可以忽略传质方向上的总体流动对传质的影响，故

$$k_{\mathrm{Cm}}=k_{\mathrm{Cm}}^{0}=1.66\times 10^{-3}\ \mathrm{m\cdot s^{-1}}$$

萘出口时的浓度 $C_{A2}$ 计算如下。

如图 5-23 所示，空气通过 dx 萘管长度的传质速率为

$$\mathrm{d}m_{\mathrm{A}}=\pi d(\mathrm{d}x)k_{\mathrm{Cm}}(C_{\mathrm{As}}-C_{\mathrm{A}})$$

再对组分 A 进行质量衡算，得

$$\mathrm{d}m_{\mathrm{A}}=\frac{\pi}{4}d^{2}u_{\mathrm{b}}\mathrm{d}C_{\mathrm{A}}$$

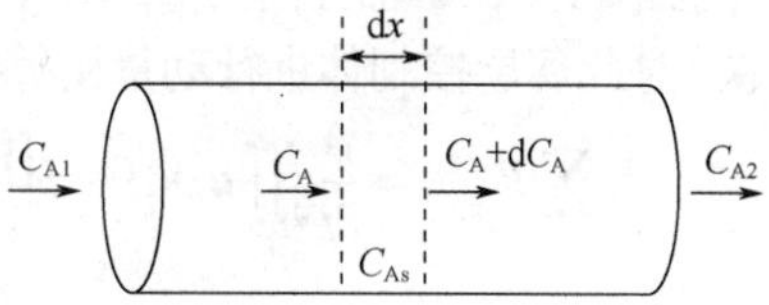

dx
$C_{A1}$ $C_A$ $C_A+dC_A$ $C_{A2}$
$C_{As}$

图 5-23　例 5-8 附图

令上述两式相等，得

$$\mathrm{d}m_{\mathrm{A}}=\pi d(\mathrm{d}x)k_{\mathrm{Cm}}(C_{\mathrm{As}}-C_{\mathrm{A}})=\frac{\pi}{4}d^{2}u_{\mathrm{b}}\mathrm{d}C_{\mathrm{A}}$$

整理，分离变量积分， $$\frac{4k_{\mathrm{Cm}}}{du_{\mathrm{b}}}\int_{0}^{L}\mathrm{d}x=\int_{C_{\mathrm{A1}}}^{C_{\mathrm{A2}}}\frac{\mathrm{d}C_{\mathrm{A}}}{C_{\mathrm{As}}-C_{\mathrm{A}}}$$

得 $$\frac{4k_{\mathrm{Cm}}}{du_{\mathrm{b}}}L=\ln(C_{\mathrm{As}}-C_{\mathrm{A1}})-\ln(C_{\mathrm{As}}-C_{\mathrm{A2}})$$

式中，$C_{A1}=0$，$C_{\mathrm{As}}=\dfrac{p_{\mathrm{As}}}{RT}=\dfrac{13.1}{8314\times(273+25)}=5.29\times 10^{-6}\ \mathrm{kmol\cdot m^{-3}}$。

代入相关数值

$$\frac{4\times 1.66\times 10^{-3}}{0.025\times 0.4}\times 0.5=\ln(5.29\times 10^{-6}-0)-\ln(5.29\times 10^{-6}-C_{\mathrm{A2}})$$

解得 $C_{A2}=1.49\times 10^{-6}\mathrm{kmol\cdot m^{-3}}$。

全萘管的传质速率，可根据全管的物料衡算而得

$$m_{\mathrm{A}}=\frac{\pi}{4}d^{2}u_{\mathrm{b}}(C_{\mathrm{A2}}-C_{\mathrm{A1}})=\frac{\pi}{4}\times 0.025^{2}\times 0.4\times(1.49\times 10^{-6}-0)=2.93\times 10^{-10}\ \mathrm{kmol\cdot s^{-1}}$$

# 第三节　边界层积分方程

在第二节中，通过边界层的特点对纳维-斯托克斯方程进行简化得到了普朗特边界层方程，即速度边界层方程。利用类似的方法，得到温度边界层方程和浓度边界层方程。虽然普朗特边界层方程比纳维-斯托克斯方程简单，但仍为非线性的，只有在少数几种简单的流动情形下，如平板、楔形物等表面上流动时，才能获得精确解。工程中遇到的实际情况大多是很复杂的，所以直接求解普朗特边界层方程仍是相当困难。为此人们发展了多种近似的解决方法，本节介绍一种计算量较小、工程上被广泛采用的边界层积分方程法。这种方法是卡门（Karman）于 1921 年首先提出，而后由波尔豪森（Pohlhausen）具体加以实现。

本节具体介绍这种方法在速度边界层、温度边界层和浓度边界层中的应用。

## 一、速度边界层动量积分方程

速度边界层动量积分方程可以从普朗特边界层方程（5-128）对 $y$ 积分导出，也可以对微元控制体通过动量衡算得到。为便于理解动量积分方程的物理意义，本节采用后一种方法推导。

### （一）速度边界层动量积分方程推导

考察不可压缩流体的二维定常态流动，如图 5-24 所示，在壁面上形成边界层的情形。取一个薄层控制体，在 $z$ 轴方向为一个单位长度，在 $x$ 轴方向为 d$x$，在 $y$ 轴方向为 $\delta$。对此薄层控制体进行动量衡算

$$\sum \boldsymbol{F}_{系统} = \frac{\partial}{\partial t}\iiint_{CV} \boldsymbol{u}\rho \mathrm{d}V + \oint\!\!\oint_{CS} \boldsymbol{u}\rho \boldsymbol{u}\cdot \mathrm{d}\boldsymbol{A} \tag{5-217}$$

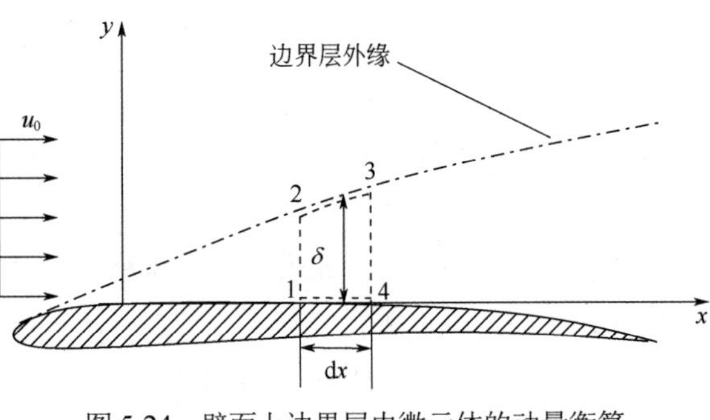


图 5-24 壁面上边界层内微元体的动量衡算

上式 $x$ 方向分量式

$$F_x = F_{Bx} + F_{Sx} = \frac{\partial}{\partial t}\iiint_{CV} u_x\rho \mathrm{d}V + \oint\!\!\oint_{CS} u_x\rho \boldsymbol{u}\cdot \mathrm{d}\boldsymbol{A} \tag{5-218}$$

根据问题的特性，上式中各项可计算如下。

体积力 $F_{Bx}$ 为薄层流体重力在 $x$ 方向的分量

$$F_{Bx}=0 \tag{5-219}$$

表面力 $F_{Sx}$ 包括薄层控制体左边 1-2 面和右边 3-4 面上流体的压力以及 1-4 面上固体壁面对流体的剪应力，三者之和为

$$F_{Sx} = \delta\times 1p - \delta\times 1\left(p + \frac{\partial p}{\partial x}\mathrm{d}x\right) - \tau_w \times 1\mathrm{d}x = -\delta\frac{\partial p}{\partial x}\mathrm{d}x - \tau_w \mathrm{d}x \tag{5-220}$$

由于做定常态流动，薄层控制体内动量不变，所以

$$\frac{\partial}{\partial t}\iiint_{CV} u_x\rho \mathrm{d}V = 0 \tag{5-221}$$

该薄层体的六个控制面上，在 1-2、2-3 及 3-4 面上有流体进出，前、后及底面没有流体进出，所以

$$\oint\!\!\oint_{CS} u_x\rho\boldsymbol{u}\cdot \mathrm{d}\boldsymbol{A} = \iint_{1\text{-}2} u_x\rho\boldsymbol{u}\cdot \mathrm{d}\boldsymbol{A} + \iint_{2\text{-}3} u_x\rho\boldsymbol{u}\cdot \mathrm{d}\boldsymbol{A} + \iint_{3\text{-}4} u_x\rho\boldsymbol{u}\cdot \mathrm{d}\boldsymbol{A} \tag{5-222}$$

下面讨论式（5-222）中各项的计算。

（1）1-2 面　流体以对流方式通过 1-2 面向薄层控制体输入质量和动量。输入的质量流率和动量流率计算如下：在沿壁面的法线方向距离 $y$ 处取微元高度 d$y$，则通过微元截面积（1×d$y$）的质量流率和动量流率分别为$\rho u_x$d$y$ 和 $u_x\rho u_x$d$y$。因此，利用面积分通过 1-2 面的质量流率和动量流率分别为

$$m_{1\text{-}2} = -\int_0^{\delta} \rho u_x \mathrm{d}y \tag{5-223}$$

$$\iint_{1\text{-}2} u_x\rho\boldsymbol{u}\cdot \mathrm{d}\boldsymbol{A} = -\int_0^{\delta} \rho u_x^2 \mathrm{d}y \tag{5-224}$$

式（5-223）和式（5-224）前加负号，是因为速度的方向与 1-2 面的外法线方向相反。

（2）3-4 面　流体以对流方式通过 3-4 面从薄层控制体输出质量和动量。同（1）得

$$m_{3\text{-}4} = \int_0^{\delta} \rho u_x \mathrm{d}y + \frac{\partial}{\partial x}\left(\int_0^{\delta} \rho u_x \mathrm{d}y\right)\mathrm{d}x \tag{5-225}$$

$$\iint_{3\text{-}4} u_x\rho\boldsymbol{u}\cdot \mathrm{d}\boldsymbol{A} = \int_0^{\delta} \rho u_x^2 \mathrm{d}y + \frac{\partial}{\partial x}\left(\int_0^{\delta} \rho u_x^2 \mathrm{d}y\right)\mathrm{d}x \tag{5-226}$$

（3）2-3 面　对薄层控制体进行质量衡算，则可得通过 2-3 面流出控制体的质量流率为

$$m_{2\text{-}3}=-\left(m_{1\text{-}2}+m_{3\text{-}4}\right)=-\frac{\partial}{\partial x}\left(\int_0^\delta \rho u_x \mathrm{d}y\right)\mathrm{d}x \tag{5-227}$$

由于 2-3 面处于边界层外缘，流体的 $x$ 方向速度仍为 $u_0$，故通过 2-3 面流出控制体的动量流率为

$$\iint_{2\text{-}3} u_x \rho \boldsymbol{u}\cdot \mathrm{d}\boldsymbol{A}=m_{2\text{-}3}u_0=-u_0\frac{\partial}{\partial x}\left(\int_0^\delta \rho u_x \mathrm{d}y\right)\mathrm{d}x \tag{5-228}$$

将式（5-224）、式（5-226）及式（5-228）代入式（5-222），得

$$\oiint_{CS} u_x \rho \boldsymbol{u}\cdot \mathrm{d}\boldsymbol{A}=-u_0\frac{\partial}{\partial x}\left(\int_0^\delta \rho u_x \mathrm{d}y\right)\mathrm{d}x+\frac{\partial}{\partial x}\left(\int_0^\delta \rho u_x^2 \mathrm{d}y\right)\mathrm{d}x \tag{5-229}$$

最后将式（5-219）、式（5-220）、式（5-221）及式（5-229）代入式（5-218），整理得

$$\rho\frac{\partial}{\partial x}\left(\int_0^\delta \left(u_0-u_x\right)u_x \mathrm{d}y\right)=\delta\frac{\partial p}{\partial x}+\tau_{\mathrm{w}} \tag{5-230}$$

由于推导过程中假设流体仅沿 $x$ 方向做一维流动，故式（5-230）可写成常微分方程形式

$$\rho\frac{\mathrm{d}}{\mathrm{d}x}\left(\int_0^\delta \left(u_0-u_x\right)u_x \mathrm{d}y\right)=\delta\frac{\mathrm{d}p}{\mathrm{d}x}+\tau_{\mathrm{w}} \tag{5-231}$$

式（5-231）称为卡门边界层动量积分方程。此式用于层流边界层或湍流边界层。

对于不可压缩流体沿平板壁面的二维定常态流动形成边界层的情形，当外流区的速度 $u_0$ 为常数时，由式（5-131）可知 $\mathrm{d}p/\mathrm{d}x=0$，则式（5-231）简化为

$$\rho\frac{\mathrm{d}}{\mathrm{d}x}\left(\int_0^\delta \left(u_0-u_x\right)u_x \mathrm{d}y\right)=\tau_{\mathrm{w}} \tag{5-232}$$

用式（5-231）或式（5-232）解决实际问题时，需要预先假定边界层内的速度分布，代入式（5-231）或式（5-232）中求解，然后将所得结果与实验数据比较。如果二者吻合良好，说明所假定的速度分布正确。因此这种方法所得的结果是近似的，称为近似解。

### （二）平板壁面上层流边界层的近似解

现以不可压缩流体在平板壁面上的定常态层流边界层为例，介绍边界层动量积分方程的近似解法。

#### 1. 假设边界层内的速度分布

第一步，首先假设边界层内的速度分布。经观察，流体在平板壁面上形成的层流边界层，其速度侧形类似于抛物线形状。因此，速度分布可以假设具有正弦函数型或幂函数型，即

$$u_x=u_0\sin\left(\frac{\pi}{2}\frac{y}{\delta}\right) \tag{5-233}$$

$$u_x=a+by+cy^2+dy^3 \tag{5-234}$$

相比这两类函数，式（5-234）运算简捷，但精度不太高，而式（5-233）与之相反。

现以式（5-234）为例，讨论其求解步骤如下：

利用边界条件确定式（5-234）中的待定系数：$a$、$b$、$c$、$d$。由于有 4 个待定系数，故需要 4 个边界层内的边界条件，分述如下。

（1）在 $y$=0 处，由于流体的黏附性，$u_x$=0，于是由式（5-234）得知 $a$=0。

（2）在 $y$=0 处，由于 $u_x$=0，$u_y$=0，代入普朗特边界层方程式（5-128），同时注意到 $\mathrm{d}p/\mathrm{d}x$=0，则得

$$\frac{\partial^2 u_x}{\partial y^2}=0 \tag{5-235}$$

将式（5-234）代入式（5-235）进行微分运算，并令$y$=0，则

$$\left.\frac{\partial^2 u_x}{\partial y^2}\right|_{y=0}=2c=0 \tag{5-236}$$

于是得$c$=0。故，式（5-234）可简写为

$$u_x=by+dy^3 \tag{5-237}$$

（3）在$y=\delta$处，$u_x=u_0$。代入式（5-237）得

$$u_0=b\delta+d\delta^3 \tag{5-238}$$

（4）在$y=\delta$处，$y$方向的速度梯度为零，即

$$\left.\frac{\partial u_x}{\partial y}\right|_{y=\delta}=b+3d\delta^2=0 \tag{5-239}$$

联立式（5-238）和式（5-239），求解得

$$b=\frac{3}{2}\frac{u_0}{\delta},\quad d=-\frac{1}{2}\frac{u_0}{\delta^3} \tag{5-240}$$

将式（5-240）代入式（5-237），整理得层流边界层内近似的速度分布为

$$\frac{u_x}{u_0}=\frac{3}{2}\frac{y}{\delta}-\frac{1}{2}\left(\frac{y}{\delta}\right)^3 \tag{5-241}$$

**2. 边界层动量积分方程的近似解**

将式（5-241）代入式（5-232）进行积分运算

$$\rho\frac{\mathrm{d}}{\mathrm{d}x}\left(\int_0^\delta (u_0-u_x)u_x\mathrm{d}y\right)=\rho\frac{\mathrm{d}}{\mathrm{d}x}\left[\int_0^\delta u_0^2\left(\frac{u_x}{u_0}\right)\left(1-\frac{u_x}{u_0}\right)\mathrm{d}y\right]$$

$$=\rho\frac{\mathrm{d}}{\mathrm{d}x}\left[\int_0^\delta u_0^2\left(\frac{3}{2}\frac{y}{\delta}-\frac{1}{2}\left(\frac{y}{\delta}\right)^3\right)\left(1-\frac{3}{2}\frac{y}{\delta}+\frac{1}{2}\left(\frac{y}{\delta}\right)^3\right)\mathrm{d}y\right]=\tau_{\mathrm{w}x}$$

由于壁应力随$x$变化，所以将式（5-232）中的$\tau_{\mathrm{w}}$改写成$\tau_{\mathrm{w}x}$。积分上式，整理得

$$\frac{39}{280}\rho u_0^2\frac{\mathrm{d}\delta}{\mathrm{d}x}=\tau_{\mathrm{w}x} \tag{5-242}$$

又在壁面上，根据牛顿黏性定律有

$$\tau_{\mathrm{w}x}=\mu\left.\frac{\mathrm{d}u_x}{\mathrm{d}y}\right|_{y=0}=\frac{3}{2}\frac{\mu u_0}{\delta} \tag{5-243}$$

由式（5-242）和式（5-243），得

$$\delta\mathrm{d}\delta=\frac{140}{13}\frac{\mu}{\rho u_0}\mathrm{d}x \tag{5-244}$$

式（5-244）的边界条件为$x$=0，$\delta$=0。积分式（5-244），整理得边界层厚度随$x$的关系

$$\delta=4.64xRe_x^{-1/2} \tag{5-245}$$

式（5-245）以无量纲形式表示为

$$\frac{\delta}{x}=4.64Re_x^{-1/2} \tag{5-246}$$

式中，$Re_x=xu_0\rho/\mu$。

将式（5-246）代入式（5-243），可得壁面剪应力

$$\tau_{wx}=\frac{3}{2}\frac{\mu u_0}{\delta}=0.323\rho u_0^2 Re_x^{-1/2} \tag{5-247}$$

距平板前缘 $x$ 处的局部摩擦曳力系数为

$$C_{Dx}=\frac{2\tau_{wx}}{\rho u_0^2}=0.646Re_x^{-1/2} \tag{5-248}$$

设板长为 $L$、宽为 $W$，则流体对板面上的曳力则为

$$F_D=W\int_0^L \tau_{wx}\mathrm{d}x=0.323W\mu u_0\sqrt{\frac{\rho u_0}{\mu}}\int_0^L\frac{\mathrm{d}x}{\sqrt{x}}=0.646Wu_0\sqrt{\rho\mu L u_0} \tag{5-249}$$

于是，板上的平均曳力系数为

$$C_D=\frac{2F_D}{\rho u_0^2 WL}=1.292Re_L^{-1/2} \tag{5-250}$$

式中，$Re_L=Lu_0\rho/\mu$。

现把第二节所得的普朗特边界层方程及 Blasius 解和本节的冯・卡门边界层动量积分方程及其解列于表 5-5 中。

**表 5-5　平壁层流边界层方程的解**

| 物理量名称 | 普朗特边界层方程及 Blasius 解 | 冯・卡门边界层动量积分方程及解 |
|---|---|---|
| $\delta$ | $5.0xRe_x^{-1/2}$ | $4.64xRe_x^{-1/2}$ |
| $\tau_{wx}$ | $0.332\rho u_0^2 Re_x^{-1/2}$ | $0.323\rho u_0^2 Re_x^{-1/2}$ |
| $F_D$ | $0.664Wu_0\sqrt{\rho\mu L u_0}$ | $0.646Wu_0\sqrt{\rho\mu L u_0}$ |
| $C_D$ | $1.328Re_L^{-1/2}$ | $1.292Re_L^{-1/2}$ |

比较表 5-5 中各项可见，由冯・卡门边界层动量积分方程所得的近似解，与由普朗特边界层方程得出的精确解非常接近，它们都与实验数据吻合得很好。这里需要指出的是，在应用上列各式进行计算时，流体所处的位置应当距离平板前缘足够远，即 $L$（或 $x$）$\gg\delta$。

**【例 5-9】** 常压下 20℃的空气以 $5\mathrm{m\cdot s^{-1}}$ 的速度流过一块宽 2m 的光滑平板。试求距离平板前缘 1.0m 处的边界层厚度以及这段平板壁面的曳力系数和承受的摩擦曳力。临界雷诺数取 $5\times10^5$。

**解**　查取常压下 20℃空气的物性数据：密度 1.205 $\mathrm{kg\cdot m^{-3}}$，黏度 $1.81\times10^{-5}\mathrm{Pa\cdot s}$。计算距离边界层前缘 1.0m 处的雷诺数

$$Re_L=\frac{Lu_0\rho}{\mu}=\frac{1.0\times5\times1.205}{1.81\times10^{-5}}=3.33\times10^5<5\times10^5$$

故从平板前缘开始至距离平板前缘 1.0m 范围内为层流边界层。

（1）距离平板前缘 1.0m 处边界层厚度。由式（5-245）计算边界层厚度

$$\delta=4.64xRe_x^{-1/2}=4.64\times1.0\times\left(3.33\times10^5\right)^{-1/2}=0.00804\,\mathrm{m}\text{（或 8.04mm）}$$

（2）曳力系数。曳力系数由式（5-250）计算可得

$$C_D=1.292Re_L^{-1/2}=1.292\times\left(3.33\times10^5\right)^{-1/2}=0.00224$$

（3）宽 2m、长 1m 平板受到的摩擦曳力。由式（5-249）计算摩擦曳力

$$F_D = 0.646 W u_0 \sqrt{\rho \mu L u_0} = 0.646 \times 2 \times 5 \times \sqrt{1.205 \times 1.81 \times 10^{-5} \times 1 \times 5} = 0.067 \text{ N}$$

## 二、温度边界层能量积分方程

本章第二节讨论了平板壁面上层流流动时对流传热的精确解。但求解过程烦琐，而且结果仅适用于光滑平壁的层流边界层。现类似于边界层动量积分方程，通过温度边界层中的能量衡算推导得出边界层能量积分方程。所得的方程既可用于求取层流边界层的近似解，又可用于求取湍流边界层的近似解。

### （一）温度边界层能量积分方程推导

考察与壁面温度不同的不可压缩流体沿壁面做二维定常态流动形成温度边界层的情形，如图 5-25 所示。设流体内无内热源，流动散逸热速率忽略不计，物性为常数。取一个薄层控制体，在 $z$ 轴方向为一个单位长度，在 $x$ 轴方向为 $\mathrm{d}x$，在 $y$ 轴方向为 $l$，而且 $l>\delta$，$l>\delta_T$。流动和传热达到稳定时，对此薄层控制体进行热量衡算

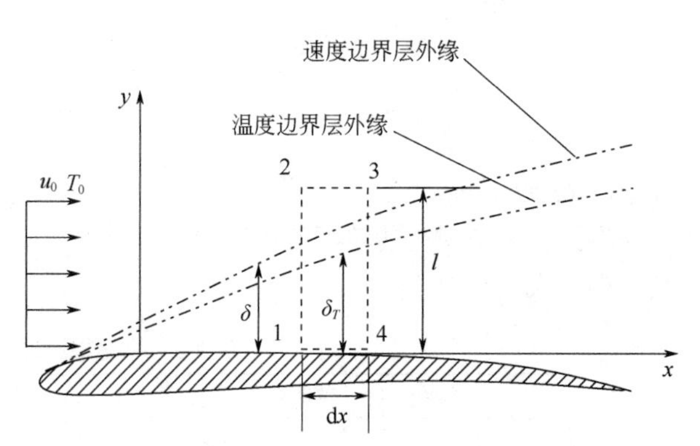

图 5-25 壁面上边界层内微元体的热量衡算

$$\begin{pmatrix}\text{输入薄层控制}\\ \text{体的热量速率}\end{pmatrix} = \begin{pmatrix}\text{输出薄层控制}\\ \text{体的热量速率}\end{pmatrix} \quad (5\text{-}251)$$

式（5-251）中的输入热量速率和输出热量速率计算如下。

（1）通过 1-2 面进入薄层控制体的热量流率为

$$Q_{1\text{-}2} = \int_0^l \rho u_x c_p T \mathrm{d}y = \rho c_p \int_0^l u_x T \mathrm{d}y \quad (5\text{-}252)$$

（2）通过 3-4 面流出薄层控制体的热量流率为

$$Q_{3\text{-}4} = \rho c_p \int_0^l u_x T \mathrm{d}y + \rho c_p \frac{\partial}{\partial x}\left(\int_0^l u_x T \mathrm{d}y\right)\mathrm{d}x \quad (5\text{-}253)$$

（3）对薄层控制体进行质量衡算，类似于式（5-227），可得通过 2-3 面流出薄层控制体的质量流率为

$$m_{2\text{-}3} = -\rho \frac{\partial}{\partial x}\left(\int_0^l u_x \mathrm{d}y\right)\mathrm{d}x \quad (5\text{-}254)$$

由于 2-3 面处于外流区，流体的温度为 $T_0$，故通过 2-3 面流出薄层控制体的热量流率为

$$Q_{2\text{-}3} = -\rho c_p T_0 \frac{\partial}{\partial x}\left(\int_0^l u_x \mathrm{d}y\right)\mathrm{d}x \quad (5\text{-}255)$$

（4）在 1-4 面处，通过导热进入薄层控制体的热量流率为

$$Q_{1\text{-}4} = -k\mathrm{d}x \left.\frac{\mathrm{d}T}{\mathrm{d}y}\right|_{y=0} \quad (5\text{-}256)$$

将式（5-252）、式（5-253）、式（5-255）和式（5-256）代入式（5-251），即

$$Q_{1\text{-}2} + Q_{1\text{-}4} = Q_{3\text{-}4} + Q_{2\text{-}3} \quad (5\text{-}257)$$

由于仅考虑 $x$ 方向的流动，故可以将偏微分改写成常微分，并注意到距离壁面 $\delta_T \sim l$ 的范围内 $T=T_0$，所以积分上限可改写为 $\delta_T$，同时有 $a=k/(\rho c_p)$，于是整理得

$$\frac{\mathrm{d}}{\mathrm{d}x}\int_0^{\delta_T}(T_0-T)u_x\mathrm{d}y=a\left.\frac{\mathrm{d}T}{\mathrm{d}y}\right|_{y=0} \tag{5-258}$$

式（5-258）称为边界层能量积分方程。该式可以用于层流或湍流边界层的计算。

用式（5-258）解决实际问题时，需要预先假定边界层内的速度分布和温度分布，代入式（5-258）中求解，然后将所得结果与实验数据比较。如果二者吻合良好，说明所假定的速度分布和温度分布正确。因此这种方法所得的结果是近似的，称为近似解。

### （二）平板壁面上层流时温度边界层的近似解

现以不可压缩流体在平板壁面上的定常态层流边界层为例，介绍边界层能量积分方程的近似解法。假设壁面温度为 $T_s$，且维持不变。外流区流体速度 $u_0$，温度 $T_0$ 也为常数。物性数据为常数。加热是从距平板前缘一段距离 $x_0$ 开始的，如图 5-15（b）所示。速度边界层由平板前缘开始发展，而温度边界层由距平板前缘 $x_0$ 开始发展，随流体流动而增厚，且假设温度边界层厚度小于速度边界层厚度。

#### 1. 假设边界层内的速度分布和温度分布

第一步，首先假设速度分布和温度分布。边界层内的速度分布可以近似用式（5-241）。温度分布类似于速度分布，也用三次多项式的形式，即

$$T=a+by+cy^2+dy^3 \tag{5-259}$$

式中，四个待定系数 $a$、$b$、$c$ 和 $d$ 由四个边界条件确定，即：① $y=0$，$T=T_s$；② $y=\delta_T$，$T=T_0$；③ $y=\delta_T$，$\partial T/\partial y=0$；④ $y=0$，$\partial^2T/\partial y^2=0$。

根据温度边界层的定义，边界条件①和②显然成立。而边界层内的温度梯度靠近壁面处最大，而后逐渐下降，到边界层外缘处温度基本与外流区流体温度相等，所以在边界层外缘处温度梯度为零，即得边界条件③。对于边界条件④，可以由式（5-162）导出

$$u_x\frac{\partial T}{\partial x}+u_y\frac{\partial T}{\partial y}=a\frac{\partial^2T}{\partial y^2} \tag{5-162}$$

在壁面处，$u_x=0$，$u_y=0$，代入上式可得边界条件④。

分别将边界条件①～④代入式（5-259），可确定待定系数，得

$$a=T_s,\quad b=\frac{3}{2}\frac{T_0-T_s}{\delta_T},\quad c=0,\quad d=-\frac{1}{2}\frac{T_0-T_s}{\delta_T^3} \tag{5-260}$$

将式（5-260）各值代入式（5-259）中，得边界层内的温度分布方程

$$\frac{T-T_s}{T_0-T_s}=\frac{3}{2}\left(\frac{y}{\delta_T}\right)-\frac{1}{2}\left(\frac{y}{\delta_T}\right)^3 \tag{5-261}$$

#### 2. 边界层能量积分方程的近似解

将层流边界层内的近似速度分布式（5-241）和近似温度分布式（5-261）代入边界层能量积分方程式（5-258）进行求解，即可得边界层的近似解。下面详述求解过程。

式（5-258）左边的积分项

$$\begin{aligned}\int_0^l(T_0-T)u_x\mathrm{d}y&=\int_0^{\delta_T}(T_0-T)u_x\mathrm{d}y+\int_{\delta_T}^l(T_0-T)u_x\mathrm{d}y\\&=\int_0^{\delta_T}(T_0-T)u_x\mathrm{d}y+\int_{\delta_T}^l(T_0-T_0)u_x\mathrm{d}y=\int_0^{\delta_T}(T_0-T)u_x\mathrm{d}y\end{aligned} \tag{5-262}$$

将式（5-261）和式（5-241）代入式（5-262）中积分，整理得

$$\int_0^l (T_0 - T) u_x \mathrm{d}y = (T_0 - T_s) u_0 \delta \left[ \frac{3}{20} \left( \frac{\delta_T}{\delta} \right)^2 - \frac{3}{280} \left( \frac{\delta_T}{\delta} \right)^4 \right] \tag{5-263}$$

由于已假设$\delta_T < \delta$，所以有

$$(\delta_T / \delta)^2 \gg (\delta_T / \delta)^4 \tag{5-264}$$

于是式（5-263）右边中括号内第二项可略去。令$\xi = \delta_T / \delta$，式（5-263）简化为

$$\int_0^l (T_0 - T) u_x \mathrm{d}y = \frac{3}{20} (T_0 - T_s) u_0 \delta \xi^2 \tag{5-265}$$

利用温度分布求出壁面处的温度梯度，即

$$\left. \frac{\mathrm{d}T}{\mathrm{d}y} \right|_{y=0} = \frac{3}{2} \frac{T_0 - T_s}{\delta_T} = \frac{3}{2} \frac{T_0 - T_s}{\delta \xi} \tag{5-266}$$

将式（5-265）和式（5-266）代入式（5-258），经微分运算，整理得

$$\frac{1}{10} u_0 \left( 2\delta\xi \frac{\mathrm{d}\xi}{\mathrm{d}x} + \xi^2 \frac{\mathrm{d}\delta}{\mathrm{d}x} \right) = \frac{a}{\delta \xi} \tag{5-267}$$

再将式（5-244）和式（5-245）代入式（5-267）

$$\delta \mathrm{d}\delta = \frac{140}{13} \frac{\mu}{\rho u_0} \mathrm{d}x \tag{5-244}$$

$$\delta = 4.64 x Re_x^{-1/2} = \left( \frac{280}{13} \frac{\mu x}{\rho u_0} \right)^{1/2} \tag{5-245}$$

整理得

$$\frac{14}{13} \frac{\mu}{\rho a} \left( \xi^3 + 4x\xi^2 \frac{\mathrm{d}\xi}{\mathrm{d}x} \right) = 1 \tag{5-268}$$

上式可写成

$$\frac{\mathrm{d}\xi^3}{\dfrac{13}{14Pr} - \xi^3} = \frac{3}{4} \frac{\mathrm{d}x}{x} \tag{5-269}$$

积分上式得

$$\ln\left( \xi^3 - \frac{13}{14Pr} \right) = -\frac{3}{4} \ln x + \ln C \tag{5-270}$$

于是得

$$\xi^3 = \frac{13}{14Pr} + Cx^{-3/4} \tag{5-271}$$

式中，$C$为积分常数，由边界条件确定。已知温度边界层由$x_0$处开始，所以，$x=x_0$，$\delta_T=0$，即$\xi=0$，于是由式（5-271）得

$$C = -\frac{13}{14Pr} x_0^{-3/4} \tag{5-272}$$

将$C$值代入式（5-271）得

$$\xi = \frac{Pr^{-1/3}}{1.026} \left[ 1 - \left( \frac{x_0}{x} \right)^{3/4} \right]^{1/3} \tag{5-273}$$

如加热从平板前缘开始，则

$$\xi = \frac{Pr^{1/3}}{1.026} \tag{5-274}$$

或

$$\frac{\delta}{\delta_T} \approx Pr^{1/3} \tag{5-275}$$

可见上式与精确解式（5-175）是一致的。

需要说明的是，上述推导过程中假设了$\xi=\delta_T/\delta<1$，所以式（5-273）和式（5-274）仅对部分流体适用：

① 对于黏稠流体，如油类流体，$Pr\geqslant1000$，则$\xi=\delta_T/\delta\leqslant0.1$，即温度边界层厚度仅为速度边界层厚度的1/10，所以式（5-273）和式（5-274）完全能适用。

② 对于气体，$Pr<1$，如空气的$Pr$大约0.7，$\xi>1$，所以推导式（5-273）和式（5-274）的假设前提不成立。但气体的$Pr$最小约0.6，由式（5-274）计算得$\xi=1.16$，则式（5-263）中的$\dfrac{3}{20}\left(\dfrac{\delta_T}{\delta}\right)^2=0.2018$，而$\dfrac{3}{280}\left(\dfrac{\delta_T}{\delta}\right)^4=0.0194$，因而$\dfrac{3}{280}\left(\dfrac{\delta_T}{\delta}\right)^4$项也可近似略去。所以对于气体式（5-273）和式（5-274）还是近似适用。

③ 对于$Pr$很小的流体，如液态金属，式（5-273）和式（5-274）不再适用。

**3. 层流温度边界层内的对流传热系数**

平壁上温度边界层内的对流传热系数可由式（5-179）计算，即

$$h_x=\frac{k}{T_0-T_s}\left.\frac{\mathrm{d}T}{\mathrm{d}y}\right|_{y=0} \tag{5-179}$$

对于层流温度边界层，可将式（5-266）代入式（5-179），得

$$h_x=\frac{3}{2}\frac{k}{\delta_T}=\frac{3}{2}\frac{k}{\delta\xi} \tag{5-276}$$

式（5-276）表明，对流传热系数与温度边界层厚度成反比，所以任何减小温度边界层厚度的措施都能强化对流传热。将式（5-245）和式（5-273）代入式（5-276），整理可得

$$h_x=0.332k\frac{Pr^{1/3}}{\left[1-\left(\dfrac{x_0}{x}\right)^{3/4}\right]^{1/3}}\left(\frac{u_0}{\nu x}\right)^{1/2} \tag{5-277}$$

或写成如下形式

$$h_x=0.332\frac{k}{x}Re_x^{1/2}Pr^{1/3}\left[1-\left(\frac{x_0}{x}\right)^{3/4}\right]^{-1/3} \tag{5-278}$$

将对流传热系数组合成努塞尔数，则上式可写成

$$Nu_x=\frac{h_x x}{k}=0.332Re_x^{1/2}Pr^{1/3}\left[1-\left(\frac{x_0}{x}\right)^{3/4}\right]^{-1/3} \tag{5-279}$$

若从平板前缘开始加热，即$x_0=0$，则式（5-278）和式（5-279）可简化为

$$h_x=0.332\frac{k}{x}Re_x^{1/2}Pr^{1/3} \tag{5-280}$$

$$Nu_x=\frac{h_x x}{k}=0.332Re_x^{1/2}Pr^{1/3} \tag{5-281}$$

设板长为$L$，则平均对流传热系数$h_m$为

$$h_m=\frac{1}{L}\int_0^L h_x\mathrm{d}x=0.664\frac{k}{L}Re_L^{1/2}Pr^{1/3} \tag{5-282}$$

平均努塞尔数$Nu_m$为

$$Nu_m=\frac{h_m L}{k}=0.664Re_L^{1/2}Pr^{1/3} \tag{5-283}$$

式中，$Re_L=Lu_0\rho/\mu$。

上述各式中的物性数据采用平均温度下的值

$$T_m=\frac{T_s+T_0}{2} \tag{5-284}$$

比较近似解和精确解的最终结果，可见两者所得的结果是一致的。

**【例 5-10】** 常压下 20℃的空气，以 $15\text{m}\cdot\text{s}^{-1}$ 的速度沿温度 100℃的光滑平板壁面平行流过，试求临界长度处的速度边界层厚度、温度边界层厚度以及对流传热系数。设传热由平板前缘开始，试求临界长度段内单位宽度平板壁面的总传热速率。临界雷诺数取 $5\times10^5$。

**解** 定性温度为膜温，$T_m=(T_s+T_0)/2=(100+20)/2=60$℃。查 60℃下，空气的物性数据：密度 $1.06\text{kg}\cdot\text{m}^{-3}$，黏度 $2.01\times10^{-5}\text{Pa}\cdot\text{s}$，热导率 $0.029\text{W}\cdot\text{m}^{-1}\cdot℃^{-1}$，$Pr=0.698$。

临界长度计算。由于$Re_{x_c}=\frac{x_c u_0\rho}{\mu}=\frac{x_c\times15\times1.06}{2.01\times10^{-5}}=5\times10^5$，所以 $x_c=5\times10^5\times\frac{2.01\times10^{-5}}{15\times1.06}=0.632\text{ m}$。

（1）临界长度处的速度边界层厚度　由式（5-245）计算速度边界层厚度

$$\delta=4.64x_c Re_{x_c}^{-1/2}=4.64\times0.632\times\left(5\times10^5\right)^{-1/2}=0.0041\text{ m}\ （或 4.1\text{mm}）$$

（2）临界长度处的温度边界层厚度　由式（5-275）计算温度边界层厚度

$$\delta_T=\delta Pr^{-1/3}=4.1\times0.698^{-1/3}=4.6\text{ mm}$$

（3）对流传热系数　在临界长度处的局部对流传热系数由式（5-280）计算得

$$h_{x_c}=0.332\frac{k}{x_c}Re_{x_c}^{1/2}Pr^{1/3}=0.332\times\frac{0.029}{0.632}\times\left(5\times10^5\right)^{1/2}\times0.698^{1/3}=9.56\text{ W}\cdot\text{m}^{-2}\cdot\text{s}^{-1}$$

平均对流传热系数为 $h_m=2h_{x_c}=19.12\text{W}\cdot\text{m}^{-2}\cdot\text{s}^{-1}$。

（4）临界长度段内单位宽度平板壁面的总传热速率

$$Q=h_m A\left(T_s-T_0\right)=19.12\times1\times0.632\times(100-20)=966.7\text{ W}$$

## 三、浓度边界层质量积分方程

类似于边界层动量积分方程和边界层能量积分方程，通过浓度边界层中的质量衡算推导得出边界层质量积分方程。所得的方程既可用于求取层流边界层的近似解，又可用于求取湍流边界层的近似解。

### （一）浓度边界层质量积分方程推导

考察与壁面浓度不同的不可压缩流体沿壁面的二维定常态流动形成浓度边界层的情形，如图 5-26 所示。设流体内无化学反应，组分 A 的浓度较小，物性近似为常数。取一个薄层控制体，在 $z$ 轴方向为一个单位长度，在 $x$ 轴方向为 d$x$，在 $y$ 轴方向为 $l$，而且 $l>\delta$, $l>\delta_C$。流动和传质达到稳定时，对此薄层控制体内组分 A 的质量进行衡算，

$$\left(\text{输入组分A的质量速率}\right)=\left(\text{输出组分A的质量速率}\right) \tag{5-285}$$

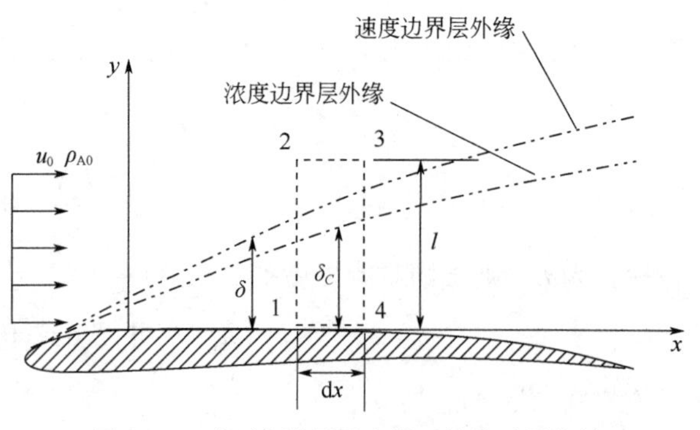


图 5-26　壁面上边界层内微元体的质量衡算

式（5-285）中的输入质量速率和输出质量速率计算如下。

（1）通过 1-2 面进入薄层体的总质量流率为

$$m_{1\text{-}2}=\int_0^l \rho u_x \mathrm{d}y \tag{5-286}$$

式中，$\rho$为流体总密度。

通过 1-2 面进入薄层体组分 A 的质量流率为

$$m_{\mathrm{A}1\text{-}2}=\int_0^l \rho_{\mathrm{A}} u_x \mathrm{d}y \tag{5-287}$$

式中，$\rho_{\mathrm{A}}$为组分 A 的分密度。

（2）通过 3-4 面流出薄层体的总质量流率为

$$m_{3\text{-}4}=\int_0^l \rho u_x \mathrm{d}y+\frac{\partial}{\partial x}\left(\int_0^l \rho u_x \mathrm{d}y\right)\mathrm{d}x \tag{5-288}$$

通过 3-4 面流出薄层控制体组分 A 的质量流率为

$$m_{\mathrm{A}3\text{-}4}=\int_0^l \rho_{\mathrm{A}} u_x \mathrm{d}y+\frac{\partial}{\partial x}\left(\int_0^l \rho_{\mathrm{A}} u_x \mathrm{d}y\right)\mathrm{d}x \tag{5-289}$$

（3）对薄层控制体的总质量进行衡算。假设组分 A 通过壁面 1-4 进入控制体的质量流率与其他几个截面的质量流率相比很小，可以忽略不计，于是类似于式（5-227），可得通过 2-3 面流出薄层控制体的总质量流率为

$$m_{2\text{-}3}=-\rho\frac{\partial}{\partial x}\left(\int_0^l u_x \mathrm{d}y\right)\mathrm{d}x \tag{5-290}$$

由于 2-3 面处于外流区，流体中组分 A 的质量分数为 $a_{\mathrm{A}0}$，故通过 2-3 面流出薄层控制体组分 A 的质量流率为

$$m_{\mathrm{A}2\text{-}3}=a_{\mathrm{A}0}m_{2\text{-}3}=-\rho_{\mathrm{A}0}\frac{\partial}{\partial x}\left(\int_0^l u_x \mathrm{d}y\right)\mathrm{d}x \tag{5-291}$$

（4）在 1-4 面处，设壁面上组分 A 的浓度大于流体中组分 A 的浓度，且扩散速率很小，则 $u_{ys}\approx0$，通过分子扩散进入薄层控制体组分 A 的质量流率为

$$m_{\mathrm{A}1\text{-}4}=-D_{\mathrm{AB}}\mathrm{d}x\left.\frac{\mathrm{d}\rho_{\mathrm{A}}}{\mathrm{d}y}\right|_{y=0} \tag{5-292}$$

将式（5-287）、式（5-289）、式（5-291）和式（5-292）代入式（5-285），即

$$m_{\mathrm{A}1\text{-}2}+m_{\mathrm{A}1\text{-}4}=m_{\mathrm{A}3\text{-}4}+m_{\mathrm{A}2\text{-}3} \tag{5-293}$$

同时，由于仅考虑 $x$ 方向的流动，故将偏微分改写成常微分，于是整理得

$$\frac{\mathrm{d}}{\mathrm{d}x}\int_0^l(\rho_{\mathrm{A}0}-\rho_{\mathrm{A}})u_x\mathrm{d}y=D_{\mathrm{AB}}\left.\frac{\mathrm{d}\rho_{\mathrm{A}}}{\mathrm{d}y}\right|_{y=0} \tag{5-294}$$

由于在离壁面 $\delta_C$～$l$ 的范围内，$\rho_{\mathrm{A}}=\rho_{\mathrm{A}0}$，所以式（5-294）可进一步简化为

$$\frac{\mathrm{d}}{\mathrm{d}x}\int_0^{\delta_C}(\rho_{\mathrm{A}0}-\rho_{\mathrm{A}})u_x\mathrm{d}y=D_{\mathrm{AB}}\left.\frac{\mathrm{d}\rho_{\mathrm{A}}}{\mathrm{d}y}\right|_{y=0} \tag{5-295}$$

将式（5-295）两边除以组分 A 的摩尔质量 $M_{\mathrm{A}}$，则得

$$\frac{\mathrm{d}}{\mathrm{d}x}\int_0^{\delta_C}(C_{\mathrm{A}0}-C_{\mathrm{A}})u_x\mathrm{d}y=D_{\mathrm{AB}}\left.\frac{\mathrm{d}C_{\mathrm{A}}}{\mathrm{d}y}\right|_{y=0} \tag{5-296}$$

式（5-295）及式（5-296）称为边界层质量积分方程。该式可以用于层流或湍流浓度边界层的计算。

用式（5-295）或式（5-296）解决实际问题时，需要预先假定边界层内的速度分布和浓度分布，代入式（5-295）或式（5-296）中求解，然后将所得结果与实验数据比较。如果二者吻合良好，说明所假定的速度分布和浓度分布正确。因此这种方法所得的结果是近似的，称为近似解。

### （二）边界层质量积分方程的近似解

对于流体在平板壁面上进行层流传质的情形，需要得到相应条件下的速度分布和浓度分布，然后代入式（5-296）才能求解。

已知层流边界层内的速度分布可近似用式（5-241）表达

$$\frac{u_x}{u_0}=\frac{3}{2}\frac{y}{\delta}-\frac{1}{2}\left(\frac{y}{\delta}\right)^3 \tag{5-241}$$

现假设层流时浓度边界层内的浓度分布近似为

$$C_{\mathrm{A}}=a+by+cy^2+dy^3 \tag{5-297}$$

式中的待定系数 $a$、$b$、$c$ 和 $d$ 可由下面的边界条件确定：①在 $y$=0 处，$C_{\mathrm{A}}=C_{\mathrm{As}}$；②在 $y=\delta_C$ 处，$C_{\mathrm{A}}=C_{\mathrm{A0}}$；③在 $y=\delta_C$ 处，$\partial C_{\mathrm{A}}/\partial y=0$；④类似温度边界层，在 $y$=0 处，$\partial^2 C_{\mathrm{A}}/\partial y^2=0$。

通过分析，不难看出浓度边界层质量积分方程（5-296）和温度边界层能量积分方程（5-258）的形式和边界条件相似，因此浓度分布方程与温度分布方程也应相似。

由温度分布方程

$$\frac{T-T_{\mathrm{s}}}{T_0-T_{\mathrm{s}}}=\frac{3}{2}\left(\frac{y}{\delta_T}\right)-\frac{1}{2}\left(\frac{y}{\delta_T}\right)^3 \tag{5-261}$$

可以推知，浓度分布方程为

$$\frac{C_{\mathrm{A}}-C_{\mathrm{As}}}{C_{\mathrm{A0}}-C_{\mathrm{As}}}=\frac{3}{2}\left(\frac{y}{\delta_C}\right)-\frac{1}{2}\left(\frac{y}{\delta_C}\right)^3 \tag{5-298}$$

将速度分布方程（5-241）和浓度分布方程（5-298）代入式（5-296），并假设传质由平壁前缘开始，通过积分、求导运算，整理得到传质边界层厚度、对流传质系数等的表达式

$$\frac{\delta}{\delta_C}=\frac{Sc^{1/3}}{1.026} \tag{5-299}$$

$$k_{\mathrm{C}x}^0=0.332\frac{D_{\mathrm{AB}}}{x}Re_x^{1/2}Sc^{1/3} \tag{5-300}$$

将式（5-300）整理成无量纲形式，则

$$Sh_x=\frac{k_{\mathrm{C}x}^0 x}{D_{\mathrm{AB}}}=0.332Re_x^{1/2}Sc^{1/3} \tag{5-301}$$

设板长为 $L$，平均对流传质系数为

$$k_{\mathrm{Cm}}^0=\frac{1}{L}\int_0^L k_{\mathrm{C}x}^0\mathrm{d}x=0.664\frac{D_{\mathrm{AB}}}{L}Re_{\mathrm{L}}^{1/2}Sc^{1/3} \tag{5-302}$$

平均施伍德数 $Sh_{\mathrm{m}}$ 为

$$Sh_{\mathrm{m}}=\frac{k_{\mathrm{Cm}}^0 L}{D_{\mathrm{AB}}}=0.664Re_{\mathrm{L}}^{1/2}Sc^{1/3} \tag{5-303}$$

综上所述，层流边界层内精确解和近似解非常吻合，边界层内的动量、热量和质量传递方程及其边界条件具有类似的形式，因而它们的解也具有类似的形式。

**【例 5-11】** 温度为 26℃的水，以 $0.2\text{m}\cdot\text{s}^{-1}$ 的流速流过长度为 2m 的固体苯甲酸平板，试求：

（1）距平板前缘 0.5m 处的浓度边界层厚度、局部传质系数；

（2）距平板前缘 1.5m 处的浓度边界层厚度、局部传质系数；

（3）单位宽度平板上的溶解速率；

（4）局部传质系数和平均传质系数随板位置的变化关系。

已知 26℃时苯甲酸在水中的扩散系数为 $1.24\times10^{-9}\text{m}^2\cdot\text{s}^{-1}$，饱和溶解度为 $0.0295\text{kmol}\cdot\text{m}^{-3}$。临界雷诺数取 $5\times10^5$。

**解**　查取 26℃水的物性数据：密度 $997\text{kg}\cdot\text{m}^{-3}$，黏度 $8.73\times10^{-4}\text{Pa}\cdot\text{s}$，故

$$Sc=\frac{\mu}{\rho D_{\text{AB}}}=\frac{8.73\times10^{-4}}{997\times1.24\times10^{-9}}=706.2$$

计算临界长度。

由于 $Re_{x_c}=\dfrac{x_c u_0\rho}{\mu}=\dfrac{x_c\times0.2\times997}{8.73\times10^{-4}}=5\times10^5$，所以 $x_c=5\times10^5\times\dfrac{8.73\times10^{-4}}{0.2\times997}=2.19\text{ m}>2\text{m}$。

可见，整块板上边界层都为处于层流边界层内。

（1）距离平板前缘 0.5m 处　速度边界层厚度由式（5-245）计算

$$\delta=4.64x_c Re_{x_c}^{-1/2}=4.64\times0.5\times\left(\frac{0.5\times0.2\times997}{8.73\times10^{-4}}\right)^{-1/2}=0.00687\text{ m（或 6.87mm）}$$

浓度边界层厚度由式（5-299）计算，得

$$\delta_C=1.026\delta Sc^{-1/3}=1.026\times6.87\times706.2^{-1/3}=0.79\text{ mm}$$

由式（5-300），得

$$k_{\text{C}x}^0=0.332\frac{D_{\text{AB}}}{x}Re_x^{1/2}Sc^{1/3}$$

$$=0.332\times\frac{1.24\times10^{-9}}{0.5}\times\left(\frac{0.5\times0.2\times997}{8.73\times10^{-4}}\right)^{1/2}\times706.2^{1/3}=2.48\times10^{-6}\text{ m}\cdot\text{s}^{-1}$$

由于苯甲酸浓度很低，所以

$$k_{\text{C}x}=k_{\text{C}x}^0=2.48\times10^{-6}\text{ m}\cdot\text{s}^{-1}$$

（2）距离平板前缘 1.5m 处　速度边界层厚度由式（5-245）计算

$$\delta=4.64x_c Re_{x_c}^{-1/2}=4.64\times1.5\times\left(\frac{1.5\times0.2\times997}{8.73\times10^{-4}}\right)^{-1/2}=0.0119\text{ m（或 11.9mm）}$$

浓度边界层厚度由式（5-299）计算

$$\delta_C=1.026\delta Sc^{-1/3}=1.026\times11.9\times706.2^{-1/3}=1.37\text{ mm}$$

由式（5-300），得

$$k_{\text{C}x}^0=0.332\frac{D_{\text{AB}}}{x}Re_x^{1/2}Sc^{1/3}$$

$$=0.332\times\frac{1.24\times10^{-9}}{1.5}\times\left(\frac{1.5\times0.2\times997}{8.73\times10^{-4}}\right)^{1/2}\times706.2^{1/3}=1.43\times10^{-6}\text{ m}\cdot\text{s}^{-1}$$

由于苯甲酸浓度很低，所以

$$k_{\text{C}x}=k_{\text{C}x}^0=1.43\times10^{-6}\text{ m}\cdot\text{s}^{-1}$$

可见浓度边界层增厚，而传质系数在减小。

（3）单位宽度板上的传质速率　整块板上的平均传质系数由式（5-302）计算，

$$k_{\mathrm{Cm}}^{0}=0.664\frac{D_{\mathrm{AB}}}{L}Re_{\mathrm{L}}^{1/2}Sc^{1/3}$$
$$=0.664\times\frac{1.24\times10^{-9}}{2}\times\left(\frac{2\times0.2\times997}{8.73\times10^{-4}}\right)^{1/2}\times706.2^{1/3}=2.48\times10^{-6}\ \mathrm{m\cdot s^{-1}}$$

由于苯甲酸浓度很低，所以

$$k_{\mathrm{Cm}}=k_{\mathrm{Cm}}^{0}=2.48\times10^{-6}\ \mathrm{m\cdot s^{-1}}$$

于是宽 1m、长 2m 的板上苯甲酸的溶解速率为

$$m_{\mathrm{A}}=k_{\mathrm{Cm}}A\left(C_{\mathrm{As}}-C_{\mathrm{A0}}\right)=2.48\times10^{-6}\times1\times2\times\left(0.0295-0\right)=1.46\times10^{-7}\ \mathrm{kmol\cdot s^{-1}}$$

（4）局部传质系数随位置的关系

$$k_{\mathrm{C}x}^{0}=0.332\frac{D_{\mathrm{AB}}}{x}Re_{x}^{1/2}Sc^{1/3}=0.332\times\frac{1.24\times10^{-9}}{x}\times\left(\frac{x\times0.2\times997}{8.73\times10^{-4}}\right)^{1/2}\times706.2^{1/3}$$
$$=1.75\times10^{-6}x^{-1/2} \tag{a}$$

平板上 0～$L$ 之间的平均传质系数随位置 $L$ 的关系

$$k_{\mathrm{Cm}}^{0}=0.664\frac{D_{\mathrm{AB}}}{x}Re_{x}^{1/2}Sc^{1/3}=0.664\times\frac{1.24\times10^{-9}}{L}\times\left(\frac{L\times0.2\times997}{8.73\times10^{-4}}\right)^{1/2}\times706.2^{1/3}$$
$$=3.50\times10^{-6}L^{-1/2} \tag{b}$$

## 习 题

**5-1**　20℃水以雷诺数 0.1 的流速流过半径为 0.1mm 的球，试求在流场中 $r$=0.3mm，$\theta$=45° 处的速度，以及球面上的最大切应力（忽略重力）。

**5-2**　直径为 1.5mm、质量为 13.7mg 的钢球在一个盛有油的直管中垂直等速下落，测得在 56s 内下落 500mm，油的密度为 950kg·m$^{-3}$，管子直径及长度足够大，可以忽略端部及壁面效应。求油的黏度，并验算 $Re$。

**5-3**　求直径为 100μm 的球形石英颗粒在 20℃水中和 20℃空气中的沉降速度。设水和空气处于静止状态。已知石英密度为 2600kg·m$^{-3}$；20℃水的密度为 998.2kg·m$^{-3}$，黏度为 1.005×10$^{-3}$Pa·s；20℃空气的密度为 1.205kg·m$^{-3}$，黏度为 1.81×10$^{-5}$Pa·s。

**5-4**　一个高速管式离心机，转鼓内径为 $d_2$=75mm，转鼓转速为 $n$=20000 r·min$^{-1}$，现用于分离常温水中的微小固体颗粒，如附图所示。常温水的密度为 $\rho$=998.2kg·m$^{-3}$，黏度为 1cP。设固体颗粒为球形，其密度为 $\rho_0$=1100kg·m$^{-3}$，颗粒半径为 $R_0$=0.25μm。设转鼓内充满水，忽略端效应，试求：

（1）颗粒受到的离心力、径向压力及两者的合力沿径向的分布。

（2）设颗粒初始处于离轴心 $r_1$=10mm 处，然后沿径向向转鼓壁面运动，计算到壁面需要的时间？

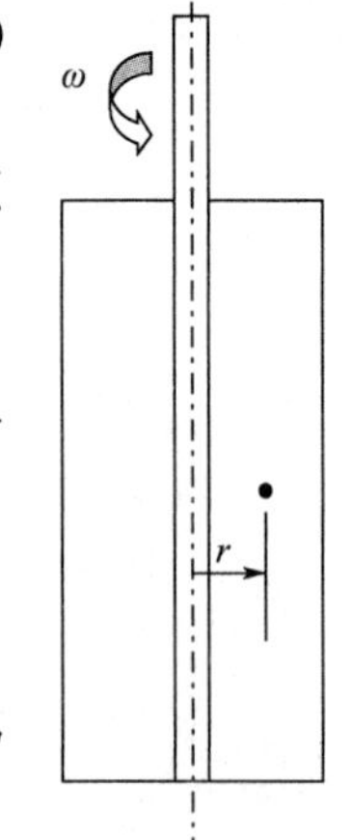

习题 5-4　附图

**5-5**　在习题 5-4 中，其他条件不变，颗粒直径变为 1μm，计算颗粒运动到转鼓壁面的时间。

**5-6**　在习题 5-4 中，颗粒直径为 1μm，把水温加热到 50℃，计算颗粒运动到转鼓壁面的时间。

**5-7**　在习题 5-4 中，颗粒直径为 1μm，温度加热到 50℃。若转鼓高度为 450mm，转鼓中心轴的直径 20mm，求此高速离心机的处理能力为多少？

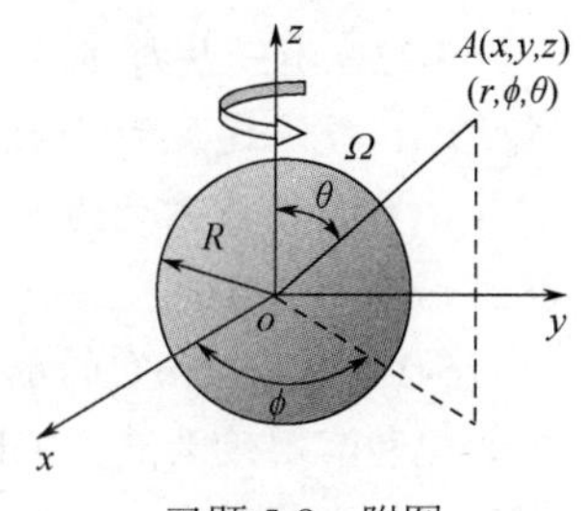

习题 5-8　附图

**5-8**　一个半径为 $R$ 的球体，在无界的静止流体中以恒定的角速度$\Omega$缓慢旋转，见附图所示。假设球体旋转速度极慢，试求流体中速度分布表达式，以及球体受到的摩擦力矩。

**5-9**　试证明用 $\boldsymbol{u}=\left(x^2-y^2\right)\boldsymbol{i}-2xy\boldsymbol{j}$ 描述的运动流场是无旋的，并确定其速度势。

**5-10**　已知不可压缩流体平面无旋流动的流函数

$$\psi=xy+2x-3y+10$$

试求势函数与速度分量。

**5-11**　已知不可压缩流体平面无旋流动的势函数

$$\varphi=xy$$

试求流函数与速度分量。

**5-12**　常压下，20℃的空气以 $6\text{m·s}^{-1}$ 的速度流过一平板，试判断离平板前缘 0.1m 和 0.2m 处的边界层是层流还是湍流。在符合精确解的条件下，求出相应点处边界层的厚度。设临界雷诺数为 $5\times10^5$。

**5-13**　常压下、20℃的空气以 $10\text{m·s}^{-1}$ 的速度流过一平板，试用布拉修斯求解距平板前缘 0.1m，$u_x/u_0$=0.4 处的 $y$，$\delta$，$u_x$，$\partial u_x/\partial y$。设临界雷诺数为 $5\times10^5$。

**5-14**　常压下，20℃的空气以 $6\text{m·s}^{-1}$ 的速度流过一块长 1.2m、宽 0.6m 的平板。试求沿长度方向和沿宽度方向流动的阻力之比，并解释之。设临界雷诺数为 $5\times10^5$。

**5-15**　密度为 $925\text{kg·m}^{-3}$、黏度为 0.731Pa·s 的油以 $0.6\text{m·s}^{-1}$ 的速度平行流过一块长 0.5m，宽 0.15m 的光滑平板上面，分别求沿板长度和宽度方向流过平板时边界层最大的厚度、总摩擦阻力系数及平板所受的阻力。设临界雷诺数为 $5\times10^5$。

**5-16**　温度为 0℃的空气以均匀流速 $u=25\text{m·s}^{-1}$ 平行流过温度为 120℃的壁面。已知临界雷诺数为 $5\times10^5$，求平板上层流段的长度、临界长度处速度边界层和温度边界层的厚度、局部对流换热系数和层流段的平均对流换热系数。按膜平均温度确定物性。

**5-17**　温度为 20℃的水以均匀流速 $u=0.15\text{m·s}^{-1}$ 纵向绕流过长 1m、宽 0.3m 的平板。设计要求从平板传递给水的热量为 1180W，试确定平板表面温度为多少？定性温度为膜温。

**5-18**　流体流经表面粗糙的平壁，测得局部对流传热系数 $h_x=ax^{-0.1}$。式中，$a$ 为常数；$x$ 为离平壁前缘的距离，试求 $x$ 在 0 到 $L$ 范围内的平均对流传热系数，并计算局部对流传热系数与平均对流传热系数之比随 $x$ 的变化关系。

**5-19**　20℃空气，以 $u_0=10\text{m·s}^{-1}$ 的速度平行于壁面流动，平壁宽 0.5m，壁温 100℃，已知临界雷诺数为 $5\times10^5$，试求：

（1）临界长度 $x_c$；

（2）层流段的$\delta$、$\delta_T$和 $h_x$，并将$\delta$、$\delta_T$和 $h_x$ 对离平壁前缘距离 $x$ 作图；

（3）层流段的传热量。

**5-20**　一液态金属沿一大平板流过，设边界层为层流，试导出液态金属与平板间对流传热的 $Nu_x$ 与 $Re_x$、$Pr$ 之间的关系式。

**5-21**　温度为−13℃的液态氟里昂-12 通过内径为 12mm、长度为 0.6m 的圆管。已知氟里昂-12 在管内的流速为 $0.03\text{m·s}^{-1}$，管壁温度恒定为 15℃。假定传热开始时速度边界层已经发展充分，试估算氟里昂-12 的出口温度。氟里昂-12 在定性温度下的物性为：密度 $1429\text{kg·m}^{-3}$，比热容 $920\text{J·kg}^{-1}\cdot℃^{-1}$，黏度为 0.316cP，热导率为 $0.073\text{W·m}^{-1}\cdot℃^{-1}$，$Pr$=4.0。

**5-22** 有一块厚度为 100mm、长度为 200mm 的萘板。在萘板的一个面上有 0℃的常压空气吹过，气流速度为 $10\text{m}\cdot\text{s}^{-1}$。试求经过 10h 以后萘板厚度减少的百分数。已知在 0℃下，萘-空气体系的扩散系数为 $5.14\times10^{-6}\text{m}^2\cdot\text{s}^{-1}$。萘的蒸气压为 566Pa。固体萘的密度为 $1152\text{kg}\cdot\text{m}^{-3}$。临界雷诺数为 $3\times10^5$。

**5-23** 大量 26℃的水以 $0.1\text{m}\cdot\text{s}^{-1}$ 的流速流过固体苯甲酸平板，板长 0.2m。已知苯甲酸在水中的饱和溶解度为 $0.0295\text{kmol}\cdot\text{m}^{-3}$，扩散系数为 $1.24\times10^{-9}\text{m}^2\cdot\text{s}^{-1}$。试求算经 1h 后，每平方米苯甲酸平板上苯甲酸溶于水中的量。设临界雷诺数为 $3\times10^5$。

**5-24** 在塑料板加工过程中，往往采用氮气流经塑料板上方以除去塑料中过量的苯乙烯。设温度为 17℃、压力为 101.3kPa、流速为 $3.0\text{m}\cdot\text{s}^{-1}$ 的氮气从一块长 0.9m 的板上流过。已知苯乙烯的饱和蒸气压为 4.983kPa，在氮气中的扩散系数为 $7\times10^{-6}\text{m}^2\cdot\text{s}^{-1}$，临界雷诺数为 $3\times10^5$。氮气的密度为 $1.176\ \text{kg}\cdot\text{m}^{-3}$，黏度为 $1.71\times10^{-5}\text{Pa}\cdot\text{s}$。苯乙烯的摩尔质量 $104\text{kg}\cdot\text{kmol}^{-1}$，氮气的摩尔质量 $28\ \text{kg}\cdot\text{kmol}^{-1}$。试求苯乙烯从塑料板蒸发进入氮气流的速率。

**5-25** 如流体沿平板壁面流动时层流边界层的速度分布方程可采用下式表示

$$u_x = u_0 \sin\left(\frac{\pi}{2}\frac{y}{\delta}\right)$$

试根据边界层动量方程导出下列各式：

（1）边界层厚度$\delta$的表达式；

（2）由平板壁面前缘到 $L$ 处的总摩擦阻力 $F_D$ 的表达式；

（3）由平板壁面前缘到 $x$ 处的曳力系数 $C_{Dx}$ 的表达式。

并问上述的边界层速度分布方程能否如下式那样满足所有边界条件？

$$\frac{u_x}{u_0} = \frac{3}{2}\left(\frac{y}{\delta}\right) - \frac{1}{2}\left(\frac{y}{\delta}\right)^3$$

# 第六章

# 湍流流动下的传递过程

流体做层流流动过程中发生的动量、热量和质量传递问题，理论上可以通过在第四章中的偏微分方程求解得到解，但由于这些偏微分方程的非线性，仅能对简单问题在简单边界条件下得到问题的解析解，如在第五章中介绍了一些简单问题的求解方法和结果。然而在自然界和工程实际中，湍流是普遍存在的，无论是江河海洋中的水流、空气中的气流，还是管道、设备中的流体流动，大部分为湍流流动。对于在管道、设备中流体流动时的对流传热和对流传质过程，流体流动也多数处在湍流状况。湍流下的流动、传热和传质过程比层流下的复杂得多，研究它们的规律更为困难，但研究流体湍流运动规律、湍流下的传热和传质具有更重要的实际意义。

在本章中首先介绍湍流的特性及描述湍流流动的基本方程，然后利用普朗特混合长理论得到湍流流动方程的解，从而获得管内流体流动的速度分布，进而求取流体在管内流动的摩擦系数，最后在第三节中利用边界层积分方程，采用近似方法求取平板壁面上的曳力系数、对流传热系数及对流传质系数。

## 第一节　湍流流动的基本方程

### 一、湍流的描述

#### （一）湍流的起因

湍流是指流体微团做无规则运动的流动形态。大量的实验观察可知，在湍流流动时，流体内部充满着各种尺度的涡旋，这些涡旋在各个方向上做高频率的脉动。这表明，发生湍流运动的必要和充分条件是：流场内涡旋的不断形成以及涡旋能脱离原来的流层而进入邻近流层，从而产生高频率的脉动。

湍流流动时流体内部的涡旋是如何形成呢？涡旋的产生可分为三种情况：①边界层分离，如在第五章中介绍的情况。②黏性流体流动时，在速度梯度存在下，如图 6-1 所示，上层流体速度比流体微团所在的流层速度大，则上层流体施加在流体微团上的力向右，如图中 $F_{x1}$ 所示；而下层流体速度比流体微团所在的流层速度小，则下层流体施加在流体微团上的力向左，如图中 $F_{x2}$ 所示。此两个力构成了对流体微团的一对力矩，使流体微团产生旋转，若有大量的流体微团在这种力矩作用下围绕某一中心旋转，则在此处就形成涡旋。③流层内波动形成涡旋，如图 6-2 所示，在流场中由于某种原因引起流线的波动，则相邻流线靠近的地方流速增大，根据伯努利方程此处压强则减小，反之亦然。图 6-2（a）所示，“+”号表示压力增大，“−”表示压力减小。这样，流线上的流体微团将受到图 6-2（b）中箭头所示的作用力，当这种力足够大时将形成图 6-2（c）所示的涡旋。

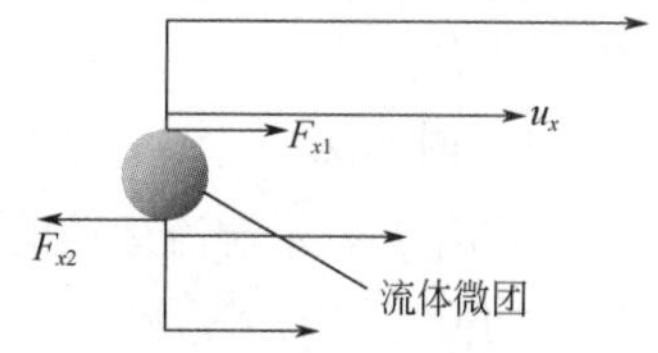

图 6-1　涡旋受力示意图

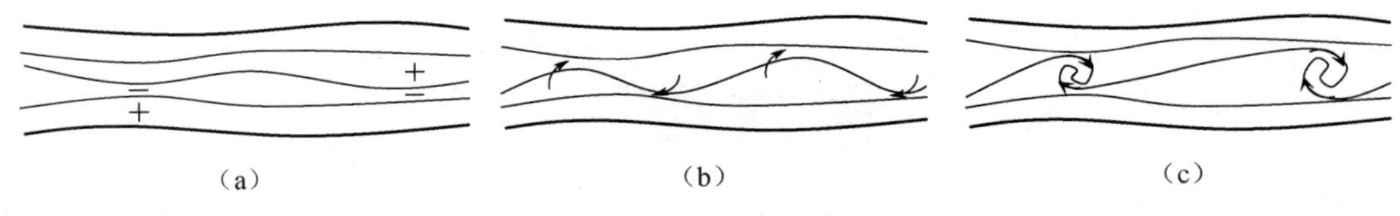


图 6-2　涡旋的形成过程

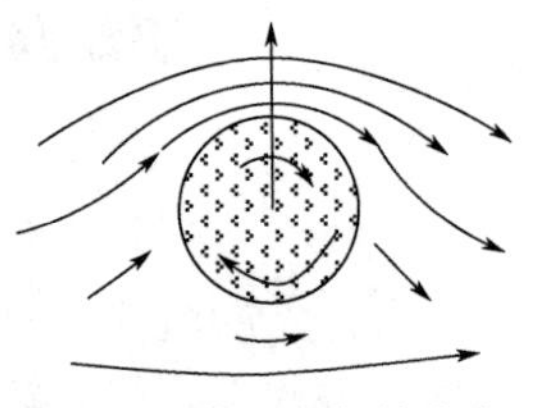

图 6-3　茹可夫斯基升力

上述介绍了涡旋的形成，然而形成的涡旋若不能离开所在的流层，则湍流不会发生，只有涡旋离开了所在的流层进入邻近的流层才能产生湍流流动。那么什么条件下，涡旋会离开原流层呢？当从左向右流动的流场中产生顺时针旋转的涡旋时，如图 6-3 所示，涡旋上方的流体被加速，压力下降；涡旋下方的流体由于速度方向与涡旋旋转方向相反而被减速，压力上升。于是此涡旋受到一个垂直向上的力，此力称为茹可夫斯基升力，当此升力大于涡旋周围流体的黏滞阻力时，涡旋就脱离原流层，从而进入邻近流层。根据流体的连续性原理，周围的流体就要前来补充，各流层间的涡旋产生紊流，湍流就此产生。

由此可见，流体的黏性是形成涡旋的一个重要内因，同时又是制约涡旋运动的主要因素。此外，边界层分离、流体中微小的扰动也是形成湍流的重要外因。

### （二）湍流的特征

流体做湍流运动时，与层流流动具有本质上的不同，具体表现在如下两个方面：

（1）流体质点的脉动性　流体质点除在主流方向运动外，在其他各个方向也有脉动速度，并且脉动速度和方向是杂乱无章的，毫无规律可循。在固定点处的流动参数，如速度、压力、密度等均会发生高频率的脉动。由此引起湍流运动中的所有物理量都是时间和空间的函数，没有重现性，但在一定时间段内物理量的算术时均值趋于恒定。

（2）流动阻力剧增　流体做湍流运动时，由于流体质点相互撞击，其结果是流体前进的阻力剧增，这种阻力远远大于流体的黏性阻力，因而在湍流运动中，黏性阻力可以忽略不计，仅计算湍流运动引起的流动阻力即可。

### （三）湍流的表征

由于湍流运动时物理量的脉动性，其数值随时间而随机变化，难以准确表达，所以为了便于研究，表征湍流运动中的物理量采用平均法，包括时均法、体均法和概率平均法等，这里仅介绍时均法。

#### 1. 时均法

若用 $f$ 表示湍流运动的任意一个物理量，在时间区间（$t-\Delta t/2$，$t+\Delta t/2$）内的时均值称为 $f$ 的时均值，记为 $\overline{f}$，则

$$\overline{f}=\frac{1}{\Delta t}\int_{t-\Delta t/2}^{t+\Delta t/2} f\mathrm{d}t \tag{6-1}$$

式中，$\Delta t$ 称为平均周期，是一个常数。它的取值视被研究对象而异，对定常态湍流，从理论上讲 $\Delta t$ 应趋向于无限长，但实际上只需取足够长的有限时间间隔（如数秒时间）即可获得稳定的时均值；若 $\Delta t$ 与非定常态运动的特征时间相比小得多，则可将 $\Delta t$ 视为一个瞬间，此时式（6-1）就可应用于非定常态湍流。

任意一个物理量可以视为由时均值与脉动值叠加而成，即

$$f=\overline{f}+f'$$ （6-2）

式中，$f$、$\overline{f}$、$f'$ 分别称为瞬时值、时均值和脉动值。值得注意的是，脉动值可为正值，也可为负值。$f$ 可代表速度、压力、密度、温度、浓度等各种物理量。如图 6-4 表示 $x$ 方向的瞬时速度与时均速度、脉动速度的关系。

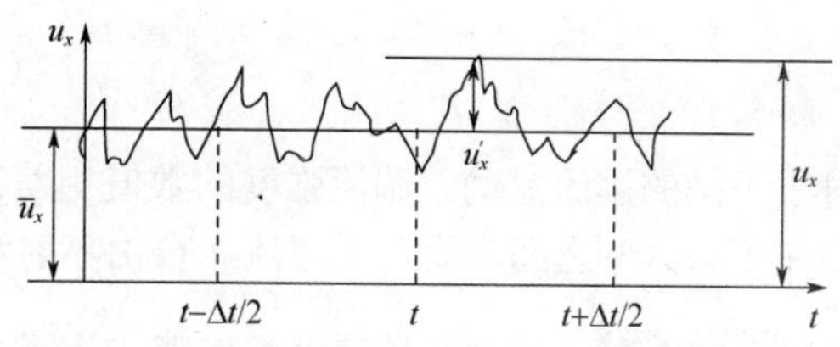


图 6-4 瞬时速度与时均速度、脉动速度的关系

**2. 时均运算规则**

设 $f$、$g$ 为湍流流动中的两个瞬时物理量；$\overline{f}$、$\overline{g}$ 为它们的时均值；$f'$、$g'$ 为脉动值，则

① 瞬时值之和的时均值，等于各瞬时值的时均值之和，即

$$\overline{f+g}=\overline{f}+\overline{g}$$ （6-3）

② 时均量的时均值等于原来的时均值，即

$$\overline{\overline{f}}=\overline{f}$$ （6-4）

对于上式，若时均后的流动为定常态，上式显然成立；若时均后的流动为非定常态，则由于平均周期$\Delta t$ 比流动的特征时间小得多，因此在此段时间内可以近似认为 $\overline{f}$ 不变，则上式也成立。

③ 脉动值的时均值等于零，即

$$\overline{f'}=0$$ （6-5）

④ 时均值与瞬时值之积的时均值等于两个时均值之积，即

$$\overline{\overline{f}g}=\overline{f}\ \overline{g}$$ （6-6）

⑤ 两个瞬时值之积的时均值等于两个时均值之积与两个脉动值之积的时均值之和，即

$$\overline{fg}=\overline{f}\ \overline{g}+\overline{f'g'}$$ （6-7）

⑥ 设 $s$ 代表空间自变量，则有

$$\overline{\frac{\partial f}{\partial s}}=\frac{\partial \overline{f}}{\partial s},\quad \overline{\frac{\partial^2 f}{\partial s^2}}=\frac{\partial^2 \overline{f}}{\partial s^2}$$ （6-8）

⑦ 瞬时值对时间导数的时均值，等于时均值对时间的导数，即

$$\overline{\frac{\partial f}{\partial t}}=\frac{\partial \overline{f}}{\partial t}$$ （6-9）

**3. 湍流的强度**

在湍流研究中，常常需要确定湍流脉动的强弱程度，这对于湍流下的对流传热和对流传质也非常重要。湍流的激烈程度可以用脉动速度和时均速度之比来衡量，称为湍流强度，即

$$\text{湍流强度}=\frac{\text{脉动速度}}{\text{时均速度}}$$ （6-10）

由于脉动速度在一个时间段内有正有负，所以常采用脉动速度的均方根值$\sqrt{\overline{u_x'^2}}$，$\sqrt{\overline{u_y'^2}}$，$\sqrt{\overline{u_z'^2}}$ 来表示脉动速度的分量。对于沿 $x$ 方向的平行流动，湍流强度则为

$$I=\frac{\sqrt{\frac{1}{3}\left(\overline{u_x'^2}+\overline{u_y'^2}+\overline{u_z'^2}\right)}}{\overline{u_x}}$$ （6-11）

若为各向同性的湍流，即$\overline{u_x'^2}=\overline{u_y'^2}=\overline{u_z'^2}$，则

$$I=\frac{\sqrt{\overline{u_x'^2}}}{\overline{u}_x} \tag{6-12}$$

对于不同的湍流流动，湍流强度的数值相差很大。如，流体在圆管中流动时，湍流强度$I$的范围在1%~10%之间，而对于尾流、自由喷射流等高湍动的流动，$I$的数值可高达40%。

**【例6-1】** 用热线风速仪测定湍流流场中某一点的瞬时流速值如下（以毫秒计的相等时间间隔读取数据）$u_x$/cm·s$^{-1}$：65、68、63、70、78、73、80、85、83、75。试计算该点处的时均速度及湍流强度。

**解** （1）时均速度 近似采用实验数据值的算术平均值计算，即

$$\overline{u}_x=\frac{\sum u_x}{10}=\frac{740}{10}=74\ \text{cm·s}^{-1}$$

（2）湍流强度 脉动速度采用式（6-2），则为$u_x'=u_x-\overline{u}_x$。代入实验数据计算，结果列表如下：

| $u_x'$ / cm·s$^{-1}$ | −9 | −6 | −11 | −4 | 4 | −1 | 6 | 11 | 9 | 1 |
|---|---|---|---|---|---|---|---|---|---|---|
| $u_x'^2$ / cm$^2$·s$^{-2}$ | 81 | 36 | 121 | 16 | 16 | 1 | 36 | 121 | 81 | 1 |

故$\overline{u_x'^2}=\frac{\sum u_x'^2}{10}=\frac{510}{10}=51$，于是$\sqrt{\overline{u_x'^2}}=\sqrt{51}=7.14$。

所以湍流强度为$I=\frac{\sqrt{\overline{u_x'^2}}}{\overline{u}_x}=\frac{7.14}{74}=0.096\times 100\%=9.6\%$。

## 二、湍流流动下的传递基本方程

在第四章中推导所得的连续性方程、运动方程、能量微分方程及传质微分方程不能直接应用于湍流流动问题。需要对方程进行转换，即采用时均量替换瞬时量，才能用于实际问题。下面仅讨论不可压缩流体湍流流动时的基本方程。

### 1. 湍流下的连续性方程

连续性方程式（4-10）

$$\frac{\partial u_x}{\partial x}+\frac{\partial u_y}{\partial y}+\frac{\partial u_z}{\partial z}=0 \tag{4-10}$$

对式（4-10）等号两边取时均值，则

$$\overline{\frac{\partial u_x}{\partial x}+\frac{\partial u_y}{\partial y}+\frac{\partial u_z}{\partial z}}=\overline{0} \tag{6-13}$$

根据时均运算规则①，得到

$$\overline{\frac{\partial u_x}{\partial x}}+\overline{\frac{\partial u_y}{\partial y}}+\overline{\frac{\partial u_z}{\partial z}}=0 \tag{6-14}$$

再由时均运算规则⑥，得到

$$\frac{\partial \overline{u}_x}{\partial x}+\frac{\partial \overline{u}_y}{\partial y}+\frac{\partial \overline{u}_z}{\partial z}=0 \tag{6-15}$$

可见，连续性方程用时均值替换后的形式不变。

将式（4-10）减去式（6-15），并利用式（6-2）可得

$$\frac{\partial u'_x}{\partial x}+\frac{\partial u'_y}{\partial y}+\frac{\partial u'_z}{\partial z}=0 \tag{6-16}$$

由此可见湍流流动时，脉动速度也满足连续性方程。

**2. 湍流下的运动方程**

考虑不可压缩流体流动时，以应力表示的 $x$ 方向运动方程，见附录 A.7。

$$\rho\left(\frac{\partial u_x}{\partial t}+u_x\frac{\partial u_x}{\partial x}+u_y\frac{\partial u_x}{\partial y}+u_z\frac{\partial u_x}{\partial z}\right)=\rho g_x+\frac{\partial \tau_{xx}}{\partial x}+\frac{\partial \tau_{yx}}{\partial y}+\frac{\partial \tau_{zx}}{\partial z} \tag{6-17}$$

将连续性方程式（4-10）等号两边乘以 $\rho u_x$，得

$$\rho u_x\left(\frac{\partial u_x}{\partial x}+\frac{\partial u_y}{\partial y}+\frac{\partial u_z}{\partial z}\right)=0 \tag{6-18}$$

再将式（6-17）和式（6-18）相加，得

$$\rho\left(\frac{\partial u_x}{\partial t}+\frac{\partial u_x^2}{\partial x}+\frac{\partial (u_y u_x)}{\partial y}+\frac{\partial (u_z u_x)}{\partial z}\right)=\rho g_x+\frac{\partial \tau_{xx}}{\partial x}+\frac{\partial \tau_{yx}}{\partial y}+\frac{\partial \tau_{zx}}{\partial z} \tag{6-19}$$

对式（6-19）等号两边取时均值，并分别应用时均运算规则①和⑥，得

$$\rho\left(\frac{\partial \overline{u}_x}{\partial t}+\frac{\partial \overline{u_x^2}}{\partial x}+\frac{\partial \overline{(u_y u_x)}}{\partial y}+\frac{\partial \overline{(u_z u_x)}}{\partial z}\right)=\rho g_x+\frac{\partial \overline{\tau}_{xx}}{\partial x}+\frac{\partial \overline{\tau}_{yx}}{\partial y}+\frac{\partial \overline{\tau}_{zx}}{\partial z} \tag{6-20}$$

应用时均运算规则⑤，得

$$\rho\left[\frac{\partial \overline{u}_x}{\partial t}+\left(\frac{\partial \overline{u}_x^2}{\partial x}+\frac{\partial (\overline{u}_y\overline{u}_x)}{\partial y}+\frac{\partial (\overline{u}_z\overline{u}_x)}{\partial z}\right)+\left(\frac{\partial \overline{u_x'^2}}{\partial x}+\frac{\partial \overline{(u'_y u'_x)}}{\partial y}+\frac{\partial \overline{(u'_z u'_x)}}{\partial z}\right)\right]$$

$$=\rho g_x+\frac{\partial \overline{\tau}_{xx}}{\partial x}+\frac{\partial \overline{\tau}_{yx}}{\partial y}+\frac{\partial \overline{\tau}_{zx}}{\partial z} \tag{6-21}$$

将式（6-21）等号左侧中含脉动量的各项移至等号右侧，结合连续性方程，并整理得

$$\rho\left(\frac{\partial \overline{u}_x}{\partial t}+\overline{u}_x\frac{\partial \overline{u}_x}{\partial x}+\overline{u}_y\frac{\partial \overline{u}_x}{\partial y}+\overline{u}_z\frac{\partial \overline{u}_x}{\partial z}\right)$$

$$=\rho g_x+\frac{\partial}{\partial x}\left(\overline{\tau}_{xx}-\rho\overline{u_x'^2}\right)+\frac{\partial}{\partial y}\left(\overline{\tau}_{yx}-\rho\overline{u'_y u'_x}\right)+\frac{\partial}{\partial z}\left(\overline{\tau}_{zx}-\rho\overline{u'_z u'_x}\right) \tag{6-22}$$

同理，$y$ 方向和 $z$ 方向的不可压缩流体定常态流动的运动方程亦转换为

$$\rho\left(\frac{\partial \overline{u}_y}{\partial t}+\overline{u}_x\frac{\partial \overline{u}_y}{\partial x}+\overline{u}_y\frac{\partial \overline{u}_y}{\partial y}+\overline{u}_z\frac{\partial \overline{u}_y}{\partial z}\right)$$

$$=\rho g_y+\frac{\partial}{\partial x}\left(\overline{\tau}_{xy}-\rho\overline{u'_x u'_y}\right)+\frac{\partial}{\partial y}\left(\overline{\tau}_{yy}-\rho\overline{u_y'^2}\right)+\frac{\partial}{\partial z}\left(\overline{\tau}_{zy}-\rho\overline{u'_z u'_y}\right) \tag{6-23}$$

$$\rho\left(\frac{\partial \overline{u}_z}{\partial t}+\overline{u}_x\frac{\partial \overline{u}_z}{\partial x}+\overline{u}_y\frac{\partial \overline{u}_z}{\partial y}+\overline{u}_z\frac{\partial \overline{u}_z}{\partial z}\right)$$
$$=\rho g_z+\frac{\partial}{\partial x}\left(\overline{\tau}_{xz}-\rho\overline{u'_x u'_z}\right)+\frac{\partial}{\partial y}\left(\overline{\tau}_{yz}-\rho\overline{u'_y u'_z}\right)+\frac{\partial}{\partial z}\left(\overline{\tau}_{zz}-\rho\overline{u'^2_z}\right) \tag{6-24}$$

式（6-22）、式（6-23）和式（6-24）即为不可压缩流体做湍流运动时的时均运动方程，又称雷诺方程。

**3. 雷诺应力**

将式（6-17）和式（6-22）进行比较，可以发现经过雷诺转换后，式（6-22）比式（6-17）多了三项：$-\rho\overline{u'^2_x},-\rho\overline{u'_y u'_x},-\rho\overline{u'_z u'_x}$。这三项都与脉动速度有关，为湍流所引起的。这表明流场内除了黏性应力外，还有附加的应力，包括一个法向附加应力 $-\rho\overline{u'^2_x}$ 和两个切向附加应力 $-\rho\overline{u'_y u'_x},-\rho\overline{u'_z u'_x}$，称为雷诺应力或湍流应力。在湍流运动中，雷诺应力远远大于黏性应力，这也是发生湍流时流动阻力剧增的原因。

设以 $\overline{\tau}'$ 表示雷诺应力，则 $x$ 方向的三个雷诺应力分量可表示为

$$\overline{\tau}'_{xx}=-\rho\overline{u'^2_x} \tag{6-25}$$

$$\overline{\tau}'_{yx}=-\rho\overline{u'_y u'_x} \tag{6-26}$$

$$\overline{\tau}'_{zx}=-\rho\overline{u'_z u'_x} \tag{6-27}$$

在三维湍流运动中，共有 9 个雷诺应力，其中 3 个为法向应力，其余 6 个为剪切应力，可用如下应力矩阵表示

$$\begin{bmatrix}\overline{\tau}'_{xx} & \overline{\tau}'_{yx} & \overline{\tau}'_{zx}\\ \overline{\tau}'_{xy} & \overline{\tau}'_{yy} & \overline{\tau}'_{zy}\\ \overline{\tau}'_{xz} & \overline{\tau}'_{yz} & \overline{\tau}'_{zz}\end{bmatrix} \tag{6-28}$$

由上述可见，所有 9 个雷诺应力的表达式都带一个负号，但实际上，它们的数值都为正值，现以 $x$ 方向的平行流为例进行说明。

设流体沿 $x$ 方向流动，$\overline{u}_y=\overline{u}_z=0$，$\overline{u}_x$ 仅为 $y$ 的函数，如图 6-5 所示。考虑时均速度不同的三个相邻流体层，设 A 层流体内时均速度为 $\overline{u}_{Ax}$ 的某流体微团在某时刻获得一个 $y$ 向的正脉动速度 $u'_y$，运动到 C 流层中。由于 C 流层的时均速度 $\overline{u}_{Cx}$ 大于 A 流层的时均速度 $\overline{u}_{Ax}$，于是流体微团到了 C 流层后将使该处产生一个向负 $x$ 方向的脉动速度 $u'_x=\overline{u}_{Ax}-\overline{u}_{Cx}$。反之，若 A 流层中一个负 $y$ 方向的脉动速度，将引起 B 流层中一个正 $x$ 方向的脉动速度。总之，$u'_x$ 和 $u'_y$ 同时出现，且一正一负，所以任何情况下，$u'_x u'_y$ 或 $\overline{u'_x u'_y}$ 总是负值，故雷诺应力 $\overline{\tau}'_{yx}=-\rho\overline{u'_y u'_x}$ 数值上是正值。

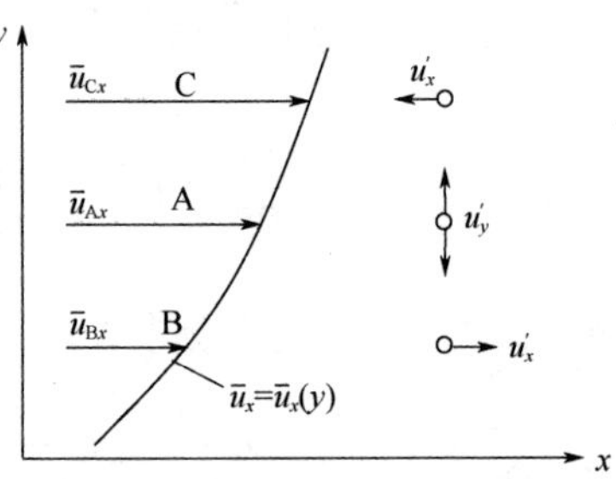

图 6-5 相互关联的脉动速度

通过雷诺转换，得到了一组描述流体湍流运动的方程组，包括一个连续性方程和三个运动方程。但由于经过雷诺转换，又增加了六个独立的雷诺应力变量，所以方程组是不封闭的。为此需要设法找到雷诺应力与时均速度间的关系，使方程个数与未知变量个数相等，才能求解方程组。这方面的理论研究主要从两个方向进行：一是湍流的统计理论，但目前只是在均匀各向

同性湍流理论方面获得了一些比较满意的结果，距离实际应用还相差甚远；另一个方向是湍流的半经验理论，它是根据一些假设以及实验结果建立雷诺应力与时均速度的关系。半经验理论在理论上存在很大的局限性，但在一定条件下往往能得到与实际较为符合的结果，因此在工程上得到广泛的应用。本章第二节以普朗特混合长为例介绍湍流的半经验理论。关于湍流的统计理论，读者可以阅读有关专著。

**4. 湍流下的能量微分方程**

采用同样的方法，对湍流条件下的能量方程进行雷诺转换。湍流条件下，若物性 $c_p$、$k$ 和 $\rho$ 为常数，无内热源，散逸热速率不计，见附录 A.9，能量微分方程为

$$\frac{\partial T}{\partial t}+u_x\frac{\partial T}{\partial x}+u_y\frac{\partial T}{\partial y}+u_z\frac{\partial T}{\partial z}=a(\frac{\partial^2 T}{\partial x^2}+\frac{\partial^2 T}{\partial y^2}+\frac{\partial^2 T}{\partial z^2}) \tag{6-29}$$

将连续性方程式（4-10）等号两边乘以 $T$，得

$$T\left(\frac{\partial u_x}{\partial x}+\frac{\partial u_y}{\partial y}+\frac{\partial u_z}{\partial z}\right)=0 \tag{6-30}$$

然后将式（6-29）和式（6-30）相加，得

$$\begin{aligned}&\frac{\partial T}{\partial t}+\frac{\partial\left(u_xT\right)}{\partial x}+\frac{\partial\left(u_yT\right)}{\partial y}+\frac{\partial\left(u_zT\right)}{\partial z}\\&=\frac{1}{\rho c_p}\left[\frac{\partial}{\partial x}\left(k\frac{\partial T}{\partial x}\right)+\frac{\partial}{\partial y}\left(k\frac{\partial T}{\partial y}\right)+\frac{\partial}{\partial z}\left(k\frac{\partial T}{\partial z}\right)\right]\end{aligned} \tag{6-31}$$

将式（6-31）等号两边取时均值，并运用时均化运算规则，化简整理得

$$\begin{aligned}\frac{\partial \bar{T}}{\partial t}+\bar{u}_x\frac{\partial \bar{T}}{\partial x}+\bar{u}_y\frac{\partial \bar{T}}{\partial y}+\bar{u}_z\frac{\partial \bar{T}}{\partial z}&=\frac{1}{\rho c_p}\frac{\partial}{\partial x}\left(k\frac{\partial \bar{T}}{\partial x}-\rho c_p\overline{u_x'T'}\right)\\&+\frac{1}{\rho c_p}\left[\frac{\partial}{\partial y}\left(k\frac{\partial \bar{T}}{\partial y}-\rho c_p\overline{u_y'T'}\right)+\frac{\partial}{\partial z}\left(k\frac{\partial \bar{T}}{\partial z}-\rho c_p\overline{u_z'T'}\right)\right]\end{aligned} \tag{6-32}$$

比较式(6-29)与式(6-32)，可见后者方程中多出了三项，它们分别为：$-\rho c_p\overline{u_x'T'}$，$-\rho c_p\overline{u_y'T'}$，$-\rho c_p\overline{u_z'T'}$。这是做湍流运动的流体微团进行高频脉动的结果。它们与雷诺方程中的雷诺应力相当，是湍流引起的附加涡流传热通量，其值比流体内的导热传热通量大得多，因此工业上设计的传热设备都希望在湍流条件下工作。

方程式（6-32）中多出三项涡流传热通量，需要找到它们与时均速度和时均温度的关系才能求解。

**5. 湍流下的传质微分方程**

类似于运动方程、能量微分方程，也可得到湍流下的传质微分方程。考虑 A、B 组成的二元系统，总浓度 $C$ 不变，稀溶液，无化学反应，见附录 A.10，则传质微分方程为

$$\begin{aligned}&\frac{\partial C_{\mathrm{A}}}{\partial t}+u_x\frac{\partial C_{\mathrm{A}}}{\partial x}+u_y\frac{\partial C_{\mathrm{A}}}{\partial y}+u_z\frac{\partial C_{\mathrm{A}}}{\partial z}\\&=\frac{\partial}{\partial x}\left(D_{\mathrm{AB}}\frac{\partial C_{\mathrm{A}}}{\partial x}\right)+\frac{\partial}{\partial y}\left(D_{\mathrm{AB}}\frac{\partial C_{\mathrm{A}}}{\partial y}\right)+\frac{\partial}{\partial z}\left(D_{\mathrm{AB}}\frac{\partial C_{\mathrm{A}}}{\partial z}\right)\end{aligned} \tag{6-33}$$

经过雷诺转换，得到

$$\frac{\partial \bar{C}_A}{\partial t}+\bar{u}_x\frac{\partial \bar{C}_A}{\partial x}+\bar{u}_y\frac{\partial \bar{C}_A}{\partial y}+\bar{u}_z\frac{\partial \bar{C}_A}{\partial z}=\frac{\partial}{\partial x}\left(D_{AB}\frac{\partial \bar{C}_A}{\partial x}-\overline{u'_xC'_A}\right)$$
$$+\frac{\partial}{\partial y}\left(D_{AB}\frac{\partial \bar{C}_A}{\partial y}-\overline{u'_yC'_A}\right)+\frac{\partial}{\partial z}\left(D_{AB}\frac{\partial \bar{C}_A}{\partial z}-\overline{u'_zC'_A}\right) \tag{6-34}$$

比较式(6-34)与式(6-33)，可见经雷诺转换后，多出的三项为：$-\overline{u'_xC'_A}$，$-\overline{u'_yC'_A}$，$-\overline{u'_zC'_A}$。它们也是流体微团进行高频脉动引起的，与雷诺方程中的雷诺应力相当，是湍流引起的附加涡流传质通量，其值比流体内的扩散摩尔通量大得多，因此类似于传热设备，工业上设计的传质设备也都希望在湍流条件下工作。

类似地，方程式（6-34）中多出三项涡流传质通量，需要找到它们与时均速度和时均浓度的关系才能求解。

# 第二节　普朗特混合长理论及其应用

## 一、普朗特混合长理论

从上述对雷诺应力物理含义的分析来看，可以合理地认为雷诺应力是由于流体微团的脉动引起的，这种情况与分子的微观运动引起黏性应力十分相似。因此，自然联想到是否可以借用分子运动论的方法来研究湍流中雷诺应力与时均速度的关系。

考虑 $x$ 方向的一维定常态湍流流动，则 $\bar{u}_y=\bar{u}_z=0$，$\bar{u}_x$ 仅为 $y$ 的函数且随 $y$ 增大而增大，如图 6-6 所示。类似于分子的平均自由程，普朗特认为流体微团也是随机运动，在运动过程中与其他微团发生碰撞而改变自身的动量前移动的平均距离为 $l'$，这个移动距离称为普朗特混合长（Prandtl mixing length）。设流场中的时均速度分布如图 6-6，则 A 层流体的微团由于负 $y$ 方向的脉动速度 $u'_y$ 运动了 $l'$ 距离后到了 B 层，然后与 B 层流体混合。此时，在 B 层处产生一个正 $x$ 方向的脉动速度，其值为

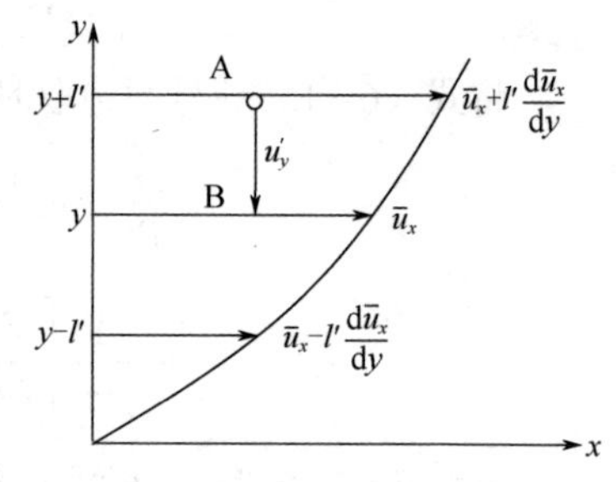

图 6-6　湍流流动的普朗特混合长

$$u'_x=\left(\bar{u}_x+l'\frac{d\bar{u}_x}{dy}\right)-\bar{u}_x=l'\frac{d\bar{u}_x}{dy} \tag{6-35}$$

根据雷诺应力的物理含义，则有

$$\bar{\tau}'_{yx}=-\rho\overline{u'_yl'\frac{d\bar{u}_x}{dy}}=-\rho l'\overline{u'_y\frac{d\bar{u}_x}{dy}} \tag{6-36}$$

其次，普朗特认为 $u'_x$ 和 $u'_y$ 同阶，即

$$u'_y\propto u'_x \tag{6-37}$$

由式（6-35），得

$$u'_y=cl'\frac{d\bar{u}_x}{dy} \tag{6-38}$$

式中，$c$ 为比例常数，由于 $u'_x$ 和 $u'_y$ 符号相反，故 $c$ 为负值。这一假设的合理性可这样理解：若 $u'_y$ 越大，流体微团在规定时间内沿 $y$ 方向移动的距离越长，即普朗特混合长越大，表明流体微团脉动前、后所在流层的时均速度相差越大，于是 $u'_x$ 也越大。

将式（6-38）代入式（6-36），得

$$\overline{\tau}'_{yx}=\rho l^2\left(\frac{\mathrm{d}\overline{u}_x}{\mathrm{d}y}\right)^2 \tag{6-39}$$

式中，$l^2=-cl'^2$，$l$ 与 $l'$ 仅差一个常数，亦称为混合长。

由于 $\overline{\tau}'_{yx}$ 的正负号随 $\mathrm{d}\overline{u}_x/\mathrm{d}y$ 的符号而变，故式（6-39）又可写成

$$\overline{\tau}'_{yx}=-\rho l^2\left|\frac{\mathrm{d}\overline{u}_x}{\mathrm{d}y}\right|\frac{\mathrm{d}\overline{u}_x}{\mathrm{d}y} \tag{6-40}$$

上式即为由普朗特混合长理论导出的雷诺应力与时均速度梯度间的关系。式中 $l$ 视为模型参数，需要通过实验确定。

将式（6-40）与式（1-36）比较，可得

$$\varepsilon=l^2\left|\frac{\mathrm{d}\overline{u}_x}{\mathrm{d}y}\right| \tag{6-41}$$

式（6-40）与式（1-36）相比，看起来不过用一个未知量 $l$ 代替另一个未知量 $\varepsilon$，在实际应用过程中没有带来多少便利。但在第一章中曾指出，$\varepsilon$ 是与位置、流速有关的一个系数，而实验数据表明 $l$ 基本与流速无关，结合式（6-41）可推知：$l$ 主要随流道位置变化。另外，$l$ 比 $\varepsilon$ 易于估计，如 $l$ 的数值一般不会超过流道尺寸，且在壁面处它的值应趋于零。

通过引入普朗特混合长概念，得到了雷诺应力与时均速度的关联式（6-40），使湍流方程组封闭，而且该式成功地解决了沿边壁的湍流问题以及无边壁的自由湍流问题。

当然，普朗特混合长理论也有一定的局限性，因为流体微团在脉动过程中，与周围流体相互作用，即具有黏性的周围流体会阻碍其运动的趋势，所以流体微团的速度或动量在脉动过程中不可能保持不变。

## 二、平板壁面上定常态湍流流动

尽管普朗特混合长理论有一些局限，但是从该理论出发导出的一些数学模型与实验结果吻合得较好，具有一定的实用意义。下面将普朗特混合长理论应用于平板壁面上湍流流场的求解。

如图 6-7 所示，考察不可压缩黏性流体在大平板上的一维定常态湍流流动，$\overline{u}_x$ 仅为 $y$ 的函数且随 $y$ 增大而增大，动量传递仅在 $y$ 方向进行，并且 $\overline{u}_y=\overline{u}_z=0$。

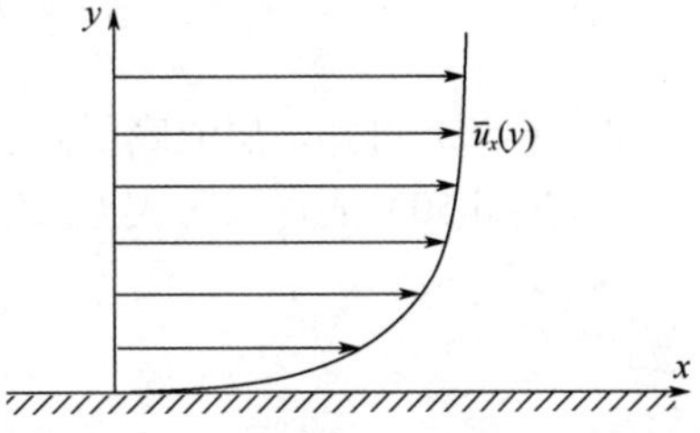

由连续性方程式（6-15），得

$$\frac{\partial\overline{u}_x}{\partial x}=0 \tag{6-42}$$

图 6-7　大平板壁面附近的定常态湍流

根据所述问题的特性，在 $x$、$z$ 两个方向上所有物理量的时均值都为常数，即 $\partial/\partial x=0, \partial/\partial z=0$；流动为定常态，即 $\partial/\partial t=0$。据此化简运动方程式（6-22），可得

$$\frac{\partial}{\partial y}\left(\overline{\tau}_{yx}-\rho\overline{u'_y u'_x}\right)=0 \tag{6-43}$$

式中，$\overline{\tau}_{yx}=\mu\,\mathrm{d}\overline{u}_x/\mathrm{d}y$。将 $\overline{\tau}'_{yx}=-\rho\overline{u'_y u'_x}$ 代入式（6-43），同时，将偏微分改写成全微分，得

$$\mu \frac{\mathrm{d}^2 \overline{u}_x}{\mathrm{d}y^2} + \frac{\mathrm{d}\overline{\tau}'_{yx}}{\mathrm{d}y} = 0 \tag{6-44}$$

为简写起见，将时均符号及下标略去，并将式（6-44）沿 $y$ 方向积分，得

$$\mu \frac{\mathrm{d}u}{\mathrm{d}y} + \tau' = C \tag{6-45}$$

式中，$C$ 为积分常数，由边界条件确定。上式表明，在湍流流场中黏性应力与湍流应力之和为一定值，即总应力是一常数。

在壁面处，湍流脉动趋于零，湍流应力即为零，总应力等于壁面应力，即

$$y = 0,\quad u'_x = 0,\quad u'_y = 0,\quad \tau' = 0,\quad \tau = \mu \frac{\mathrm{d}u}{\mathrm{d}y} = \tau_{\mathrm{w}} \tag{6-46}$$

于是，可得 $C=\tau_{\mathrm{w}}$。所以式（6-45）可写成

$$\mu \frac{\mathrm{d}u}{\mathrm{d}y} + \tau' = \tau_{\mathrm{w}} \tag{6-47}$$

式（6-47）表明，湍流流场中总应力等于壁面上的应力。对于式（6-47）的求解，需要做一下分析。在第五章介绍边界层形成与发展中曾指出，在湍流边界层内存在层流底层、缓冲区和湍流主体。在层流底层湍流脉动可以忽略，仅考虑黏性应力即可；在湍流主体中，黏性应力可以忽略；而在缓冲区内湍流应力与黏性应力的量阶相当，两者都不能忽略。但是当 $Re$ 很大时缓冲层的厚度将很小，可以忽略不计，此时可以认为层流底层和湍流主体区的边界直接接壤，于是，在层流底层和湍流主体区内可以对式（6-47）进行求解。

**1. 层流底层**

在层流底层内，方程式（6-47）可简化为

$$\mu \frac{\mathrm{d}u}{\mathrm{d}y} = \tau_{\mathrm{w}} \tag{6-48}$$

将式（6-48）分离变量，积分得层流底层的速度分布

$$u = \frac{\tau_{\mathrm{w}}}{\mu} y + C_1 \tag{6-49}$$

根据边界条件 $y=0$，$u=0$，可得积分常数 $C_1=0$，故式（6-49）变为

$$u = \frac{\tau_{\mathrm{w}}}{\mu} y \tag{6-50}$$

由式（6-50）可知，层流底层内速度与 $y$ 成线性关系。

式（6-50）还可以写成无量纲化的简便形式。为此，定义摩擦速度

$$u^* = \sqrt{\frac{\tau_{\mathrm{w}}}{\rho}} \tag{6-51}$$

于是

$$\frac{u}{u^*} = \frac{\dfrac{\tau_{\mathrm{w}}}{\mu} y}{\sqrt{\dfrac{\tau_{\mathrm{w}}}{\rho}}} = \frac{y}{\nu \sqrt{\rho / \tau_{\mathrm{w}}}} \tag{6-52}$$

令

$$u^+ = \frac{u}{u^*},\quad y^+ = \frac{y}{\nu \sqrt{\rho / \tau_{\mathrm{w}}}} \tag{6-53}$$

则式（6-52）可写成

$$u^+ = y^+ \tag{6-54}$$

式（6-54）称为层流底层的通用速度分布方程。

**2. 湍流主体区**

在湍流主体区，黏性应力可以忽略，于是式（6-47）变为

$$\tau' = \tau_{\mathrm{w}} \tag{6-55}$$

式（6-55）中湍流应力由式（6-39）表达，即

$$\tau' = \rho l^2 \left(\frac{\mathrm{d}u}{\mathrm{d}y}\right)^2 = \tau_{\mathrm{w}} \tag{6-56}$$

这里已将时均符号和下标略去以便简化书写。对式（6-56）开平方，并取正值，则

$$\sqrt{\frac{\tau_{\mathrm{w}}}{\rho}} = u^* = l\frac{\mathrm{d}u}{\mathrm{d}y} \tag{6-57}$$

同时，普朗特假设混合长仅与位置有关，即

$$l = ky \tag{6-58}$$

式中，$k$ 为待定的比例系数。

将式（6-58）代入式（6-57），分离变量，积分得

$$\frac{u}{u^*} = \frac{1}{k}\ln y + C_2 \tag{6-59}$$

式中，$C_2$ 为积分常数，由边界条件确定。边界条件为：当 $Re$ 很大时，在层流底层和湍流主体接壤处，有

$$y = \delta_l, \quad u = u_l \tag{6-60}$$

式中，$\delta_l$ 为层流底层厚度；$u_l$ 为交界处流速。由此可得积分常数 $C_2$ 为

$$C_2 = \frac{u_l}{u^*} - \frac{1}{k}\ln \delta_l \tag{6-61}$$

将式（6-61）代入式（6-59），则

$$\frac{u}{u^*} = \frac{1}{k}\ln\frac{y}{\delta_l} + \frac{u_l}{u^*} \tag{6-62}$$

用无量纲式（6-53）的有关量代入，得

$$u^+ = \frac{1}{k}\ln y^+ + C_3 \tag{6-63}$$

式中，$C_3$ 需由实验确定。

$$C_3 = -\frac{1}{k}\ln\frac{\delta_l u^*}{\nu} + \frac{u_l}{u^*} \tag{6-64}$$

式（6-63）表明，在湍流主体区的通用速度分布为对数形式。大量实验研究表明，湍流主体区速度分布的对数形式具有普遍意义。不仅在平板上的湍流流动，而且流体在管内、槽内以及二维湍流边界层内的速度分布也具有类似的形式。

## 三、管内定常态湍流流动

### （一）光滑管内定常态湍流时的速度分布及范宁摩擦因子

**1. 光滑管内定常态湍流时的速度分布**

在工程实际中，流体在管内湍流流动的情况非常普遍，所以解决管内湍流流动的问题具有重要的意义。

尼古拉则（Nikurades）等人对不可压缩黏性流体在光滑管内的湍流流动做了大量的实验研究。实验结果表明：圆管内的湍流核心区的速度分布也符合对数形式，用实验数据拟合得到式（6-63）中的常数：$k$=0.4，$C_3$=5.5。图 6-8 为应用尼古拉则（Nikurades）和莱查德（Reichardt）实验数据绘制的 $u^+$和 $\ln y^+$关系曲线。图中可见，在湍流核心区，实验数据符合速度分布的对数形式，而在层流底层速度分布为线性关系。图中显示在层流底层与湍流核心区之间还存在一个缓冲区，其实验数据既不能与湍流主体区的拟合曲线吻合，也不能与层流底层的拟合曲线吻合。

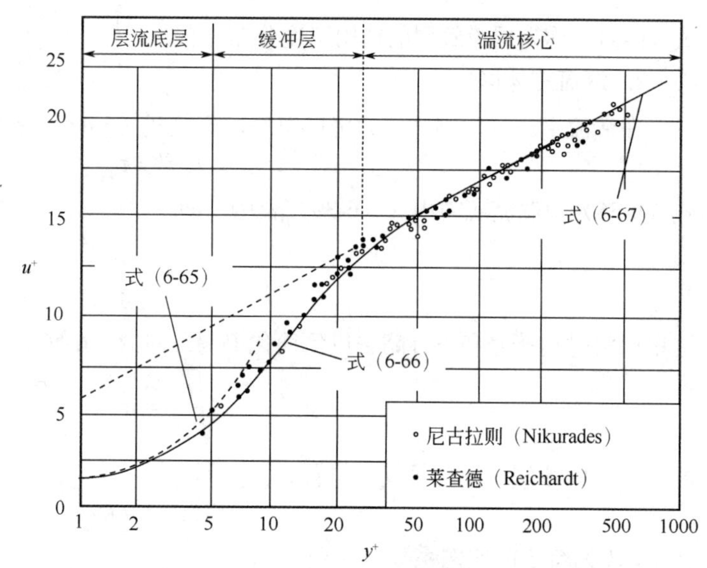


图 6-8 圆管中湍流流动的通用速度分布

冯·卡门建议，当 $Re$=4×10$^3$～3.2×10$^6$时，湍流边界层内各区间的通用速度分布方程如下。

（1）层流底层（0≤$y^+$≤5） $u^+ = y^+$ （6-65）

（2）缓冲层（5≤$y^+$≤30） $u^+ = 5.0\ln y^+ - 3.05$ （6-66）

（3）湍流主体（$y^+$≥30） $u^+ = 2.5\ln y^+ + 5.5$ （6-67）

上述通用速度分布式称为半经验公式，公式存在着明显的局限性和不足之处。如用式（6-67）计算管中心的速度梯度时并不为零，这与实际情况不符。尽管如此，上述通用速度分布方程在工程上仍具有重要的应用价值。

流体在管内做湍流流动时的速度分布除可以用上述的半经验公式外，也可以用如下的经验公式近似地表示

$$u = u_{\max}\left(\frac{y}{R}\right)^n = u_{\max}\left(1-\frac{r}{R}\right)^n \tag{6-68}$$

式中，$R$ 为管的半径，指数 $n$ 与雷诺数有关，见表 6-1。

**表 6-1 *n* 与 *Re* 关系**

| ***Re*** | 4×10$^3$ | 2.3×10$^4$ | 1.1×10$^5$ | 1.1×10$^6$ | 2.0×10$^6$ | 3.2×10$^6$ |
|---|---|---|---|---|---|---|
| **1/*n*** | 6 | 6.6 | 7 | 8.8 | 10 | 10 |

在 $Re$=1×10$^5$ 左右，$n$=1/7，于是上式写成

$$u = u_{\max}\left(\frac{y}{R}\right)^n = u_{\max}\left(1-\frac{r}{R}\right)^{1/7} \tag{6-69}$$

式（6-69）称为管内湍流流动速度分布的 1/7 次方定律。此式在形式上简单，便于应用。但在管中心处 $du/dr\neq0$，在管壁处 $du/dr\to\infty$，显然不符合实际情况。

**【例 6-2】** 直径为 50mm 的铜管内，20℃的水以平均速度为 1.7m·s$^{-1}$ 流速通过时，测得壁面剪应力为 6.7N·m$^{-2}$，已知水的密度$\rho$=998.2kg·m$^{-3}$，运动黏度$\nu$=1.006×10$^{-6}$m$^2$·s$^{-1}$。试计算近壁处层流底层、缓冲层及湍流核心区的厚度。

**解**　(1)近壁处层流底层的厚度　由式(6-65)可知层流底层的无量纲厚度为 $0 \leqslant y^+ \leqslant 5$。再由式(6-53)，计算得近壁处层流底层的厚度

$$\delta_l = y^+ \nu \sqrt{\rho/\tau_w} = 5 \times 1.006 \times 10^{-6} \times \sqrt{998.2/6.7} = 6.1 \times 10^{-5}\,\text{m}（或 0.061\text{mm}）$$

(2)缓冲层的厚度　由式(6-66)可知缓冲层的无量纲厚度为 $5 \leqslant y^+ \leqslant 30$，故

$$\delta_b = \left(y_b^+ - y_l^+\right)\nu\sqrt{\rho/\tau_w} = (30-5) \times 1.006 \times 10^{-6} \times \sqrt{998.2/6.7} = 3.07 \times 10^{-4}\,\text{m}（或 0.307\text{mm}）$$

(3)湍流核心区的厚度

$$\delta_t = r - \delta_b - \delta_l = 50/2 - 0.307 - 0.061 = 24.632\,\text{mm}$$

**2. 光滑管内定常态湍流时的范宁摩擦因子**

工程上进行管路设计时，需要计算流体在管内的摩擦阻力损失。在第四章中介绍了流体在直管中流动时的摩擦阻力损失计算通式，只要获得摩擦系数就可方便地计算摩擦阻力损失。

下面利用对数形式的速度分布式（6-67）推导出范宁摩擦因子的计算公式。

在工程上，为便于计算，也常将壁面剪应力表示成流体动能的某个倍数，即

$$\tau_w = f \times \frac{1}{2}\rho u_b^2 \tag{6-70}$$

式中，$f$ 称为范宁摩擦因子。将式（6-70）代入式（4-90），可得 $f=\lambda/4$。可见只要获得范宁摩擦因子 $f$ 就可计算摩擦系数 $\lambda$。

将式（6-70）代入式（6-51），得

$$\frac{u^*}{u_b} = \sqrt{\frac{f}{2}} \tag{6-71}$$

式（6-71）中的平均速度 $u_b$ 可通过流体体积流量除以管截面积而得

$$u_b = \frac{1}{\pi R^2}\int_0^R u \cdot 2\pi r \mathrm{d}r \tag{6-72}$$

当 $Re$ 很大时，层流底层和缓冲层将变得很薄，此时可用速度分布式（6-67）代替整个管截面的速度分布，由此产生的误差可忽略不计。于是将式（6-67）代入式（6-72）进行积分，可得

$$u_b = u^*\left(2.5\ln\frac{R}{\nu}u^* + 1.75\right) \tag{6-73}$$

将式（6-73）整理成如下形式

$$\frac{u_b}{u^*} = 2.5\ln\left(\frac{Ru_b}{\nu}\frac{u^*}{u_b}\right) + 1.75 = 2.5\ln\left(\frac{Re}{2}\frac{u^*}{u_b}\right) + 1.75 \tag{6-74}$$

再将式（6-71）代入式（6-74），并整理得

$$\frac{1}{\sqrt{f}} = 1.768\ln\left(Re\sqrt{f}\right) - 0.601 \tag{6-75}$$

式（6-75）是以普朗特混合长理论为基础，并结合尼古拉则的实验结果导出的范宁摩擦因子的计算公式，称为卡门公式，适用于 $Re < 3.4 \times 10^6$。

根据尼古拉则的实验数据，拟合整理结果得到：

$$\frac{1}{\sqrt{f}} = 1.737\ln\left(Re\sqrt{f}\right) - 0.4 \tag{6-76}$$

上式适用于：$2100 < Re < 4 \times 10^6$。可见式（6-75）与式（6-76）非常接近。

式（6-76）通常称为普朗特（Prandtl）公式。式（6-75）和式（6-76）都是隐函数形式，与

实验数据吻合良好。

此外，下面几个经验公式也与实验数据吻合良好，且为显函数形式，便于实际应用。

布拉修斯（Blasius）式 $$f=\frac{0.0791}{Re^{0.25}}\quad（适用：2100<Re<1\times10^5）\tag{6-77}$$

顾毓珍等公式

$$f=0.0014+\frac{0.125}{Re^{0.32}}\quad（适用：3000<Re<3\times10^6）\tag{6-78}$$

另外经常使用的还有式

$$f=\frac{0.046}{Re^{0.2}}\quad（适用：5\times10^3<Re<2\times10^5）\tag{6-79}$$

图6-9比较了几个计算$f$的常用公式，由图可见当$Re>1\times10^5$以后，随雷诺数增大式（6-77）与实验结果的偏差越来越大，而式（6-75）一直与实验结果吻合良好。

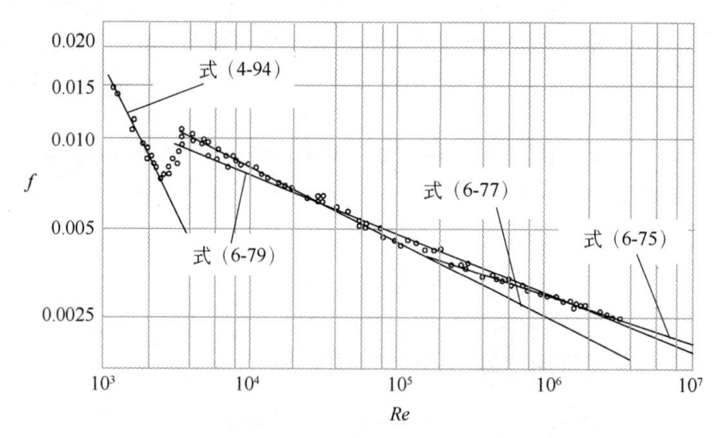


图6-9 光滑管中范宁摩擦因子经验式与实验数据比较

**【例6-3】** 20℃的水以平均速度为1.7m·s$^{-1}$流速通过直径为50mm的铜管。已知水的密度$\rho$=998.2kg·m$^{-3}$，运动黏度$\nu$=1.006×10$^{-6}$m$^2$·s$^{-1}$。试计算范宁摩擦因子、壁面剪应力以及100m管长产生的摩擦阻力损失。

**解** （1）范宁摩擦因子 计算流动雷诺数 $Re=\dfrac{du\rho}{\mu}=\dfrac{du}{\nu}=\dfrac{0.05\times1.7}{1.006\times10^{-6}}=8.45\times10^4$

由布拉修斯（Blasius）式（6-77）计算范宁摩擦因子 $f=\dfrac{0.0791}{Re^{0.25}}=0.00464$

则摩擦系数$\lambda$=4$f$=0.0186。

（2）壁面剪应力 壁面剪应力由式（6-70）计算

$$\tau_{\mathrm{w}}=f\frac{1}{2}\rho u_{\mathrm{b}}^2=0.00464\times\frac{1}{2}\times998.2\times1.7^2=6.69\,\mathrm{N\cdot m^{-2}}$$

（3）摩擦阻力损失 摩擦阻力损失由式（4-91）计算而得

$$w_{\mathrm{f}}=\lambda\frac{l}{d}\frac{u^2}{2}=0.0186\times\frac{100}{0.05}\times\frac{1.7^2}{2}=53.8\,\mathrm{J\cdot kg^{-1}}$$

### （二）粗糙管内定常态湍流时的速度分布及范宁摩擦因子

在工程上绝对光滑的管较为少见，常见的为粗糙管，因此研究流体在粗糙管中的流动及其摩擦阻力损失具有更重要的实际意义。

管壁的粗糙程度通常可用绝对粗糙度和相对粗糙度表示。绝对粗糙度是指管壁面凸出部分的平均高度，用$\varepsilon$表示；相对粗糙度用绝对粗糙度与管径之比表示，即$\varepsilon/d$。表 6-2 给出了某些工业管材的绝对粗糙度$\varepsilon$的约值。从表中可见，管的材质越粗糙、管子使用时间越长，或有腐蚀、结垢等现象，$\varepsilon$值就越大。

**表 6-2 某些工业管材的绝对粗糙度$\varepsilon$约值[7]**

| 金属管 | $\varepsilon$/mm | 非金属管 | $\varepsilon$/mm |
|---|---|---|---|
| 基本无腐蚀的无缝钢管 | 0.05～0.1 | 清洁的玻璃管 | 0.0015～0.1 |
| 有轻度腐蚀的无缝钢管 | 0.1～0.2 | 橡皮软管 | 0.01～0.03 |
| 有显著腐蚀的无缝钢管 | 0.2～0.5 | 很好拉紧的内涂橡胶的帆布管 | 0.02～0.05 |
| 腐蚀较重或污垢较重的无缝钢管 | 0.5～0.6 | 陶土排水管 | 0.45～6.0 |
| 无缝黄铜、铜、铅管 | 0.005～0.01 | 陶瓷排水管 | 0.25～6.0 |
| 铸铁管 | 0.5～0.85 | 混凝土管 | 0.33～3.0 |
| 钢板卷管 | 0.33 | 石棉水泥管 | 0.03～0.8 |

### 1. 粗糙管内定常态湍流时的速度分布

尼古拉则对不同直径、不同流量、不同粗糙度对粗糙管内定常态湍流时的速度分布影响，做了大量的实验。将实验数据整理成摩擦系数与雷诺数、相对粗糙度的关系示于图 6-10。由图 6-10 可见，流体在管内的流动形态可分为三个区域。

（1）层流区。此时管壁的粗糙度对摩擦系数没有影响，实验点基本上落在直线 I 上，在此流动区域内可用层流的理论公式计算摩擦系数。有效雷诺数 $Re \leqslant 2000$。

（2）过渡区。试验点落在曲线Ⅱ上，几乎与粗糙度无关，这个区域大致在 $2000<Re<4000$ 的范围内。摩擦系数可从图 6-10 中查取。

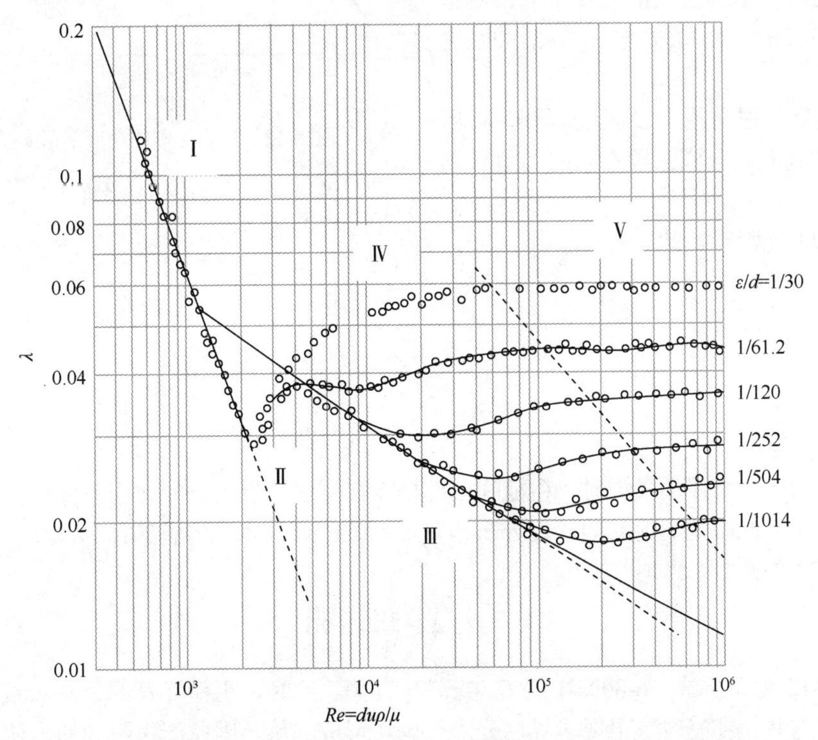


图 6-10 摩擦系数与雷诺数、相对粗糙度的关系（尼古拉则实验数据）

（3）湍流区。①对于不同的粗糙度，都存在着一个较小的雷诺数范围，在此范围内，粗糙管的摩擦系数与光滑管的相同。其原因见图 6-11（a）所示，此时层流底层较厚，管壁凸出部分仍埋没在层流底层内，对管中心区域的湍流没有影响。②当雷诺数增大到一定数值时，粗糙管的摩擦系数便与光滑管的产生偏离。原因见图 6-11（b）所示，此时层流底层变薄，管壁凸出部分将暴露在湍流主体内，对管中心区域的湍流产生一定影响，所以摩擦系数增大。③当雷诺数超过某一数值后，管壁凸出部分将完全暴露在湍流主体内，此时管壁粗糙度对摩擦系数起决定性的作用，而与雷诺数无关。在此区域内，流动阻力与流速平方成正比，称为阻力平方区。

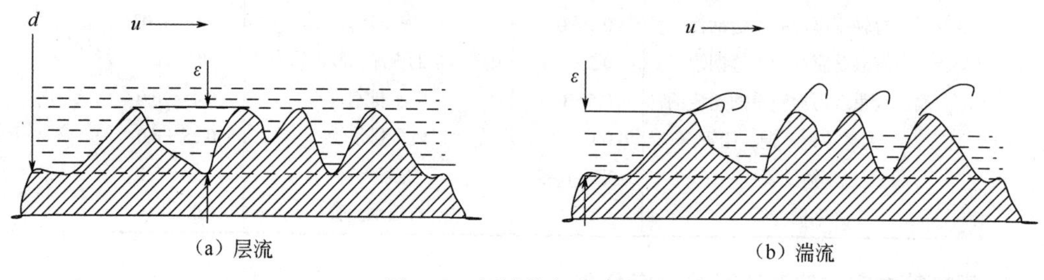


图 6-11 粗糙管内流动情况

对于粗糙管内的速度分布，对数形式仍然有效。为了考虑粗糙度的影响，将式（6-62）中的层流底层厚度用粗糙度代替，将式（6-62）写成如下形式

$$\frac{u}{u^*}=\frac{1}{k}\ln\frac{y}{\varepsilon}+B \qquad (6\text{-}80)$$

根据尼古拉则的速度剖形实验数据，整理得到式（6-80）中常数 $B$ 与 $\varepsilon u^*/\nu$ 的关系见图 6-12。

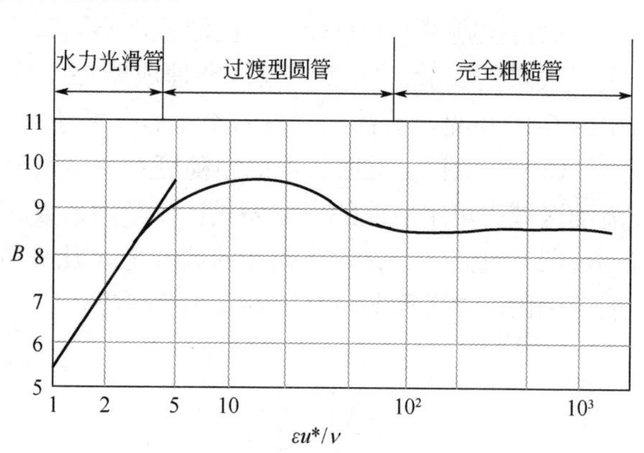


图 6-12 尼古拉则的速度剖形实验结果

在湍流区，根据图 6-12 及图 6-10，将粗糙管内的湍流流动分成三种不同的类型分别讨论如下：

（1）水力光滑管，此时

$$\frac{\varepsilon u^*}{\nu}\leqslant 4 \qquad (6\text{-}81)$$

由实验数据，得

$$B=2.5\ln\left(\frac{\varepsilon u^*}{\nu}\right)+5.5 \qquad (6\text{-}82)$$

处在水力光滑管流动类型时，粗糙峰全部埋没在层流底层内，因此粗糙度对湍流核心区的流动没有影响。此时湍流流动的速度分布和摩擦系数的计算按光滑管的计算。

（2）过渡型圆管，此时

$$4<\frac{\varepsilon u^*}{\nu}<70 \qquad (6\text{-}83)$$

由图 6-12 可见，式（6-80）中的 $B$ 与 $\varepsilon u^*/\nu$ 有关。此时，粗糙峰有部分伸入湍流主体内，当流体遇到这些粗糙峰时，出现边界层分离现象，形成涡旋，因此产生附加的形体阻力，造成流动阻力大于光滑管内流动阻力。过渡型圆管内流动比较复杂，目前还不能用理论分析的方法求解其速度分布和流动阻力。实际应用时，由图 6-10 获得摩擦系数。

（3）完全粗糙管，此时

$$\frac{\varepsilon u^*}{\nu} \geqslant 70 \tag{6-84}$$

由图 6-12 可见，此时 $B$=8.5。于是对完全粗糙管，速度分布则为

$$\frac{u}{u^*} = \frac{1}{k}\ln\frac{y}{\varepsilon} + 8.5 \tag{6-85}$$

**2. 完全粗糙管内定常态湍流时的范宁摩擦因子**

首先计算管内的平均速度

$$u_{\mathrm{b}} = \frac{1}{\pi R^2}\int_0^R u \times 2\pi r \mathrm{d}r \tag{6-86}$$

将式（6-85）代入式（6-86）积分，注意式（6-85）中 $y=R-r$，得

$$\frac{u_{\mathrm{b}}}{u^*} = 2.5\ln\frac{R}{\varepsilon} + 4.75 \tag{6-87}$$

再将式（6-71）代入上式，得

$$\frac{1}{\sqrt{f}} = 1.77\ln\frac{R}{\varepsilon} + 3.36 \tag{6-88}$$

式（6-88）在很大的雷诺数范围内与实验数据符合得很好。

此外，下面再给出几个粗糙管内湍流时$\lambda$的常用经验式。

顾毓珍等公式

$$\lambda = 0.01227 + \frac{0.7543}{Re^{0.38}} \tag{6-89}$$

式（6-89）适用范围为 $Re$=3000~$3\times10^6$，管内径 50~200mm 的新钢管、铁管。

科尔布鲁克（Colebrook）公式

$$\frac{1}{\sqrt{\lambda}} = 1.14 - 2\lg\left(\frac{\varepsilon}{d} + \frac{9.35}{Re\sqrt{\lambda}}\right) \tag{6-90}$$

式（6-90）适用范围为 $Re$=4000~$10^8$，$\varepsilon/d$=$10^{-6}$~0.05（从水力光滑管至完全粗糙管）。

特别地，在阻力平方区，因 $Re$ 很大，科尔布鲁克式等号右边括号中第二项数值很小，可忽略，于是该式变为

$$\frac{1}{\sqrt{\lambda}} = 1.14 - 2\lg\frac{\varepsilon}{d} \tag{6-91}$$

除以上经验公式外，再推荐一个形式比较简单、适用范围较广的公式如下

$$\lambda = 0.100\left(\frac{\varepsilon}{d} + \frac{68}{Re}\right)^{0.23} \tag{6-92}$$

此式适用范围为 $Re\geqslant4000$，$\varepsilon/d\leqslant0.005$。

【例 6-4】 20℃的水以平均速度为 $1.7\mathrm{m\cdot s^{-1}}$ 流速通过直径为 50mm 的铜管。由于长期运行后，铜管内表面受到腐蚀、积垢等原因产生 0.2mm 的粗糙度。已知水的密度$\rho=998.2\mathrm{kg\cdot m^{-3}}$，运动黏度$\nu=1.006\times10^{-6}\mathrm{m^2\cdot s^{-1}}$。试计算范宁摩擦因子以及 100m 管长产生的摩擦阻力损失。

**解** （1）范宁摩擦因子　计算流动雷诺数 $Re=\dfrac{du\rho}{\mu}=\dfrac{du}{\nu}=\dfrac{0.05\times1.7}{1.006\times10^{-6}}=8.45\times10^{4}$

相对粗糙度为 $\varepsilon/d=0.2/50=0.004$。由式（6-92）计算摩擦系数

$$\lambda=0.100\left(\frac{\varepsilon}{d}+\frac{68}{Re}\right)^{0.23}=0.100\times\left(0.004+\frac{68}{8.45\times10^{4}}\right)^{0.23}=0.0293$$

则范宁摩擦因子 $f=\lambda/4=0.00732$。

（2）摩擦阻力损失　摩擦阻力损失由式（4-91）计算而得，

$$w_{\mathrm{f}}=\lambda\frac{l}{d}\frac{u^{2}}{2}=0.0293\times\frac{100}{0.05}\times\frac{1.7^{2}}{2}=84.7\ \mathrm{J\cdot kg^{-1}}$$

与例 6-3 结果相比，摩擦阻力增大的百分率为

$$\frac{84.7-53.8}{53.8}=57.5\%$$

可见，管壁的粗糙度对流动阻力有很大的影响。

### （三）非圆形管内定常态湍流时的范宁摩擦因子

前面所讨论的都是流体在圆管内的流动。在工程中常常会遇到流体在非圆形管道中的流动，例如，工业上经常遇到矩形、方形等非圆形管道中的气体输送，再如，换热设备中经常遇到流体在套管环隙中的流动等。对于非圆形直管内的流体流动，其摩擦损失或摩擦系数的计算一般仍用圆管公式，但需将公式中的直径用下面定义的水力当量直径 $d_{\mathrm{e}}$ 替换

$$d_{\mathrm{e}}=\frac{4\times\text{流通截面积}}{\text{润湿周边}}=4\times\text{水力半径} \tag{6-93}$$

式中，润湿周边指流体与管壁接触的周边长度。例如流体在圆管内流动时，其流通截面积为 $\pi d^{2}/4$，润湿周边为 $\pi d$，代入式（6-93）得 $d_{\mathrm{e}}=d$。再如，流体在两个同心套管组成的环隙中沿轴向流动，外管内径为 $D$、内管外径为 $d$，则其流通截面积为 $\pi(D^{2}-d^{2})/4$，润湿周边为 $\pi(D+d)$，代入式（6-93）得 $d_{\mathrm{e}}=D-d$。实验数据表明用水力当量直径进行计算时，存在较大的误差。

对于流体在等腰三角形和正多边形截面的管道中湍流流动时的范宁摩擦因子估算，Nan 等[8,9]提出采用当量圆直径代替圆管直径时，估算结果与实验值吻合良好。当量圆直径 $d_{\mathrm{Se}}$ 是指非圆形管道截面积 $A$ 与圆管截面积相等时圆管的直径，即

$$d_{\mathrm{Se}}=\sqrt{\frac{4\times\text{流通截面积}}{\pi}} \tag{6-94}$$

对于如图 6-13 的等腰三角形截面，按式（6-94）的定义可得到等腰三角形截面的当量圆直径 $d_{\mathrm{Se}}$ 为

$$d_{\mathrm{Se}}=\frac{a}{\sqrt{\pi\tan\alpha}} \tag{6-95}$$

式中，$a$ 为等腰三角形底边长度；$\alpha$ 为等腰三角形顶角的一半。

若以 $Re^{*}$ 表示以当量圆直径计算的雷诺数，$Re$ 表示以水力当量直径计算的雷诺数，则两者之间的关系为

$$Re^{*}=\frac{d_{\mathrm{Se}}u\rho}{\mu}=\left(1+\frac{1}{\sin\alpha}\right)\sqrt{\frac{\tan\alpha}{\pi}}\frac{d_{\mathrm{e}}u\rho}{\mu}=kRe \tag{6-96}$$

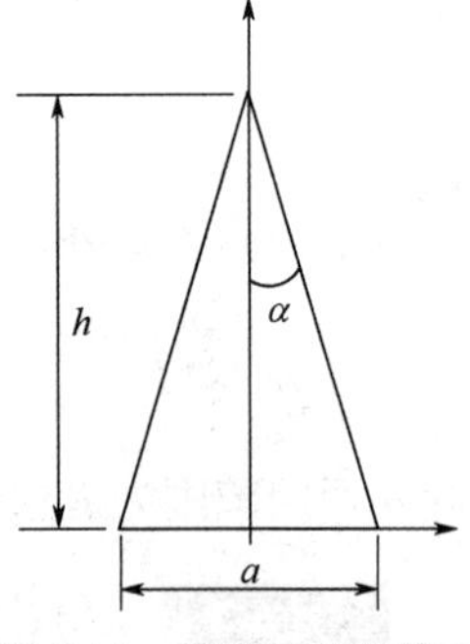

图 6-13　等腰三角形截面

式中，$k$ 为与等腰三角形顶角 $2\alpha$ 有关的一个常数

$$k=\left(1+\frac{1}{\sin\alpha}\right)\sqrt{\frac{\tan\alpha}{\pi}} \tag{6-97}$$

以布拉修斯（Blasius）式（6-77）估算范宁摩擦因子为例，应用当量圆直径代替水力当量直径，则公式应写成

$$4f\left(Re^{*}\right)^{0.25}=0.3164 \tag{6-98}$$

将式（6-96）代入式（6-98）转化为水力学直径表示，则为

$$4fRe^{0.25}=0.3164k^{-0.25}=C \tag{6-99}$$

分别采用水力当量直径和当量圆直径的估值与实验数据的比较见图6-14。由图可见采用水力当量直径与实验数据有很大误差，而采用当量圆直径时，估值与实验数据吻合良好。

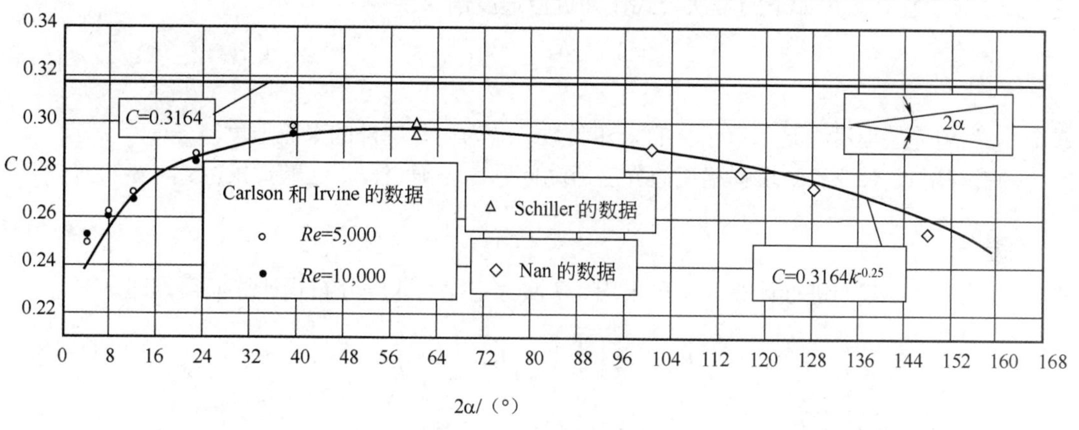


图6-14　式（6-77）、式（6-98）与实验数据比较

对于正多边形截面，按式（6-94）的定义可推导得到正多边形截面的当量圆直径 $d_{\mathrm{Se}}$ 为

$$d_{\mathrm{Se}}=a\sqrt{\frac{n}{\pi\tan\left(\pi/n\right)}} \tag{6-100}$$

式中，$a$ 为正多边形的边长；$n$ 为正多边形的边数。

研究发现采用式（6-100）计算所得的当量圆直径代替雷诺数中的水力当量直径，估值与实验值偏差在1%以内。

# 第三节　平板壁面湍流边界层传递的近似解

在工程中，当流体沿固体壁面快速流动或壁面在流动方向有较长尺寸时，在壁面上形成的边界层就会发展为湍流边界层。在湍流边界层内除上述的动量传递可以采用普朗特混合长理论进行描述外，对于湍流边界层内的热量传递和质量传递尚无类似的理论进行描述。下面介绍采用边界层积分方程近似解决湍流边界层内的传递问题。

## 一、平板壁面湍流边界层流动的近似解

在第五章推导得到边界层动量积分方程，该方程也可以应用于湍流边界层流动的求解。其求解过程类似于层流边界层流动的求解过程，即首先需要选取与真实情形尽可能接近的单参数速度剖面族，然后利用边界层动量积分方程式（5-232）确定此参数与 $x$ 的关系，从而得边界层流动问题的解

$$\rho \frac{d}{dx}\left(\int_0^{\delta}(u_0-u_x)u_x dy\right)=\tau_w \tag{5-232}$$

需要指出的是，湍流边界层和层流边界层有较大的不同，差别在于：①湍流边界层流动速度剖面和层流的不同，选取的湍流边界层剖面是时均运动的速度剖面，而不是瞬时速度剖面；②式（5-232）中的$\tau_w$不能直接通过对时均运动的速度剖面求导得出。因为选取的速度剖面仅适用于湍流核心区，而$\tau_w$应该运用从近壁底层区的速度剖面求取。因此，这里需要采用经验的或半经验的壁面剪应力公式。

从前述分析和讨论知道，湍流边界层内速度分布采用对数形式将与真实的情形比较符合。但是实践表明，以对数形式的速度分布式代入边界层动量积分方程进行求解相当烦琐。为了方便，在工程上往往采用如下的幂次公式作为近似速度剖面族

$$\frac{u_x}{u_0}=\left(\frac{y}{\delta}\right)^{1/7} \tag{6-101}$$

式中，$\delta$为边界层厚度，是依赖于$x$的未知函数；$u_0$为边界层外的来流速度。

为能利用式（5-232）求解湍流边界层流动问题，先确定$\tau_w$。这里$\tau_w$采用式（6-70）

$$\tau_w = f\times\frac{1}{2}\rho u_b^2 \tag{6-70}$$

式中，$f$用式（6-77）进行计算。$u_b$可采用1/7次方定律的速度分布式计算而得，即

$$u=u_{max}\left(\frac{y}{R}\right)^{1/7}=u_{max}\left(1-\frac{r}{R}\right)^{1/7} \tag{6-102}$$

在管截面上的平均速度为

$$u_b=\frac{1}{\pi R^2}\int_0^R u\times 2\pi r dr \tag{6-103}$$

将式（6-102）代入式（6-103）积分，并令$u_{max}=u_0$，得

$$u_b=0.817u_0 \tag{6-104}$$

将式（6-104）、式（6-77）代入式（6-70），同时令$d=2R=2\delta$，整理得

$$\tau_w=0.023\rho u_0^2\left(\frac{\delta u_0\rho}{\mu}\right)^{-0.25} \tag{6-105}$$

由于壁面应力完全取决于速度分布，而湍流边界层内速度分布的对数形式既适用于圆管，又适用于平板上的流动，所以上述结果虽然从圆管的情形得出，也适合于平板上的流动情形。将边界层动量积分方程（5-232）写成如下形式

$$\rho\frac{d}{dx}\left(\int_0^{\delta}(u_0-u_x)u_x dy\right)=\rho u_0^2\frac{d\delta}{dx}\int_0^1\left(1-\frac{u_x}{u_0}\right)\left(\frac{u_x}{u_0}\right)d\left(\frac{y}{\delta}\right)=\tau_w \tag{6-106}$$

将式（6-101）代入式（6-106）积分，整理得

$$\frac{d\delta}{dx}=\frac{72}{7}\frac{\tau_w}{\rho u_0^2} \tag{6-107}$$

然后将式（6-105）代入式（6-107），得

$$\frac{d\delta}{dx}=\frac{72}{7}\times 0.023\left(\frac{\delta u_0\rho}{\mu}\right)^{-0.25} \tag{6-108}$$

式（6-108）是一个一阶常微分方程，边界条件$x=0$，$\delta=0$。积分上式，并整理得

$$\frac{\delta}{x}=0.376Re_x^{-0.2} \tag{6-109}$$

上式即为平板上湍流边界层厚度随 $x$ 的变化关系。

流体对壁面的曳力 $F_D$ 也可计算如下。

将式（6-109）代入式（6-105），并将剪应力写成局部剪应力形式，得

$$\tau_{wx}=0.0294\left(\frac{xu_0\rho}{\mu}\right)^{-0.2}\rho u_0^2 \tag{6-110}$$

当流体流过宽为 $W$、长为 $L$ 的平板壁面时，对壁面的总曳力为

$$F_D=W\int_0^L\tau_{wx}dx=0.0368WLRe_L^{-0.2}\rho u_0^2 \tag{6-111}$$

平均曳力系数 $C_D$ 为

$$C_D=\frac{F_D}{\frac{1}{2}A_0\rho u_0^2}=0.0736Re_L^{-0.2} \tag{6-112}$$

式中，$A_0=WL$，$Re_L=\dfrac{L\rho u_0}{\mu}$。式（6-111）、式（6-112）的适用范围为 $5\times10^5<Re_L<1\times10^7$。

需要说明的是，以上推导过程是假设湍流边界层由 $x$=0 处开始形成，这与实际情况不符。若将平壁前部的层流边界层考虑在内，可得更精确的结果。设层流边界层距离为 $x_c$，经过类似推导，可得包括层流边界层在内的平均曳力系数计算公式为

$$C_D=\frac{0.455}{(\lg Re_L)^{2.58}}-\frac{A}{Re_L} \tag{6-113}$$

式中，$A$ 为临界雷诺数 $Re_{x_c}$ 的函数，可由下式计算

$$A=0.074Re_{x_c}^{0.8}-1.328Re_{x_c}^{0.5}$$

**【例 6-5】** 20℃的空气以 2.5m·s$^{-1}$ 的速度沿一宽为 2m、长为 5m 的平壁表面平行流过，试分别计算沿宽度方向和长度方向流动时的平均曳力系数和摩擦阻力。临界雷诺数取 $5\times10^5$。

**解** 首先判别边界层内的流动形态。为此查 20℃空气的物性数据：密度 $\rho$=1.205kg·m$^{-3}$，运动黏度 $\nu$=1.506×10$^{-5}$m$^2$·s$^{-1}$。则临界长度为

$$x_c=5\times10^5\times\frac{1.506\times10^{-5}}{2.5}=3.01\text{m}$$

（1）空气沿宽度方向运动时的曳力系数和摩擦阻力计算 由于沿空气流动方向的板长为 2m，小于 3.01m，故此时为层流边界层，用式（5-154）计算平均曳力系数

$$C_D=1.328Re_L^{-1/2}=1.328\times\left(\frac{2\times2.5}{1.506\times10^{-5}}\right)^{-1/2}=0.0023$$

摩擦阻力用式（5-153）计算

$$\begin{aligned}F_D&=0.664Wu_0\sqrt{\mu\rho Lu_0}=0.664Wu_0\rho\sqrt{\nu Lu_0}\\&=0.664\times5\times2.5\times1.205\times\sqrt{1.506\times10^{-5}\times2\times2.5}=0.0868\text{N}\end{aligned}$$

（2）空气沿长度方向运动时的曳力系数和摩擦阻力计算 当空气沿板长度方向流动时，边界层内包括层流边界层和湍流边界层，称为混合边界层，此时板上平均曳力系数由式（6-113）计算

$$C_{\mathrm{D}}=\frac{0.455}{\left(\lg Re_{\mathrm{L}}\right)^{2.58}}-\frac{A}{Re_{\mathrm{L}}}$$

式中 $$Re_{\mathrm{L}}=\frac{Lu\rho}{\mu}=\frac{Lu}{\nu}=\frac{5\times2.5}{1.506\times10^{-5}}=8.3\times10^{5}$$

$$A=0.074\times\left(5\times10^{5}\right)^{0.8}-1.328\times\left(5\times10^{5}\right)^{0.5}=1742.6$$

代入式（6-113）中，得 $$C_{\mathrm{D}}=\frac{0.455}{\left[\lg\left(8.3\times10^{5}\right)\right]^{2.58}}-\frac{1742.6}{8.3\times10^{5}}=0.00253$$

摩擦阻力由下式求取

$$F_{\mathrm{D}}=C_{\mathrm{D}}\times\frac{1}{2}A_{0}\rho u_{0}^{2}=0.00253\times\frac{1}{2}\times2\times5\times1.205\times2.5^{2}=0.0953\ \mathrm{N}$$

由计算结果可见，沿长度方向流动时的摩擦阻力比沿宽度方向流动时的摩擦阻力增大约

$$\frac{0.0953-0.0868}{0.0868}\times100\%=9.8\%$$

## 二、平板壁面湍流边界层传热的近似解

边界层能量积分方程也可适用于湍流边界层对流传热的情形。此时，将选取的湍流边界层的速度分布和温度分布代入式（5-258）进行运算，可得湍流边界层对流传热的近似解。

在定常态对流传热时，通过壁面的导热通量应等于对流传热通量，即

$$k\left.\frac{\mathrm{d}T}{\mathrm{d}y}\right|_{y=0}=h_{x}\left(T_{0}-T_{\mathrm{s}}\right)\tag{6-114}$$

由式（6-114）和式（5-258），得

$$h_{x}=\rho c_{p}\frac{\mathrm{d}}{\mathrm{d}x}\int_{0}^{\delta_{T}}\left(\frac{T_{0}-T}{T_{0}-T_{\mathrm{s}}}\right)u_{x}\mathrm{d}y\tag{6-115}$$

假设湍流边界层的速度分布用 1/7 次方幂表示，即为

$$\frac{u_{x}}{u_{0}}=\left(\frac{y}{\delta}\right)^{1/7}\tag{6-101}$$

湍流边界层内的温度分布也用 1/7 次方幂表示，即为

$$\frac{T-T_{\mathrm{s}}}{T_{0}-T_{\mathrm{s}}}=\left(\frac{y}{\delta_{T}}\right)^{1/7}\tag{6-116}$$

将式（6-116）改写成

$$\frac{T_{0}-T}{T_{0}-T_{\mathrm{s}}}=1-\frac{T-T_{\mathrm{s}}}{T_{0}-T_{\mathrm{s}}}=1-\left(\frac{y}{\delta_{T}}\right)^{1/7}\tag{6-117}$$

通常情况下，速度边界层厚度与温度边界层厚度不等，设两者关系为

$$\frac{\delta}{\delta_{T}}=Pr^{n}\tag{6-118}$$

将式（6-118）代入式（6-101），得

$$u_{x}=u_{0}\left(\frac{y}{\delta_{T}Pr^{n}}\right)^{1/7}\tag{6-119}$$

再将式（6-117）和式（6-119）代入式（6-115）中，积分得

$$h_x = u_0\rho c_p \frac{\mathrm{d}}{\mathrm{d}x}\int_0^{\delta_T}\left[1-\left(\frac{y}{\delta_T}\right)^{1/7}\right]\left(\frac{y}{\delta_T Pr^n}\right)^{1/7}\mathrm{d}y = \frac{7}{72}u_0\rho c_p Pr^{-n/7}\frac{\mathrm{d}\delta_T}{\mathrm{d}x} \tag{6-120}$$

另外，将式（6-118）对 $x$ 取导数，可得

$$\frac{\mathrm{d}\delta_T}{\mathrm{d}x} = Pr^{-n}\frac{\mathrm{d}\delta}{\mathrm{d}x} \tag{6-121}$$

湍流速度边界层厚度由式（6-109）计算

$$\frac{\delta}{x} = 0.376 Re_x^{-0.2} \tag{6-109}$$

然后，将式（6-109）对 $x$ 微分，得

$$\frac{\mathrm{d}\delta}{\mathrm{d}x} = 0.301 Re_x^{-0.2} \tag{6-122}$$

将式（6-122）代入式（6-121），得

$$\frac{\mathrm{d}\delta_T}{\mathrm{d}x} = 0.301 Re_x^{-0.2} Pr^{-n} \tag{6-123}$$

最后将式（6-123）代入式（6-120），整理得

$$h_x = 0.0292 u_0\rho c_p Re_x^{-0.2} Pr^{-8n/7} \tag{6-124}$$

写成无量纲形式，式（6-124）变为

$$Nu_x = \frac{h_x x}{k} = 0.0292 Re_x^{0.8} Pr^{(7-8n)/7} \tag{6-125}$$

式（6-125）中的 $Pr$ 表示物性对传热速率的影响。从传热过程机理分析，不管层流（分子传热）还是湍流（涡流传热），物性对传热的影响应该是相同的。结合层流对流传热时式（5-281）中 $Pr$ 的指数为 1/3，故柯尔本(Colburn)建议在湍流边界层传热时 $Pr$ 的指数仍取 1/3，即 $n\approx 1/1.71$。于是式（6-118）、式（6-124）和式（6-125）的最终形式为

$$\frac{\delta}{\delta_T} = Pr^{1/1.71} \tag{6-126}$$

$$h_x = 0.0292\frac{k}{x} Re_x^{0.8} Pr^{1/3} \tag{6-127}$$

$$Nu_x = \frac{h_x x}{k} = 0.0292 Re_x^{0.8} Pr^{1/3} \tag{6-128}$$

若板长为 $L$，则整块板上平均的 $h_\mathrm{m}$ 和 $Nu_\mathrm{m}$ 为

$$h_\mathrm{m} = \frac{1}{L}\int_0^L h_x \mathrm{d}x = 0.0365\frac{k}{L} Re_\mathrm{L}^{0.8} Pr^{1/3} \tag{6-129}$$

$$Nu_\mathrm{m} = \frac{h_\mathrm{m} L}{k} = 0.0365 Re_\mathrm{L}^{0.8} Pr^{1/3} \tag{6-130}$$

上述各式中的定性温度取膜温，即 $T_\mathrm{m}=(T_0+T_\mathrm{s})/2$。

需要说明的是，以上推导过程是假设湍流边界层传热由 $x$=0 处开始，而实际情况是平壁前缘有一段层流流动，然后发展为湍流边界层。所以若将平壁前部的层流边界层传热考虑在内，可得精确的计算结果。设层流边界层长度为 $x_\mathrm{c}$，则平均对流传热系数

$$h_\mathrm{m} = \frac{1}{L}\left[\int_0^{x_\mathrm{c}} h_{x(\text{层流})}\mathrm{d}x + \int_{x_\mathrm{c}}^L h_{x(\text{湍流})}\mathrm{d}x\right] \tag{6-131}$$

经过积分运算，可得包括层流边界层传热在内的平均对流传热系数计算公式为

$$h_{\mathrm{m}} = 0.0365\frac{k}{L}Pr^{1/3}\left(Re_{\mathrm{L}}^{0.8} - A\right) \tag{6-132}$$

式中

$$A = Re_{x_c}^{0.8} - 18.19Re_{x_c}^{0.5} \tag{6-133}$$

包括层流边界层传热在内的 $Nu_{\mathrm{m}}$ 计算公式为

$$Nu_{\mathrm{m}} = \frac{h_{\mathrm{m}}L}{k} = 0.0365Pr^{1/3}\left(Re_{\mathrm{L}}^{0.8} - A\right) \tag{6-134}$$

**【例 6-6】** 常压下 20℃的空气以 30m·s$^{-1}$ 的速度平行流过 1m 长的光滑平板表面，板壁面温度保持在 100℃。空气可视为不可压缩流体。传热由板的前缘开始。临界雷诺数取 5×10$^{5}$。当板宽度为 0.5m 时，试求下列各种情况下板面与空气间的换热速率：

（1）考虑层流边界层转变为湍流边界层的混合边界层时的传热；

（2）为了提高传热效率，在板前缘设置一种扰流装置，使流动从板前缘开始就处于湍流时的传热。

**解** （1）空气的定性温度为 $T_{\mathrm{m}}$=(20+100)/2=60℃。查常压下 60℃空气的物性：密度 $\rho$=1.06kg·m$^{-3}$，运动黏度 $\nu$=1.897×10$^{-5}$m$^{2}$·s$^{-1}$，热导率 $k$=0.029W· m$^{-1}$·s$^{-1}$，$Pr$=0.696。则临界长度为

$$x_{\mathrm{c}} = 5\times10^{5}\times\frac{1.897\times10^{-5}}{30} = 0.316\ \mathrm{m}$$

由式（6-132）计算混合边界层中的对流传热系数

$$h_{\mathrm{m}} = 0.0365\frac{k}{L}Pr^{1/3}\left(Re_{\mathrm{L}}^{0.8} - A\right) \tag{6-132}$$

式中

$$A = Re_{x_c}^{0.8} - 18.19Re_{x_c}^{0.5} = \left(5\times10^{5}\right)^{0.8} - 18.19\times\left(5\times10^{5}\right)^{0.5} = 23377$$

$$Re_{\mathrm{L}}^{0.8} = \left(\frac{1\times30}{1.897\times10^{-5}}\right)^{0.8} = 91042$$

代入式（6-132），得

$$h_{\mathrm{m}} = 0.0365\times\frac{0.029}{1}\times0.696^{1/3}\times\left(91042 - 23377\right) = 63.5\ \mathrm{W{\cdot}m^{-2}{\cdot}s^{-1}}$$

整块板的换热速率 $Q = h_{\mathrm{m}}A\left(T_{\mathrm{s}} - T_{0}\right) = 63.5\times0.5\times1\times\left(100 - 20\right) = 2540\ \mathrm{W}$

（2）板前缘安装扰流装置后，从板前缘开始进入湍流边界层。

此时用式（6-129）计算传热系数

$$h_{\mathrm{m}} = 0.0365\frac{k}{L}Re_{\mathrm{L}}^{0.8}Pr^{1/3} = 0.0365\times\frac{0.029}{1}\times91042\times0.696^{1/3} = 85.4\ \mathrm{W{\cdot}m^{-2}{\cdot}s^{-1}}$$

整块板的换热速率 $Q = h_{\mathrm{m}}A\left(T_{\mathrm{s}} - T_{0}\right) = 85.4\times0.5\times1\times\left(100 - 20\right) = 3416\ \mathrm{W}$

加扰流装置后，提高传热的百分数为(3416−2540)/2540=34.5%。可见采取强化措施后，传热速率显著增加。

## 三、平板壁面湍流边界层传质的近似解

如同边界层动量积分方程和边界层能量积分方程一样，边界层质量积分方程式（5-296）也可用于湍流边界层传质问题的求解，以求取对流传质系数。

$$\frac{\mathrm{d}}{\mathrm{d}x}\int_{0}^{\delta_C}\left(C_{\mathrm{A0}} - C_{\mathrm{A}}\right)u_{x}\mathrm{d}y = D_{\mathrm{AB}}\left.\frac{\mathrm{d}C_{\mathrm{A}}}{\mathrm{d}y}\right|_{y=0} \tag{5-296}$$

当达到定常态传质时，组分 A 通过壁面的扩散应该等于壁面和流体主体间的对流传质，即

$$-D_{AB}\left.\frac{dC_A}{dy}\right|_{y=0}=k_{Cx}^0\left(C_{As}-C_{A0}\right) \tag{6-135}$$

由式（5-296）和式（6-135）可得

$$k_{Cx}^0=\frac{d}{dx}\int_0^{\delta_C}\frac{C_{A0}-C_A}{C_{A0}-C_{As}}u_x dy \tag{6-136}$$

假设湍流边界层的速度分布用 1/7 次方幂表示，即为

$$\frac{u_x}{u_0}=\left(\frac{y}{\delta}\right)^{1/7} \tag{6-101}$$

湍流边界层内的浓度分布也用 1/7 次方幂表示，即为

$$\frac{C_A-C_{As}}{C_{A0}-C_{As}}=\left(\frac{y}{\delta_C}\right)^{1/7} \tag{6-137}$$

将式（6-137）改写成

$$\frac{C_{A0}-C_A}{C_{A0}-C_{As}}=1-\frac{C_A-C_{As}}{C_{A0}-C_{As}}=1-\left(\frac{y}{\delta_C}\right)^{1/7} \tag{6-138}$$

通常情况下，速度边界层厚度与浓度边界层厚度不等，设两者关系为

$$\frac{\delta}{\delta_C}=Sc^n \tag{6-139}$$

将式（6-139）代入式（6-101），得

$$u_x=u_0\left(\frac{y}{\delta_C Sc^n}\right)^{1/7} \tag{6-140}$$

将式（6-140）和式（6-138）代入式（6-136）进行积分运算，整理后得到类似于湍流边界层传热的结果

$$k_{Cx}^0=0.0292\frac{D_{AB}}{x}Re_x^{0.8}Sc^{1/3} \tag{6-141}$$

$$Sh_x=\frac{k_{Cx}^0 x}{D_{AB}}=0.0292Re_x^{0.8}Sc^{1/3} \tag{6-142}$$

若板长为 $L$，则整块板上平均的 $k_{Cm}^0$ 和 $Sh_m$ 为

$$k_{Cm}^0=\frac{1}{L}\int_0^L k_{Cx}^0 dx=0.0365\frac{D_{AB}}{L}Re_L^{0.8}Sc^{1/3} \tag{6-143}$$

$$Sh_m=\frac{k_{Cm}^0 L}{D_{AB}}=0.0365Re_L^{0.8}Sc^{1/3} \tag{6-144}$$

需要说明的是，以上结果是假设湍流边界层传质由 $x$=0 处开始，而实际情况是平壁前缘有一段层流流动，然后发展为湍流边界层。所以若将平壁前部的层流边界层传质考虑在内，可得精确的计算结果。设层流边界层长度为 $x_c$，则平均对流传质系数为

$$k_{\mathrm{Cm}}^0=\frac{1}{L}\left[\int_0^{x_c}k_{\mathrm{Cm}(层流)}^0\mathrm{d}x+\int_{x_c}^{L}k_{\mathrm{Cm}(湍流)}^0\mathrm{d}x\right] \tag{6-145}$$

经过积分运算，可得包括层流边界层传质在内的平均对流传质系数计算公式为

$$k_{\mathrm{Cm}}^0=0.0365\frac{D_{\mathrm{AB}}}{L}Sc^{1/3}\left(Re_{\mathrm{L}}^{0.8}-A\right) \tag{6-146}$$

式中

$$A=Re_{x_c}^{0.8}-18.19Re_{x_c}^{0.5} \tag{6-147}$$

包括层流边界层传质在内的 $Sh_{\mathrm{m}}$ 计算公式为

$$Sh_{\mathrm{m}}=\frac{k_{\mathrm{Cm}}^0L}{D_{\mathrm{AB}}}=0.0365Sc^{1/3}\left(Re_{\mathrm{L}}^{0.8}-A\right) \tag{6-148}$$

**【例 6-7】** 常压下45℃的空气以 $30\mathrm{m\cdot s^{-1}}$ 的速度平行流过0.5m长表面光滑的萘板。空气可视为不可压缩流体。传质由萘板的前缘开始。临界雷诺数为 $5\times10^5$。当萘板宽度为0.2m时，试求下列各种情况下萘板壁面与空气间的对流传质速率：

（1）考虑层流边界层转变为湍流边界层的混合边界层时的传质；

（2）为了提高传质速率，在萘板前缘设置一种扰流装置，使流动从萘板前缘开始就处于湍流时的传质。

已知常压下45℃时，萘在空气中的扩散系数为 $6.92\times10^{-6}\mathrm{m^2\cdot s^{-1}}$，萘的饱和蒸气压为0.555mmHg，固体萘的密度为 $1152\mathrm{kg\cdot m^{-3}}$，摩尔质量为 $128\mathrm{kg\cdot kmol^{-1}}$。

**解** （1）查常压下45℃空气的物性：密度 $\rho=1.111\mathrm{kg\cdot m^{-3}}$，运动黏度 $\nu=1.746\times10^{-5}\ \mathrm{m^2\cdot s^{-1}}$。则临界长度为

$$x_c=5\times10^5\times\frac{1.746\times10^{-5}}{30}=0.291\,\mathrm{m}$$

由式（6-146）计算混合边界层中的对流传质系数

$$k_{\mathrm{Cm}}^0=0.0365\frac{D_{\mathrm{AB}}}{L}Sc^{1/3}\left(Re_{\mathrm{L}}^{0.8}-A\right) \tag{6-146}$$

式中

$$A=Re_{x_c}^{0.8}-18.19Re_{x_c}^{0.5}=\left(5\times10^5\right)^{0.8}-18.19\times\left(5\times10^5\right)^{0.5}=23377$$

$$Re_{\mathrm{L}}^{0.8}=\left(\frac{0.5\times30}{1.746\times10^{-5}}\right)^{0.8}=55878,\qquad Sc=\frac{\nu}{D_{\mathrm{AB}}}=\frac{1.746\times10^{-5}}{6.92\times10^{-6}}=2.52$$

代入式（6-146），得

$$\begin{aligned}k_{\mathrm{Cm}}^0&=0.0365\frac{D_{\mathrm{AB}}}{L}Sc^{1/3}\left(Re_{\mathrm{L}}^{0.8}-A\right)\\&=0.0365\times\frac{6.92\times10^{-6}}{0.5}\times2.52^{1/3}\times\left(55878-23377\right)=0.0223\,\mathrm{m\cdot s^{-1}}\end{aligned}$$

由于空气中萘的浓度很低，所以 $k_{\mathrm{Cm}}=k_{\mathrm{Cm}}^0=0.0223\,\mathrm{m\cdot s^{-1}}$。

萘板表面上萘的浓度为 $C_{\mathrm{As}}=\dfrac{p_{\mathrm{As}}}{RT}=\dfrac{(0.555/760)\times1.013\times10^5}{8314\times(273+45)}=2.8\times10^{-5}\,\mathrm{kmol\cdot m^{-3}}$

整块萘板的传质速率

$$m_{\mathrm{A}}=k_{\mathrm{Cm}}A\left(C_{\mathrm{As}}-C_{\mathrm{A0}}\right)=0.0223\times0.2\times0.5\times\left(2.8\times10^{-5}-0\right)\times128=7.99\times10^{-6}\,\mathrm{kg\cdot s^{-1}}$$

（2）萘板前缘安装扰流装置后，从萘板前缘开始进入湍流边界层。

此时用式（6-143）计算对流传质系数

$$k_{\mathrm{Cm}}^{0}=0.0365\frac{D_{\mathrm{AB}}}{L}Re_{\mathrm{L}}^{0.8}Sc^{1/3}=0.0365\times\frac{6.92\times10^{-6}}{0.5}\times55878\times2.52^{1/3}=0.0384\ \mathrm{m\cdot s^{-1}}$$

由于空气中萘的浓度很低，所以 $k_{\mathrm{Cm}}=k_{\mathrm{Cm}}^{0}=0.0384\ \mathrm{m\cdot s^{-1}}$，则整块萘板的传质速率为

$$m_{\mathrm{A}}=k_{\mathrm{Cm}}A\left(C_{\mathrm{As}}-C_{\mathrm{A0}}\right)=0.0384\times0.2\times0.5\times\left(2.8\times10^{-5}-0\right)\times128=1.38\times10^{-5}\ \mathrm{kg\cdot s^{-1}}$$

加扰流装置后，提高传质的百分数为$(1.38\times10^{-5}-7.99\times10^{-6})/(7.99\times10^{-6})=72.7\%$。可见传质显著增强。

## 习 题

**6-1** 用热线风速仪在相同的时间间隔（以毫秒计的相等时间间隔读取数据），测得某点瞬时速度具有如下数据 $u_x/\mathrm{cm\cdot s^{-1}}$：90.5，91.3，87.1，92.7，95.8，93.1，89.0，85.3，84.7，94.5。试求该点的时均速度、脉动速度及湍流强度。假设流体各向同性。

**6-2** 20℃的水以 $20\mathrm{m\cdot s^{-1}}$ 的平均速度流过内径为 60mm 的水平光滑圆管。试求距离管壁 20mm 处的速度、剪切应力及混合长。

**6-3** 在 $Re<1\times10^{5}$ 的条件下，若已知光滑圆管中的湍流时均速度分布为

$$\bar{u}=\bar{u}_{\max}\left(\frac{y}{r_0}\right)^{1/7}=\bar{u}_{\max}\left(\frac{r_0-r}{r_0}\right)^{1/7}$$

式中，$r$ 为距轴心的距离；$y$ 为距管壁的距离；$r_0$ 为管半径。试证管内平均速度为

$$u_{\mathrm{b}}=\frac{49}{60}\bar{u}_{\max}$$

**6-4** 20℃的水以 $1.0\mathrm{m\cdot s^{-1}}$ 的速度流过一片宽大的平壁，试分别计算离平壁前缘 0.4m 及 2.0m 处的边界层厚度及垂直壁面 2mm 处的速度。设临界雷诺数为 $5\times10^{5}$。

**6-5** 20℃的水在直径为 50.8mm 的水平光滑圆管内流动，设 1m 长的管道流体压降为 1.57kPa，试计算近壁层流底层、过渡层及湍流核心区的厚度，并求层流底层与缓冲层交界处的流速，缓冲层与湍流核心交界处的流速，以及管中心处的流速。

**6-6** 在 $Re<1\times10^{5}$ 的条件下，若已知光滑圆管中的湍流时均速度分布为

$$\frac{\bar{u}}{u^{*}}=8.562\left(\frac{u^{*}y\rho}{\mu}\right)^{1/7}$$

式中，$y$ 为距管壁的距离。试证：

（1）壁面切应力为

$$\left(\tau_{yx}\right)_{\mathrm{w}}=\frac{0.03955\rho u_{\mathrm{b}}^{2}}{\left(u_{\mathrm{b}}D\rho/\mu\right)^{1/4}}$$

（2）摩擦系数为

$$\lambda=\frac{0.3164}{\left(u_{\mathrm{b}}D\rho/\mu\right)^{1/4}}$$

式中，$u_{\mathrm{b}}$ 为管内平均速度；$D$ 为圆管直径。

**6-7** 试证明光滑管道中湍流近壁底层的厚度为

$$\delta_l = \frac{5\sqrt{8}D}{(u_b D\rho/\mu)\sqrt{\lambda}}$$

**6-8** 由尼古拉则（Nikurades）等人的实验数据可知流体在光滑圆管内做湍流流动时，$Re$ 在很大范围内（$4.0\times10^3 \leqslant Re \leqslant 3.2\times10^6$），管截面上的速度分布可表示为

$$u = u_{max}\left(\frac{r_0 - r}{r_0}\right)^{1/n}$$

式中，$n$ 为不同 $Re$ 下的值；$r_0$ 为管半径。试证明平均速度 $u_b$ 与管中心速度 $u_{max}$ 之间的关系为

$$\frac{u_b}{u_{max}} = \frac{2n^2}{(n+1)(2n+1)}$$

**6-9** 假设平板湍流边界层内统计平均速度分布为 1/10 次方规律，并设全平板为湍流，如用动量积分关系式求解，试证明结果为：

（1）$\dfrac{\delta}{x} = 0.239Re_x^{-0.154}$；（2）$C_D = 0.0362Re_L^{-0.154}$。

已知圆管内的平均速度分布为 1/10 次方规律时，范宁摩擦因子可用式 $f = 0.0348Re^{-0.182}$ 计算。

**6-10** 常压下，40℃的空气以 $60m{\cdot}s^{-1}$ 的速度流过一块长 6m、宽 2m 的平板。试求沿长度方向和沿宽度方向流动的阻力之比，并解释之，设平板边界层由层流转化为湍流的条件为 $Re_{x_c} = 5\times10^5$。

**6-11** 光滑平板宽 1.2m，长 3m，潜没在静水中以速度 $1.2m{\cdot}s^{-1}$ 分别沿长度和宽度方向拖曳，水温为 20℃，试求：

（1）层流边界层的长度；

（2）平板末端的边界层厚度；

（3）所需的拖力；

（4）画出两种情形下边界层厚度随流动方向的变化。

**6-12** 某油类液体以 $1m{\cdot}s^{-1}$ 的流速沿一热的平板壁面流过，油的温度为 20℃，平板壁面温度维持在 80℃。设临界雷诺数为 $5\times10^5$。试求：

（1）临界点处的局部对流传热系数；

（2）由平板前缘至临界点这段平板壁面的平均对流传热系数和传热通量。

已知油类液体在边界层膜温下的物性：密度为 $750kg{\cdot}m^{-3}$，黏度为 $3mPa{\cdot}s$，热导率为 $0.15W{\cdot}m^{-1}{\cdot}K^{-1}$，比热容为 $200J{\cdot}kg^{-1}{\cdot}K^{-1}$。

**6-13** 水以速度 $1m{\cdot}s^{-1}$ 流过一块长度 0.6m 的平板。实验结果得出，层流和湍流区域的局部对流传热系数可分别表示为：$h_l = A_l x^{-0.5}$ 和 $h_t = A_t x^{-0.2}$，式中 $x$ 的单位为 m；$h_l$ 和 $h_t$ 的单位为 $W{\cdot}m^{-2}{\cdot}K^{-1}$。在水温为 27℃时得到 $A_l = 395W{\cdot}m^{-1.5}{\cdot}K^{-1}$，$A_t = 2330W{\cdot}m^{-1.8}{\cdot}K^{-1}$；水温为 77℃时得到 $A_l = 477W{\cdot}m^{-1.5}{\cdot}K^{-1}$，$A_t = 3600W{\cdot}m^{-1.8}{\cdot}K^{-1}$。确定两种水温下整个平板的平均对流传热系数 $h_m$。假设为定常态传热，临界雷诺数为 $5\times10^5$。

**6-14** 常压下 30℃的空气以 $50m{\cdot}s^{-1}$ 的速度掠过 0.6m 长的平板表面，板面温度为 250℃并维持恒定。传热由平板前缘开始。空气可视为不可压缩流体。当板面宽度为 1m 时，试分别根据下面两种情况求算板面与空气之间的传热速率。

（1）考虑层流边界层的存在。临界雷诺数为 $4\times10^5$。

（2）不考虑层流边界层的存在，由平板前缘开始即为湍流边界层。

并对（1）、（2）两项计算结果进行比较。

**6-15**　温度为 60℃的热水以 $20m \cdot s^{-1}$ 的流速流过一块冷的平板表面。壁面温度恒定，且为 20℃。试求距平板壁面前缘 2m 处的速度边界层厚度和温度边界层厚度，并求水流过长度为 2m、宽度为 1m 的平板壁面时的总传热速率，并指出其中湍流边界层中传热速率占总传热速率的百分数。临界雷诺数为 $5 \times 10^5$。

**6-16**　有一块厚度为 10mm、长度为 2m 的萘板。在萘板的一个面上有 0℃的常压空气吹过，气速为 $10m \cdot s^{-1}$。试求经过 10h 以后，萘板厚度减薄的百分数。

在 0℃下，空气-萘体系的扩散系数为 $5.14 \times 10^{-6} m^2 \cdot s^{-1}$，萘的蒸气压为 0.0059mmHg，固体萘的密度为 $1152kg \cdot m^{-3}$，设临界雷诺数为 $3 \times 10^5$。

# 第七章

# 对流传递过程的工程解决方法

前述几章中介绍了各种方法求取压力、速度、温度以及浓度等参数在空间的分布，其最终目的是计算相应的流体流动阻力、对流传热速率以及对流传质速率等物理量。但在工程上有时并不需要知道压力、速度、温度以及浓度等参数在空间的分布，而只要能求取工程上极为重要的流体流动阻力、对流传热速率以及对流传质速率即可。本章介绍的量纲分析法和三传相似法就是为解决复杂工程问题而发展起来的实用而有效的方法。通过量纲分析法可以大大减少实验工作量，并能得到较为普遍适用的关联式以便求取各种对流传递系数；或通过三传相似法获得各种对流传递系数间的关联式，进而方便地计算流体流动阻力、对流传热速率以及对流传质速率。

## 第一节　量纲分析法

在工程中，许多流动、传热和传质问题都非常复杂，一些问题可以用数学方程进行描述，但求解方程困难；另一些问题由于影响因素太多，甚至不可能用数学方程进行描述。对于后一类问题，在工程上常常要依靠实验方法或用半理论半经验的方法建立经验关联式以解决实际问题。在进行实验时，通常是每一次改变一个变量而将其他变量固定，获得该变量对物理现象的影响规律。依次对各个变量进行类似的实验研究，最终得到全部变量对物理现象的影响规律。若涉及的变量很多，实验工作量必然很大，而且将实验结果关联成便于应用的表达式也较困难。因此，为解决这个问题，工程上常采用下面的量纲分析法以简化实验工作。

量纲分析法的依据是白金汉（Buckingham）的 $\pi$ 定理，其内容如下：一个含有 $n$ 个物理量的方程式通常可以转换成包含（$n-r$）个独立的无量纲特征数间的关系式；其中，$r$ 为 $n$ 个物理量所涉及的基本量纲的数目。

由 $\pi$ 定理可知，无量纲特征数的数量总是比变量的数量少，这样实验与关联工作都能够得到简化。量纲分析法在工程实验研究中的应用非常广泛，下面分别介绍该法在流体流动、传热和传质中的应用。

### 一、圆管内湍流流动的摩擦阻力损失量纲分析

通过量纲分析建立圆管内湍流流动的摩擦阻力损失关联式，具体步骤如下：

（1）首先根据实验结果及对摩擦阻力损失的内因分析，找出影响摩擦阻力损失的主要因素。

从大量实验中发现，影响流体做湍流流动时摩擦阻力损失 $w_f$ 的主要因素有管径 $d$、管长 $l$、平均速度 $u$、流体密度 $\rho$、黏度 $\mu$ 及管壁绝对粗糙度 $\varepsilon$，即

$$w_f = f\left(d, l, u, \rho, \mu, \varepsilon\right) \tag{7-1}$$

绝对粗糙度 $\varepsilon$ 值可查相关资料[7]获取。

（2）找出各物理量所涉及的基本量纲数目 $r$。

用符号[X]表示物理量 X 的量纲，则式（7-1）中各物理量的量纲表示如下：

$[w_f]$= J·kg$^{-1}$= m$^2$·s$^{-2}$　　$[d]$=$[l]$= m　　$[u]$=m·s$^{-1}$

$[\rho]$= kg·m$^{-3}$　　$[\mu]$= Pa·s= kg·m$^{-1}$·s$^{-1}$　　$[\varepsilon]$= m

式（7-1）中共有 7 个物理量，这 7 个物理量所涉及的基本量纲为米（m）、秒（s）和千克（kg），所以基本量纲的数目 $r$=3。根据 $\pi$ 定理可知，无量纲特征数的数目为物理量个数与基本量纲数目之差，即 7−3 = 4 个。

（3）选择 $r$ 个物理量作为基本物理量（要求该 $r$ 个物理量的量纲中必须涉及上述 3 个基本量纲）。

这里 $r$=3，所以，应在本问题的所有 7 个物理量中选择 3 个物理量作为基本物理量，例如选 $d$、$u$ 及$\rho$。值得指出的是，所得的无量纲特征数的形式与选取的基本物理量有关。这就是说，若不选取 $d$、$u$、$\rho$而选取其他三个物理量作为基本物理量，可能会得到与之不完全相同的四个无量纲特征数，但不管怎样，最后所得的经验式本质上是相同的。

（4）将其余（$n$−$r$）个物理量逐一与基本物理量组成无量纲特征数。

这里 $n$−$r$=4，其余四个物理量分别为管长 $l$、黏度$\mu$、管壁绝对粗糙度$\varepsilon$和湍流直管摩擦阻力损失 $w_f$。将它们逐一与基本物理量 $d$、$u$、$\rho$组合成无量纲特征数，组合过程常用幂指数形式表示，具体如下

$$\pi_1 = l\left(d^{a_1} u^{b_1} \rho^{c_1}\right) \tag{7-2}$$

$$\pi_2 = \mu\left(d^{a_2} u^{b_2} \rho^{c_2}\right) \tag{7-3}$$

$$\pi_3 = \varepsilon\left(d^{a_3} u^{b_3} \rho^{c_3}\right) \tag{7-4}$$

$$\pi_4 = w_f\left(d^{a_4} u^{b_4} \rho^{c_4}\right) \tag{7-5}$$

式中，$\pi$代表无量纲特征数；$a$、$b$、$c$ 各指数值待定。

（5）根据量纲一致性原则确定上述待定指数。

量纲一致性原则是指每一个物理方程中的各项一定具有相同的量纲。下面以$\pi_2$为例，将$\mu$、$d$、$u$、$\rho$的量纲代入式（7-3）得

$$[\pi_2] = \left(\mathrm{kg}\cdot\mathrm{m}^{-1}\cdot\mathrm{s}^{-1}\right)\mathrm{m}^{a_2}\left(\mathrm{m}\cdot\mathrm{s}^{-1}\right)^{b_2}\left(\mathrm{kg}\cdot\mathrm{m}^{-3}\right)^{c_2} = \mathrm{m}^{-1+a_2+b_2-3c_2}\mathrm{s}^{-1-b_2}\mathrm{kg}^{1+c_2}$$

根据量纲一致性原则，等号右边各量纲的指数必为零，即

$$\begin{cases} -1 + a_2 + b_2 - 3c_2 = 0 \\ -1 - b_2 = 0 \\ 1 + c_2 = 0 \end{cases}$$

解之得 $a_2 = -1$，$b_2 = -1$，$c_2 = -1$。

将上述 $a_2$、$b_2$、$c_2$ 值代入式（7-3）得：$\pi_2 = \mu\left(d^{-1}u^{-1}\rho^{-1}\right) = \left(\dfrac{du\rho}{\mu}\right)^{-1} = Re^{-1}$。

类似可得 $\pi_1 = l/d$，$\pi_3 = \varepsilon/d$，$\pi_4 = w_f/u^2$。

至此，找到 4 个无量纲特征数，分别为长径比 $l/d$、雷诺数 $Re$、相对糙度$\varepsilon/d$ 和欧拉数 $Eu$=$w_f/u^2$。欧拉数的物理意义是阻力损失与动能之比。于是式（7-1）变为

$$\frac{w_f}{u^2} = F\left(Re, \frac{\varepsilon}{d}, \frac{l}{d}\right) \tag{7-6}$$

实验结果表明：直管摩擦阻力损失与管长成正比，所以可将式（7-6）改写成

$$w_f = \varphi\left(Re, \frac{\varepsilon}{d}\right)\frac{l}{d}\frac{u^2}{2} \tag{7-7}$$

将式（7-7）与式（4-91）对比

$$w_f = \lambda \frac{l}{d}\frac{u^2}{2} \tag{4-91}$$

得

$$\lambda = \varphi\left(Re, \varepsilon/d\right) \tag{7-8}$$

通过上述量纲分析过程，将原来含有 7 个物理量的式（7-1）转变成了只含有 4 个无量纲特征数的式（7-6）。如果以无量纲特征数为变量进行实验，显然实验工作量将大大减少。

由式（7-8）可见，摩擦系数$\lambda$是雷诺数 $Re$ 和相对粗糙度$\varepsilon/d$ 的函数。

实验研究表明，不同流态、管壁状况下，$Re$ 和$\varepsilon/d$ 对$\lambda$的影响作用不同。若以 $Re$ 为横坐标，$\lambda$为纵坐标，$\varepsilon/d$ 为参变量，将实验结果标绘在双对数坐标系中，得到如图 7-1 所示的一簇曲线。该图称为莫狄（Moody）图。

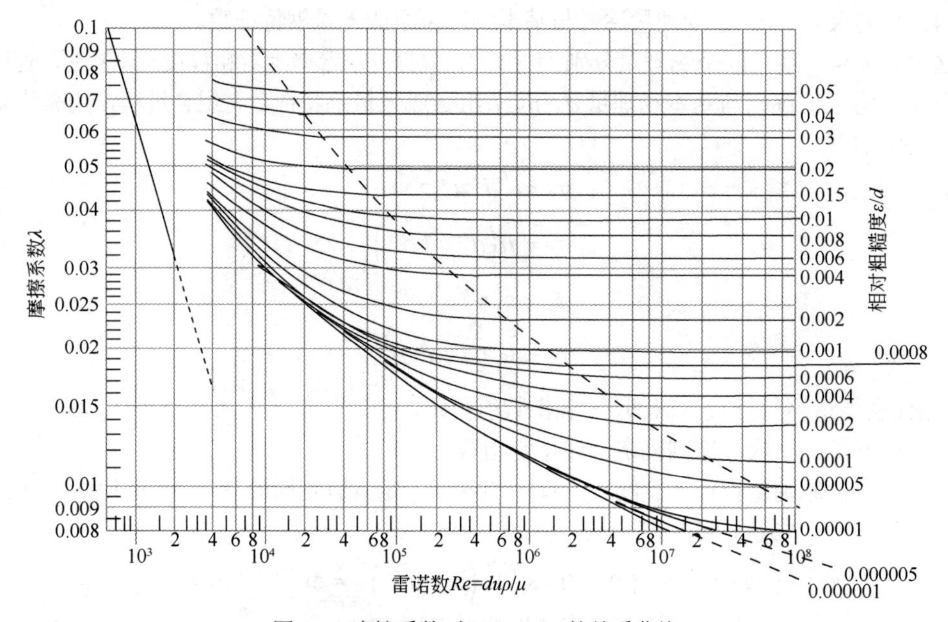


图 7-1　摩擦系数$\lambda$与 $Re$、$\varepsilon/d$ 的关系曲线

## 二、圆管内湍流流动的对流传热系数量纲分析

通过量纲分析建立圆管内湍流流动的对流传热系数关联式，具体步骤如下：

（1）首先根据实验结果及对对流传热的内因分析，找出影响对流传热系数 $h_m$ 的主要因素。

从大量实验中发现，影响湍流流动时对流传热系数的主要因素有管径 $d$、管长 $l$、平均速度 $u$、流体密度$\rho$、黏度$\mu$、比热容 $c_p$、热导率 $k$ 以及壁面温度下的流体黏度$\mu_w$，即

$$h_m = f\left(d, l, u, \rho, \mu, c_p, k, \mu_w\right) \tag{7-9}$$

（2）找出各物理量所涉及的基本量纲数目 $r$。

用符号[X]表示物理量 X 的量纲，则式（7-9）中各物理量的量纲表示如下：

$[h_m]$=W·m$^{-2}$·℃$^{-1}$= kg·s$^{-3}$·℃$^{-1}$，　$[d]$=$[l]$= m，　$[u]$=m·s$^{-1}$，　$[\rho]$= kg·m$^{-3}$

$[\mu]$=$[\mu_w]$=Pa·s= kg·m$^{-1}$·s$^{-1}$，　$[c_p]$= m$^2$·s$^{-2}$·℃$^{-1}$，　$[k]$=W·m$^{-1}$·℃$^{-1}$= kg·m·s$^{-3}$·℃$^{-1}$

式（7-9）中共有 9 个物理量，这 9 个物理量所涉及的基本量纲为米（m）、秒（s）、千克（kg）和摄氏度（℃），所以基本量纲的数目 $r$=4。根据 $\pi$ 定理可知，无量纲特征数的数目为物理量个数与基本量纲数目之差，即 9−4 = 5 个。

（3）选择 $r$ 个物理量作为基本物理量（要求该 $r$ 个物理量的量纲中必须涉及上述 4 个基本量纲）。

这里 $r$=4，所以，应在本问题的所有 9 个物理量中选择 4 个物理量作为基本物理量，例如选 $d$、$u$、$\mu$ 及 $c_p$。

（4）将其余（$n-r$）个物理量逐一与基本物理量组成无量纲特征数。

这里 $n-r$=5，其余五个物理量分别为管长 $l$、密度 $\rho$、壁温下的黏度 $\mu_{\mathrm{w}}$、流体热导率 $k$ 和对流传热系数 $h_{\mathrm{m}}$。将它们逐一与基本物理量 $d$、$u$、$\mu$ 及 $c_p$ 组合成无量纲特征数，组合过程常用幂指数形式表示，具体如下：

$$\pi_1 = l\left(d^{a_1} u^{b_1} \mu^{c_1} c_p^{d_1}\right) \tag{7-10}$$

$$\pi_2 = \rho\left(d^{a_2} u^{b_2} \mu^{c_2} c_p^{d_2}\right) \tag{7-11}$$

$$\pi_3 = \mu_{\mathrm{w}}\left(d^{a_3} u^{b_3} \mu^{c_3} c_p^{d_3}\right) \tag{7-12}$$

$$\pi_4 = k\left(d^{a_4} u^{b_4} \mu^{c_4} c_p^{d_4}\right) \tag{7-13}$$

$$\pi_5 = h_{\mathrm{m}}\left(d^{a_5} u^{b_5} \mu^{c_5} c_p^{d_5}\right) \tag{7-14}$$

式中，$\pi$代表无量纲特征数；$a$、$b$、$c$、$d$ 各指数值待定。

（5）根据量纲一致性原则确定上述待定指数。

量纲一致性原则是指每一个物理方程中的各项一定具有相同的量纲。下面以 $\pi_2$ 为例，将 $\rho$、$d$、$u$、$\mu$、$c_p$ 的量纲代入式（7-11）得

$$\begin{aligned}[\pi_2] &= \left(\mathrm{kg}\cdot\mathrm{m}^{-3}\right)\mathrm{m}^{a_2}\left(\mathrm{m}\cdot\mathrm{s}^{-1}\right)^{b_2}\left(\mathrm{kg}\cdot\mathrm{m}^{-1}\cdot\mathrm{s}^{-1}\right)^{c_2}\left(\mathrm{m}^2\cdot\mathrm{s}^{-2}\cdot{}^\circ\mathrm{C}^{-1}\right)^{d_2} \\ &= \mathrm{kg}^{1+c_2}\mathrm{m}^{-3+a_2+b_2-c_2+2d_2}\mathrm{s}^{-b_2-c_2-2d_2}{}^\circ\mathrm{C}^{-d_2}\end{aligned}$$

根据量纲一致性原则，等号右边各量纲的指数必为零，即

$$\begin{cases} 1+c_2=0 \\ -3+a_2+b_2-c_2+2d_2=0 \\ -b_2-c_2-2d_2=0 \\ -d_2=0 \end{cases}$$

解之得 $a_2=1$，$b_2=1$，$c_2=-1$，$d_2=0$ 。

将上述 $a_2$、$b_2$、$c_2$、$d_2$ 值代入式（7-11）得 $\pi_2 = \rho\left(du\mu^{-1}\right) = \dfrac{du\rho}{\mu} = Re$

类似可得 $\pi_1 = l/d$ ，$\pi_3 = \mu_{\mathrm{w}}/\mu$ ，$\pi_4 = k\big/\left(\mu c_p\right) = Pr^{-1}$ ，$\pi_5 = \dfrac{h_{\mathrm{m}}d}{\mu c_p} = \dfrac{h_{\mathrm{m}}d}{k}\dfrac{k}{\mu c_p} = Nu\cdot Pr^{-1}$

于是式（7-9）可写成为几个无量纲特征数形式的关系，即

$$Nu = F\left(Re,\ Pr, \frac{l}{d}, \frac{\mu_{\mathrm{w}}}{\mu}\right) \tag{7-15}$$

通过量纲分析把原来有 9 个变量的式（7-9）变成只有 5 个无量纲量的式（7-15），因此，大大简化了实验工作量。而且通过无量纲数群所得的关联式具有更普遍的意义。

下面介绍工程上较为重要的几个对流传热系数关联式。

**1. 流体在光滑圆形直管内强制湍流对流传热**

（1）迪特斯（Dittus）-贝尔特（Boelter）关联式　对于低黏度流体在圆管内进行强制湍流传热时，可采用下式计算对流传热系数

$$Nu = 0.023 Re^{0.8} Pr^{n} \tag{7-16}$$

或

$$h = 0.023 \frac{k}{d}\left(\frac{du\rho}{\mu}\right)^{0.8}\left(\frac{c_p\mu}{k}\right)^{n} \tag{7-17}$$

式中，当流体被加热时，$n$=0.4；当流体被冷却时，$n$=0.3。

式（7-16）应用范围：$Re \geqslant 1.0\times10^4$，$Pr$=0.6～160，$l/d \geqslant 50$。

式（7-16）适用于流体与壁温差不大的场合，对于气体，其温差不超过50℃；对于水，其温差不超过20～30℃；对于黏度随温度变化较大的油类，其温差不超过10℃。

式（7-16）采用的特征长度为管内径，定性温度为流体进出口温度的平均值。

（2）希德尔（Sieder）-泰特（Tate）关联式　当温差超过式（7-16）推荐的温差范围或对于黏度较高的液体，由于管壁温度与流体的主体温度不同而引起壁面附近与流体主体处黏度相差较大，如果仍采用式（7-16）计算将产生较大误差。此时应采用式（7-18）进行计算

$$Nu = 0.027 Re^{0.8} Pr^{1/3}\left(\frac{\mu}{\mu_w}\right)^{0.14} \tag{7-18}$$

或

$$h = 0.027 \frac{k}{d}\left(\frac{du\rho}{\mu}\right)^{0.8}\left(\frac{c_p\mu}{k}\right)^{1/3}\left(\frac{\mu}{\mu_w}\right)^{0.14} \tag{7-19}$$

式（7-18）应用范围：$Re \geqslant 1.0\times10^4$，$Pr$=0.7～16700，$l/d \geqslant 50$。

式（7-18）采用的特征长度为管内径，定性温度为流体进出口温度的平均值。$\mu_w$为壁温下的流体黏度。

由于管壁温度的引入使计算过程变得烦琐，为简化起见，在工程计算中常近似认为：当液体被加热时，取$\left(\dfrac{\mu}{\mu_w}\right)^{0.14}=1.05$；当液体被冷却时，取$\left(\dfrac{\mu}{\mu_w}\right)^{0.14}=0.95$。

对于$l/d<50$的短管，由于其全部或绝大部分的管段处于边界层尚未充分发展的入口段，由式（7-16）及式（7-18）计算所得的对流传热系数偏小，故要进行修正

$$h' = \left[1+\left(\frac{d}{l}\right)^{0.7}\right]h \tag{7-20}$$

式中，$h$ 是由式（7-16）及式（7-18）计算所得的对流传热系数；$h'$为流体流经短管的平均对流传热系数。

（3）葛列林斯基（Gnielinski）关联式　虽然式（7-16）和式（7-18）使用方便，但是采用它们有可能产生大至25%的误差。若采用葛列林斯基（Gnielinski）关联式可将误差降至10%以内。

$$Nu = \frac{(\lambda/8)(Re-1000)Pr}{1+12.7(\lambda/8)^{1/2}\left(Pr^{2/3}-1\right)} \tag{7-21}$$

式中，摩擦系数可利用莫迪图获得。

式（7-21）适用范围：$0.5 \leqslant Pr \leqslant 2000$，$3000 \leqslant Re \leqslant 5\times10^6$。式中采用的特征长度为管内径，定性温度为流体进出口温度的平均值。

**2. 流体在光滑圆形直管内强制过渡流对流传热**

当管内流动处于过渡流状态时（$2300<Re<10^4$），传热情况较为复杂。这时对流传热系数可先用湍流时的经验关联式计算，然后将计算结果再乘以小于 1 的修正系数而得

$$h'=\left[1-\frac{6\times10^5}{Re^{1.8}}\right]h \tag{7-22}$$

式中，$h$ 是由式（7-16）及式（7-18）计算所得的对流传热系数；$h'$ 为流动处于过渡流状况的平均对流传热系数。

**3. 流体在光滑圆形直管内强制层流对流传热**

流体在圆形直管内做强制层流时，流速较低，此时自然对流对传热的影响不可忽略。在工程上，可采用下述经验关联式计算层流时的对流传热系数

$$Nu=1.86\left(Re\cdot Pr\cdot\frac{d}{l}\right)^{1/3}\left(\frac{\mu}{\mu_w}\right)^{0.14} \tag{7-23}$$

或

$$h=1.86\frac{k}{d}\left(\frac{du\rho}{\mu}\cdot\frac{c_p\mu}{k}\cdot\frac{d}{l}\right)^{1/3}\left(\frac{\mu}{\mu_w}\right)^{0.14} \tag{7-24}$$

式(7-23)应用范围：$Re<2300$，$Pr=0.6\sim5$，$\mu/\mu_w=0.0044\sim9.75$，$Re\cdot Pr\cdot\frac{d}{l}>10$，$Gr<25000$。

$Gr=\frac{gd^3\beta\Delta T}{\nu^2}$ 称为格拉斯霍夫（Grashof）数，$\beta$为液体膨胀系数，$\Delta T$ 为壁面温度与流体主体平均温度差。式中采用的特征长度为管内径，定性温度为流体进出口温度的平均值。$\mu_w$ 为壁温下的流体黏度。

式（7-23）的应用前提条件为 $Nu\geqslant3.66$。如果 $Nu<3.66$，采用 $Nu=3.66$ 是合理的，因为此时大部分管子均处于充分发展的状态。

当 $Gr>25000$ 时，忽略自然对流传热的影响，往往会造成很大的误差。此时，式（7-24）右边应乘以一校正系数，即

$$h'=0.8\left(1+0.015Gr^{1/3}\right)h \tag{7-25}$$

对于较大的普朗特数 $Pr\geqslant5$，水力状态的发展要比热状态的快得多，这种情况建议采用凯斯（Kays）提出的关联式

$$Nu=3.66+\frac{0.0668Re\cdot Pr\cdot\frac{d}{l}}{1+0.04\left(Re\cdot Pr\cdot\frac{d}{l}\right)^{2/3}} \tag{7-26}$$

**【例 7-1】** 列管式换热器在工业上是一种广泛使用的传热设备，结构示意图见图 7-2。现在图示的列管式换热器内，用 130℃的饱和水蒸气将某溶液由 20℃加热到 60℃，列管换热器由 100 根 $\varphi25\times2.5$mm、长 3m 的钢管构成，溶液以每小时 100m$^3$ 的流量在管内流过，蒸汽在管外冷凝。已知在操作条件下溶液的密度为 1200kg·m$^{-3}$，黏度为 $9.55\times10^{-4}$Pa·s，比热容为 3.3kJ·kg$^{-1}$·℃$^{-1}$，热导率为 0.465W·m$^{-1}$·℃$^{-1}$。试求溶液与管壁之间的对流传热系数为多少？

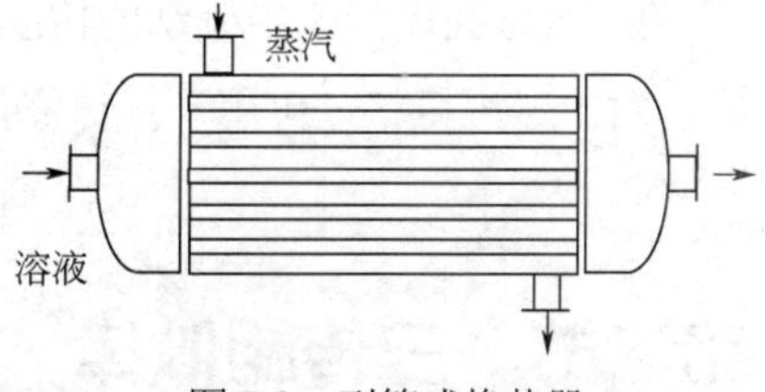

图 7-2 列管式换热器

**解** 计算管内流速 $u=\dfrac{4V}{\pi nd^2}=\dfrac{4\times100/3600}{\pi\times100\times\left(0.025-2\times0.0025\right)^2}=0.885\ \text{m·s}^{-1}$

管内流动雷诺数 $Re=\dfrac{du\rho}{\mu}=\dfrac{0.02\times0.885\times1200}{9.55\times10^{-4}}=2.22\times10^4$  （$Re\geqslant1.0\times10^4$）

普朗特数 $Pr=\dfrac{c_p\mu}{k}=\dfrac{3.3\times1000\times9.55\times10^{-4}}{0.465}=6.78$  （$Pr$=0.7～16700）

又传热管的长径比：$l/d$=3/0.02=150≥50。由此可知，用式（7-17）计算管内对流传热系数

$$h=0.023\frac{k}{d}\left(\frac{du\rho}{\mu}\right)^{0.8}\left(\frac{c_p\mu}{k}\right)^{n} \tag{7-17}$$

代入数据计算，得

$$h=0.023\frac{k}{d}\left(\frac{du\rho}{\mu}\right)^{0.8}\left(\frac{c_p\mu}{k}\right)^{n}=0.023\times\frac{0.465}{0.02}\times\left(2.22\times10^4\right)^{0.8}\times6.78^{0.4}=3449.3\ \text{W·m}^{-2}\text{·℃}^{-1}$$

对流传热系数的精确计算对换热器设计、节省生产装置的投资成本具有重要的意义。

## 三、湍流流动的对流传质系数量纲分析

类似于对流传热系数，通过量纲分析法也可将流体在圆管内湍流流动的对流传质系数表示成无量纲特征数式，即

$$Sh=F\left(Re,\ Sc\right) \tag{7-27}$$

与对流传热的特征数式一样，式（7-27）的具体函数形式需要通过实验确定。由于实际过程中传质设备的结构千差万别，要建立一个普遍适用的传质系数关联式几乎不可能。下面简单介绍几种特定条件下的传质系数关联式。

**1. 圆管内湍流流动的对流传质系数**

通过湿壁塔实验，可以得到大部分圆管内湍流流动的传质实验数据。Gilliland 和 Sherwood 通过九种液体蒸发到空气中的实验，得到下面的经验关联式

$$Sh=\frac{kd}{D_{AB}}\frac{p_{Bm}}{p}=0.023Re^{0.83}Sc^{0.44} \tag{7-28}$$

式（7-28）适用范围为：$0.6<Sc<2.5$，$2000<Re<3500$，压强为 0.1～3atm。

Linton 和 Sherwood 根据苯甲酸、肉桂酸和$\beta$-萘酚-水体系的实验结果，将式（7-28）修改为

$$Sh=\frac{kd}{D_{AB}}\cdot\frac{C_{Bm}}{C}=0.023Re^{0.83}Sc^{1/3} \tag{7-29}$$

式（7-29）适用范围为：$0.6<Sc<2500$，$2000<Re<70000$。

**2. 流体在填料床中流动的传质系数**

对于球形填料，可用下式计算流体流动过程中的传质系数

$$Sh=1.17Re^{0.585}Sc^{1/3} \tag{7-30}$$

# 第二节 三传相似律

诚如前几章所介绍，动量、热量和质量传递在许多方面存在相似之处，如它们的传递机理和传递过程、描述它们的物理-数学模型以及边界条件等，因而它们的数学模型求解方法

和结果也必定相似。由于动量、热量和质量是承载在分子或流体微团上，所以在流体中当分子或流体微团从一处运动到另一处时，也必携带着动量、热量和质量一起运动。因而可以推测动量传递速率与热量传递速率、质量传递速率应有某种联系，即能够用流体力学中的范宁摩擦因子去推算对流传热系数或对流传质系数，反之亦然，此即为三传相似律的理论基础。探讨三传相似律，不仅在理论上对传递机理的深入理解有意义，而且具有一定的实际应用价值，即在缺乏传热和传质数据时，只要满足一定条件，可以用流体力学实验来代替传热或传质实验。

必须指出的是，各种相似律需要满足如下的条件方能成立：

① 无内热源，无均相化学反应；

② 没有辐射传热的影响；

③ 表面传递的质量速率要求足够低，对速度分布、温度分布和浓度分布的影响可以忽略不计，在动量、热量和质量传递方向上总体流动忽略不计；

④ 无边界层分离，无形体阻力。

虽然描述传热与传质的方程式相似，其解也有许多相似性，可惜的是这些相似性并不像预期的那样有用。例如传热的一个重要内容是在管壳式换热器中流动的流体的加热问题。传质中与之匹配的问题是流体溶解管壁，这种情形在工程很少见。作为相反的例子，在传质中液-液萃取是个重要的操作。传热中与之匹配的问题是热液滴悬浮于冷溶剂中，这种情形对传热也不重要。

## 一、雷诺相似律

雷诺通过理论分析，于 1874 年首先提出了三传相似的概念。雷诺假设层流区（或湍流区）一直延伸到壁面，导出范宁摩擦因子与对流传热系数、对流传质系数之间的关系，即雷诺相似律。

下面分别按层流和湍流流动情况下导出雷诺相似律。

### （一）层流流动下的雷诺相似律

以不可压缩流体沿大平板壁面做定常态流动时层流边界层内的二维流动情形为例。在层流边界层内动量、热量和质量传递的边界层方程分别为

$$u_x \frac{\partial u_x}{\partial x} + u_y \frac{\partial u_x}{\partial y} = \nu \frac{\partial^2 u_x}{\partial y^2} \tag{5-132}$$

$$u_x \frac{\partial T}{\partial x} + u_y \frac{\partial T}{\partial y} = a \frac{\partial^2 T}{\partial y^2} \tag{5-162}$$

$$u_x \frac{\partial C_{\mathrm{A}}}{\partial x} + u_y \frac{\partial C_{\mathrm{A}}}{\partial y} = D_{\mathrm{AB}} \frac{\partial^2 C_{\mathrm{A}}}{\partial y^2} \tag{5-202}$$

首先考察用无量纲量将式（5-132）变换成式（5-142）

$$2f_\eta''' + f_\eta f_\eta'' = 0 \tag{5-142}$$

式中用$f_\eta$代表式（5-144）的$f(\eta)$函数。又由式（5-145），可知

$$f_\eta' = \frac{u_x}{u_0} \equiv u_x^* \tag{7-31}$$

所以式（5-142）也可写成如下形式

$$\frac{\mathrm{d}^2 u_x^*}{\mathrm{d}\eta^2}+\frac{1}{2}f_\eta\frac{\mathrm{d}u_x^*}{\mathrm{d}\eta}=0 \tag{7-32}$$

对应式（7-32）的边界条件为：①$\eta=0$，$u_x^*=0$；②$\eta=\infty$，$u_x^*=1$。

其次考察用无量纲温度和无量纲位置将式（5-162）变换为式（5-169）

$$\frac{\mathrm{d}^2 T^*}{\mathrm{d}\eta^2}+\frac{Pr}{2}f_\eta\frac{\mathrm{d}T^*}{\mathrm{d}\eta}=0 \tag{5-169}$$

对应式（5-169）的边界条件为：①$\eta=0$，$T^*=0$；②$\eta=\infty$，$T^*=1$。

式（5-169）中的无量纲温度为

$$T^*=\frac{T_s-T}{T_s-T_0} \tag{5-163}$$

最后考察用无量纲浓度和无量纲位置将式（5-202）变换为式（5-204）

$$\frac{\mathrm{d}^2 C_A^*}{\mathrm{d}\eta^2}+\frac{Sc}{2}f_\eta\frac{\mathrm{d}C_A^*}{\mathrm{d}\eta}=0 \tag{5-204}$$

对应式（5-204）的边界条件为：①$\eta=0$，$C_A^*=0$；②$\eta=\infty$，$C_A^*=1$。

式（5-204）中的无量纲浓度为

$$C_A^*=\frac{C_{As}-C_A}{C_{As}-C_{A0}} \tag{5-203}$$

比较式(7-32)、式(5-169)及式(5-204)，可见它们的边界条件在形式上相同。若设$\nu=a=D_{AB}$，即$Pr=Sc=1$，则可见式（7-32）、式（5-169）及式（5-204）在形式上也相同。因此它们的解也完全相同，即有

$$\frac{u_x}{u_0}=\frac{T_s-T}{T_s-T_0}=\frac{C_{As}-C_A}{C_{As}-C_{A0}} \tag{7-33}$$

有了式（7-33）的结果，就可讨论三传相似关系。先讨论动量传递与热量传递之间的相似问题。

**1. 动量传递与热量传递之间的相似律**

由于范宁摩擦因子$f$可表示为

$$\frac{f}{2}\rho u_0^2=\tau_w=\mu\left.\frac{\mathrm{d}u_x}{\mathrm{d}y}\right|_{y=0} \tag{7-34}$$

将式（7-33）的第一个等式代入式（7-34），得

$$\frac{f}{2}\rho u_0^2=\mu\left.\frac{\mathrm{d}u_x}{\mathrm{d}y}\right|_{y=0}=\frac{\mu u_0}{T_0-T_s}\left.\frac{\mathrm{d}T}{\mathrm{d}y}\right|_{y=0} \tag{7-35}$$

而对流传热系数可表示为

$$h=\frac{k}{T_0-T_s}\left.\frac{\mathrm{d}T}{\mathrm{d}y}\right|_{y=0} \tag{7-36}$$

由式（7-35）和式（7-36）联立，同时考虑到$Pr=c_p\mu/k=1$，可得

$$\frac{f}{2}=\frac{h}{\rho u_0 c_p}\equiv St \tag{7-37}$$

式中，$St=\dfrac{h}{\rho u_0 c_p}$称为传热斯坦登（Stanton）数。

$$St=\frac{h}{\rho u_0 c_p}=\frac{h(L/k)}{(L\rho u_0/\mu)(c_p\mu/k)}=\frac{Nu}{Re\cdot Pr} \tag{7-38}$$

式中，$L$ 为对流传热特征尺寸，如对于管内对流传热， 特征尺寸为管内径 $d$。所以，式（7-37）也可写成

$$Nu=\frac{f}{2}Re\cdot Pr \tag{7-39}$$

式（7-37）和式（7-39）称为动量传递和热量传递的雷诺相似律。由此式，可以根据流体流动的范宁摩擦因子 $f$ 求取对流传热系数 $h$。

**2. 动量传递与质量传递之间的相似律**

将式（7-33）中的速度与浓度的关系式代入式（7-34），得

$$\frac{f}{2}\rho u_0^2=\mu\left.\frac{\mathrm{d}u_x}{\mathrm{d}y}\right|_{y=0}=\frac{\mu u_0}{C_{A0}-C_{As}}\left.\frac{\mathrm{d}C_A}{\mathrm{d}y}\right|_{y=0} \tag{7-40}$$

而对流传质系数可表示为

$$k_{Cm}^0=\frac{D_{AB}}{C_{A0}-C_{As}}\left.\frac{\mathrm{d}C_A}{\mathrm{d}y}\right|_{y=0} \tag{7-41}$$

由式（7-40）和式（7-41）联立，同时考虑到 $Sc=\mu/(\rho D_{AB})=1$，可得

$$\frac{f}{2}=\frac{k_{Cm}^0}{u_0}\equiv St' \tag{7-42}$$

式中，$St'=\dfrac{k_{Cm}^0}{u_0}$ 称为传质斯坦登（Stanton）数。

$$St'=\frac{k_{Cm}^0}{u_0}=\frac{k_{Cm}^0 L/D_{AB}}{(Lu_0/\nu)(\nu/D_{AB})}=\frac{Sh}{Re\cdot Sc} \tag{7-43}$$

式中，$L$ 为对流传质特征尺寸。所以，式（7-42）也可写成

$$Sh=\frac{f}{2}Re\cdot Sc \tag{7-44}$$

式（7-42）和式（7-44）称为动量传递和质量传递的雷诺相似律。由此式，可以根据流体流动的范宁摩擦因子 $f$ 求取对流传质系数 $k_{Cm}^0$。

将式（7-37）和式（7-42）联系起来，即得

$$\frac{f}{2}=\frac{h}{\rho u_0 c_p}=\frac{k_{Cm}^0}{u_0} \tag{7-45}$$

或

$$\frac{f}{2}=St=St' \tag{7-46}$$

式（7-45）称为广义的雷诺相似律。利用此式可由范宁摩擦因子求取对流传热系数或对流传质系数，也可由传热系数求取传质系数，反之亦然。

## （二）湍流流动下的雷诺相似律

**1. 动量传递与热量传递之间的相似律**

以不可压缩流体沿大平板壁面的湍流定常态流动传热时的情形为例，见图 7-3 所示。

流体处于湍流流动时，总剪应力为黏性剪应力和涡流剪应力之和，即

$$\tau=-(\nu+\varepsilon)\frac{\mathrm{d}(\rho u_x)}{\mathrm{d}y} \tag{7-47}$$

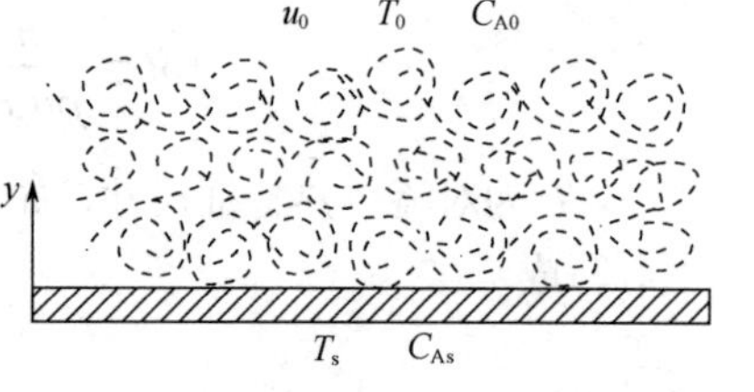

图 7-3 湍流对流传热、传质（一）

同样，流体进行湍流对流传热时，总热量通量为导热热量通量和涡流热量通量之和，即

$$q=-(a+\varepsilon_H)\frac{\mathrm{d}(\rho c_p T)}{\mathrm{d}y} \tag{7-48}$$

流体处于湍流运动时，涡流动量传递和涡流热量传递速率比分子扩散引起的动量传递和热量传递速率大得多，所以式（7-47）和式（7-48）中的$\nu$和 $a$ 可以忽略。同时假设$\varepsilon_H=\varepsilon$，物性为常数，将式（7-47）和式（7-48）相除，得

$$\mathrm{d}u_x=\frac{\tau}{q}c_p\mathrm{d}T \tag{7-49}$$

现假设层流底层很薄忽略不计，湍流主体从外流区一直延伸到壁面，对式（7-49）进行积分

$$\int_0^{u_0}\mathrm{d}u_x=\int_{T_s}^{T_0}\frac{\tau}{q}c_p\mathrm{d}T \tag{7-50}$$

再假设达到稳定时，总剪应力和总热量通量为常数，故得

$$u_0=\frac{\tau}{q}c_p(T_0-T_s) \tag{7-51}$$

将$\tau=f\dfrac{\rho u_0^2}{2}$和$q=h(T_0-T_s)$代入式（7-51），整理可得式（7-37）

$$\frac{f}{2}=\frac{h}{\rho u_0 c_p}\equiv St \tag{7-37}$$

**2. 动量传递与质量传递之间的相似律**

参见图 7-3，对于湍流对流传质，总质量通量为扩散质量通量和涡流质量通量之和，即

$$N_A=-(D_{AB}+\varepsilon_M)\frac{\mathrm{d}C_A}{\mathrm{d}y} \tag{7-52}$$

流体处于湍流运动时，涡流动量传递和涡流质量传递速率比分子扩散引起的动量传递和质量传递速率大得多，所以式（7-47）和式（7-52）中的$\nu$和 $D_{AB}$ 可以忽略。同时假设$\varepsilon_M=\varepsilon$，物性为常数，将式（7-47）和式（7-52）相除，得

$$\mathrm{d}u_x=\frac{\tau}{\rho N_A}\mathrm{d}C_A \tag{7-53}$$

现假设层流底层很薄忽略不计，湍流主体从外流区一直延伸到壁面，对式（7-53）进行积分

$$\int_0^{u_0}\mathrm{d}u_x=\int_{C_{As}}^{C_{A0}}\frac{\tau}{\rho N_A}\mathrm{d}C_A \tag{7-54}$$

假设达到稳定时，组分 A 的传质通量恒定，故得

$$u_0=\frac{\tau}{\rho N_A}(C_{A0}-C_{As}) \tag{7-55}$$

将$\tau=f\dfrac{\rho u_0^2}{2}$和$N_A=k_C^0(C_{A0}-C_{As})$代入式（7-55），整理可得到式（7-42）

$$\frac{f}{2}=\frac{k_{\mathrm{Cm}}^{0}}{u_{0}}\equiv St' \tag{7-42}$$

可见，湍流流动下的雷诺相似律与层流流动下的相同。但需要说明的是，雷诺相似律仅在 $\nu=a=D_{AB}$ 以及 $\varepsilon=\varepsilon_H=\varepsilon_M$ 条件下成立，而且雷诺相似律认为湍流主体一直延伸到壁面，故雷诺相似律也称为一层模型。这种一层模型与实际情形不符，所以雷诺相似律在实际应用中有较大的局限性和误差。

## 二、普朗特-泰勒相似律

针对雷诺一层模型的缺陷，普朗特和泰勒提出了修正。他们认为湍流边界层由湍流主体和层流底层组成，此即为二层模型。如图 7-4 所示，设层流底层厚度为 $\delta_l$，层流底层与湍流主体交界处的温度为 $T_l$，浓度为 $C_{Al}$。

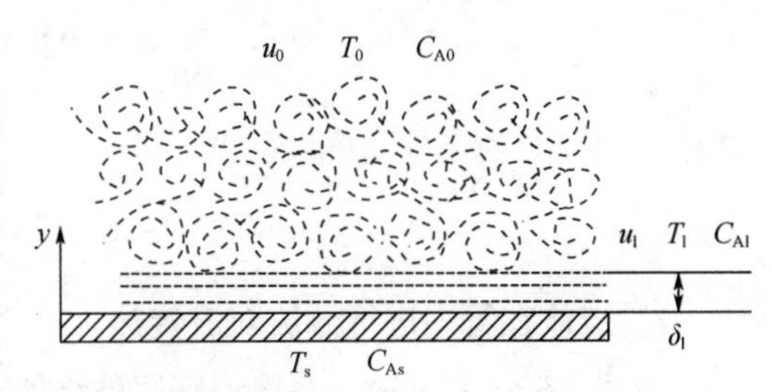

图 7-4　湍流对流传热、传质（二）

下面以动量传递与热量传递为例推出普朗特-泰勒相似律。

在层流底层内，热量传递以导热方式进行，所以达到稳态传热时热量通量为

$$q=k\frac{T_l-T_s}{\delta_l} \tag{7-56}$$

同样，在层流底层可用牛顿黏性定律计算剪应力，即

$$\tau=\mu\frac{u_l}{\delta_l} \tag{7-57}$$

在湍流主体内，黏性应力可忽略不计，导热对传热通量的贡献也忽略不计，并设 $\varepsilon_H=\varepsilon$，物性为常数，将式（7-47）和式（7-48）中分子传递量略去后再相除，得

$$\mathrm{d}u_x=\frac{\tau}{q}c_p\mathrm{d}T \tag{7-49}$$

对式（7-49）在湍流主体区积分

$$\int_{u_l}^{u_0}\mathrm{d}u_x=\frac{\tau}{q}c_p\int_{T_l}^{T_0}\mathrm{d}T \tag{7-58}$$

得

$$u_0-u_l=\frac{\tau}{q}c_p\left(T_0-T_l\right) \tag{7-59}$$

与此同时，联立式（7-56）和式（7-57），又得

$$T_l=T_s+u_l\frac{\mu}{k}\frac{q}{\tau} \tag{7-60}$$

最终，将式（7-60）及 $\tau=f\dfrac{\rho u_0^2}{2}$ 和 $q=h\left(T_0-T_s\right)$ 代入式（7-59），整理得

$$St=\frac{h}{\rho c_p u_0}=\frac{f/2}{1+\left(u_l/u_0\right)\left(Pr-1\right)} \tag{7-61}$$

式（7-61）称为普朗特-泰勒相似律，该式可用于 $Pr\neq1$ 的情形。由于考虑了层流底层，所以计算误差比雷诺相似律的小。

普朗特-泰勒相似律在不同的场合下使用时具体形式有所不同。

**1. 流体与平板壁面间进行湍流对流传热**

这种情形下，$u_1/u_0$ 的值与壁面上的流动雷诺数有关

$$u_1/u_0 = 2.12Re_x^{-0.1} \tag{7-62}$$

将式（7-62）代入式（7-61），得

$$St_x = \frac{h_x}{\rho c_p u_0} = \frac{C_{Dx}/2}{1+2.12Re_x^{-0.1}(Pr-1)} \tag{7-63}$$

式中，曳力系数可通过式（6-110）求得

$$\frac{C_{Dx}}{2} = \frac{\tau_{wx}}{\rho u_0^2} = 0.0294\left(\frac{xu_0\rho}{\mu}\right)^{-0.2} = 0.0294Re_x^{-0.2} \tag{7-64}$$

式中，物理量的定性温度取膜温，即

$$t_{性}=\frac{1}{2}(t_s+t_0) \tag{7-65}$$

**2. 流体在管内进行湍流对流传热**

由式（6-65）可知，在层流底层外缘处有

$$u^+ = \frac{u_1}{u^*} = y^+ = 5 \tag{6-65}$$

而摩擦速度 $u^*$ 与流体主体速度 $u_0$ 的关系，可由式（6-71）表示，并将式中的 $u_b$ 用 $u_0$ 代替，即

$$u^* = u_0\sqrt{\frac{f}{2}} \tag{7-66}$$

并将式（7-66）代入式（6-65），得

$$u_1 = 5u^* = 5u_0\sqrt{\frac{f}{2}} \tag{7-67}$$

最后，将式（7-67）代入式（7-61），整理得

$$St = \frac{h}{\rho c_p u_0} = \frac{f/2}{1+5\sqrt{f/2}(Pr-1)} \tag{7-68}$$

式中，物理量的定性温度取进、出口主体温度的算术平均值。对于管内流动，上述式中的 $u_0$ 为管内平均速度 $u_b$。

将式（7-63）和式（7-68）中的 $Pr$ 用 $Sc$ 代替，$St$ 用 $St'$ 代替就可用于动量传递和质量传递的相似计算。

**3. 流体与平板壁面间进行湍流对流传质**

参照式（7-63），可得

$$St'_x = \frac{k_{Cm}^0}{u_0} = \frac{C_{Dx}/2}{1+2.12Re_x^{-0.1}(Sc-1)} \tag{7-69}$$

**4. 流体在管内进行湍流对流传质**

参照式（7-68），可得

$$St' = \frac{k_{Cm}^0}{u_b} = \frac{f/2}{1+5\sqrt{f/2}(Sc-1)} \tag{7-70}$$

由式（7-68）和式（7-70）可见，当 $Pr=1$，$Sc=1$ 时，式（7-68）和式（7-70）还原为雷诺相似律。由于普朗特-泰勒相似律仅考虑湍流主体和层流底层，而未考虑过渡层对传递的影响，因此也有局限性。一般普朗特-泰勒相似律只适用于 $Pr=0.7\sim20$，$Sc=0.7\sim20$ 的情形。

## 三、冯·卡门相似律

为了更加符合实际情况，卡门认为湍流边界层由湍流主体（main turbulent stream）、缓冲层（buffer layer）和层流底层（laminar sublayer）组成，提出了三层传递模型，如图 7-5 所示。利用通用速度侧形方程求出通过层流底层、缓冲层和湍流主体的温度差的表达式。然后将各温度差相加，得到湍流中心至管壁的总温差表达式。最后根据总温差导出斯坦登数 *St* 的表达式。

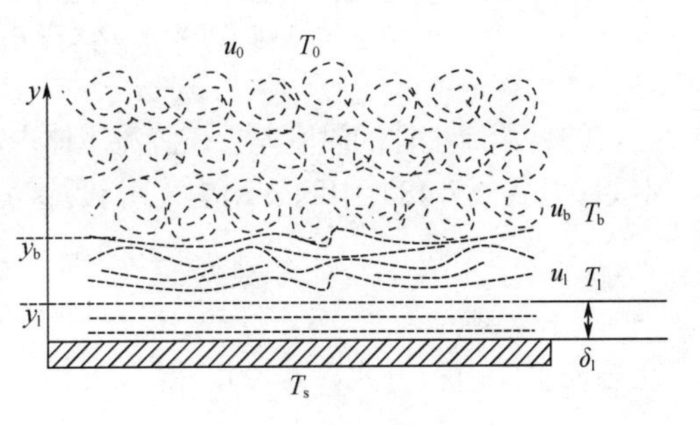


图 7-5　湍流对流传热

**1. 动量传递与热量传递间的相似律**

设流动和传热达到稳定状态，则流场中的总剪应力由式（7-47）计算，且为常数；总传热通量由式（7-48）计算，且也为常数。同时假设$\varepsilon_H=\varepsilon$，物性为常数。下面计算各层的温度差。

（1）层流底层的温度差　在层流底层内，涡流黏度和涡流热扩散系数可忽略不计，所以速度分布和温度分布为线性关系，令式（7-48）中的$\varepsilon_H=0$，并直接积分，得

$$q=\rho c_p\frac{\nu}{Pr}\frac{T_1-T_s}{y_1}=\rho c_p\frac{\nu}{Pr}\frac{T_1-T_s}{\delta_1}\tag{7-71}$$

由冯·卡门建议的速度分布式(6-65)可知，在层流底层外缘处$y^+=5$，层流底层速度为$u^+=y^+$，可得

$$y_1=\delta_1=5\nu\sqrt{\rho/\tau_w}\tag{7-72}$$

将式（7-72）代入式（7-71），得

$$T_1-T_s=\frac{q}{\rho c_p}\sqrt{\frac{\rho}{\tau_w}}\times 5Pr\tag{7-73}$$

（2）过渡层的温度差　在过渡层内分子传递和涡流传递量阶相当，对式（7-48）积分，得

$$T_b-T_1=\frac{q}{\rho c_p}\int_{y_1}^{y_b}\frac{dy}{\nu/Pr+\varepsilon_H}=\frac{q}{\rho c_p}\int_{y_1}^{y_b}\frac{dy}{\nu/Pr+\varepsilon}\tag{7-74}$$

缓冲层的速度分布式（6-66）可写成

$$u^+=5.0\ln y^+-3.05=5\left[1+\ln\left(\frac{y^+}{5}\right)\right]\tag{6-66}$$

然后，将式（6-66）对 $y$ 求导数，得

$$du_x=5\frac{\tau_w}{\rho\nu}\frac{dy}{y^+}=5\frac{\tau}{\rho\nu}\frac{dy}{y^+}\tag{7-75}$$

并将式（7-75）代入式（7-47），得

$$\varepsilon=\frac{y^+}{5}\nu-\nu\tag{7-76}$$

另外，对式（6-53）的第二条式子取微分，可得

$$dy=\nu\sqrt{\rho/\tau_w}\,dy^+\tag{7-77}$$

将式（7-76）及式（7-77）代入式（7-74），最终得缓冲层的温度差为

$$T_{\mathrm{b}}-T_{1}=\frac{q}{\rho c_{p}}\int_{y_{1}}^{y_{\mathrm{b}}}\frac{\mathrm{d}y}{\nu/Pr+\varepsilon}=\frac{q}{\rho c_{p}}\sqrt{\frac{\rho}{\tau_{\mathrm{w}}}}\int_{5}^{30}\frac{\mathrm{d}y^{+}}{\dfrac{1}{Pr}+\dfrac{y^{+}}{5}-1}=\frac{q}{\rho c_{p}}\sqrt{\frac{\rho}{\tau_{\mathrm{w}}}}5\ln\left(5Pr-1\right) \tag{7-78}$$

（3）湍流主体的温度差　在湍流主体内，分子扩散引起的传递可以忽略不计。故将式（7-47）中的$\nu$及式（7-48）中的$a$略去，并设$\varepsilon_{\mathrm{H}}=\varepsilon$，物性为常数，然后将两式相除，可得

$$\frac{\tau}{q}=\frac{1}{c_{p}}\frac{\mathrm{d}u_{x}}{\mathrm{d}T} \tag{7-79}$$

在湍流主体内积分式（7-79），得

$$T_{0}-T_{\mathrm{b}}=\frac{q}{c_{p}\tau}\left(u_{0}-u_{\mathrm{b}}\right) \tag{7-80}$$

式中，$u_{\mathrm{b}}$是$y^{+}=30$处的速度，所以由式（6-66）得

$$u_{\mathrm{b}}=5u^{*}\left[1+\ln\left(\frac{30}{5}\right)\right]=5\left(1+\ln 6\right)\sqrt{\frac{\tau_{\mathrm{w}}}{\rho}} \tag{7-81}$$

将式（7-81）代入式（7-80），同时注意到$\tau=\tau_{\mathrm{w}}$，整理得

$$T_{0}-T_{\mathrm{b}}=\frac{q}{c_{p}\rho}\sqrt{\frac{\rho}{\tau_{\mathrm{w}}}}\left[\frac{u_{0}}{\sqrt{\tau_{\mathrm{w}}/\rho}}-5\left(1+\ln 6\right)\right] \tag{7-82}$$

将式（7-73）、式（7-78）及式（7-82）相加，得

$$T_{1}-T_{\mathrm{s}}+T_{\mathrm{b}}-T_{1}+T_{0}-T_{\mathrm{b}}=T_{0}-T_{\mathrm{s}}=\frac{q}{h} \tag{7-83}$$

再将$St=\dfrac{h}{\rho c_{p}u_{0}}$及$\dfrac{f}{2}=\dfrac{\tau_{\mathrm{w}}}{\rho u_{0}^{2}}$代入整理，最终得

$$St=\frac{f/2}{1+\sqrt{f/2}\left[5\left(Pr-1\right)+5\ln\left(\dfrac{5Pr+1}{6}\right)\right]} \tag{7-84}$$

式（7-84）称为传热的冯・卡门相似律。该式既适用于平板，也适用于圆管。对于平板，$u_{0}$和$T_{0}$为边界层外流区的平均速度和温度；对于圆管，则为管中心的速度和温度，或引入速度分布和温度分布的校正系数，将式（7-84）改写为

$$St=\frac{h}{\rho u_{\mathrm{b}}c_{p}}=\frac{\left(\varphi_{\mathrm{m}}/\theta'\right)\left(f/2\right)}{1+\varphi_{\mathrm{m}}\sqrt{f/2}\left[5\left(Pr-1\right)+5\ln\left(\dfrac{5Pr+1}{6}\right)\right]} \tag{7-85}$$

式中，$u_{\mathrm{b}}$为管内平均速度；$\varphi_{\mathrm{m}}$的值一般可取为 0.817，但实际上随$Re$略有改变。$\theta'$与$Re$和$Pr$有关，其值可由表 7-1 查取。式中各物理量的定性温度取流体进、出口主体温度的算术平均值。

**2. 动量传递与质量传递间的相似律**

采用三层模型，参照传热冯・卡门相似律的推导，可得到传质冯・卡门相似律

$$St'=\frac{k_{\mathrm{Cm}}^{0}}{u_{0}}=\frac{f/2}{1+\sqrt{f/2}\left[5\left(Sc-1\right)+5\ln\left(\dfrac{5Sc+1}{6}\right)\right]} \tag{7-86}$$

该式既适用于平板，也适用于圆管。对于平板，$u_0$ 和 $C_{A0}$ 为边界层外流区的平均速度和浓度；对于圆管，则为管中心的速度和浓度，或引入速度分布和浓度分布的校正系数，将式（7-86）改写为

$$St' = \frac{k_{Cm}^0}{u_b} = \frac{(\varphi_m/\theta')(f/2)}{1+\varphi_m\sqrt{f/2}\left[5(Sc-1)+5\ln\left(\frac{5Sc+1}{6}\right)\right]} \tag{7-87}$$

式中，$u_b$ 为管内平均速度；$\varphi_m$ 的值一般可取为 0.817，但实际上随 $Re$ 略有改变。$\theta'$ 与 $Re$ 和 $Sc$ 有关，其值可由表 7-1 查取，把表中的 $Pr$ 换成 $Sc$ 即可。

**表 7-1　$\theta'$ 与 $Re$ 和 $Pr$ 的关系**

| $Pr$ | $\theta'$ | | | |
|---|---|---|---|---|
| | $Re=10^4$ | $Re=10^5$ | $Re=10^6$ | $Re=10^7$ |
| $10^{-1}$ | 0.69 | 0.76 | 0.82 | 0.86 |
| $10^0$ | 0.86 | 0.88 | 0.90 | 0.91 |
| $10^1$ | 0.96 | 0.96 | 0.96 | 0.97 |
| $10^2$ | 0.99 | 0.99 | 0.99 | 0.99 |
| $10^3$ | 1.00 | 1.00 | 1.00 | 1.00 |

在冯・卡门相似律中，由于忽略了层流底层中的涡流传递作用，在 $Pr$（$Sc$）很大时就会产生较大的误差，同样由于忽略了湍流主体中的分子传递作用，在 $Pr$（$Sc$）很小时也会产生较大的误差。另外，推导过程中假设通过各层的传热通量、传质通量恒定不变，这与真实情况不符合。在 $Pr$（$Sc$）=0.46～324 范围内，冯・卡门相似律计算结果与实验数据相比较，其误差为±20%。当 $Pr$（$Sc$）=1 时，冯・卡门相似律还原为雷诺相似律。

## 四、契尔顿–柯尔本相似律

契尔顿（Chilton）和柯尔本（Colburn）采用实验方法关联了对流传热系数与范宁摩擦因子之间的关系，得到了以实验数据为基础的相似律，也称 $j$ 因子相似律。

### 1. 动量传递与热量传递间的相似律

对于圆管内湍流对流传热，柯尔本提出采用

$$Nu = 0.023Re^{0.8}Pr^{1/3} \tag{7-88}$$

将上式（7-88）与下式 （6-79）相除

$$f = \frac{0.046}{Re^{0.2}} \tag{6-79}$$

得

$$\frac{Nu}{f} = \frac{1}{2}RePr^{1/3} \tag{7-89}$$

令

$$\frac{Nu}{RePr^{1/3}} = \frac{Nu}{RePr}Pr^{2/3} = StPr^{2/3} \equiv j_H \tag{7-90}$$

则式（7-89）变为

$$j_H = \frac{f}{2} \tag{7-91}$$

式（7-91）称为传热契尔顿-柯尔本相似律。

### 2. 动量传递与质量传递间的相似律

同样可得到动量传递与质量传递间的相似律

$$\frac{Sh}{ReSc^{1/3}}=\frac{Sh}{ReSc}Sc^{2/3}=St'Sc^{2/3}\equiv j_{\mathrm{D}}=\frac{f}{2} \tag{7-92}$$

结合式（7-91）和式（7-92），得
$$j_{\mathrm{H}}=j_{\mathrm{D}}=\frac{f}{2} \tag{7-93}$$

式（7-93）即为动量、热量和质量传递的广义契尔顿-柯尔本相似律。适用范围为：$0.6<Pr<100$，$0.6<Sc<2500$。当 $Pr$（$Sc$）$=1$ 时，契尔顿-柯尔本相似律还原为雷诺相似律。

契尔顿-柯尔本是基于实验数据而得的相似律，所以其精确度比雷诺相似律、普朗特-泰勒相似律和冯·卡门相似律都高。

需要说明的是，以上推导和结论是在无形体阻力条件下得出的。如果系统有形体阻力存在，则 $j_{\mathrm{H}}=j_{\mathrm{D}}\neq f/2$。但实验表明，若将形体曳力从总曳力中扣去而仅剩下摩擦曳力时，式（7-93）仍近似适用。

**【例 7-2】** 燃料电池在工作时将会产生热量，为保持燃料电池的正常运行，这些热量必须通过风冷带走。现设想由燃料电池输出的电带动风机，再由风机产生风冷效果将热量带走。根据实验结果表明燃料电池为产生 $P=9\mathrm{W}$ 的电功率，需要温度为 $T_{\infty}=25℃$的冷空气以 $u=9.4\mathrm{m\cdot s^{-1}}$ 的流速从燃料电池表面带走 11.25W 的热量，以使其温度保持在 $T_{\mathrm{c}}=46℃$。为提供这些对流条件，将燃料电池置于一个 50mm×26 mm 的矩形风道的中心区，风道的顶面和底面隔热良好，它们与 50mm×50mm×6 mm 的燃料电池外部之间留有 10mm 的间隙。为有良好的传热效果，在风道口处安装扰流器件，以保证空气流为湍流状态。由燃料电池提供电力使一个小风扇送循环冷风。风扇制造方提供的数据表明，当送风的体积流量在 $V=10^{-4}\sim10^{-2}\mathrm{m^3\cdot s^{-1}}$ 范围内，风扇的功率消耗与风扇送风的体积流量之比为 $P_{\mathrm{f}}/V=1000\mathrm{W\cdot(m^3\cdot s^{-1})^{-1}}$。试求：

（1）确定由燃料电池-风扇系统产生的净电功率。

（2）若上述燃料电池-风扇系统达不到输电效果，试讨论在燃料电池的顶面和底面附加相同的铝肋片热沉的输电效果。画出等效热网络图。确定为使风扇的功率减到第（1）部分算出的一半所需要的肋片总数。

（3）在保证电池温度不超过 46℃下，讨论电池-风机系统输出的净电量、风机的风量与肋片总数的关系，并作图示意。

已知铝的热导率为 $k=237\mathrm{W\cdot m^{-1}\cdot K^{-1}}$。带肋片的热沉与燃料电池表面的接触面热阻为 $r_{\mathrm{t,c}}=0.001\mathrm{m^2\cdot K\cdot W^{-1}}$，热沉基板的厚度为 $d_{\mathrm{b}}=2\mathrm{mm}$。肋片数为 $N$，每个肋片的高 $L_{\mathrm{f}}=8\mathrm{mm}$，厚为 $d_{\mathrm{f}}=1\mathrm{mm}$，燃料电池全长为 $L=50\mathrm{mm}$。在带有肋片热沉的情况下，辐射散热可忽略。

**解** 已知燃料电池和带肋片热沉的尺寸，见图 7-6 和图 7-7。

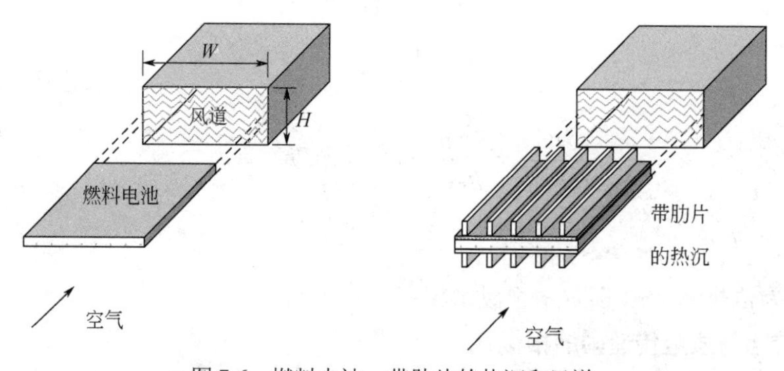


图 7-6 燃料电池、带肋片的热沉和风道

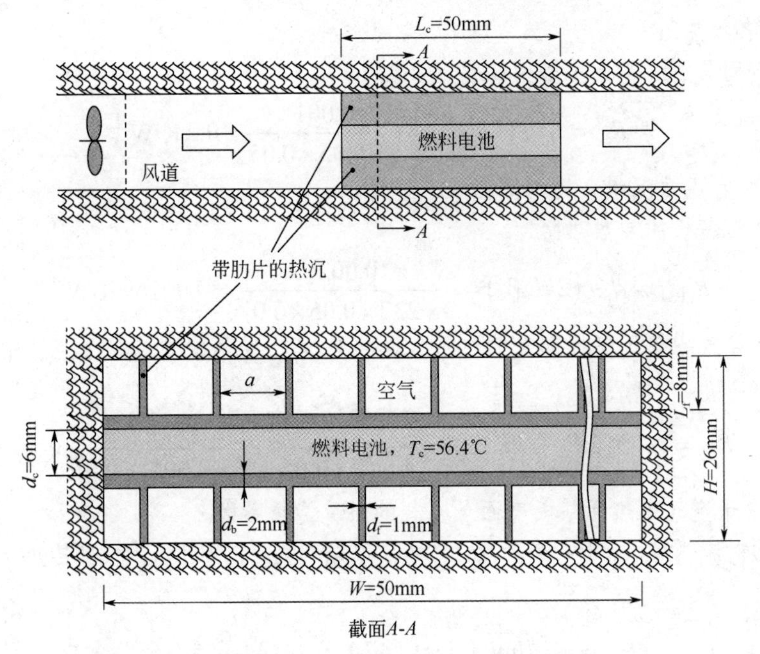


图 7-7　燃料电池、带肋片的热沉和风道的尺寸

对于此实际问题，为便于分析，做如下合理的假定。

（1）流动和传热为定常态。

（2）忽略燃料电池边缘的传热及带肋片热沉的前、后面的传热。

（3）通过热沉为一维传热。

（4）风道上下面隔热良好，肋片的顶端绝热。

（5）常物性。

（6）有热沉的情况下可忽略辐射传热。

物性：300K 空气：$k_{air}=0.0263\text{W}\cdot\text{m}^{-1}\cdot\text{K}^{-1}$，$\mu=1.845\times10^{-5}\text{Pa}\cdot\text{s}$，$c_p=1005\text{J}\cdot\text{kg}^{-1}\cdot\text{K}^{-1}$，$\rho=1.1614\text{kg}\cdot\text{m}^{-3}$。

讨论：（1）无肋片时，风道的流通截面积为 $A_c=W(H-d_c)=0.05\times(0.026-0.006)=0.001\text{m}^2$

所以冷却空气的流量为 $V=uA_c=9.4\times10^{-3}\text{m}^3\cdot\text{s}^{-1}$

于是燃料电池净输出的电功率 $P_{net}=9-1000\times9.4\times10^{-3}=-0.4\text{W}$

说明此时风扇的功率消耗大于燃料电池产生的电功率，系统不能产生净电功率。

（2）为使风扇消耗的功率减少 50%，空气的体积流量必须减小到 $4.7\times10^{-3}\text{m}^3\cdot\text{s}^{-1}$。

对于求解复杂的传热问题，将传热问题用电路来类比是有益的。将传热的热阻类比于电路中的电阻，用电阻的串、并联计算方法计算热阻的串、并联。为此先画出等效热网络图。

燃料电池产生的热量从燃料电池表面传至空气中的热网络，包括电池表面与热沉基板接触面的热阻 $R_{t,c}$、通过热沉基板的导热热阻 $R_{t,base}$、暴露于空气中热沉基板部分的热阻 $R_{t,b}$ 和肋片的对流热阻 $R_{t,f(N)}$。画出等效热网络图，见图 7-8。

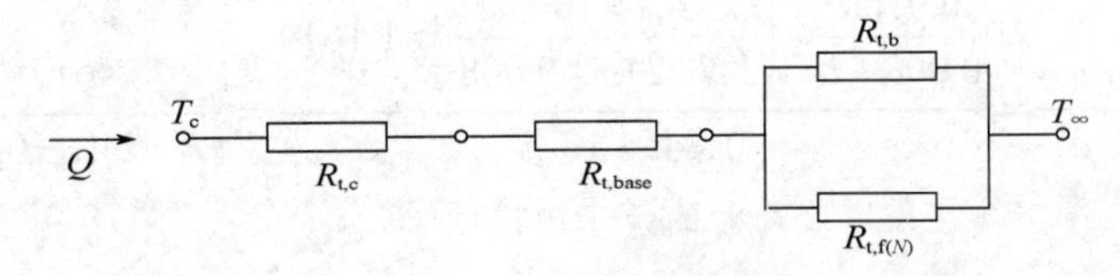


图 7-8　等效热网络图

下面计算各项热阻。

① 电池表面与热沉基板接触面的热阻

$$R_{t,c}=r_{t,c}/\left(2L_cW\right)=\frac{0.001}{2\times0.05\times0.05}=0.2\,\mathrm{K\cdot W^{-1}} \tag{a}$$

式中，因子2是考虑热沉组合的两侧面积，下同。

② 通过热沉基板的导热热阻

$$R_{t,base}=d_b/\left(2kL_cW\right)=\frac{0.002}{2\times237\times0.05\times0.05}=0.00169\,\mathrm{K\cdot W^{-1}} \tag{b}$$

③ 暴露于空气中热沉基板部分的热阻　设共有 $N$ 个肋片，则暴露于空气中热沉基板部分的热阻

$$R_{t,b}=1/\left[h\left(2W-Nd_f\right)L_c\right]=\frac{1}{h\times\left(2\times0.05-N\times0.001\right)\times0.05}\,\mathrm{K\cdot W^{-1}} \tag{c}$$

式中，$h$ 为暴露于空气中热沉基板表面与空气的对流传热系数。

④ 肋片的对流热阻。对于一个肋片，当翅片顶端绝热时，通过翅片根部传热速率由式（3-93）计算，即

$$Q\big|_{x=0}=\phi_0\sqrt{hpkA_0}\tanh\left(mb\right)=\frac{\phi_0}{\dfrac{1}{\sqrt{hpkA_0}\tanh\left(mb\right)}} \tag{3-93}$$

所以一个肋片的热阻为

$$R_{t,f}=\frac{1}{\sqrt{hpkA_0}\tanh\left(mb\right)}$$

式中，$p=2(L_c+d_f)=2\times(0.05+0.001)=0.102\mathrm{m}$，$A_0=L_cd_f=0.05\times0.001=5\times10^{-5}\mathrm{m}^2$，而

$$mb=\sqrt{\frac{hp}{kA_0}}L_f=\sqrt{\frac{h\times0.102}{237\times5\times10^{-5}}}\times0.008=0.02347\sqrt{h}$$

因此
$$R_{t,f}=\frac{1}{\sqrt{hpkA_0}\tanh\left(mb\right)}=\frac{28.76}{\sqrt{h}\tanh\left(0.02347\sqrt{h}\right)}$$

对于 $N$ 个肋片的并联总热阻为

$$R_{t,f(N)}=\frac{R_{t,f}}{N}=\frac{28.76}{N\sqrt{h}\tanh\left(0.02347\sqrt{h}\right)} \tag{d}$$

在确定 $h$ 和 $N$ 之前，均不能计算 $R_{t,b}$ 和 $R_{t,f(N)}$。此外，$h$ 和肋片间距 $a$ 及风量有关，而 $a$ 又取决于肋片数量 $N$。

下面估算对流传热系数。按题意风道中为湍流流动。风道的水力当量直径，见图7-9。

$$d_e=\frac{4aL_f}{2\left(a+L_f\right)}=\frac{0.016a}{0.008+a}$$

$$Re=\frac{d_eu\rho}{\mu}=\frac{\dfrac{0.016a}{0.008+a}\times\left(\dfrac{4.7\times10^{-3}}{\left(N+2\right)a\times0.008}\right)\times1.1614}{1.845\times10^{-5}}=\frac{591.7}{\left(N+2\right)\left(a+0.008\right)}$$

由式（6-77），得空气在风道流动时的范宁摩擦因子

$$f=0.016\left(N+2\right)^{0.25}\left(a+0.008\right)^{0.25}$$

采用传热契尔顿-柯尔本相似律求对流传热系数，由式（7-91），得

$$h=\frac{k_{\mathrm{air}}}{d_{\mathrm{e}}}\frac{f}{2}RePr^{1/3}=6.93a^{-1}\left(a+0.008\right)^{0.25}\left(N+2\right)^{-0.75}\quad\text{(e)}$$

又因为

$$a=\frac{2W-Nd_{\mathrm{f}}}{N+2}=\frac{2\times0.05-N\times0.001}{N+2}=\frac{0.1-N\times0.001}{N+2}\quad\text{(f)}$$

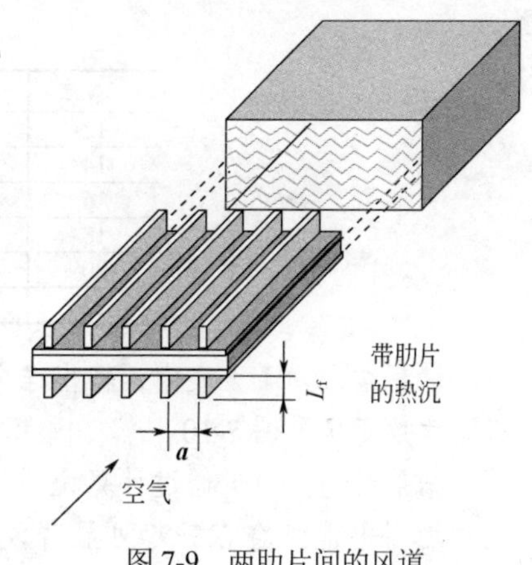


图 7-9　两肋片间的风道

由等效热网络图 7-8，可见总热阻为

$$R_{\mathrm{tot}}=R_{\mathrm{t,c}}+R_{\mathrm{t,base}}+\left(R_{\mathrm{t,b}}^{-1}+R_{\mathrm{t,f}(N)}^{-1}\right)^{-1}$$

所以，为保持燃料电池的温度，必须有如下关系

$$Q=\frac{T_{\mathrm{c}}-T_{\infty}}{R_{\mathrm{tot}}}$$

于是，得

$$\left(R_{\mathrm{t,b}}^{-1}+R_{\mathrm{t,f}(N)}^{-1}\right)^{-1}=\frac{T_{\mathrm{c}}-T_{\infty}}{Q}-\left(R_{\mathrm{t,c}}+R_{\mathrm{t,base}}\right)=\frac{46-25}{11.25}-\left(0.2+0.00169\right)=1.66\quad\text{(g)}$$

由上式通过试差，可得 $N$=10，对应下述各参数的值：$a$=0.0075m，$h$=50.6W·m$^{-2}$·K$^{-1}$，$R_{\mathrm{t,b}}$=4.4K·W$^{-1}$，$R_{\mathrm{t,f}(N)}$=2.4K·W$^{-1}$，$R_{\mathrm{tot}}$=1.57K·W$^{-1}$，$Re$=3181。燃料电池的温度为 44.9℃。在 $N$=8 和 12 时，对应的燃料电池温度分别为 48.2℃和 42.4℃。可见总肋片数为 10 时满足要求。

取肋片数为 10，上、下面各安装 5 片，这将导致燃料电池净输出电能

$$P_{\mathrm{net}}=P-P_{\mathrm{f}}=9-4.7=4.3\ \mathrm{W}$$

（3）由第（2）部分计算可见，增加热沉上的肋片数量，就可允许减少风机风量，于是可以增大系统的净电输出量。

现设风量为 $V$，总肋片数为 $N$，肋片间距为 $a$，则

$$Re=\frac{d_{\mathrm{e}}u\rho}{\mu}=\frac{\dfrac{0.016a}{0.008+a}\times\left(\dfrac{V}{\left(N+2\right)a\times0.008}\right)\times1.1614}{1.845\times10^{-5}}=\frac{1.26\times10^{5}V}{\left(N+2\right)\left(a+0.008\right)}$$

由式（6-77），得空气在风道流动时的范宁摩擦因子

$$f=0.0042\left(N+2\right)^{0.25}\left(a+0.008\right)^{0.25}V^{-0.25}$$

采用传热契尔顿-柯尔本相似律求对流传热系数，由式（7-91），得

$$h=\frac{k_{\mathrm{air}}}{d_{\mathrm{e}}}\frac{f}{2}RePr^{1/3}=386.1a^{-1}\left(a+0.008\right)^{0.25}\left(N+2\right)^{-0.75}V^{0.75}\quad\text{(h)}$$

将式（h）、式（f）、式（d）、式（c）代入式（g）进行试差。试差方法：给定 $N$，通过试差可得满足电池温度为 46℃下的风量 $V$，进而由下式计算电池-风机系统输出电功率。

$$P_{\mathrm{net}}=9.0-1000V$$

| $N$ | $1000V$/m$^3$·s$^{-1}$ | $Re$ | $P_{\mathrm{net}}$/W |
|---|---|---|---|
| 6 | 7.04 | 3744 | 1.96 |
| 8 | 5.46 | 3440 | 3.54 |
| 10 | 4.35 | 3181 | 4.65 |

续表

| $N$ | $1000V$/m³·s⁻¹ | $Re$ | $P_{net}$/W |
|---|---|---|---|
| 12 | 3.54 | 2959 | 5.46 |
| 14 | 2.92 | 2765 | 6.08 |
| 16 | 2.45 | 2595 | 6.55 |
| 18 | 2.07 | 2445 | 6.93 |
| 20 | 1.77 | 2311 | 7.23 |
| 22 | 1.53 | 2191 | 7.47 |

计算结果列于上表中，输出净电功率和风量随肋片数变化见图7-10。

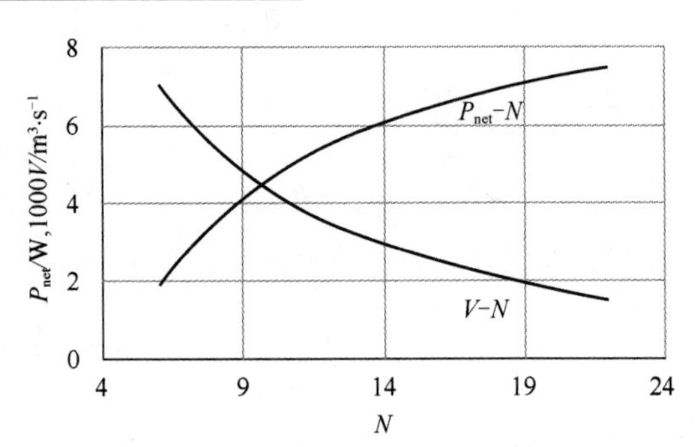


图7-10 例7-2 附图

结果讨论：(1) 通过计算说明将带肋片的热沉和燃料电池结合在一起可显著改进燃料电池-风扇系统的性能，将设想变为实现。将肋片数量增多，风量减少，可以输出更多的净电能。

(2) 当燃料电池传出热能时，冷却空气温度升高。离开带肋片热沉的空气温度可由空气的总能量衡算来计算，即 $T_o=T_i+Q/(\rho c_p V)$。对无热沉的通道情况，有

$$T_o = T_i + \frac{Q}{\rho c_p V} = 25 + \frac{11.25}{1.1614\times1005\times9.4\times10^{-3}} = 26.0\ ℃$$

类似，对带肋片热沉的情况，如 $N$=16，则有

$$T_o = T_i + \frac{Q}{\rho c_p V} = 25 + \frac{11.25}{1.1614\times1005\times2.45\times10^{-3}} = 28.9\ ℃$$

因此，随肋片数增加，风量减少，空气出口温度升高，燃料电池的工作温度将比假定冷却空气温度为25℃的常数时预测的略高。

(3) 由于风道壁隔热良好，假设肋片末端绝热是合理的。

(4) 题中使用当量直径并采用相似律计算对流传热系数，若能采用长方形通道的经验式，则会更合理。

**【例7-3】** 温度为25℃的水以1.5m·s⁻¹的平均速度流过管内径为50mm、管长2m的苯甲酸圆管。已知苯甲酸在水中的扩散系数为1.24×10⁻⁹m²·s⁻¹，在水中的饱和溶解度为0.028kmol·m⁻³。试分别应用雷诺相似律、普朗特-泰勒相似律、冯·卡门相似律、契尔顿-柯尔本相似律求水与管内壁间的对流传质系数以及出口水中苯甲酸的摩尔浓度。

**解** 查25℃水的物性数据：密度997 kg·m⁻³，比热容4179J·kg⁻¹·K⁻¹，黏度0.903cP，$Pr$=6.22，则

$$Sc = \frac{\mu}{\rho D_{AB}} = \frac{0.903\times10^{-3}}{997\times1.24\times10^{-9}} = 730.4\ ,\quad Re = \frac{du_b\rho}{\mu} = \frac{0.05\times1.5\times997}{0.903\times10^{-3}} = 8.28\times10^4$$

范宁摩擦因子可用布拉修斯（Blasius）式（6-77）求取

$$f = \frac{\lambda}{4} = \frac{0.3164}{4Re^{0.25}} = \frac{0.3164}{4\times\left(8.28\times10^4\right)^{0.25}} = 0.00466$$

(1) 雷诺相似律求对流传质系数　假设近似用雷诺相似律估算对流传质系数，由式(7-42)可得

$$k_{\mathrm{Cm}}^{0}=\frac{f}{2}u_{0}=\frac{0.00466}{2}\times1.5=0.0035\ \mathrm{m\cdot s^{-1}}$$

由于苯甲酸在水中的浓度很低，可以忽略传质方向上的总体流动对传质的影响，故

$$k_{\mathrm{Cm}}=k_{\mathrm{Cm}}^{0}=0.0035\ \mathrm{m\cdot s^{-1}}$$

苯甲酸出口时的浓度 $C_{\mathrm{A2}}$ 计算如下。

如图 7-11 所示，水通过 dx 管长度的传质速率为

$$\mathrm{d}m_{\mathrm{A}}=\pi d(\mathrm{d}x)k_{\mathrm{Cm}}(C_{\mathrm{As}}-C_{\mathrm{A}})$$

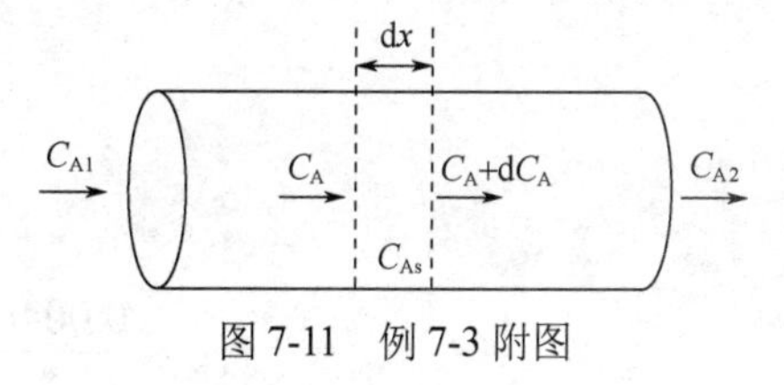

图 7-11 例 7-3 附图

再对组分 A 进行质量衡算，得

$$\mathrm{d}m_{\mathrm{A}}=\frac{\pi}{4}d^{2}u_{\mathrm{b}}\mathrm{d}C_{\mathrm{A}}$$

令上述两式相等，得

$$\mathrm{d}m_{\mathrm{A}}=\pi d(\mathrm{d}x)k_{\mathrm{Cm}}(C_{\mathrm{As}}-C_{\mathrm{A}})=\frac{\pi}{4}d^{2}u_{\mathrm{b}}\mathrm{d}C_{\mathrm{A}}$$

整理，分离变量积分

$$\frac{4k_{\mathrm{Cm}}}{du_{\mathrm{b}}}\int_{0}^{L}\mathrm{d}x=\int_{C_{\mathrm{A1}}}^{C_{\mathrm{A2}}}\frac{\mathrm{d}C_{\mathrm{A}}}{C_{\mathrm{As}}-C_{\mathrm{A}}}$$

积分得

$$\frac{4k_{\mathrm{Cm}}}{du_{\mathrm{b}}}L=\ln(C_{\mathrm{As}}-C_{\mathrm{A1}})-\ln(C_{\mathrm{As}}-C_{\mathrm{A2}})\tag{a}$$

式中，$C_{\mathrm{A1}}=0$，$C_{\mathrm{As}}=0.028\ \mathrm{kmol\cdot m^{-3}}$。代入相关数值

$$\frac{4\times0.0035}{0.05\times1.5}\times2=\ln(0.028-0)-\ln(0.028-C_{\mathrm{A2}})$$

解得 $C_{\mathrm{A2}}=0.0087\ \mathrm{kmol\cdot m^{-3}}$。

（2）普朗特-泰勒相似律求对流传质系数　用式（7-70），代入相关数据得

$$k_{\mathrm{Cm}}=k_{\mathrm{Cm}}^{0}=\frac{f/2}{1+5\sqrt{f/2}(Sc-1)}u_{\mathrm{b}}=\frac{0.00466/2}{1+5\times\sqrt{0.00466/2}\times(730.4-1)}\times1.5$$
$$=1.97\times10^{-5}\ \mathrm{m\cdot s^{-1}}$$

最后，将相关数据代入式（a），得

$$\frac{4\times1.97\times10^{-5}}{0.05\times1.5}\times2=\ln(0.028-0)-\ln(0.028-C_{\mathrm{A2}})$$

解得 $C_{\mathrm{A2}}=5.88\times10^{-5}\ \mathrm{kmol\cdot m^{-3}}$。

（3）冯•卡门相似律求对流传质系数　用式（7-87）

$$St'=\frac{k_{\mathrm{Cm}}^{0}}{u_{\mathrm{b}}}=\frac{(\varphi_{\mathrm{m}}/\theta')(f/2)}{1+\varphi_{\mathrm{m}}\sqrt{f/2}\left[5(Sc-1)+5\ln\left(\frac{5Sc+1}{6}\right)\right]}$$

式中，$\varphi_{\mathrm{m}}$和$\theta'$的值可由表 7-1 查取，得$\varphi_{\mathrm{m}}=0.817$，$\theta'=0.9973$。将有关数值代入上式

$$k_{\mathrm{Cm}}=k_{\mathrm{Cm}}^{0}=\frac{(0.817/0.9973)\times(0.00466/2)}{1+0.817\times\sqrt{0.00466/2}\times\left[5\times(730.4-1)+5\times\ln\left(\frac{5\times730.4+1}{6}\right)\right]}\times1.5$$
$$=1.96\times10^{-5}\ \mathrm{m\cdot s^{-1}}$$

最后，将相关数据代入式（a），得

$$\frac{4\times1.96\times10^{-5}}{0.05\times1.5}\times2=\ln\left(0.028-0\right)-\ln\left(0.028-C_{A2}\right)$$

解得 $C_{A2}$=5.85×$10^{-5}$kmol·$m^{-3}$。

（4）契尔顿-柯尔本相似律对流传质系数 用式（7-93）

$$j_D=\frac{f}{2}$$

即

$$k_{Cm}=k_{Cm}^0=\frac{f}{2}Sc^{-2/3}u_b$$

代入相关数据得

$$k_{Cm}=\frac{0.00466}{2}\times730.4^{-2/3}\times1.5=4.31\times10^{-5}\ m\cdot s^{-1}$$

最后，将相关数据代入式（a），得

$$\frac{4\times4.31\times10^{-5}}{0.05\times1.5}\times2=\ln\left(0.028-0\right)-\ln\left(0.028-C_{A2}\right)$$

解得 $C_{A2}$=1.28×$10^{-4}$kmol·$m^{-3}$。

将几种模型的结果列表如下：

| 模型 | 雷诺 | 普朗特-泰勒 | 冯·卡门 | 契尔顿-柯尔本 |
|---|---|---|---|---|
| 对流传质系数/m·$s^{-1}$ | 0.0035 | 1.97×$10^{-5}$ | 1.96×$10^{-5}$ | 4.31×$10^{-5}$ |
| 出口浓度/kmol·$m^{-3}$ | 0.0147 | 5.85×$10^{-5}$ | 5.85×$10^{-5}$ | 1.28×$10^{-4}$ |

由计算结果可见，雷诺相似律精度较差；普朗特-泰勒和冯·卡门相似律精度接近，但本题计算结果与契尔顿-柯尔本结果相比较偏低。

# 第三节 传质模型

有关质量传递过程的计算，其关键的问题是如何求取对流传质系数。前几章中述及对于简单的几何边界，如平板上、圆管内的传质，当流动为定常态层流时可以简化传质微分方程得到理论解；当流动为定常态湍流时，仅在传质通量很小时得到类似于传热的解。然而，在工程实际中，一般几何边界复杂、传质通量也较大，所以在工程设计中仍常采用实验关联式求取对流传质系数。人们也不断试图建立各种传质模型描述传质问题，其中最具有代表性的是双膜模型、溶质渗透模型和表面更新模型。

## 一、双膜模型

双膜模型又称停滞膜模型，由惠特曼（Whiteman）于 1923 年提出的。该模型认为：在互不相溶的两相流体之间进行传质时，在相界面两侧存在两层虚拟的停滞膜，通过停滞膜的传质为分子扩散传质，相界面两侧的传质阻力全部集中于两层虚拟的停滞膜中，同时认为在相界面上两相处于热力学相平衡状态，即在相界面处没有传质阻力。根据双膜模型的观点不难导出对流传质系数计算公式，与扩散系数的一次方成正比，即 $k_C\propto D_{AB}$，其推导过程这里略去，读者可参阅有关化工原理教材。

$$k_{Cm}=\frac{D_{AB}}{\delta_1}\tag{7-94}$$

式中，$\delta_1$ 为假想膜的厚度。由式（7-94）可见，对流传质系数与扩散系数的一次方成正比，即 $k_{Cm} \propto D_{AB}$。

双膜模型可以较好地描述流动雷诺数不大的情形，如低速流动的传质体系、黏度较大的传质体系，即体系达到定常态传质情形；但对于流动雷诺数较大的情形则不合适，如流动速度大、湍动剧烈、低黏度体系。工程上如吸收、精馏、萃取等许多传质设备，常常由于不存在固定相界面，体系往往处于非定常态传质情形。此时对流传质系数并不与扩散系数的一次方成正比，所以双膜模型不能真实反映此类传质机理。

## 二、溶质渗透模型

溶质渗透模型为希格比（Higbie）于 1935 年提出，用于描述非定常态传质的情形。希格比考虑到在像鼓泡塔、喷洒塔和填料塔这样湍动剧烈的工业设备中，气液两相接触时间很短，从 0.01s 到 1s 左右，溶质在液相中的扩散不可能达到定常态，而是处于非定常态的“渗透”状态，故应采用非定常态扩散模型来描述此类问题。

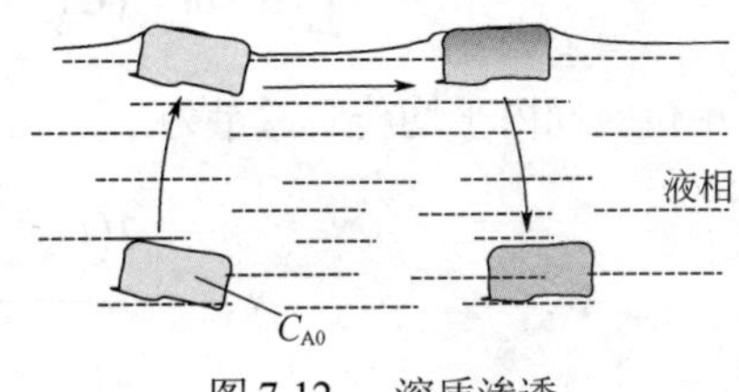

图 7-12　溶质渗透

图 7-12 示意流体微团的传质过程，当气液两相接触时，液相主体中的某一流体微团运动到相界面，停留在界面开始与气相进行传质。在流体微团未与气相接触前，流体微团内的溶质浓度与液相主体浓度相等，即 $C_A=C_{A0}$。当流体微团与气相接触时，与气相接触一侧（即处于界面处）立即达到相平衡，即此侧面上 $C_A=C_{As}$。假设流体微团在相界面处停留时间很短，气相中的 A 组分还来不及扩散至此流体微团的另一侧即被新的流体微团所置换，所以此扩散过程可以认为是半无限大空间的扩散传质。希格比假设所有流体微团在界面处的停留时间 $t_c$ 均相同。

当流体微团处于界面时，其内部的流体是静止的，再假设无化学反应，则组分 A 将以一维非定常态扩散方式进入液相，此传质过程可由费克第二扩散定律式（4-265）描述，简化为一维，即

$$\frac{\partial C_A}{\partial t} = D_{AB} \frac{\partial^2 C_A}{\partial z^2} \tag{7-95}$$

按照渗透模型的描述，式（7-95）对应的初始和边界条件为

$$\begin{aligned} &\text{初始条件：} t = 0,\ C_A = C_{A0} \quad (z \geqslant 0) \\ &\text{初始条件1：} z = 0,\ C_A = C_{As} \quad (\text{当} t > 0 \text{时}) \\ &\text{初始条件2：} z = \infty,\ C_A = C_{A0} \quad (\text{当} t \geqslant 0 \text{时}) \end{aligned} \tag{7-96}$$

求解偏微分方程（7-95），得流体微团内的浓度分布

$$\frac{C_{As} - C_A}{C_{As} - C_{A0}} = \operatorname{erf}(\xi) = \frac{2}{\pi} \int_0^{\xi} e^{-x^2} dx \tag{7-97}$$

式中

$$\xi = \frac{z}{\sqrt{4 D_{AB} t}} \tag{7-98}$$

已知浓度分布就可求出 $t$ 时刻组分 A 通过界面的传质通量 $N_{At}$，由费克第一定律得

$$N_{At} = -D_{AB} \left. \frac{dC_A}{dz} \right|_{z=0} \tag{7-99}$$

式中浓度梯度也可表示为

$$\left.\frac{\mathrm{d}C_{\mathrm{A}}}{\mathrm{d}z}\right|_{z=0}=\left(\frac{\partial C_{\mathrm{A}}}{\partial \xi}\frac{\partial \xi}{\partial z}\right)_{z=0} \tag{7-100}$$

对式（7-97）、式（7-98）求导，代入式（7-100）可得

$$\left.\frac{\mathrm{d}C_{\mathrm{A}}}{\mathrm{d}z}\right|_{z=0}=-\frac{C_{\mathrm{As}}-C_{\mathrm{A0}}}{\sqrt{\pi D_{\mathrm{AB}}t}} \tag{7-101}$$

然后，将式（7-101）代入式（7-99），得

$$N_{\mathrm{A}t}=\left(C_{\mathrm{As}}-C_{\mathrm{A0}}\right)\sqrt{\frac{D_{\mathrm{AB}}}{\pi t}} \tag{7-102}$$

由式（7-102）可得 $t$ 时刻对流传质系数为

$$k_{\mathrm{C}t}=\sqrt{\frac{D_{\mathrm{AB}}}{\pi t}} \tag{7-103}$$

流体微团在界面停留 $t_{\mathrm{c}}$ 时间段内，通过单位面积界面组分 A 的总传质量为

$$\int_0^{t_{\mathrm{c}}} N_{\mathrm{A}t}\mathrm{d}t=\left(C_{\mathrm{As}}-C_{\mathrm{A0}}\right)\sqrt{\frac{D_{\mathrm{AB}}}{\pi}}\int_0^{t_{\mathrm{c}}}\frac{\mathrm{d}t}{\sqrt{t}}=2\left(C_{\mathrm{As}}-C_{\mathrm{A0}}\right)\sqrt{\frac{D_{\mathrm{AB}}t_{\mathrm{c}}}{\pi}} \tag{7-104}$$

单位时间内平均传质通量为

$$N_{\mathrm{Am}}=\frac{2\left(C_{\mathrm{As}}-C_{\mathrm{A0}}\right)\sqrt{\dfrac{D_{\mathrm{AB}}t_{\mathrm{c}}}{\pi}}}{t_{\mathrm{c}}}=2\left(C_{\mathrm{As}}-C_{\mathrm{A0}}\right)\sqrt{\frac{D_{\mathrm{AB}}}{\pi t_{\mathrm{c}}}} \tag{7-105}$$

由式（7-105）可见平均传质系数为

$$k_{\mathrm{Cm}}=2\sqrt{\frac{D_{\mathrm{AB}}}{\pi t_{\mathrm{c}}}} \tag{7-106}$$

式（7-106）表明对流传质系数与分子扩散系数的平方根成正比，此结论已由施伍德等人在填料塔中的实验数据所证实。另外，由式（7-106）不难推测：当流速增大时，流体微团在相界面停留的时间 $t_{\mathrm{c}}$ 必然减小，于是 $k_{\mathrm{Cm}}$ 将增大，这与实际情况也吻合。

式（7-106）中的 $t_{\mathrm{c}}$ 为该模型参数，与体系、两相流动状况及传质设备等有关，较难求取，所以该模型在应用上受到一定的限制。

## 三、表面更新模型

表面更新模型是丹克沃茨（Danckwerts）于 1951 年提出，在溶质渗透模型基础上形成的，又称渗透-表面更新模型。与溶质渗透模型类似，表面更新模型也认为流体微团运动到界面后组分 A 的传质也为非定常态扩散过程。但与溶质渗透模型不同的是，该模型认为流体微团在界面上停留时间不可能是均一的，而是认为液体表面是由具有不同暴露时间（或称“年龄”）的液面单元所构成。为此，丹克沃茨提出了年龄分布的概念，即界面上各种不同年龄的液面单元都存在，只是年龄越小或年龄越大，在液面占据的比例越小。

针对液面单元的年龄概念，丹克沃茨提出了一个表面年龄分布函数$\phi(t)$，定义为：年龄由 $t$ 至$(t+\mathrm{d}t)$这段时间的液面单元所覆盖的界面面积占液面总面积的分数为$\phi(t)\mathrm{d}t$，若设界面总面积为 $A$，根据表面年龄分布函数的定义，则应有

$$\sum_{\text{所有年龄}} A\phi(t)\mathrm{d}t=\int_0^{\infty} A\phi(t)\mathrm{d}t=A \tag{7-107}$$

即
$$\int_0^\infty \phi(t)\mathrm{d}t = 1 \tag{7-108}$$
式（7-108）表示年龄的归一化原理，即包括了所有年龄的液面单元。

与此同时，该模型还假定，界面上所有液面单元被置换的概率是均等的，即更新频率与年龄无关。单位时间内表面被置换的分数称为表面更新率，用符号 $S$ 表示，于是任何年龄的液面单元在 $\mathrm{d}t$ 时间内被置换的分数均为 $S\mathrm{d}t$。

根据年龄分布函数的定义，若总表面积为 $A$，年龄在 $t$ 至$(t+\mathrm{d}t)$间的液面单元的表面积则为 $A\phi(t)\mathrm{d}t$。再经过 $\mathrm{d}t$ 时间，$A\phi(t)\mathrm{d}t$ 中被更新的表面为 $A\phi(t)\mathrm{d}tS\mathrm{d}t$，而还未被更新的表面积为 $A\phi(t)\mathrm{d}t(1-S\mathrm{d}t)$。这未被更新的表面积部分，其年龄达到了$(t+\mathrm{d}t)$至$(t+2\mathrm{d}t)$时间段。再按照年龄分布函数的定义，在$(t+\mathrm{d}t)$至$(t+2\mathrm{d}t)$年龄段的液面表面积为 $A\phi(t+\mathrm{d}t)\mathrm{d}t$。于是得到
$$\phi(t+\mathrm{d}t)\mathrm{d}t = \phi(t)\mathrm{d}t(1-S\mathrm{d}t) \tag{7-109}$$
化简整理式（7-109），得
$$\frac{\phi(t+\mathrm{d}t)-\phi(t)}{\mathrm{d}t} = -S\phi(t) \tag{7-110}$$
当 $\mathrm{d}t\to 0$，式（7-110）可写成微分形式
$$\frac{\mathrm{d}\phi(t)}{\mathrm{d}t} = -S\phi(t) \tag{7-111}$$
积分式（7-111）得
$$\phi(t) = C\mathrm{e}^{-St} \tag{7-112}$$
式中，$C$ 为积分常数，由式（7-108）确定，
$$1 = \int_0^\infty \phi(t)\mathrm{d}t = C\int_0^\infty \mathrm{e}^{-St}\mathrm{d}t = \frac{C}{S} \tag{7-113}$$
由此可得年龄分布函数$\phi(t)$与表面更新率 $S$ 之间的关系为
$$\phi(t) = S\mathrm{e}^{-St} \tag{7-114}$$

设在某瞬时 $t$，具有年龄 $t$ 的那一部分表面积的瞬间传质通量为 $N_{\mathrm{A}t}$，则单位液体表面上的平均传质通量 $N_{\mathrm{Am}}$ 为：
$$N_{\mathrm{Am}} = \int_0^\infty N_{\mathrm{A}t}\phi(t)\mathrm{d}t \tag{7-115}$$
式中，$N_{\mathrm{A}t}$ 由式（7-102）计算，$\phi(t)$由式（7-114）计算，并代入式（7-115）整理、积分
$$N_{\mathrm{Am}} = (C_{\mathrm{As}} - C_{\mathrm{A0}})\sqrt{\frac{D_{\mathrm{AB}}}{\pi}}\int_0^\infty S\mathrm{e}^{-St}\frac{1}{\sqrt{t}}\mathrm{d}t = (C_{\mathrm{As}} - C_{\mathrm{A0}})\sqrt{D_{\mathrm{AB}}S} \tag{7-116}$$
于是平均对流传质系数为
$$k_{\mathrm{Cm}} = \sqrt{D_{\mathrm{AB}}S} \tag{7-117}$$
式（7-117）表明对流传质系数与分子扩散系数的平方根成正比，其结论类似溶质渗透模型，式中 $S$ 为模型参数。

乍看之下，表面更新模型并不比溶质渗透模型具有优越之处。其实表面更新模型的价值在于将溶质渗透模型的简单假设扩展到更接近实际的状况。尽管所得的结果不如人们期望的那么有用，但表面更新模型的确给出了关于复杂状况下传质的合理思考方式。这种思考方式可衍生出较有效的关系式及更好的模型。

上述三个理论中没有一个理论是完全令人满意的，因为每个理论都引入了一个未知的参数。然而每个模型都提供了思考传质的简单方式，所以对这三个理论的介绍目的在于指引思考方向，起到抛砖引玉的作用，并激发出许多“扩充”及“修正”。

【例 7-4】 在 1atm 及 20℃下，用水吸收空气中低浓度的 $NH_3$，通过实验测知液相对流传质系数与液体流量的关系为

$$k_{Cm} = 1.005 \times 10^{-4} L^{2/3}$$

式中，$k_{Cm}$ 为液相对流传质系数，$m \cdot s^{-1}$；$L$ 为液体流量，$kg \cdot m^{-2} \cdot s^{-1}$。20℃时，氨在水中的扩散系数为 $2.16 \times 10^{-9} m^2 \cdot s^{-1}$。

试求当液体流量为 $2\ kg \cdot m^{-2} \cdot s^{-1}$：

（1）若用双膜模型描述，则液膜的厚度 $\delta_l$ 有多厚；

（2）若用渗透模型描述，则流体微团在相界面停留的时间 $t_c$ 有多长；

（3）若用表面更新模型描述，则表面更新率 $S$ 有多高。

**解** （1）液膜的厚度 $\delta_l$ 用式（7-94），得

$$\delta_l = \frac{D_{AB}}{k_{Cm}} = 2.15 \times 10^{-5} L^{-2/3} \tag{a}$$

将液体流量代入，得 $\delta_l$=0.0135mm。

（2）流体微团在相界面停留的时间 $t_c$ 用式（7-106），得

$$t_c = \frac{D_{AB}}{\pi}\left(\frac{k_{Cm}}{2}\right)^{-2} = 0.2723 L^{-4/3} \tag{b}$$

将液体流量代入，得 $t_c$=0.108s。

（3）表面更新率 $S$ 用式（7-117），得

$$S = \frac{k_{Cm}^2}{D_{AB}} = 4.676 L^{4/3} \tag{c}$$

将液体流量代入，得 $S=11.78 s^{-1}$。

## 习 题

**7-1** 设有一个搅拌器在搅拌槽中使液体混合，通过实验与分析确定其功率消耗取决于下列因素：叶轮直径 $D$ 和转速 $n$，液体密度 $\rho$ 和黏度 $\mu$，重力加速度 $g$，槽径 $T$，槽中液体深度 $H_1$，挡板数目、大小和位置等这样一些尺寸。假设后面的一些尺寸都和叶轮直径成一定的比例（例如符合对“标准”搅拌器构形的规定），并将这些比值定为形状因数。这里考虑重力影响的原因是：搅拌过程中，有一些液体被推升到平均液面以上，而这种升举需要克服重力做功。现暂不考虑形状因数，则搅拌功率 $N$ 可表述为上述变量的函数，即

$$N = f(n,\ D,\ \rho,\ \mu,\ g)$$

试用量纲分析法将上述函数转换为无量纲数群之间的关系。

**7-2** 通过对对流传热过程的实验与分析，确定对对流传热系数有影响的因素为：

①流体的物性：密度 $\rho$，黏度 $\mu$，比热容 $c_p$，热导率 $k$；②固体表面的特征尺寸：$l$；③强制对流的速度：$u$；④自然对流的特征速度：$g\beta\Delta T$。于是对流传热系数可表示为

$$h = f\left(u, l, \rho, \mu, c_p, k, g\beta\Delta T\right)$$

试用量纲分析法把此表达式转化为无量纲数群间的关系。

**7-3** 通过对对流传质过程的实验与分析，确定对对流传质系数有影响的因素为：

①流体的物性：密度 $\rho$，黏度 $\mu$；②体系的扩散系数：$D_{AB}$；③强制对流的速度：$u$；④定性尺寸：$d$。于是对流传质系数可表示为

$$k_{Cm} = f\left(u, d, \rho, \mu, D_{AB}\right)$$

试用量纲分析法把此表达式转化为无量纲数群间的关系。

**7-4**　水在管内被加热，平均速度为 $u_b$，管内壁温度与水平均温度之差为 $T_s - T_b$，试求水从管子入口到出口的温度升高值 $T_2 - T_1$ 和压强变化值 $p_1 - p_2$ 之间的关系。设 $u_b = 2.5 \mathrm{m \cdot s^{-1}}$，$T_2 = 40℃$，$T_1 = 20℃$，$T_s = 100℃$，求水通过的压降。

**7-5**　水以 $4 \mathrm{m \cdot s^{-1}}$ 的速度流过直径为 25mm、长度为 6m 的光滑管，水的进口温度为 25℃。管壁温度 60℃，并保持恒定。试分别用雷诺、普朗特-泰勒、冯·卡门以及契尔顿-柯尔本相似律求出对流传热系数及流体的出口温度。并对结果分析。设流动已充分发展，定性温度取流体进出口温度的平均值。

**7-6**　一湿球温度计，由湿纱布包裹普通温度计的水银球而成。常压空气以一定的速度吹过纱布，空气温度为 27℃，相对湿度为 25%，试求温度计指示达到稳定后，显示的读数为多少?

**7-7**　在直径为 25mm、长为 2m 的圆管内壁上始终附有一层水膜，常压和 25℃的绝干空气以 $15 \mathrm{m \cdot s^{-1}}$ 的速度流过管内。设流动和传质达到了充分发展，试用普朗特-泰勒相似律求对流传质系数、出口空气中水的分压及全管的传质速率。由于在空气中水的分压很低，气体的物性数值可近似地采用空气的物性值代替。

**7-8**　常压下大量的绝干空气吹过湿球温度计，达到稳定后温度计显示为 20℃，试求绝干空气的温度。

**7-9**　20℃水以 $1.2 \mathrm{m \cdot s^{-1}}$ 的主体流速流过内径为 20mm 的萘管，已知固体萘溶解于水时的施密特数 $Sc = 2330$，试分别用雷诺相似律、普朗特-泰勒相似律、冯·卡门相似律和柯尔本相似律求充分发展后的对流传质系数。

**7-10**　在填料塔中用水吸收氨气。已知操作压力为常压，操作温度为 25℃。假设填料表面处的液体暴露于气体的有效暴露时间为 0.02s，试应用溶质渗透理论求平均传质系数。在上述操作过程中，气液接触时间为有效暴露时间一半的瞬时，传质系数为若干。

# 附 录

## 附录 A 坐标系、矢量公式和传递微分方程

### A.1 柱坐标系和球坐标系示意图

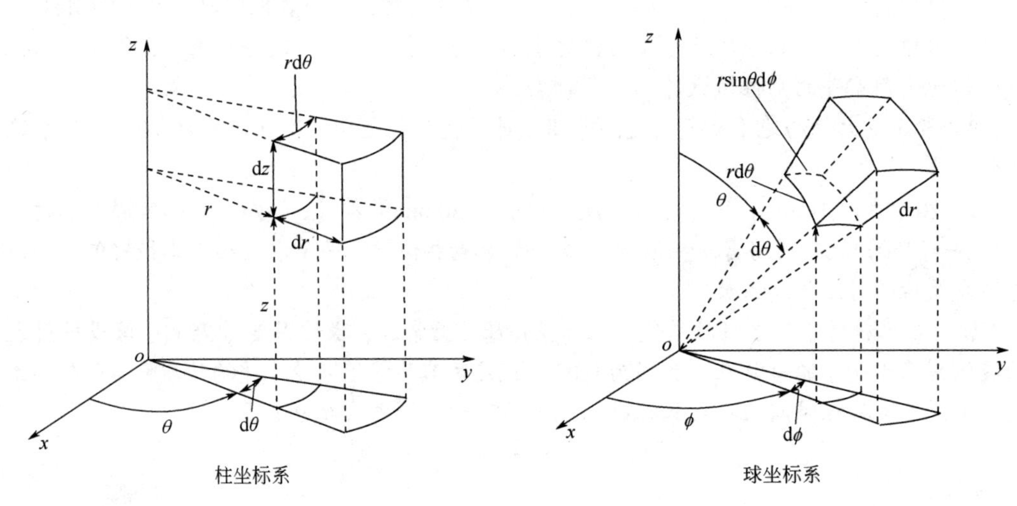


柱坐标系　　　　球坐标系

### A.2 矢量运算

**1. 梯度算符∇是矢量，同时对其后的物理量进行微分运算**

（1）直角坐标系中：$\boldsymbol{u}\cdot\nabla = u_x\dfrac{\partial}{\partial x}+u_y\dfrac{\partial}{\partial y}+u_z\dfrac{\partial}{\partial z}$

（2）柱坐标系中：$\boldsymbol{u}\cdot\nabla = u_r\dfrac{\partial}{\partial r}+\dfrac{u_\theta}{r}\times\dfrac{\partial}{\partial\theta}+u_z\dfrac{\partial}{\partial z}$

（3）球坐标系中：$\boldsymbol{u}\cdot\nabla = u_r\dfrac{\partial}{\partial r}+\dfrac{u_\theta}{r}\times\dfrac{\partial}{\partial\theta}+\dfrac{u_\phi}{r\sin\theta}\times\dfrac{\partial}{\partial\phi}$

**2. 拉普拉斯算子$\nabla^2 s=\nabla\cdot(\nabla s)$**

（1）直角坐标系中：$\nabla^2 s=\dfrac{\partial^2}{\partial x^2}+\dfrac{\partial^2}{\partial y^2}+\dfrac{\partial^2}{\partial z^2}$

（2）柱坐标系中：$\nabla^2 s=\dfrac{1}{r}\times\dfrac{\partial}{\partial r}\left(r\dfrac{\partial s}{\partial r}\right)+\dfrac{1}{r^2}\times\dfrac{\partial^2 s}{\partial\theta^2}+\dfrac{\partial^2 s}{\partial z^2}$

（3）球坐标系中：$\nabla^2 s=\dfrac{1}{r^2}\times\dfrac{\partial}{\partial r}\left(r^2\dfrac{\partial s}{\partial r}\right)+\dfrac{1}{r^2\sin\theta}\times\dfrac{\partial}{\partial\theta}\left(\sin\theta\dfrac{\partial s}{\partial\theta}\right)+\dfrac{1}{r^2\sin^2\theta}\times\dfrac{\partial^2 s}{\partial\phi^2}$

**3. 常用的矢量恒等式**

$$\nabla(sw) = s\nabla w + w\nabla s$$
$$\nabla\cdot(s\boldsymbol{A}) = s\nabla\cdot\boldsymbol{A} + \boldsymbol{A}\cdot\nabla s$$
$$\nabla\times(s\boldsymbol{A}) = \nabla s\times\boldsymbol{A} + s\nabla\times\boldsymbol{A}$$
$$\nabla(\boldsymbol{A}\cdot\boldsymbol{B}) = (\boldsymbol{A}\cdot\nabla)\boldsymbol{B} + (\boldsymbol{B}\cdot\nabla)\boldsymbol{A} + \boldsymbol{A}\times(\nabla\times\boldsymbol{B}) + \boldsymbol{B}\times(\nabla\times\boldsymbol{A})$$
$$\nabla\cdot(\boldsymbol{A}\times\boldsymbol{B}) = \boldsymbol{B}\cdot\nabla\times\boldsymbol{A} - \boldsymbol{A}\cdot\nabla\times\boldsymbol{B}$$
$$\nabla\times(\boldsymbol{A}\times\boldsymbol{B}) = \boldsymbol{A}\nabla\cdot\boldsymbol{B} - \boldsymbol{B}\nabla\cdot\boldsymbol{A} + (\boldsymbol{B}\cdot\nabla)\boldsymbol{A} - (\boldsymbol{A}\cdot\nabla)\boldsymbol{B}$$

## A.3 不可压缩流体的牛顿黏性定律

（1）直角坐标系中

$$\tau_{xy} = \tau_{yx} = \mu\left(\frac{\partial u_x}{\partial y} + \frac{\partial u_y}{\partial x}\right),\quad \tau_{yz} = \tau_{zy} = \mu\left(\frac{\partial u_y}{\partial z} + \frac{\partial u_z}{\partial y}\right),\quad \tau_{zx} = \tau_{xz} = \mu\left(\frac{\partial u_x}{\partial z} + \frac{\partial u_z}{\partial x}\right)$$

$$\sigma_{xx} = 2\mu\left(\frac{\partial u_x}{\partial x}\right),\quad \sigma_{yy} = 2\mu\left(\frac{\partial u_y}{\partial y}\right),\quad \sigma_{zz} = 2\mu\left(\frac{\partial u_z}{\partial z}\right)$$

$$\tau_{xx} = -p + \sigma_{xx},\quad \tau_{yy} = -p + \sigma_{yy},\quad \tau_{zz} = -p + \sigma_{zz}$$

（2）柱坐标系中

$$\tau_{r\theta} = \tau_{\theta r} = \mu\left[r\frac{\partial}{\partial r}\left(\frac{u_\theta}{r}\right) + \frac{1}{r}\frac{\partial u_r}{\partial\theta}\right],\quad \tau_{zr} = \tau_{rz} = \mu\left[\frac{\partial u_z}{\partial r} + \frac{\partial u_r}{\partial z}\right],\quad \tau_{\theta z} = \tau_{z\theta} = \mu\left[\frac{\partial u_\theta}{\partial z} + \frac{1}{r}\frac{\partial u_z}{\partial\theta}\right]$$

$$\sigma_{rr} = 2\mu\frac{\partial u_r}{\partial r},\quad \sigma_{\theta\theta} = 2\mu\left(\frac{1}{r}\frac{\partial u_\theta}{\partial\theta} + \frac{u_r}{r}\right),\quad \sigma_{zz} = 2\mu\frac{\partial u_z}{\partial z}$$

$$\tau_{rr} = -p + \sigma_{rr},\quad \tau_{\theta\theta} = -p + \sigma_{\theta\theta},\quad \tau_{zz} = -p + \sigma_{zz}$$

（3）球坐标系中

$$\tau_{r\theta} = \tau_{\theta r} = \mu\left(\frac{1}{r}\frac{\partial u_r}{\partial\theta} + \frac{\partial u_\theta}{\partial r} - \frac{u_\theta}{r}\right),\quad \tau_{\theta\phi} = \tau_{\phi\theta} = \mu\left[\frac{1}{r\sin\theta}\frac{\partial u_\theta}{\partial\phi} + \frac{\sin\theta}{r}\frac{\partial}{\partial\theta}\left(\frac{u_\phi}{\sin\theta}\right)\right]$$

$$\tau_{\phi r} = \tau_{r\phi} = \mu\left(\frac{\partial u_\phi}{\partial r} + \frac{1}{r\sin\theta}\frac{\partial u_r}{\partial\phi} - \frac{u_\phi}{r}\right)$$

$$\sigma_{rr} = 2\mu\frac{\partial u_r}{\partial r},\quad \sigma_{\theta\theta} = 2\mu\left(\frac{1}{r}\frac{\partial u_\theta}{\partial\theta} + \frac{u_r}{r}\right),\quad \sigma_{\phi\phi} = 2\mu\left(\frac{1}{r\sin\theta}\frac{\partial u_\phi}{\partial\phi} + \frac{u_r}{r} + \frac{u_\theta\cot\theta}{r}\right)$$

$$\tau_{rr} = -p + \sigma_{rr},\quad \tau_{\theta\theta} = -p + \sigma_{\theta\theta},\quad \tau_{\phi\phi} = -p + \sigma_{\phi\phi}$$

## A.4 傅里叶热传导定律

（1）直角坐标系中

$$q_x = -k\frac{\partial T}{\partial x},\qquad q_y = -k\frac{\partial T}{\partial y},\qquad q_z = -k\frac{\partial T}{\partial z}$$

（2）柱坐标系中

$$q_r = -k\frac{\partial T}{\partial r},\qquad q_\theta = -k\frac{1}{r}\times\frac{\partial T}{\partial\theta},\qquad q_z = -k\frac{\partial T}{\partial z}$$

（3）球坐标系中

$$q_r = -k\frac{\partial T}{\partial r},\qquad q_\theta = -k\frac{1}{r}\times\frac{\partial T}{\partial\theta},\qquad q_\phi = -k\frac{1}{r\sin\theta}\times\frac{\partial T}{\partial\phi}$$

## A.5 费克二元扩散（第一）定律

（1）直角坐标系中

$$j_{Ax}=-D_{AB}\frac{\partial\rho_A}{\partial x},\qquad j_{Ay}=-D_{AB}\frac{\partial\rho_A}{\partial y},\qquad j_{Az}=-D_{AB}\frac{\partial\rho_A}{\partial z}$$

（2）柱坐标系中

$$j_{Ar}=-D_{AB}\frac{\partial\rho_A}{\partial r},\qquad j_{A\theta}=-D_{AB}\frac{1}{r}\times\frac{\partial\rho_A}{\partial\theta},\qquad j_{Az}=-D_{AB}\frac{\partial\rho_A}{\partial z}$$

（3）球坐标系中

$$j_{Ar}=-D_{AB}\frac{\partial\rho_A}{\partial r},\qquad j_{A\theta}=-D_{AB}\frac{1}{r}\times\frac{\partial\rho_A}{\partial\theta},\qquad j_{A\phi}=-D_{AB}\frac{1}{r\sin\theta}\times\frac{\partial\rho_A}{\partial\phi}$$

## A.6 连续性方程

$$\frac{\partial\rho}{\partial t}+\nabla\cdot(\rho\boldsymbol{u})=0$$

（1）直角坐标系中：$\dfrac{\partial\rho}{\partial t}+\dfrac{\partial(\rho u_x)}{\partial x}+\dfrac{\partial(\rho u_y)}{\partial y}+\dfrac{\partial(\rho u_z)}{\partial z}=0$

（2）柱坐标系中：$\dfrac{\partial\rho}{\partial t}+\dfrac{1}{r}\times\dfrac{\partial(\rho r u_r)}{\partial r}+\dfrac{1}{r}\times\dfrac{\partial(\rho u_\theta)}{\partial\theta}+\dfrac{\partial(\rho u_z)}{\partial z}=0$

（3）球坐标系中：$\dfrac{\partial\rho}{\partial t}+\dfrac{1}{r^2}\times\dfrac{\partial(\rho r^2 u_r)}{\partial r}+\dfrac{1}{r\sin\theta}\times\dfrac{\partial(\rho u_\theta\sin\theta)}{\partial\theta}+\dfrac{1}{r\sin\theta}\times\dfrac{\partial(\rho u_\phi)}{\partial\phi}=0$

## A.7 以 $\boldsymbol{\tau}$ 表示的运动方程

$$\rho\frac{\mathrm{D}\boldsymbol{u}}{\mathrm{D}t}=\rho\boldsymbol{F}+\nabla\cdot\boldsymbol{\tau}$$

（1）直角坐标系中

$x$ 方向分量：$\rho\left(\dfrac{\partial u_x}{\partial t}+u_x\dfrac{\partial u_x}{\partial x}+u_y\dfrac{\partial u_x}{\partial y}+u_z\dfrac{\partial u_x}{\partial z}\right)=\rho g_x+\left(\dfrac{\partial\tau_{xx}}{\partial x}+\dfrac{\partial\tau_{yx}}{\partial y}+\dfrac{\partial\tau_{zx}}{\partial z}\right)$

$y$ 方向分量：$\rho\left(\dfrac{\partial u_y}{\partial t}+u_x\dfrac{\partial u_y}{\partial x}+u_y\dfrac{\partial u_y}{\partial y}+u_z\dfrac{\partial u_y}{\partial z}\right)=\rho g_y+\left(\dfrac{\partial\tau_{xy}}{\partial x}+\dfrac{\partial\tau_{yy}}{\partial y}+\dfrac{\partial\tau_{zy}}{\partial z}\right)$

$z$ 方向分量：$\rho\left(\dfrac{\partial u_z}{\partial t}+u_x\dfrac{\partial u_z}{\partial x}+u_y\dfrac{\partial u_z}{\partial y}+u_z\dfrac{\partial u_z}{\partial z}\right)=\rho g_z+\left(\dfrac{\partial\tau_{xz}}{\partial x}+\dfrac{\partial\tau_{yz}}{\partial y}+\dfrac{\partial\tau_{zz}}{\partial z}\right)$

（2）柱坐标系中

$r$ 方向分量

$$\rho\left(\frac{\partial u_r}{\partial t}+u_r\frac{\partial u_r}{\partial r}+\frac{u_\theta}{r}\times\frac{\partial u_r}{\partial\theta}+u_z\frac{\partial u_z}{\partial z}-\frac{u_\theta^2}{r}\right)$$
$$=\rho g_r+\left(\frac{1}{r}\times\frac{\partial(r\tau_{rr})}{\partial r}+\frac{1}{r}\times\frac{\partial\tau_{\theta r}}{\partial\theta}+\frac{\partial\tau_{zr}}{\partial z}-\frac{\tau_{\theta\theta}}{r}\right)$$

$\theta$方向分量

$$\rho\left(\frac{\partial u_\theta}{\partial t}+u_r\frac{\partial u_\theta}{\partial r}+\frac{u_\theta}{r}\times\frac{\partial u_\theta}{\partial\theta}+u_z\frac{\partial u_\theta}{\partial z}+\frac{u_r u_\theta}{r}\right)$$
$$=\rho g_\theta+\left(\frac{1}{r^2}\times\frac{\partial(r^2\tau_{r\theta})}{\partial r}+\frac{1}{r}\times\frac{\partial\tau_{\theta\theta}}{\partial\theta}+\frac{\partial\tau_{z\theta}}{\partial z}+\frac{\tau_{\theta r}-\tau_{r\theta}}{r}\right)$$

$z$ 方向分量

$$\rho\left(\frac{\partial u_z}{\partial t}+u_r\frac{\partial u_z}{\partial r}+\frac{u_\theta}{r}\times\frac{\partial u_z}{\partial \theta}+u_z\frac{\partial u_z}{\partial z}\right)=\rho g_z+\left(\frac{1}{r}\times\frac{\partial\left(r\tau_{rz}\right)}{\partial r}+\frac{1}{r}\times\frac{\partial \tau_{\theta z}}{\partial \theta}+\frac{\partial \tau_{zz}}{\partial z}\right)$$

（3）球坐标系中

$r$ 方向分量

$$\rho\left(\frac{\partial u_r}{\partial t}+u_r\frac{\partial u_r}{\partial r}+\frac{u_\theta}{r}\times\frac{\partial u_r}{\partial \theta}+\frac{u_\phi}{r\sin\theta}\times\frac{\partial u_r}{\partial \phi}-\frac{u_\theta^2+u_\phi^2}{r}\right)$$

$$=\rho g_r+\left(\frac{1}{r^2}\times\frac{\partial\left(r^2\tau_{rr}\right)}{\partial r}+\frac{1}{r\sin\theta}\times\frac{\partial\left(\tau_{\theta r}\sin\theta\right)}{\partial \theta}+\frac{1}{r\sin\theta}\times\frac{\partial \tau_{\phi r}}{\partial \phi}-\frac{\tau_{\theta\theta}+\tau_{\phi\phi}}{r}\right)$$

$\theta$方向分量

$$\rho\left(\frac{\partial u_\theta}{\partial t}+u_r\frac{\partial u_\theta}{\partial r}+\frac{u_\theta}{r}\times\frac{\partial u_\theta}{\partial \theta}+\frac{u_\phi}{r\sin\theta}\times\frac{\partial u_\theta}{\partial \phi}+\frac{u_r u_\theta-u_\phi^2\cot\theta}{r}\right)$$

$$=\rho g_\theta+\left[\frac{1}{r^3}\times\frac{\partial\left(r^3\tau_{r\theta}\right)}{\partial r}+\frac{1}{r\sin\theta}\times\frac{\partial\left(\tau_{\theta\theta}\sin\theta\right)}{\partial \theta}+\frac{1}{r\sin\theta}\times\frac{\partial \tau_{\phi\theta}}{\partial \phi}+\frac{\left(\tau_{\theta r}-\tau_{r\theta}\right)-\tau_{\phi\phi}\cot\theta}{r}\right]$$

$\phi$方向分量

$$\rho\left(\frac{\partial u_\phi}{\partial t}+u_r\frac{\partial u_\phi}{\partial r}+\frac{u_\theta}{r}\times\frac{\partial u_\phi}{\partial \theta}+\frac{u_\phi}{r\sin\theta}\times\frac{\partial u_\phi}{\partial \phi}-\frac{u_r u_\phi+u_\theta u_\phi\cot\theta}{r}\right)$$

$$=\rho g_\phi+\left[\frac{1}{r^3}\times\frac{\partial\left(r^3\tau_{r\phi}\right)}{\partial r}+\frac{1}{r\sin\theta}\times\frac{\partial\left(\tau_{\theta\phi}\sin\theta\right)}{\partial \theta}+\frac{1}{r\sin\theta}\times\frac{\partial \tau_{\phi\phi}}{\partial \phi}+\frac{\left(\tau_{\phi r}-\tau_{r\phi}\right)+\tau_{\phi\theta}\cot\theta}{r}\right]$$

## A.8 $\mu$和$\rho$为常数的牛顿流体的运动方程

$$\rho\frac{\mathrm{D}\boldsymbol{u}}{\mathrm{D}t}=\rho\boldsymbol{g}-\nabla p+\mu\nabla^2\boldsymbol{u}$$

（1）直角坐标系中

$x$ 方向分量

$$\rho\left(\frac{\partial u_x}{\partial t}+u_x\frac{\partial u_x}{\partial x}+u_y\frac{\partial u_x}{\partial y}+u_z\frac{\partial u_x}{\partial z}\right)=\rho g_x-\frac{\partial p}{\partial x}+\mu\left(\frac{\partial^2 u_x}{\partial x^2}+\frac{\partial^2 u_x}{\partial y^2}+\frac{\partial^2 u_x}{\partial z^2}\right)$$

$y$ 方向分量

$$\rho\left(\frac{\partial u_y}{\partial t}+u_x\frac{\partial u_y}{\partial x}+u_y\frac{\partial u_y}{\partial y}+u_z\frac{\partial u_y}{\partial z}\right)=\rho g_y-\frac{\partial p}{\partial y}+\mu\left(\frac{\partial^2 u_y}{\partial x^2}+\frac{\partial^2 u_y}{\partial y^2}+\frac{\partial^2 u_y}{\partial z^2}\right)$$

$z$ 方向分量

$$\rho\left(\frac{\partial u_z}{\partial t}+u_x\frac{\partial u_z}{\partial x}+u_y\frac{\partial u_z}{\partial y}+u_z\frac{\partial u_z}{\partial z}\right)=\rho g_z-\frac{\partial p}{\partial z}+\mu\left(\frac{\partial^2 u_z}{\partial x^2}+\frac{\partial^2 u_z}{\partial y^2}+\frac{\partial^2 u_z}{\partial z^2}\right)$$

（2）柱坐标系中

$r$ 方向分量

$$\rho\left(\frac{\partial u_r}{\partial t}+u_r\frac{\partial u_r}{\partial r}+\frac{u_\theta}{r}\frac{\partial u_r}{\partial \theta}-\frac{{u_\theta}^2}{r}+u_z\frac{\partial u_r}{\partial z}\right)$$

$$=-\frac{\partial \varGamma}{\partial r}+\mu\left\{\frac{\partial}{\partial r}\left[\frac{1}{r}\frac{\partial}{\partial r}\left(r u_r\right)\right]+\frac{1}{r^2}\frac{\partial^2 u_r}{\partial \theta^2}-\frac{2}{r^2}\frac{\partial u_\theta}{\partial \theta}+\frac{\partial^2 u_r}{\partial z^2}\right\}$$

$\theta$方向分量

$$\rho\left(\frac{\partial u_\theta}{\partial t}+u_r\frac{\partial u_\theta}{\partial r}+\frac{u_\theta}{r}\frac{\partial u_\theta}{\partial \theta}+\frac{u_r u_\theta}{r}+u_z\frac{\partial u_\theta}{\partial z}\right)$$
$$=-\frac{1}{r}\frac{\partial \Gamma}{\partial \theta}+\mu\left\{\frac{\partial}{\partial r}\left[\frac{1}{r}\frac{\partial}{\partial r}(ru_\theta)\right]+\frac{1}{r^2}\frac{\partial^2 u_\theta}{\partial \theta^2}+\frac{2}{r^2}\frac{\partial u_r}{\partial \theta}+\frac{\partial^2 u_\theta}{\partial z^2}\right\}$$

$z$ 方向分量

$$\rho\left(\frac{\partial u_z}{\partial t}+u_r\frac{\partial u_z}{\partial r}+\frac{u_\theta}{r}\frac{\partial u_z}{\partial \theta}+u_z\frac{\partial u_z}{\partial z}\right)$$
$$=-\frac{\partial \Gamma}{\partial z}+\mu\left[\frac{1}{r}\frac{\partial}{\partial r}\left(r\frac{\partial u_z}{\partial r}\right)+\frac{1}{r^2}\frac{\partial^2 u_z}{\partial \theta^2}+\frac{\partial^2 u_z}{\partial z^2}\right]$$

式中，$\frac{\partial \Gamma}{\partial r}=\frac{\partial p}{\partial r}-\rho g_r$，$\frac{1}{r}\frac{\partial \Gamma}{\partial \theta}=\frac{1}{r}\frac{\partial p}{\partial \theta}-\rho g_\theta$，$\frac{\partial \Gamma}{\partial z}=\frac{\partial p}{\partial z}-\rho g_z$

（3）球坐标系中

$r$ 方向分量

$$\rho\left(\frac{\partial u_r}{\partial t}+u_r\frac{\partial u_r}{\partial r}+\frac{u_\theta}{r}\times\frac{\partial u_r}{\partial \theta}+\frac{u_\phi}{r\sin\theta}\times\frac{\partial u_r}{\partial \phi}-\frac{u_\theta^2+u_\phi^2}{r}\right)$$
$$=-\frac{\partial \Gamma}{\partial r}+\mu\left[\frac{1}{r^2}\times\frac{\partial^2}{\partial r^2}(r^2u_r)+\frac{1}{r^2\sin\theta}\times\frac{\partial}{\partial \theta}\left(\sin\theta\frac{\partial u_r}{\partial \theta}\right)+\frac{2}{r^2\sin^2\theta}\times\frac{\partial^2 u_\phi}{\partial \phi^2}\right]$$

$\theta$方向分量

$$\rho\left(\frac{\partial u_\theta}{\partial t}+u_r\frac{\partial u_\theta}{\partial r}+\frac{u_\theta}{r}\times\frac{\partial u_\theta}{\partial \theta}+\frac{u_\phi}{r\sin\theta}\times\frac{\partial u_\theta}{\partial \phi}+\frac{u_r u_\theta}{r}-\frac{u_\phi^2\cot\theta}{r}\right)$$
$$=-\frac{1}{r}\times\frac{\partial \Gamma}{\partial \theta}+\mu\left\{\frac{1}{r^2}\times\frac{\partial}{\partial r}\left(r^2\frac{\partial u_\theta}{\partial r}\right)+\frac{1}{r^2}\times\frac{\partial}{\partial \theta}\left[\frac{1}{\sin\theta}\times\frac{\partial(u_\theta\sin\theta)}{\partial \theta}\right]\right.$$
$$\left.+\frac{1}{r^2\sin^2\theta}\times\frac{\partial^2 u_\theta}{\partial \phi^2}+\frac{2}{r^2}\times\frac{\partial u_r}{\partial \theta}-\frac{2\cos\theta}{r^2\sin\theta}\times\frac{\partial u_\phi}{\partial \phi}\right\}$$

$\phi$方向分量

$$\rho\left(\frac{\partial u_\phi}{\partial t}+u_r\frac{\partial u_\phi}{\partial r}+\frac{u_\theta}{r}\times\frac{\partial u_\phi}{\partial \theta}+\frac{u_\phi}{r\sin\theta}\times\frac{\partial u_\phi}{\partial \phi}+\frac{u_\phi u_r}{r}+\frac{u_\theta u_\phi}{r}\cot\theta\right)$$
$$=-\frac{1}{r\sin\theta}\times\frac{\partial \Gamma}{\partial \phi}+\mu\left\{\frac{1}{r^2}\times\frac{\partial}{\partial r}\left(r^2\frac{\partial u_\phi}{\partial r}\right)+\frac{1}{r^2}\times\frac{\partial}{\partial \theta}\left[\frac{1}{\sin\theta}\times\frac{\partial(u_\phi\sin\theta)}{\partial \theta}\right]\right.$$
$$\left.+\frac{1}{r^2\sin^2\theta}\times\frac{\partial^2 u_\phi}{\partial \phi^2}+\frac{2}{r^2\sin\theta}\times\frac{\partial u_r}{\partial \phi}+\frac{2\cos\theta}{r^2\sin^2\theta}\times\frac{\partial u_\theta}{\partial \phi}\right\}$$

式中，$\frac{\partial \Gamma}{\partial r}=\frac{\partial p}{\partial r}-\rho g_{\mathrm{r}}$，$\frac{1}{r}\frac{\partial \Gamma}{\partial \theta}=\frac{1}{r}\frac{\partial p}{\partial \theta}-\rho g_\theta$，$\frac{1}{r\sin\theta}\frac{\partial \Gamma}{\partial \phi}=\frac{1}{r\sin\theta}\frac{\partial p}{\partial \phi}-\rho g_\phi$

## A.9 $c_p$、$k$ 和 $\rho$ 为常数的无内热源的能量方程

$$\frac{1}{a}\frac{\mathrm{D}T}{\mathrm{D}t}=\nabla^2 T+\frac{\Phi}{k}$$

（1）直角坐标系中

$$\frac{\partial T}{\partial t}+u_x\frac{\partial T}{\partial x}+u_y\frac{\partial T}{\partial y}+u_z\frac{\partial T}{\partial z}=a\left(\frac{\partial^2 T}{\partial x^2}+\frac{\partial^2 T}{\partial y^2}+\frac{\partial^2 T}{\partial z^2}\right)+\frac{\Phi}{\rho c_p}$$

（2）柱坐标系中

$$\frac{\partial T}{\partial t}+u_r\frac{\partial T}{\partial r}+\frac{u_\theta}{r}\frac{\partial T}{\partial \theta}+u_z\frac{\partial T}{\partial z}=a\left[\frac{1}{r}\times\frac{\partial}{\partial r}\left(r\frac{\partial T}{\partial r}\right)+\frac{1}{r^2}\times\frac{\partial^2 T}{\partial \theta^2}+\frac{\partial^2 T}{\partial z^2}\right]+\frac{\Phi}{\rho c_p}$$

（3）球坐标系中

$$\frac{\partial T}{\partial t}+u_r\frac{\partial T}{\partial r}+\frac{u_\theta}{r}\frac{\partial T}{\partial \theta}+\frac{u_\phi}{r\sin\theta}\frac{\partial T}{\partial \phi}$$

$$=a\left[\frac{1}{r^2}\times\frac{\partial}{\partial r}\left(r^2\frac{\partial T}{\partial r}\right)+\frac{1}{r^2\sin^2\theta}\times\frac{\partial^2 T}{\partial \phi^2}+\frac{1}{r^2\sin\theta}\times\frac{\partial}{\partial \theta}(\sin\theta\frac{\partial T}{\partial \theta})\right]+\frac{\Phi}{\rho c_p}$$

式中，$\Phi$ 为散逸热速率，其表达式为：

$$\Phi=\nabla\cdot\left(\boldsymbol{P}'\cdot\boldsymbol{u}\right)-\boldsymbol{u}\cdot\left(\nabla\cdot\boldsymbol{P}'\right)=\boldsymbol{P}':\nabla\boldsymbol{u}$$

## A.10 以 $j_{\mathrm{A}}$ 给出的物种 A 的连续性方程

$$\rho\frac{\mathrm{D}a_{\mathrm{A}}}{\mathrm{D}t}=-\nabla\cdot\boldsymbol{j}_{\mathrm{A}}+r_{\mathrm{A}}$$

在具体坐标系中的表达式：

（1）直角坐标系中

$$\rho\left(\frac{\partial a_{\mathrm{A}}}{\partial t}+u_x\frac{\partial a_{\mathrm{A}}}{\partial x}+u_y\frac{\partial a_{\mathrm{A}}}{\partial y}+u_z\frac{\partial a_{\mathrm{A}}}{\partial z}\right)=-\left(\frac{\partial j_{\mathrm{A}x}}{\partial x}+\frac{\partial j_{\mathrm{A}y}}{\partial y}+\frac{\partial j_{\mathrm{A}z}}{\partial z}\right)+r_{\mathrm{A}}$$

（2）柱坐标系中

$$\rho\left(\frac{\partial a_{\mathrm{A}}}{\partial t}+u_r\frac{\partial a_{\mathrm{A}}}{\partial r}+\frac{u_\theta}{r}\frac{\partial a_{\mathrm{A}}}{\partial \theta}+u_z\frac{\partial a_{\mathrm{A}}}{\partial z}\right)=-\left[\frac{1}{r}\times\frac{\partial}{\partial r}(rj_{\mathrm{A}r})+\frac{1}{r}\times\frac{\partial j_{\mathrm{A}\theta}}{\partial \theta}+\frac{\partial j_{\mathrm{A}z}}{\partial z}\right]+r_{\mathrm{A}}$$

（3）球坐标系中

$$\rho\left(\frac{\partial a_{\mathrm{A}}}{\partial t}+u_r\frac{\partial a_{\mathrm{A}}}{\partial r}+\frac{u_\theta}{r}\frac{\partial a_{\mathrm{A}}}{\partial \theta}+\frac{u_\phi}{r\sin\theta}\frac{\partial a_{\mathrm{A}}}{\partial \phi}\right)$$

$$=-\left[\frac{1}{r^2}\times\frac{\partial}{\partial r}(r^2j_{\mathrm{A}r})+\frac{1}{r\sin\theta}\times\frac{\partial}{\partial \theta}(j_{\mathrm{A}\theta}\sin\theta)+\frac{1}{r\sin\theta}\times\frac{\partial j_{\mathrm{A}\phi}}{\partial \phi}\right]+r_{\mathrm{A}}$$

## A.11 以 $\boldsymbol{a}_{\mathrm{A}}$ 给出的 $\rho$、$D_{\mathrm{AB}}$ 为常数的物种 A 的连续性方程

$$\rho\frac{\mathrm{D}a_{\mathrm{A}}}{\mathrm{D}t}=\rho D_{\mathrm{AB}}\nabla^2a_{\mathrm{A}}+r_{\mathrm{A}}$$

在具体坐标系中的表达式：

（1）直角坐标系中

$$\rho\left(\frac{\partial a_{\mathrm{A}}}{\partial t}+u_x\frac{\partial a_{\mathrm{A}}}{\partial x}+u_y\frac{\partial a_{\mathrm{A}}}{\partial y}+u_z\frac{\partial a_{\mathrm{A}}}{\partial z}\right)=\rho D_{\mathrm{AB}}\left(\frac{\partial^2 a_{\mathrm{A}}}{\partial x^2}+\frac{\partial^2 a_{\mathrm{A}}}{\partial y^2}+\frac{\partial^2 a_{\mathrm{A}}}{\partial z^2}\right)+r_{\mathrm{A}}$$

（2）柱坐标系中

$$\rho\left(\frac{\partial a_{\mathrm{A}}}{\partial t}+u_r\frac{\partial a_{\mathrm{A}}}{\partial r}+\frac{u_\theta}{r}\frac{\partial a_{\mathrm{A}}}{\partial \theta}+u_z\frac{\partial a_{\mathrm{A}}}{\partial z}\right)=\rho D_{\mathrm{AB}}\left[\frac{1}{r}\times\frac{\partial}{\partial r}\left(r\frac{\partial a_{\mathrm{A}}}{\partial r}\right)+\frac{1}{r^2}\times\frac{\partial^2 a_{\mathrm{A}}}{\partial \theta^2}+\frac{\partial^2 a_{\mathrm{A}}}{\partial z^2}\right]+r_{\mathrm{A}}$$

（3）球坐标系中

$$\rho\left(\frac{\partial a_{\mathrm{A}}}{\partial t}+u_r\frac{\partial a_{\mathrm{A}}}{\partial r}+\frac{u_\theta}{r}\frac{\partial a_{\mathrm{A}}}{\partial \theta}+\frac{u_\phi}{r\sin\theta}\frac{\partial a_{\mathrm{A}}}{\partial \phi}\right)$$

$$=\rho D_{\mathrm{AB}}\left[\frac{1}{r^2}\times\frac{\partial}{\partial r}\left(r^2\frac{\partial a_{\mathrm{A}}}{\partial r}\right)+\frac{1}{r^2\sin\theta}\times\frac{\partial}{\partial \theta}\left(\frac{\partial a_{\mathrm{A}}}{\partial \theta}\sin\theta\right)+\frac{1}{r^2\sin^2\theta}\times\frac{\partial^2 a_{\mathrm{A}}}{\partial \phi^2}\right]+r_{\mathrm{A}}$$

# 附录 B　传递性质推算用表

## B.1　Lennard-Jones(6-12)势能参数和临界性质

| 项目 | | | Lennard-Jones 参数 | | 临界性质 | | | | | | | | | |
|---|---|---|---|---|---|---|---|---|---|---|---|---|---|---|
| 物质名称 | | 摩尔质量/$kg \cdot kmol^{-1}$ | $\sigma$/Å | $\varepsilon/\kappa$/K | $T_c$/K | $p_c$/atm | $p_c$/MPa | $\tilde{V}_c$/$cm^3 \cdot mol^{-1}$ | $\tilde{V}_c$/$m^3 \cdot kmol^{-1}$ | $\mu_c/\times10^{-6}$ $g \cdot cm^{-1} \cdot s^{-1}$ | $\mu_c/\times10^{-7}$Pa·s | $k_c/\times10^{-6}$cal·$cm^{-1} \cdot s^{-1} \cdot K^{-1}$ | $k_c/\times10^{-6}$ $W \cdot m^{-1} \cdot K^{-1}$ |
| 轻组分 | $H_2$ | 2.016 | 2.915 | 38.0 | 33.3 | 12.8 | 1.30 | 65.0 | 0.065 | 34.7 | 34.7 | — | — |
| | He | 4.003 | 2.576 | 10.2 | 5.26 | 2.26 | 0.23 | 57.8 | 0.0578 | 25.4 | 25.4 | — | — |
| 稀有气体 | Ne | 20.183 | 2.789 | 35.7 | 44.5 | 26.9 | 2.72 | 41.7 | 0.0417 | 156 | 156 | 79.2 | 0.0331 |
| | Ar | 39.948 | 3.432 | 122.4 | 150.7 | 48.0 | 4.86 | 75.2 | 0.0752 | 264 | 264 | 71 | 0.0297 |
| | Kr | 83.80 | 3.675 | 170.0 | 209.4 | 54.3 | 5.50 | 92.2 | 0.0922 | 396 | 396 | 49.4 | 0.0206 |
| | Xe | 131.30 | 4.009 | 234.7 | 289.8 | 58.0 | 5.88 | 118.8 | 0.1188 | 490 | 490 | 40.2 | 0.0168 |
| 简单的多原子气体 | 空气 | 28.97 | 3.617 | 97.0 | 132 | 36.4 | 3.69 | 86.6 | 0.0866 | 193 | 193 | 90.8 | 0.0380 |
| | $N_2$ | 28.01 | 3.667 | 99.8 | 126.2 | 33.5 | 3.39 | 90.1 | 0.0901 | 180 | 180 | 86.8 | 0.0363 |
| | $O_2$ | 32.00 | 3.433 | 113 | 154.4 | 49.7 | 5.03 | 74.4 | 0.0744 | 250 | 250 | 105.3 | 0.04402 |
| | CO | 28.01 | 3.590 | 110 | 132.9 | 34.5 | 3.49 | 93.1 | 0.0931 | 190 | 190 | 86.5 | 0.0362 |
| | $CO_2$ | 44.01 | 3.996 | 190 | 304.2 | 72.8 | 7.37 | 94.1 | 0.0941 | 343 | 343 | 122 | 0.0510 |
| | NO | 30.01 | 3.470 | 119 | 180 | 64 | 6.5 | 57 | 0.057 | 258 | 258 | 118.2 | 0.04941 |
| | $N_2O$ | 44.01 | 3.879 | 220 | 309.7 | 71.7 | 7.26 | 96.3 | 0.0963 | 332 | 332 | 131 | 0.0548 |
| | $SO_2$ | 64.06 | 4.026 | 363 | 430.7 | 77.8 | 7.88 | 122 | 0.122 | 411 | 411 | 98.6 | 0.0412 |
| | $F_2$ | 38.00 | 3.653 | 112 | — | — | — | — | — | — | — | — | — |
| | $Cl_2$ | 70.91 | 4.115 | 357 | 417 | 76.1 | 7.71 | 124 | 0.124 | 420 | 420 | 97.0 | 0.0405 |
| | $Br_2$ | 159.82 | 4.268 | 520 | 584 | 102 | 10.33 | 144 | 0.144 | — | — | — | — |
| | $I_2$ | 253.81 | 4.982 | 550 | 800 | — | — | — | — | — | — | — | — |

续表

| 项目 | | | Lennard-Jones 参数 | | 临界性质 | | | | | | | | |
|---|---|---|---|---|---|---|---|---|---|---|---|---|---|
| 物质名称 | | 摩尔质量/$kg \cdot kmol^{-1}$ | $\sigma$/Å | $\varepsilon/\kappa$/K | $T_c$/K | $p_c$/atm | $p_c$/MPa | $\tilde{V}_c$/$cm^3 \cdot mol^{-1}$ | $\tilde{V}_c$/$m^3 \cdot kmol^{-1}$ | $\mu_c/\times10^{-6}$ $g \cdot cm^{-1} \cdot s^{-1}$ | $\mu_c/\times10^{-7}Pa \cdot s$ | $k_c/\times10^{-6}cal \cdot cm^{-1} \cdot s^{-1} \cdot K^{-1}$ | $k_c/\times10^{-6}$ $W \cdot m^{-1} \cdot K^{-1}$ |
| 碳氢化合物 | $CH_4$ | 16.04 | 3.780 | 154 | 191.1 | 45.8 | 4.64 | 98.7 | 0.0987 | 159 | 159 | 158 | 0.0660 |
| | $CH \equiv CH$ | 26.04 | 4.114 | 212 | 308.7 | 61.6 | 6.24 | 112.9 | 0.1129 | 237 | 237 | — | — |
| | $CH_2 = CH_2$ | 28.05 | 4.228 | 216 | 282.4 | 50.0 | 5.07 | 124 | 0.124 | 215 | 215 | — | — |
| | $C_2H_6$ | 30.07 | 4.388 | 232 | 305.4 | 48.2 | 4.88 | 148 | 0.148 | 210 | 210 | 203 | 0.0849 |
| | $CH_3C \equiv CH$ | 40.06 | 4.742 | 261 | 394.8 | — | — | — | — | — | — | — | — |
| | $CH_3CH = CH_2$ | 42.08 | 4.766 | 275 | 365.0 | 45.5 | 4.61 | 181 | 0.181 | 233 | 233 | — | — |
| | $C_3H_8$ | 44.10 | 4.934 | 273 | 369.8 | 41.9 | 4.24 | 200 | 0.200 | 228 | 228 | — | — |
| | $n$-$C_4H_{10}$ | 58.12 | 5.604 | 304 | 425.2 | 37.5 | 3.80 | 255 | 0.255 | 239 | 239 | — | — |
| | $i$-$C_4H_{10}$ | 58.12 | 5.393 | 295 | 408.1 | 36.0 | 3.65 | 263 | 0.263 | 239 | 239 | — | — |
| | $n$-$C_5H_{12}$ | 72.15 | 5.850 | 326 | 469.5 | 33.2 | 3.36 | 311 | 0.311 | 238 | 238 | — | — |
| | $i$-$C_5H_{12}$ | 72.15 | 5.812 | 327 | 460.4 | 33.7 | 3.41 | 306 | 0.306 | — | — | — | — |
| | $C(CH_3)_4$ | 72.15 | 5.759 | 312 | 433.8 | 31.6 | 3.20 | 303 | 0.303 | — | — | — | — |
| | $n$-$C_6H_{14}$ | 86.18 | 6.264 | 342 | 507.3 | 29.7 | 3.01 | 370 | 0.370 | 248 | 248 | — | — |
| | $n$-$C_7H_{16}$ | 100.20 | 6.663 | 352 | 540.1 | 27.0 | 2.74 | 432 | 0.432 | 254 | 254 | — | — |
| | $n$-$C_8H_{18}$ | 114.23 | 7.035 | 361 | 568.7 | 24.5 | 2.48 | 492 | 0.492 | 259 | 259 | — | — |
| | $n$-$C_9H_{20}$ | 128.6 | 7.463 | 351 | 594.6 | 22.6 | 2.29 | 548 | 0.548 | 265 | 265 | — | — |
| | 环己烷 | 84.16 | 6.143 | 313 | 553 | 40.0 | 4.05 | 308 | 0.308 | 284 | 284 | — | — |
| | 苯 | 78.11 | 5.443 | 387 | 562.6 | 48.6 | 4.92 | 260 | 0.26 | 312 | 312 | — | — |
| 其他有机化合物 | $CH_4$ | 16.04 | 3.780 | 154 | 191.1 | 45.8 | 4.64 | 98.7 | 0.0987 | 159 | 159 | 158 | 0.0661 |
| | $CH_3Cl$ | 50.49 | 4.151 | 355 | 416.3 | 65.9 | 6.68 | 143 | 0.143 | 338 | 338 | — | — |
| | $CH_2Cl_2$ | 84.93 | 4.748 | 398 | 510 | 60 | 6.1 | — | — | — | — | — | — |
| | $CHCl_3$ | 119.38 | 5.389 | 340 | 536.6 | 54 | 5.5 | 240 | 0.240 | 410 | 410 | — | — |
| | $CCl_4$ | 153.82 | 5.947 | 323 | 556.4 | 45.0 | 4.56 | 276 | 0.276 | 413 | 413 | — | — |
| | $C_2N_2$ | 52.04 | 4.361 | 349 | 400 | 59 | 6.0 | — | — | — | — | — | — |
| | COS | 60.07 | 4.13 | 336 | 378 | 61 | 6.2 | — | — | — | — | — | — |
| | $CS_2$ | 76.14 | 4.483 | 467 | 552 | 78 | 7.9 | 170 | 0.170 | 404 | 404 | — | — |
| | $CCl_2F_2$ | 120.92 | 5.116 | 280 | 384.7 | 39.6 | 4.01 | 218 | 0.218 | — | — | — | — |

## B.2 碰撞积分

[用于推算低密度气体传递性质需要的 Lennard-Jones(6-12)势能]

| $\kappa T/\varepsilon$ 或 $\kappa T/\varepsilon_{AB}$ | $\Omega_\mu=\Omega_k$（用于求取黏度和热导率） | $\Omega_{D,\ AB}$（用于求取扩散系数） | $\kappa T/\varepsilon$ 或 $\kappa T/\varepsilon_{AB}$ | $\Omega_\mu=\Omega_k$（用于求取黏度和热导率） | $\Omega_{D,\ AB}$（用于求取扩散系数） |
|---|---|---|---|---|---|
| 0.30 | 2.840 | 2.649 | 0.95 | 1.636 | 1.477 |
| 0.35 | 2.676 | 2.468 | 1.00 | 1.593 | 1.440 |
| 0.40 | 2.531 | 2.314 | 1.05 | 1.554 | 1.406 |
| 0.45 | 2.401 | 2.182 | 1.10 | 1.518 | 1.375 |
| 0.50 | 2.284 | 2.066 | 1.15 | 1.485 | 1.347 |
| 0.55 | 2.178 | 1.965 | 1.20 | 1.455 | 1.320 |
| 0.60 | 2.084 | 1.877 | 1.25 | 1.427 | 1.296 |
| 0.65 | 1.999 | 1.799 | 1.30 | 1.401 | 1.274 |
| 0.70 | 1.922 | 1.729 | 1.35 | 1.377 | 1.253 |
| 0.75 | 1.853 | 1.667 | 1.40 | 1.355 | 1.234 |
| 0.80 | 1.790 | 1.612 | 1.45 | 1.334 | 1.216 |
| 0.85 | 1.734 | 1.562 | 1.50 | 1.315 | 1.199 |
| 0.90 | 1.682 | 1.517 | 1.55 | 1.297 | 1.183 |
| 1.60 | 1.280 | 1.168 | 4.00 | 0.9699 | 0.8845 |
| 1.65 | 1.264 | 1.154 | 4.10 | 0.9647 | 0.8796 |
| 1.70 | 1.249 | 1.141 | 4.20 | 0.9598 | 0.8748 |
| 1.75 | 1.235 | 1.128 | 4.30 | 0.9551 | 0.8703 |
| 1.80 | 1.222 | 1.117 | 4.40 | 0.9506 | 0.8659 |
| 1.85 | 1.209 | 1.105 | 4.50 | 0.9462 | 0.8617 |
| 1.90 | 1.198 | 1.095 | 4.60 | 0.9420 | 0.8576 |
| 1.95 | 1.186 | 1.085 | 4.70 | 0.9380 | 0.8537 |
| 2.00 | 1.176 | 1.075 | 4.80 | 0.9341 | 0.8499 |
| 2.10 | 1.156 | 1.058 | 4.90 | 0.9304 | 0.8463 |
| 2.20 | 1.138 | 1.042 | 5.00 | 0.9268 | 0.8428 |
| 2.30 | 1.122 | 1.027 | 6.00 | 0.8962 | 0.8129 |
| 2.40 | 1.107 | 1.013 | 7.00 | 0.8727 | 0.7898 |
| 2.50 | 1.0933 | 1.0006 | 8.00 | 0.8538 | 0.7711 |
| 2.60 | 1.0807 | 0.9890 | 9.00 | 0.8380 | 0.7555 |
| 2.70 | 1.0691 | 0.9782 | 10.0 | 0.8244 | 0.7422 |
| 2.80 | 1.0583 | 0.9682 | 12.0 | 0.8018 | 0.7202 |
| 2.90 | 1.0482 | 0.9588 | 14.0 | 0.7836 | 0.7025 |
| 3.00 | 1.0388 | 0.9500 | 16.0 | 0.7683 | 0.6878 |
| 3.10 | 1.0300 | 0.9418 | 18.0 | 0.7552 | 0.6751 |
| 3.20 | 1.0217 | 0.9340 | 20.0 | 0.7436 | 0.6640 |
| 3.30 | 1.0139 | 0.9267 | 25.0 | 0.7198 | 0.6414 |
| 3.40 | 1.0066 | 0.9197 | 30.0 | 0.7010 | 0.6235 |
| 3.50 | 0.9996 | 0.9131 | 35.0 | 0.6854 | 0.6088 |
| 3.60 | 0.9931 | 0.9068 | 40.0 | 0.6723 | 0.5964 |
| 3.70 | 0.9868 | 0.9008 | 50.0 | 0.6510 | 0.5763 |
| 3.80 | 0.9809 | 0.8952 | 75.0 | 0.6140 | 0.5415 |
| 3.90 | 0.9753 | 0.8897 | 100.0 | 0.5887 | 0.5180 |

有人对碰撞积分做了曲线拟合工作，结果如下

$$\Omega_\mu=\Omega_k=\frac{1.16145}{T^{*0.14874}}+\frac{0.52487}{\exp\left(0.77320T^*\right)}+\frac{2.16178}{\exp\left(2.43787T^*\right)} \quad (B.2\text{-}1)$$

$$\Omega_{D,\ AB}=\frac{1.06038}{T^{*0.15610}}+\frac{0.19300}{\exp\left(0.47635T^*\right)}+\frac{1.03587}{\exp\left(1.52996T^*\right)}+\frac{1.76474}{\exp\left(3.89411T^*\right)} \quad (B.2\text{-}2)$$

式中，$T^*=\kappa T/\varepsilon$。

注：附录 A、B 参考“博德 R B，斯图沃特 W E，莱特富特 E N. 传递现象. 戴干策，戎顺熙，石炎福，译. 北京：化学工业出版社，2004.”

# 附录C 误差函数表

| $\eta$ | erf($\eta$) | $\eta$ | erf($\eta$) | $\eta$ | erf($\eta$) | $\eta$ | erf($\eta$) |
|---|---|---|---|---|---|---|---|
| 0.00 | 0.00000 | 0.66 | 0.64938 | 1.32 | 0.93807 | 1.98 | 0.99489 |
| 0.02 | 0.02256 | 0.68 | 0.66378 | 1.34 | 0.94191 | 2.00 | 0.99532 |
| 0.04 | 0.04511 | 0.70 | 0.67780 | 1.36 | 0.94556 | 2.02 | 0.99572 |
| 0.06 | 0.06762 | 0.72 | 0.69143 | 1.38 | 0.94902 | 2.04 | 0.99609 |
| 0.08 | 0.09008 | 0.74 | 0.70468 | 1.40 | 0.95229 | 2.06 | 0.99642 |
| 0.10 | 0.11246 | 0.76 | 0.71754 | 1.42 | 0.95538 | 2.08 | 0.99673 |
| 0.12 | 0.13476 | 0.78 | 0.73001 | 1.44 | 0.95830 | 2.10 | 0.99702 |
| 0.14 | 0.15695 | 0.80 | 0.74210 | 1.46 | 0.96105 | 2.12 | 0.99728 |
| 0.16 | 0.17901 | 0.82 | 0.75381 | 1.48 | 0.96365 | 2.14 | 0.99753 |
| 0.18 | 0.20094 | 0.84 | 0.76514 | 1.50 | 0.96611 | 2.16 | 0.99775 |
| 0.20 | 0.22270 | 0.86 | 0.77610 | 1.52 | 0.96841 | 2.18 | 0.99795 |
| 0.22 | 0.24430 | 0.88 | 0.78669 | 1.54 | 0.97059 | 2.20 | 0.99814 |
| 0.24 | 0.26570 | 0.90 | 0.79691 | 1.56 | 0.97263 | 2.22 | 0.99831 |
| 0.26 | 0.28690 | 0.92 | 0.80677 | 1.58 | 0.97455 | 2.24 | 0.99846 |
| 0.28 | 0.30788 | 0.94 | 0.81627 | 1.60 | 0.97635 | 2.26 | 0.99861 |
| 0.30 | 0.32863 | 0.96 | 0.82542 | 1.62 | 0.97804 | 2.28 | 0.99874 |
| 0.32 | 0.34913 | 0.98 | 0.83423 | 1.64 | 0.97962 | 2.30 | 0.99886 |
| 0.34 | 0.36936 | 1.00 | 0.84270 | 1.66 | 0.98110 | 2.32 | 0.99897 |
| 0.36 | 0.38933 | 1.02 | 0.85084 | 1.68 | 0.98249 | 2.34 | 0.99906 |
| 0.38 | 0.40901 | 1.04 | 0.85865 | 1.70 | 0.98379 | 2.36 | 0.99915 |
| 0.40 | 0.42839 | 1.06 | 0.86614 | 1.72 | 0.98500 | 2.38 | 0.99924 |
| 0.42 | 0.44747 | 1.08 | 0.87333 | 1.74 | 0.98613 | 2.40 | 0.99931 |
| 0.44 | 0.46623 | 1.10 | 0.88021 | 1.76 | 0.98719 | 2.42 | 0.99938 |
| 0.46 | 0.48466 | 1.12 | 0.88679 | 1.78 | 0.98817 | 2.44 | 0.99944 |
| 0.48 | 0.50275 | 1.14 | 0.89308 | 1.80 | 0.98909 | 2.46 | 0.99950 |
| 0.50 | 0.52050 | 1.16 | 0.89910 | 1.82 | 0.98994 | 2.48 | 0.99955 |
| 0.52 | 0.53790 | 1.18 | 0.90484 | 1.84 | 0.99074 | 2.50 | 0.99959 |
| 0.54 | 0.55494 | 1.20 | 0.91031 | 1.86 | 0.99147 | 2.60 | 0.99976 |
| 0.56 | 0.57162 | 1.22 | 0.91553 | 1.88 | 0.99216 | 2.70 | 0.99987 |
| 0.58 | 0.58792 | 1.24 | 0.92051 | 1.90 | 0.99279 | 2.80 | 0.99992 |
| 0.60 | 0.60386 | 1.26 | 0.92524 | 1.92 | 0.99338 | 2.90 | 0.99996 |
| 0.62 | 0.61941 | 1.28 | 0.92973 | 1.94 | 0.99392 | 3.00 | 0.99998 |
| 0.64 | 0.63459 | 1.30 | 0.93401 | 1.96 | 0.99443 | $\infty$ | 1.00000 |

# 附录 D 物性常数

## D.1 空气的重要物性

| 温度/℃ | 密度/kg·m$^{-3}$ | 比热容 | | 热导率 | | 黏度/$10^{-5}$Pa·s | 运动黏度/$10^{-6}$m$^2$·s$^{-1}$ | 普兰特数 *Pr* |
|---|---|---|---|---|---|---|---|---|
| | | kJ·kg$^{-1}$·K$^{-1}$ | kcal·kg$^{-1}$·℃$^{-1}$ | W·m$^{-1}$·K$^{-1}$ | kcal·m$^{-1}$·h$^{-1}$·℃$^{-1}$ | | | |
| −50 | 1.584 | 1.013 | 0.242 | 0.0204 | 0.0175 | 1.46 | 9.23 | 0.728 |
| −40 | 1.515 | 1.013 | 0.242 | 0.0212 | 0.0182 | 1.52 | 10.04 | 0.728 |
| −30 | 1.453 | 1.013 | 0.242 | 0.0220 | 0.0189 | 1.57 | 10.80 | 0.723 |
| −20 | 1.395 | 1.009 | 0.241 | 0.0228 | 0.0196 | 1.62 | 11.60 | 0.716 |
| −10 | 1.342 | 1.009 | 0.241 | 0.0236 | 0.0203 | 1.67 | 12.43 | 0.712 |
| 0 | 1.293 | 1.005 | 0.240 | 0.0244 | 0.0210 | 1.72 | 13.28 | 0.707 |
| 10 | 1.247 | 1.005 | 0.240 | 0.0251 | 0.0216 | 1.77 | 14.16 | 0.705 |
| 20 | 1.205 | 1.005 | 0.240 | 0.0259 | 0.0223 | 1.81 | 15.06 | 0.703 |
| 30 | 1.165 | 1.005 | 0.240 | 0.0267 | 0.0230 | 1.86 | 16.00 | 0.701 |
| 40 | 1.128 | 1.005 | 0.240 | 0.0276 | 0.0237 | 1.91 | 16.96 | 0.699 |
| 50 | 1.093 | 1.005 | 0.240 | 0.0283 | 0.0243 | 1.96 | 17.95 | 0.698 |
| 60 | 1.060 | 1.005 | 0.240 | 0.0290 | 0.0249 | 2.01 | 18.97 | 0.696 |
| 70 | 1.029 | 1.009 | 0.241 | 0.0297 | 0.0255 | 2.06 | 20.02 | 0.694 |
| 80 | 1.000 | 1.009 | 0.241 | 0.0305 | 0.0262 | 2.11 | 21.09 | 0.692 |
| 90 | 0.972 | 1.009 | 0.241 | 0.0313 | 0.0269 | 2.15 | 22.10 | 0.690 |
| 100 | 0.946 | 1.009 | 0.241 | 0.0321 | 0.0276 | 2.19 | 23.13 | 0.688 |
| 120 | 0.898 | 1.009 | 0.241 | 0.0334 | 0.0287 | 2.29 | 25.45 | 0.686 |
| 140 | 0.854 | 1.013 | 0.242 | 0.0349 | 0.0300 | 2.37 | 27.80 | 0.684 |
| 160 | 0.815 | 1.017 | 0.243 | 0.0364 | 0.0313 | 2.45 | 30.09 | 0.682 |
| 180 | 0.779 | 1.022 | 0.244 | 0.0378 | 0.0325 | 2.53 | 32.49 | 0.681 |
| 200 | 0.746 | 1.026 | 0.245 | 0.0393 | 0.0338 | 2.60 | 34.85 | 0.680 |
| 250 | 0.674 | 1.038 | 0.248 | 0.0429 | 0.0367 | 2.74 | 40.61 | 0.677 |
| 300 | 0.615 | 1.048 | 0.250 | 0.0461 | 0.0396 | 2.97 | 48.33 | 0.674 |
| 350 | 0.566 | 1.059 | 0.253 | 0.0491 | 0.0422 | 3.14 | 55.46 | 0.676 |
| 400 | 0.524 | 1.068 | 0.255 | 0.0521 | 0.0448 | 3.31 | 63.09 | 0.678 |
| 500 | 0.456 | 1.093 | 0.261 | 0.0575 | 0.0494 | 3.62 | 79.38 | 0.687 |
| 600 | 0.404 | 1.114 | 0.266 | 0.0622 | 0.0535 | 3.91 | 96.89 | 0.699 |
| 700 | 0.362 | 1.135 | 0.271 | 0.0671 | 0.0577 | 4.18 | 115.4 | 0.706 |
| 800 | 0.329 | 1.156 | 0.276 | 0.0718 | 0.0617 | 4.43 | 134.8 | 0.713 |
| 900 | 0.301 | 1.172 | 0.280 | 0.0763 | 0.0656 | 4.67 | 155.1 | 0.717 |
| 1000 | 0.277 | 1.185 | 0.283 | 0.0804 | 0.0694 | 4.90 | 177.1 | 0.719 |
| 1100 | 0.257 | 1.197 | 0.286 | 0.0850 | 0.0731 | 5.12 | 199.3 | 0.722 |
| 1200 | 0.239 | 1.206 | 0.288 | 0.0915 | 0.0787 | 5.35 | 233.7 | 0.724 |

## D.2 水的重要物性

| 温度/℃ | 压力/$10^5$Pa | 密度/kg·$m^{-3}$ | 焓/kJ·$kg^{-1}$ | 比热容/kJ·$kg^{-1}$·$K^{-1}$ | 热导率/W·$m^{-1}$·$K^{-1}$ | 导温系数/$10^{-7}m^2$·$s^{-1}$ | 黏度/$10^{-3}$Pa·s 或 cP | 运动黏度/$10^{-6}m^2$·$s^{-1}$ | 体积膨胀系数/$10^{-3}$℃$^{-1}$ | 表面张力/$10^{-3}$N·$m^{-1}$ | 普兰特数 $Pr$ |
|---|---|---|---|---|---|---|---|---|---|---|---|
| 0 | 1.013 | 999.9 | 0 | 4.212 | 0.551 | 1.31 | 1.789 | 1.789 | −0.063 | 75.61 | 13.67 |
| 10 | 1.013 | 999.7 | 42.04 | 4.191 | 0.575 | 1.37 | 1.305 | 1.306 | +0.070 | 74.14 | 9.52 |
| 20 | 1.013 | 998.2 | 83.90 | 4.183 | 0.599 | 1.43 | 1.005 | 1.006 | 0.182 | 72.67 | 7.02 |
| 30 | 1.013 | 995.7 | 125.69 | 4.174 | 0.618 | 1.49 | 0.801 | 0.805 | 0.321 | 71.20 | 5.42 |
| 40 | 1.013 | 992.2 | 167.51 | 4.174 | 0.634 | 1.53 | 0.653 | 0.659 | 0.387 | 69.63 | 4.31 |
| 50 | 1.013 | 988.1 | 209.30 | 4.174 | 0.648 | 1.57 | 0.549 | 0.556 | 0.449 | 67.67 | 3.54 |
| 60 | 1.013 | 983.2 | 251.12 | 4.178 | 0.659 | 1.61 | 0.470 | 0.478 | 0.511 | 66.20 | 2.98 |
| 70 | 1.013 | 977.8 | 292.99 | 4.187 | 0.668 | 1.63 | 0.406 | 0.415 | 0.570 | 64.33 | 2.55 |
| 80 | 1.013 | 971.8 | 334.94 | 4.195 | 0.675 | 1.66 | 0.335 | 0.365 | 0.632 | 62.57 | 2.21 |
| 90 | 1.013 | 965.3 | 376.98 | 4.208 | 0.680 | 1.68 | 0.315 | 0.326 | 0.695 | 60.71 | 1.95 |
| 100 | 1.013 | 958.4 | 419.19 | 4.220 | 0.683 | 1.69 | 0.283 | 0.295 | 0.752 | 58.84 | 1.75 |
| 110 | 1.433 | 951.0 | 461.34 | 4.233 | 0.685 | 1.70 | 0.259 | 0.272 | 0.808 | 56.88 | 1.60 |
| 120 | 1.986 | 943.1 | 503.67 | 4.250 | 0.686 | 1.71 | 0.237 | 0.252 | 0.864 | 54.82 | 1.47 |
| 130 | 2.702 | 934.8 | 546.38 | 4.266 | 0.686 | 1.72 | 0.218 | 0.233 | 0.919 | 52.86 | 1.36 |
| 140 | 3.624 | 926.1 | 589.08 | 4.287 | 0.685 | 1.73 | 0.201 | 0.217 | 0.972 | 50.70 | 1.26 |
| 150 | 4.761 | 917.0 | 632.20 | 4.312 | 0.684 | 1.73 | 0.186 | 0.203 | 1.03 | 48.64 | 1.17 |
| 160 | 6.181 | 907.4 | 675.33 | 4.346 | 0.683 | 1.73 | 0.173 | 0.191 | 1.07 | 46.58 | 1.10 |
| 170 | 7.924 | 897.3 | 719.29 | 4.379 | 0.679 | 1.73 | 0.163 | 0.181 | 1.13 | 44.33 | 1.05 |
| 180 | 10.03 | 886.9 | 763.25 | 4.417 | 0.675 | 1.72 | 0.153 | 0.173 | 1.19 | 42.27 | 1.00 |
| 190 | 12.55 | 876.0 | 807.63 | 4.460 | 0.671 | 1.71 | 0.144 | 0.165 | 1.26 | 40.01 | 0.96 |
| 200 | 15.55 | 863.0 | 852.43 | 4.505 | 0.663 | 1.70 | 0.136 | 0.158 | 1.33 | 37.66 | 0.93 |
| 210 | 19.08 | 852.8 | 897.65 | 4.555 | 0.655 | 1.69 | 0.130 | 0.153 | 1.41 | 35.40 | 0.91 |
| 220 | 23.20 | 840.3 | 943.71 | 4.614 | 0.645 | 1.66 | 0.125 | 0.148 | 1.48 | 33.15 | 0.89 |
| 230 | 27.98 | 827.3 | 990.18 | 4.681 | 0.637 | 1.64 | 0.120 | 0.145 | 1.59 | 30.99 | 0.88 |
| 240 | 33.48 | 813.6 | 1037.49 | 4.756 | 0.628 | 1.62 | 0.115 | 0.141 | 1.68 | 28.55 | 0.87 |
| 250 | 39.78 | 799.0 | 1085.64 | 4.844 | 0.618 | 1.59 | 0.110 | 0.137 | 1.81 | 26.19 | 0.86 |
| 260 | 46.95 | 784.0 | 1135.04 | 4.949 | 0.604 | 1.56 | 0.106 | 0.135 | 1.97 | 23.73 | 0.87 |
| 270 | 55.06 | 767.9 | 1185.28 | 5.070 | 0.590 | 1.51 | 0.102 | 0.133 | 2.16 | 21.48 | 0.88 |
| 280 | 64.20 | 750.7 | 1236.28 | 5.229 | 0.575 | 1.46 | 0.0981 | 0.131 | 2.37 | 19.12 | 0.90 |
| 290 | 74.46 | 732.3 | 1289.95 | 5.485 | 0.558 | 1.39 | 0.0942 | 0.129 | 2.62 | 16.87 | 0.93 |
| 300 | 85.92 | 712.5 | 1344.80 | 5.736 | 0.540 | 1.32 | 0.0912 | 0.128 | 2.92 | 14.42 | 0.97 |
| 310 | 98.70 | 691.1 | 1402.16 | 6.071 | 0.523 | 1.25 | 0.0883 | 0.128 | 3.29 | 12.06 | 1.03 |
| 320 | 112.90 | 667.1 | 1462.03 | 6.573 | 0.506 | 1.15 | 0.0853 | 0.128 | 3.82 | 9.81 | 1.11 |
| 330 | 128.65 | 640.2 | 1526.19 | 7.243 | 0.484 | 1.04 | 0.0814 | 0.127 | 4.33 | 7.67 | 1.22 |
| 340 | 146.09 | 610.1 | 1594.75 | 8.164 | 0.457 | 0.92 | 0.0775 | 0.127 | 5.34 | 5.67 | 1.39 |

## D.3 常压下气体中的扩散系数实验值

| 体系 | 温度/K | 扩散系数/$cm^2 \cdot s^{-1}$ | 体系 | 温度/K | 扩散系数/$cm^2 \cdot s^{-1}$ |
|---|---|---|---|---|---|
| 空气-$CH_4$ | 282 | 0.196 | $CO_2$-$N_2O$ | 298.1 | 0.117 |
| 空气-$C_2H_5OH$ | 273.0 | 0.102 | $CO_2$-$SO_2$ | 263 | 0.064 |
| 空气-$CO_2$ | 282 | 0.148 | $^{12}CO_2$-$^{14}CO_2$ | 312.8 | 0.125 |
| | 317.2 | 0.177 | $CO_2$-丙烷 | 298.1 | 0.087 |
| 空气-$H_2$ | 282 | 0.710 | $CO_2$-氧化乙烯 | 298.0 | 0.091 |
| 空气-$D_2$ | 296.8 | 0.565 | $H_2$-$N_2$ | 297.2 | 0.779 |
| 空气-$H_2O$ | 289.1 | 0.282 | $H_2$-$O_2$ | 316 | 0.891 |
| | 198.2 | 0.260 | $H_2$-$D_2$ | 288.2 | 1.240 |
| | 312.6 | 0.277 | $H_2$-He | 317 | 1.706 |
| | 333.2 | 0.305 | $H_2$-Ar | 317 | 0.902 |
| 空气-He | 282 | 0.658 | $H_2$-Xe | 341.2 | 0.751 |
| 空气-$O_2$ | 273.0 | 0.176 | $H_2$-$SO_2$ | 285.5 | 0.525 |
| 空气-正己烷 | 294 | 0.080 | $H_2$-$H_2O$ | 307.1 | 0.915 |
| 空气-正庚烷 | 294 | 0.071 | $H_2$-$NH_3$ | 298 | 0.783 |
| 空气-苯 | 298.2 | 0.096 | $H_2$-丙酮 | 296 | 0.424 |
| 空气-甲苯 | 299.1 | 0.086 | $H_2$-乙烷 | 298.0 | 0.537 |
| 空气-氯苯 | 299.1 | 0.074 | $H_2$-正丁烷 | 287.9 | 0.361 |
| 空气-苯胺 | 299.1 | 0.074 | $H_2$-正己烷 | 288.7 | 0.290 |
| 空气-硝基苯 | 298.2 | 0.086 | $H_2$-环己烷 | 288.6 | 0.319 |
| 空气-2-丙醇 | 299.1 | 0.099 | $H_2$-苯 | 311.3 | 0.404 |
| 空气-丁醇 | 299.1 | 0.087 | $H_2$-$SF_6$ | 286.2 | 0.396 |
| 空气-2-丁醇 | 299.1 | 0.089 | $H_2$-正庚烷 | 303.2 | 0.283 |
| 空气-2-戊醇 | 299.1 | 0.071 | $H_2$-正癸烷 | 364.1 | 0.306 |
| 空气-乙酸乙酯 | 299.1 | 0.087 | $N_2$-$O_2$ | 316 | 0.230 |
| $CH_4$-Ar | 307.2 | 0.218 | | 293.2 | 0.220 |
| $CH_4$-He | 298 | 0.675 | $N_2$-He | 317 | 0.794 |
| $CH_4$-$H_2$ | 298.0 | 0.726 | $N_2$-Ar | 316 | 0.216 |
| $CH_4$-$H_2O$ | 307.7 | 0.292 | $N_2$-$NH_3$ | 298 | 0.230 |
| CO-$N_2$ | 295.8 | 0.212 | $N_2$-$H_2O$ | 298.2 | 0.293 |
| $^{12}CO$-$^{14}CO$ | 373 | 0.323 | $N_2$-$SO_2$ | 263 | 0.104 |
| CO-$H_2$ | 295.6 | 0.743 | $N_2$-乙烯 | 298.0 | 0.163 |
| CO-$D_2$ | 295.7 | 0.549 | $N_2$-乙烷 | 298 | 0.148 |
| CO-He | 295.6 | 0.702 | $N_2$-正丁烷 | 298 | 0.096 |
| CO-Ar | 295.7 | 0.188 | $N_2$-异丁烷 | 298 | 0.090 |
| $CO_2$-$H_2$ | 298.2 | 0.646 | $N_2$-正己烷 | 288.6 | 0.076 |
| $CO_2$-$N_2$ | 298.2 | 0.165 | $N_2$-正辛烷 | 303.1 | 0.073 |
| $CO_2$-$O_2$ | 296 | 0.156 | $N_2$-2,2,4-三甲基戊烷 | 303.3 | 0.071 |
| $CO_2$-He | 298.4 | 0.597 | $N_2$-正癸烷 | 363.6 | 0.084 |
| $CO_2$-Ar | 276.2 | 0.133 | $N_2$-苯 | 311.3 | 0.102 |
| $CO_2$-CO | 315.4 | 0.185 | $O_2$-He（He 痕量） | 298.2 | 0.737 |
| $CO_2$-$H_2O$ | 307.4 | 0.202 | $O_2$-He（$O_2$ 痕量） | 298.2 | 0.718 |
| $O_2$-He | 317 | 0.822 | He-丙醇 | 423.2 | 0.676 |
| $O_2$-$H_2O$ | 308.1 | 0.282 | He-己醇 | 423.2 | 0.469 |
| $O_2$-$CCl_4$ | 296 | 0.075 | Ar-Ne | 303 | 0.327 |
| $O_2$-苯 | 311.3 | 0.101 | Ar-Kr | 303 | 0.140 |
| $O_2$-环己烷 | 288.6 | 0.075 | Ar-Xe | 329.9 | 0.137 |
| $O_2$-正己烷 | 288.6 | 0.075 | Ar-$NH_3$ | 295.1 | 0.232 |
| $O_2$-正庚烷 | 303.1 | 0.071 | Ar-$SO_2$ | 263 | 0.077 |
| $O_2$-2,2,4-三甲基戊烷 | 303.0 | 0.071 | Ar-正己烷 | 288.6 | 0.066 |
| He-$D_2$ | 295.1 | 1.250 | Ne-Kr | 273.0 | 0.223 |
| He-Ar | 298 | 0.742 | 乙烯-$H_2O$ | 307.8 | 0.204 |
| He-$H_2O$ | 298.2 | 0.908 | 乙烷-正己烷 | 294 | 0.038 |
| He-$NH_3$ | 297.1 | 0.842 | $N_2O$-丙烷 | 298 | 0.086 |
| He-正己烷 | 417.0 | 0.157 | $N_2O$-氧化乙烯 | 298 | 0.091 |
| He-苯 | 298.2 | 0.384 | $NH_3$-$SF_6$ | 296.6 | 0.109 |
| He-Ne | 341.2 | 1.405 | 氟里昂-12-$H_2O$ | 298.2 | 0.105 |
| He-甲醇 | 423.2 | 1.032 | 氟里昂-12-苯 | 298.2 | 0.039 |
| He-乙醇 | 298.2 | 0.494 | 氟里昂-12-乙醇 | 298.2 | 0.475 |

注：数据来源自 Hirschfeld、Curtiss 和 Bird（1954），Marrero 和 Mason（1972）及 Reid、Sherwood 和 Prausnitz（1977）。

## D.4 在25℃水中无限稀释溶质的扩散系数

| 溶质 | $D/10^{-5}cm^2·s^{-1}$ | 溶质 | $D/10^{-5}\ cm^2·s^{-1}$ | 溶质 | $D/10^{-5}\ cm^2·s^{-1}$ |
|---|---|---|---|---|---|
| 氩 | 2.00 | 丙烷 | 0.97 | 乙酸 | 1.21 |
| 空气 | 2.00 | 氨 | 1.64 | 丙酸 | 1.06 |
| 溴 | 1.18 | 苯 | 1.02 | 苯甲酸 | 1.00 |
| 二氧化碳 | 1.92 | 硫化氢 | 1.41 | 甘氨酸 | 1.06 |
| 一氧化碳 | 2.03 | 硫酸 | 1.73 | 缬氨酸 | 0.83 |
| 氯 | 1.25 | 硝酸 | 2.60 | 丙酮 | 1.16 |
| 乙烷 | 1.20 | 乙炔 | 0.88 | 尿素 | （$1.380-0.078c$ |
| 乙烯 | 1.87 | 甲醇 | 0.84 | | $+0.00464c^2$）① |
| 氦 | 6.28 | 乙醇 | 0.84 | 蔗糖 | （$0.5228-0.265c$）① |
| 氢 | 4.50 | 1-丙醇 | 0.87 | 卵清蛋白 | 0.078 |
| 甲烷 | 1.49 | 2-丙醇 | 0.87 | 血红蛋白 | 0.069 |
| 氧化氮 | 2.60 | 正丁醇 | 0.77 | 脲酶 | 0.035 |
| 氮 | 1.88 | 苯甲酸 | 0.82 | 血纤蛋白原 | 0.020 |
| 氧 | 2.10 | 甲酸 | 1.50 | | |

① 已知准确度很高，因此常用于标定；$c$为每升的物质的量。

注：数据源自Cussler（1976）及Sherwood、Pigford和Wilke（1975）。

# 习题答案

## 第一章

**1-1** 0.0203 cP，0.0172 cP，0.0107cP。

**1-2** $1.272\times10^{-5}$Pa·s，$1.315\times10^{-5}$Pa·s，$1.354\times10^{-5}$Pa·s。

**1-3** $1.714\times10^{-5}$Pa·s。实测值为 $1.793\times10^{-5}$Pa·s。

**1-4** 0.056W·m$^{-1}$·K$^{-1}$。实测值为 0.0565W·m$^{-1}$·K$^{-1}$。

**1-5** 0.0257W·m$^{-1}$·K$^{-1}$。实测值为 0.0266W·m$^{-1}$·K$^{-1}$。

**1-6** 20W·m$^{-1}$·K$^{-1}$。

**1-7** 略。

**1-8** 15.0W·m$^{-1}$·K$^{-1}$。

**1-9** $1.87\times10^{-5}$m$^2$·s$^{-1}$。实测值为 $2.0\times10^{-5}$m$^2$·s$^{-1}$。

**1-10** $2.0\times10^{-9}$m$^2$·s$^{-1}$。

## 第二章

**2-1** $-6\boldsymbol{k}$，$\boldsymbol{j}+12\boldsymbol{k}$。

**2-2** $12\boldsymbol{i}+2\boldsymbol{j}$，$24\boldsymbol{i}+76\boldsymbol{j}$。

**2-3** $\mathrm{D}\boldsymbol{u}/\mathrm{D}t = 25x\boldsymbol{i} + y\left(t^2-1\right)\boldsymbol{j}$。

**2-4** 75m$^3$·h$^{-1}$，$u_A$=2.99m·s$^{-1}$，$u_D$=2.36m·s$^{-1}$，$u_C$=3.07m·s$^{-1}$。

**2-5** 9.64min。

**2-6** 8.87%。

**2-7** 29.6min。

**2-8** 100kg·min$^{-1}$。

**2-9** $m_C$=2.869t·h$^{-1}$, $m_D$=3.681t·h$^{-1}$, $m_e$=2.823t·h$^{-1}$, $m_a=-1.301$t·h$^{-1}$。

**2-10** $m_{MDEA}$=1440.1t·h$^{-1}$，$m_{MAH}$=−387.9t·h$^{-1}$。

**2-11** （1）$F_{rx}=0$，$F_{ry}=0$；（2）$F_{rx}$=1170N，$F_{ry}=0$。

**2-12** $u = \dfrac{m_0u_0 + \dfrac{\rho Q^2 t}{A}\cos\theta}{m_0+\rho Q t}$，式中 $t$ 通过下式计算

$$L = \frac{m_0}{\rho Q}\left(u_0 - \frac{Q\cos\theta}{A}\right)\ln\left(1+\frac{\rho Q t}{m_0}\right) + \frac{Q\cos\theta}{A}t$$。

**2-13** （1）17.7m；（2）1500W·m$^{-2}$·K$^{-1}$。

**2-14** 3745.5kW。

**2-15** $T_2=0.019x^2+27$，44.2℃。

**2-16** （1）471.2W，113.9℃，60℃，153.9℃；（2）353.4W，90.4℃，20℃，150.4℃。

**2-17** $Q=\frac{1}{2}\pi S_0 r_0^2$，$T_w=\frac{S_0 r_0}{4h}+T_0$。

**2-18** 89.2℃。

**2-19** （1）$3.86\times10^9$ kJ·h$^{-1}$；（2）略。

**2-20** （1）68.25℃；（2）39℃。

**2-21** 5.4m，36.2kPa。

**2-22** 1.26h。

## 第三章

**3-1** 板间流体速度分布为：$u_x = \frac{u_1+u_2}{b}y - u_2$；

单位宽度板间流量为：$V=\frac{1}{2}b\left(u_1-u_2\right)$。

**3-2** 速度分布：上层为 $u_x = \frac{\mu_2 y + \left(\mu_1-\mu_2\right)b_2}{\mu_2 b_1+\mu_1 b_2}u$，下层为 $u_x = \frac{\mu_1 u}{\mu_2 b_1+\mu_1 b_2}y$；

剪应力分布：上、下层均为 $\tau_{yx} = -\frac{\mu_1\mu_2 u}{\mu_2 b_1+\mu_1 b_2}$。

**3-3** 略。

**3-4** $u^* = \left(1-y^*\right) - \sum_{n=1}^{+\infty}\left(\frac{2}{n\pi}\right)\mathrm{e}^{-n^2\pi^2 t^*}\sin\left(n\pi y^*\right)$，式中，$u_x^*=\frac{u_x}{u_0}$，$y^*=\frac{y}{b}$，$t^*=\frac{\nu t}{b^2}$。

**3-5** $u^* = \sum_{n=1}^{+\infty}\left(\frac{2}{n\pi}\right)\mathrm{e}^{-n^2\pi^2 t^*}\sin\left(n\pi y^*\right)$，式中，$u_x^*=\frac{u_x}{u_0}$，$y^*=\frac{y}{b}$，$t^*=\frac{\nu t}{b^2}$。

**3-6** 略。

**3-7** 液膜内流体速度分布：

$$u_z=\frac{1}{4\mu}\rho g\left[\left(\frac{D}{2}\right)^2-r^2\right]-\frac{1}{2\mu}\rho g\left(\frac{D}{2}-\delta\right)^2\ln\frac{D}{2r}\text{；}$$

液膜中的最大速度：

$$u_{z,\max}=\frac{1}{4\mu}\rho g\delta(D-\delta)-\frac{1}{2\mu}\rho g\left(\frac{D}{2}-\delta\right)^2\ln\frac{D}{D-2\delta}\text{；}$$

塔壁表面对液膜的剪应力：$\tau_w=\dfrac{\delta(D-\delta)}{D}\rho g$。

**3-8** $u_x=u_0\exp\left[-y\sqrt{\dfrac{\omega}{2\nu}}\right]\cos\left(\omega t-y\sqrt{\dfrac{\omega}{2\nu}}\right)$。

**3-9** $u_\theta=-\dfrac{(\omega_1+\omega_2)r_1^2r_2^2}{r_2^2-r_1^2}\dfrac{1}{r}+\dfrac{\omega_1r_1^2+\omega_2r_2^2}{r_2^2-r_1^2}r$；

$$T_w=F_{w1}r_1=F_{w2}r_2=4\pi\mu L\frac{(\omega_1+\omega_2)r_1^2r_2^2}{r_2^2-r_1^2}$$

$$=K(\omega_1+\omega_2)\mu\text{。}$$

**3-10** 39.2kW，330.3W。

**3-11** 67.5mm。

**3-12** 1.07℃。

**3-13** （1）$15.0W\cdot m^{-1}\cdot K^{-1}$，127℃；

（2）$70.0W\cdot m^{-1}\cdot K^{-1}$，107℃。

**3-14** （1）$T=370-1\times10^5x^2$；

（2）$T=470-1\times10^5x^2$；

（3）$T=720-2\times10^5x^2$。

**3-15** （1）198.6s；（2）365.4s。

**3-16** 0.53m。

**3-17** 198.33℃，63.06℃，49.53℃。

**3-18** $a\left[\Delta T_0+\dfrac{1}{2}(T_1+T_2)\right]+1=$

$$\sqrt{1-a\left[\left(T_1+\frac{1}{2}aT_1^2\right)+\left(T_2+\frac{1}{2}aT_2^2\right)\right]}$$

测定$\Delta T_0$、$T_1$及$T_2$就可由此式计算$a$。

**3-19** 略。

**3-20** 温度分布

$$\frac{\theta(r)}{\theta_0}=\frac{I_0(mr)K_1(mr_2)+K_0(mr)I_1(mr_2)}{I_0(mr_1)K_1(mr_2)+K_0(mr_1)I_1(mr_2)}$$

式中，$m=\sqrt{\dfrac{2h}{k\delta}}$；$\theta=T-T_b$；

$$I_1(mr)=\frac{d\left[I_0(mr)\right]}{d(mr)},\ K_1(mr)=-\frac{d\left[K_0(mr)\right]}{d(mr)}$$

分别为修正的第一类和第二类一阶贝塞尔函数。通过肋片基部的传热速率为

$$Q_f=2\pi kr_1\theta_0m\frac{I_1(mr_2)K_1(mr_1)-I_1(mr_1)K_1(mr_2)}{I_1(mr_2)K_0(mr_1)+I_0(mr_1)K_1(mr_2)}\text{。}$$

**3-21** （1）$120W\cdot m^{-1}$；（2）$T=-1038.4-422.4\ln r$，28.2℃，$132.7W\cdot m^{-1}$。

**3-22** $a\dfrac{\partial}{r^2\partial r}\left(r^2\dfrac{\partial T}{\partial r}\right)=\dfrac{\partial T}{\partial t}$。

**3-23** （1）$T=-\dfrac{1860}{r}+620$；（2）$-1.005\times10^6W$。

**3-24** （1）13.06W；（2）$5.64kg\cdot d^{-1}$或$7L\cdot d^{-1}$；

（3）应进一步提高隔热热阻才有效果，如将隔热层厚度增加1倍，则贮罐的蒸发损失减少45.3%。

**3-25** （1）85.5℃；（2）反应器内温度与反应时间及对流传热系数之间的关系为

$$T=25+\frac{1683.3\left(1-e^{-2.25\times10^{-6}ht}\right)}{h}\text{。}$$

**3-26** （1）温度分布

$$T(x)=T(0)-\frac{T(0)-T(L)}{1-e^{-aL}}\left(1-e^{-ax}\right),$$

导热速率$Q_x(x)=aA_0\dfrac{T(0)-T(L)}{1-e^{-aL}}$；

（2）温度分布

$$T(x)=T(L)+\frac{S_0}{ak}\left[\left(x+\frac{1}{a}\right)e^{-ax}-\left(L+\frac{1}{a}\right)e^{-aL}\right]$$

$x$处的导热速率$Q_x(x)=A_0S_0x$。

**3-27** （1）44.1℃；（2）3.52W。

**3-28** 477K。

**3-29** （1）93.9s；（2）2.98s。

**3-30** $40.5\ W\cdot m^{-1}\cdot K^{-1}$，$5\ W\cdot m^{-2}\cdot K^{-1}$。

**3-31** （1）$-1.08\times10^{-6}\ m\cdot s^{-1}$，负号表示平板移动方向与二氧化碳扩散方向相反；

（2）$4.8\times10^{-8}\ kmol\cdot m^{-2}\cdot s^{-1}$。

**3-32** $N_{Az}=\dfrac{2D_{AB}C}{z_1-z_2}\ln\dfrac{2-x_{A1}}{2-x_{A2}}$。

**3-33** 17.4h。

**3-34** $1.47\times10^{-11}kg\cdot s^{-1}$，$1.75\times10^{-3}Pa\cdot s^{-1}$。

**3-35** $m=4\pi RD_{AB}C_{As}$，$C_A=C_{As}\dfrac{R}{r}$。

**3-36** 0.502%，$0.0114kg\cdot m^{-2}$。

**3-37** $1.52\times10^{-6}kmol\cdot m^{-2}\cdot s^{-1}$。

**3-38**

$$\frac{C_A}{C_{A0}}=f(\eta)=\frac{\int_\eta^\infty\exp(-y^3)dy}{\int_0^\infty\exp(-y^3)dy}=\frac{3\int_\eta^\infty\exp(-y^3)dy}{\Gamma\left(\frac{1}{3}\right)},$$

$$N_{Az}=-D_{AB}\left.\frac{\partial C_A}{\partial x}\right|_{x=0}=\frac{3D_{AB}C_{As}}{\Gamma\left(\frac{1}{3}\right)}\left(\frac{\delta\rho g}{9D_{AB}\mu z}\right)^{1/3}\text{。}$$

# 第四章

**4-1** $\sigma_{xx}$=−10.272Pa，$\sigma_{yy}$=−6.163Pa，$\sigma_{zz}$=−16.435Pa，

$\tau_{xy}=\tau_{yx}$=−4.366Pa，$\tau_{yz}=\tau_{zy}$=−5.136Pa，$\tau_{xz}=\tau_{zx}$=−11.47Pa。

**4-2** $r\dfrac{\partial u_r}{\partial r}+2u_r+\dfrac{\partial u_\theta}{\partial \theta}+\dfrac{u_\theta}{\tan\theta}=0$。

**4-3** （1）$u_x=\dfrac{1}{2\mu}\dfrac{dp}{dx}y^2+\left(\dfrac{u_0}{b}-\dfrac{b}{2\mu}\dfrac{dp}{dx}\right)y$，

$u_{x,\max}=\left(\dfrac{u_0}{2b}-\dfrac{b}{4\mu}\dfrac{dp}{dx}\right)\left(\dfrac{b}{2}-\dfrac{\mu u_0}{b\,dp/dx}\right)$，

$\tau=-\left(\dfrac{\mu u_0}{b}+\dfrac{b}{2}\dfrac{dp}{dx}\right)$；

（2）$u_x=\dfrac{u_0}{b}y$，$u_{x,\max}=u_0$，$\tau=-\dfrac{\mu u_0}{b}$；

（3）$u_x=\dfrac{1}{2\mu}\dfrac{dp}{dx}y^2-\dfrac{b}{2\mu}\dfrac{dp}{dx}y$，$u_{x,\max}=-\dfrac{b^2}{8\mu}\dfrac{dp}{dx}$，

$\tau=-\dfrac{b}{2}\dfrac{dp}{dx}$。

**4-4** $u_x=-\dfrac{\rho g\cos\theta}{2\mu}y^2+\dfrac{b\rho g\cos\theta}{2\mu}y$，$Q=\dfrac{\rho g\cos\theta}{12\mu}b^3$。

**4-5** 上层速度分布：$u_x=\dfrac{1}{2\mu_1}\dfrac{dp}{dx}y^2+C_1y+C_2$；

下层速度分布：$u_x=\dfrac{1}{2\mu_2}\dfrac{dp}{dx}y^2+C_1y$。

$C_2=\dfrac{1}{2}\left(\dfrac{1}{\mu_2}-\dfrac{1}{\mu_1}\right)\dfrac{dp}{dx}b_2^2, C_1=\dfrac{u-C_2}{b_1+b_2}-\dfrac{b_1+b_2}{2\mu_1}\dfrac{dp}{dx}$。

**4-6** $u^*=(1-y^*)-\sum\limits_{n=1}^{+\infty}\left(\dfrac{2}{n\pi}\right)e^{-n^2\pi^2t^*}\sin(n\pi y^*)$

式中，$u_x^*=\dfrac{u_x}{u_0}$，$y^*=\dfrac{y}{b}$，$t^*=\dfrac{\nu t}{b^2}$。

**4-7** $u^*=\sum\limits_{n=1}^{+\infty}\left(\dfrac{2}{n\pi}\right)e^{-n^2\pi^2t^*}\sin(n\pi y^*)$

式中，$u_x^*=\dfrac{u_x}{u_0}$，$y^*=\dfrac{y}{b}$，$t^*=\dfrac{\nu t}{b^2}$。

**4-8** $u_z=\dfrac{1}{4\mu}\rho g\left[\left(\dfrac{D}{2}\right)^2-r^2\right]-\dfrac{1}{2\mu}\rho g\left(\dfrac{D}{2}-\delta\right)^2\ln\dfrac{D}{2r}$，

$u_{z,\max}=\dfrac{1}{4\mu}\rho g\delta(D-\delta)-\dfrac{1}{2\mu}\rho g\left(\dfrac{D}{2}-\delta\right)^2\ln\dfrac{D}{D-2\delta}$，

$\tau_w=\dfrac{\delta(D-\delta)}{D}\rho g$。

**4-9** （1）$F_c=3.16\times10^{-7}r$，$p=p_1+\dfrac{(p_2-p_1)}{r_2^2}r^2$，

$F=0.29\times10^{-7}r$；

（2）$F_{c,10}=3.16\times10^{-9}$N，$F_{c,30}=9.48\times10^{-9}$N；

$F_{p,10}=-2.87\times10^{-9}$N，$F_{p,30}=-8.61\times10^{-9}$N；

$F_{10}=0.29\times10^{-9}$ N，$F_{30}=0.87\times10^{-9}$ N。

**4-10** 0.104m，0.0127m·s$^{-1}$，1.18。

**4-11** （1）$-\dfrac{dp}{dx}\left[\dfrac{1}{2\mu}\dfrac{dp}{dx}y^2+\left(\dfrac{u_0}{b}-\dfrac{b}{2\mu}\dfrac{dp}{dx}\right)y\right]$；

（2）0；（3）$\dfrac{y(b-y)}{2\mu}\left(\dfrac{dp}{dx}\right)^2$。

**4-12** $\dfrac{y(b-y)}{2\mu}(\rho g\cos\theta)^2$。

**4-13** 75.3℃。

**4-14** （1）2；（2）15.9℃，25.8℃；（3）10.1℃。

**4-15** $\dfrac{T-T_b}{T_0-T_b}=\sum\limits_{i=1}^{\infty}e^{-\lambda_i^2 at/l^2}\dfrac{2\sin\lambda_i\cos(\lambda_i x/l)}{\cos\lambda_i\sin\lambda_i+\lambda_i}$

式中，$\lambda_i$为特征方程$\dfrac{k}{hl}\lambda=\cot\lambda$的解。

265.6s。

**4-16** （1）−12.6W·m$^{-1}$；（2）−7.7W·m$^{-1}$。

**4-17** 1037.9W·m$^{-1}$，407K，322.9K。

**4-18** 略。

**4-19** 试样热端面的温度

$T=T_0+\dfrac{2q_s\sqrt{at/\pi}}{k}=3.88\sqrt{t}+20$；

距试样热端面 $x$ 处的温度

$T=3.88\sqrt{t}\exp\left(\dfrac{-544000x^2}{t}\right)$

$-1665x\left[1-\operatorname{erf}\left(\dfrac{737.6x}{\sqrt{t}}\right)\right]+20$。

**4-20** 略。

**4-21** 0.4355m，0.6772m，0.6772m。

**4-22** 7518.1W·m$^{-1}$，

$128T-0.063T^2=-1196.54\ln r+42678.4$。

**4-23** 51.3m。

**4-24** 25.0℃。

**4-25** 当$t$=1h 时：$\rho_A$=0.22%；当$t$=10h 时：$\rho_A$=0.52%。

**4-26** $N_{Az}=-\dfrac{CD_{A-mix}}{1+2y_A}\dfrac{dy_A}{dz}$。

**4-27** $\delta=1.17\times10^{-7}t^{1/2}$，式中，$t$为时间，s；

$\delta$为二氧化硅膜厚，cm。

**4-28** $1.06\times10^{-8}$kmol·m$^{-2}$，25.8mmHg。

**4-29** $t=3.08\times10^6$s=856.8h=35.7d。

**4-30** （1）$C_A-C_{As}=\dfrac{u_b}{4D_{AB}}\dfrac{\partial C_A}{\partial z}(r^2-R^2)$；（2）$Sh$=8。

## 第五章

**5-1** $u_r=1.84\times10^{-4}\ \mathrm{m\cdot s^{-1}}$，$u_\theta=-2.64\times10^{-4}\ \mathrm{m\cdot s^{-1}}$，$\tau_{r\theta,\max}\big|_{r=R_0}=-0.0076\mathrm{N\cdot m^{-2}}$。

**5-2** 0.934Pa·s。

**5-3** $0.00868\mathrm{m\cdot s^{-1}}$，$0.489\ \mathrm{m\cdot s^{-1}}$。

**5-4** （1）$F_c=3.16\times10^{-10}r$，$F_p=-2.87\times10^{-10}r$，$F=2.9\times10^{-11}r$；（2）213s。

**5-5** 53.3s。

**5-6** 26.6s。

**5-7** $0.25\mathrm{m^3\cdot h^{-1}}$。

**5-8** $u_\phi(r,\theta)=\Omega R\left(\dfrac{R}{r}\right)^2\sin\theta$，$T_z=8\pi\mu\Omega R^3$。

**5-9** 证明（略），速度势 $\varphi=\dfrac{1}{3}x^3-y^2x+C$。

**5-10** $\varphi=\dfrac{1}{2}x^2-3x-\dfrac{1}{2}y^2-2y+C$；

$u_x=x-3$，$u_y=-y-2$。

**5-11** $\psi=-\dfrac{1}{2}x^2+\dfrac{1}{2}y^2+C$；$u_x=y$，$u_y=x$。

**5-12** 2.5mm，3.5mm。

**5-13** 0.473mm，1.94mm，

$$u_x=8.568\times10^3y-1.027\times10^{12}y^4+1.522\times10^{20}y^7-2.052\times10^{28}y^{10}+\cdots,$$

$$\frac{\partial u_x}{\partial y}=8.568\times10^3-4.108\times10^{12}y^3+1.065\times10^{21}y^6-2.052\times10^{29}y^9+\cdots。$$

**5-14** 0.707。

**5-15** 0.128m，0.068，0.85N；0.07m，0.124，1.55N。

**5-16** $x_c$=0.379m，0.00267m，0.003m，$15.9\mathrm{W\cdot m^{-2}\cdot K^{-1}}$，$31.8\mathrm{W\cdot m^{-2}\cdot K^{-1}}$。

**5-17** 26.6℃。

**5-18** $h=1.11aL^{-0.1}$，$\dfrac{h_x}{h}=0.9\left(\dfrac{x}{L}\right)^{-0.1}$。

**5-19** （1）0.949m；（2）$\delta=0.00689x^{\frac{1}{2}}$，$\delta_T=0.00777x^{\frac{1}{2}}$，$h_x=6.185x^{-\frac{1}{2}}$；（3）483W。

**5-20** $Nu_x=0.3387Re^{1/2}Pr^{1/3}$。

**5-21** −7.2℃。

**5-22** 9.03%。

**5-23** $5.88\times10^{-4}$kmol。

**5-24** $5.87\times10^{-6}\mathrm{kmol\cdot m^{-3}\cdot s^{-1}}$。

**5-25** （1）$\dfrac{\delta}{x}=4.79Re_x^{-1/2}$；

（2）$F_D=0.656Wu_0\sqrt{\rho\mu Lu_0}$；

（3）$C_{Dx}=0.656Re_x^{-1/2}$。

## 第六章

**6-1** $90.4\mathrm{cm\cdot s^{-1}}$。

脉动速度

| $u'_x$ /cm·s$^{-1}$ | 0.1 | 0.9 | −3.3 | 2.3 | 5.4 | 2.7 | −1.4 | −5.1 | −5.7 | 4.1 |
|---|---|---|---|---|---|---|---|---|---|---|
| $u'^2_x$ /cm$^2$·s$^{-2}$ | 0.01 | 0.81 | 10.89 | 5.29 | 29.16 | 7.29 | 1.96 | 26.01 | 32.49 | 16.81 |

湍流强度 4%。

**6-2** $22.2\mathrm{m\cdot s^{-1}}$，563.0Pa，0.00462m。

**6-3** 证明（略）。

**6-4** 2.08mm，$0.9978\mathrm{m\cdot s^{-1}}$；41.4mm，$0.6486\mathrm{m\cdot s^{-1}}$。

**6-5** 0.0252mm，0.126mm，25.25mm；$1\mathrm{m\cdot s^{-1}}$，$2.79\mathrm{m\cdot s^{-1}}$，$5.36\mathrm{m\cdot s^{-1}}$。

**6-6～6-9** 证明（略）。

**6-10** 0.803。

**6-11** （1）0.42m；（2）0.0503m，0.0203m；（3）18.6N，22.4N；（4）（略）。

**6-12** （1）$27.95\mathrm{W\cdot m^{-2}\cdot K^{-1}}$；

（2）$55.9\mathrm{W\cdot m^{-2}\cdot K^{-1}}$，$3354\mathrm{W\cdot m^{-2}}$。

**6-13** $1618\ \mathrm{W\cdot m^{-2}\cdot K^{-1}}$，$3691\mathrm{W\cdot m^{-2}\cdot K^{-1}}$。

**6-14** （1）11922W；（2）16570W。

**6-15** 0.0315m，0.0134m，366248W，94.7%。

**6-16** 0.13%。

# 第七章

**7-1** $\dfrac{N}{D^5n^3\rho}=F\left(\dfrac{D^2n\rho}{\mu},\dfrac{n^2D}{g}\right)$。

**7-2** $\dfrac{hl}{k}=F\left(\dfrac{lu\rho}{\mu},\dfrac{c_p\mu}{k},\dfrac{g\beta\Delta Tl^3\rho^2}{\mu^2}\right)$，

或 $Nu=F(Re,\ Pr,\ Gr)$。

**7-3** $\dfrac{k_{\mathrm{Cm}}d}{D_{\mathrm{AB}}}=F\left(\dfrac{du\rho}{\mu},\dfrac{\mu}{\rho D_{\mathrm{AB}}}\right)$，或 $Sh=F(Re,\ Sc)$。

**7-4** 1750.9Pa。

**7-5**

| 相似律名称 | $h$/W·m$^{-2}$·K$^{-1}$ | $T_2$/℃ |
|---|---|---|
| 雷诺相似律 | $3.41\times10^4$ | 55.1 |
| 普朗特-泰勒相似律 | $1.82\times10^4$ | 47.9 |
| 冯·卡门相似律 | $1.55\times10^4$ | 45.7 |
| 契尔顿-柯尔本相似律 | $1.2\times10^4$ | 42.5 |

**7-6** 13.6℃。

**7-7** 0.0549m·s$^{-1}$，16.4mmHg，$7.23\times10^{-6}$kmol·s$^{-1}$。

**7-8** 83.6℃。

**7-9** $3.82\times10^{-3}$m·s$^{-1}$，$5.81\times10^{-6}$m·s$^{-1}$，$5.78\times10^{-6}$ m·s$^{-1}$，$2.17\times10^{-5}$m·s$^{-1}$。

**7-10** $3.23\times10^{-4}$m·s$^{-1}$，$2.28\times10^{-4}$m·s$^{-1}$。

# 主要符号说明

英文

| 符号 | 意义 | 单位 | 符号 | 意义 | 单位 |
| --- | --- | --- | --- | --- | --- |
| $a$ | 导温系数 | $m^2 \cdot s^{-1}$ | $k_{mix}$ | 混合物的热导率 | $W \cdot m^{-1} \cdot ℃^{-1}$ |
| $A$ | 流体流通截面积，传热面积，曳力的作用面积 | $m^2$ | $k_i$ | 纯组分 $i$ 在系统的压力和温度下的热导率 | $W \cdot m^{-1} \cdot ℃^{-1}$ |
| $\boldsymbol{A}$ | 面积矢量 | $m^2$ | $k_C^0$ | 对流传质系数 | $m \cdot s^{-1}$ |
| $Bi$ | 毕渥数 | | $m$ | 质量或流体的质量流量 | kg 或 $kg \cdot s^{-1}$ |
| $c_p$ | 定压比热容 | $J \cdot kmol^{-1} \cdot K^{-1}$ | $M$ | 摩尔质量 | $kg \cdot kmol^{-1}$ |
| $c_V$ | 定容比热容 | $J \cdot kmol^{-1} \cdot K^{-1}$ | $M_A$ | 组分 A 的摩尔质量 | $kg \cdot kmol^{-1}$ |
| $C$ | 总摩尔浓度 | $kmol \cdot m^{-3}$ | $M_B$ | 组分 B 的摩尔质量 | $kg \cdot kmol^{-1}$ |
| $C_A$ | 组分 A 的摩尔浓度 | $kmol \cdot m^{-3}$ | $M_i$ | 纯组分 $i$ 的摩尔质量 | $kg \cdot kmol^{-1}$ |
| $C_{A0}$ | 组分 A 在流体主体中的摩尔浓度 | $kmol \cdot m^{-3}$ | $M_j$ | 纯组分 $j$ 的摩尔质量 | $kg \cdot kmol^{-1}$ |
| $C_{As}$ | 组分 A 在界面处的摩尔浓度 | $kmol \cdot m^{-3}$ | $n$ | 混合物中的组分数目 | |
| $C_D$ | 曳力系数 | | $\boldsymbol{n}$ | 混合物的总质量通量矢量 | $kg \cdot m^{-2} \cdot s^{-1}$ |
| $d$ | 圆管直径 | m | $\boldsymbol{n}_i$ | 组分 $i$ 的绝对质量通量矢量 | $kg \cdot m^{-2} \cdot s^{-1}$ |
| $d_e$ | 非圆形管的水力当量直径 | m | $\boldsymbol{N}$ | 混合物的总摩尔通量矢量 | $kmol \cdot m^{-2} \cdot s^{-1}$ |
| $d_p$ | 颗粒直径 | m | $\tilde{N}$ | Avogadro 常数，$6.02214 \times 10^{23}$ | 分子$\cdot mol^{-1}$ |
| $D_{AB}$ | 组分 A 在组分 B 中的扩散系数 | $m^2 \cdot s^{-1}$ | $N_A$ | 组分 A 的对流传质通量 | $kmol \cdot m^{-2} \cdot s^{-1}$ |
| $e$ | 比总能量 | $J \cdot kg^{-1}$ | $Nu$ | 努塞尔数 | |
| $E$ | 总能量 | J | $p$ | 压力 | Pa |
| $f$ | 范宁摩擦因子 | | $p$ | 总压 | Pa 或 atm |
| $\boldsymbol{F}$ | 力矢量 | N | $p_{cA}$ | 组分 A 的临界压力 | atm |
| $F_b$ | 浮力 | N | $p_{cB}$ | 组分 B 的临界压力 | atm |
| $F_B$ | 质量力 | N | $Pr$ | 普朗特数 | |
| $\boldsymbol{F_B}$ | 质量力矢量 | N | $\boldsymbol{P'}$ | 偏应力张量 | $N \cdot m^{-2}$ |
| $F_D$ | 曳力 | N | $q$ | 热量通量 | $W \cdot m^{-2}$ |
| $F_S$ | 表面力 | N | $Q$ | 传热速率 | W |
| $\boldsymbol{F_S}$ | 表面力矢量 | N | $Q_H$ | 环境与系统间交换的热量 | J |
| $g$ | 重力加速度，9.81 | $m \cdot s^{-2}$ | $q'$ | 涡流热量通量 | $W \cdot m^{-2}$ |
| $Gr$ | 格拉斯霍夫（Grashof）数 | | $\boldsymbol{r}$ | 位置矢量 | m |
| $h$ | 对流传热系数 | $W \cdot m^{-2} \cdot K^{-1}$ | $R$ | 摩尔气体常数，8314 | $J \cdot kmol^{-1} \cdot K^{-1}$ |
| $h$ | 比焓 | $J \cdot kg^{-1}$ | $R$ | 管内半径 | m |
| $\boldsymbol{I}$ | 单位应力张量 | $N \cdot m^{-2}$ | $Re$ | 雷诺数 | |
| $j_A$ | 组分 A 的扩散质量通量 | $kg \cdot m^{-2} \cdot s^{-1}$ | $S$ | 内热源，单位体积产生的热量速率 | $W \cdot m^{-3}$ |
| $j_D$ | 传质 $j$ 因子 | | $Sc$ | 施密特数 | |
| $j_H$ | 传热 $j$ 因子 | | $Sh$ | 施伍德数 | |
| $j_A'$ | 组分 A 的涡流质量通量 | $kg \cdot m^{-2} \cdot s^{-1}$ | $St$ | 传热斯坦登（Stanton）数 | |
| $k$ | 物质的热导率 | $W \cdot m^{-1} \cdot ℃^{-1}$ | $St'$ | 传质斯坦登（Stanton）数 | |

**英文**

| 符号 | 意义 | 单位 | 符号 | 意义 | 单位 |
| --- | --- | --- | --- | --- | --- |
| $t$ | 时间 | s | $u^*$ | 摩擦速度 | $m\cdot s^{-1}$ |
| $T$ | 热力学温度 | K | $\tilde{u}$ | 比内能 | $J\cdot kg^{-1}$ |
| $T_0$ | 流体主体温度 | K | $U$ | 内能 | J |
| $T_{cA}$ | 组分 A 的临界温度 | K | $V$ | 体积流量 | $m^3\cdot s^{-1}$ |
| $T_{cB}$ | 组分 B 的临界温度 | K | $\tilde{V}$ | 摩尔体积 | $m^3\cdot mol^{-1}$ |
| $T_s$ | 界面处温度 | K | $\sum V_A$ | 组分 A 的分子扩散体积 | $m^3$ |
| $u$ | 流体速度 | $m\cdot s^{-1}$ | $\sum V_B$ | 组分 B 的分子扩散体积 | $m^3$ |
| $\boldsymbol{u}$ | 速度矢量 | $m\cdot s^{-1}$ | $W_P$ | 系统与环境间交换的功 | J |
| $u_b$ | 管内流体平均速度 | $m\cdot s^{-1}$ | $W$ | 功率 | W |
| $\boldsymbol{u}_{di}$ | 组分 $i$ 的质量扩散速度矢量 | $m\cdot s^{-1}$ | $w_e$ | 单位质量流体的有效轴功 | $J\cdot kg^{-1}$ |
| $\boldsymbol{u}_{Mdi}$ | 组分 $i$ 的摩尔扩散速度矢量 | $m\cdot s^{-1}$ | $w_f$ | 单位质量流体的摩擦损失 | $J\cdot kg^{-1}$ |
| $\boldsymbol{u}_i$ | 组分 $i$ 的绝对速度矢量 | $m\cdot s^{-1}$ | $W_e$ | 轴功率 | W |
| $\boldsymbol{u}_M$ | 混合物流体的摩尔平均速度矢量 | $m\cdot s^{-1}$ | $W_f$ | 流体内部的摩擦功率 | W |
| $u_{max}$ | 管中心处最大速度 | $m\cdot s^{-1}$ | $W_n$ | 流动功率 | W |
| $u_x$ | 流体微团在 $x$ 方向的分速度 | $m\cdot s^{-1}$ | $W_{sf}$ | 界面上的摩擦功率 | W |
| $u_y$ | 流体微团在 $y$ 方向的分速度 | $m\cdot s^{-1}$ | $x_i$ | 组分 $i$ 的摩尔分数 | |
| $u_z$ | 流体微团在 $z$ 方向的分速度 | $m\cdot s^{-1}$ | | | |

**希文**

| 符号 | 意义 | 单位 | 符号 | 意义 | 单位 |
| --- | --- | --- | --- | --- | --- |
| $\Gamma$ | 广义压力 | $N\cdot m^{-2}$ | $\rho_A$ | 组分 A 的密度 | $kg\cdot m^{-3}$ |
| $\delta$ | 边界层厚度 | m | $\sigma$ | 分子的特征直径，也称为碰撞直径 | Å |
| $\delta_C$ | 浓度边界层的厚度 | m | $\boldsymbol{\sigma}$ | 法向应力矢量 | $N\cdot m^{-2}$ |
| $\delta_T$ | 温度边界层的厚度 | m | $\sigma_{AB}$ | 分子的碰撞直径 | Å |
| $\varepsilon$ | 涡流扩散系数，或称涡流运动黏度 | $m^2\cdot s^{-1}$ | $\tau_w$ | 壁面剪应力 | $N\cdot m^{-2}$ |
| $\varepsilon_{AB}$ | 分子 A、B 间作用的特征能量 | $J\cdot$分子$^{-1}$ | $\tau_{yx}$ | 剪应力 | $N\cdot m^{-2}$ |
| $\varepsilon_H$ | 涡流热扩散系数 | $m^2\cdot s^{-1}$ | $\tau'$ | 涡流动量通量，也称涡流剪应力或雷诺应力 | $N\cdot m^{-2}$ |
| $\varepsilon_M$ | 涡流质量扩散系数 | $m^2\cdot s^{-1}$ | $\varphi$ | 速度势函数 | $m^2\cdot s^{-1}$ |
| $\kappa$ | Boltzmann 常数，$1.38066\times10^{-23}$ | $J\cdot K^{-1}\cdot$分子$^{-1}$ | $\Phi$ | 溶剂的缔合参数 | |
| $\lambda$ | 摩擦系数或摩擦因数 | | $\psi$ | 流函数 | $m^2\cdot s^{-1}$ |
| $\mu$ | 动力黏度 | $Pa\cdot s$ | $\omega$ | 角速度 | $s^{-1}$ |
| $\mu_i$ | 组分 $i$ 在系统的压力和温度下的黏度 | $Pa\cdot s$ | $\Omega$ | 质量力势函数 | $N\cdot m$ |
| $\mu_{mix}$ | 混合物的黏度 | $Pa\cdot s$ | $\Omega_D$ | 无量纲特征数，是无量纲温度 $\kappa T/\varepsilon$ 的函数 | |
| $\nu$ | 运动黏度 | $m^2\cdot s^{-1}$ | $\Omega_k$ | 无量纲特征数，是无量纲温度 $\kappa T/\varepsilon$ 的函数 | |
| $\rho$ | 流体密度 | $kg\cdot m^{-3}$ | $\Omega_\mu$ | 无量纲特征数，是无量纲温度 $\kappa T/\varepsilon$ 的函数 | |

# 参考文献


[1] 马沛生，夏淑倩，夏清．化工物性数据简明手册．北京：化学工业出版社，2013.

[2] Hirschfelder J O, Curtiss C F, Bird R B. Molecular Theory of Gases and Liquid. 2nd ed. New York: Wiley, 1964: 534.

[3] Bird R B, Stewart W E, Lightfoot E N. Transport Phenomena. New York：John Wiley & Sons，1960.

[4] 吴望一．流体力学：上、下册．北京：北京大学出版社，1983.

[5] Marco S M, Han L S. A Note on Limiting Laminar Nusselt Number in Ducts with Constant Temperature Gradient by Analogy to Thin-Plate Theory. Trans ASME, 1955,77:625-630.

[6] Siegel R, Sparrow E M, Hallman T M. Appl Sci Research, 1958, A7: 386-392.

[7] 王怀义，张德姜．石油化工管道设计便查手册．4 版．北京：中国石化出版社，2014.

[8] Nan S F, Dou M. A Method of Correlating Fully Developed Turbulent Friction in Triangular Ducts. ASME J Fluids Eng, 2000, 122: 634-636.

[9] Nan Suifei. Prediction of Fully Developed Pressure Drops in Regular Polygonal Ducts. ASME J Fluids Eng, 2001, 123: 439-442.

[10] 戴干策，任德呈，范自晖．传递现象导论．2 版．北京：化学工业出版社，2014.

[11] 王绍亭，陈涛．动量、热量与质量传递．天津：天津科学技术出版社，1986.

[12] 陈涛，张国亮．化工传递过程基础．3 版．北京：化学工业出版社，2009.

[13] 夏光榕，冯权莉．传递现象相似．北京：中国石化出版社，1997.

[14] 曾作祥．传递过程原理．上海：华东理工大学出版社，2013.

[15] 王运东．传递过程原理．北京：清华大学出版社，2002.

[16] 弗兰克 P 英克鲁佩勒，大卫 P 德维特，狄奥多尔 L 伯格曼，艾德丽安 S 拉维恩．传热和传质基本原理．葛新石，叶宏，译．北京：化学工业出版社，2016.

[17] Welty J R, Wicks C E, Wilson R E. Fundamentals of Momentum，Heat, and Mass Transfer. 3rd ed. New York：John Wiley & Sons, 1984.

[18] McCabe W L, Smith J C. Unit Operations of Chemical Engineering. 5th ed. New York：McGraw Hill, 1993.

# 参考文献